F. KLEIN UND A. SOMMERFELD,

ÜBER DIE

THEORIE DES KREISELS.

HEFT III.

DIE STÖRENDEN EINFLÜSSE.
ASTRONOMISCHE UND GEOPHYSIKALISCHE ANWENDUNGEN.

LEIPZIG,
DRUCK UND VERLAG VON B. G. TEUBNER.
1903.

Anzeige von Heft III der Kreiseltheorie.

Nach längerer Pause, welche durch meinen Übergang in ein neues Lehramt bedingt wurde, folgt auf das zweite Heft der Theorie des Kreisels (erschienen 1898) nunmehr ein drittes Heft. Dasselbe bildet nicht, wie es beabsichtigt war, den Schluß des Werkes; es zeigte sich nämlich, daß sich der Stoff außerordentlich dehnte, sobald das allgemeine mathematische Schema der Theorie, gemäß dem ursprünglichen Plane des Werkes, auf die besonderen Bedingungen des Versuches oder auf die mannigfachen Fragestellungen der verschiedenen an der Kreiseltheorie interessierten Spezialwissenschaften angewandt wurde. Deshalb sind in diesem Hefte von den Anwendungen der Kreiseltheorie nur diejenigen auf Astronomie und Geophysik zur Darstellung gekommen; die technischen und physikalischen Anwendungen verbleiben für ein viertes (letztes) Heft.

Während sich der Beginn der vorliegenden Lieferung inhaltlich an die vorangehenden Kapitel anlehnt und in einem Nachtrag zu Kap. VI den auf der Horizontalebene spielenden Kreisel behandelt (durch Näherungsrechnungen mit strenger Fehlerabschätzung), geht der Inhalt des Kapitels VII wesentlich über den Kreis derjenigen Probleme hinaus, welche in der analytischen Mechanik idealer Mechanismen behandelt zu werden pflegen. Hier werden die allgemeinen Erfahrungen über die Wirkung der Reibungseinflüsse dargestellt und im Anschlusse daran die Reibung im Stützpunkte des Kreisels und deren Wirkung, das Aufrichten der Kreiselaxe, ausführlich diskutiert. Da einerseits die erfahrungsmäßigen Grundlagen für den Ansatz der Reibungsprobleme nicht sehr sicher sind, da andrerseits die mathematischen Schwierigkeiten bei der strengen Durchführung des Ansatzes sehr groß sein würden, so wird die Behandlung zum Teil auf graphischem Wege, mit Zuhilfenahme von Vernachlässigungen und Näherungsmethoden durchgeführt, wie solche bereits an früheren Stellen der Kreiseltheorie wiederholt empfohlen wurden. Die Schärfe dieser Methoden reicht völlig aus, sofern man als eigentliches Ziel im Auge behält: von den in der Wirklichkeit zu beobachtenden Erscheinungen ein klares qualitatives und ein innerhalb der Fehlergrenze der Beobachtungen genaues quantitatives Bild zu entwerfen. Neben der Reibung im Stützpunkte werden als weitere, die ideale Kreiselbewegung entstellende Ursachen der Luftwiderstand, die Elastizität des Kreiselmaterials und der Unterlage berücksichtigt. Hierbei waren zum Teil bereits die Rücksichten auf spätere Anwendungen maßgebend, zum Teil sollten diese Untersuchungen als ein Beispiel zur Mechanik der wirklichen Erscheinungen oder, wie es hier gelegentlich ausgedrückt wird, zur irdischen Mechanik dienen (im Gegensatz zur himmlischen Mechanik, in welcher die hier behandelten Einflüsse meist nicht in Betracht kommen, oder zur reinen analytischen Mechanik, in welcher solche Einflüsse zu Gunsten der Eleganz der mathematischen Entwickelung gewöhnlich vernachlässigt werden). In einem Nachtrag zu diesem Kapitel wird sodann, unter Hinzuziehung von Beobachtungsmaterial, die Behandlung des auf der Ebene spielenden Kreisels mit Rücksicht auf die Reibung ergänzt.

Kapitel VIII behandelt in einem ersten Abschnitt die astronomischen Anwendungen der Kreiseltheorie, in einem zweiten die geophysikalischen.

In den klassischen Problemen der Präcession und der durch die Mondbewegung erzwungenen Nutation konnten füglich neue Ergebnisse nicht beigebracht werden. Der Gegenstand ist von altersher so erschöpfend behandelt worden, daß die vorliegende Darstellung lediglich darauf hinzuzielen hatte, die für den Nichtfachmann nicht immer durchsichtige Darstellungsweise der Astronomen durch ein anschaulicheres Verfahren zu ersetzen. Das Mittel hierzu bot eine Methode von Gauß zur Störungsrechnung, welche hier nach verschiedenen Richtungen ausgebaut wird.

Im Gegensatz hierzu sind die in dem geophysikalischen Abschnitt untersuchten Probleme zum Teil jüngsten Datums. Es handelt sich hier namentlich um die freien Nutationen der Erdaxe, deren Periode von Chandler festgestellt wurde, und weiter um die Erscheinung der Polschwankungen überhaupt. Sowohl in der Darstellung des objektiven Sachverhaltes wie in der Erklärung desselben dürfte die hier gebotene Behandlung entschiedene Fortschritte aufweisen. Wegen der grundlegenden Wichtigkeit der Frage wurden bei der Erklärung der vierzehnmonatlichen Chandlerschen Periode auch die erforderlichen Hilfssätze aus der Hydrodynamik und der Elastizitätstheorie aufgenommen und auf vereinfachtem Wege bewiesen. Ferner wurde zur Erklärung der jährlichen Periode der Polschwankungen die Theorie der meteorologischen Massentransporte entwickelt, wobei sich abermals die in den früheren Heften betonte Impulstheorie und die freiere, begriffliche Auffassung der dynamischen Differentialgleichungen als besonders fruchtbar erwies. Den Schluß des geophysikalischen Abschnittes bildet die

Besprechung der berühmten Foucaultschen Kreiselversuche zum Nachweis der Erdrotation. Hier kam es einerseits darauf an, unnötige mathematische Schwierigkeiten auszuschalten, welche in den älteren Darstellungen der Foucaultschen Versuche einen breiten Raum einnehmen, andererseits die störenden Einflüsse hervorzukehren und ihrer Größenordnung nach abzuschätzen.

Auf Wunsch meines hochverehrten Lehrers F. Klein habe ich schließlich darauf hinzuweisen, daß ich bei der Abfassung dieses Heftes noch in weit höherem Grade wie bei den vorangehenden Heften über den Inhalt der ursprünglichen, von Herrn Klein gehaltenen Universitätsvorlesung hinausgegangen bin. Die in Kapitel VII gegebenen Ausführungen zur Mechanik der störenden Einflüsse waren in jener Vorlesung nur in allgemeinen Umrissen postuliert worden; die hierzu erforderlichen Integrations- und Näherungsmethoden (auch in dem Nachtrag zu Kap. VI) sowie alle Einzelresultate rühren von mir allein her. Was die astronomischen Anwendungen betrifft, so erkannte Herr Klein die Vorzüge des Gaußischen Verfahrens, nach welchem er in jener Vorlesung insbesondere das Präcessionsproblem behandelte; die Anwendung desselben Verfahrens auf das Problem der Nutationen sowie alles Zahlenmäßige habe ich dagegen von mir aus hinzugefügt. Von dem Problem der Polschwankungen war in jener Vorlesung überhaupt nicht die Rede, sodaß die hier gebotenen etwaigen Fortschritte (Kap. VIII § 6—8) als mein Eigentum zu betrachten sind. Für die Auffassung der Foucaultschen Versuche waren die Grundlinien bereits von Herrn Klein vorgezeichnet.

Im übrigen betone ich gern, daß mir das fortgesetzte Interesse, welches Herr Klein an der Weiterführung des Werkes genommen hat, sowie die mancherlei Anregungen, die er mir bei Vorbesprechungen und bei der Korrektur zukommen ließ, meine eigene Arbeit wesentlich erleichtert haben. Ferner habe ich den Herren Schwarzschild und Wiechert zu danken für viele wertvolle Nachweise und Berichtigungen zu den astronomischen und geophysikalischen Gegenständen.

Möge das vorliegende Heft nicht nur dem Mathematiker und Physiker von Nutzen sein, der die Mechanik um ihrer selbst willen treibt und an der Hand des hier so eingehend ausgeführten Beispiels zu einem tieferen und lebendigeren Verständnis der Wissenschaft vordringen will, sondern möge dieses sowie das folgende Heft auch von den Vertretern der Astronomie, der Geophysik und der Technik gern zu Rate gezogen werden, so oft dieselben auf ihrem besonderen Gebiete mit der Theorie der Kreiselwirkungen in Berührung kommen!

Aachen, im Juli 1903. **A. Sommerfeld.**

Anhang zu Kapitel VI.

§ 10. **Der auf der Horizontalebene spielende Kreisel.**

Als Gegenstück zur Theorie des Kreisels mit festem Stützpunkte soll die Bewegung des Kreisels mit horizontal beweglichem Stützpunkte anhangsweise behandelt werden, also diejenige Bewegung, an welche Erwachsene und Kinder in erster Linie bei dem Worte „Kreiselbewegung" denken. Wir beabsichtigen hierbei in analytischer Hinsicht lange nicht so weit zu gehen, wie bei dem vorigen Probleme, sondern werden zufrieden sein, wenn wir ein klares Bild von dem qualitativen Charakter der Bewegung entwerfen können. Dies gelingt, mit Umgehung aller analytischen Schwierigkeiten, welche sonst auftreten würden, wenn wir *mit begrenzter Genauigkeit* rechnen, wie solches im Kap. IV, § 9 empfohlen wurde. Wollen wir die Bewegung nur mit derjenigen Schärfe feststellen, wie sie etwa die mit bloſsem Auge angestellte Beobachtung eines gewöhnlichen Kreisel-Spielzeugs, ohne besondere Verfeinerung der Beobachtungsmittel und ohne sorgsame Ausschaltung von Störungsursachen liefert, so können wir uns sogar mit einer recht geringen Genauigkeit begnügen. Vom mathematischen Standpunkte ist offenbar auch eine grobe Näherung logisch befriedigend, *sofern wir den bei unserer Rechnung zugelassenen Fehler abschätzen können.* Auf diesen Punkt werden wir im Folgenden besonderen Wert legen. Dagegen würde es uns, bei Zugrundelegung des soeben genannten Maſsstabes für die anzustrebende Genauigkeit, wertlos scheinen, durch Heranziehung höherer analytischer Hülfsmittel den Genauigkeitsgrad der Rechnung weiter zu verfeinern.

Von der den Kreisel tragenden Ebene werden wir voraussetzen, daſs sie *vollkommen glatt*, also reibungslos sei, da wir auf die Wirkung der Reibung im nächsten Kapitel zurückkommen. Der Gegendruck der Ebene, die Reaktion R derselben gegen den Kreisel, ist dann senkrecht gegen die Ebene, also vertikal gerichtet. Da der Stützpunkt O nicht mehr so sehr wie bei dem früheren Problem ein geometrisch ausgezeichneter Punkt ist, werden wir nicht diesen, sondern den mechanisch ausgezeichneten Schwerpunkt S zum Bezugspunkte im

Sinne von Kap. II, § 2 wählen. Die Verbindungslinie OS heifst wie früher die Figurenaxe, ihr Winkel gegen die Vertikale ϑ. Die Entfernung OS werde mit E, die Gesamtmasse des Kreisels mit M bezeichnet. Es werde abkürzend $P = MgE$ gesetzt, so dafs P wie früher das Moment der Schwere um die zur Figurenaxe senkrechte horizontale Axe durch O bei horizontaler Lage der Figurenaxe bedeutet. Wir nehmen, worin keine wesentliche Spezialisierung liegt, der Kürze wegen an, dafs das für den Schwerpunkt konstruierte Trägheitsellipsoid eine *Kugel* sei; der allen Axen durch S gemeinsame Wert des Trägheitsmomentes heifse A.

Als äufsere Kräfte kommen, da wir die Reibung vernachlässigen, nur die Schwere Mg und der Gegendruck R in Betracht, dessen Gröfse sich aus dem Folgenden ergeben wird. Das Potential der Schwere ist (bis auf eine willkürliche Konstante)

$$V = Mgz = P\cos\vartheta, \tag{1}$$

wo $z = E\cos\vartheta$ die vertikale Koordinate des Schwerpunktes in dem in Figur 68 angedeuteten festen Koordinatensystem ist. Dagegen liefert der Gegendruck R zur potentiellen Energie keinen Beitrag, da er keine Arbeit leistet, sondern senkrecht gegen die Bewegung seines Angriffspunktes gerichtet ist. Andrerseits liefert die Schwere in unserem Bezugspunkte S kein Drehmoment, während der Gegendruck zu einem Drehmomente Anlafs giebt, welches die „Knotenlinie" zur Axe hat, also diejenige Linie, welche sowohl auf der Vertikalen wie auf der Figurenaxe senkrecht steht.

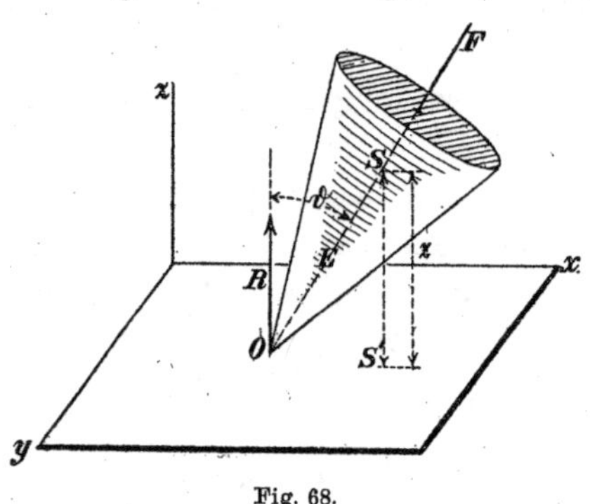

Fig. 68.

Wir fassen wie üblich die äufseren Kräfte zu einer *Einzelkraft* und einer *Drehkraft* (Kräftepaar) hinsichtlich des Bezugspunktes S zusammen. Nach dem eben Gesagten *ist die Einzelkraft beständig vertikal gerichtet und gleich* $R - Mg$. *Die Axe der Drehkraft liegt dauernd horizontal und senkrecht zur Figurenaxe; der Gröfse nach ist sie gleich dem Momente von* R *um* S.

Die wichtigsten Aufschlüsse über den Verlauf der Bewegung liefert uns hier wie überall unser Impulssatz aus Kap. II, § 5, welcher uns in anschaulicher Weise die Schwerpunkts- und Flächensätze zusammenfafst. Der Impuls zerlegt sich hier ebenfalls in zwei Bestandteile, den *Einzelimpuls* (oder Schiebestofs) und den *Drehimpuls* (oder Drehstofs).

Die Komponenten des ersteren nach den im Raume festen Koordinatenaxen x, y, z werden wie früher mit $[X], [Y], [Z]$, die Komponenten des letzteren mit l, m, n bezeichnet. Wir werden auch die Komponenten L, M, N des Drehimpulses nach einem im Kreisel festen Koordinatensystem nötig haben, dessen Anfangspunkt der Schwerpunkt und dessen Z-Axe die Figurenaxe ist.

Nach dem angezogenen Impulssatze ist nun die Änderungsgeschwindigkeit jeder Komponente des Einzelimpulses und des Drehimpulses gleich dem augenblicklichen Werte der entsprechenden Komponente der Einzelkraft und Drehkraft. Aus dem, was wir über Richtung und Axe dieser letzteren bemerkten, folgt aber, *daſs die Horizontalkomponenten des Einzelimpulses und die Vertikalkomponente des Drehimpulses während der Bewegung konstant bleiben; die äuſseren Kräfte beeinflussen nur die Vertikalkomponente des Schiebestoſses und die Horizontalkomponenten des Drehstoſses.*

In Zeichen heiſst dieses

(2) $$[X] = \text{const.}, \quad [Y] = \text{const.}, \quad n = \text{const.}$$

Da nach pag. 102 $[X]$, $[Y]$ und $[Z]$ den betreffenden Schwerpunktsgeschwindigkeiten proportional sind ($[X] = Mx'$ etc.), so sagen die beiden ersten Gleichungen (2) aus, daſs die Horizontalprojektion des Schwerpunktes eine gerade Linie mit konstanter Geschwindigkeit durchläuft. Natürlich steht und fällt dieses Resultat mit der Annahme, daſs im Stützpunkt keine Reibung auftrete.

Nehmen wir den Impulssatz für die dritte Komponente des Schiebestoſses (bez. den entsprechenden Schwerpunktssatz) hinzu, so erhalten wir:

$$\frac{d[Z]}{dt} = R - Mg.$$

Diese Gleichung können wir als *Bestimmungsgleichung der Reaktionskraft* auffassen; indem wir für $[Z]$ den Wert Mz' eintragen, ergiebt sich

(3) $$R = Mz'' + Mg.$$

Auſser der Gleichung $n = \text{const.}$ besteht auch hier die Gleichung

(4) $$N = \text{const.},$$

wie wir aus dem „modifizierten Impulssatze“ IIb von pag. 145 schlieſsen. Nach diesem Satze ist nämlich die Änderungsgeschwindigkeit des Drehstoſses *relativ zum Körper* nach Axe und Gröſse gleich dem Drehmoment der äuſseren Kräfte vermehrt um die resultierende centrifugale Drehkraft (vgl. pag. 144). Letztere verschwindet beim Kugelkreisel schlechtweg, die Axe des ersteren steht nicht nur auf der Vertikalen, sondern auch auf der Figurenaxe senkrecht. Infolgedessen ist die Änderungsgeschwindigkeit der Drehstofskomponente N nach der Figurenaxe gleich Null und diese Komponente selbst konstant.

Endlich nehmen wir noch den Satz der lebendigen Kraft $T + V = h$ hinzu. T setzt sich hier aus zwei Teilen zusammen, aus der lebendigen Kraft der Drehbewegung T_1 und aus der der fortschreitenden Bewegung T_2. Die letztere drückt sich durch die Schwerpunktsgeschwindigkeiten aus und ist

$$T_2 = \frac{M}{2}(x'^2 + y'^2 + z'^2).$$

Wir führen, wie beim Kreisel mit festem Punkte, die Abkürzung

$$\text{(5)} \qquad \cos\vartheta = u$$

ein und haben nach Figur 68

$$z = Eu, \quad z' = Eu'.$$

Bedenken wir noch, dafs die Geschwindigkeitskomponenten x' und y' Konstante sind, so können wir die beiden ersten Glieder von T_2 mit der Konstanten h vereinigt denken und diese Glieder unterdrücken. Wir schreiben daher einfacher

$$T_2 = \frac{ME^2}{2} u'^2.$$

Die lebendige Kraft der Drehbewegung T_1 unterscheidet sich in nichts von der lebendigen Kraft des Kreisels mit festem Stützpunkte. Der Ausdruck derselben durch die Gröfse $u = \cos\vartheta$ wurde bereits pag. 222 entwickelt. Er lautet, für den Kugelkreisel spezialisiert:

$$T_1 = \frac{A}{2}\left\{\frac{u'^2}{1-u^2} + \frac{(Nu-n)^2}{A^2(1-u^2)} + \frac{N^2}{A^2}\right\}.$$

Indem wir noch für V den Ausdruck (1) $V = Pu$ benutzen, schreiben wir die Gleichung der lebendigen Kraft folgendermafsen:

$$\text{(6)} \qquad \frac{A}{2}\left\{\frac{u'^2}{1-u^2} + \frac{(Nu-n)^2}{A^2(1-u^2)} + \frac{N^2}{A^2}\right\} + \frac{M}{2}E^2u'^2 + Pu = h.$$

Da nach (2) und (4) n und N Konstante sind, liefert uns die vorstehende Gleichung eine Beziehung zwischen u und u' bez. zwischen u und t, aus welcher die wechselnden Neigungen der Figurenaxe gegen die Vertikale als Funktion der Zeit entnommen werden können. Wir rechnen, indem wir auf gleichen Nenner bringen, zunächst u'^2 aus und erhalten $u'^2 = U$, mit Einführung der Abkürzung U

$$\text{(7)} \qquad U = \frac{2Ah(1-u^2) - 2APu(1-u^2) + 2nNu - N^2 - n^2}{A^2 + Aa(1-u^2)};$$

$a = ME^2$ bedeutet dabei das Trägheitsmoment der im Schwerpunkte konzentriert gedachten Gesamtmasse M um eine zur Figurenaxe senkrechte Gerade durch O. Es folgt nun:

$$(8)\qquad \begin{cases} \dfrac{du}{dt} = \sqrt{U} \quad \text{oder} \quad dt = \dfrac{du}{\sqrt{U}}, \\ t = \displaystyle\int \frac{du}{\sqrt{U}}. \end{cases}$$

Wir wollen sogleich eine entsprechende Darstellung für den Winkel ψ geben, den die Knotenlinie des Kreisels mit einer beliebigen festen horizontalen Geraden bildet. (Den dritten Eulerschen Winkel φ werden wir im Folgenden nicht explizit nötig haben.) ψ bestimmt sich nach pag. 222 Gleichung (4) aus:

$$\frac{d\psi}{dt} = \frac{n - N\cos\vartheta}{A\sin^2\vartheta},$$

also wenn wir wie vorher $\cos\vartheta = u$ setzen, aus

$$\frac{d\psi}{dt} = \frac{n - Nu}{A(1 - u^2)}.$$

Wir integrieren, indem wir dt nach Gl. (8) durch du ausdrücken und erhalten:

$$(8')\qquad \psi = \int \frac{n - Nu}{A(1 - u^2)} \frac{du}{\sqrt{U}}.$$

Die in den Gleichungen (8) und (8′) gegebene Integraldarstellung der Bewegung, die schon von Poisson*) herrührt, vergleichen wir zunächst mit der entsprechenden Darstellung, die früher (pag. 223) für den Kreisel mit festem Punkte entwickelt wurde. Es zeigt sich dabei einerseits eine grofse Analogie der Formeln, wir bemerken aber andrerseits, dafs der Ausdruck von U jetzt etwas komplizierter ist wie früher.

Während der frühere Ausdruck U drei Nullstellen und eine Unendlichkeitsstelle besafs, hat unser jetziges U drei Nullstellen (diejenigen Werte von u, für die der Zähler verschwindet) und drei Unendlichkeitsstellen (nämlich den Wert $u = \infty$ und die Werte, für die der Nenner verschwindet).

Aus der Analogie der jetzigen und der früheren Formeln folgt unmittelbar, dafs ein Teil unserer früheren Resultate ungeändert bestehen bleibt. So können wir z. B. den Beweis für die „Periodizitätseigenschaften der Bewegung", von denen früher die Rede war, auf den vorliegenden Fall unmittelbar übertragen, indem wir die Schlüsse von Kap. IV, § 4 wörtlich wiederholen. Es ändert sich also t und ψ je um einen bestimmten Zuwachs, nämlich um eine sog. „Periode", wäh-

*) Vgl. Poisson, Traité de Mécanique II, Nr. 434 ff.

rend die Integrationsvariable u zwischen denjenigen beiden Wurzelwerten e_0 und e_1 von U hin- und hergeführt wird, die im Intervalle -1 und $+1$ liegen.

Diese Periodizität tritt besonders deutlich in der Bahnkurve hervor, die der Stützpunkt auf der tragenden Horizontalebene beschreibt und die jetzt passend an die Stelle der in Kap. IV betrachteten Bahnkurven tritt. Wir können ohne Beeinträchtigung der Allgemeinheit annehmen, daſs die Projektion S' des Schwerpunktes S auf die Horizontalebene festliegt, daſs also die horizontale konstante Schwerpunktsgeschwindigkeit im besonderen den Wert Null hat. (Im anderen Falle brauchten wir in der Horizontalebene nur statt eines festen ein mit der horizontalen Schwerpunktsgeschwindigkeit gleichförmig fortschreitendes Axenkreuz zu Grunde zu legen; die im folgenden zu zeichnende Figur würde dabei in Richtung dieser Geschwindigkeit in leicht ersichtlicher Weise auseinandergezogen werden.) Unter dieser Annahme wandert der Schwerpunkt auf der festen im Punkte S' errichteten Vertikalen auf und ab und die Bahnkurve zieht sich zwischen zwei konzentrischen, um den Punkt S' beschriebenen Kreisen hin und her, die den beiden Neigungen $\cos\vartheta = e_0$ und $\cos\vartheta = e_1$ der Figurenaxe entsprechen. Aus den genannten Periodizitätseigenschaften folgt dann, daſs die aufeinander folgenden Bögen der Bahnkurve zwischen den beiden Kreisen e_0 und e_1 wechselweise symmetrisch und kongruent verlaufen. Zur qualitativen Veranschaulichung der Bahnkurve können direkt die früheren Figuren aus Kap. IV, § 1 und 2 in sinngemäſser Modifikation dienen; für einen besonderen und besonders wichtigen Fall werden wir die Bahnkurve im Folgenden genauer berechnen und die soeben angedeuteten Überlegungen im Einzelnen durchführen.

Andererseits würde die verschiedene Bauart unseres U im jetzigen und früheren Falle auch manche Unterschiede in der weiteren analytischen Behandlung mit sich bringen. Man bezeichnet die Integrale in (8) und (8'), da sie um einen Grad komplizierter sind wie die früheren elliptischen Integrale, als *hyperelliptische*. Der Unterschied beider zeigt sich besonders im komplexen Gebiete, wenn wir versuchen wollten, unsere Gröſsen u und ψ als Funktionen der Zeit für alle (auch die komplexen) Werte von t darzustellen*). Es ist aber nicht unsere Absicht, auf die hierbei auftretenden Schwierigkeiten irgendwie

---

*) u und ψ sind im Komplexen nicht mehr eindeutige Funktionen von t, wohl aber lassen sich, wie man in der Theorie der sog. automorphen Funktionen zeigt, u, ψ und t für den ganzen komplexen Wertebereich durch eine Hülfsvariable eindeutig darstellen. Vgl. hierzu F. Klein: The mathematical theory of the Top. Princeton Lectures. New York 1897, insbes. den letzten Abschnitt.

einzugehen. Für die numerische Beherrschung der Kreiselbewegung im Reellen, die doch allein unser Zweck sein kann, würde bei dem gegenwärtigen Stande der Theorie auf diesem Wege nichts gewonnen werden. Eher würde sich hierfür ein Verfahren empfehlen, welches Weierstraſs*) in allgemeinen Zügen für alle ähnlichen Probleme entworfen hat und welches darauf abzielt, u als Funktion von t durch eine trigonometrische Reihe mit beliebiger Genauigkeit zu berechnen. Indessen können wir auch von den hierdurch bedingten, immerhin ziemlich umständlichen Rechnungen absehen, da wir uns, wie oben begründet wurde, mit einer geringen Genauigkeit begnügen werden.

Speziell werden wir uns für das Analogon der früher behandelten *pseudoregulären Präcession* interessieren, weil diese durch die gewöhnlichen Antriebsvorrichtungen in der Regel realisiert wird. Wir wollen also voraussetzen, daſs der Eigenimpuls N „sehr groſs sei". Dies soll (vgl. pag. 293) bedeuten, daſs das Quadrat von N groſs sei gegenüber der gleichbenannten Gröſse AP. Z. B. können wir voraussetzen:

$$N^2 > 100\, AP.$$

Ferner wollen wir etwa annehmen, daſs der Kreisel zu Beginn der Bewegung ($t = t_0$) keinen seitlichen Anstoſs bekommen hatte, daſs also seine Anfangsbewegung aus einer reinen Rotation um die Figurenaxe bestand. Dann liegt der anfängliche Drehimpuls in Richtung der Figurenaxe und ist mit N zu bezeichnen. Ist die anfängliche Neigung der Figurenaxe gegen die Vertikale ϑ_0 und setzt man $\cos\vartheta_0 = e_0$, so wird die Projektion des Drehimpulses auf die Vertikale

$$n = N e_0. \tag{9}$$

Ueberdies erkennt man, daſs für $t = t_0$ notwendig $u' = 0$ sein muſs. Denn die Figurenaxe ist nach Voraussetzung zu Beginn Rotationsaxe, kann also ihre Lage im Raume momentan nicht ändern. Aus $u' = 0$ folgt nach Gl. (8) $U = 0$, d. h.

$$2Ah(1-e_0^2) - 2APe_0(1-e_0^2) + 2nNe_0 - N^2 - n^2 = 0.$$

Hieraus entnehmen wir den für unsere Bewegung gültigen Wert von h, indem wir n nach (9) durch N ausdrücken, nämlich

$$2Ah = 2APe_0 + N^2. \tag{10}$$

Wir wollen zunächst U in seine Linearfaktoren spalten. Im Zähler von U muſs sich der Faktor $e_0 - u$ herausziehen lassen, da ja U für

*) Über eine Gattung reell periodischer Funktionen. Monatsberichte der Berliner Akademie 1866, pag. 97.

$u = e_0$ verschwindet. In der That ergiebt sich aus (7) mit Rücksicht auf (9) und (10):

$$(11) \qquad U = \frac{(e_0 - u)\,(2AP(1-u^2) - N^2(e_0 - u))}{A^2 + Aa(1-u^2)}.$$

Die weiteren Verschwindungsstellen des Zählers und Nenners mögen e_1, e_2 bez. $\pm e$ heifsen. Indem man den Nenner gleich Null setzt, findet man:

$$(12) \qquad e^2 = 1 + \frac{A}{a};$$

ferner ergiebt sich durch Nullsetzen des Zählers und Auflösung einer quadratischen Gleichung:

$$(13) \qquad \begin{cases} e_1 = \dfrac{N^2}{4AP}\left(1 - \sqrt{1 - \dfrac{8APe_0}{N^2} + \dfrac{16A^2P^2}{N^4}}\right), \\ e_2 = \dfrac{N^2}{4AP}\left(1 + \sqrt{1 - \dfrac{8APe_0}{N^2} + \dfrac{16A^2P^2}{N^4}}\right). \end{cases}$$

$|e_0|$ ist der geometrischen Bedeutung nach < 1, $|e|$ nach Gl. (12) > 1. Da wir $AP : N^2$ als kleine Zahl voraussetzen, können wir, um die Gröfsenordnung von e_1 und e_2 festzustellen, die Quadratwurzel in (13) nach dieser Gröfse entwickeln und erhalten:

$$(14) \qquad \begin{cases} e_1 = e_0 - \dfrac{2AP}{N^2}(1 - e_0^2) + \cdots \\ e_2 = \dfrac{N^2}{2AP} + \cdots \end{cases}$$

Es ist also e_1 wenig kleiner wie e_0, e_2 sehr grofs. Die gegenseitige Lage der fünf Stellen e_0, e_1, e_2, $\pm e$ wird durch Fig. 69 veranschaulicht.

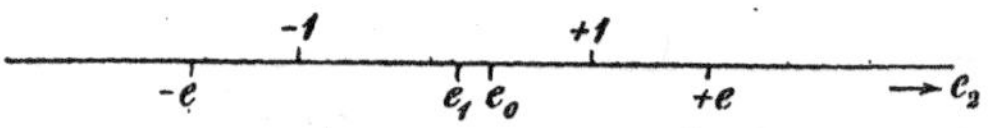

Fig. 69.

Durch seine Linearfaktoren dargestellt, nimmt daher U die Form an:

$$(15) \qquad U = \frac{2P}{a}\,\frac{(e_0 - u)\,(u - e_1)\,(e_2 - u)}{(e^2 - u^2)};$$

der Faktor $\dfrac{2P}{a}$ berechnet sich daraus, dafs sich U nach der früheren Darstellung (11) für $u = \infty$ wie $-\dfrac{2P}{a}u$ verhalten mufs.

Betrachten wir nun das Integral (8). In diesem mufs u notwendig zwischen den Grenzen -1 und $+1$ liegen und dt reell und positiv sein. Beginnen wir also die Integration mit dem Anfangswerte $u = e_0$, so mufs u zunächst abnehmen bis e_1, dann zunehmen bis e_0 u. s. f., da einer Unterschreitung von e_1 oder einer Überschreitung von e_0 ein imaginärer Wert von dt entsprechen würde. (Damit dt positiv ausfällt, ist es nur nötig, das unbestimmte Vorzeichen von $\sqrt{U}$ bei jeder Umkehr der Integrationsrichtung ebenfalls umzukehren.) Die Integrationsvariable u ist also auf das enge Gebiet zwischen e_0 und e_1 eingeschränkt. Wir schliefsen daraus, dafs sich der Faktor $e_2 - u$ während der Integration nur sehr wenig ändert, da sein Maximum $e_2 - e_1$ und sein Minimum $e_2 - e_0$ sowohl wegen der Gröfse von e_2 wie wegen der Kleinheit von $e_0 - e_1$ nahe zusammenfallen. Wir könnten ihn hiernach annähernd konstant setzen, etwa gleich

$$e_2 - u_0, \quad \text{wo} \quad u_0 = \frac{e_0 + e_1}{2}.$$

Nach (8) und (15) ist nun die *genaue* Zeit gegeben durch:

$$t - t_0 = \sqrt{\frac{a}{2P}} \int_{e_0}^{u} \sqrt{\frac{e^2 - u^2}{(e_0 - u)(u - e_1)(e_2 - u)}}\, du,$$

wenn t_0 den der Anfangslage $u = e_0$ entsprechenden Zeitpunkt bezeichnet. Wir führen daneben eine *angenäherte* Zeitbestimmung ein, indem wir $e_2 - u$ durch den angegebenen Näherungswert $e_2 - u_0$ ersetzen, schreiben also:

$$(16) \qquad t' - t_0 = \sqrt{\frac{a}{2P(e_2 - u_0)}} \int_{e_0}^{u} \sqrt{\frac{e^2 - u^2}{(e_0 - u)(u - e_1)}}\, du.$$

Diese beiden Zeiten stehen, wie man leicht einsieht, in der Beziehung zu einander, dafs stets

$$(17) \qquad (t' - t_0)\sqrt{\frac{e_2 - u_0}{e_2 - e_1}} < t - t_0 < (t' - t_0)\sqrt{\frac{e_2 - u_0}{e_2 - e_0}}.$$

Haben wir also den angenäherten Wert der Zeit bestimmt, so ist damit der wahre Wert innerhalb sehr enger Grenzen bekannt. Um diese Grenzen noch näher festzusetzen, schreiben wir nach (14):

$$\sqrt{\frac{e_2 - u_0}{e_2 - e_1}} = \left(1 - \frac{1}{2}\frac{u_0}{e_2} + \cdots\right)\left(1 + \frac{1}{2}\frac{e_1}{e_2} + \cdots\right) = 1 - \frac{u_0 - e_1}{2e_2} + \cdots$$
$$= 1 - \frac{e_0 - e_1}{4e_2} + \cdots = 1 - \frac{A^2P^2}{N^4}(1 - e_0^2),$$

$$\sqrt{\frac{e_2 - u_0}{e_2 - e_0}} = \left(1 - \frac{1}{2}\frac{u_0}{e_2} + \cdots\right)\left(1 + \frac{1}{2}\frac{e_0}{e_2} + \cdots\right) = 1 - \frac{u_0 - e_0}{2e_2} + \cdots$$
$$= 1 + \frac{e_0 - e_1}{4e_2} + \cdots = 1 + \frac{A^2P^2}{N^4}(1 - e_0^2).$$

Wenn z. B., wie wir pag. 519 voraussetzten, $N^2 > 100\,AP$ ist, so weichen diese Gröfsen von der Einheit um weniger als 10^{-4} nach der einen oder anderen Seite hin ab und unsere angenäherte Zeitbestimmung unterscheidet sich von der wahren um weniger als $\frac{1}{100}\%$. Für praktische Zwecke dürfte diese Abweichung überhaupt nicht in Betracht kommen.

Durch die Einführung unserer angenäherten Zeit ist aber das Problem aus dem Gebiete der hyperelliptischen in das der elliptischen Integrale verlegt. Wir könnten auf das Integral (16) die früheren Methoden unmittelbar anwenden und *u als elliptische Funktion der angenäherten Zeit t′ darstellen.* Die erforderliche Fehlerabschätzung läſst sich alsdann aus der Ungleichung (17) entnehmen. Wir wollen aber noch einen Schritt weiter gehen und die Berechnung auf elementare Funktionen zurückführen. Bemerken wir zu dem Zweck, daſs sich auch der Faktor e^2-u^2 wegen der Kleinheit des Integrationsintervalles e_0-e_1 nur wenig ändert und näherungsweise gleich

$$e^2-u_0{}^2$$

gesetzt werden kann. Dementsprechend führen wir eine zweite genäherte Zeitbestimmung ein, indem wir schreiben:

$$t''-t_0=\sqrt{\frac{a\,(e^2-u_0{}^2)}{2P\,(e_2-u_0)}}\int\limits_{e_0}^{u}\frac{du}{\sqrt{(e_0-u)\,(u-e_1)}}. \tag{18}$$

Zwischen t und t'' besteht dann die Ungleichung:

$$(t''-t_0)\sqrt{\frac{e_2-u_0}{e_2-e_1}\,\frac{e^2-e_0{}^2}{e^2-u_0{}^2}}<t-t_0<(t''-t_0)\sqrt{\frac{e_2-u_0}{e_2-e_0}\,\frac{e^2-e_1{}^2}{e^2-u_0{}^2}}. \tag{19}$$

Die Grenzen, die hiernach dem wahren Zeitwerte gezogen sind, sind nicht mehr so enge wie vorher. Man berechnet nämlich nach (14):

$$\begin{aligned}\sqrt{\frac{e^2-e_0{}^2}{e^2-u_0{}^2}}&=\left(1-\frac{1}{2}\frac{e_0{}^2}{e^2}+\cdots\right)\left(1+\frac{1}{2}\frac{u_0{}^2}{e^2}+\cdots\right)=1-\frac{e_0{}^2-u_0{}^2}{2e^2}+\cdots\\&=1-\frac{(e_0-e_1)\,e_0}{2e^2}+\cdots=1-\frac{AP}{N^2}\frac{e_0\,(1-e_0{}^2)}{e^2}+\cdots\end{aligned}$$

$$\begin{aligned}\sqrt{\frac{e^2-e_1{}^2}{e^2-u_0{}^2}}&=\left(1-\frac{1}{2}\frac{e_1{}^2}{e^2}+\cdots\right)\left(1+\frac{1}{2}\frac{u_0{}^2}{e^2}+\cdots\right)=1+\frac{u_0{}^2-e_1{}^2}{2e^2}+\cdots\\&=1+\frac{(e_0-e_1)\,e_0}{2e^2}+\cdots=1+\frac{AP}{N^2}\frac{e_0\,(1-e_0{}^2)}{e^2}+\cdots.\end{aligned}$$

Diese Faktoren weichen also immer noch um weniger als $\frac{AP}{N^2}=10^{-2}$ von der Einheit ab; da die in (19) auſserdem noch hinzutretenden Faktoren $\sqrt{\frac{e_2-u_0}{e_2-e_1}}$ und $\sqrt{\frac{e_2-u_0}{e_2-e_0}}$ von höherer Ordnung gleich 1 waren, so ist damit auch die Abweichung der wahren Zeit t von der angenäherten Zeit t'' festgestellt. Diese Abweichung beträgt weniger als 1% der wahren Zeit, ist also nicht mehr so klein, wie vorher, aber für unsere Zwecke klein genug.

Das Integral (18) führt auf cyklometrische Funktionen. Der Bequemlichkeit wegen führen wir die Abkürzungen ε, v, ω ein, indem wir setzen:

$$(20)\quad \begin{cases} \varepsilon = \dfrac{e_0 - e_1}{2} = \dfrac{AP}{N^2}(1 - e_0^2) + \cdots, \quad v = u - u_0, \\ \omega = \pi \sqrt{\dfrac{a}{2P}\dfrac{e^2 - u_0^2}{e_2 - u_0}}; \end{cases}$$

dann wird

$$\int\limits_{e_0}^{u} \frac{du}{\sqrt{(e_0 - u)(u - e_1)}} = \int\limits_{\varepsilon}^{v} \frac{dv}{\sqrt{\varepsilon^2 - v^2}} = \text{arc sin}\,\frac{v}{\varepsilon} - \frac{\pi}{2},$$

also

$$(21)\qquad t'' - t_0 = \frac{\omega}{\pi}\left(\text{arc sin}\,\frac{v}{\varepsilon} - \frac{\pi}{2}\right).$$

ω bedeutet dabei die näherungsweise berechnete Zeit, während welcher u das Integrationsintervall von e_0 bis e_1 oder v das entsprechende Gebiet von $+\varepsilon$ bis $-\varepsilon$ einmal durchläuft. Wir nennen ω die „halbe Periode der Kreiselbewegung". Sie ist gleich derjenigen Zeit, während welcher die Figurenaxe aus der einen äufsersten Neigung e_0 in die andere äufserste Neigung e_1 oder aus der mittleren Neigung u_0 in eben diese Neigung auf kürzestem Wege zurückkehrt. Nach der Zeit 2ω wiederholen sich die Neigungen der Figurenaxe periodisch. Der noch unbestimmt gelassene Zeitpunkt t_0 möge der Bequemlichkeit halber gleich $\frac{\omega}{2}$ genommen werden, der Nullpunkt der Zeit t'' also mit der mittleren Neigung der Figurenaxe ($v = 0$ oder $u = u_0$) zusammenfallen. Gleichung (21) geht dann über in:

$$(22)\qquad t'' = \frac{\omega}{\pi}\,\text{arc sin}\,\frac{v}{\varepsilon}.$$

Es liegt auf der Hand, dafs wir diese Beziehung lieber „umkehren" und in der folgenden Form schreiben werden:

$$(23)\qquad v = \varepsilon \sin\frac{\pi t''}{\omega} \quad\text{oder}\quad u = u_0 + \varepsilon \sin\frac{\pi t''}{\omega}.$$

Damit sind die wechselnden Neigungen der Figurenaxe *in expliziter Weise als Funktion der angenäherten Zeit* t'' beschrieben. Um den bei dieser Berechnung zugelassenen Fehler abzuschätzen, d. h. um den Wert von u, der zu der wahren Zeit t gehört, in Grenzen einzuschliefsen, brauchen wir nur die Ungleichung (19) in gewisser Weise ebenfalls umzukehren. Diese Ungleichung sagt uns, wieweit die wahren und angenäherten Zeiten, die zu gleichem u gehören, höchstens von einander abweichen. Wir können sie auch so schreiben:

$$\sqrt{\frac{e_2-e_0}{e_2-u_0}\frac{e^2-u_0{}^2}{e^2-e_1{}^2}}\,(t-t_0)<t''-t_0<\sqrt{\frac{e_2-e_1}{e_2-u_0}\frac{e^2-u_0{}^2}{e^2-e_0{}^2}}\,(t-t_0).$$

Der wahre Wert von u, d. h. der Wert von u zur Zeit t, muſs hiernach gleich einem derjenigen Werte sein, welche sich nach Formel (23) für das vorstehend bezeichnete Iutervall der angenäherten Zeit bestimmen. Da (von der Umgebung der Integrationsgrenzen e_0 und e_1 abgesehen) u mit wachsendem t beständig wächst oder beständig abnimmt, so können wir auch sagen: *Der wahre Wert von u ist zwischen denjenigen Werten enthalten, welche sich für die angenäherten Zeitpunkte*

$$(24)\qquad \begin{cases} t''-t_0=\sqrt{\dfrac{e_2-e_0}{e_2-u_0}\dfrac{e^2-u_0{}^2}{e^2-e_1{}^2}}\,(t-t_0) \quad \text{und} \\ t''-t_0=\sqrt{\dfrac{e_2-e_1}{e_2-u_0}\dfrac{e^2-u_0{}^2}{e^2-e_0{}^2}}\,(t-t_0) \end{cases}$$

nach Gleichung (23) *berechnen.* Die gewünschte Fehlerabschätzung ist damit geleistet.

In entsprechender Weise verfahren wir mit dem Winkel ψ in Gl. (8′). Setzen wir für n und U die Werte aus (9) und (15) ein, so ergiebt sich zunächst

$$(25)\qquad \psi=\frac{N}{A}\sqrt{\frac{a}{2P}}\int\frac{e_0-u}{1-u^2}\sqrt{\frac{e^2-u^2}{(e_0-u)\,(u-e_1)\,(e_2-u)}}\,du.$$

Wir könnten auch hier wieder ein angenähertes Azimuth ψ' einführen, welches sich durch ein elliptisches Integral berechnen läſst, indem wir den Faktor e_2-u ersetzen durch e_2-u_0. Indessen gehen wir lieber gleich einen Schritt weiter und schreiben:

$$(26)\qquad \psi''=\frac{N}{A}\frac{1}{1-u_0{}^2}\sqrt{\frac{a}{2P}\frac{e^2-u_0{}^2}{e_2-u_0}}\int\frac{(e_0-u)\,du}{\sqrt{(e_0-u)\,(u-e_1)}},$$

sodaſs sich die weitere Rechnung im trigonometrischen Gebiete abspielt. Wir substituieren als Integrationsvariable die angenäherte Zeit t''; nach Gl. (18) und (23) haben wir

$$dt''=\sqrt{\frac{a}{2P}\frac{e^2-u_0{}^2}{e_2-u_0}}\,\frac{du}{\sqrt{(e_0-u)\,(u-e_1)}},$$

$$u=u_0+\varepsilon\sin\frac{\pi t''}{\omega},\quad e_0-u=\varepsilon\left(1-\sin\frac{\pi t''}{\omega}\right)$$

und daher

$$(27)\qquad \begin{aligned}\psi''&=\frac{N}{A}\frac{\varepsilon}{1-u_0{}^2}\int\left(1-\sin\frac{\pi t''}{\omega}\right)dt''\\ &=\frac{N}{A}\frac{\varepsilon}{1-u_0{}^2}\frac{\omega}{\pi}\left(\frac{\pi}{\omega}(t''-t_0)+\cos\frac{\pi t''}{\omega}\right).\end{aligned}$$

Die Integrationskonstante wurde hierbei so gewählt, daſs ψ'' verschwindet für $t'' = t_0 = \omega/2$. *Wiederum ist der angenäherte Wert von ψ als explizite Funktion der angenäherten Zeit t'' dargestellt.*

Zwischen dem wahren Azimuth ψ und dem genäherten ψ'' besteht, wie der Vergleich von (26) und (25) ergiebt, die Beziehung

$$(28) \qquad \frac{1-u_0^2}{1-e_1^2}\sqrt{\frac{e^2-e_0^2}{e^2-u_0^2}\frac{e_2-u_0}{e_2-e_1}}\,\psi'' < \psi < \frac{1-u_0^2}{1-e_0^2}\sqrt{\frac{e^2-e_1^2}{e^2-u_0^2}\frac{e_2-u_0}{e_2-e_0}}\,\psi''.$$

Da beide Faktoren, mit denen ψ'' multipliziert ist, wenig von 1 verschieden sind, ist hierdurch der wahre Wert von ψ mit Hülfe des angenäherten in enge Grenzen eingeschlossen.

Durch ψ und u lassen sich die übrigen auf die Kreiselbewegung bezüglichen Gröſsen darstellen. Besonders werden wir uns für die *Bahnkurve des Stützpunktes* in der tragenden Horizontalebene interessieren, weil diese bei der Bewegung in erster Linie ins Auge fällt und sich auch experimentell bequem aufzeichnen läſst (vgl. das folg. Kap. § 10). In der Horizontalebene breiten wir uns eine komplexe Variable ξ aus, sodaſs der Nullpunkt derselben mit dem Punkt S' zusammenfällt. Den wechselnden Lagen des Stützpunktes O entspricht dann eine Folge von ξ-Werten und die Bahnkurve sowie das Zeitmaſs, in dem sie von dem Stützpunkt durchlaufen wird, sind vollständig bekannt, wenn wir diese ξ-Werte als Funktion der Zeit in der Form $\xi = f(t)$ dargestellt haben.

Zunächst ist der absolute Betrag von ξ nach Fig. 68 leicht anzugeben; es ist nämlich

$$(29) \qquad |\xi| = OS' = E \sin\vartheta = E\sqrt{1-u^2}.$$

Sodann ist der Winkel des Strahles OS' (der Projektion der Figurenaxe auf die Horizontalebene) gegen einen beliebigen festen Strahl dieser Ebene bis auf eine Konstante gleich dem Winkel ψ, den die Knotenlinie gegen eine beliebige feste horizontale Gerade bildet.

Die Gleichung der Bahnkurve schreibt sich daher in der folgenden Form:

$$(30) \qquad \xi = E\sqrt{1-u^2}\,e^{i\psi},$$

wobei die Berechnung von u und ψ nach Gl. (23) und (27), die Fehlerbestimmung nach Ungleichung (24) und (28) zu erfolgen hat.

Wir werden den Gang der Rechnung sogleich an einem Zahlenbeispiel erläutern. Vorher wird es gut sein, um den Charakter der Bahnkurve zu veranschaulichen, weniger genau zu verfahren. Wir wollen einmal den Unterschied zwischen wahrer und genäherter Zeitbestimmung vernachlässigen und auch sonst einige Vereinfachungen eintreten lassen, die sich durch Entwicklung nach der als klein vorausgesetzten Gröſse

$$\varepsilon = \frac{AP}{N^2}(1 - e_0^2) + \cdots = \frac{AP}{N^2}(1 - u_0^2) + \cdots$$

ergeben. Wir schreiben in dem Sinne:

$$u = u_0 + \varepsilon \sin \frac{\pi t}{\omega}, \quad \sqrt{1 - u^2} = \sqrt{1 - u_0^2}\left(1 - \frac{\varepsilon u_0}{1 - u_0^2} \sin \frac{\pi t}{\omega}\right)$$

$$= \sqrt{1 - u_0^2}\left(1 - \frac{APu_0}{N^2} \sin \frac{\pi t}{\omega}\right), \quad \psi = \frac{P}{N}\left(t - t_0 + \frac{\omega}{\pi} \cos \frac{\pi t}{\omega}\right).$$

Hiernach wird die vereinfachte Gleichung der Bahnkurve

$$(31) \qquad \xi = E\sqrt{1 - u_0^2}\left(1 - \frac{APu_0}{N^2} \sin \frac{\pi t}{\omega}\right) e^{\frac{iP}{N}\left(t - t_0 + \frac{\omega}{\pi} \cos \frac{\pi t}{\omega}\right)}.$$

Dieselbe legt folgende Deutung nahe: Im Mittel bewegt sich der Stützpunkt um den festen Punkt S' auf einem Kreise vom Radius $E\sqrt{1 - u_0^2}$ mit der konstanten Winkelgeschwindigkeit $\frac{P}{N}$ herum. Dieser Teil der Bewegung wird als eine reguläre *Präzession* der Figurenaxe zu bezeichnen sein. Ihr überlagert sich eine Schwankung oder *Nutation* der Figurenaxe von der Periode 2ω, vermöge deren sowohl Gröfse als Richtung des Fahrstrahls $S'O$ periodisch abgeändert wird. Zeitdauer und Betrag der Nutation sind gering, desgl. im allgemeinen die Winkelgeschwindigkeit der Präzession. *Die Bahnkurve des Stützpunktes besteht daher aus einem Kreise mit zahlreichen auf ihm aufsitzenden Zacken; sowohl wegen ihrer Kleinheit wie wegen der Schnelligkeit, mit der sie durchlaufen werden, entziehen sich die Nutationen der groben Beobachtung und die Bewegung erscheint in erster Linie als eine reguläre Präzession.* Sie hat ganz denselben Charakter wie die frühere pseudoreguläre Präzession des Kreisels mit festem Stützpunkte und stimmt mit dieser auch in der Gröfse der Präzessionsgeschwindigkeit $\frac{P}{N}$ überein.

Wir kommen nun zur genauen Durchführung eines Zahlenbeispiels. Unser Kreisel sei ein homogener Rotationskegel von der Höhe $h = 8$ cm, sein Schwerpunkt S liegt in der Entfernung $E = \frac{3}{4}h = 6$ cm von seiner Spitze O. Soll das für den Schwerpunkt konstruierte Trägheitsellipsoid eine Kugel sein, so mufs der Radius des Grundkreises r gleich der halben Höhe sein. Man findet nämlich unschwer für die Trägheitsmomente C, A_1, A um die Figurenaxe, bezw. um eine zur Figurenaxe senkrechte Axe durch O, bezw. um eine ebensolche Axe durch S:

$$C = \frac{3}{10}Mr^2, \; A_1 = \frac{3}{20}M(r^2 + 4h^2), \quad A = \frac{3}{20}M\left(r^2 + \frac{1}{4}h^2\right),$$

wo M die gesamte Masse des Kreisels ist. Durch Gleichsetzen der Werte von A und C ergiebt sich in der That

$$r = \frac{1}{2} h = 4 \text{ cm}.$$

Mithin wird

$$A = C = \frac{48}{10} M, \quad a = ME^2 = 36 M$$

und

$$\frac{A}{a} = \frac{4}{30}, \quad e^2 = 1 + \frac{A}{a} = 1{,}133.$$

Die anfängliche Rotation, welche um die Figurenaxe erfolgen sollte, möge die Umdrehungszahl 20 pro Sekunde besitzen, sodaſs die Winkelgeschwindigkeit $2\pi \cdot 20$ beträgt. Es ist dann

$$N^2 = 4\pi^2 \cdot 400 \cdot A^2$$

und

$$\frac{N^2}{AP} = \frac{4\,\pi^2 \cdot 40 \cdot 48\, M}{MgE} = \frac{4\,\pi^2 \cdot 40 \cdot 48}{981{,}0 \cdot 6} = 12{,}878.$$

Wir haben also dieses Verhältnis erheblich kleiner gewählt, als es vorher vorausgesetzt wurde, weil sonst die zu zeichnende Figur gar zu wenig charakteristisch ausfallen würde und die Bahnkurve von einem Kreise kaum zu unterscheiden wäre. Der Grad der Annäherung, der sich ja wesentlich durch die Gröſse dieses Verhältnisses bestimmt, wird dementsprechend im folgenden etwas weniger günstig ausfallen, wie bei der allgemeinen Betrachtung. Dies schadet indessen nichts, da uns an dieser Stelle nicht die Kleinheit des Fehlers sondern seine Abschätzung in erster Linie interessiert. In der Anfangslage (zur Zeit t_0) möge die Figurenaxe den Winkel 45° gegen die Vertikale bilden. Es ist dann

$$e_0 = \sqrt{\frac{1}{2}} = 0{,}707.$$

Die Gröſsen e_1 und e_2 ergeben sich durch Nullsetzen des Zählers von U, also nach (11) durch Auflösen der quadratischen Gleichung:

$$2\,AP\,(1 - u^2) = N^2\,(e_0 - u).$$

Setzt man die angegebenen Zahlenwerte für $\frac{N^2}{AP}$ und e_0 ein, so erhält man

$$u^2 - 6{,}439\, u = -\, 3{,}552, \quad e_1 = 0{,}609, \quad e_2 = 5{,}830.$$

Es wird daher

$$\varepsilon = \frac{e_0 - e_1}{2} = 0{,}049, \quad u_0 = \frac{e_0 + e_1}{2} = 0{,}658, \quad u_0{}^2 = 0{,}433,$$

$$\omega = \sqrt{\frac{a\,(e^2 - u_0{}^2)}{2\,P\,(e_2 - u_0)}}\,\pi = 6{,}38 \cdot 10^{-2} \text{ sec.}$$

und

$$\frac{N}{A}\frac{\varepsilon}{1-u_0^2}\frac{\omega}{\pi} = 0{,}220.$$

Wir berechnen noch die folgenden Faktoren, welche nach (24) und (28) für die Fehlerabschätzung wesentlich sind:

$$\sqrt{\frac{e_2-e_0}{e_2-u_0}\frac{e^2-u_0^2}{e^2-e_1^2}} = 1-4{,}6\cdot 10^{-2},\quad \sqrt{\frac{e_2-e_1}{e_2-u_0}\frac{e^2-u_0^2}{e^2-e_0^2}} = 1+5{,}7\cdot 10^{-2},$$

$$\frac{1-u_0^2}{1-e_1^2}\sqrt{\frac{e^2-e_0^2}{e^2-u_0^2}\frac{e_2-u_0}{e_2-e_1}} = 1-1{,}6\cdot 10^{-1},$$

$$\frac{1-u_0^2}{1-e_0^2}\sqrt{\frac{e^2-e_1^2}{e^2-u_0^2}\frac{e_2-u_0}{e_2-e_0}} = 1+1{,}9\cdot 10^{-1}.$$

Nun bestimmen wir die Bahnkurve und zwar beispielsweise dasjenige Stück derselben, welches von der Anfangszeit $t = t_0 = \frac{\omega}{2}$ bis zur Zeit $t = t_6 = \frac{3\omega}{2}$ durchlaufen wird. Zwischen diese beiden Zeitpunkte schalten wir noch fünf äquidistante Zeiten t_1, t_2, t_3, t_4, t_5 ein. Die Länge eines zwischen ihnen enthaltenen Zeitintervalles beträgt dann $\frac{\omega}{6}\cdot$ Diesen „wahren" Zeitpunkten ordnen wir nach Gl. (24) je zwei „angenäherte" Zeitpunkte zu.

Z. B. gehören zu t_1 die beiden Werte

$$t''-t_0 = (1-4{,}6\cdot 10^{-2})\frac{\omega}{6} \text{ und } t''-t_0 = (1+5{,}7\cdot 10^{-2})\frac{\omega}{6}\cdot$$

Bilden wir lieber das Produkt $\frac{\pi t''}{\omega}$, welches in unsern Formeln als Argument der trigonometrischen Funktionen vorkommt, und drücken dieses in Gradmafs aus, so ergiebt sich

$$\frac{\pi t''}{\omega} = \frac{\pi}{2} + (1-4{,}6\cdot 10^{-2})\frac{\pi}{6} = 90^0 + 28^0\,37'$$

bezw.

$$\frac{\pi t''}{\omega} = \frac{\pi}{2} + (1+5{,}7\cdot 10^{-2})\frac{\pi}{6} = 90^0 + 31^0\,43'.$$

Nach Gl. (23) gehören zu diesen beiden genäherten Zeiten die folgenden beiden u-Werte:

$$u = 0{,}658 + 0{,}049 \cos(28^0\,37') = 0{,}701$$

bezw.

$$u = 0{,}658 + 0{,}049 \cos(31^0\,43') = 0{,}699.$$

Mithin kann der wahre Wert von u zur Zeit t_1 gleichgesetzt werden

$$u = 0{,}700 \pm \vartheta\cdot 0{,}001,$$

unter ϑ (ebenso wie unten unter ϑ', ϑ'' ...) einen unbekannten echten Bruch verstanden.

Aus den Grenzen für u ergeben sich entsprechende Grenzen für die Länge des Vektors $S'O = E\sqrt{1-u^2}$. Drücken wir letztere in mm aus, so finden wir dafür die beiden äufsersten Werte 42,78 und 42,90 mm. Wir schreiben daher für $t = t_1$: $E\sqrt{1-u^2} = 42{,}84 \pm \vartheta' \cdot 0{,}06$ mm.

Es handelt sich sodann um die Richtung des Vektors $S'O$ zur Zeit t_1, also um den Winkel ψ. Wir berechnen zunächst die Näherungswerte ψ'', welche nach Gl. (27) zu den oben angegebenen Grenzwerten von t'' gehören, nämlich für

$$\frac{\pi t''}{\omega} = 90^0 + 28^0\,37', \quad \psi'' = 0{,}220\left(28^0\,37' - \frac{180^0}{\pi}\sin 28^0\,37'\right) = 15'$$

$$\frac{\pi t''}{\omega} = 90^0 + 31^0\,43', \quad \psi'' = 0{,}220\left(31^0\,43' - \frac{180^0}{\pi}\sin 31^0\,43'\right) = 21'.$$

Der erste dieser Werte entspricht der Neigung $u = 0{,}701$ der Figurenaxe; die Unsicherheit desselben folgt aus der Ungl. (28), welche besagt, dafs für den wahren Wert von ψ bei eben jener Neigung gilt:

$$(1 - 1{,}6 \cdot 10^{-1})\,15' < \psi < (1 + 1{,}9 \cdot 10^{-1})\,15'$$

oder

$$13' < \psi < 18'.$$

Ebenso ergiebt sich für den wahren Wert von ψ bei der Neigung $u = 0{,}699$ der Figurenaxe aus (28):

$$(1 - 1{,}6 \cdot 10^{-1})\,21' < \psi < (1 + 1{,}9 \cdot 10^{-1})\,21'$$

d. h.

$$18' < \psi < 25'.$$

Da zur Zeit $t = t_1$, wie wir sahen, die Gröfse u jedenfalls zwischen $u = 0{,}701$ und $0{,}609$ liegt, mufs der Winkel ψ jedenfalls zwischen 13′ und 25′ enthalten sein. Wir schreiben daher für $t = t_1$:

$$\psi = 19' \pm \vartheta'' \cdot 6'.$$

In derselben Weise sind die Gröfsen u, $E\sqrt{1-u^2}$, ψ für die Zeitpunkte $t = t_2, t_3, \ldots$ zu bestimmen. (Für den Anfangswert $t = t_0$ ergiebt sich offenbar und zwar genau $u = e_0 = 0{,}707$, $E\sqrt{1-u^2} = 42{,}43$ mm, $\psi = 0$.) Das Resultat der Rechnung enthält die Tabelle von pag. 530:

	t_0	t_1	t_2	t_3	t_4	t_5	t_6
u	0,707	0,700 ± 0,001	0,682 ± 0,002	0,658 ± 0,004	0,632 ± 0,005	0,616 ± 0,003	0,609 ± 0,000
$E\sqrt{1-u^2}$	42,4	42,8 ± 0,1	44,0 ± 0,1	45,2 ± 0,2	46,4 ± 0,3	47,2 ± 0,2	47,6 ± 0,0
ψ	0	19′ ± 6′	2° 26′ ± 46′	7° 38′ ± 2° 20′	16° 21′ ± 4° 50′	28° 3′ ± 7° 58′	41° 21′ ± 11° 8′

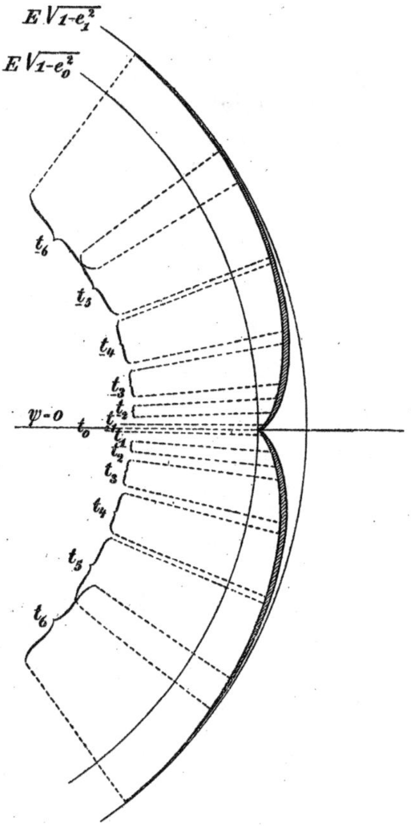

Fig. 70.

Auf Grund dieser Zahlen ist Fig. 70 gezeichnet. Sie zeigt, wie sich die Bahnkurve zwischen den beiden Begrenzungskreisen vom Radius $E\sqrt{1-e_0^2} = 42{,}4$ mm und $E\sqrt{1-e_1^2} = 47{,}6$ mm hin- und herzieht. Den größeren der beiden Kreise tangiert sie, auf dem kleineren sitzt sie mit Spitzen auf. Daſs wir mit begrenzter Genauigkeit rechneten, kommt darin zum Ausdruck, dafs die Bahnkurve nicht als mathematische Linie sondern als Streifen von wechselnder Breite erscheint, ferner darin, dafs den Zeitpunkten t_i kein bestimmter Punkt der Linie, sondern ein gewisser Bereich des Streifens entspricht, der in der Figur kenntlich gemacht ist. Dieser Bereich wird um so gröfser, die Sicherheit unserer Rechnung also um so geringer, je weiter wir uns von der Anfangszeit $t = t_0$ entfernen. Die Zeitpunkte $t_{-1}, t_{-2}, \ldots$ gehen der Anfangszeit t_0 in demselben Abstande vorher, wie die Zeitpunkte $t_1, t_2, \ldots$ ihr folgen. Die Bahnkurve für $t < t_0$ ergiebt sich aus der für $t > t_0$ einfach durch Spiegelung an dem Strahle $\psi = 0$.

Man wird beim Anblick unserer Figur zugeben, dafs unsere angenäherte Berechnung hinsichtlich der *Gestalt* der Bahnkurve allen Ansprüchen genügt, die man vom naturwissenschaftlichen Standpunkte aus an die Lösung der vorliegenden Aufgabe stellen kann; hinsichtlich des *Zeitmafses*, in dem unsere Bahnkurve durchlaufen wird, kann man zweifelhaft sein, ob unsere Annäherung befriedigt, da z. B. für $t = t_{\pm 5}$ der Bereich, innerhalb dessen die Lage des Stützpunktes unsicher ist, etwas grofs wird. Indessen können wir geltend machen, dafs in dieser Hinsicht die Genauigkeit unserer Rechnung etwa parallel derjenigen Genauigkeit gehen mag, mit der sich der Ort des Stützpunktes zu einer gegebenen Zeit durch eine nicht besonders verfeinerte Beobachtungsmethode feststellen läfst.

Vor allem aber müssen wir bedenken, dafs der wirkliche Bewegungsverlauf durch die Reibung an der Unterlage, von der wir in diesem Paragraphen abgesehen haben, in hohem Grade entstellt wird. Wollten wir daher die vorangehenden Rechnungen verschärfen, ohne dabei auf die Reibung Rücksicht zu nehmen, so hiefse dieses, sich mit Kleinigkeiten aufhalten und die Hauptsache verfehlen.

Kapitel VII.

Theorie und Wirklichkeit. Einfluſs der Reibung, des Luftwiderstandes, der Elastizität von Material und Unterlage auf die Kreiselbewegung.

§ 1. Der Gegensatz zwischen rationeller und physikalischer oder zwischen himmlischer und irdischer Mechanik.

Man bezeichnet seit altersher die abstrakte Mechanik, welche die Fülle der Bewegungserscheinungen durch mathematische Deduktion aus wenigen Grundsätzen abzuleiten bestrebt ist, als *rationelle* (= deduktive) Mechanik. Daneben tritt diejenige Behandlung der mechanischen Probleme, welche die Wirklichkeit in ausgiebigerer Weise mit Hinzuziehung von Erfahrungsthatsachen und Experimenten berücksichtigt, fast etwas schüchtern als *physikalische* (= induktive) Mechanik auf. Angesichts der weitgehenden Abweichungen aber zwischen den Resultaten der abstrakten Theorie und den Thatsachen der Wirklichkeit möchte man die Frage aufwerfen, ob nicht für die Mehrzahl der Anwendungsgebiete die physikalische Mechanik in Wahrheit die rationelle und die sog. rationelle in Wahrheit höchst unphysikalisch und irrationell ist.

Der Grund für die uns ständig entgegentretenden Differenzen zwischen Theorie und Wirklichkeit liegt, wie allbekannt, in dem Auftreten von Energie verzehrenden oder Energie zerstreuenden Kräften. Die abstrakte Theorie stellt sich gerne so, als ob diese Kräfte nur sekundäre Bedeutung hätten, als ob es sich dabei um Erscheinungen zweiter Ordnung handelte, welche das Gesamtbild zwar trüben aber nicht völlig entstellen können. Ein etwas krass gewähltes Beispiel möge uns lehren, wie weit diese Annahme zutrifft.

Das deutsche Infanteriegewehr Modell 88 erteilt dem Geschosse eine Anfangsgeschwindigkeit von ca. 620 $\frac{\text{m}}{\text{sec}}$. (Die Beobachtung dieser Geschwindigkeit geschieht etwa 25 m vor der Mündung.) Sofern wir den Luftwiderstand und die Luftreibung ignorieren wollen, die hier als Energie verzehrende Momente ins Spiel kommen, ist die Flugbahn die bekannte Parabel und die gröſste Schuſsweite wird erzielt bei einem Abgangswinkel (Elevationswinkel) von 45^0 gegen die Horizontale. Nach den elementaren Gesetzen der Wurfbewegung berechnet sich, wenn man mit v den gemeinsamen Wert der vertikalen und der horizontalen Anfangsgeschwindigkeit

$$v = \frac{620}{\sqrt{2}} \frac{\text{m}}{\text{sec}}$$

bezeichnet, die bei dem genannten Schusse vorkommende gröſste Erhebung H des Geschosses über den Erdboden und die Schuſsweite W aus den Formeln:

$$H = \frac{v^2}{2g} = \text{ca. } 10 \text{ km}, \qquad W = \frac{2v^2}{g} = \text{ca. } 40 \text{ km}.$$

Schlägt man aber die Schieſsvorschrift für die Infanterie auf, welche das auf diesem Gebiete vorliegende reiche Beobachtungsmaterial zusammenfaſst, so findet man auf Seite 17, daſs die gröſste beobachtete Schuſsweite ungefähr 4 km beträgt und daſs sie einem Abgangswinkel von 32^0 entspricht. Die höchste Erhebung des Geschosses wird bei dieser Bahn rund $^1/_2$ km und liegt nicht, wie bei der abstrakten Wurfbewegung, in der Mitte, sondern etwas dahinter in der Entfernung 2,2 km von der Mündung.

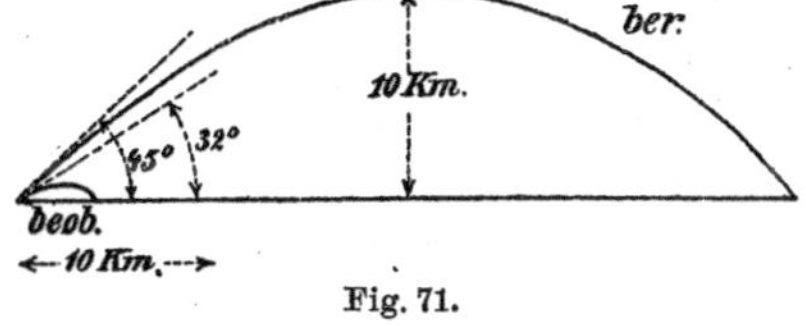

Fig. 71.

Deutlicher noch wie die angegebenen Zahlen redet die nebenstehende Figur. Sie zeigt, daſs die unter Vernachlässigung des Luftwiderstandes berechnete Bahn („ber.“) auch nicht eine entfernte Annäherung an die beobachtete Bahn („beob.“) giebt.

Allerdings denkt niemand daran, in den ballistischen Problemen den Luftwiderstand zu vernachlässigen. Auch kann zugegeben werden, daſs sein Einfluſs bei geringeren Geschwindigkeiten nicht so stark ins Gewicht fallen wird, wie bei den gewaltigen Geschwindigkeiten der modernen Schuſswaffen. Denn es ist theoretisch verständlich und durch die Beobachtung bestätigt, daſs mit wachsender Geschwindigkeit und ganz besonders in der Nähe der Schallgeschwindigkeit der Luftwiderstand rapide zunehmen muſs. Trotzdem dürfte unser Beispiel geeignet sein, uns vor einer Überschätzung der Ergebnisse der rationellen Mechanik und vor einer Unterschätzung von sog. „Nebenumständen“ wie Reibung etc. zu warnen, die gegebenenfalls leicht zur Hauptsache werden können.

Die Abneigung der mathematischen Schriftsteller vor der Inangriffnahme der Reibungsprobleme macht sich schon bei dem groſsen Begründer der analytischen Mechanik, bei Lagrange, geltend. Er erwähnt an keiner Stelle seines Werkes die Reibung der festen Körper auf einander. Diesem nicht nachahmenswerten Beispiele folgt auch Kirchhoff in seinen Vorlesungen über Mechanik. Und doch ist die Reibung, nächst der Schwere, wohl die wichtigste Kraft in unserem Dasein. Gewöhnlich wird sie als etwas Schädliches und Unerwünschtes angesehen. In der That rühren die Energieverluste und daher die Betriebskosten bei all unseren Maschinen, Fahrzeugen etc. zum gröſsten Teil von irgend einer Art Reibung her. Es hieſse jedoch ungerecht sein, wenn man die wohlthätigen Seiten der Reibung verkennen wollte. Nur die Reibung ermöglicht es uns, daſs wir uns auf unserer Erde nach Belieben vorwärts bewegen können, sei es durch die Kraft unserer Glieder, sei es mit Hülfe irgend eines Gefährtes. Man erinnere sich z. B., daſs im Betriebe der Straſsenbahnen, wenn durch Eisbildung der wohlthätige Einfluſs der Reibung zwischen Rad und Schiene geschwächt ist, der Wagen nicht von der Stelle kommt. Weiter aber: Die Reibung ermöglicht es mir, den Federhalter zwischen den Fingern zu halten, falls ich nur — entsprechend dem unten zu besprechenden Reibungsgesetze — die Finger mit einem genügenden Druck gegen den Halter presse. Die Reibung verhindert die Bücher, die auf meinem (doch gewiſs nicht genau horizontalen) Schreibtische liegen, der Schwere folgend zur Erde hinab zu gleiten; sie verhütet, daſs der Berg, der vor meinem Fenster liegt, zu Thale kommt und die Stadt verschüttet.

Woher rührt es nun, werden wir uns fragen, daſs trotz ihrer maſsgebenden Wichtigkeit für alle irdischen Verhältnisse die Reibung in der theoretischen Mechanik so wenig Beachtung findet? Ein Grund hierfür ist historischer Natur.

Das älteste Anwendungsgebiet der mechanischen Lehren und der älteste Zweig der mathematischen Naturwissenschaft überhaupt ist die *Astronomie.* Die Begründer und Hauptförderer der Mechanik, Galilei, Newton, Lagrange, Laplace haben wesentlich astronomische Fragen bei ihren Untersuchungen im Auge gehabt. Dadurch ist es gekommen, daſs die theoretische Mechanik ein Gewand bekommen hat, das wesentlich für astronomische Zwecke zugeschnitten erscheint. Die Himmelskörper nun bewegen sich merklich reibungslos im luftleeren Raume und können für die meisten Zwecke als einzelne Massenpunkte angesehen werden. In der Mechanik des Himmels also — aber auch nur hier — treten die Reibungserscheinungen zurück. Hier steht das Problem der n frei im Raum beweglichen Massenpunkte, die mit konservativen Kräften auf einander wirken, im Mittelpunkte des Interesses, ein Problem, welches vielfach den Hauptgegenstand der Vorlesungen und Lehrbücher über theoretische Mechanik ausmacht, welches aber in den irdischen Geschehnissen niemals realisiert wird.

Man bezeichnet den Sachverhalt deutlicher, wenn man statt von rationeller und physikalischer Mechanik von *himmlischer* und *irdischer Mechanik* spricht. Die uns überkommene Form der theoretischen Mechanik hat ihren Ursprung und ihr eigentliches Anwendungsgebiet in der Mechanik des Himmels. Um den vielfach verworrenen und komplizierten Verhältnissen auf der Erde gerecht zu werden, mufs sie durch Erfahrungsmaterial wesentlich ergänzt werden.

Ein anderer Grund für die geringe Beachtung, welche die Reibungsprobleme bei den Theoretikern finden, ist die geringe Zuverlässigkeit der physikalischen Grundlagen der Reibungstheorie. Wir sind uns von vornherein bewufst, dafs die üblichen Gesetze z. B. über die gleitende Reibung fester Körper auf einander, über den Luftwiderstand, über die Reibung im Innern der Flüssigkeiten oder über die innere Reibung der festen Körper nur grobe Annäherungen sind, dafs die physikalischen Umstände bei diesen Vorgängen äufserst kompliziert sind und vielleicht überhaupt nicht in allgemeingültige Formeln gefafst werden können. Eine naturgemäfse Berücksichtigung des Luftwiderstandes z. B. müfste von der Mitbewegung der umgebenden Luft ausgehen. Die Energieverluste, die der Luftwiderstand erzeugt, wären einerseits aus der inneren Reibung der Luft, andererseits aus der Abgabe von Bewegungsenergie an weiter entfernte Luftschichten zu berechnen. Bei sehr schnellen Bewegungen, die mit merklichen Luft-Verdichtungen und -Verdünnungen verbunden sein werden, erfolgt die Energieabgabe mit Schallgeschwindigkeit; hierbei müfste aufser der Trägheit auch die Elastizität und die Thermodynamik der Luft in Rechnung gesetzt werden. Einen Blick in die Mannigfaltigkeit der hier vorliegenden Verhältnisse gestatten uns die bekannten schönen Momentaufnahmen der durch die Geschosse erzeugten Luftwellen. Ihnen gegenüber mufs eine Formel, die den Luftwiderstand durch irgend eine Potenz der Geschwindigkeit ausdrücken will, geradezu ärmlich erscheinen. Ebenso aussichtslos wird es sein, den Schiffswiderstand angesichts des komplizierten Spieles der Wellen in der Nähe eines Dampfers in eine einfache Formel hineinzwängen zu wollen. Jedenfalls werden hier nur ausgedehnte, mit den gröfsten Mitteln durchgeführte Versuche einigen Aufschlufs liefern. Theorie und Rechnung können auf diesen Gebieten eher als Anleitung zur vernünftigen Anstellung von Experimenten wie zur Voraussage der Erscheinungen dienen. In manchen Fällen hat die Theorie Regeln (sog. Ähnlichkeitsgesetze) liefern können, um die durch Modellversuche, also durch Versuche in verkleinertem Mafsstabe gefundenen Resultate auf die gröſseren Verhältnisse der wirklichen Probleme zu übertragen. Die Leistung der Theorie ist in solchen Fällen sehr wertvoll, aber doch viel bescheidener, wie z. B. bei den Problemen der Himmelsmechanik.

Die Gröſse des Widerstandes wird in den vorgenannten Beispielen auſserdem von der besonderen Form des Geschosses oder des Schiffes abhängen. Es kann durchaus sein, daſs eine kleine Abänderung der Form eine erhebliche Änderung des Widerstandsgesetzes bewirkt. Ähnliches gilt von der gleitenden Reibung. Hier kommt es auf scheinbar geringfügige Umstände weit mehr an, als man erwarten und wünschen möchte. Eine durch Abnutzung veränderte Oberfläche verhält sich anders wie eine frisch bearbeitete. Teilchen des abgeriebenen Materials oder Staubkörnchen, welche sich zwischen den Reibungsflächen befinden, können die Gröſse der Reibung beträchtlich beeinflussen; ein Feuchtigkeitsniederschlag aus der umgebenden Luft kann wie ein Schmiermittel wirken und die Reibungsgesetze nicht nur quantitativ sondern auch qualitativ gründlich verändern. Hier gilt also der für den Naturforscher höchst unbequeme und störende Satz: Kleine Ursachen, groſse Wirkungen. Vor der kritiklosen Benutzung von Reibungsziffern muſs aus diesem Grunde gewarnt werden. Ziffern, die für gewisse Versuchsumstände gefunden sind, brauchen deshalb noch nicht für andere Umstände zu gelten. Diese Ziffern auf zwei oder drei Dezimalen anzugeben, wie es in den technischen Kalendern ebensowohl wie in vielen Lehrbüchern der Experimentalphysik geschieht, hat jedenfalls keinen Wert.

Man begreift es hiernach, daſs der Laboratoriums-Physiker, der in der angenehmen Lage ist, seine Probleme frei, zum Teil nach ästhetischen Gesichtspunkten zu wählen, an den Reibungsfragen gerne vorbeigeht, weil er sich aus ihrem Studium keine reinen und allgemeinen Gesetze verspricht. Anders steht der Techniker zu den Reibungsgesetzen, die für ihn Lebensfragen sind. Deshalb rühren die neueren Beiträge zur Kenntnis der Reibungsgesetze, die wir im folgenden Paragraphen zu nennen haben werden, wesentlich von technischer Seite her.

Aus dieser Sachlage folgt aber weiter, daſs die mathematische Behandlung der Reibungsprobleme unter anderen Gesichtspunkten zu erfolgen hat, wie die der Probleme der rationellen Mechanik. Der Mathematiker strebt seiner Erziehung und Gewohnheit nach dahin, die ihm vorgelegten Probleme mit völliger Schärfe zu lösen, so daſs eine Berechnung auf beliebig viele Dezimalen theoretisch möglich wird. Diese Methode ist bei den Aufgaben der Himmelsmechanik mit Rücksicht auf die grofse Schärfe der astronomischen Beobachtungen in der That zweckmäfsig; bei allen Aufgaben aber, bei denen Reibungseinflüsse etc. wesentlich sind, d. h. bei allen Aufgaben der irdischen Mechanik, würde eine solche Genauigkeit der Rechnung in unschönem Mifsverhältnis stehen zu der Genauigkeit der physikalischen Grundlagen. Hier ist es vielmehr angezeigt, nicht nach quantitativer Durchrechnung, sondern nach qualitativem Verständnis der Erscheinungen zu streben, und wo man quantitativ vorgeht, von vornherein nicht mit beliebiger sondern mit begrenzter Genauigkeit zu rechnen. Und dies um so mehr, als die mit Reibungsgliedern behafteten Differentialgleichungen z. B. in der Kreiseltheorie reichlich kompliziert werden und, wie man gewöhnlich sagen würde, „sich nicht integrieren lassen". Dem gegenüber betonen wir den Grundsatz: man *soll* solche Gleichungen nicht integrieren; man soll sie interpretieren und konstruieren, wie wir dies im Folgenden versuchen werden.

In den vorstehenden Erörterungen ist begründet, weshalb und in welchem Sinne wir die Reibungsprobleme beim Kreisel zu ausführlicherer Behandlung bringen werden, als man es bisher gethan hat. Allerdings bleiben wir hinter dem Ziel, welches man erreichen möchte, zurück, weil wir uns bei dem Fehlen ausreichender experimenteller Grundlagen auf eine schematische Behandlung der Probleme beschränken müssen.

§ 2. Bericht über die Reibungsgesetze.

Unsere Kenntnis der Reibungsgesetze ist bekanntlich von Coulomb begründet. Wir gehen hier etwas näher darauf ein, weil die einschlägigen Fragen in den Kreisen der Theoretiker meist wenig bekannt sind*).

Coulomb fand, dafs an der Grenze zweier auf einander gleitender fester Körper eine Kraft auftritt, welche für jeden der beiden Körper seiner Bewegung relativ gegen den anderen entgegengerichtet und proportional ist dem gesamten Normaldruck, mit dem die Körper gegeneinander geprefst werden. Der Proportionalitätsfaktor heifst *Reibungskoeffizient* (oder, genauer gesagt, Reibungskoeffizient der Bewegung). Dieser wird als Materialkonstante oder richtiger als eine

---

*) Zur weiteren Orientierung verweisen wir auf das gerade in Reibungsfragen sehr reichhaltige Lehrbuch von J. Perry, Applied Mechanics, New York 1898, hin, das wir für diesen und den vorigen Paragraph mehrfach benutzt haben. Einen lehrreichen Bericht über die Gesamtliteratur der Reibung verdankt man F. Masi: Le nuove vedute nelle ricerche theoriche ed experimentali sull' attrito. Bologna bei Zanichelli 1897.

sowohl für das Material wie für die Oberflächenbeschaffenheit der beiden Körper charakteristische Konstante angesehen. Von der Geschwindigkeit des Gleitens soll also die Reibung und der Reibungskoeffizient unabhängig sein, desgl. von der Gröſse der Berührungsfläche oder, was bei gleichem Gesamtdruck auf dasselbe herauskommt, von der Gröſse des spezifischen Druckes, des Druckes auf die Flächeneinheit der Berührungsfläche. In Formeln heiſst das Coulombsche Reibungsgesetz, wenn man mit μ den Reibungskoeffizienten, mit N den gesamten Normaldruck, mit W die Gröſse des Reibungswiderstandes bezeichnet:

$$W = \mu N.$$

Wir wollen diese Aussage zunächst dahin beschränken, daſs sie nur für die *trockene Reibung*, nicht für die Reibung bei Anwesenheit eines Schmiermittels gelte. Ferner haben wir an den bekannten Unterschied zwischen der Reibung der Bewegung und der der Ruhe (dynamische und statische Reibung) zu erinnern. Wir erläutern die Reibung der Ruhe folgendermaſsen:

Wenn die treibende Kraft, welche die Bewegung des Versuchskörpers gegen die Unterlage, oder die relative Bewegung beider bewirken soll, nicht ausreicht um die Reibung zu überwinden, werden wir der Reibung nur die Gröſse der treibenden Kraft selbst, der sie das Gleichgewicht hält, zuschreiben. Dies gilt solange, bis die treibende Kraft einen Grenzwert überschreitet, bei dem Bewegung eintritt und der sich wieder proportional dem Normaldrucke N erweist. Der Proportionalitätsfaktor möge mit μ_0 bezeichnet werden und heiſst *Reibungskoeffizient der Ruhe.* Das Reibungsgesetz für die Ruhe kann man daher in der Gleichung ausdrücken;

$$W \leqq \mu_0 N.$$

Der Reibungskoeffizient der Ruhe ist meist beträchtlich gröſser als der der Bewegung. Diesen Umstand sowie das Reibungsgesetz überhaupt veranschaulicht ein schönes Experiment, welches G. Herrmann*) angegeben hat und welches jeder ohne weiteres wiederholen kann.

Man lege einen Stock auf seine beiden, in gleicher Höhe ausgestreckten Zeigefinger. Darauf nähere man die Finger einander. Auf welchem Finger wird der Stock zu gleiten beginnen? Auf demjenigen, der weiter von dem Schwerpunkt des Stockes absteht; denn die Normaldrücke N_1, N_2, mit denen der Stock auf beiden Fingern aufliegt, sind nach dem Hebelgesetze für jeden Finger proportional dem Abstand des

*) Der Reibungswinkel, Festschrift zum Jubiläum der Univ. Würzburg, 1882.

Schwerpunktes von dem anderen Finger; bei dem weiter abstehenden Finger ist also der Normaldruck der kleinere; nach dem Reibungsgesetz ist hier auch die Reibung, welche dem Gleiten entgegenwirkt, kleiner wie bei dem anderen Finger; hier mufs also die Gleitung beginnen.

Der Stock gleitet nun auf diesem Finger, nicht nur bis der Abstand dieses Fingers vom Schwerpunkt des Stockes gleich dem des anderen Fingers geworden ist, sondern noch etwas länger, wegen $\mu_0 > \mu$. Erst wenn sich die Schwerpunktsabstände der beiden Finger verhalten wie $\mu : \mu_0$ tritt ein Wechsel der Bewegung ein; der Stock ruht jetzt auf demjenigen Finger, auf dem er vorher glitt und beginnt auf dem anderen zu gleiten. Denn die Normaldrücke N auf beiden Fingern verhalten sich umgekehrt wie die Schwerpunktsabstände, also in dem genannten Augenblicke wie $\mu_0 : \mu$; die Reibung der Bewegung an dem einen Finger wird dann gleich der Reibung der Ruhe an dem anderen und, wenn das Gleiten in dem bisherigen Sinne andauern würde, sogar gröfser als diese, was offenbar widersinnig ist. Dieses Spiel wird sich fortgesetzt wiederholen, wobei der Schwerpunktsabstand desjenigen Fingers, auf dem der Stock gleitet, sich jedesmal bis zum $\frac{\mu}{\mu_0}$ten Teile des Schwerpunktsabstandes des anderen Fingers vermindert. Das Resultat ist, dafs die Schwerpunktsabstände beider Finger sich wechselweise verkleinern und dafs, wenn die Finger zusammengebracht sind, der Stock von ihnen in seinem Schwerpunkte unterstützt wird, also frei schwebt!

Aufser der Veranschaulichung der Reibungsgesetze gestattet das Experiment eine Messung des Verhältnisses $\mu_0 : \mu$. Es genügt hierzu, einige Umkehrpunkte der Bewegung auf dem Stocke zu markieren und ihre Abstände von dem Schwerpunkt zu messen. Das Verhältnis der Abstände zweier auf einander folgender Umkehrpunkte liefert das gesuchte Verhältnis der Reibungskoeffizienten. Die Gesamtheit der Umkehrpunkte bildet auf beiden Seiten die Punktfolge einer geometrischen Reihe. Wenn der Stock nicht zu kurz ist, wird die Messung verhältnismäfsig genau.

Die Verschiedenheit der Werte von μ_0 und μ legt die Vermutung nahe, dafs ein stetiger Übergang zwischen dem zur Gleitgeschwindigkeit Null gehörigen Werte μ_0 und dem zu merklich gröfseren Geschwindigkeiten gehörigen Werte μ stattfinden möge. Diese Vermutung wird durch Versuche von Jenkin und Ewing*) bestätigt. Bei Materialien

*) London Philos. Transactions Bd. 167 (1877), S. 509.

mit erheblich verschiedenen Reibungskoeffizienten μ_0 und μ konnte der stetige Übergang in der That nachgewiesen werden.

Wenn wir also mit Coulomb die Unabhängigkeit des Reibungskoeffizienten von der Geschwindigkeit behaupten wollen, müssen wir hierbei zunächst das Gebiet sehr geringer Geschwindigkeiten ausschlieſsen. Wie bewährt sich nun diese Unabhängigkeit bei gröſseren Geschwindigkeiten?

Die alten Versuche des General Morin, die in den Jahren 1831—1833 in Metz angestellt wurden und die ein Geschwindigkeitsintervall bis $4 \frac{\mathrm{m}}{\mathrm{sec}}$ umfassen, schienen die Unabhängigkeit zu bestätigen. Die Morinschen Versuchsergebnisse bilden noch heute den eisernen Bestand der Zahlenangaben über Reibungskoeffizienten in den technischen Handbüchern und den Lehrbüchern der Experimentalphysik. Eine groſse Zuverlässigkeit wird ihnen aber kaum zugeschrieben werden können, schon deshalb nicht, weil nach dem im vorigen Paragraph Gesagten solche Zahlenangaben in hohem Maſse von den Nebenumständen des Experimentes abhängen.

Das Verhalten des Reibungskoeffizienten bei höherer Gleitgeschwindigkeit blieb jedenfalls eine offene Frage, die erst durch die Entwickelung des Eisenbahnwesens und der Bremsvorrichtungen aktuell wurde. Zwischen Bremsklotz und Radreifen haben wir eine richtige gleitende Reibung ohne Schmiermittel, während die Reibung zwischen Rad und Schiene, wenigstens beabsichtigtermaſsen und in der Regel, rollende Reibung ist und nur in dem Ausnahmefalle gleitende Reibung wird, wo die Räder auf den Schienen schleifen. Über die Reibung zwischen Bremsklotz und Rad liegen vor allem Versuche von *Douglas Galton**) vor, welche im gröſsten Maſsstabe mit Unterstützung der Firma Westinghouse auf verschiedenen englischen Linien ausgeführt wurden. Ein Versuchswagen von Galton enthielt eine ganze Reihe von Tachometern und Dynamometern. Die Tachometer lieferten die Umfangsgeschwindigkeit der Räder und die Fortbewegungsgeschwindigkeit des Wagens. Die Gleitgeschwindigkeit zwischen Rad und Bremsklotz ist gleich der ersten dieser Geschwindigkeit, die eventuelle Gleitgeschwindigkeit zwischen Rad und Schiene gleich der Differenz beider. Die Dynamometer maſsen 1) den Bremsdruck, mit dem der Bremsklotz an das Rad gepreſst wird, also diejenige Kraft, die für die Reibung zwischen Bremse und Rad als Normaldruck N wirkt; 2) den Reibungswiderstand W

*) Institution of Mechanical Engineers Proceedings 1878, 1879, s. insbes. 1879, S. 172 oder Engineering 1879, S. 371 oder Reports of the British Association (Dublin) 1878.

zwischen Bremse und Rad; 3) den Widerstand gegen die Vorwärtsbewegung des Zuges pro Achse, der sich aus Luftwiderstand, rollender Reibung an den Schienen u. s. w. zusammensetzt, der aber, wenn ein Gleiten auf den Schienen Platz greift, im wesentlichen den Reibungswiderstand W' dieses Gleitens darstellt. Alle diese Tacho- und Dynamometer arbeiteten selbstregistrierend und lieferten somit die fraglichen Geschwindigkeiten und Kräfte in ihrer zeitlichen Veränderlichkeit. Auf die sehr interessanten Diagramme dieser Gröſsen, die so erhalten wurden, kann hier nur hingewiesen werden. Wir müssen uns auf die aus ihnen zu ziehenden Folgerungen betr. die Veränderlichkeit des Reibungskoeffizienten beschränken. Der Koeffizient der Reibung zwischen Bremsklotz und Rad ergiebt sich durch Division aus den gemessenen Kräften W und N, während der Koeffizient der Reibung zwischen Rad und Schiene aus der ebenfalls gemessenen Reibung W' und dem auf das einzelne Rad entfallenden Teil des Wagengewichtes G folgt.

Natürlich zeigten die zu gleichen Gleitgeschwindigkeiten bei verschiedenen Versuchen gehörenden Reibungskoeffizienten unter sich keine sehr weitgehende Übereinstimmung; ihre Gröſse hing sowohl vom Wetter und der dadurch bedingten Feuchtigkeit der gleitenden Oberflächen, wie von deren Reinheit, wie auch namentlich von der Bremsdauer ab, durch welche offenbar eine Steigerung der Temperatur und damit eine Änderung der Oberflächenbeschaffenheit bewirkt wird. Z. B. kam es vor, daſs nachdem der Bremsdruck 20 Sekunden gewirkt hatte, der Reibungskoeffizient auf die Hälfte seines ursprünglichen Wertes zurückgegangen war. Trotzdem zeigt das Mittel der erhaltenen Reibungskoeffizienten aus sehr vielen (bis 100) Versuchen eine deutliche Gesetzmäſsigkeit, nämlich *eine beständige Abnahme des Reibungskoeffizienten mit wachsender Geschwindigkeit.* Fig. 72 giebt den Koeffizienten der Reibung zwischen Bremsklotz und Rad (Bremsklotz aus Guſseisen, Radreifen aus Stahl), und zwar in der ausgezogenen Linie den Mittelwert der Beobachtungen, in den punktierten die bei jeder Geschwindigkeit beobachteten Gröſst- und Kleinstwerte. Der ganze Streifen zwischen diesen Grenzlinien ist mit Beobachtungspunkten erfüllt zu denken, die sich nach der mittleren Linie hin verdichten. Man erkennt zunächst wieder den Unterschied zwischen dem Reibungskoeffizienten der Ruhe und dem bei beträchtlicher Bewegung. Weiter aber zeigt die Figur, daſs der Reibungskoeffizient bei der Geschwindigkeit 60 km/Stunde

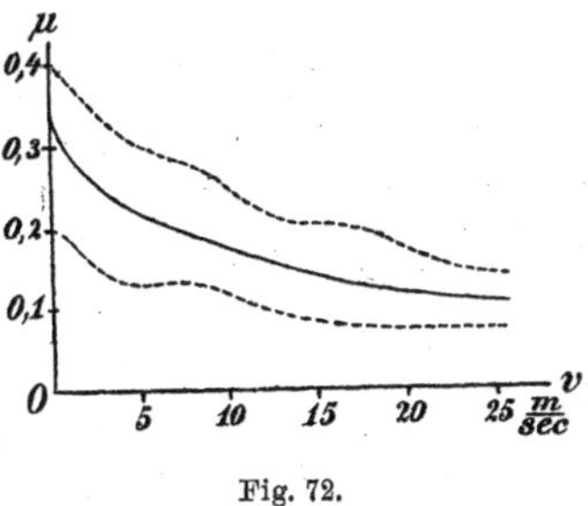

Fig. 72.

= 16,7 m/sec. = mittlerer Schnellzugsgeschwindigkeit weniger als die Hälfte, bei 90 km/Stunde = 25 m/sec. = höchster zur Zeit in Deutschland zulässiger Fahrgeschwindigkeit nurmehr etwa ein Drittel des Reibungskoeffizienten der Ruhe (0,33) beträgt. Natürlich lieſse sich die Abhängigkeit zwischen μ und v unschwer auch durch eine oder die andere Formel ausdrücken. Wir sehen hiervon sowie von der Angabe von Zahlenwerten ab, weil die Figur alles wiedergiebt, was ihrem Genauigkeitsgrade nach aus den Beobachtungen zu schlieſsen ist und weil jede zur Darstellung der Beobachtungen benützte Formel in hohem Maſse willkürlich wäre. — Über den Koeffizienten der gleitenden Reibung zwischen Rad und Schiene geben die Galtonschen Versuche einen minder sicheren Aufschluſs; soviel ist jedoch aus ihnen zweifellos zu erkennen, daſs auch dieser Koeffizient mit wachsender Geschwindigkeit von seinem Gröſstwerte bei kleiner Geschwindigkeit kontinuierlich abnimmt.

Ältere französische sowie neuere in Deutschland angestellte Versuche*) lieferten im wesentlichen das gleiche Ergebnis.

Übrigens aber ist zu beachten, daſs die Galton'schen Versuche sich auf ein sehr ausgedehntes Geschwindigkeitsintervall beziehen. Bei mäſsig veränderlicher Geschwindigkeit ist auch die Veränderlichkeit des Reibungskoeffizienten nur gering; man hat z. B. für $v = 2$ bis 6 m/sec. nach der Kurve der Galtonschen Mittelwerte etwa $\mu = 0{,}27$ bis 0,23. Diese Unterschiede sind angesichts der allgemeinen Unsicherheit der Reibungsziffern unbedenklich zu vernachlässigen. Die Coulombsche Annahme eines von der Geschwindigkeit unabhängigen Reibungskoeffizienten wird hierdurch für ein *mäſsiges* Geschwindigkeitsintervall in erster Annäherung bestätigt. Bei unserer Anwendung auf den Kreisel, bei dem Geschwindigkeiten von der Ordnung der Schnellzugsgeschwindigkeiten nicht in Betracht kommen, werden wir hiernach den Reibungskoeffizienten mit Coulomb konstant setzen dürfen.

Auch die in dem Coulombschen Gesetz ausgesprochene Unabhängigkeit des Reibungskoeffizienten von der Gröſse der Berührungsfläche bedarf der experimentellen Nachprüfung. Hiernach müſste bei der Bewegung eines Prismas von 10 cm² Grundfläche und 4 cm Höhe auf einer ebenen Unterlage dieselbe Reibung zu überwinden sein, wie bei der Bewegung eines Prismas von 20 cm² Grundfläche und 2 cm Höhe, weil, gleiches Material vorausgesetzt, der Gesamtnormaldruck gegen die Unterlage, nämlich das Gewicht des Prismas, beidemal gleich

*) Vgl. Organ der Fortschr. des Eisenbahnwesens 1889, S. 114. Der Bremsklotz bestand hierbei aus Stahlguſs. Die Versuche wurden nicht auf der Strecke, sondern in einer Werkstatt angestellt.

ist, während sich die Normaldrücke pro Flächeneinheit in beiden Fällen wie $2:1$ verhalten. Es scheint*), daſs sich diese Folgerung in der Erfahrung gut bestätigt, sofern nicht durch sehr starke spezifische Pressungen merkliche Deformationen der Unterlage hervorgerufen werden. —

Bekanntlich ist auch der Vorgang des Abrollens zweier Oberflächen aufeinander, der sich (scheinbar) ohne Gleitung vollzieht, wenn auch in geringerem Grade mit Energieverlusten verbunden. Das Gesetz der *rollenden Reibung*, welches man üblicher Weise bei der Berechnung dieser Energieverluste zu Grunde legt, wurde ebenfalls von *Coulomb* aufgestellt. Hierbei ist es zweckmäſsig, nicht von einer *reibenden Einzelkraft*, wie bei der Gleitung zu sprechen, sondern von einem Reibungsmomente, welches von dem zur Abrollung aufgewandten Drehmoment in jedem Augenblicke zu überwinden ist. Bezeichnet wiederum N den gesamten Normaldruck an der Berührungsstelle zwischen der Unterlage und der „Rolle", M das Reibungsmoment, so setzt man

$$M = \nu N.$$

ν heiſst dabei *Koeffizient der rollenden Reibung;* wie die Gleichung zeigt, ist er keine reine Zahl wie der Koeffizient der gleitenden Reibung, sondern von der Dimension einer Länge. Auch dieser Koeffizient wird als Material- bezw. als Oberflächenkonstante angesehen. Will man M durch eine in der Oberfläche thätige reibende Einzelkraft W ersetzen, so hat man die letztere gleich M/r zu setzen, wenn r den Radius der Rolle oder bei nicht kreisförmigem Umriſs derselben den Krümmungsradius an der betr. Stelle der Umriſslinie bedeutet; diese Einzelkraft W ist also dem Normaldruck direkt und dem Radius umgekehrt proportional.

Über den Mechanismus der rollenden Reibung giebt eine schöne Arbeit von O. Reynolds**) einigen Aufschluſs. Reynolds weist nach, daſs mit der Abrollung infolge elastischer Deformationen stets eine gewisse Gleitung verbunden ist.

Nimmt man zur Vereinfachung der Anschauung an, daſs die Unterlage wesentlich weicher ist, wie die Rolle (Unterlage aus Kautschuck, Rolle aus Eisen), so kann man von der Deformation der Rolle absehen und hat nur die der Unterlage zu betrachten. Letztere wird aus einer muldenförmigen Einsenkung bestehen, so zwar daſs in der Mitte der Einsenkung die Unterlage gedehnt, nach den Seiten hin aufgestaucht

*) Perry l. c. pag. 67.

**) On rolling Friction, London Philos. Transactions Vol. 166, Part I (1876) und Ges. Werke Bd. I, S. 110.

und zusammengepreſst ist. Die Berührung findet alsdann nicht mehr in einem geometrischen Punkt statt, sondern in der Oberfläche der Mulde, deren Mittelpunkt wir als mittleren Berührungspunkt (P) bezeichnen. In der beistehenden Figur sind eine Anzahl von Punkten auf Rolle und Unterlage markiert. Die Punkte auf der Rolle sind äquidistant, die auf der Unterlage waren es vor der Deformation, sie zeigen also in ihren wechselnden Abständen schematisch den Sinn der eingetretenen Formänderung an. Die mit gleichen Ziffern versehenen Punkte sind bei fortschreitendem Abrollungsprozeſs bestimmt, als mittlere Berührungspunkte der Reihe nach mit einander zusammenzufallen, was durch die mit dem Fortschreiten der Rolle verbundene Dehnung der Unterlage an der mittleren Berührungsstelle ermöglicht wird. In dem augenblicklichen Stadium fallen diese Punkte aber nicht zusammen. Es muſs daher beispielsweise der Punkt 4 von dem augenblicklichen Stadium bis zu demjenigen, wo er zum mittleren Berührungspunkte geworden ist, um dasjenige Stückchen auf dem Rollenumfange entlang gleiten, um welches die beiden Punkte 4 in der Figur abstehen. Das gleiche gilt für jeden Punkt der Berührungsfläche. In dieser findet also in der That eine gewisse gleitende Reibung statt.

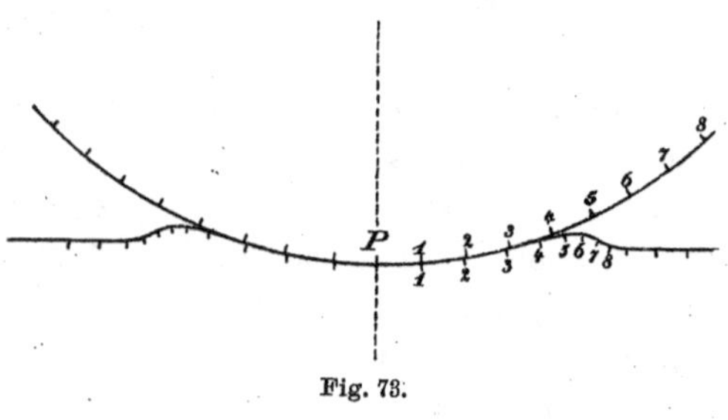

Fig. 73.

Der gesamte Energieverlust der rollenden Reibung wird sich zum Teil aus dem mit dieser gleitenden Reibung verbundenen Energieverlust, zum Teil aus der zur elastischen Deformation erforderlichen Arbeit zusammensetzen, insoweit nämlich die letztere in nicht umkehrbarer Form auftritt.

Daſs die in Fig. 73 dargelegte Vorstellung zutreffend ist, konnte Reynolds folgendermaſsen experimentell nachweisen. Man bemerkt, daſs unter den oben vorausgesetzten Verhältnissen die Rolle ihren Umfang nicht auf der natürlichen Oberfläche der Unterlage, sondern auf der bei P gedehnten abwickelt. Miſst man den Weg, den die Rolle nach einer Umdrehung zurückgelegt hat, auf der in ihre natürlichen Längenverhältnisse zurückgekehrten Unterlage, so wird sich derselbe etwas kürzer ergeben müssen als der Umfang der Rolle. Dies hat Reynolds in der That experimentell nachgewiesen für den Fall, daſs die Rolle härter ist wie die Unterlage. Das umgekehrte muſs stattfinden und findet nach Reynolds statt, wenn die Unterlage erheblich härter ist als die Rolle. Sind beide aus gleichem Material, so ist der auf der Unterlage gemessene Weg wieder etwas kürzer wie der Umfang der Rolle, wovon die obige Überlegung bei näherem Eingehen ebenfalls Rechenschaft ablegen würde.

Bis zur genauen Messung der Gröſse des Reibungswiderstandes und zur Nachprüfung des Coulombschen Ansatzes ist die Reynolds'sche Untersuchung nicht durchgeführt. Daſs dieser einfache Ansatz der Wirklichkeit sehr genau entspricht, ist bei der komplizierten Natur des Vorganges nicht gerade wahrscheinlich. —

Neben der gleitenden und rollenden Reibung spricht man drittens noch von der *bohrenden Reibung*, und zwar da, wo sich auf einem Körper ein anderer um die Normale im Berührungspunkte beider dreht. Da in diesem Falle die Berührung als punktförmig und der Berührungspunkt als Punkt der Drehaxe vorausgesetzt wird, findet theoretisch ein Gleiten beider Körper gegeneinander nicht statt. Dieser Umstand hat zur Einführung der besonderen Bezeichnung „bohrende Reibung" Veranlassung gegeben. Indessen führt sich der Vorgang sofort auf den der gleitenden Reibung zurück, wenn man nur eine etwas ausgedehnte Berührung der Körper annimmt. Man kann dann von einem mittleren Radius a der Berührungsfläche sprechen und wird die rings um die Drehaxe verteilten Kräfte der gleitenden Reibung auf diesen mittleren Abstand a reduzieren dürfen. Sie setzen sich offenbar zu einem Drehmoment um die Normale zur Berührungsfläche zusammen, dessen Gröſse sich aus dem Gesetz der gleitenden Reibung berechnet zu

$$M = \mu' N, \quad \mu' = \mu a.$$

Der Proportionalitätsfaktor μ' kann als *Koeffizient der bohrenden Reibung* bezeichnet werden, er hat die Dimension einer Länge und hängt auſser von dem Material und der Oberflächenbeschaffenheit auch von der Ausdehnung der Berührungsfläche ab. Natürlich soll durch die Gleichung $\mu' = \mu a$ nicht behauptet werden, daſs sich der Koeffizient der bohrenden Reibung aus dem der gleitenden Reibung vorausbestimmen lieſse, wenn man die Gröſse der Berührungsfläche messen könnte. Vielmehr soll diese Gleichung nur einen Anhalt für die Bedeutung des Koeffizienten μ' und für das ungefähre Gröſsenverhältnis der bohrenden und gleitenden Reibung liefern, einen Anhalt, der uns im nächsten Paragraph von Nutzen sein wird.

Ausdrücklich haben wir uns in diesem Bericht auf die *trockene Reibung* beschränkt, trotzdem ja die Reibung unter Anwendung von *Schmiermitteln* für die Praxis das weit überwiegende Interesse hat. Man ist heutzutage zu der Einsicht gekommen, daſs die letztere ganz anderen Gesetzen gehorcht, daſs sie nämlich auf den Gesetzen der inneren

Reibung zäher Flüssigkeiten beruht, während die ältere technische Litteratur sie nach dem Coulombschen Schema der trockenen Reibung behandelt. Wir können heute (mit Petroff und Reynolds) von einer *hydrodynamischen Theorie der Schmierung* sprechen, einer Theorie, die durch rationell angestellte Versuche soweit bestätigt wird, als man es nach der Schwierigkeit des Gegenstandes erwarten kann*). Das wirkliche physikalische Verständnis der Schmiermittelreibung ist auf diesem Wege wesentlich gefördert. Wird es möglich sein, so möchten wir zum Schluſs fragen, auch die trockene Reibung unserem physikalischen Verständnis näher zu bringen, indem wir die zwischen den reibenden Oberflächen verbleibende Luftschicht als eine Art Schmiermittel auffassen und auf sie die Reibungsgesetze der kinetischen Gastheorie anwenden? und ferner: Wieweit ist mit Reibung stets auch Abreibung der Oberflächen verbunden?

§ 3. Qualitatives über die gleitende und bohrende Reibung beim Kreisel.

Um den Einfluſs der Reibung beim Kreisel mit festem Stützpunkte zu studieren, haben wir zunächst zuzusehen, unter welchen Umständen hier die Reibung zustande kommt. Das Bild, welches wir uns von diesen Umständen machen werden, ist freilich ein sehr schematisches und idealisiertes und dürfte von Fall zu Fall je nach den besonderen Verhältnissen der jedesmaligen Vorrichtung erheblich von der Wirklichkeit abweichen.

Betrachten wir z. B. die beiden Apparate, welche pag. 1 und 2 abgebildet sind. Wenn wir von der Reibung ganz absehen dürften, würde die Bewegung beider Apparate, sofern wir bei Nr. 2 die Masse der Ringe gegenüber der Masse des inneren Schwungkörpers vernachlässigen, nach genau denselben Gesetzen erfolgen. In Hinsicht auf die Reibung aber verhalten sie sich ganz verschieden.

Bei dem Apparat von pag. 2 treten Reibungskräfte in den Punkten der drei Lager auf, welche die Axe des äuſseren, des inneren Ringes und des Schwungrades tragen. Wir haben es hier im Sinne des vorigen Paragraphen mit Flüssigkeitsreibung zu thun, wenn die Lager hinreichend geschmiert sind. Jedenfalls wird die Reibungswirkung in einem Drehmomente bestehen, welches um jede der drei Axen der augenblicklichen Rotation entgegenarbeitet. Da die Bewegung um jene drei Axen gerade

*) Vgl. hierzu den oben zit. Bericht von Masi. Wir verweisen ferner auf die durch Berücksichtigung aller einschlägigen technischen Gesichtspunkte ausgezeichneten Versuche von R. Stribeck: Die wesentlichen Eigenschaften der Gleit- und Rollenlager. Ztschr. des Vereins deutscher Ingenieure 1902, Nr. 36, 38 und 39.

durch die Eulerschen Winkel ψ, ϑ, φ gegeben wird, so würde in den Lagrangeschen Gleichungen für diese Winkel je ein Zusatzglied auftreten, welches das Reibungsmoment für die fragliche Axe bedeutet.

Wir gedenken darauf nicht weiter einzugehen, sondern beschränken uns auf das Modell von pag. 1. Hier müssen wir zunächst die Gestalt des unteren Endes der Figurenaxe und die Gestalt der Pfanne, welche jene trägt, ins Auge fassen. Wir wollen annehmen, die Figurenaxe sei unten *kugelförmig* abgerundet und die Pfannenoberfläche sei ein *Kreiskegel;* die Oberflächen seien trocken und nicht elastisch nachgiebig.

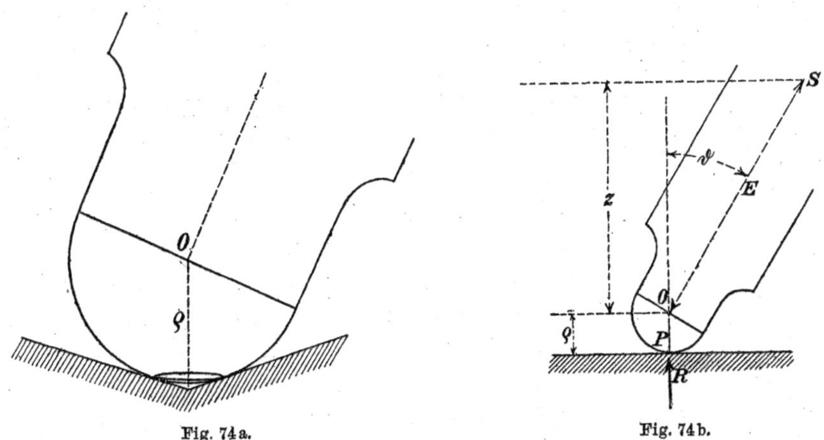

Fig. 74a. Fig. 74b.

Die Berührung zwischen Kugel und Kegel findet dann allemal in einem festen horizontalen Kreise statt. Die Kugel verschiebt sich bei allen Bewegungen der Figurenaxe in sich. Ihr Mittelpunkt bleibt also im Raume genau fest. *In diesem Mittelpunkte haben wir den als ruhend vorausgesetzten Punkt O des Kreisels vor uns.*

In dem Modell von pag. 1 ist der Kegel, der die Pfanne begrenzt, sehr flach; für die theoretische Berechnung der Reibung wird es bequem ja sogar unumgänglich sein, ihn als absolut flach vorauszusetzen, also den Kegel in eine Ebene ausarten zu lassen. Der kleine Kreis, in dem die Kugel den flachen Kegel berühren würde, schrumpft dann in einen *Punkt* zusammen, der stets genau senkrecht unter dem Kugelmittelpunkt liegt. Der Begriff „Stützpunkt" zerlegt sich so in zwei Begriffe: *Fester Punkt O = Mittelpunkt der Kugel* und *Berührungspunkt P = Grenze des eben genannten kleinen Berührungskreises.*

Freilich dürfen wir uns nicht verhehlen, daſs wir uns auf diese Weise von den wirklichen Bedingungen unseres Problemes entscheidend entfernen, daſs wir *nach* dem Grenzübergange nicht mehr den Kreisel mit festem Punkte sondern genau genommen den auf der Unterlage frei beweglichen Kreisel vor uns haben und daſs die Befestigung des Punktes O in dem Maſse in Fortfall kommt, als wir den Kegel flacher werden lassen. Es geht hier wie so oft in den Anwendungen, daſs ein Grenzübergang mathematisch bequem aber physikalisch widersinnig ist (man denke an den Übergang von molekularen zu unendlich kleinen Dimensionen in der gesamten theoretischen Physik) und daſs man nach den Bedingungen der Aufgabe nur *bis in die Nähe der Grenze*, nicht *bis zur Grenze selbst* gehen dürfte. In allen solchen Fällen wird die stillschweigende Voraussetzung gemacht, daſs die mathematische Behandlung des Grenzfalles nicht wesentlich von dem Falle der Wirklichkeit abweicht, eine Voraussetzung, die durch die Resultate der Behandlung in der Regel bestätigt wird. Die entsprechende Voraussetzung wollen wir hier ausdrücklich hervorheben: Wir nehmen an, daſs seitliche Bewegungen des Punktes O durch geeignete mechanische Vorrichtungen an der Unterlage ausgeschlossen werden, daſs wir aber im Übrigen die Reibungswirkung ohne erheblichen Fehler so berechnen dürfen, als ob die Unterlage eine Ebene wäre.

Der Übergang von dem ursprünglichen Berührungs*kreise* zu dem nunmehrigen Berührungs*punkte* ist deshalb geboten, weil wir sonst in endlose Weiterungen betr. die elastischen Deformationen an der Berührungsstelle verfallen würden. Wollten wir nämlich mit dem Berührungs*kreise* operieren, so müſsten wir, um die Reibung bestimmen zu können, zunächst feststellen, wie sich der Gegendruck der Pfanne auf den Kreisel über den Umfang des Berührungskreises verteilt. Dies ist aber eine der vielen und wichtigen Fragen, die vom Standpunkte der Mechanik starrer Körper unbestimmt bleiben und zu deren Beantwortung die Elastizitätstheorie herangezogen werden müſste. Allgemein lassen sich bekanntlich, wo es sich um die Lagerung eines Körpers handelt, nur sechs Auflagerunbekannte aus den sechs Gleichgewichtsbedingungen der gewöhnlichen Statik im Raume bestimmen. Kommen deren mehr vor, so bleiben die übrigen *statisch unbestimmt.* Bei unserem Berührungskreise haben wir aber unendlich viele Auflagerunbekannte, weil der Auflagerdruck in jedem Elemente unseres Berührungskreises nach Gröſse und Richtung unbekannt ist. Die Frage gehört also in das Gebiet der Elastizität. Müssen wir aber erst einmal die elastischen Deformationen in Rechnung setzen, so müssen wir auch berücksichtigen, daſs der Berührungs*kreis* wegen der elastischen Abplattung der Oberflächen thatsächlich in eine Berührungs*fläche* übergehen wird. Die Gröſse dieser Fläche und die Formänderungen unserer Kegel- und Kugeloberfläche müſsten auf elastischem Wege ermittelt werden. Erst, wenn dies geschehen, könnten wir die Verteilung des

Gegendruckes und die Gröfse der Reibung angeben. Die aufserordentlichen Schwierigkeiten, welche sich hieraus ergeben, umgehen wir eben durch unsere Annahme einer absolut flachen Pfanne und einer punktförmigen Berührung.

Unter dieser Annahme ergiebt sich der Gegendruck der Pfanne oder die Reaktion R derselben in vertikaler, d. h. zur Pfanne normalen Richtung durch die einfache Betrachtung, die wir pag. 515 für den auf der Horizontalebene beweglichen Kreisel anstellten. Aus dem Impulssatze folgt nämlich hier wie dort

(1) $$R = M(g + z''),$$

unter z die vertikale Koordinate des Schwerpunktes in dem vom Bezugspunkte O auslaufenden festen xyz-Koordinatensystem verstanden (vgl. Fig. 74b).

Bezüglich des Vorzeichens von R ist Folgendes zu beachten: Die Pfanne kann vermöge ihrer Festigkeit zwar, wenn es nötig ist, einen aufserordentlich hohen *positiven* Gegendruck hergeben, (unter positiv die Richtung von unten nach oben verstanden), aber nicht den geringsten *negativen*. Sobald sich ein solcher im Verlauf einer bestimmten Bewegung aus (1) berechnet, würde die Pfanne nicht ausreichen, um die Ruhe des Punktes O zu sichern: der Kreisel würde bei verschwindendem R die Pfanne verlassen und sein unteres Ende in die Höhe schnellen. Von nun ab bewegt er sich nicht mehr wie der Kreisel mit festem Stützpunkt, sondern beschreibt eine Poinsotbewegung im freien Raume um seinen Schwerpunkt, während sich der Schwerpunkt selbst den Fallgesetzen gemäfs bewegt. Wir wollen solche Bewegungen von der Betrachtung ausschliefsen, also annehmen, dafs dauernd

$$g + z'' > 0$$

ist. Es steht mit dieser Annahme im Einklang, wenn wir späterhin sogar voraussetzen werden, dafs die Schwerpunktsbeschleunigung z'' dauernd sehr klein ist gegen die Fallbeschleunigung g, so dafs wir den Gegendruck R auf seinen „statischen" Bestandteil

(2) $$R = Mg = \text{dem Kreiselgewichte}$$

reduzieren und von dem „dynamischen Bestandteil" Mz'' absehen können. Dies ist eine Vernachlässigung **(Vernachlässigung I)**, die wir im Interesse der Durchführbarkeit des Reibungsproblemes machen; die Gültigkeit unserer Resultate wird dadurch auf eine Klasse von Bewegungen beschränkt, die wir als „Präcessions-ähnliche" bezeichnen können. (Bei der regulären Präcession ist ja $z = \text{const.}$, also $z'' = 0$; Präcessionsähnlich kann daher eine Bewegung genannt werden, wenn z'' niemals von Null sehr verschiedene Werte annimmt.)

Zugleich mit R ist auch die Reibung im Berührungspunkte P bekannt. Wir unterscheiden dabei zunächst gleitende und bohrende Reibung, bemerken aber, daſs die gesonderte Berechnung beider zu Bedenken Anlaſs giebt, die im § 6 besprochen werden sollen. Für das Folgende kommen diese Bedenken nicht in Betracht, da, wie wir sehen werden, bei einigermaſsen beträchtlicher Neigung der Figurenaxe die bohrende Reibung gegenüber der gleitenden Reibung vernachlässigt werden kann.

Die gleitende Reibung ist eine im Berührungspunkte P angreifende Einzelkraft von der Gröſse

$$W = \mu R, \tag{3}$$

deren Richtung horizontal ist und, ebenso wie die Bewegungsrichtung von P, auf der augenblicklichen Rotationsaxe OR senkrecht steht (vgl. Fig. 75). Für den Bezugspunkt O ergiebt sich hieraus eine Drehkraft von der Gröſse

$$M_1 = \varrho \mu R, \tag{4}$$

wo ϱ den Hebelarm von W in Bezug auf O, d. i. den Radius OP der begrenzenden Kugel bedeutet. Die Axe dieser Drehkraft stimmt mit der Richtung der Horizontalkomponente des Drehungsvektors überein.

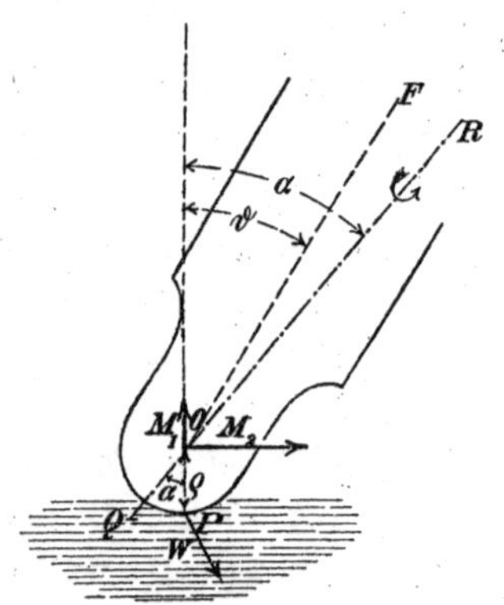

Fig. 75.

Die bohrende Reibung berechnen wir durch ihr Moment M_2, welches die Vertikale OP zur Axe hat und dem Sinne nach der Vertikalkomponente des Drehungsvektors entgegengesetzt ist. Der Gröſse nach ist (vgl. den vorigen Paragraph)

$$M_2 = \mu' R = \mu a R. \tag{5}$$

Wir wünschen uns ein Urteil darüber zu bilden, wann der eine und wann der andere Reibungseinfluſs überwiegen wird. Zu dem Zwecke berechnen wir die zugehörigen Arbeitsverluste $d\mathfrak{A}_1$ und $d\mathfrak{A}_2$ während eines Zeitintervalles dt. Bedeutet Ω die Gröſse der augenblicklichen Rotationsgeschwindigkeit, α den Winkel zwischen der Vertikalen und dem Rotationsvektor OR, also $\Omega \sin\alpha$ die Horizontal-, $\Omega \cos\alpha$ die Vertikalkomponente des Drehungsvektors, so wird

$$d\mathfrak{A}_1 = -M_1 \Omega \sin\alpha \, dt, \quad d\mathfrak{A}_2 = -M_2 \Omega \cos\alpha \, dt \tag{6}$$

und

$$d\mathfrak{A}_1 : d\mathfrak{A}_2 = \varrho \sin\alpha : a \cos\alpha = \varrho \operatorname{tg}\alpha : a.$$

Die Gröfse a, welche im vorigen Paragraph als mittlerer Radius der Berührungsfläche gedeutet wurde, können wir entsprechend der Entstehungsweise unseres Berührungspunktes P aus dem ursprünglichen Berührungskreise als Radius dieses letzteren ansprechen. Die Gröfse $\varrho \operatorname{tg} \alpha$ andrerseits bedeutet (vgl. Fig. 75) den Abstand des Berührungspunktes P von dem Durchstofsungspunkte Q der augenblicklichen Rotationsaxe mit der horizontalen Pfannenoberfläche. Unsere vorstehende Proportion besagt daher, dafs die Arbeit der gleitenden Reibung kleiner oder gröfser wie die der bohrenden Reibung ist, je nachdem die augenblickliche Rotationsaxe den Berührungskreis durchsetzt oder nicht. Lassen wir den Berührungskreis nahezu in einen Punkt zusammenschrumpfen, so folgt, dafs nur bei nahezu vertikaler Lage der Rotationsaxe die bohrende Reibung neben der gleitenden in Betracht kommt, dafs dagegen bei merklich nicht vertikaler Rotationsaxe die gleitende Reibung erheblich mehr Arbeit absorbiert und daher erheblich gröfseren Einflufs auf den Bewegungsverlauf hat. Hieraus leiten wir die Berechtigung ab, im Folgenden *die bohrende Reibung im Allgemeinen gegenüber der gleitenden Reibung zu vernachlässigen* (**Vernachlässigung II**). Da bei den zu betrachtenden Bewegungen die Figurenaxe nahezu der Rotationsaxe folgt, so wird die genannte Vernachlässigung solange zulässig sein, *als die Figurenaxe nicht merklich vertikal steht.*

Wir wollen die Arbeit der gleitenden Reibung sogleich noch auf eine zweite Weise ausdrücken, nämlich durch die Euler'schen Winkel φ, ψ, ϑ. Wir lösen zu dem Ende den Rotationsvektor Ω in seine drei Komponenten $\varphi', \psi', \vartheta'$ nach der Figurenaxe, der Vertikalen und der Knotenlinie auf. Projizieren wir alsdann den aus den drei Seiten $\varphi', \psi', \vartheta'$ gebildeten Linienzug auf die Horizontalebene durch O, so ergiebt sich die Horizontalkomponente des Rotationsvektors. Dieselbe wird nach Fig. 76:

$$\Omega \sin \alpha = \sqrt{\vartheta'^2 + \varphi'^2 \sin^2 \vartheta}.$$

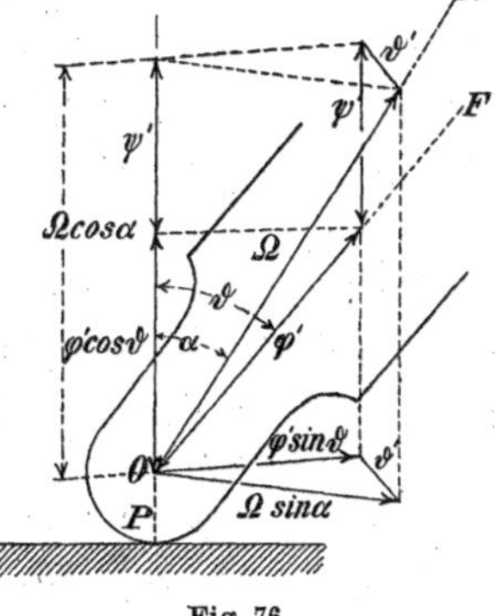

Fig. 76.

Nach (4) und (6) ergiebt sich daher

$$(7)\quad d\mathfrak{A}_1 = -\varrho \mu R \sqrt{\vartheta'^2 + \varphi'^2 \sin^2 \vartheta}\, dt.$$

Durch eine kleine formale Umänderung können wir diesen Ausdruck als lineare Funktion der Koordinatenänderungen $d\vartheta, d\varphi, d\psi$ schreiben, wie wir ihn zum Ansatz der Lagrange'schen Gleichungen brauchen werden. Wir setzen nämlich (7) so um:

$$(8) \qquad d\mathfrak{A}_1 = -\varrho\mu R\left(\frac{\vartheta'\,d\vartheta}{\sqrt{\vartheta'^2+\varphi'^2\sin^2\vartheta}} + \frac{\varphi'\sin^2\vartheta\,d\varphi}{\sqrt{\vartheta'^2+\varphi'^2\sin^2\vartheta}}\right).$$

Die Koeffizienten von $d\vartheta$, $d\varphi$, $d\psi$ in diesem Ausdruck nennen wir (vgl. z. B. pag. 78) die „Komponenten der gleitenden Reibung im Sinne der Koordinaten ϑ, φ, ψ“ und schreiben:

$$(9)\ \Theta_1 = -\varrho\mu R\frac{\vartheta'}{\sqrt{\vartheta'^2+\varphi'^2\sin^2\vartheta}},\quad \Phi_1 = -\varrho\mu R\frac{\varphi'\sin^2\vartheta}{\sqrt{\vartheta'^2+\varphi'^2\sin^2\vartheta}},\quad \Psi_1 = 0.$$

Bezüglich der Gröſse dieser Reibungskomponenten werden wir uns ebenfalls eine Ungenauigkeit zu Schulden kommen lassen (**Vernachlässigung III**). Bei den wichtigsten Kreiselbewegungen fällt der Rotationsvektor immer nahezu mit der Figurenaxe zusammen. Es wird also die Komponente φ' des Rotationsvektors nach der Figurenaxe erheblich gröſser wie die Komponente ϑ' nach der Knotenlinie. Bei der regulären Präcession wird sogar unter Absehung von der Reibung ϑ' genau gleich Null. Indem wir also festsetzen, *daſs in den Ausdrücken der Reibungsarbeit und der Reibungskräfte ϑ' gegen φ' gestrichen werden soll*, beschränken wir unsere Betrachtung abermals auf die „Präcessions-ähnlichen Bewegungen“.

In diesem Sinne schreiben wir (7) und (9)

$$(10) \qquad \begin{cases} d\mathfrak{A}_1 = \mp\,\varrho\mu R\varphi'\sin\vartheta\,dt, \\ \Phi_1 = \mp\,\varrho\mu R\sin\vartheta, \quad \Psi_1 = \Theta_1 = 0. \end{cases}$$

Einer Erläuterung bedarf hierbei noch das doppelte Vorzeichen in (10). Es ist klar, daſs die Quadratwurzel in Gl. (7) stets mit dem positiven Zeichen zu rechnen ist, da die Reibungsarbeit stets negativ ist. Dasselbe gilt von den Quadratwurzeln in Gl. (8) und (9). Entwickeln wir diese Wurzeln nach ϑ'/φ', so haben wir sie in erster Näherung gleich $|\varphi'\sin\vartheta|$, d. h. gleich $\pm\,\varphi'\sin\vartheta$ zu setzen, je nachdem φ' selbst positiv oder negativ ist. Dies gilt insbesondere auch für den Wert von Φ_1, in dem wir den Nenner $|\varphi'\sin\vartheta|$ gegen Faktoren des Zählers $\varphi'\sin^2\vartheta$ gehoben haben. Das obere Vorzeichen in den Gl. (10) ist also in denjenigen Fällen zu wählen, wo der Kreisel um die Figurenaxe im Sinne des Uhrzeigers rotiert ($\varphi' > 0$, Fig. 77a), das untere im entgegengesetzten Falle ($\varphi' < 0$, Fig. 77b).

Wir haben jetzt alle Vorbereitungen zur angenäherten Lösung des Reibungsproblemes getroffen, die uns im nächsten Paragraphen beschäftigen soll. Namentlich werden wir uns dabei von der aus der Beobachtung wohlbekannten Thatsache Rechenschaft zu geben haben, daſs die Figurenaxe des Kreisels durch die gleitende Reibung im Mittel langsam aufgerichtet wird.

Es wird aber gut sein, eben diese Thatsache schon vorher auf einem wenn auch sehr ungenauen Wege plausibel zu machen, der uns die Wirkung der Reibung rein anschaulich zu verfolgen erlaubt.

Wir nehmen an, der Kreisel befinde sich in schneller Rotation und die Rotationsaxe falle nahezu mit der Figurenaxe zusammen. Ein gleiches gilt dann auch von der Impulsaxe, deren Lage sich ja aus der Lage von Figurenaxe und Rotationsaxe bestimmt. Wir haben also zur Versinnlichung des Impulses von O aus einen sehr langen Vektor OJ abzutragen, und zwar ungefähr in der Richtung der positiven Figurenaxe, d. h. nach oben hin, oder in der ungefähren Richtung der negativen Figurenaxe, d. h. nach unten hin verlaufend, je nachdem die Rotation des Kreisels im Sinne des Uhrzeigers oder im entgegengesetzten Sinne um die positive Figurenaxe erfolgt. Die Rotation selbst wird durch einen Vektor OR dargestellt, welcher annähernd ebenso wie der Impuls gerichtet ist, also das eine Mal nach oben, das andere Mal nach unten. Den ersten Fall stellt Fig. 77a, den zweiten 77b dar. Der Einfluſs der gleitenden Reibung auf die Kreiselbewegung äuſsert sich, wie wir sahen, in dem Auftreten eines Momentes M_1, welches dieselbe Axe wie die Horizontalkomponente des Rotationsvektors und den entgegengesetzten Sinn hat. Tragen wir also die Horizontalkomponente OH des Rotationsvektors in unseren beiden Figuren ein, so ist dadurch der Sinn des Reibungsmomentes bestimmt. Der fragliche Pfeil, welcher M_1 darstellt, muſs in Fig. 77a von rechts nach links, in 77b von links nach rechts verlaufen.

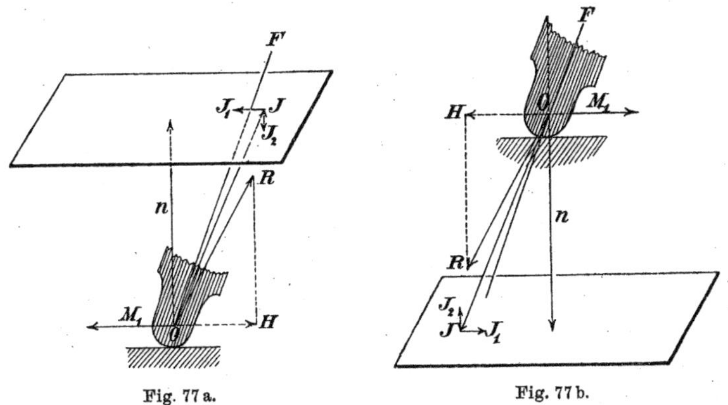

Fig. 77a. Fig. 77b.

Nach den fundamentalen Eigenschaften des Impulsvektors setzt sich nun dieser in jedem Zeitteilchen dt mit dem Zusatzimpuls der äuſseren Kräfte zusammen. Soweit letzterer von der gleitenden Reibung herrührt, ist er gleich $M_1 dt$; das Resultat seiner Zusammensetzung mit dem Impulsvektor OJ ist in den beiden Figuren angedeutet. In beiden Fällen besteht die Wirkung des Zusatzimpulses darin, daſs die Horizontalkomponente des Gesamtimpulses etwas verkleinert wird, die Vertikalkomponente ungeändert bleibt. *Der Gröſse nach wird also der Impuls etwas geschwächt, der Richtung nach etwas mehr vertikal gestellt. Sein Endpunkt wandert dabei in der durch den Endpunkt des Anfangsimpulses gelegten Horizontalebene von J nach J_1.*

Der Einfluſs der Reibung auf die Richtungsänderung des Impulsvektors wird offenbar um so geringer sein, je gröſser die jeweilige Länge des Impulsvektors ist; denn die Hinzufügung der kleinen Strecke JJ_1, welche nur von der Gröſse des Gegendruckes R, vom Reibungskoeffizienten μ, dem Kugelradius ϱ und dem Zeitelement dt abhängt, macht gegenüber einem langen Vektor OJ weniger aus wie gegenüber einem kürzeren. *Die Umlagerung des Impulsvektors erfolgt also um so langsamer, je stärker der Anfangsimpuls war oder je schneller der Kreisel ursprünglich rotierte.*

Natürlich wird der Impulsvektor OJ gleichzeitig auch durch die Einwirkung der Schwere abgeändert. Aus diesem Grunde verschiebt sich der Endpunkt des Impulses in jedem Augenblicke im Sinne der Axe des Schweremomentes, d. h. im Sinne der Knotenlinie. Da aber die Knotenlinie auf der Figurenaxe genau und auf der Impulsaxe angenähert senkrecht steht, solange unsere Voraussetzung des angenäherten Zusammenfallens von Figuren- und Impulsaxe zutrifft, bringt die Schwerewirkung angenähert keine Änderung in der Gröſse und Neigung des Impulsvektors gegen die Vertikale hervor. Da überdies die Knotenlinie auf der Vertikalen genau senkrecht steht, tritt der Impuls-Endpunkt auch wegen der Schwerewirkung nicht aus der genannten festen Horizontalebene heraus. Unsere obigen Behauptungen bezüglich der Gröſsen- und Lagenänderungen des Impulses bleiben also auch bei Berücksichtigung der Schwerewirkung bestehen. Man bemerke insbesondere, daſs der Sinn des Schweremomentes, welches von der Lage des Schwerpunktes auf der Figurenaxe abhängt, für unsere Überlegung belanglos ist. *Der Impulsvektor wird also je länger je mehr durch die Reibung aufgerichtet, gleichviel ob der Schwerpunkt oberhalb oder unterhalb des Unterstützungspunktes liegt.*

Wir möchten nun aber zeigen — und erst mit diesem Nachweis erreichen wir unsern eigentlichen Zielpunkt —, daſs sich ebenso wie die Impulsaxe auch die Figurenaxe des Kreisels verhält.

Zu dem Ende bemerken wir, daſs zunächst die *Rotationsaxe* bei dem Kugelkreisel genau, bei dem symmetrischen Kreisel angenähert der Lage der Impulsaxe folgen wird. Die Figurenaxe andrerseits wird fortgesetzt um die jeweilige Rotationsaxe auf einem Kegel umgedreht. Und zwar geht bei hinreichend starkem Eigenimpuls diese Umdrehung viel schneller vor sich, wie der Wechsel der Rotationsaxe selbst, derart, daſs während einer vollen Umdrehung der Figurenaxe sich die Rotationsaxe nur wenig verschoben hat. In der That wird die Bewegung der Impulsaxe und daher auch die der Rotationsaxe um so langsamer, je gröſser der dem Kreisel ursprünglich erteilte Impuls war, während die Umdrehung der Figurenaxe um so schneller wird, je gröſser jener Impuls ist. Von einer gewissen Gröſse des Impulses ab wird also die Bewegung der Rotationsaxe als unendlich langsam gegenüber der Bewegung der Figurenaxe gelten können. Alsdann fällt die mittlere Lage der Figurenaxe dauernd mit der Lage der Rotationsaxe zusammen und es gilt von ihr dasselbe, was für die Lage der Rotationsaxe und der Impulsaxe bereits festgestellt wurde: *Im Mittel muſs sich auch die Figurenaxe unter der Einwirkung der Reibung aufrichten, und zwar um so langsamer, je schneller die anfängliche Rotation war.* Dieser mittleren Bewegung werden sich kleine Schwankungen oder Nutationen der Figurenaxe überlagern, die von der fortgesetzten Umdrehung um die Rotationsaxe herrühren und die die Figurenaxe abwechselnd der Vertikalen nähern und von ihr entfernen. —

Daſs die Reibung ein Aufrichten der Figurenaxe auch dann zur Folge hat, wenn der Schwerpunkt oberhalb des Stützpunktes liegt, und daher mit der Hebung der Figurenaxe eine Arbeitsleistung verbunden ist, kann vielleicht auf den ersten Blick überraschen. Denn die Reibung kann doch stets nur Arbeit verzehren und keine Arbeit leisten. In Wirklichkeit liegt natürlich die Sache so, daſs die zur Schwerpunktshebung erforderliche Energie aus der lebendigen Kraft des Kreisels bestritten wird, von der auch die Reibung zehrt. Die Verkürzung des Impulsvektors, welche eine Verminderung der lebendigen Kraft zur Folge hat, bildet daher, falls der Schwerpunkt oberhalb des Stützpunktes liegt, ein notwendiges Korrelat zur Aufrichtung des Impulsvektors und zu der der Figurenaxe.

Das Endergebnis der gleitenden Reibung ist somit die *aufrechte Kreiselbewegung.* Der zu dieser Bewegung verfügbar bleibende Impuls ist durch die anfängliche Vertikalkomponente n des Impulsvektors gegeben, durch welche sich auch die gleichförmige Rotationsgeschwindigkeit bei der aufrechten Bewegung vorausbestimmt. Nachdem einmal Impuls-, Rotations- und Figurenaxe in der senkrechten Lage zusammengefallen sind, ist die gleitende Reibung auſser Thätigkeit gesetzt: der Kreisel könnte unserm bisherigen Ansatz zufolge in dieser Lage ungeschwächt für alle Zeit fortrotieren.

Letzteres widerspricht aber offenbar der gemeinen Erfahrung, wonach jede Bewegung durch Reibungseinflüsse schlieſslich definitiv vernichtet wird. In der That ist jenes Ergebnis auch nur eine Folge der willkürlichen Unterscheidung zwischen gleitender und bohrender Reibung und der Vernachlässigung der letzteren. Wir müssen uns daher jetzt noch ein ungefähres Urteil über *die Wirkung der bohrenden Reibung* verschaffen.

Nach dem obigen vorläufigen Ansatz liefert die bohrende Reibung ein Moment, welches der Vertikalkomponente des Rotationsvektors entgegenwirkt. Im Falle von Fig. 77a (Rotation im Sinne des Uhrzeigers um die Figurenaxe) ist der Rotationsvektor nach oben gerichtet, also würde das Drehmoment M_2 der bohrenden Reibung durch einen Pfeil darzustellen sein, der von O aus nach unten läuft. Dieses Drehmoment setzt sich ebenso wie das Drehmoment der gleitenden Reibung in jedem Augenblicke mit dem vorhandenen Impuls OJ zusammen. Hierbei wird, wie man sieht, der Impulsvektor *von der Vertikalen abgelenkt*, indem sein Endpunkt etwa von J nach J_2 verlagert wird.

Das gleiche gilt aber auch im Falle der Fig. 77b, wo der Pfeil des Drehmomentes M_2 nach oben weisen würde und der Impuls bei der Zusammensetzung mit M_2 gehoben wird. Sein Endpunkt wandert dabei etwa von J nach J_2. In beiden Fällen ist die Umlagerung des Impulses zufolge der bohrenden Reibung mit einer *Verkürzung des Impulses* verbunden.

Die bohrende Reibung arbeitet also in einer Hinsicht der gleitenden Reibung entgegen: *sie strebt den Impulsvektor von der Vertikalen zu entfernen.* In anderer Hinsicht wirkt sie in gleichem Sinne wie die gleitende Reibung: *sie schwächt den Impuls dauernd.* Da wir sahen, daſs der Einfluſs der bohrenden Reibung, solange die Rotationsaxe merklich von der Vertikalen verschieden ist, klein gegenüber dem Einfluſs der gleitenden Reibung ist, so wird dieser letztere jedenfalls den Ausschlag geben und es wird trotz der bohrenden Reibung ein Aufrichten der Figurenaxe erfolgen. Höchstens könnte das Zeitmaſs des Aufrichtens durch den Einfluſs der bohrenden Reibung etwas verzögert werden. Andrerseits ist zu beachten, daſs das Aufrichten um so schneller erfolgt, je kürzer der Impulsvektor ist, daſs also die bohrende Reibung, indem sie die Länge des Impulsvektors reduziert, ihrerseits das Aufrichten indirekt beschleunigt. Diese indirekte Wirkung der bohrenden Reibung wird daher ihre direkte Wirkung, den Impulsvektor von der Vertikalen abzulenken, teilweise kompensieren.

Ist aber die aufrechte Lage annähernd erreicht, so tritt die bohrende Reibung als die Hauptsache in ihr Recht, weil alsdann die gleitende

Reibung sehr klein geworden ist. Durch die bohrende Reibung wird der nunmehr vertikal gestellte Impuls dauernd weiter geschwächt, ohne daſs der Charakter der aufrechten Bewegung zunächst wesentlich geändert wird. Die Rotationsgeschwindigkeit der aufrechten Bewegung, die vermöge der gleitenden Reibung unverändert fortbestehen könnte, wird also durch die bohrende Reibung mehr und mehr herabgesetzt. Schlieſslich muſs der Impuls bis auf diejenige Gröſse reduziert sein, bei welcher die aufrechte Bewegung instabil wird, wenn der Schwerpunkt über dem Unterstützungspunkte liegt. Jede kleinste Störung erzeugt jetzt merkliche Schwankungen der Figurenaxe, die bei weiter abnehmendem Impuls ihrer Amplitude nach zunehmen, bis der Kreisel umfällt und nach einigen scheinbar regellosen letzten Anstrengungen definitiv zur Ruhe kommt.

§ 4. Quantitatives über den Einfluſs der gleitenden Reibung auf die Neigung der Figurenaxe. Graphische Integration der zugehörigen Differentialgleichung.

Die geeignetste Grundlage für eine eingehendere Behandlung unseres Reibungsproblems liefern die Gleichungen von Lagrange in den Euler-schen Winkeln φ, ψ, ϑ. Neben den Geschwindigkeitskoordinaten φ', ψ', ϑ' werden wir die Impulskoordinaten $[\Phi] = N$, $[\Psi] = n$, $[\Theta]$ benutzen. Bei Übernahme der Bezeichnung N, die früher als Integrationskonstante eingeführt wurde, ist zu beachten, daſs diese Impulskoordinate jetzt nicht mehr konstant ist, sondern durch die gleitende Reibung stetig abgeändert wird, wie denn bei Berücksichtigung der bohrenden Reibung auch die Impulskoordinate n variabel werden würde. Die auf den Kreisel wirkenden Kräfte bestehen aus der Schwere und der gleitenden Reibung, wenn wir (Vernachlässigung II) von der bohrenden Reibung absehen. Die Schwere giebt nur um die Knotenlinie, die gleitende Reibung auf Grund unserer Vernachlässigung III (s. die Gl. (10) des vorigen §) nur um die Figurenaxe zu einem Momente Anlaſs. Die Koordinaten der äuſseren Kraft, bezüglich der drei Euler'schen Winkel, werden daher durch die folgende Tabelle gegeben:

	φ	ψ	ϑ
Schwere	0	0	$P \sin \vartheta$
Gl. Reibung	$\mp \varrho \mu Mg \sin \vartheta$	0	0

Hierbei ist auch bereits von der Vernachlässigung I Gebrauch gemacht, indem der Gegendruck mit seinem statischen Bestandteil Mg identifiziert wurde.

Die Grundgleichungen, von denen wir auszugehen haben, sind in ganz ähnlicher Form schon pag. 154 und pag. 220 u. ff. entwickelt worden; sie lauten:

a) Der Ausdruck der lebendigen Kraft des symmetrischen Kreisels:

$$T = \frac{A}{2}(\sin^2\vartheta\,\psi'^2 + \vartheta'^2) + \frac{C}{2}(\varphi' + \cos\vartheta\,\psi')^2. \tag{1}$$

b) Der Zusammenhang zwischen Impuls- und Geschwindigkeitskoordinaten:

$$\left\{\begin{aligned} [\Phi] &= N = \frac{\partial T}{\partial\varphi'} = C(\varphi' + \cos\vartheta\,\psi'),\\ [\Psi] &= n = \frac{\partial T}{\partial\psi'} = A\sin^2\vartheta\,\psi' + C\cos\vartheta\,(\varphi' + \cos\vartheta\,\psi'),\\ [\Theta] &= \frac{\partial T}{\partial\vartheta'} = A\vartheta'.\end{aligned}\right. \tag{2}$$

c) Die Auflösung der beiden ersten der vorstehenden Gleichungen nach den Geschwindigkeitskoordinaten:

$$\psi' = \frac{n - \cos\vartheta\,N}{A\sin^2\vartheta}, \quad \varphi' = \frac{N - \cos\vartheta\,n}{A\sin^2\vartheta} + \left(\frac{1}{C} - \frac{1}{A}\right)N. \tag{3}$$

d) Der partielle Differentialquotient der lebendigen Kraft nach der Koordinate ϑ:

$$\frac{\partial T}{\partial\vartheta} = A(\cos\vartheta\,\psi' - N)\sin\vartheta\,\psi' = -\frac{(N - \cos\vartheta\,n)(n - \cos\vartheta\,N)}{A\sin^3\vartheta}. \tag{4}$$

e) Das Gesetz für die Impulsänderungen oder die Lagrange'schen Gleichungen im engeren Sinne:

$$\frac{dn}{dt} = 0, \tag{5}$$

$$\frac{dN}{dt} = \mp\,\varrho\mu\,Mg\sin\vartheta, \tag{6}$$

$$A\vartheta'' + \frac{(N - \cos\vartheta\,n)(n - \cos\vartheta\,N)}{A\sin^3\vartheta} = P\sin\vartheta. \tag{7}$$

Statt der Gleichung (7) haben wir beim reibungslosen Kreisel den Satz der lebendigen Kraft benutzt, der sich dadurch empfahl, daſs er die Ausführung einer Integration in sich schloſs. Im vorliegenden Falle geht dieser Vorteil verloren, weil der Reibungswiderstand keine konservative Kraft ist, und wird daher die Gleichung (7) wegen ihrer einfacheren Bauart bequemer als jener Satz.

Wir wollen die Bedeutung der letzten drei Gleichungen der Reihe nach durchgehen.

Gleichung (5) sagt aus, *daſs die Vertikalkomponente des Impulses durch die gleitende Reibung nicht beeinfluſst wird*, wie wir schon im vorigen Paragraph erkannten. n kann daher nach wie vor als eine durch den Anfangszustand gegebene Integrationskonstante angesehen werden. Übrigens folgt dieses Resultat allein aus unserer Vernachlässigung II der bohrenden Reibung und ist von der Einführung oder Nichteinführung der Vernachlässigungen I und III unabhängig.

Aus Gl. (6) schliefsen wir, *dafs sich der Absolutwert des Eigenimpulses N dauernd im gleichen, nämlich im abnehmenden Sinne ändert.* Wegen der Bedeutung des doppelten Vorzeichens (vgl. pag. 552) berechnet sich nämlich für dN aus Gl. (6) ein negativer oder positiver Wert, je nachdem φ' oder, was auf dasselbe herauskommen wird, je nachdem N positiv oder negativ ist. Die Gröfse von N können wir hiernach als eine Art Zeitmesser benutzen, da wir den Ablauf der Bewegung ebensowohl auf die abnehmenden Werte von $|N|$ wie auf die wachsenden Werte von t beziehen können. Mit anderen Worten: *wir können statt der Zeit t die Gröfse N als unabhängige Variable einführen.* Ist die wechselnde Lage des Kreisels, insbesondere der Winkel ϑ, als Funktion von N bekannt, so läfst sich der zeitliche Verlauf der Bewegung nachträglich feststellen, indem man nach (6) berechnet:

$$t = \mp \frac{1}{Mg\mu\varrho} \int \frac{dN}{\sin\vartheta}. \tag{8}$$

In Gl. (7) kommen zunächst drei Veränderliche vor, nämlich t, N und ϑ. Statt ϑ führen wir wie früher die Hülfsgröfse

$$u = \cos\vartheta \tag{9}$$

ein, überdies eliminieren wir die Variable t mittels der Gl. (6) und benutzen nach der vorstehenden Bemerkung fernerhin N als unabhängige Variable. Zu dem Ende ist es nur nötig, die nach der Zeit genommenen Differentialquotienten von ϑ durch solche nach N zu ersetzen. Wir haben:

$$\left\{\begin{aligned} \frac{d\vartheta}{dt} &= \frac{d\vartheta}{dN}\cdot\frac{dN}{dt} = \mp\varrho\mu\, Mg\sin\vartheta\,\frac{d\vartheta}{dN} = \pm\varrho\mu\, Mg\,\frac{du}{dN}, \\ \frac{d^2\vartheta}{dt^2} &= \pm\varrho\mu\, Mg\,\frac{d^2u}{dN^2}\cdot\frac{dN}{dt} = -(\varrho\mu\, Mg)^2\,\frac{d^2u}{dN^2}\sin\vartheta. \end{aligned}\right. \tag{10}$$

Gl. (7) läfst sich daher mit Rücksicht auf (9) und (10) in die folgende bemerkenswert einfache Form schreiben:

$$(\varrho\mu\, Mg)^2\,\frac{d^2u}{dN^2} = \frac{(N-un)(n-uN)}{A^2(1-u^2)^2} - \frac{P}{A}. \tag{11}$$

Das Problem ist somit auf eine einzelne gewöhnliche Differentialgleichung zweiter Ordnung zwischen u und N reduziert.

Wir beabsichtigen nicht, diese Gleichung in geschlossener Form oder durch irgend welche Reihenentwicklung zu integrieren. Vielmehr werden wir versuchen, auch ohne formelmäſsige Integration durch sachgemäſse Diskussion der Differentialgleichung das Wesentliche über den Verlauf der Integralkurve zu erfahren.

Da die Gestalt der Integralkurve wesentlich von ihrer Krümmung und diese von dem zweiten Differentialquotienten abhängt, so werden wir darauf geführt, die rechte Seite von (11) näher zu studieren. Und zwar werden wir zunächst feststellen, wo die rechte Seite einen Vorzeichenwechsel aufweist. Zu dem Zwecke betrachten wir die Gleichung:

$$(12) \qquad (n - uN)(N - un) - AP(1 - u^2)^2 = 0.$$

Hier ist es noch bequem, mit dem Quadrat der Impulskonstanten n zu dividieren und die Abkürzungen

$$(13) \qquad v = \frac{N}{n}, \quad \pm m^2 = \frac{AP}{n^2}$$

einzuführen. Die Gröſse v ist dann, ebenso wie der Neigungscosinus u, eine reine Zahl. Das Gleiche gilt nach pag. 293 von der Gröſse $\pm m^2$, wobei das positive oder negative Vorzeichen zu wählen sein wird, je nachdem P positiv oder negativ ist, der Schwerpunkt also über oder unter dem Stützpunkte liegt. Unsere Gleichung (12) verwandelt sich so in eine Gleichung zwischen den drei unbenannten Zahlengröſsen u, v und m^2, nämlich in:

$$(14) \qquad (1 - uv)(v - u) = \pm m^2 (1 - u^2)^2.$$

Wir deuten u als Ordinate, v als Abscisse in einer u, v-Ebene; die durch (14) dargestellte, in dieser Ebene verlaufende Kurve vierter Ordnung bezeichnen wir als *Leitlinie*, da sie der später zu konstruierenden Integralkurve gewissermaſsen als Führung dienen wird. Die Integralkurve der Gl. (11) muſs sich, wie wir zeigen werden, um unsere Leitlinie in unmittelbarer Umgebung derselben herumschlängeln.

Die Gestalt der Leitlinie ist in Fig. 78 dargestellt; und zwar bezieht sich die ausgezogene Linie auf den Fall $P > 0$, wo in (14) das positive Zeichen gilt, die punktierte Linie auf den Fall $P < 0$, in welchem m^2 mit dem negativen Vorzeichen versehen ist. Wie Gl. (14) zeigt, entsteht die letztere aus der ersteren, wenn man u, v mit $-u$, $-v$ vertauscht, wenn man also die erstere Linie um den Anfangspunkt der u, v-Ebene durch den Winkel von 180^0 dreht. Hiernach genügt es, den Fall $P > 0$ allein zu betrachten, also in Gl. (14) lediglich das obere Vorzeichen zu berücksichtigen.

Zur Begründung unserer Figur 78 sei folgendes bemerkt: Konstruiert man die gleichseitige Hyperbel $1 = uv$ und die Gerade $v = u$, so teilen diese die Ebene in sechs Gebiete; in dreien derselben hat die linke Seite von (14) positives, in den übrigen negatives Vorzeichen.

Nur in den ersteren Gebieten, die in der Figur durch Schraffierung kenntlich gemacht sind, kann unsere Leitlinie verlaufen, da sonst Gl. (14) nicht erfüllbar wäre.

Ferner ist es für die Gestalt der Leitlinie wesentlich, dafs wir m^2 als *kleine Zahl* voraussetzen dürfen. Denn wir betrachten nur Be-

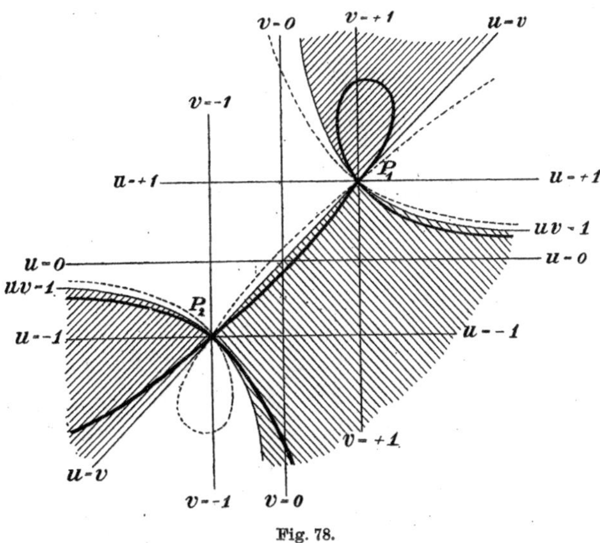

Fig. 78.

wegungen, bei welchen dem Kreisel anfänglich eine schnelle Umdrehung oder ein starker Impuls erteilt wurde. Unter einem starken Impuls verstehen wir aber nach pag. 293 einen solchen, für den N^2 erheblich gröfser als die gleichbenannte Gröfse AP, für den also AP/N^2 ein kleiner echter Bruch $\left(\text{beispielsweise} < \frac{1}{100}\right)$ ist. Da nun die Vertikalkomponente n des Impulses von derselben Gröfsenordnung wie der Anfangswert des Eigenimpulses ist, so wird auch $AP/n^2 = m^2$ ein kleiner echter Bruch. In der Figur haben wir nur $m^2 = 1/9$ gewählt, weil bei noch kleinerem m^2 unsere Zeichnung undeutlich würde, während wir für die Zwecke der späteren Rechnung an der Annahme $m^2 < \frac{1}{100}$ festhalten werden.

Man überzeugt sich sodann nach der üblichen Methode der Potenzentwicklung leicht, dafs die Punkte P_1 $(u = v = 1)$ und P_2 $(u = v = -1)$ Doppelpunkte unserer Kurve werden und dafs die beiden Kurventangenten in diesen Punkten mit der positiven bezw. negativen Abscissenaxe einen Winkel α einschliefsen, der sich aus

$$\operatorname{tg} \alpha = \sqrt{\frac{1}{1 - 4m^2}} \text{ (Punkt } P_1)$$

bezw. aus

$$\operatorname{tg} \alpha = \sqrt{\frac{1}{1+4m^2}} \quad (\text{Punkt } P_2)$$

berechnet. Im Punkte P_1 ist der genannte Winkel also ein wenig gröſser, in P_2 ein wenig kleiner wie 45°.

Aus Gl. (14) folgt ferner leicht, daſs unsere Leitlinie eine und nur eine zur v-Axe parallele Tangente mit dem Berührungspunkte

$$u = \frac{1}{4m^2}, \quad v = \frac{1}{2}\left(4m^2 + \frac{1}{4m^2}\right)$$

besitzt. Hieraus ist zu schlieſsen, daſs die beiden durch P_1 nach oben hin verlaufenden Kurvenäste sich in einer Schlinge vereinigen. Die beiden durch P_2 nach links auslaufenden Äste können sich dagegen nicht zusammenschlieſsen, da der obere von ihnen sich asymptotisch der Abscissenaxe annähert. Das gleiche gilt von dem durch P_1 nach unten rechts verlaufenden Aste.

Durch diese und ähnliche Betrachtungen läſst sich die Gestalt unserer Leitlinie mit hinreichender Sicherheit im Falle $P > 0$ feststellen. Ihre Gestalt im Falle $P < 0$ wird dann durch die schon erwähnte Umdrehung aus jener abgeleitet.

Welchen Nutzen gewährt uns nun die Kenntnis der Leitlinie für die Integration der Gleichung (11)? Wir schreiben uns diese Gleichung zunächst so um, daſs darin lauter unbenannte Gröſsen vorkommen. Zu dem Zwecke dividieren wir sie mit n^2/A^2 und ersetzen

$$\frac{d^2u}{dN^2} \quad \text{durch} \quad \frac{1}{n^2}\frac{d^2u}{dv^2}.$$

Der Faktor von $\frac{d^2u}{dv^2}$ wird auf solche Weise, wenn wir die übliche Abkürzung $P = \pm MgE$ einführen:

$$\frac{A^2}{n^4}(Mg\mu\varrho)^2 = \left(\frac{AP}{n^2}\mu\frac{\varrho}{E}\right)^2 = (m^2\mu\lambda)^2$$

mit der weiteren Abkürzung

$$\lambda = \frac{\varrho}{E}$$

und unsere Gleichung (11) geht über in

$$(15) \qquad (m^2\mu\lambda)^2\frac{d^2u}{dv^2} = \frac{(1-uv)(v-u)}{(1-u^2)^2} - m^2 \cdots (P>0)$$

bez. in

$$(16) \qquad (m^2\mu\lambda)^2\frac{d^2u}{dv^2} = \frac{(1-uv)(v-u)}{(1-u^2)^2} + m^2 \cdots (P<0).$$

Nun verschwindet die rechte Seite jeder dieser Gleichungen nur in den Punkten der zugehörigen Leitlinie und es tritt daher ein Wechsel im Sinne der Krümmung unserer Integralkurve nur ein, wenn diese die Leitlinie überschreitet. Wegen der Bedeutung von $u = \cos \vartheta$ brauchen wir nur denjenigen Streifen der u, v-Ebene zu betrachten, der zwischen den Geraden $u = \pm 1$ enthalten ist; dieser wird von der Leitlinie in vier Gebiete eingeteilt. Das jedem Gebiete zukommende Vorzeichen von d^2u/dv^2 ist in den Figuren 79 und 80 eingetragen; man stellt es am einfachsten dadurch fest, dafs man von dem Punkte $u = v = 0$ ausgeht, in welchem die rechte Seite von (15) gleich $-m^2$, die von (16) gleich $+m^2$ wird. Hierdurch ist das fragliche Vorzeichen für jeden Punkt unseres Streifens bestimmt. *In den mit + bezeichneten Gebieten ist die gesuchte Integralkurve, aus der Richtung der positiven Ordinatenaxe betrachtet, konkav gekrümmt, in den mit − bezeichneten Gebieten konvex; beim Überschreiten der Leitlinie besitzt sie jedesmal einen Wendepunkt.*

Um von hieraus die Integralkurve wirklich konstruieren zu können, müssen wir uns zunächst bestimmte Anfangsbedingungen geben. Wir bezeichnen den anfänglichen Neigungscosinus der Figurenaxe gegen die Vertikale mit u_0 und setzen etwa fest, dafs zu Beginn der Impulsvektor genau in die Richtung der Figurenaxe falle, dafs also der Kreisel zu Beginn keinen seitlichen Anstofs erhalte. Dann gibt der Anfangswert N_0 des Eigenimpulses zugleich die Gesamtlänge des Impulsvektors und es ist die Vertikalkomponente des Impulses $n = N_0 u_0$. Unsere Integralkurve beginnt daher in einem Punkte P_0, dessen Koordinaten u_0, v_0 der Gleichung $1 = u_0 v_0$ genügen, welcher also auf der (in Fig. 79 und 80 gestrichelt eingezeichneten) gleichseitigen Hyperbel liegt. Ferner ist hierdurch zugleich die Anfangstangente der Integralkurve bestimmt; wenn nämlich der Impulsvektor die Richtung der Figurenaxe hat, so fällt auch die augenblickliche Rotationsaxe in die Figurenaxe hinein. Die Figurenaxe steht also momentan im Raume still und es ist

$$\frac{du}{dt} = 0 \text{ und daher auch } \frac{du}{dN} = 0 \text{ sowie } \frac{du}{dv} = 0.$$

Unsere Integralkurve setzt also im Punkte P_0 mit einer horizontalen Tangente ein.

Von dem weiteren Verlauf der Integralkurve gilt die allgemeine Bemerkung: *dafs sie, auf die Abscissenaxe senkrecht projiziert, diese überall einfach überdecken mufs.* Denn, wie oben festgestellt, nimmt der Absolutwert von N mit wachsendem t beständig ab, desgleichen der (notwendig positive) Wert von $v = \frac{N}{n}$. Da nun zu jedem Werte von t nur ein Wert von u gehören kann, so kann auch jedem Werte von v nur ein Wert von u entsprechen.

Betrachten wir nun z. B. Fig. 79 ($P > 0$). Der Anfangspunkt P_0 liegt in einem Gebiete negativer Krümmung (d. h. einem Gebiete, wo

$d^2u/dv^2 < 0$); die Integralkurve ist also von oben gesehen konvex Da sie in P_0 eine horizontale Tangente hat, muſs sie nach unten umbiegen und bald zum Schnitt mit der Leitlinie kommen. Hierbei geht sie mit einer Wendung in ein Gebiet positiver Krümmung über, verläuft also von jetzt ab nach oben hin konkav. Die zwei Möglichkeiten,

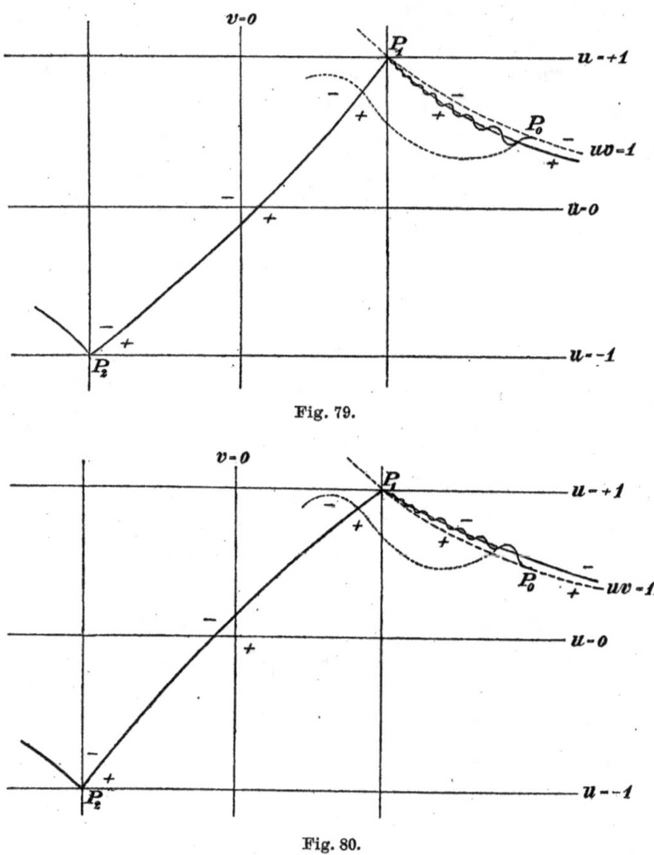

Fig. 79.

Fig. 80.

die sich nun bieten, sind in Fig. 79 angedeutet: Die Integralkurve muſs die Leitlinie zum zweiten Mal schneiden; dieser Schnittpunkt kann nun entweder, von P_0 aus gerechnet, diesseits von P_1 liegen, oder jenseits. Die in der Figur ausgezogene, wellenförmige Gestalt der Integralkurve entspricht der ersten, die punktierte Gestalt der zweiten Möglichkeit. *Wir wollen zeigen, daſs nur die erste Möglichkeit der Wirklichkeit entspricht.*

Zum Beweise haben wir auſser dem Vorzeichen der Krümmung deren Gröſse zu beachten. Letztere ist in rechtwinkligen Koordinaten u, v bekanntlich durch den Ausdruck

$$\text{a)}\quad \frac{\frac{d^2u}{dv^2}}{\left(1+\left(\frac{du}{dv}\right)^2\right)^{3/2}}$$

gegeben. Wir werden statt dessen als einen angenäherten Ausdruck für die Krümmung den folgenden

$$\text{b)}\quad \frac{d^2u}{dv^2}$$

substituieren, dessen jeweiligen Betrag wir direkt aus der Differentialgleichung (19) entnehmen können. Dieser Wert ist allerdings etwas zu grofs und stimmt nur dann mit dem genauen Wert der Krümmung hinreichend überein, wenn die Neigung der Kurventangente gegen die Abscissenaxe klein ist. Dafs dieses in unserem Falle zutrifft, können wir nicht mit Sicherheit behaupten; nur soviel ist nach einer Bemerkung auf der vorigen Seite klar, dafs die Neigung der Kurventangente niemals unendlich grofs werden kann; denn dann würde die Projektion der Integralkurve auf die Abscissenaxe diese nicht mehr eindeutig überdecken.

Auf der Leitlinie selbst hat wie wir wissen die Integralkurve die Krümmung Null. Ersetzen wir in der Gleichung (15) die Zahl m^2 durch eine wenig kleinere oder gröfsere, so entstehen zwei Nachbarkurven der Leitlinie von wesentlich gleichem Verlauf, welche beispielsweise beide durch den Punkt P_1 hindurchgehen und sich asymptotisch der positiven Abscissenaxe anschliefsen. Wir können etwa statt der kleinen Zahl m^2 das eine Mal den Wert Null, das andere Mal den Wert $2m^2$ einsetzen. Die erste unserer Nachbarkurven fällt dann in dem uns interessierenden Gebiete mit der Hyperbel $uv = 1$ zusammen, die zweite hat die Gleichung

$$(1-uv)(v-u) = 2m^2(1-u^2)^2.$$

In den Punkten der ersten bez. zweiten Nachbarkurve besitzt die Integralkurve nach Gl. (15) die angenäherte Krümmung

$$\frac{d^2u}{dv^2} = \frac{-m^2}{(m^2\mu\lambda)^2} = -\frac{1}{m^2\mu^2\lambda^2},$$

bez.

$$\frac{d^2u}{dv^2} = \frac{2m^2-m^2}{(m^2\mu\lambda)^2} = +\frac{1}{m^2\mu^2\lambda^2}.$$

Der Wert von m^2 sollte etwa $\frac{1}{100}$ sein. Der Reibungskoeffizient μ ist ein echter Bruch; als Gröfsenordnung kann man etwa $\frac{1}{3}$ annehmen, so dafs μ^2 etwa $\frac{1}{10}$ wird. Auch die Verhältniszahl $\lambda = \frac{\varrho}{E}$ ist ein echter Bruch, da der Schwerpunkt einen merklichen Abstand von dem festen Punkte haben muſs, wenn anders wir es überhaupt mit einem „schweren Kreisel" zu thun haben, während die die Figurenaxe nach untenhin begrenzende Halbkugel sicherlich einen kleinen Radius besitzen wird. Um eine bestimmte Angabe zu machen, wollen wir etwa λ^2 gleich $\frac{1}{1000}$ (d. h. $E = \text{ca.}\, 32\,\varrho$) setzen. Unter diesen Voraussetzungen wird die angenäherte Krümmung der Integralkurve auf unseren beiden der Leitlinie benachbarten Kurven gleich $\pm 10^6$, der angenäherte Krümmungsradius also nur gleich ein Milliontel der Einheitsstrecke unserer Figur. Dabei ist der Abstand unserer beiden Nachbarkurven von einander und von der Leitlinie ein äuſserst geringer, nämlich selbst von der Gröſsenordnung m^2 und er vermindert sich überdies mit wachsender Annäherung an den Punkt P_1.

Die Krümmung der Integralkurve also, die auf der Leitlinie selbst den Wert Null hat, wird in nächster Nähe derselben schon sehr groſs. Sobald sich die Integralkurve nur merklich von der Leitlinie entfernt hat, muſs sie schleunigst wieder umbiegen und sich der Leitlinie abermals nähern: Die Integralkurve ist hiernach gezwungen, mit äuſserst geringer Amplitude und Spannweite um die Leitlinie herumzuoscillieren, ähnlich wie ein Massenpunkt um eine Ruhelage mit kleiner Amplitude und kurzer Schwingungsdauer herumpendelt, wenn er schon bei geringer Entfernung von der Ruhelage durch eine groſse Kraft nach jener zurückgetrieben wird.

Somit ist bewiesen, daſs der in der Figur 79 punktiert gezeichnete Verlauf der Integralkurve bei kleinem Werte von m^2, d. h. bei groſsem Anfangsimpuls unmöglich ist und daſs der geschlängelte, ausgezogene Verlauf mindestens qualitativ der Wirklichkeit entspricht. Der punktiert gezeichnete Weg mag vielleicht bei schwachem Anfangsimpulse zur Geltung kommen, doch gehen wir auf diesen minder wichtigen Fall nicht ein. Die entsprechenden Überlegungen und Konstruktionen lassen sich fast Wort für Wort auf den Fall $P < 0$ übertragen; wir können daher behaupten, daſs auch in Fig. 80 die Integralkurve um die Leitlinie herumpendeln muſs und niemals erheblich von ihr abbiegen kann.

Übrigens läſst sich die hier befolgte Schluſsweise, die wir als graphische Integration bezeichnen können, sofort auf den allgemeinen Fall der Differentialgleichung

$$\frac{d^2u}{dv^2} = f(u, v)$$

übertragen, wenn die Funktion $f(u, v)$ in der Umgebung der „Leitlinie" $f(u, v) = 0$ ein starkes Gefälle besitzt und der Anfangspunkt der Integralkurve der Leitlinie nicht zu fern angenommen wird. Auch hier mufs die Integralkurve fortgesetzt um die Leitlinie herumpendeln.

Über die Amplitude und Spannweite der Pendelungen haben wir bisher nur gesagt, dafs sie äufserst klein sein müssen; wir fügen noch hinzu, dafs sie *um so kleiner ausfallen müssen, je kleiner die Zahl* m^2, *je gröfser also der anfängliche Bewegungsimpuls ist, und dafs sie mit zunehmender Annäherung an den Punkt* P_1 *abnehmen müssen.*

Denken wir uns, um dieses einzusehen, die Niveaulinien des Ausdrucks $f(u, v)$ konstruiert, welcher unserer Differentialgleichung zufolge die angenäherte Krümmung der Integralkurve bestimmt, in der Weise, wie dies für die speziellen Niveaulinien $f(u, v) = 0$ (die Leitlinie), und $f(u, v) = \pm \frac{1}{(m\mu\lambda)^2}$ (die beiden oben genannten Nachbarkurven) geschehen ist. Diese Niveaulinien liegen um so dichter, je kleiner m^2 ist, aufserdem verdichten sie sich in der Nähe des Punktes P_1, da sie alle durch diesen Punkt hindurch müssen. Die Dichtigkeit der Niveaulinien liefert aber direkt einen Mafsstab für die Krümmungszunahme der Integralkurve in der Nähe der Leitlinie und für ihre Tendenz, nach der Leitlinie zurückzukehren. Noch anschaulicher können wir uns den Ausdruck $f(u, v)$ als ein Relief modelliert denken, indem wir uns den absoluten Wert von $f(u, v)$ als dritte Koordinate senkrecht zur u, v-Ebene auftragen, wobei die eben genannten Niveaulinien zu Höhenlinien des Reliefs werden. Es entsteht so eine Rinne, deren Sohle in der u, v-Ebene liegt und mit unserer Leitlinie zusammenfällt und deren Böschungen beiderseitig um so steiler ansteigen, je kleiner m^2 ist und je mehr wir uns dem Punkte P_1 nähern. In letzterem stellen sich die Böschungen genau lotrecht. Wiederum wächst mit der Steilheit der Böschungen die Schnelligkeit, mit der die Integralkurve bei seitlicher Abbiegung der Leitlinie wieder zustrebt. Die Integralkurve verläuft ähnlich wie die Bahn eines schweren Punktes, der in der (reibungslos gedachten) Rinne entlang läuft, zugleich aber vermöge eines seitlichen Anfangsanstofses abwechselnd rechts und links an den Rändern etwas aufläuft. Während die bei den aufeinanderfolgenden Seitenpendelungen erreichte Höhenlage nach dem Energiegesetz dieselbe ist, wird die in horizontaler Richtung gemessene Amplitude der Seitenabweichung um so kleiner, je gröfser die Steilheit der Ränder ist; desgleichen wird die Zeitdauer der aufeinanderfolgenden Pendelungen oder, was auf dasselbe herauskommt, die längs der Sohle gemessene Spannweite der Seitenpendelungen geringer bei wachsender Steilheit der Ränder; denn die nach der Rinne zurücktreibende Kraft, d. h. die in die Böschung fallende Komponente der Schwere, ist dem

Gefälle der Böschung proportional. Die Bahn des Massenpunktes wird also, auf die horizontale Zeichenebene projiziert, was die Ausgiebigkeit der aufeinanderfolgenden Pendelungen betrifft, in der That die in der Fig. 79 und 80 dargestellte Form annehmen, welche somit auch unserer Integralkurve zukommen wird.

Die Schluſsfolgerungen, die sich von hieraus für den Ablauf der Kreiselbewegung ergeben, liegen auf der Hand. Mit wachsender Zeit nimmt der Eigenimpuls N seiner Gröſse nach ab. Fiel er anfangs in die Richtung der Figurenaxe, so ist anfangs $|N| > |n|$ und mit wachsender Zeit nähert sich N dem Werte n, d. h. v dem Werte 1. Unsere Integralkurve zeigt dann, daſs sich gleichzeitig u dem Werte 1 oder ϑ dem Werte 0 nähert. *Die Figurenaxe richtet sich also durch den Einfluſs der gleitenden Reibung allmählich auf.*

Hand in Hand mit der Aufrichtung der Figurenaxe geht natürlich ihre *Präcession* um die Vertikale von statten, deren jeweilige Geschwindigkeit sich nach Gl. (3) aus dem augenblicklichen Werte von ϑ und N bez. von u und v berechnet. Die Aufrichtung der Figurenaxe wird unterbrochen und ihre Präcession wird begleitet von kleinen *Nutationen* der Figurenaxe, die durch die Seitenpendelungen unserer Integralkurve dargestellt werden. *Diese Nutationen sterben aber in dem Maſse ab, wie sich die Figurenaxe aufrichtet und sind übrigens von Hause aus um so kleiner, je gröſser der Anfangsimpuls war*, vorausgesetzt natürlich, daſs dieser genau oder ungefähr die Richtung der Figurenaxe hatte.

Ist die aufrechte Lage erreicht, so fällt der bisherige Grund für die Abnahme des Impulses, die gleitende Reibung, fort. In der That ergiebt sich mit $u = 1$ aus Gl. (6) $dN/dt = 0$; es bleibt also von nun ab $N = n$ oder $v = 1$: *Unsere Integralkurve endigt im Punkte P_1 und der Kreisel verharrt in der aufrechten Bewegung.* Die endgültige Vernichtung des Bewegungsimpulses fällt nicht der gleitenden sondern der bohrenden Reibung zu, wie bereits im vorigen Paragraph auseinandergesetzt wurde.

§ 5. Angenäherte formelmäſsige Darstellung des Bewegungsverlaufes.

Da wir auf Grund der vorangehenden Diskussion die Bewegung der Figurenaxe graphisch beherrschen, wird es nun leicht sein, eine näherungsweise formelmäſsige Darstellung der Bewegung zu geben. Wir fügen diese nachträglich hinzu, teils um einige numerische Rechnungen anstellen zu können, teils um den in der Einleitung (pag. 5) ausgesprochenen Grundsatz zu verwirklichen, nach welchem „unsere Kenntnis der Mechanik nicht auf die Formel basiert sein solle, sondern umgekehrt die analytische Formulierung als letzte Konsequenz aus einem gründlichen Verständnis der mechanischen Verhältnisse von selbst zum Vorschein komme“.

Der Gedanke bei der folgenden Näherungsrechnung besteht darin, daſs wir, was die Änderungen von ϑ angeht, für die oscillierende Integralkurve der Figuren 79 und 80 unsere Leitlinie selbst substituieren. Was wir dabei vernachlässigen, sind die Nutationen der Figurenaxe, welche die Bewegung nur vorübergehend und in geringem Grade beeinflussen, was wir aber beibehalten und in unseren Formeln zum einfachen Ausdruck bringen, ist das Aufrichten der Figurenaxe, die Abnahme des Impulsvektors und der mittlere Betrag der Präcession, d. h. alle wesentlichen Momente der Bewegung.

Wir sehen also die Gl. (14) des vorigen Paragraphen als die während der Bewegung angenähert gültige Beziehung zwischen dem Neigungscosinus $u = \cos\vartheta$ und der Impulsgröſse $v = \frac{N}{n}$ an. Um dieselbe nach v aufzulösen, schreiben wir sie folgendermaſsen:

$$v^2 - \left(u + \frac{1}{u}\right) v = -1 \mp \frac{m^2}{u}(1-u^2)^2.$$

Die beiden Wurzeln v_1, v_2 dieser quadratischen Gleichung werden:

$$v_1 = \frac{1}{2}\left(u + \frac{1}{u}\right) - \frac{1}{2}\left(u - \frac{1}{u}\right)\sqrt{1 \mp 4um^2},$$
$$v_2 = \frac{1}{2}\left(u + \frac{1}{u}\right) + \frac{1}{2}\left(u - \frac{1}{u}\right)\sqrt{1 \mp 4um^2}.$$

Wegen der auch jetzt vorauszusetzenden Kleinheit der Zahl $\pm m^2 = \frac{AP}{n^2}$ ziehen wir die Quadratwurzel nach dem binomischen Satze angenähert aus. Es ergiebt sich:

$$v_1 = \frac{1}{2}\left(u + \frac{1}{u}\right) - \frac{1}{2}\left(u - \frac{1}{u}\right)(1 \mp 2um^2) = \frac{1}{u} \mp m^2(1-u^2),$$
$$v_2 = \frac{1}{2}\left(u + \frac{1}{u}\right) + \frac{1}{2}\left(u - \frac{1}{u}\right)(1 \mp 2um^2) = u \pm m^2(1-u^2).$$

Da $u < 1$ ist, wird $v_1 > 1$, $v_2 < 1$. Die Bedeutung der beiden Wurzeln folgt aus Fig. 78. Schneiden wir nämlich die ausgezogene oder die punktierte Leitlinie jener Figur mit einer zur Abscissenaxe parallelen Geraden $u = \text{const.}$, wobei $0 < u < 1$ sein möge, so erhalten wir zwei Schnittpunkte, von denen der eine rechts von P_1, der andere links davon zwischen P_1 und P_2 liegt. Dem ersteren entspricht ein Abscissenwert $v_1 > 1$, dem letzteren ein solcher $v_2 < 1$. Wir interessieren uns nur für denjenigen Teil der Leitlinie, welcher von unserer Integralkurve umschlängelt wird, haben also nur den Wurzelwert v_1 zu berücksichtigen. Gehen wir noch zu der ursprünglichen Bedeutung der Zeichen v, u und m^2 zurück, so können wir die für v_1 gefundene Formel so schreiben:

$$N = \frac{n}{\cos\vartheta} - \frac{AP}{n}\sin^2\vartheta. \tag{1}$$

Wir erkennen hieraus, *in welcher gegenseitigen Abhängigkeit* ϑ *gegen* 0 *und* N *gegen* n *konvergiert.*

Wir berechnen zweitens die Präcessionsgeschwindigkeit ψ', die zu den wechselnden Neigungen der Figurenaxe gehört. Aus (1) folgt

$$\frac{n - N\cos\vartheta}{A\sin^2\vartheta} = \frac{P}{n}\cos\vartheta.$$

Dies ist nach Gl. (3) des vorigen Paragraphen zugleich die gesuchte Präcessionsgeschwindigkeit. Man hat also

$$\psi' = \frac{P}{n}\cos\vartheta \tag{2}$$

und schlieſst, *daſs sich die absolute Gröſse der Präcessionsgeschwindigkeit beim Aufrichten der Figurenaxe etwas beschleunigt.*

Wir fragen sodann nach dem zeitlichen Verlauf der Bewegung, der ja aus unserer qualitativen Darstellung eliminiert war. Hierbei haben wir auf die Gl. (8) des vorigen Paragraphen

$$t = \mp\frac{1}{Mg\mu\varrho}\int\frac{dN}{\sin\vartheta}$$

zurückzugehen. (Das obere Vorzeichen galt bei positivem Anfangswerte von N, also bei positivem n, das untere bei negativem.) Wir berechnen dN durch ϑ und $d\vartheta$ aus Gl. (1):

$$dN = \left(\frac{n}{\cos^2\vartheta} - \frac{2AP}{n}\cos\vartheta\right)\sin\vartheta\, d\vartheta$$

und erhalten dann

$$t = \mp\frac{n}{Mg\mu\varrho}\left\{\int\frac{d\vartheta}{\cos^2\vartheta} - \frac{2AP}{n^2}\int\cos\vartheta\, d\vartheta\right\}.$$

Das doppelte Vorzeichen dürfen wir durch das einfache negative ersetzen, wenn wir dafür n mit dem Zeichen des absoluten Betrages versehen. Führen wir die Integrationen aus und bestimmen die Integrationskonstante daraus, daſs $\vartheta = \vartheta_0$ für $t = 0$ sein soll, so ergiebt sich das folgende *Gesetz für den zeitlichen Verlauf der Bewegung:*

$$t = \frac{|n|}{Mg\mu\varrho}\left\{(\operatorname{tg}\vartheta_0 - \operatorname{tg}\vartheta) - \frac{2AP}{n^2}(\sin\vartheta_0 - \sin\vartheta)\right\}. \tag{3}$$

Das zweite Glied der { } ist wegen des kleinen Faktors AP/n^2 offenbar klein gegenüber dem ersten Gliede. Dieses erste Glied zeigt uns, daſs das Aufrichten der Figurenaxe ziemlich langsam von statten geht;

denn im Zähler steht die grofse Impulskomponente n, im Nenner der kleine Reibungskoeffizient μ und der kleine Radius ϱ der Auflagefläche. *Die Zeitdauer des Aufrichtens wird um so gröfser, je gröfser der Anfangsimpuls war und je kleiner der Reibungskoeffizient* μ *sowie der Krümmungsradius der Auflagefläche ist.*

Der zahlenmäfsige Wert der zum Aufrichten erforderlichen Zeit ergiebt sich aus (3), wenn wir $\vartheta = 0$ setzen, zu

$$T = \frac{|n|}{Mg\mu\varrho}\left\{\operatorname{tg}\vartheta_0 - \frac{2AP}{n^2}\sin\vartheta_0\right\}. \tag{4}$$

Die aufrechte Lage wird also in endlicher Zeit erreicht; die Zeit ist bei sonst gleichen Umständen im wesentlichen der Tangente der Anfangsneigung proportional.

Es erübrigt nur noch, die Bahnkurve, die ein Punkt der Figurenaxe beschreibt, analytisch und zeichnerisch darzustellen. Wir gehen dabei einerseits von der Gl. (2)

$$\frac{d\psi}{dt} = \frac{P}{n}\cos\vartheta,$$

andrerseits von der aus (3) folgenden Beziehung aus:

$$\frac{d\vartheta}{dt} = \mp\frac{Mg\mu\varrho}{n}\,\frac{\cos^2\vartheta}{1 - \frac{2AP}{n^2}\cos^3\vartheta}. \tag{5}$$

Durch Division folgt

$$\frac{d\psi}{d\vartheta} = \mp\frac{P}{Mg\mu\varrho}\left(\frac{1}{\cos\vartheta} - \frac{2AP}{n^2}\cos^2\vartheta\right)$$

und durch Integration

$$\psi = \mp\frac{P}{Mg\mu\varrho}\left\{\log\operatorname{ctg}\left(\frac{\pi}{4} - \frac{\vartheta}{2}\right) - \frac{AP}{n^2}\left(\vartheta + \frac{\sin 2\vartheta}{2}\right)\right\}. \tag{6}$$

Da die Gestalt der Bahnkurve in keiner Weise von dem dem Winkel ψ vorzuschreibenden Anfangswerte ψ_0 abhängt, haben wir von der Hinzufügung einer Integrationskonstanten abgesehen.

Hier wollen wir eine unwesentliche Vernachlässigung gestatten, durch die sich das folgende vereinfacht. Wir wollen nämlich das zweite Glied der $\{\}$ in (6) gegen das erste wegen des Faktors AP/n^2 streichen. Ferner wollen wir, um bestimmte Vorzeichen zu haben, vorübergehend annehmen, dafs der Schwerpunkt *über* dem Stützpunkte liegt und dafs der anfängliche Impulsvektor die ungefähre Richtung der *positiven* Figurenaxe habe. Dann ist $P = +MgE$ zu setzen und in (6) das obere Vorzeichen zu wählen. Führen wir noch die schon früher benutzte Verhältniszahl $\lambda = \varrho/E$ ein, so schreibt sich Gl. (6) folgendermafsen:

$$\lambda\mu\psi = \log \operatorname{tg}\left(\frac{\pi}{4} - \frac{\vartheta}{2}\right)$$

oder auch

$$e^{\lambda\mu\psi} = \operatorname{tg}\left(\frac{\pi}{4} - \frac{\vartheta}{2}\right) = \frac{1 - \operatorname{tg}\vartheta/2}{1 + \operatorname{tg}\vartheta/2}$$

oder endlich

(7) $$\operatorname{tg}\vartheta/2 = \frac{1 - e^{\lambda\mu\psi}}{1 + e^{\lambda\mu\psi}}.$$

Dies ist die gesuchte Gleichung der Bahnkurve bei positivem P und positivem Anfangsimpulse. Sie gilt ebenso offenbar bei anderer Wahl der Vorzeichen von P und n, wenn man nur nötigenfalls den Sinn, in dem ψ gerechnet wird, umkehrt.

Um sie verzeichnen zu können, müssen wir sie irgendwie auf die Zeichenebene projizieren und zwar empfiehlt sich wie früher die *stereographische Projektion.* Wir schlagen also um den festen Punkt O die Einheitskugel, auf welcher unsere Bahnkurve verläuft, wenn der sie erzeugende Punkt der Figurenaxe den Abstand 1 von O hatte, und projizieren vom Südpol der Einheitskugel auf die Äquatorebene. Der Nordpol geht dabei in den Punkt O über, während das Bild irgend eines anderen Punktes der Einheitskugel von O den Abstand $r = \operatorname{tg}\vartheta/2$ und das Azimuth ψ hat. r und ψ sind also gewöhnliche Polarkoordinaten des stereographischen Bildpunktes, bezogen auf den Punkt O als Anfangspunkt. In diesen Koordinaten geschrieben wird das Bild der Bahnkurve nach Gl. (7):

(8) $$r = \frac{1 - e^{\lambda\mu\psi}}{1 + e^{\lambda\mu\psi}}.$$

Ihre Gestalt ist die einer *Spirale*, u. zw. läuft sie in den Punkt O als *eine gewöhnliche Archimedische Spirale* aus, während sie nach der anderen Seite hin sich *dem Einheitskreise asymptotisch nähert.*

Um dieses einzusehen, beachte man, dafs vermöge der Wahl der Integrationskonstanten in Gl. (6) der aufrechten Endlage ($\vartheta = 0$ oder $r = 0$) das Azimuth $\psi = 0$ und dafs allen früheren Lagen der Figurenaxe negative Werte von ψ entsprechen. Um also das Verhalten der Bahnkurve in der Nähe des Punktes O zu untersuchen, haben wir ψ klein vorauszusetzen und die Exponentialfunktion nach Potenzen von $\lambda\mu\psi$ zu entwickeln. Es ergiebt sich so

(8′) $$r = -\lambda\mu\frac{\psi}{2}$$

d. h. die Gleichung einer Archimedischen Spirale.

Um andrerseits die Bahnkurve für weit zurückliegende Zeiten festzustellen, haben wir ψ einen grofsen negativen Wert beizulegen, also

$e^{\lambda\mu\psi}$ als klein anzusehen. r nähert sich dabei der oberen Grenze 1, die Bahnkurve strebt also asymptotisch dem Einheitskreise zu.

In der Nähe von O ist die Abnahme des Fahrstrahls r bei einem vollen Umlauf um O gegeben durch $\lambda\mu\pi$; dieselbe ist klein, weil λ und μ kleine Zahlen sind, verschwindet aber nicht bei Annäherung an O. Dagegen wird offenbar, wenn wir die Kurve rückwärts bis in die Nähe des Einheitskreises verfolgen, die Zunahme des Fahrstrahls bei einmaligem Umlauf um O mit zunehmender Näherung an den Einheitskreis verschwindend klein.

Man kann die Gestalt der Bahnkurve sehr schön experimentell feststellen, wenn man die Kreiselspitze ihren Weg auf einer dagegen gehaltenen berufsten Fläche aufzeichnen läfst, oder, was noch empfehlenswerter ist, wenn man senkrecht zur Kreiselaxe einen kleinen Spiegel befestigt, denselben mit einem Projektionsapparat beleuchtet und den zurückgeworfenen Lichtfleck auf einem Schirm beobachtet. Die so erhaltenen Kurven haben durchaus den Charakter der hier geschilderten Spiralen, nur dafs der gleichmäfsige Verlauf der Spirale von aufgesetzten Schlängelungen (den Nutationen) unterbrochen wird, die wir bei unserer Darstellung vernachlässigt haben.

Figur 81 ist unter der Annahme $\lambda\mu = 1/10$ entworfen. Sie entspricht der Wirklichkeit insofern nicht gut, als der wirkliche Wert $\lambda\mu$ meist erheblich kleiner sein dürfte. An einer früheren Stelle (pag. 565) schätzten wir $\mu^2 = 10^{-1}$, $\lambda^2 = 10^{-3}$, also $\lambda\mu = 1/100$, was der Wirklichkeit näher kommen dürfte. Jedoch würde bei Zugrundelegung dieser Zahl die Zeichnung schon etwas undeutlich werden.

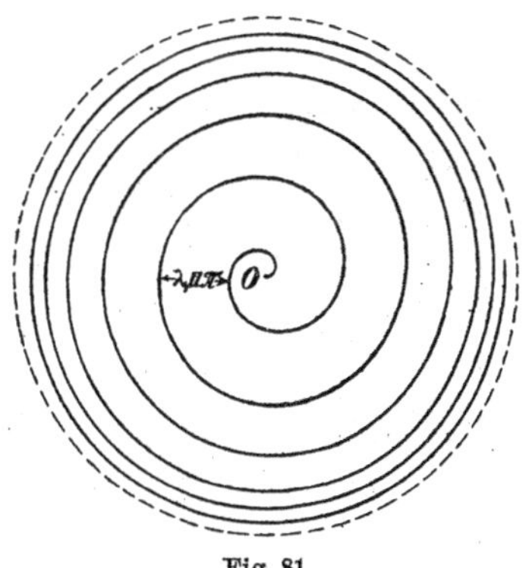

Fig. 81.

Für die folgenden Zahlenrechnungen wollen wir dagegen den letztgenannten Wert benutzen. Wir fragen uns zunächst, wie viele Windungen die Bahnkurve ausführt, bis sie von einer gegebenen Anfangslage aus im Nullpunkte endigt. Die Anfangslage sei etwa $\vartheta_0 = 60^0$. Den zugehörigen Wert des Azimuthes ψ_0, welcher negativ ausfallen mufs, entnehmen wir aus Gl. (8) oder, noch etwas genauer, aus Gl. (6), indem wir das im vorstehenden vernachlässigte Glied dieser Gleichung mitrechnen; er wird:

$$\psi_0 = -\frac{1}{\lambda\mu}\left\{\log \operatorname{ctg}\left(\frac{\pi}{4} - \frac{\vartheta_0}{2}\right) - \frac{AP}{n^2}\left(\vartheta_0 + \frac{\sin 2\vartheta_0}{2}\right)\right\}.$$

Mit $\lambda\mu = 10^{-2}$, $\vartheta_0 = 60^0 = 1{,}05$ und dem schon früher vorausgesetzten Wert $\frac{AP}{n^2} = 1/100$ ergiebt sich

$$\psi_0 = -130{,}2.$$

Dies ist der *Anfangswert* des Winkels ψ. Da der *Endwert*, bei aufrechter Stellung der Figurenaxe, $\psi = 0$ ist, so giebt uns ψ_0 zugleich den Gesamtwinkel, um den sich der von O aus gezogene Fahrstrahl bei der Bewegung gedreht hat. Die Zahl der Windungen der Spirale wird daher

$$\frac{|\psi_0|}{2\pi} = 21.$$

Die Figurenaxe umkreist also die Vertikale eine erhebliche Anzahl von Malen, bevor sie mit ihr zusammenfällt. Die Ganghöhe der Bahnkurve wird dementsprechend in stereographischer Projektion recht gering und erheblich geringer wie im Falle der Fig. 81, wo die entsprechende Zahl von Umgängen nur 2,1 beträgt.

Wir können auch die Nutationen, obwohl sie aus unserer Betrachtung herausgefallen sind, nachträglich ihrer ungefähren Häufigkeit nach bestimmen. Es läſst sich zeigen, daſs die Periode τ der Nutationen näherungsweise denselben Wert wie bei der reibungslos vorausgesetzten pseudoregulären Präcession hat nämlich (s. Gl. (15) von pag. 305) den Wert

$$\tau = \frac{2\pi A}{N}. \tag{9}$$

Zum Beweise gehen wir auf die Differentialgleichung (7) von pag. 558 zurück, setzen darin $\vartheta = \vartheta_1 + \vartheta_2$ und verstehen unter ϑ_1 den vorstehend studierten präcessionsähnlichen Teil der Bewegung, unter ϑ_2 die hinzukommende Nutation. ϑ_1 ist dann eine *langsam veränderliche*, ϑ_2 eine *schnell veränderliche aber kleine* Gröſse. Dementsprechend wird man ϑ_1'' gegen ϑ_2'' vernachlässigen und bei der Entwickelung von Gl. (7) nach ϑ_2 nur die erste Potenz von ϑ_2 beibehalten. Es entsteht mit Rücksicht auf die Definition von ϑ_1 aus der Gleichung der Leitlinie:

$$A\vartheta_2'' + \vartheta_2 \cdot \frac{\partial}{\partial \vartheta_1} \frac{(N - \cos\vartheta_1\, n)(n - \cos\vartheta_1\, N)}{A \sin^3\vartheta_1} = 0.$$

Die hier angedeutete Differentiation liefert einfach (vgl. § 9, Gl. (13)) wo eine analoge Rechnung auszuführen sein wird) N^2/A. Die Bestimmungsgleichung für ϑ_2 lautet mithin: $\vartheta_2'' + \vartheta_2 \frac{N^2}{A^2} = 0$ und liefert integriert die obige Periode.

Bedeutet andererseits T die Zeitdauer des einzelnen Präcessionsumganges und sieht man von der durch das Aufrichten der Figurenaxe bedingten geringen Beschleunigung der Präcessionsgeschwindigkeit ab, so kann man setzen:

$$\frac{2\pi}{\mathsf{T}} = \psi'$$

und nach Gl. (2):

$$\frac{2\pi}{\mathsf{T}} = \frac{P}{n} \cos \vartheta. \tag{10}$$

Aus (9) und (10) ergiebt sich mit Rücksicht auf (1):

$$\frac{\mathsf{T}}{\tau} = \frac{nN}{AP} \frac{1}{\cos\vartheta} = \frac{n^2}{AP} \frac{1}{\cos^2\vartheta} \left(1 - \frac{AP}{n^2} \cos\vartheta \sin\vartheta\right).$$

Unter ϑ ist hierbei ein Mittelwert des Neigungswinkels ϑ während des fraglichen Präcessionsumganges verstanden. Das Verhältnis T/τ bedeutet *die Anzahl der Nutationen, die auf eine Präcession entfallen.* Diese Anzahl ist, wie wir sehen, der Gröfsenordnung nach gleich n^2/AP, also unter den obigen Zahlenannahmen gleich 100. *Die unserer Spirale sich überlagernden Schlängelungen sind also äufserst zahlreich und dicht.*

Schliefslich fragen wir noch nach dem Zahlenwerte der Zeitdauer T, in der sich die Figurenaxe aufrichtet. Diese drücken wir etwa in Einheiten der Umdrehungszeit τ_0 des Kreisels nach erfolgtem Aufrichten aus. Alsdann ist der Gesamtimpuls genau gleich n und die Länge des Rotationsvektors gleich $|n|/C$ geworden. Die Zeitdauer τ_0 ergiebt sich daher aus

$$\frac{2\pi}{\tau_0} = \frac{|n|}{C}.$$

Multiplizieren wir diese Gleichung mit Gl. (4), so entsteht:

$$\frac{T}{\tau_0} = \frac{1}{2\pi} \frac{A}{C} \frac{n^2}{AP} \frac{1}{\lambda\mu} \left\{\operatorname{tg}\vartheta_0 - \frac{2AP}{n^2} \sin\vartheta_0\right\}.$$

Mit $n^2/AP = 100$, $\lambda\mu = 1/100$, $\vartheta_0 = 60^0$ ergiebt sich

$$\frac{T}{\tau_0} = \frac{A}{C}\, 2730.$$

Macht der Kreisel nach der Aufrechtstellung noch fünf Umdrehungen pro Sec., so ist $\tau_0 = 1/5$ sec. und, wenn man insbesondere $A = C$ nimmt, $T = 546$ sec. = ca. 10 Minuten.

Bei unseren letzten Berechnungen sowie bei der Beschreibung der Bahnkurve ist indessen zu bedenken, dafs unsere Betrachtungen nur bis in die Nähe der aufrechten Lage, nicht bis zu dieser selbst zutreffend zu sein beanspruchen. Denn wir haben (Ungenauigkeit II) die bohrende Reibung gegenüber der gleitenden vernachlässigt, was nur bei nicht zu kleinem Winkel ϑ zulässig ist (vgl. pag. 551). Von unserer Bahnkurve müssen wir daher das letzte, in den Punkt O auslaufende Stück als unverbürgt ansehen.

Wir wollen endlich noch, indem wir in unseren Formeln $\mu = 0$ setzen, die hier betrachtete Bewegung in das System der reibungslosen Bewegungen einordnen. Wir gehen dabei aus von Gl. (5), welche mit $\mu = 0$ liefert

$$\vartheta' = 0 \text{ oder } \vartheta = \text{const.}$$

Dies ist zugleich bei verschwindender Reibung die Gleichung der Bahnkurve. Aus den Gl. (1) und (2) folgt dann, daſs auch N und ψ' konstant werden. *Bei verschwindender Reibung geht also die hier betrachtete Bewegung in die reguläre Präcession über.* Deshalb können wir sie als „eine Präcessions-ähnliche“ oder eine „durch Reibung gedämpfte Präcession“ bezeichnen. Nehmen wir andrerseits die Nutationen mit in Rechnung, die in unseren Formeln nicht zum Ausdruck kamen, die sich aber, wie wir im vorigen Paragraphen sahen, unserer Bewegung überlagern, so tritt unsere jetzige Betrachtung in direkte Beziehung zu den früheren Untersuchungen über die *pseudoreguläre Präcession* und zeigt uns, wie diese wichtigste reibungslose Bewegung durch die Reibung modifiziert wird.

§ 6. Über einen beim Ansatz der Reibungsprobleme naheliegenden Fehler. Nachträgliche Rechtfertigung der obigen Behandlung und Hinweis auf das Experiment.

Der gegenwärtige Paragraph hat zunächst den Zweck, unsere früheren Angaben über die Bestimmung der Reibungsarbeit und des Reibungsmomentes (vgl. § 3 pag. 550) zu rechtfertigen bezw. zu beschränken. Dabei werden gewisse charakteristische Unterschiede zwischen den Reibungskräften oder allgemeiner gesprochen solchen Kräften, die ihrer Gröſse oder Richtung nach von der Geschwindigkeit des Systems abhängen, und denjenigen Kräften zur Sprache kommen, die sich nach Gröſse und Richtung allein durch die jeweilige Lage des Systems bestimmen und die man bei den Entwickelungen der theoretischen Mechanik in erster Linie im Auge zu haben pflegt.

Wir haben pag. 550 die Arbeit einer unendlich kleinen Drehung um eine horizontale und eine vertikale Axe gesondert berechnet und haben die erste als die Arbeit der gleitenden, die letztere als die der bohrenden Reibung angesprochen. In Formeln war

$$(1)\qquad \begin{cases} d\mathfrak{A}_1 = -\mu R\varrho\Omega \sin\alpha\, dt \\ d\mathfrak{A}_2 = -\mu' R\Omega \cos\alpha\, dt = -\mu Ra\Omega \cos\alpha\, dt, \end{cases}$$

wo a eine Länge von der Gröſsenordnung des Radius des Berührungskreises bedeutete. Die gesamte Reibungsarbeit also, welche bei der unendlich kleinen Drehung Ωdt um eine zur Vertikalen um den Winkel α geneigte Axe zu leisten ist, wäre hiernach

$$(2)\qquad d\mathfrak{A} = -\mu R\Omega\,(\varrho \sin\alpha + a\cos\alpha)\, dt.$$

Ist nun dieses Verfahren ohne weiteres zulässig?

Wir wollen zunächst den einfachen Fall eines einzelnen Massenpunktes betrachten, der sich in einer Ebene einmal unter dem Einfluſs einer schon durch die Lage des Punktes bestimmten Kraft P, das andere Mal unter dem Einfluſs einer Reibungskraft bewegt. Die Reibungskraft W ist zwar, wenn wir das Coulombsche Reibungsgesetz zu Grunde legen, der Gröſse nach von der Geschwindigkeit unabhängig, nämlich gleich μR, wo R die Reaktion unserer Ebene auf den Punkt bedeutet, aber der Richtung nach von ihr abhängig, nämlich der Richtung der augenblicklichen Geschwindigkeit entgegengesetzt. Auf dem Wegstückchen ds beträgt nun die Arbeit das eine Mal

$$d\mathfrak{A} = P \cos(P, ds)\, ds, \tag{3}$$

das andere Mal

$$d\mathfrak{A} = -\,W ds = -\,\mu R ds. \tag{4}$$

Andererseits berechnen wir diese beiden Arbeitsgröſsen, indem wir den Weg ds in zwei rechtwinklige Komponenten dx und dy auflösen. Auf dem Wege dx leistet P die Arbeit $P_x\, dx$, wenn P_x die Komponente von P nach der x-Axe bedeutet. Entsprechend berechnet sich die Arbeit auf dem Wege dy; als Gesamtarbeit ergiebt sich daher:

$$d\mathfrak{A} = P_x\, dx + P_y\, dy, \tag{3'}$$

was bekanntlich mit (3) stimmt.

Wollen wir im zweiten Falle ebenso verfahren, so würden wir sagen: Führen wir zunächst die Bewegung dx aus, so wird die Arbeit von W auf diesem Wege gleich $-\,W dx = -\,\mu R dx$; denn bei der Bewegung dx wirkt die Reibung dem Sinne der Bewegung entgegen, also in der Richtung der negativen x-Axe und ist der Gröſse nach durch Reibungskoeffizienten und Gegendruck R gegeben. Ebenso wird die Arbeit auf dem Wege dy gleich $-W dy$. Im Ganzen erhielte man so:

$$d\mathfrak{A} = -\,W(dx + dy) = -\,\mu R\,(dx + dy), \tag{4'}$$

was ersichtlich mit (4) nicht stimmt.

Die Berechnung der Reibungsarbeit aus den Arbeiten der Teilbewegungen ist also, in dieser Weise ausgeführt, unstatthaft. Man erkennt aber leicht, wie man diese Berechnung zu korrigieren hat, wenn man an der Zerlegung der Bewegung in die Komponenten dx und dy festhalten will: Man muſs die bei der thatsächlichen Bewegung ds auftretende Reibung W in zwei Komponenten $W_x = W\frac{dx}{ds}$ und $W_y = W\frac{dy}{ds}$ zerlegen und die Arbeit dieser Komponenten bei den Teilbewegungen dx und dy bestimmen. Alsdann ergiebt sich richtig und in Übereinstimmung mit (4):

$$d\mathfrak{A} = -\,(W_x\, dx + W_y\, dy) = -\,\mu R\,\frac{dx^2 + dy^2}{ds}.$$

Ähnlich hat man allemal bei Reibungswirkungen und allgemeiner bei Kräften, die in irgend einer Weise von der Geschwindigkeit abhängen, zu unterscheiden: *zwischen der Arbeit, welche bei den Teilbewegungen, in die man die thatsächliche Bewegung zerlegen mag, zu leisten wäre, wenn eine solche Teilbewegung für sich betrachtet wird und gesondert vorhanden wäre; und zwischen derjenigen Arbeit, welche die bei der thatsächlichen Bewegung auftretenden Kräfte bei den gedachten Teilbewegungen leisten**). Für den Ansatz der Bewegungsgleichungen hat man die zweite Berechnungsweise der Arbeit zu Grunde zu legen, während die erstgenannte hierbei irreführend sein würde.

Im § 3 wurde aber diese Unterscheidung bei der Aufstellung der vorstehend unter (1) wiedergegebenen Ausdrücke nicht hervorgehoben. Vielmehr wurde die bei der Rotation $\Omega \sin \alpha\, dt$ um eine horizontale Axe zu leistende Arbeit $d\mathfrak{A}_1$ und die bei der Rotation $\Omega \cos \alpha\, dt$ um eine vertikale Axe zu leistende Arbeit $d\mathfrak{A}_2$ gesondert berechnet, als ob die eine oder die andere Rotation allein vorhanden wäre; und es wurde stillschweigend angenommen, daſs sich die Arbeit $d\mathfrak{A}$, die bei der Rotation Ωdt um eine beliebig geneigte Axe zu leisten ist, additiv aus jenen Arbeitsgröſsen $d\mathfrak{A}_1$ und $d\mathfrak{A}_2$ zusammensetzt. Dies ist nach den obigen Erfahrungen nicht zutreffend; wir müssen daher die Berechnung der Arbeit $d\mathfrak{A}$ nachträglich kontrollieren.

Hierbei dürfen wir, um die bohrende Reibung auf gleitende Reibung zurückführen zu können, den Berührungskreis zwischen der die Figurenaxe begrenzenden Kugel und der den Kreisel tragenden Pfanne nicht in einen Punkt zusammenziehen. Allerdings tritt dann die pag. 548 hervorgehobene Schwierigkeit auf, daſs die Verteilung des Gegendruckes R auf die Punkte des Berührungskreises statisch unbestimmt wird. Da wir auf elastische Verhältnisse nicht eingehen können, müssen wir eine Hülfsannahme machen. Die nächstliegende Annahme ist, daſs sich der Gegendruck R gleichmäſsig auf den Umfang des Berührungskreises verteilt. Unterscheiden wir also die Punkte des Kreises durch einen um den Mittelpunkt des Berührungskreises herum gezählten Winkel β, so wird auf das Kreis-Element $d\beta$ der Bruchteil $\frac{d\beta}{2\pi} R$ des ganzen Gegendruckes R kommen. Sicherlich ist diese Verteilung bei merklicher Neigung der Figurenaxe nicht ganz zutreffend; sie möge aber der Einfachheit wegen zugelassen werden.

Die folgende Zeichnung bezieht sich auf die Ebene des Berührungskreises (Fig. 82). Der Radius des Berührungskreises heiſse a; ϱ sei

*) Eine interessante, technisch wichtige Folgerung hieraus zieht H. Lorenz in seinem Lehrbuch der technischen Physik, München 1902, S. 185: Der in Bewegung befindliche Steuerschieber einer Dampfmaschine läſst sich trotz des groſsen auf ihm lastenden Dampfdruckes senkrecht gegen seine Bewegungsrichtung fast reibungslos verschieben.

der Radius der begrenzenden Kugel. Die beiden Teilbewegungen sind je durch einen Pfeil angedeutet: die Drehung $\Omega \cos \alpha \, dt$ um die Vertikale durch O, welche sich in der Figur in den Mittelpunkt des Berührungskreises projiziert und die Drehung $\Omega \sin \alpha \, dt$ um eine horizontale Axe durch O, welche um den Kugelradius ϱ oberhalb der Zeichenebene liegend zu denken ist und die sich in den Durchmesser DD projizieren mögen. Von diesem Durchmesser aus möge auch das Azimuth β gemessen werden.

Um die Reibungswirkung in einem beliebigen Punkte P feststellen zu können, mufs man die Bewegung dieses Punktes kennen. Sie setzt sich aus zwei Teilbewegungen du und dv zusammen; du entspricht der Vertikalkomponente des Rotationsvektors und ist tangential zum Berührungskreise gerichtet; dv entspricht der Horizontalkomponente desselben und liegt eigentlich nicht genau in der Zeichenebene. Vielmehr ergiebt sich die genauere Richtung von dv als das gemeinsame Lot auf der Horizontalkomponente des Rotationsvektors und dem kürzesten Abstande des fraglichen Punktes P von der Axe jener Komponente. Sofern aber die Pfanne flach und daher der Radius a klein gegen den Radius ϱ ist, ist die Neigung von dv gegen die Zeichenebene nur gering. Deshalb möge es gestattet sein, dv in die Zeichenebene fallend anzusehen. Im gleichen Sinne wird es erlaubt sein, den Abstand des Punktes P von der Axe der horizontalen Rotationskomponente, welcher eigentlich $b = \sqrt{\varrho^2 - a^2 \cos^2 \beta}$ ist, einfach gleich ϱ zu setzen. Hiernach ergiebt sich als Gröfse der Teilbewegungen

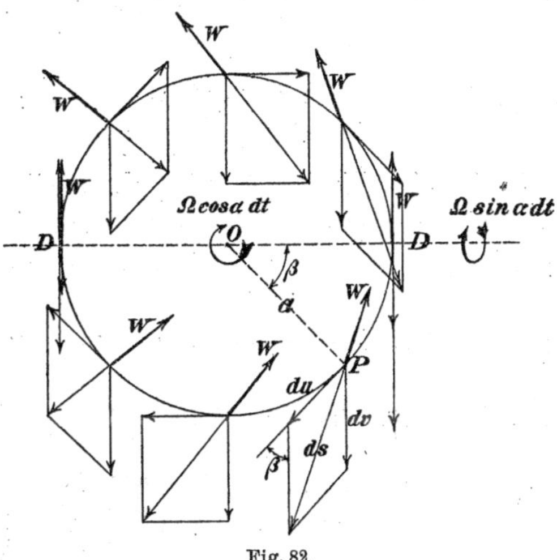

Fig. 82.

$$du = \Omega \cos \alpha \, a dt, \qquad dv = \Omega \sin \alpha \, b dt = \Omega \sin \alpha \, \varrho dt.$$

Die Gesamtbewegung von P folgt hieraus zu

$$ds = \sqrt{du^2 + dv^2 + 2 du \, dv \cos \beta}.$$

In jedem Elemente $d\beta$ des Berührungskreises tritt nun eine Reibungskraft W auf, deren Richtung der Richtung von ds entgegengesetzt ist und deren Gröfse zufolge unserer Annahme über die Verteilung des

Gegendruckes gleich $\mu R \frac{d\beta}{2\pi}$ ist. In der Figur ist W für eine Anzahl äquidistanter Punkte der Kreisperipherie konstruiert. Die Arbeit dieser Reibungskraft wird gleich

$$-\mu R \frac{d\beta}{2\pi} ds,$$

die Gesamtarbeit auf dem ganzen Berührungskreise daher gleich

$$d\mathfrak{A} = -\frac{\mu R}{2\pi} \int_{-\pi}^{+\pi} d\beta \, ds.$$

Tragen wir den angegebenen Wert für ds ein, so können wir schreiben:

$$d\mathfrak{A} = -\frac{\mu R \Omega dt}{2\pi} \int_{-\pi}^{+\pi} d\beta \sqrt{a^2 \cos^2 \alpha + \varrho^2 \sin^2 \alpha + 2 a \varrho \cos \alpha \sin \alpha \cos \beta}.$$

Dies ist ein elliptisches Integral. Statt β führen wir als Integrationsvariable $\gamma = \beta/2$ ein; unser Integral nimmt dann die Form eines Legendreschen Integrals zweiter Gattung an; es wird nämlich:

$$(5) \qquad d\mathfrak{A} = -\mu R \Omega (a \cos \alpha + \varrho \sin \alpha) \, dt \frac{1}{\pi} \int_{-\pi/2}^{+\pi/2} d\gamma \sqrt{1 - k^2 \sin^2 \gamma},$$

wobei zur Abkürzung gesetzt ist:

$$(6) \qquad k^2 = \frac{4 a \varrho \cos \alpha \sin \alpha}{(a \cos \alpha + \varrho \sin \alpha)^2} = \frac{4 \frac{\varrho}{a} \operatorname{tg} \alpha}{\left(1 + \frac{\varrho}{a} \operatorname{tg} \alpha\right)^2}.$$

Der somit festgestellte Wert (5) der Reibungsarbeit unterscheidet sich aber von dem oben angegebenen Werte (2) nur durch den Faktor

$$(7) \qquad \frac{1}{\pi} \int_{-\pi/2}^{+\pi/2} d\gamma \sqrt{1 - k^2 \sin^2 \gamma} = \frac{2}{\pi} E(k),$$

wo die Bezeichnung E im Sinne von Legendre gebraucht ist. Die Kontrolle des Ausdrucks (2) wird also darin zu bestehen haben, daſs wir uns fragen, inwieweit der letztgenannte Faktor von der Einheit abweicht.

Zu dem Ende verzeichnen wir in Fig. 83 einerseits die Gröſse von k, andererseits die von $\frac{2}{\pi} E(k)$ für wechselnde Werte der Abscisse $x = \frac{\varrho}{a} \operatorname{tg} \alpha$.

Was zunächst die Linie für k betrifft, so zeigt man leicht, daſs dieselbe für den Abscissenwert $x = 1$ ein Maximum besitzt; der zugehörige Wert von k ist gleich 1. Für $x = \frac{1}{2}$ oder $x = 2$ ergiebt sich $k^2 = \frac{8}{9}$, $k = 0{,}94$, für $x = \frac{1}{4}$ oder $x = 4$ wird $k^2 = \frac{16}{25}$, $k = 0{,}80$, für $x = \frac{1}{8}$ oder $x = 8$ folgt $k = 0{,}63$ u. s. f.; für $x = 0$ und $x = \infty$ wird gleicherweise $k = 0$. Wir haben also bei $x = 0$ einen steilen Anstieg,

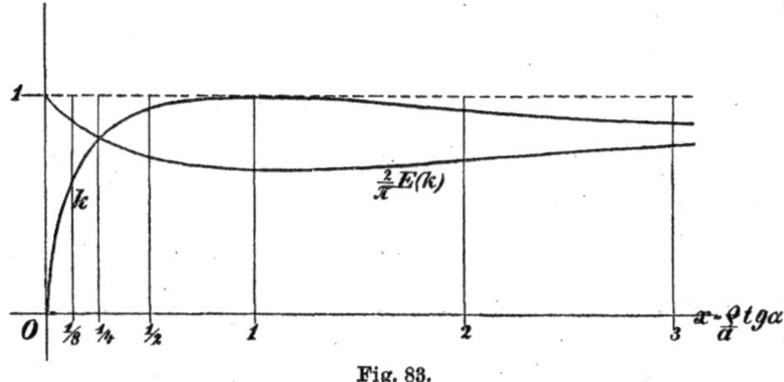

Fig. 83.

dann ein flaches Maximum und von hier aus einen asymptotischen Abfall zu Null.

Zur Verzeichnung der Linie für $\frac{2}{\pi} E(k)$ genügen etwa die den meisten Logarithmentafeln beigegebenen Tabellen der Ellipsenquadranten. Dieselben zeigen beispielsweise, daſs für die soeben genannten Werte von $k = 0{,}94$, $k = 0{,}80$, $k = 0{,}63$ bezw. $\frac{2}{\pi} E(k)$ gleich wird 0,71, 0,81, 0,89. Für den maximalen Wert $k = 1$ hat $\frac{2}{\pi} E(k)$ seinen Kleinstwert $\frac{2}{\pi} = 0{,}64$, für $k = 0$ seinen Gröſstwert 1.

Nun entspricht der Abscissenwert $x = 1$ derjenigen Neigung α von Rotationsaxe und Vertikaler, für welche $\operatorname{tg} \alpha = \frac{a}{\varrho}$ wird, wo also die Rotationsaxe gerade durch die Peripherie des Berührungskreises hindurchgeht. Dementsprechend bedeutet ein Abscissenwert $x < 1$, daſs die Rotationsaxe das Innere des Berührungskreises trifft, während $x > 1$ heiſst, daſs sie auſserhalb daran vorbeigeht. Wenn, wie wir voraussetzen, der Berührungskreis klein ist, (a klein gegen ϱ), so muſs die Rotationsaxe schon merklich senkrecht stehen, wenn sie die Peripherie des Berührungskreises treffen oder durch das Innere desselben hindurchgehen soll. Zu allen einigermaſsen beträchtlichen Neigungen der Rotationsaxe gehören in unserer Figur groſse Werte der Abscisse x, mithin Werte von $\frac{2}{\pi} E(k)$, die der Einheit nahe kommen. Auch im umgekehrten Falle, wenn die Rotationsaxe dicht am Mittelpunkte des Berührungskreises vorbeigeht, wird der Wert von $\frac{2}{\pi} E(k)$ nahezu gleich 1.

In diesen beiden Fällen stimmt also unser jetziger Ausdruck (5) für die Reibungsarbeit mit dem früheren Ausdruck (2) merklich überein. *Unsere frühere Behandlung ist also gerechtfertigt* 1) *wenn die Rotationsaxe einen merklichen Winkel mit der Vertikalen bildet,* 2) *wenn sie fast genau mit dieser zusammenfällt.* Nur von diesen beiden Fällen haben wir aber früher gesprochen, von dem ersten Falle in § 4 und 5 (allmähliches Aufrichten der Figurenaxe durch die gleitende Reibung), von dem zweiten am Schluſs von § 3 (allmähliches Absterben der aufrechten Kreiselbewegung infolge der bohrenden Reibung). Wenn dagegen die Rotationsaxe den Berührungskreis trifft oder in seiner Nähe innerhalb oder auſserhalb vorbeigeht, d. h. wenn $x = \frac{\varrho}{a} \operatorname{tg} \alpha$ weder sehr klein noch sehr groſs ist, muſs der frühere Arbeitsausdruck durch Hinzufügung des Faktors $\frac{2}{\pi} E(k)$ korrigiert werden, welcher im ungünstigsten Falle $(x = 1)$ jenen Ausdruck auf 64% des früheren Betrages herabsetzt.

Es ist auch von unserem jetzigen Standpunkte aus zulässig und naheliegend, die gesamte Reibungsarbeit $d\mathfrak{A}$ in zwei Teile $d\mathfrak{A}_1$ und $d\mathfrak{A}_2$ aufzulösen, von denen der eine dem augenblicklichen Drehwinkel um eine horizontale Axe $\Omega \sin \alpha \, dt = d\omega_h$ proportional ist und *Arbeit der gleitenden Reibung* genannt werden kann und von denen der andere dem augenblicklichen Drehwinkel um die Vertikale $\Omega \sin \alpha \, dt = d\omega_v$ proportional ist und *Arbeit der bohrenden Reibung* heiſsen möge. Mit Benutzung der eben genannten Winkel können wir nach (5) und (7) schreiben

$$d\mathfrak{A} = d\mathfrak{A}_1 + d\mathfrak{A}_2 = -\mu R(\varrho \, d\omega_h + a \, d\omega_v) \frac{2}{\pi} E(k)$$

und können dementsprechend definieren:

$$(8) \qquad \begin{cases} d\mathfrak{A}_1 = -\mu R \varrho \frac{2}{\pi} E(k) \, d\omega_h, \\ d\mathfrak{A}_2 = -\mu R a \frac{2}{\pi} E(k) \, d\omega_v. \end{cases}$$

Diese Ausdrücke stimmen wieder mit den früheren Werten aus Gl. (1) überein, wenn $\frac{2}{\pi} E(k)$ merklich gleich 1 ist, wenn also die Rotationsaxe entweder merklich von der Vertikalen abweicht oder wenn sie fast genau mit ihr zusammenfällt. Im ersten Falle ergiebt sich der frühere Schluſs, daſs die Arbeit der bohrenden Reibung klein gegen die Arbeit der gleitenden Reibung wird, daſs man also von der bohrenden Reibung näherungsweise absehen darf, wie wir es vermöge unserer Vernachlässigung (II) thaten. Im anderen Falle ist umgekehrt die Arbeit der bohrenden Reibung die überwiegende. Tritt keiner dieser beiden Fälle ein, so sind die früheren Ausdrücke (1) durch Hinzufügung des Faktors $\frac{2}{\pi} E(k)$ zu korrigieren.

Es ist schliefslich durchaus folgerichtig, die *Momente der gleitenden und bohrenden Reibung* von unserem jetzigen Standpunkte aus folgenderweise zu definieren. Man bemerke allgemein, dafs das Moment einer Kraft um eine Axe erklärt werden kann als das Verhältnis der Arbeit, welche die Kraft bei einer unendlich kleinen Drehung um die fragliche Axe leistet, zur Gröfse des Drehwinkels. In unserem Falle handelt es sich einerseits um eine horizontale Axe und den zugehörigen Drehwinkel $d\omega_h$. Die in Betracht kommende Reibungsarbeit ist die Arbeit der gleitenden Reibung $d\mathfrak{A}_1$. Wir definieren daher als Moment der gleitenden Reibung die Gröfse

$$M_1 = \frac{d\mathfrak{A}_1}{d\omega_h} = -\mu R \varrho \frac{2}{\pi} E(k).$$

Andrerseits gehört zu der Drehung $d\omega_v$ um die Vertikale die Arbeit $d\mathfrak{A}_2$ der bohrenden Reibung. Als Moment der bohrenden Reibung ist daher zu bezeichnen

$$M_2 = \frac{d\mathfrak{A}_2}{d\omega_v} = -\mu R a \frac{2}{\pi} E(k).$$

Diese Werte stimmen natürlich wieder mit den in § 3 pag. 550 angegebenen Werten von M_1 und M_2 überein, wenn die Rotationsaxe einen merklichen Winkel gegen die Vertikale bildet und zeigen uns überdies, wie die früheren Werte zu korrigieren sind, wenn jene Voraussetzung nicht erfüllt ist. Die negativen Vorzeichen, welche bei unserer jetzigen Definition zu den Ausdrücken für M_1 und M_2 hinzugetreten sind, waren früher in der besonderen Festsetzung enthalten, dafs die Momente dem Sinne nach der zugehörigen Rotationskomponente entgegengesetzt sind. —

Bevor wir unsere Betrachtungen über die Reibung beim Kreisel mit festem Stützpunkte beschliefsen, wünschen wir nochmals auf das *Experiment* als den eigentlichen Wertmesser unserer theoretischen Resultate hinzuweisen. Wir haben häufig Versuche mit dem auf pag. 1 abgebildeten, von Rozé konstruierten Kreisel angestellt und konnten hierbei die vorstehend geschilderten theoretischen Ergebnisse in allgemeinen Umrissen durchaus bestätigen. Dieses allerdings nur unter der Beschränkung, dafs der dem Kreisel ursprünglich erteilte Impuls hinreichend grofs war, einer Beschränkung, die aber auch unseren sämtlichen theoretischen Untersuchungen ausdrücklich zu Grunde gelegt wurde.

Bei nur mäfsigem Impuls verlaufen die Erscheinungen lange nicht so typisch und durchsichtig wie bei starkem Impuls. Alsdann spielen offenbar störende Ursachen, die wir im Einzelnen nicht übersehen können, wie die besonderen Verhältnisse an der Unterstützungsstelle, eine zu groſse Rolle gegenüber den eigentlichen Trägheitswirkungen, die wir allein theoretisch beherrschen. Die einfache schematische Beschreibung der Reibungseinflüsse, die in den vorigen Paragraphen enthalten ist, paſst auf solche Fälle nicht, und braucht auch nach den eingeführten beschränkenden Voraussetzungen darauf nicht zu passen.

Ist aber der Impuls hinreichend stark, so treten regelmäſsig die öfters genannten Erscheinungen auf: Die Figurenaxe richtet sich auf, indem sie einen Spiralkegel beschreibt, und zwar gleichviel ob der Schwerpunkt über oder unter der Unterstützungspfanne liegt; die Präcessionsgeschwindigkeit beschleunigt sich dabei, entsprechend Gl. (2) von pag. 570, Nutationen der Axe, die man anfangs etwa absichtlich durch einen Schlag erzeugt hat, sterben in dem Maſse ab, wie sich die Figurenaxe der aufrechten Stellung nähert.

Trotzdem läſst eine solche allgemeine Bestätigung der Theorie noch viel zu wünschen übrig, da sie über die quantitativen Verhältnisse nichts besagt. Zu einer gründlichen experimentellen Bestätigung wäre es erforderlich, zunächst die Masse und Massenverteilung des Versuchskreisels, also die Gröſsen M, P, A, C durch Wägung und Schwingungsbeobachtung zu bestimmen, ferner den ursprünglichen Wert sowie die Abnahme der Umdrehungszahl und somit indirekt die Gröſse des Impulses N durch stroboskopische Methoden während des einzelnen Experimentes festzustellen und endlich die wechselnden Lagen des Kreisels zuverlässig zu registrieren.

Wir sind uns wohl bewuſst, daſs nach dieser Richtung hin unsere Behandlung sehr lückenhaft ist und wünschen dringend, daſs in künftigen Untersuchungen zur irdischen Dynamik die experimentelle Prüfung und die mathematische Überlegung mehr als gleichwertige und gleichunentbehrliche Faktoren neben einander behandelt werden möchten.

§ 7. **Einfluſs des Luftwiderstandes auf die Kreiselbewegung.**

Neben der Reibung wirkt offenbar auch der Luftwiderstand bei der Kreiselbewegung als eine Energie verbrauchende Ursache mit. Indem der Kreisel die umgebende Luft in Bewegung setzt und indem sich diese Bewegung teils weiter entfernten Luftschichten mitteilt, teils durch die Reibung zwischen ungleich bewegten Schichten verzögert wird, flieſst dauernd Bewegungsenergie von der bewegten Kreiselmasse in das umgebende Mittel ab. Dieser Umstand kann nicht umhin, auf die Kreiselbewegung selbst zurückzuwirken.

Die Gröſse des Einflusses wird verschieden sein je nach der Form des Kreisels und nach der Art seiner Bewegung. Mit einer Vergröſserung der Oberfläche wird der Einfluſs im allgemeinen wachsen, mit einer Vermehrung der Masse bei gleichbleibender Oberfläche abnehmen. Ein Kreisel von groſsen Dimensionen wird daher vom Luftwiderstande weniger in Mitleidenschaft gezogen werden, wie ein geometrisch-ähnlicher Kreisel von kleineren Abmessungen, weil das Verhältnis Rauminhalt (oder Masse) zu Oberfläche bei jenem gröſser ist wie bei diesem. Hat der Kreisel, wie es bei pneumatischem Antrieb der Fall ist, Schaufeln, gegen welche der antreibende Luftstrom gelenkt wird, so wird beim weiteren Bewegungsverlauf der verzögernde Einfluſs der Luft erheblich gröſser sein wie bei einem Körper mit glatter Oberfläche etc.

Auch die Art der Bewegung nimmt auf die Wirkung des Luftwiderstandes Einfluſs. Hat die Oberfläche Rotationssymmetrie um die Figurenaxe, so wird sich der einfachen Drehung um die Figurenaxe nur ein geringer Luftwiderstand entgegensetzen. Dagegen wird die fortschreitende Bewegung der Figurenaxe in höherem Grade durch den Luftwiderstand behindert werden, und zwar die schnellen Nutationen wieder in höherem Grade wie die langsame Präcessionsbewegung. Man wird also erwarten dürfen, daſs die Nutationen in schnellerem Zeitmaſs abklingen wie die langsame Präcessionsbewegung und diese wieder schneller wie die Eigendrehung um die Figurenaxe, daſs überhaupt durch den Luftwiderstand und ähnlich durch die anderen Energieverzehrenden Wirkungen allemal auf eine Ausgleichung der ursprünglich vorhandenen Unregelmäſsigkeiten und auf eine Vereinfachung der Bewegungsform hingearbeitet wird.

Wie man hiernach sieht, ist das Problem des Luftwiderstandes reichlich kompliziert. Um es in Strenge zu behandeln, wäre es nötig, neben den Differentialgleichungen der Kreiselbewegung die hydrodynamischen Gleichungen für die Bewegung des umgebenden Mittels in ihrem wechselseitigen Zusammenhange zu berücksichtigen, wie schon gelegentlich des ähnlichen ballistischen Problems (pag. 535) bemerkt wurde. Wir kämen dabei zu einer Aufgabe wie sie unter dem Namen „Bewegung eines Körpers in einer Flüssigkeit“ von mathematischer Seite vielfach behandelt worden ist*), nur daſs die grundlegende Voraussetzung aller einschlägigen Behandlungen, daſs nämlich die Flüssigkeit inkompressibel und reibungslos sei und daſs ihr durch den

*) Eine zusammenfassende Darstellung der betr. Arbeiten giebt A. E. H. Love in der Encyklopädie der mathem. Wissensch. Bd. IV, Art. 16, Hydrodynamik II.

Körper eine Bewegung mit Geschwindigkeitspotential erteilt werde, fallen zu lassen wäre, da sie den Verhältnissen des Luftwiderstandes gar zu schlecht entspricht. Mit dieser Voraussetzung fällt aber auch die Möglichkeit einer strengen und eleganten mathematischen Behandlung. Wir müssen daher auf eine Untersuchung des Luftwiderstandes im Anschluſs an die vorhandene mathematische Litteratur von vornherein verzichten.

Unsere Behandlung soll vielmehr derjenigen nachgebildet sein, die der Physiker bei der Bestimmung der durch Luftwiderstand gedämpften Pendelschwingungen, der Schwingungen einer Galvanometernadel mit magnetischer oder Flüssigkeitsdämpfung etc. einzuschlagen pflegt. Man nimmt hierbei an, daſs man die Dämpfungswirkung wenigstens bei kleinen Ausschlägen dadurch hinreichend genau berücksichtigen könne, daſs man der Bewegungsgleichung ein der augenblicklichen Geschwindigkeit proportionales Glied hinzufügt. Ähnlich wollen wir annehmen, *daſs die Wirkung des Luftwiderstandes auf die Kreiselbewegung annähernd durch eine der augenblicklichen Rotationsgeschwindigkeit Ω nach Gröſse und Axe proportionale entgegengerichtete Drehkraft beschrieben werden kann.* Lösen wir etwa Ω nach den drei Hauptaxen des Körpers in die Komponenten p, q, r auf, so werden wir also die Komponenten des Luftwiderstandsmomentes nach eben jenen Axen gleich $-\lambda p$, $-\lambda q$, $-\lambda r$ setzen. Vielleicht wäre es angezeigt, den Koeffizienten von r kleiner zu wählen als die von p und q, also die Komponenten des Momentes gleichzusetzen $-\lambda_1 p$, $-\lambda_1 q$, $-\lambda_2 r$ $(\lambda_2 < \lambda_1)$, weil durch die Drehung um die Figurenaxe, wie oben bemerkt, die Luft weniger mitgenommen wird, wie durch eine Drehung der Figurenaxe um eine dazu senkrechte Axe. Da aber unser Ansatz auch dann nicht beanspruchen könnte, den Verhältnissen der Wirklichkeit genau zu entsprechen, so werden wir uns mit der zuerst genannten weitgehenden Schematisierung des Ansatzes begnügen, der übrigens für Späteres eine besondere Bedeutung hat. Ferner werden wir natürlich von allen sonstigen Reibungseinflüssen jetzt absehen.

Wir wollen uns zunächst fragen, wie *die Bewegung des kräftefreien Kreisels* (Poinsot-Bewegung) durch den so aufgefaſsten Luftwiderstand modifiziert wird. Die Behandlung wird hier sehr einfach. Bei der Poinsotbewegung gehen wir am besten von den Eulerschen Gleichungen (vgl. pag. 142) aus, die sich für den symmetrischen Kreisel $(B = A)$ unter Hinzufügung unserer Luftwiderstandsglieder folgendermaſsen schreiben:

$$A \frac{dp}{dt} = (A - C)\, qr - \lambda p,$$

$$A \frac{dq}{dt} = (C - A)\, rp - \lambda q,$$

$$C \frac{dr}{dt} = \qquad\qquad - \lambda r.$$

Aus der letzten Gleichung erkennt man zunächst, daſs die Eigenrotation r nach dem folgenden Gesetz von ihrem Anfangswerte r_0 aus (entsprechend $t = 0$) abnimmt:

(1) $$r = r_0 e^{-\frac{\lambda t}{C}}.$$

Die beiden ersten Gleichungen fassen wir nach Multiplikation mit 1 und i zu der komplexen Gleichung zusammen:

(2) $$A \frac{d(p + iq)}{dt} = (C - A)\, ir\, (p + iq) - \lambda (p + iq).$$

Durch Division mit $p + iq$ und Eintragung des Wertes von r aus (1) ergiebt sich:

$$\frac{d \log (p + iq)}{dt} = \frac{C - A}{A} i r_0 e^{-\frac{\lambda t}{C}} - \frac{\lambda}{A}$$

und durch Integration:

$$\log (p + iq) = - \frac{\lambda t}{A} - \frac{C - A}{A} \frac{C}{\lambda} i r_0 e^{-\frac{\lambda t}{C}} + \text{const.}$$

Bestimmen wir noch die Integrationskonstante durch die Anfangswerte p_0, q_0, so können wir schreiben:

(3) $$p + iq = (p_0 + iq_0)\, e^{-\frac{\lambda t}{A} + \frac{C-A}{A}\frac{C}{\lambda} i r_0 \left(1 - e^{-\frac{\lambda t}{C}}\right)}.$$

Man erkennt hieraus, daſs der absolute Betrag von $p + iq$, d. i. die Länge der äquatorialen Komponente des Drehungsvektors nach einem ähnlich einfachen Gesetz abnimmt wie die Eigenrotation r. Man hat nämlich

(4) $$\sqrt{p^2 + q^2} = \sqrt{p_0^2 + q_0^2}\, e^{-\frac{\lambda t}{A}}.$$

Bezeichnet man ferner mit α denjenigen Winkel, den die genannte Komponente mit ihrer Anfangslage einschlieſst, indem man setzt:

$$\frac{p + iq}{\sqrt{p^2 + q^2}} = \frac{p_0 + iq_0}{\sqrt{p_0^2 + q_0^2}} e^{i\alpha},$$

so ergiebt sich aus (3) für α der Wert

(5) $$\alpha = \frac{C - A}{A} \frac{C}{\lambda} r_0 \left(1 - e^{-\frac{\lambda t}{C}}\right).$$

Nach den Gleichungen (1), (4) und (5) läſst sich nun der allgemeine Charakter der Bewegung folgendermaſsen schildern: *Sowohl die Kompo-*

nente des Rotationsvektors nach der Figurenaxe wie die dazu senkrechte äquatoriale Komponente werden durch den Luftwiderstand stetig bis auf Null verkürzt; die Zeitdauer dieses Vorganges ist unendlich; die Anzahl der Umgänge, welche der Rotationsvektor unterdessen um die Figurenaxe ausführt, ist endlich und berechnet sich aus (5) *zu*

$$\frac{\alpha_\infty}{2\pi} = \frac{C-A}{A}\,\frac{C}{\lambda}\,\frac{r_0}{2\pi};$$

sie ist um so gröſser, je gröſser die anfängliche Eigenrotation war und je kleiner die Dämpfungskonstante λ ist; mit verschwindendem λ, wo die Bewegung eine reguläre Präcession wird, wächst jene Zahl, wie es sein muſs, ins Unendliche.

Interessante Unterschiede ergeben sich je nach dem Verhältnis der Hauptträgheitsmomente A und C. Wir bestimmen etwa die jeweilige Neigung β des Rotationsvektors gegen die Figurenaxe, indem wir nach (1) und (4) bilden

$$\operatorname{tg}\beta = \frac{\sqrt{p^2+q^2}}{r} = \frac{\sqrt{p_0^{\,2}+q_0^{\,2}}}{r_0}\,e^{-\lambda t\left(\frac{1}{A}-\frac{1}{C}\right)}.$$

Führen wir noch die anfängliche Neigung β_0 ein, so können wir auch schreiben:

$$\operatorname{tg}\beta = \operatorname{tg}\beta_0\, e^{-\lambda t\left(\frac{1}{A}-\frac{1}{C}\right)}. \tag{6}$$

Der Winkel β wächst hiernach kontinuierlich an oder nimmt ständig ab, je nachdem C kleiner oder gröſser als A ist. *Die Rotationsaxe strebt in jedem Falle einer Axe gröſsten Hauptträgheitsmomentes zu, im Falle des abgeplatteten Trägheitsellipsoides* ($C > A$) *der Figurenaxe, im Falle des verlängerten Trägheitsellipsoides* ($C < A$) *einer äquatorialen Axe.* Im Falle des Kugelkreisels, wo jede Axe als Axe eines gröſsten Hauptträgheitsmomentes aufgefaſst werden kann, wird die Rotationsaxe durch den Luftwiderstand natürlich überhaupt nicht umgelagert; hier besteht vielmehr die einzige Wirkung desselben in einer allmählichen Schwächung der Rotationsgeschwindigkeit.

Den Unterschied zwischen beiden Fällen können wir noch deutlicher beschreiben, wenn wir an den Verlauf des Polhodiekegels denken. *Im Falle* $C > A$ *verengert sich der Polhodiekegel im Verlaufe der Bewegung und zieht sich schlieſslich auf die Figurenaxe zusammen, nachdem er sie eine endliche Anzahl von Malen umschlungen hat; im Falle* $C < A$ *erweitert er sich und läuft, abermals nach einer endlichen Anzahl von Umgängen, in die Äquatorebene des Kreisels fächerartig aus**).

---

*) Hätten wir den oben genannten allgemeineren Ansatz gemacht, bei welchem zwischen λ_1 und λ_2 unterschieden wird, so würden wir als Bedingung

Wir wollen etwa, um beide Fälle durch eine Figur veranschaulichen zu können, den Polhodiekegel mit einer im Körper festen Ebene schneiden, die wir im Abstande 1 von O senkrecht zur Figurenaxe legen. Nennen wir den Durchstoſsungspunkt jener Ebene mit der Figurenaxe O', den mit der augenblicklichen Rotationsaxe P, so ist die Entfernung $\varrho = O'P$ mit $\operatorname{tg}\beta$, ihr Anfangswert ϱ_0 mit $\operatorname{tg}\beta_0$ identisch. Der Winkel, um den sich der Vektor $O'P$ gegen seine Anfangslage $O'P_0$ gedreht hat, ist der oben berechnete Winkel α Die entstehende Kurve der aufeinander folgenden Punkte P, d. h. die Spur des Polhodiekegels in der Zeichenebene, wird also in Polarkoordinaten durch ϱ und α bestimmt. Führen wir als eine bequeme Zeiteinheit die Dauer τ einer vollen Kreiselumdrehung zu Beginn der Bewegung ein, so wird $r_0 = \frac{2\pi}{\tau}\cdot$ Benutzen wir überdies für die reinen Zahlengröſsen $\frac{C}{A} - 1$ und $\frac{\lambda\tau}{C}$ die Abkürzungen γ und δ, so können wir (6) und (5) folgendermaſsen schreiben:

$$(7) \qquad \frac{\varrho}{\varrho_0} = e^{-\gamma\delta\frac{t}{\tau}}, \qquad \frac{\alpha}{2\pi} = \frac{\gamma}{\delta}\left(1 - e^{-\delta\frac{t}{\tau}}\right).$$

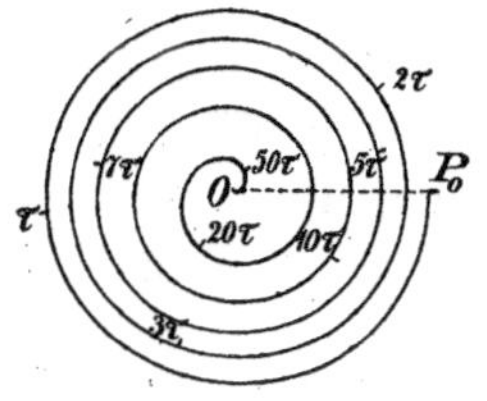

Fig. 84.

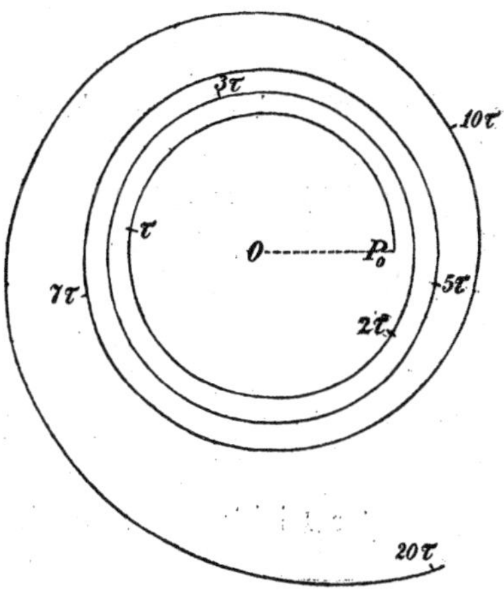

Fig. 85.

In den Figuren 84 und 85 haben wir $\gamma = \pm\frac{1}{2}$, $\delta = \frac{1}{10}$ vorausgesetzt. Die Anzahl der Umläufe unserer Kurve um O' wird 5, die Zeit, in der der Abstand ϱ auf den e^{ten} Teil seines Anfangswertes verkürzt bez. auf das e-fache angewachsen ist, wird $t = 20\tau$. Beide Kurven

---

für eine Verengerung bez. Erweiterung des Polhodiekegels die folgende erhalten haben:

$$\lambda_1 C > \lambda_2 A \quad \text{bez.} \quad \lambda_1 C < \lambda_2 A.$$

Es könnte hiernach unter Umständen vorkommen, daſs die Rotationsaxe der Figurenaxe zustrebt, auch wenn dieselbe keine Axe gröſsten Hauptträgheitsmomentes ist.

können als Spirallinien bezeichnet werden, stimmen aber nicht genau mit einer der bekannten Spiralformen überein.

Übrigens können wir uns auch ohne Rechnung von der gegensätzlichen Wirkung des Luftwiderstandes im Falle $C > A$ und $C < A$ Rechenschaft geben. Wir knüpfen dabei an die Figuren 86 und 87

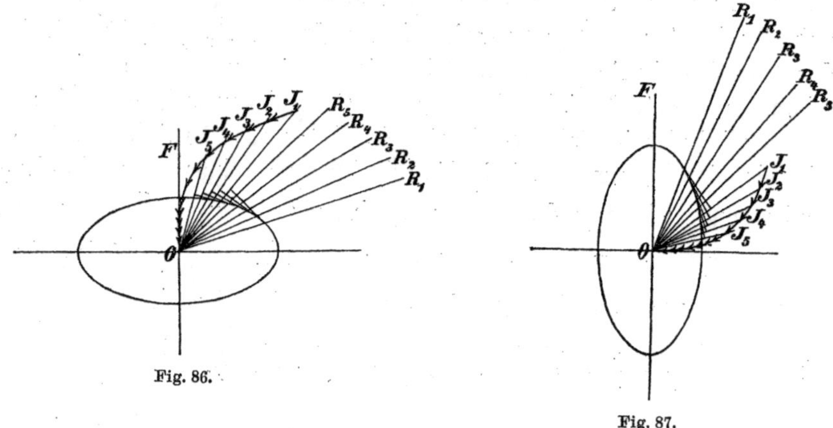

Fig. 86.

Fig. 87.

an, welche zunächst ebenso wie die Figuren 14 und 13 von pag. 107 und 106 zum Ausdruck bringen, daſs im Falle eines abgeplatteten Trägheitsellipsoides $C > A$ der Impulsvektor zwischen Figurenaxe und Rotationsvektor liegt, daſs dagegen im Falle eines verlängerten Trägheitsellipsoides der Rotationsvektor zwischen Impuls- und Figurenaxe enthalten ist. Nun besteht nach unserer Grundannahme die Wirkung des Luftwiderstandes in einem Moment, welches dem Drehungsvektor nach Gröſse und Axe proportional ist. Dieses haben wir mit dem jeweiligen Impulsvektor zusammenzusetzen, indem wir entgegengesetzt parallel zu der Richtung des Rotationsvektors an den Endpunkt des Impulsvektors einen Pfeil von der Länge $\lambda \Omega \Delta t$ antragen. *In Fig. 86 wird der Impulsvektor hierdurch der Figurenaxe genähert, in Fig. 87 von ihr entfernt.*

Der abgeänderten Lage und Gröſse des Impulses entspricht auch eine etwas andere Lage der Rotationsaxe und eine etwas verschiedene Gröſse der Rotationsgeschwindigkeit. In den Figuren ist die geometrische Konstruktion angedeutet, durch welche nach Früherem die Richtung der Rotationsaxe aus der der Impulsaxe bestimmt werden kann. Wir haben nun die obige Konstruktion zu wiederholen, indem wir das Moment des Luftwiderstandes entsprechend der abgeänderten Lage und Gröſse der Rotationsaxe dem Impuls hinzufügen. Wie man sieht fährt hierbei der Impuls und gleichzeitig auch der Rotationsvektor fort, sich in Fig. 86 der Figurenaxe zu nähern, in Fig. 87 sich von ihr zu entfernen; gleichzeitig nimmt Impuls und Rotation an Gröſse ständig ab.

Um dies Verfahren streng zu machen, müſste man natürlich das zu Grunde gelegte Zeitintervall Δt unbegrenzt abnehmen lassen, so daſs der Endpunkt des Impulses nicht einen gebrochenen Linienzug sondern eine kontinuierliche Kurve im Körper beschriebe. Überdies wäre es nötig, die Änderungen zu berücksichtigen, die der Impuls im Körper vermöge der „resultierenden centrifugalen Drehkraft" erfährt (vgl. pag. 144). Da aber diese nach Axe und Gröſse gleich dem vektoriellen Produkt aus Impuls- und Rotationsvektor ist, so steht sie auf der Ebene unserer Zeichnung anfangs senkrecht und beeinfluſst weder die Gröſse des Impulses noch seine Neigung gegen die Figurenaxe. Die Wirkung jener Drehkraft besteht vielmehr nur darin, daſs die zusammengehörigen Lagen von Impuls- und Rotationsaxe um einen mit fortschreitender Bewegung wachsenden Winkel aus der Zeichenebene herausdrehen werden, derart daſs der Endpunkt des Impulses nicht eine ebene, sondern eine um die Figurenaxe spiralig gewundene Kurve beschreibt. Die genaue Gestalt dieser Kurve ist im übrigen in den obigen Rechnungen enthalten, da sich ja die Koordinaten des Impuls-Endpunktes relativ zum Körper nur durch die Faktoren A und C von den Komponenten p, q, r des Rotationsvektors unterscheiden.

Aber auch die Gestalt der vom Impuls-Endpunkt *im Raume* beschriebenen Kurve ist nach dem vorstehenden im wesentlichen klar. Gegen den Raum verschiebt sich der Impuls-Endpunkt jeweils entgegengesetzt parallel der Rotationsaxe. Diese selbst nähert sich nach den vorigen Figuren mehr und mehr der Impulsaxe und dreht sich überdies um deren augenblickliche Lage, da sich die Figurenaxe um die augenblickliche Lage der Rotationsaxe dreht und durch die Lage von Figuren- und Impulsaxe auch die Lage der Rotationsaxe bestimmt ist. Man schlieſst hieraus, daſs der Endpunkt des Impulsvektors im Raum eine Schraubenlinie von abnehmender Weite der Windungen um eine gewisse mittlere Richtung beschreiben muſs, wie sie etwa durch die nebenstehende Figur*) schematisch angedeutet wird. Der Impulsvektor bleibt also nicht wie bei der idealen Poinsot-Bewegung im Raume genau konstant, wohl aber bleibt seine mittlere Richtung konstant und die Schwankungen um die mittlere Lage nehmen im Verlauf der Bewegung ab.

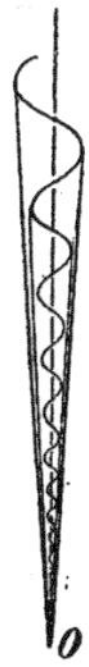

Fig. 88.

Die Bewegung der Figurenaxe im Raume erweist sich wieder für

*) Die Spirallinie geht natürlich abwechselnd hinter und vor der Mittellinie vorbei, was in der Figur nicht deutlich genug zum Ausdruck kommt.

die beiden Fälle $C > A$ und $C < A$ grundsätzlich verschieden. Im ersteren Falle strebt die Figurenaxe einer Richtung zu, die mit der schlieſslichen Richtung der Rotationsaxe, also auch mit der der Impulsaxe übereinstimmt, im letzteren Falle steht sie schlieſslich senkrecht auf diesen Richtungen. Bezeichnen wir also etwa die mittlere Richtung der Impulsaxe im Raume als die Vertikale so können wir sagen: *Bei dem abgeplatteten Kreisel wird die Figurenaxe durch den Luftwiderstand aufgerichtet, bei dem verlängerten wird sie gesenkt.* Nachdem die Bewegung erloschen ist, d. h. nach unendlich langer Zeit steht die Figurenaxe im ersten Falle vertikal, im zweiten horizontal.

Mit Rücksicht auf den Luftwiderstand müssen wir unsere frühere Stabilitätsunterscheidung beim symmetrischen Kreisel (vgl. pag. 132 und 133) einer grundsätzlichen Revision unterziehen. Wir sagten früher: *die gleichförmige Rotation um die Figurenaxe ist eine stabile, die um eine äquatoriale Axe eine labile Bewegungsform.* Beides ist nur halb richtig, wenn wir an die Wirkung des Luftwiderstandes denken. Wir erteilen dem Kreisel eine Rotation genau um die Figurenaxe. Diese ist auch bei Berücksichtigung des Luftwiderstandes eine mögliche permanente Bewegungsform, insofern als die Rotationsaxe im Körper und im Raume ungeändert bleibt und nur die Rotationsgeschwindigkeit allmählich abnimmt. Fand die anfängliche Rotation aber nicht genau um die Figurenaxe statt oder wird sie durch einen Zusatzimpuls etwas abgelenkt, so verhält sich der abgeplattete Kreisel umgekehrt wie der verlängerte. Beim abgeplatteten Kreisel strebt die Rotationsaxe vermöge des Luftwiderstandes, sich mit der Figurenaxe zu vereinigen, und steht alsbald merklich im Raume still. Beim verlängerten Kreisel entfernt sich die Rotationsaxe, wenn sie anfangs auch nur beliebig wenig von der Figurenaxe abwich, mehr und mehr von dieser, desgleichen die Impulsaxe. Oder, anders ausgedrückt: Die Figurenaxe, die anfangs merklich mit der Rotations- und der Impulsaxe zusammenfiel, stellt sich im Verlaufe der Bewegung schlieſslich senkrecht dazu. Wir erkennen so: *Die Rotation um die Figurenaxe ist mit Rücksicht auf den Luftwiderstand bei dem abgeplatteten Kreisel stabil, bei dem verlängerten labil.* Das Umgekehrte gilt für die Rotation um eine äquatoriale Axe.

Die vorstehenden Ausführungen decken sich, soweit sie analytischen Charakters sind, teilweise mit Überlegungen, welche Stone*) im Hinblick auf die Entwickelungsgeschichte der Erde angestellt hat. Von geologischer Seite ist vielfach die Hypothese ausgesprochen, daſs

*) On the possibility of a change in the position of the earth's axis due to a frictional action connected with the phenomena of the tides. Monthly notices of the astronomical Society, London, März 1867.

die Rotationsaxe der Erde in früheren geologischen Perioden einmal eine andere Lage im Erdkörper gehabt haben möge. Läſst sich diese Annahme mit der Thatsache, daſs die Rotationsaxe jetzt fast genau mit der Polaraxe zusammenfällt, auf Grund einer Reibungswirkung von der Art des hier vorausgesetzten Luftwiderstandes (Gezeitenreibung) vereinen? Da die Erde ein abgeplatteter symmetrischer Kreisel und ihre Polaraxe eine Axe gröſsten Hauptträgheitsmomentes ist, wäre es nach dem Vorhergehenden an sich möglich. Indessen werden wir im nächsten Kapitel mit Rücksicht auf die zahlenmäſsigen Umstände des Vorganges zu einer negativen Beantwortung der gestellten Frage geführt werden. —

Wir ergänzen die obigen Betrachtungen nunmehr durch Berücksichtigung der Schwere. Dafür wollen wir aber im Folgenden von der Ungleichheit der Trägheitsmomente absehen, also einen schweren *Kugelkreisel* betrachten. Während bei dem kräftefreien Kugelkreisel die Rotation auch bei Berücksichtigung des Luftwiderstandes dauernd um eine im Raum und im Körper feste Axe stattfindet, wird beim schweren Kugelkreisel das Endergebnis sein müssen, daſs die durch O gehende Schwerpunktsaxe schlieſslich in allen Fällen senkrecht nach unten weist. Den Prozeſs, durch welchen dieses erzielt wird, werden wir näherungsweise darzulegen haben.

Bei dem schweren Kreisel ist es, wie öfter bemerkt, bequem, die Eulerschen Winkel und die Lagrangeschen Gleichungen zu benutzen. Wir bestimmen zunächst die in den Lagrangeschen Gleichungen vorkommenden Komponenten (oder Momente) des Luftwiderstandes hinsichtlich der drei Koordinaten φ, ψ, ϑ. Sie mögen Φ, Ψ, Θ heiſsen und sind den senkrechten Projektionen des Drehungsvektors (oder des in Fig. 76 verdeutlichten, aus den Strecken φ', ψ', ϑ' bestehenden Linienzuges) auf die Figurenaxe, die Vertikale und die Knotenlinie proportional. Nennt man den Proportionalitätsfaktor wie früher λ, so findet man nach Fig. 76:

$$(8)\qquad \Phi = -\lambda\,(\varphi' + \psi'\cos\vartheta),\quad \Psi = -\lambda\,(\psi' + \varphi'\cos\vartheta),\quad \Theta = -\lambda\vartheta'.$$

Die zugehörigen Impulskomponenten heiſsen N, n und $[\Theta]$; wie z. B. aus den Gl. (2) des vierten Paragraphen hervorgeht, hat man im Falle des Kugelkreisels:

$$(9)\qquad N = A\,(\varphi' + \psi'\cos\vartheta),\quad n = A\,(\psi' + \varphi'\cos\vartheta),\quad [\Theta] = A\vartheta'.$$

Die Lagrangeschen Gleichungen lauten, wenn T die lebendige Kraft des Kugelkreisels bedeutet:

$$\frac{dN}{dt} = \Phi,\quad \frac{dn}{dt} = \Psi,\quad \frac{d[\Theta]}{dt} - \frac{\partial T}{\partial\vartheta} = P\sin\vartheta + \Theta.$$

Mit Rücksicht auf (8) und (9) und den in Gl. (4) des vierten Paragraphen angegebenen Wert von $\partial T/\partial \vartheta$ können wir schreiben:

$$(10) \qquad \frac{dN}{dt} = -\frac{\lambda}{A} N, \quad \frac{dn}{dt} = -\frac{\lambda}{A} n,$$

$$(11) \qquad A\vartheta'' + \lambda\vartheta' = P \sin\vartheta - \frac{(n - N\cos\vartheta)(N - n\cos\vartheta)}{A \sin^3\vartheta}.$$

Die Gleichungen (10) bedingen, ähnlich wie beim kräftefreien Kreisel, eine exponentielle Abnahme der Impulskomponenten nach dem Gesetze:

$$(12) \qquad N = N_0 e^{-\frac{\lambda t}{A}}, \quad n = n_0 e^{-\frac{\lambda t}{A}};$$

das Verhältnis beider Komponenten bleibt dabei konstant; denn es ist $N : n = N_0 : n_0$. Indem wir die Werte (12) einsetzen, vereinfacht sich (11) wie folgt:

$$(13) \qquad A\vartheta'' + \lambda\vartheta' = P \sin\vartheta - e^{-\frac{2\lambda t}{A}} \frac{(n_0 - N_0\cos\vartheta)(N_0 - n_0\cos\vartheta)}{A \sin^3\vartheta}.$$

Wir gehen hier wie bei dem früheren Reibungsproblem auf „Präcessions-ähnliche Bewegungen“ aus. Da bei der regulären Präcession $\vartheta =$ const. ist, wollen wir jetzt nach solchen Bewegungen fragen, für die ϑ' und ϑ'' klein sind. In erster Näherung setzen wir daher die linke Seite gleich Null und folgen damit einem Verfahren, welches als „Methode der langsamen Bewegungen“ auſserordentlich viele bewuſste oder unbewuſste Anwendungen auf allen Gebieten findet. Der Sinn dieses Verfahrens besteht darin, daſs man eine hinreichend langsame Bewegung näherungsweise als eine Aneinanderreihung von Gleichgewichtslagen auffaſst, daſs man also von der Trägheit des Systems, die offenbar um so weniger ins Gewicht fällt, je langsamer die Bewegung ist, absieht. Dies Verfahren liefert in vielen Fällen eine brauchbare erste Annäherung an den wirklichen Bewegungsverlauf, eine Annäherung, die wir im vorliegenden Falle durch Berechnung einer zweiten Näherung kontrollieren werden.

Wir bestimmen also $\cos\vartheta$ als Funktion von t aus der Gleichung:

$$(14) \qquad \left(\frac{n_0}{N_0} - \cos\vartheta\right)\left(\frac{N_0}{n_0} - \cos\vartheta\right) = \frac{AP}{n_0 N_0} \sin^4\vartheta \, e^{\frac{2\lambda t}{A}}.$$

Wir setzen einen starken Anfangsimpuls voraus, nehmen also an, daſs AP/N_0^2 klein sei; von derselben Gröſsenordnung ist AP/n_0N_0. Fällt der Anfangsimpuls überdies nahezu in die Richtung der Figurenaxe, so wird n_0/N_0 ein echter Bruch, der etwa dem Cosinus eines Hülfswinkels ϑ_0 gleichgesetzt werden kann. Wir unterscheiden den Anfang der Bewegung (t klein) und das Ende derselben (t sehr groſs).

a) *t klein.* Die rechte Seite von (14) ist wegen AP/n_0N_0 klein; auf der linken Seite muſs daher einer der beiden Faktoren ebenfalls klein sein.

Dies kann nur der Faktor $\frac{n_0}{N_0} - \cos\vartheta = \cos\vartheta_0 - \cos\vartheta$ sein. Wir setzen dementsprechend $\cos\vartheta = \cos\vartheta_0 + \varepsilon$ und vernachlässigen höhere Potenzen von ε. Aus (14) folgt:

$$-\varepsilon\left(\frac{1}{\cos\vartheta_0} - \cos\vartheta_0\right) = \frac{AP}{n_0 N_0}\sin^4\vartheta_0\, e^{\frac{2\lambda t}{A}},$$

$$\varepsilon = -\frac{AP}{N_0^{\,2}}\sin^2\vartheta_0\, e^{\frac{2\lambda t}{A}}$$

und

$$\cos\vartheta = \cos\vartheta_0 - \frac{AP}{N_0^{\,2}}\sin^2\vartheta_0\, e^{\frac{2\lambda t}{A}}. \tag{15}$$

Mit dem gleichen Grade der Annäherung gilt:

$$\vartheta = \vartheta_0 + \frac{AP}{N_0^{\,2}}\sin\vartheta_0\, e^{\frac{2\lambda t}{A}}. \tag{15'}$$

Wir schlieſsen daraus, daſs zu Beginn der Bewegung ϑ wächst, die Figurenaxe also sich senkt, wenn P positiv ist, d. h. wenn der Schwerpunkt auf der positiven Figurenaxe liegt. Im umgekehrten Falle nimmt ϑ ab, die Figurenaxe hebt sich also, während die Schwerpunktsaxe, die mit der negativen Figurenaxe identisch ist, sich senkt. Der Anfangswert ϑ stimmt ungefähr mit unserem Hülfswinkel ϑ_0 überein.

b) *t groſs.* Das Produkt $\frac{AP}{n_0 N_0} e^{\frac{2\lambda t}{A}}$ wird beliebig groſs, wenn t über alle Grenzen wächst. Da die linke Seite von (14) endlich bleibt, muſs $\sin\vartheta$ mit wachsendem t klein werden; $\cos\vartheta$ wird daher gleich ± 1. Für $\cos\vartheta = +1$ wird die linke Seite von (14) gleich

$$-\frac{(N_0 - n_0)^2}{n_0 N_0},$$

für $\cos\vartheta = -1$ wird sie gleich

$$+\frac{(N_0 + n_0)^2}{n_0 N_0}.$$

Vergleicht man die Vorzeichen der rechten und linken Seite in (14), so erkennt man, daſs $\cos\vartheta = +1$ im Falle $P < 0$, $\cos\vartheta = -1$ im Falle $P > 0$ gilt. In beiden Fällen ist die Schwerpunktsaxe gegen Ende der Bewegung senkrecht nach unten gerichtet. Die formelmäſsige Darstellung von ϑ gegen Ende der Bewegung lautet daher:

$$\begin{cases} P > 0 \qquad \sin\vartheta = \pi - \vartheta = \sqrt[2]{\dfrac{N_0 + n_0}{\sqrt{AP}}}\, e^{-\frac{\lambda t}{2A}}, \\ P < 0 \qquad \sin\vartheta \qquad\;\; = \vartheta = \sqrt[2]{\dfrac{N_0 - n_0}{\sqrt{-AP}}}\, e^{-\frac{\lambda t}{2A}}. \end{cases} \tag{16}$$

Der graphische Verlauf der durch (14) bestimmten Abhängigkeit zwischen ϑ und t wird schematisch durch die beiden Kurven der Fig. 89 veranschaulicht.

Natürlich ist es noch keineswegs ausgemacht, daſs unsere durch ziemlich willkürliche Vernachlässigung einiger Glieder der Differentialgleichung (13) gefundenen Formeln den wirklichen Verlauf der Präcessions-ähnlichen Bewegung approximieren. Jedenfalls ist hierzu noch der Nachweis erforderlich, daſs die vernachlässigten Glieder thatsächlich klein gegenüber den beibehaltenen ausfallen. Indem wir jetzt nachträglich diesen Nachweis liefern, werden wir gleichzeitig die Möglichkeit zeigen, die bisherigen Annäherungen schrittweise zu verbessern.

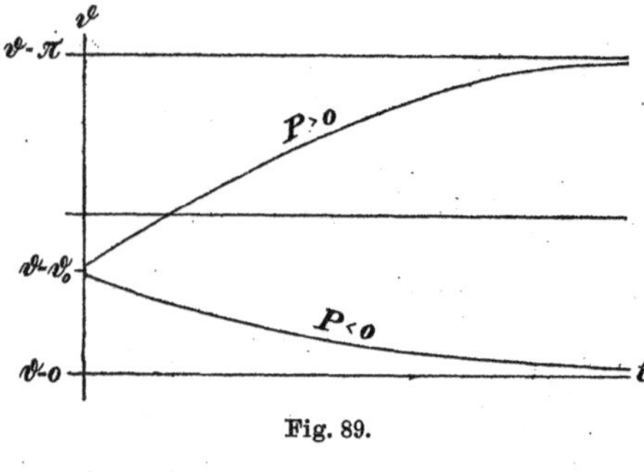

Fig. 89.

a) *t klein.* Wir berechnen die linke Seite der Gl. (13) auf Grund der Formel (15′). Es ergiebt sich

$$(17) \qquad A\vartheta'' + \lambda\vartheta' = \frac{6\lambda^2}{A} \cdot \frac{AP}{N_0^2} \sin\vartheta_0 \, e^{\frac{2\lambda t}{A}}.$$

Das Verhältnis dieses Ausdrucks zu dem ersten Gliede der rechten Seite von (13), welches wir näherungsweise gleich $P \sin\vartheta_0$ schreiben können, wird

$$6 \frac{\lambda^2}{N_0^2} e^{\frac{2\lambda t}{A}}.$$

Die Gröſsenordnung dieses Verhältnisses wird, da bei kleinem t die Exponentialgröſse nur mäſsige Werte hat, durch die Zahl λ^2/N_0^2 bestimmt. Zufolge der Einführung des Proportionalitätsfaktors λ bedeutet aber $2\pi\lambda$ denjenigen Zusatzimpuls, welchen der Luftwiderstand bei einer vollen Umdrehung um irgend eine Axe ausübt. Wir dürfen annehmen, daſs dieser erheblich kleiner ist, als der Eigenimpuls des Kreisels oder anders ausgedrückt, daſs die Trägheitswirkungen der Luft äuſserst gering sind verglichen mit den Trägheitswirkungen des Kreisels. Unsere Kontrolle der obigen Näherungslösung hat also ein befriedigendes Ergebnis gehabt, da sie zeigt, daſs die vernachlässigten Glieder der Differentialgleichung in der That von geringerer Ordnung wie die beibehaltenen waren.

Die bisherige Lösung läſst sich jetzt leicht durch Berücksichtigung der linken Seite von (13) korrigieren. Wir setzen, auſser in dem Ausschlag gebenden Gliede $n_0 - N_0 \cos\vartheta$, überall in Gl. (13) unsere erste Näherung (15) ein; für die linke Seite benutzen wir dabei den Ausdruck (17); auf der rechten Seite haben wir nach (15) zu setzen:

$$\sin\vartheta = \sin\vartheta_0 \left(1 + \frac{AP}{N_0^2}\cos\vartheta_0 e^{\frac{2\lambda t}{A}}\right),$$

$$N_0 - n_0\cos\vartheta = N_0\sin^2\vartheta_0\left(1 + \frac{AP}{N_0^2}\cos\vartheta_0 e^{\frac{2\lambda t}{A}}\right).$$

Nach einigen formalen Vereinfachungen und bei Vernachlässigung höherer Potenzen der kleinen Glieder finden wir

$$n_0 - N_0\cos\vartheta = \frac{AP}{N_0}\sin^2\vartheta_0 e^{\frac{2\lambda t}{A}}\left\{1 + \left(\frac{3AP}{N_0^2}\cos\vartheta_0 - \frac{6\lambda^2}{N_0^2}\right)e^{\frac{2\lambda t}{A}}\right\}$$

und hieraus:

$$\text{(18)}\qquad \cos\vartheta = \cos\vartheta_0 - \frac{AP}{N_0^2}\sin^2\vartheta_0 e^{\frac{2\lambda t}{A}}\left\{1 + \left(\frac{3AP}{N_0^2}\cos\vartheta_0 - \frac{6\lambda^2}{N_0^2}\right)e^{\frac{2\lambda t}{A}}\right\}.$$

Dies ist die gesuchte Korrektion von (15), die wir als eine zweite Näherung anzusehen haben, da nunmehr die Quadrate und Produkte der kleinen Gröſsen AP/N_0^2 und λ^2/N_0^2 beibehalten sind. Ersichtlich enthält unser Verfahren den Keim zu einer beliebig fortzusetzenden Potenzentwicklung nach eben jenen kleinen Gröſsen; wir brauchten nur, um zu dieser zu gelangen, aus der zweiten Näherung eine dritte etc. zu berechnen. Mit wachsendem t würde sich die Konvergenz der Entwickelung verschlechtern, da in (18) die Potenzen der genannten kleinen Gröſsen von den entsprechenden Potenzen des Faktors $e^{2\lambda t/A}$ begleitet werden. Aus diesem Grunde und wegen der Umständlichkeit der so entstehenden Formeln begnügen wir uns mit der zweiten Näherung.

b) *t groſs.* Auch hier gilt es zunächst, nachzuweisen, daſs in Gl. (13) die linke Seite bei der Aufstellung der Näherungslösung (16) vernachlässigt werden durfte. Wir berechnen zu dem Ende die vernachlässigten Terme nach Gl. (16) und finden, je nachdem $P \gtrless 0$ ist,

$$A\vartheta'' + \lambda\vartheta' = \pm\frac{1}{4}\frac{\lambda^2}{A}\sin\vartheta.$$

Das Verhältnis dieses Ausdrucks zu dem ersten Gliede $P\sin\vartheta$ der rechten Seite von (13) beträgt

$$\pm\frac{1}{4}\frac{\lambda^2}{AP}.$$

Wir dürfen annehmen, daſs λ^2 klein ist gegen die gleichbenannte Gröſse AP, was etwa auf die Annahme hinauskommt, daſs der Einfluſs des Luftwiderstandes auf die Kreiselbewegung klein ist gegenüber der Schwerewirkung. Jedenfalls ist unter der genannten Annahme die

Vernachlässigung der linken Seite von (13) in erster Näherung gerechtfertigt.

Gehen wir auch hier auf dem oben beschriebenen Wege zu einer zweiten Näherung über, so finden wir, wenn wir die Fälle $P \gtrless 0$ durch ein doppeltes Vorzeichen unterscheiden:

$$\text{(19)} \qquad \sin\vartheta = \sqrt{\frac{N_0 \pm n_0}{\sqrt{\pm AP}}}\, e^{-\frac{\lambda t}{2A}} \left(1 \pm \frac{1}{16}\frac{\lambda^2}{AP}\right),$$

also eine Formel desselben Charakters wie (16). Auch hier könnte man zu einer dritten etc. Näherung fortschreiten.

Die für die erste Näherung entworfene schematische Figur 89 kann uns ebensowohl zur Veranschaulichung dieser zweiten Näherung dienen. Übrigens werden sich dieser Figur noch Nutationen von der Periode der Kreiselumdrehung überlagern können, die von den Anfangsbedingungen der Bewegung abhängen und sich im Verlaufe der Bewegung abglätten. Unsere Kurve aus Fig. 89 kann sich nur bei geeignet gewählten Anfangsbedingungen (und auch da nur näherungsweise) einstellen, ähnlich wie die reguläre Präcession bei dem idealen Kreisel. Im Allgemeinen wird sie nicht die Integralkurve selbst sondern nur die „Leitlinie" der Integralkurve darstellen, um welche sich die letztere mit abnehmenden Oscillationen herumschlängelt, ähnlich wie in den Figuren 79 und 80 des vierten Paragraphen.

Bei nicht kugelförmigem Trägheitsellipsoid liegen die Verhältnisse wesentlich komplizierter. Hier kann der Fall eintreten, daſs die Figurenaxe wegen der kombinierten Wirkung von Schwere und Luftwiderstand nach der Vertikalen hinstrebt, daſs sie aber wegen der Verschiedenheits der Hauptträgheitsmomente von dieser abgelenkt wird. Welcher dieser Einflüsse die Oberhand gewinnen wird, läſst sich ohne ein tieferes Eingehen nicht entscheiden.

§ 8. Die Elastizität des Kreiselmaterials.

So unentbehrlich der Begriff des starren Körpers für Naturwissenschaft und Technik ist, so sicher ist es, daſs er in der Wirklichkeit nur grob angenähert wird. Auch der in Bewegung gesetzte Kreisel wird sich nicht nur wie ein starrer Körper als Ganzes bewegen, sondern er wird gleichzeitig den durch die Bewegung hervorgerufenen Spannungen etwas nachgebend sich deformieren. Die Frage ist nur, ob solche Formänderungen unter irgend welchen Umständen merklich werden. Diese Frage ist gerade in demjenigen Falle akut geworden, wo wir vielleicht am ehesten geneigt sein möchten, die Vorstellung der starren Konstitution festzuhalten, im Falle unserer Erde. Nicht nur ist die Gestalt der Erde in dauernder Weise durch ihre Umdrehung beeinflufst und von derjenigen verschieden, die sie annehmen würde, wenn sie eines Tages zu rotieren aufhören würde; sondern die Gestalt der Erde ändert sich auch, wenn sich die Drehaxe im Erdkörper umlagert, also von ihrer normalen oder mittleren Lage, in der sie mit der Figurenaxe der Erde zusammenfällt, etwas abweicht. Direkt ist eine solche Formänderung natürlich nicht mefsbar; sie übt aber eine Rückwirkung auf die Bewegung der Erde, nämlich auf den Wechsel der Drehaxe im Erdkörper aus, eine Rückwirkung, die sehr wohl der Messung zugänglich ist. Wir kommen im nächsten Kapitel auf diese Verhältnisse im Zusammenhang zurück. Hier gilt es, die späteren Diskussionen vorzubereiten und zu zeigen, dafs entsprechende Fragen bei jeder Art Kreiselproblem auftreten, wenngleich ihnen bei den üblichen Abmessungen und Formen unserer Apparate kaum eine nennenswerte Bedeutung zukommen dürfte.

Indem wir die Verhältnisse der Erde im Auge behalten, betrachten wir einen Kreisel *von der Form eines abgeplatteten Rotationsellipsoides.* Die Massenverteilung im Inneren des Ellipsoides sei homogen, den Schwerpunkt desselben denken wir uns unterstützt, sodafs wir nur die kräftefreie Bewegung zu betrachten haben, die beim starren symmetrischen Kreisel, wie wir wissen, eine reguläre Präcession ist. Unser Interesse werden wir auf die Präcessionsdauer und den Einflufs, den hierauf die Elastizität des Materials nimmt, richten.

Hinsichtlich der Benennung ist im Auge zu behalten, dafs gerade im Falle der Erde die hier zu studierende Präcessionsbewegung als *freie Nutation* (spezieller, sofern man vom Einflufs der Elastizität absieht, als *Eulersche Nutation*) bezeichnet wird, während man bekanntlich bei der Erde unter Präcession eine durch Sonnen- und Mondanziehung *erzwungene* Bewegung von aufserordentlich viel längerer Periode versteht. Dieser langsamen erzwungenen Präcession überlagert sich die sehr viel raschere Eulersche Nutation, unsere kräftefreie Präcession, so dafs die Gesamtbewegung den uns wohlbekannten Charakter der pseudoregulären Präcession annimmt. Übrigens bezeichneten wir auch bei der allgemeinen Untersuchung der pseudoregulären Präcession in Kap. V, § 2 die Schwankung des Kreisels gegen die Bewegung der erzwungenen regulären Präcession als Nutation; auch dort erweist sich diese Nutation gleichbedeutend mit der kräftefreien Präcession des dem Einflufs der Schwere entzogenen Kreisels, nämlich unter den Bedingungen, durch welche wir die pseudoreguläre Präcession definierten, dafs 1) der Eigenimpuls sehr grofs sei (N^2 grofs gegen AP)

und daſs 2) die Figurenaxe stets in der Nähe der Impulsaxe liege, Bedingungen, welche im Falle der Erde erfüllt sind.

Die gestaltlichen und Massenverhältnisse unseres Kreisels werden durch Angabe der folgenden, nach Voraussetzung positiven Verhältniszahl

$$\varepsilon = \frac{C - A}{A}$$

gekennzeichnet, welche wir die „*Elliptizität*“ nennen. Aus der Elliptizität berechnet sich die numerische Excentrizität e der Meridiankurve unseres Ellipsoides nach der Formel $e = \sqrt{2\varepsilon/(1+\varepsilon)}$. Für ein beliebiges Ellipsoid gilt nämlich, daſs das Trägheitsmoment um eine beliebige Hauptaxe gleich dem fünften Teil der Masse multipliziert mit der Summe der Quadrate der beiden anderen Hauptaxen wird. Bezeichnet also b die in die Figurenaxe des Ellipsoides fallende kleine Hauptaxe, a die in die Äquatorebene fallende groſse Hauptaxe der Meridianellipse, so hat man

$$A = \frac{M}{5}(a^2 + b^2), \quad C = \frac{M}{5}(a^2 + a^2)$$

und daher

$$\varepsilon = \frac{a^2 - b^2}{a^2 + b^2},$$

während die Definition der numerischen Excentrizität bekanntlich lautet:

$$e^2 = \frac{a^2 - b^2}{a^2},$$

Hieraus folgt leicht der oben angegebene Zusammenhang zwischen e und ε.

Indem wir abermals an die Verhältnisse der Erde denken, *setzen wir ε als kleine Zahl voraus;* die Gestalt des Ellipsoides weicht dann wenig von der Kugelgestalt ab (Sphäroid). Unter dieser Annahme schreiben wir die näherungsweise Gleichung der Oberfläche des Ellipsoides an. Wird z nach der Figurenaxe, x und y nach zwei rechtwinkligen Axen der Äquatorebene gemessen, so haben wir zunächst ohne Vernachlässigung

$$\frac{z^2}{b^2} + \frac{x^2 + y^2}{a^2} = 1.$$

Wir transformieren diese Gleichung in zentrische Polarkoordinaten, indem wir mit r den Abstand eines Punktes der Oberfläche vom Mittelpunkt des Ellipsoides, mit Θ die Neigung des Radiusvektor r gegen die Äquatorebene bezeichnen. Wir haben dann

$$z^2 = r^2 \sin^2\Theta, \quad x^2 + y^2 = r^2\cos^2\Theta,$$

also zufolge der obigen Ellipsoidgleichung

$$\frac{1}{r^2} = \frac{1 - \cos^2\Theta}{b^2} + \frac{\cos^2\Theta}{a^2} = \frac{1}{b^2}(1 - e^2\cos^2\Theta)$$

und angenähert

(1) $$r = b\,(1 + \varepsilon \cos^2 \Theta).$$

Dies die ursprüngliche Kreiselgestalt. Wird nun der Kreisel in Rotation versetzt, so tritt eine Formänderung auf, die wir als klein voraussetzen können. Findet die Rotation gerade um die Figurenaxe statt, so wird das Ellipsoid noch etwas mehr abgeplattet: die Elliptizität ε wird um einen kleinen Betrag ε' vermehrt. Bei der Berechnung der hinzukommenden Elliptizität ε', die nach den Grundsätzen der Elastizitätstheorie zu erfolgen hat, wird man von der ursprünglich vorhandenen Elliptizität ε unbedenklich absehen, also die ursprüngliche Kreiselgestalt einfach als Kugel voraussetzen dürfen. Denn durch die kleine Abweichung ε von der Kugelgestalt wird die hinzukommende Elliptizität ε' nur in einer Gröfse zweiter Ordnung (von der Gröfsenordnung des Produktes $\varepsilon\varepsilon'$) beeinflufst. Man kann dabei die Frage aufwerfen, welchen Radius man der Kugel geben soll, durch welche man zum Zweck der Berechnung von ε' das ursprüngliche Ellipsoid mit den Hauptaxen a und b ersetzen will. Am nächsten liegt es, eine mittlere, zwischen a und b enthaltene Länge m als Radius zu wählen, die man so bestimmt, dafs der Inhalt der Kugel gleich dem Inhalt des ursprünglichen Ellipsoides wird. Diese Forderung führt auf die Bedingung

$$m^3 = a^2 b.$$

Setzt man für a den aus Gl. (1) mit $\Theta = 0$ folgenden Wert $a = b\,(1 + \varepsilon)$ ein, so wird

$$m^3 = b^3\,(1 + 2\varepsilon), \quad m = b\left(1 + \frac{2}{3}\,\varepsilon\right), \quad b = m\left(1 - \frac{2}{3}\,\varepsilon\right).$$

Die Gleichung des ursprünglichen Ellipsoides läfst sich daher folgendermafsen schreiben:

(2) $$r = m\left(1 + \varepsilon\,(\cos^2\Theta - \tfrac{2}{3})\right),$$

während die Gleichung desjenigen Ellipsoides, in welches die Kugel vom Radius m übergeht, die folgende sein wird

(2′) $$r = m\left(1 + \varepsilon'(\cos^2\Theta - \tfrac{2}{3})\right).$$

Durch Superposition der beiden geringen Abplattungen ε und ε' ergiebt sich als Gleichung unseres durch die Rotation deformierten Ellipsoides:

(3) $$r = m\left(1 + (\varepsilon + \varepsilon')\,(\cos^2\Theta - \tfrac{2}{3})\right).$$

Ähnlich können wir verfahren, wenn die Rotation um eine von der Figurenaxe abweichende Axe stattfindet. Der Winkel zwischen Figurenaxe und Rotationsaxe sei δ (vgl. Fig. 90 $\sphericalangle\, FOR$). Die nun entstehende Abplattung wird sich symmetrisch um die Rotationsaxe OR herum verteilen und kann wiederum so berechnet werden, als ob der Kreisel die ursprüngliche Form einer Kugel vom Radius m hätte. Die hinzukommende Elliptizität ε' hat dieselbe Gröſse wie vorher. Die Gleichung des aus der Kugel entstehenden Ellipsoides lautet

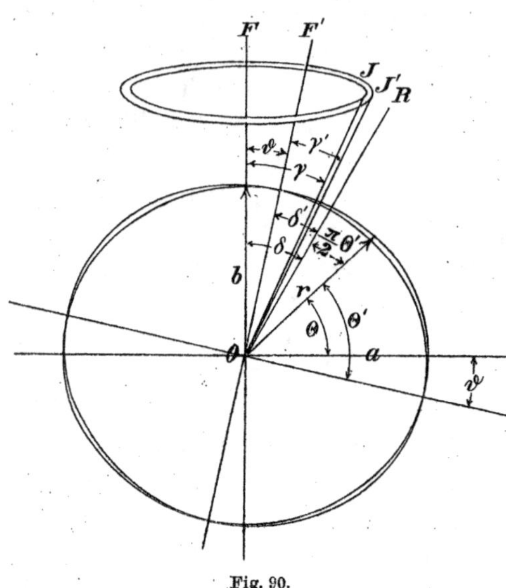

Fig. 90.

(4) $r = m\left(1 + \varepsilon'(\cos^2\Theta - \frac{2}{3})\right)$,

wo Θ' den Winkel des beliebigen Radiusvektors r gegen die zur Rotationsaxe senkrechte Ebene bedeutet. Wie man aus Fig. 90 erkennt, ist

$$\Theta' = \Theta + \delta.$$

Hiermit ist auch in genügender Näherung die Formänderung bestimmt, welche das ursprüngliche Ellipsoid (Gl. (2)) durch Rotation um die Axe OR erleidet. Die neue Form wird durch die Gleichung

$$(5) \qquad r = m\left(1 + \varepsilon \cos^2\Theta + \varepsilon' \cos^2(\Theta + \delta) - \frac{2}{3}(\varepsilon + \varepsilon')\right)$$

gegeben.

Dies ist mit derselben Annäherung die Gleichung eines abgeplatteten Ellipsoides, wie es die bisherigen Gleichungen (1) bis (4) waren. Die Figurenaxe des neuen Ellipsoides fällt aber nicht mehr mit der ursprünglichen Figurenaxe zusammen.

Zur Bestimmung der nunmehrigen Figurenaxe (und der zugehörigen Äquatorebene) haben wir die Gleichung

$$\frac{dr}{d\Theta} = 0,$$

das heiſst:

$$\varepsilon \cos\Theta \sin\Theta + \varepsilon' \cos(\Theta + \delta) \sin(\Theta + \delta) = 0.$$

Den Winkel δ werden wir als *kleinen* Winkel voraussetzen. Wir dürfen dann statt der obigen Gleichung schreiben:

$$\varepsilon \cos\Theta \sin\Theta + \varepsilon' \cos\Theta \sin\Theta + \varepsilon'\delta(\cos^2\Theta - \sin^2\Theta) = 0$$

oder

$$\operatorname{tg} 2\Theta = -\frac{2\varepsilon'\delta}{\varepsilon + \varepsilon'}.$$

Die rechte Seite ist wegen des Faktors δ klein; daher erhält man für Θ zwei Werte $-\vartheta$ und $\pi/2-\vartheta$, die sich wenig von Null und von $\pi/2$ unterscheiden. Der erste kommt einer der in der Äquatorebene gelegenen Hauptaxen, der letztere der neuen Figurenaxe zu. Der Winkel zwischen der ursprünglichen und der neuen Figurenaxe ($\sphericalangle FOF'$ in Fig. 90) beträgt ebenfalls ϑ und man hat hinreichend genau

$$\vartheta = \frac{\varepsilon'}{\varepsilon+\varepsilon'}\,\delta < \delta. \tag{6}$$

Das so gefundene Resultat ist sehr anschaulich:

Wäre das Material des Kreisels absolut starr, so würde die Massenverteilung nach wie vor symmetrisch um OF bleiben ($\vartheta = 0$); wäre es absolut nachgiebig (Flüssigkeit), so würde es sich symmetrisch um die Drehaxe OR herum gruppieren ($\vartheta = \delta$); bei jedem endlichen Grade von elastischer Widerstandsfähigkeit mufs sich ein mittlerer Zustand ausbilden, bei welcher eine zwischen OF und OR gelegene Axe Symmetrielinie der Massenverteilung wird ($\vartheta < \delta$).

Aus der nunmehr bekannten Gestalt des Kreisels wird es leicht sein, immer unter der Annahme homogener Massenverteilung, auf Trägheitsmomente und Elliptizität des deformierten Sphäroids zu schliefsen. Und zwar werden wir auf dieselbe Elliptizität geführt werden, gleichviel, ob die Rotation um die Figurenaxe OF oder um die davon abweichende Axe OR stattfindet, ob also die Oberfläche durch Gl. (3) oder durch Gl. (5) gegeben ist.

In der That erhalten wir als Hauptaxen des deformierten Ellipsoides

$$\begin{array}{lll} \text{aus Gl. (3) für } \Theta = 0 & : r = a' = m\left(1+\frac{1}{3}(\varepsilon+\varepsilon')\right), \\ \quad\text{,,} \qquad\quad \text{,,} \quad \Theta = \frac{\pi}{2} & : r = b' = m\left(1-\frac{2}{3}(\varepsilon+\varepsilon')\right), \\ \text{aus Gl. (5) für } \Theta = -\vartheta & : r = a' = m\left(1+\frac{1}{3}(\varepsilon+\varepsilon')\right), \\ \quad\text{,,} \qquad\quad \text{,,} \quad \Theta = \frac{\pi}{2}-\vartheta & : r = b' = m\left(1-\frac{2}{3}(\varepsilon+\varepsilon')\right), \end{array}$$

wobei wegen der Kleinheit von ϑ gesetzt wurde: $\cos^2\vartheta = 1$, $\sin^2\vartheta = 0$. *Beide Ellipsoide sind also in erster Näherung kongruent, sie unterscheiden sich nur durch ihre Lage, nicht durch ihre Gestalt.* Dementsprechend werden auch ihre Hauptträgheitsmomente A' und C' und ihre Elliptizität E die gleichen. Man findet aus den vorstehenden Werten von a' und b' unmittelbar:

$$\left\{\begin{array}{l} A' = \frac{M}{5}(a'^2+b'^2) = \frac{2M}{5}\left(1-\frac{1}{3}(\varepsilon+\varepsilon')\,\varepsilon\right), \\ C' = \frac{M}{5}(a'^2+a'^2) = \frac{2M}{5}\left(1+\frac{2}{3}(\varepsilon+\varepsilon')\right), \\ \mathsf{E} = \frac{C'-A'}{A'} = \varepsilon+\varepsilon'. \end{array}\right. \tag{7}$$

Wir sind jetzt in der Lage, die *Dauer einer freien Präcession des Kreisels* sowohl für ein starres, wie für ein durch die Rotation deformierbares Material zu berechnen. In ersterer Hinsicht könnten wir uns auf Rechnungen aus Kap. III, § 2 berufen. Nach Gl. (6') von pag. 151 ist die äquatoriale Komponente $p + iq$ des Drehungsvektors bei der regulären Präcession durch einen Exponentialausdruck gegeben, in dessen Exponenten it mit dem Faktor

$$\frac{C-A}{A} r_0$$

multipliziert erscheint. Dieser Faktor muſs daher gleich $2\pi/T$ sein, wenn T die Präcessionsdauer bezeichnet. Bedeutet andrerseits τ die Dauer einer Rotation des Kreisels, so ist der Rotationsvektor Ω gleich $2\pi/\tau$ und seine Komponente nach der Figurenaxe, die in der angezogenen Gleichung mit r_0 bezeichnet ist, gleich $\cos\delta \cdot 2\pi/\tau$, unter δ den in Fig. 90 so bezeichneten Winkel verstanden. Mithin hat man

$$\frac{2\pi}{T} = \frac{C-A}{A} \frac{2\pi}{\tau} \cos\delta$$

oder, da man $\cos\delta$ hinreichend genau gleich 1 setzen darf:

$$T = \frac{\tau}{\varepsilon}. \tag{8}$$

Lehrreicher und für das folgende nützlicher ist indessen der folgende Weg zur Ableitung der gleichen Formel. Nach unserer Auffassung der Eulerschen Differentialgleichungen sagen diese aus, daſs der Impulsvektor im Raum bei der kräftefreien Bewegung nach Richtung und Gröſse ungeändert bleibt, daſs dagegen relativ gegen den Kreisel die Fortschreitungsgeschwindigkeit des Impuls-Endpunktes nach Richtung und Gröſse gleich dem vektoriellen Produkt von Impuls- und Drehungsvektor (der sog. „resultierenden zentrifugalen Drehkraft") ist. Bedeutet also J den Vektor des Impulses, $|J|$ seine Länge, dJ seine augenblickliche Änderung relativ gegen den Kreisel und bildet derselbe mit der Figurenaxe den Winkel γ (vgl. Fig. 90), so hat man

$$\frac{dJ}{dt} = V(J, R) = |J|\,\Omega \sin(\delta - \gamma); \tag{9}$$

Ω ist die Länge des Rotationsvektors R und kann wie oben gleich $2\pi/\tau$ gesetzt werden. Der Impuls-Endpunkt beschreibt nun im Kreisel während eines Präcessionsumlaufes einen Kreis vom Radius $|J| \sin\gamma$ um die Figurenaxe. Hierzu gebraucht er vermöge des angegebenen Wertes seiner Fortschreitungsgeschwindigkeit die Zeit

$$T = \frac{2\pi |J| \sin\gamma}{|J|\,\Omega \sin(\delta-\gamma)} = \tau \frac{\sin\gamma}{\sin(\delta-\gamma)}$$

oder bei hinreichender Kleinheit des Winkels δ

$$T = \tau \frac{\gamma}{\delta - \gamma}. \tag{8'}$$

Diese Berechnung stimmt mit der in (8) gegebenen natürlich überein. Es ist nämlich $\operatorname{tg} \gamma$ gleich dem Verhältnis der äquatorialen Komponente des Impulses zu der nach der Figurenaxe genommenen und $\operatorname{tg} \delta$ gleich dem Verhältnis der entsprechenden Komponenten des Rotationsvektors. Da sich nun nach dem grundsätzlichen Zusammenhang zwischen Impuls- und Rotationsvektor entsprechende Komponenten beider Vektoren wie A bez. wie C verhalten, so ergiebt sich

$$\operatorname{tg} \gamma : \operatorname{tg} \delta = A : C$$

oder hinreichend genau

$$\gamma : \delta = A : C; \quad \frac{\gamma}{\delta - \gamma} = \frac{A}{C - A} = \frac{1}{\varepsilon}. \tag{10}$$

Die Überlegung, die zu Gl. (9) führte, läſst sich unmittelbar auf den elastisch deformierbaren Kreisel übertragen. Wir müssen dabei nur eine Voraussetzung ausdrücklich hervorheben: *Die Formänderung soll Zeit haben, sich vollständig in der oben beschriebenen Weise für jede Lage des Rotationsvektors auszubilden, bevor dieser Vektor seine Lage im Kreisel merklich verändert hat.* Diese Annahme ist in hohem Grade gerechtfertigt, da sich Spannungen und Formänderungen allgemein gesprochen mit der dem betr. Material eigentümlichen Schallgeschwindigkeit ausbreiten, während die beobachtbaren Bewegungserscheinungen (hier die Umlagerungen des Rotationsvektors) auſserordentlich viel langsamer erfolgen. Unter dieser Annahme werden wir sehen, daſs die allgemeine Bewegung auch des deformierbaren Kreisels als reguläre Präcession bezeichnet werden kann. Würde dagegen diese Annahme nicht zulässig sein, würde also die Abplattung nach Lage und Gröſse hinter der durch die jeweilige Lage der Rotationsaxe indizierten Abplattung zurückbleiben, so wäre die Bewegung viel komplizierter.

Wir unterscheiden die durch die jeweilige Rotation abgeänderte Symmetrielinie der Massenverteilung (OF' in Fig. 90) als *instantane Figurenaxe* von der *ursprünglichen* oder *mittleren Figurenaxe* OF. Die Bewegung des deformierbaren Kreisels wird nun in jedem Augenblicke dieselbe sein, wie die eines starren Kreisels mit der wechselnden Figurenaxe OF' und den abgeänderten Trägheitsmomenten A' und C'. Dementsprechend wird der Impuls-Endpunkt, dessen Fortschreitungsgeschwindigkeit gegen das Kreiselmaterial wieder durch das vektorielle Produkt aus Impulsvektor (J') und Rotationsvektor (R) gegeben ist, in jedem Augenblicke senkrecht gegen die durch die Vektoren J' und R gelegte Ebene fortschreiten. Jede Umlagerung von J' bringt aber eine Umlagerung von R mit sich, und zwar muſs nach dem allgemeinen Zusammenhange zwischen Impuls- und Drehungsvektor der Endpunkt von R parallel zu dem Impuls-Endpunkte fortschreiten. Jede Umlagerung des Rotationsvektors hat andrerseits eine Formänderung und eine neue Lage der instantanen Figurenaxe zur Folge. Da wir annehmen, daſs die Formänderung Zeit hat, sich vollständig auszubilden, liegt die instantane Figurenaxe dauernd in der durch OF und R bestimmten Ebene. In derselben Ebene liegt auch wegen des allgemeinen Zusammenhanges zwischen Impuls- und Rotationsvektor die Axe von J'. Die drei Axen OF', OJ' und OR liegen also in der gleichen Meridianebene durch OF, die sich um OF dreht. Da überdies die Winkelabstände der drei Axen erhalten bleiben, beschreibt jede derselben einen Kreiskegel und im besonderen der Impuls-Endpunkt J' einen Kreis um OF. Diese Bewegung hat durchaus den Charakter einer regulären Präcession, nur daſs auſser der Impuls- und der Rotationsaxe auch die instantane Figurenaxe im Körper fortschreitet. Wir berechnen jetzt die Präcessionsdauer T', indem wir wieder den Weg des Impuls-Endpunktes während eines Umlaufs durch seine Fortschreitungsgeschwindigkeit dividieren.

Der Weg beträgt jetzt $2\pi|J'|\sin(\vartheta+\gamma')$ (vgl. Fig. 90), die Fortschreitungsgeschwindigkeit ist

$$\frac{dJ'}{dt}=|J'|\,\Omega\sin(\delta'-\gamma'),$$

daher wird die Präcessionsdauer

$$T'=\frac{2\pi|J'|\sin(\vartheta+\gamma')}{|J'|\,\Omega\sin(\delta'-\gamma')}=\tau\,\frac{\sin(\vartheta+\gamma')}{\sin(\delta'-\gamma')}$$

oder hinreichend genau

$$T'=\tau\,\frac{\vartheta+\gamma'}{\delta'-\gamma'}. \tag{11}$$

Den hier auftretenden Winkelquotienten haben wir mit Rücksicht auf die Gl. (6) und (10) umzurechnen. Aus Gl. (6) folgt, da nach Fig. 90 $\delta=\vartheta+\delta'$ ist:

$$\vartheta=\frac{\varepsilon'}{\varepsilon+\varepsilon'}(\vartheta+\delta'),\qquad \vartheta=\frac{\varepsilon'}{\varepsilon}\,\delta'.$$

Gl. (10) lautet, für die deformierte Gestalt des Ellipsoides angeschrieben:

$$\gamma':\delta'=A':C'$$

und lehrt, daſs hinreichend genau gilt

$$\frac{\gamma'}{\delta'-\gamma'}=\frac{\delta'}{\delta'-\gamma'}=\frac{1}{\mathsf{E}}=\frac{1}{\varepsilon+\varepsilon'}.$$

Hiernach wird

$$\frac{\vartheta + \gamma'}{\delta' - \gamma'} = \frac{\varepsilon'}{\varepsilon}\,\frac{\delta'}{\delta' - \gamma'} + \frac{\gamma'}{\delta' - \gamma'} = \frac{1}{\varepsilon + \varepsilon'}\left(\frac{\varepsilon'}{\varepsilon} + 1\right) = \frac{1}{\varepsilon}\cdot$$

Unser obiges Resultat bezüglich der Präcessionsdauer T' (Gl. (11)) läſst sich daher schreiben:

$$T' = \frac{\tau}{\varepsilon}, \tag{12}$$

in welcher Form es mit der früheren Gleichung (8) zusammenfällt. In Worten heiſst dieses:

Die Präcessionsdauer eines Kreisels von deformierbarem Material und sphäroidischer Gestalt berechnet sich nicht aus der Elliptizität seiner deformierten Gestalt, (welche $\mathsf{E} = \varepsilon + \varepsilon'$ genannt wurde), *sondern aus der Elliptizität seiner ursprünglichen Form, die es vor der Rotation hatte und die es beim Erlöschen der Rotation wieder annehmen würde. Sie ist daher von der elastischen Nachgiebigkeit des Materials unabhängig und im besonderen gleich der Präcessionsdauer eines absolut starren Kreisels, dessen Elliptizität mit der ursprünglichen Elliptizität* ε *des deformierbaren Kreisels übereinstimmt.*

Wir werden im folgenden Kapitel bei den geophysikalischen Anwendungen auf diesen Satz zurückkommen und werden ihn zum Ausgangspunkt für die Darstellung der Polschwankungen und für die Erklärung der sog. Chandlerschen Periode nehmen. Eine Schwierigkeit hat die Übertragung der vorstehenden Resultate auf die Verhältnisse der Erde nur insofern, als 1) die Erde ihrer Massenverteilung nach kein homogenes Rotationsellipsoid ist, sondern nach der Mitte hin dichter als auf der Oberfläche ist, und ferner insofern als 2) bei einer Deformation der Erde neben den elastischen Kräften auch die Gravitationswirkungen der einzelnen Teile auf einander wesentlich in Betracht kommen. Der erstgenannte Umstand bringt es mit sich, daſs alle Zahlenangaben, die wir später zu machen haben werden, mit einer gewissen Unsicherheit behaftet sind, entsprechend der Unsicherheit in den Annahmen über die Massenverteilung im Erdinnern. Die an zweiter Stelle genannte Schwierigkeit ist dadurch zu heben, daſs wir die im Vorstehenden mit ε' bezeichnete Elliptizität bei der Erde als diejenige Elliptizität zu definieren haben werden, die eine Kugel von der Elastizität und der mittleren Dichte und Gröſse der Erde unter der *gemeinsamen* Wirkung der elastischen Kräfte und der Gravitationswirkungen annehmen würde, wenn sie mit der Geschwindigkeit der täglichen Erdumdrehung in Rotation versetzt wird.

Noch möge darauf hingewiesen werden, daſs die Voraussetzung eines nahezu kugelförmigen Kreisels, an der wir in diesem Paragraphen festgehalten haben, nicht allein im Interesse der Anwendung auf den Erdkörper geboten war. Man übersieht vielmehr leicht, daſs gerade eine sphäroidische Masse oder, allgemein gesprochen, eine Masse von sphäroidischem Trägheitsellipsoid in Hinsicht auf die deformierende Wirkung der Zentrifugalkräfte besonders empfindlich sein wird.

§ 9. Die Elastizität der Unterlage.

In höherem Grade wie die Elastizität des Kreiselmaterials dürfte bei den gewöhnlichen Versuchen die Elastizität der Unterlage den Charakter der Kreiselbewegung beeinflussen. Man bemerkt sehr häufig ein Mitschwingen der Unterlage (Tischplatte), das sich sowohl dem Ohre wie dem Tastsinn deutlich bemerkbar macht. Um die Schwingungen einer Tischplatte zu erzeugen und zu unterhalten, ist aber Energie erforderlich. Diese muſs auf Kosten der Bewegungsenergie des Kreisels bestritten werden und wird teils im Innern der Tischplatte durch innere Reibung etc. in Wärme verwandelt, teils wird sie nach auſsen hin zerstreut, indem sich die Schwingungen der Tischplatte auf entferntere Gegenstände (durch die Beine des Tisches auf den Fuſsboden etc.) je länger je mehr übertragen. Durch das Mitschwingen der Tischplatte wird also die Kreiselbewegung gedämpft. Von allen übrigen Energie verzehrenden Kräften (Reibung etc.) werden wir bei der folgenden Darstellung natürlich absehen. Über die Schwingungsform der Tischplatte wollen wir die Annahme machen, daſs es sich um transversale Plattenschwingungen handelt, bei denen etwa die Stützpunkte der Platte auf den Tischbeinen festbleiben und jeder Punkt der Platte in vertikaler Richtung auf und ab schwingt. An sich ist allerdings auch eine horizontale Schwingung der Platte als Ganzes möglich, wobei die Beine des Tisches wechselnde Verbiegungen erfahren würden. Wir wollen aber annehmen, daſs hauptsächlich die erstere Form der Schwingung durch unsern Kreisel ausgelöst wird, was mit den gewöhnlichen Verhältnissen des Experimentes in Einklang zu sein scheint.

Um das Problem mathematisch zugänglich zu machen, ersetzen wir in Gedanken die mitschwingende Tischplatte durch einen einzelnen Massenpunkt, welcher um seine natürliche Gleichgewichtslage O in vertikaler Richtung beweglich ist und nach dieser mittleren Lage durch eine seiner Entfernung von O proportionale Kraft zurückgezogen wird. Die Gröſse dieser Kraft sowie die Gröſse der Masse wäre durch Versuche an der Tischplatte folgendermaſsen festzustellen: Man messe die vertikale Ausbiegung ζ der Tischplatte an der Stelle des Auflagepunktes des Kreisels auf Grund einer Belastung K und berechne daraus, indem man Proportionalität zwischen Ausbiegung und Belastung voraussetzt, diejenige Kraft k, die zur Ausbiegung $\zeta = 1$ (etwa 1 cm) gehört. Ferner bestimme man die Dauer der freien Schwingungen τ der Tischplatte und berechne daraus die „reduzierte schwingende Masse" der Tischplatte $m = \frac{\tau^2 k}{4\pi^2}$. Diese reduzierte Masse ist zugleich die Masse unseres materiellen Punktes, den wir an Stelle der Unterlage substituieren; die Kraft, mit der er in seine mittlere Lage O zurückgezogen wird, ist $-k\zeta$. Für das Folgende ist es aber unerläſslich, auch die Dämpfung der Schwingungen der Tischplatte zu berücksichtigen, hervorgerufen teils durch Energieverwandlung im Innern der Platte, teils durch Energiezerstreuung nach auſsen, weil hiervon gerade der uns interessierende Verbrauch an Bewegungsenergie des Kreisels abhängt. Wir denken uns deshalb auch das logarithmische Dekrement der Schwingungen der Tischplatte bestimmt und nennen dasselbe $\frac{h\tau}{2m}$; darauf schreiben wir unserem Massenpunkte noch eine Kraft zu, die seiner Geschwindigkeit proportional und entgegengesetzt, nämlich gleich $-h\zeta'$ ist. Die freien Schwingungen unseres Massenpunktes werden alsdann in allen Stücken den freien Schwingungen der Tischplatte ähnlich. Sie sind durch die einfache Gleichung bestimmt:

$$(1) \qquad m\zeta'' + h\zeta' + k\zeta = 0.$$

Wie aus der Einführung der Gröſsen m, h, k hervorgeht, entspricht allgemein zu reden das erste Glied dieser Differentialgleichung der Trägheit, das zweite der Dämpfung, das dritte der Elastizität der Tischplatte. Wollen wir ein schematisches Bild unseres für die Tischplatte substituierten Massenpunktes haben, so können wir uns etwa folgende Vorrichtung denken: Eine massenlose Spiralfeder von vertikaler Axe ist am unteren Ende auf einer unnachgiebigen Unterlage befestigt und trägt am oberen Ende den Massenpunkt m. Die Feder ist durch eine Führungshülse an seitlichen Ausbiegungen behindert, kann aber in vertikaler Richtung verlängert oder zusammengedrückt werden. Der Verlängerung oder Zusammendrückung 1 widerstrebt sie dabei mit der Kraft $\mp k$; auſserdem wirkt im Innern der Feder oder an der Führungshülse ein der Geschwindigkeit proportionaler Widerstand, welcher bei der Geschwindigkeit 1 die Gröſse $-h$ hat. Der am oberen Ende der Feder befestigte Massenpunkt m dient seinerseits dem unteren Ende der Kreiselaxe als Stütze.

Unter dem Einfluſs der Kreiselbewegung kommen indessen nicht die durch die vorstehende Differentialgleichung beschriebenen freien Schwingungen unseres Massenpunktes (Tischplatte) sondern gewisse erzwungene Schwingungen zustande. Bedeutet R die Reaktion oder den Druck des in Bewegung befindlichen Kreisels auf die Unterlage in vertikaler Richtung, so gilt für diese erzwungene Schwingung ersichtlich

$$(1') \qquad m\zeta'' + h\zeta' + k\zeta = R.$$

Die Gröſse von R folgt aus den allgemeinen Impulssätzen, hier aus dem Satz für die vertikale Schwerpunktsgeschwindigkeit des Kreisels. Bedeutet z die vertikale Koordinate des Schwerpunktes, von dem im Raume festen Punkt O aus gezählt, so wird die Vertikalkomponente des Einzelimpulses (Schiebeimpulses) Mz'; ihre Änderungsgeschwindigkeit ist gleich der Summe der in vertikaler Richtung auf den Kreisel wirkenden äuſseren Kräften, d. h. der Schwere $-Mg$, wenn M die Kreiselmasse ist, und dem Gegendrucke der Unterlage gegen den Kreisel $-R$. Man hat daher die Gleichung:

$$\frac{d}{dt} Mz' = -Mg - R$$

oder

$$(2) \qquad R = -M(g + z'')$$

ähnlich wie in dem Anhange zu Kap. VI Gl. (3) pag. 515. Aus Gl. (1') wird daher

$$(3) \qquad m\zeta'' + h\zeta' + k\zeta + Mz'' + Mg = 0.$$

Wir unterscheiden des weiteren zwischen dem im Raume festen Punkt O (der natürlichen Lage unseres Massenpunktes m) und dem beweglichen Punkte P (seiner augenblicklichen Lage zur Zeit t, die mit dem augenblicklichen Auflagepunkte des Kreisels auf der Unterlage zusammenfällt), wobei OP gleich ζ ist. Von P läuft die Figurenaxe, die Knotenlinie etc. aus; in Bezug auf diesen Punkt werden wir die Eulerschen Winkel φ, ψ, ϑ zählen. Die vertikale Schwerpunktskoordinate z wird, wenn E den Abstand PS des Schwerpunktes vom Auflagepunkte bedeutet,

$$(4) \qquad z = \zeta + E\cos\vartheta$$

zu setzen sein. Gl. (3) kann daher auch so geschrieben werden:

$$(5) \qquad (m + M)\,\zeta'' + h\zeta' + k\zeta + ME\frac{d^2}{dt^2}\cos\vartheta + Mg = 0.$$

Man erkennt aus dieser Gleichung, wie durch Vermittelung der Reaktion R die Bewegung des Kreisels mit der Bewegung unseres Massenpunktes m „verkoppelt“ ist.

Um die vollständigen Bewegungsgleichungen des Problems zu erhalten, haben wir nunmehr die Drehung des Kreisels um den (selbst vertikal beweglichen) Auflagepunkt P zu betrachten. Als äuſsere Kraft kommt hierbei nur die Schwere in Betracht, die um die Knotenlinie das Moment $MgE\sin\vartheta$ giebt, da die Reaktion R mit Bezug auf P das Moment 0 hat. Hiernach bemißt sich die Änderung des Drehimpulses. Die Berechnung der Komponenten des letzteren geschieht nach der Regel der Lagrangeschen Gleichungen: Man bilde den Ausdruck der lebendigen Kraft und bestimme aus diesem die Impulskoordinaten durch Differentiation nach den Geschwindigkeitskoordinaten.

Der Ausdruck der lebendigen Kraft ist, da P beweglich ist, von dem üblichen verschieden. Wir legen zu dem im festen Punkte O konstruierten Koordinatensystem xyz ein paralleles $x_1 y_1 z_1$ durch den Punkt P. Dann gilt für die Koordinaten irgend eines Massenteilchens Δm des Kreisels

$$x = x_1, \quad y = y_1, \quad z = z_1 + \zeta,$$

mithin

$$\frac{\Delta m}{2}(x'^2 + y'^2 + z'^2) = \frac{\Delta m}{2}(x_1'^2 + y_1'^2 + z_1'^2) + \frac{\Delta m}{2}\zeta'^2 + \Delta m z_1' \zeta'.$$

Summiert man über die ganze Masse des Kreisels, so darf man ζ' vor das Summenzeichen ziehen. Man erhält so

$$T = T_1 + \frac{M}{2}\zeta'^2 + \zeta' \sum \Delta m z_1'.$$

Hier ist T_1 die lebendige Kraft des Kreisels bei ruhendem Auflagepunkte, also wie früher

$$T_1 = \frac{A}{2}(\vartheta'^2 + \psi'^2 \sin^2\vartheta) + \frac{C}{2}(\varphi' + \psi' \cos\vartheta)^2.$$

Ferner bedeutet $\sum \Delta m z_1$ die vertikale Schwerpunktskoordinate in dem System $x_1 y_1 z_1$, multipliziert in die Gesamtmasse des Kreisels; man hat also ähnlich wie in Gl. (4):

$$\sum \Delta m z_1 = ME \cos\vartheta, \quad \sum \Delta m z_1' = ME \frac{d}{dt}\cos\vartheta.$$

Mithin wird der Ausdruck der lebendigen Kraft:

$$T = \frac{A}{2}(\vartheta'^2 + \sin^2\vartheta \psi'^2) + \frac{C}{2}(\varphi' + \cos\vartheta \psi')^2 + \frac{M}{2}\zeta'^2 - ME\zeta'\vartheta' \sin\vartheta. \tag{6}$$

Bezeichnet man jetzt die drei Impulskomponenten nach den Koordinaten φ, ψ und ϑ bezw. mit N, n und $[\Theta]$, so findet man

$$N = \frac{\partial T}{\partial \varphi'} = C(\varphi' + \cos\vartheta \psi'), \quad n = \frac{\partial T}{\partial \psi'} = A \sin^2\vartheta \psi' + \cos\vartheta N,$$

$$[\Theta] = \frac{\partial T}{\partial \vartheta'} = A\vartheta' - ME\zeta' \sin\vartheta.$$

Die beiden ersten Impulskomponenten haben dieselben Werte wie bei festem Stützpunkte. Setzt man für diese die Lagrangeschen Gleichungen in der Form:

$$\frac{d}{dt}\frac{\partial T}{\partial \varphi'} - \frac{\partial T}{\partial \varphi} = 0 \text{ etc.}$$

an, so findet man wie früher

$$N = \text{const.}, \quad n = \text{const.}$$

Dagegen lautet die dritte Lagrangesche Gleichung, nach dem Schema:

$$\frac{d}{dt}\frac{\partial T}{\partial \vartheta'} - \frac{\partial T}{\partial \vartheta} = MgE \sin\vartheta$$

gebildet, jetzt folgendermaſsen:

$$A\vartheta'' - ME\zeta'' \sin\vartheta - ME\zeta'\vartheta' \cos\vartheta - \frac{\partial T_1}{\partial \vartheta} + ME\zeta'\vartheta' \cos\vartheta$$
$$= MgE \sin\vartheta.$$

Der Wert von $\partial T_1/\partial\vartheta$ wurde z. B. in § 4 dieses Kapitels Gl. (4) in eine bequeme Form umgerechnet. Setzt man ihn in die vorige Gleichung ein, streicht die zwei gleichen Glieder der linken Seite gegen einander fort und dividiert durch $\sin\vartheta$, so ergiebt sich:

$$(8) \qquad \frac{A\vartheta''}{\sin\vartheta} + \frac{(N - n\cos\vartheta)(n - N\cos\vartheta)}{A\sin^4\vartheta} = ME(g + \zeta'').$$

Die Wirkung der Beweglichkeit des Stützpunktes oder, wie wir sagen können, seiner „Koppelung" mit der nachgiebigen Unterlage, besteht hiernach einfach darin, daſs zu der Fallbeschleunigung g auf der rechten Seite unserer Gleichung die Beschleunigung des Auflagepunktes hinzukommt. Die Bewegung um den vertikal veränderlichen Stützpunkt verläuft also ebenso, wie die Bewegung bei festem Stützpunkte, wenn man sich im letzteren Falle am Schwerpunkt auſser der Schwerkraft Mg noch die veränderliche Kraft $M\zeta''$ angebracht denkt. Indem wir diesen Gedanken etwas weiter ausspinnen und gewissermaſsen umkehren, können wir sagen: Die Bewegung des schweren Kreisels um einen festen Stützpunkt verläuft ebenso, wie die Bewegung eines der Schwere nicht unterworfenen Körpers, dessen Stützpunkt mit der konstanten Beschleunigung g in gerader Linie fortgeführt wird.

Jedenfalls enthält Gl. (8) zusammen mit Gl. (5) die vollständige analytische Formulierung unseres Problems und liefert über die gegenseitige Verkettung der beiden bewegten Systeme, Unterlage und Kreisel, den erforderlichen Aufschluſs. Bemerken wir noch: unser Problem hatte ursprünglich vier Grade der Freiheit, entsprechend den vier Lagenkoordinaten ζ, φ, ψ, ϑ. Durch die beiden Impulsgleichungen $n = \text{const.}$, $N = \text{const.}$ sind zwei Freiheitsgrade gewissermaſsen eliminiert, so daſs wir nur mehr zwei Unbekannte ϑ und ζ und zwei Bewegungsgleichungen (5) und (8) übrig behalten.

Übrigens hätten wir auch die Gl. (5) nach dem Schema der Lagrangeschen Gleichungen bilden können, wenn wir von der vollständigen lebendigen Kraft unseres gekoppelten Systems $T^* = T + \frac{m}{2}\zeta'^2$ ausgegangen wären und dementsprechend die folgende Lagrangesche Gleichung gebildet hätten:

$$\frac{d}{dt}\frac{\partial T^*}{\partial \zeta'} - \frac{\partial T^*}{\partial \zeta} = K_\zeta.$$

Hierin setzt sich die auf die ζ-Koordinate wirkende äufsere Kraft K_ζ aus den drei Teilen: $-k\zeta$, $-h\zeta'$, $-Mg$ zusammen. Man erhält so:

$$\frac{d}{dt}(M\zeta' - ME\vartheta' \sin\vartheta + m\zeta') = -h\zeta' - k\zeta - Mg,$$

was ersichtlich mit (5) übereinstimmt.

Es kommt nun darauf an, aus den Gleichungen (5) und (8) weitere Schlüsse zu ziehen. Hierbei werden wir uns von der Annahme leiten lassen, dafs es sich um *kleine* Schwingungen handelt. Dies lehrt, was die Unterlage betrifft, in allen Fällen der Augenschein; was die Kreiselbewegung betrifft, bedeutet unsere Annahme, dafs wir uns auf Bewegungen vom Charakter der pseudoregulären Präcession beschränken wollen. Es sind hiernach ζ und ϑ dauernd von gewissen mittleren Werten ζ_0 und ϑ_0 wenig verschieden, so dafs die Differenzen

$$\mathsf{Z} = \zeta - \zeta_0, \quad \Theta = \vartheta - \vartheta_0$$

als kleine Gröfsen behandelt werden können. Ob das Gleiche für die Differentialquotienten

$$\mathsf{Z}' = \zeta', \ \Theta' = \vartheta', \ \mathsf{Z}'', \ \Theta''$$

gilt, lassen wir dahingestellt, da bei raschen Schwingungen (und um solche wird es sich handeln) die Differentialquotienten von höherer Gröfsenordnung wie Z und Θ selbst sein könnten.

Bestimmen wir zunächst die schon genannten Mittelwerte ζ_0 und ϑ_0 passend. Diese seien gleich den möglichen stationären Werten unserer beiden Koordinaten, also gleich denjenigen Werten, die mit der Annahme

$$\zeta' = \zeta'' = \vartheta' = \vartheta'' = 0$$

nach unsern Gleichungen verträglich sind. Nach Gl. (5) und (8) ergiebt sich

$$k\zeta_0 + Mg = 0, \tag{9}$$

$$(N - n\cos\vartheta_0)(n - N\cos\vartheta_0) = AP\sin^4\vartheta_0; \tag{10}$$

ζ_0 bedeutet, wie man hiernach sieht, die dauernde Einsenkung der Unterlage unter dem Einflufs des Kreiselgewichtes Mg und der elastischen Widerstandsfähigkeit k der Unterlage. Andrerseits ist ϑ_0 diejenige Neigung der Figurenaxe, unter welcher bei gegebenem N, n und $P = MgE$ eine genaue reguläre Präcession möglich ist. Um ϑ_0 näher angeben zu können, dividieren wir (10) durch N^2 und berücksichtigen, daſs bei der pseudoregulären Präcession $\frac{AP}{N^2}$ klein ist, sowie daſs der Impuls nahezu in die Richtung der Figurenaxe fällt. Von den beiden Faktoren linkerhand

$$1 - \frac{n}{N}\cos\vartheta_0, \quad \frac{n}{N} - \cos\vartheta_0$$

muſs daher einer, nämlich der letztere, klein sein; wir setzen ihn gleich ε, finden näherungsweise für den ersten Faktor

$$1 - \frac{n}{N}\cos\vartheta_0 = \sin^2\vartheta_0 = 1 - \frac{n^2}{N^2}$$

und berechnen nach (10)

$$(11)\quad \varepsilon = \frac{AP}{N^2}\sin^2\vartheta_0 = \frac{AP}{N^2}\left(1 - \frac{n^2}{N^2}\right), \quad \cos\vartheta_0 = \frac{n}{N} - \frac{AP}{N^2}\left(1 - \frac{n^2}{N^2}\right).$$

Diese und nur diese Neigung der Kreiselaxe ist bei einem nahezu in die Figurenaxe fallenden Impuls verträglich sowohl mit einer völligen Ruhe der Unterlage wie mit völliger Schwankungslosigkeit der Figurenaxe.

Nach Einführung der neuen Variabeln Z und Θ vereinfachen sich die Gleichungen (5) und (8) bei Vernachlässigung einiger offenbar relativ kleiner Glieder wie folgt:

$$(12)\quad (m + M)Z'' + hZ' + kZ = ME(\cos\vartheta_0\Theta'^2 + \sin\vartheta_0\Theta'').$$

$$(13)\quad \frac{A\Theta''}{\sin\vartheta_0} + \Theta\frac{\partial}{\partial\vartheta_0}\frac{(n - N\cos\vartheta_0)(N - n\cos\vartheta_0)}{A\sin^4\vartheta_0} = MEZ''.$$

Hier ist noch der Faktor von Θ in (13) auszuführen. Da der zu differentiierende Ausdruck nach (10) gleich P ist, kann man unter Anwendung der Regel des logarithmischen Differentiierens schreiben:

$$\frac{\partial}{\partial\vartheta_0}\frac{(n - N\cos\vartheta_0)(N - n\cos\vartheta_0)}{A\sin^4\vartheta_0} = P\left\{\frac{N\sin\vartheta_0}{n - N\cos\vartheta_0} + \frac{n\sin\vartheta_0}{N - n\cos\vartheta_0} - \frac{4\cos\vartheta_0}{\sin\vartheta_0}\right\}.$$

Hier ist der erste Summand in der { } der rechten Seite das Wesentliche. Derselbe ist nämlich nach (11) gleich

$$\frac{\sin\vartheta_0}{\frac{n}{N} - \cos\vartheta_0} = \frac{\sin\vartheta_0}{\varepsilon} = \frac{N^2}{AP\sin\vartheta_0},$$

während die beiden übrigen Summanden, die zusammen näherungsweise $-3\cos\vartheta_0/\sin\vartheta_0$ geben, dagegen vernachlässigt werden können. Man kann daher Gl. (13) mit hinreichender Genauigkeit so schreiben:

$$(14)\quad \Theta'' + \frac{N^2}{A^2}\Theta = \frac{ME}{A}\sin\vartheta_0 Z''.$$

Dies ist eine *lineare Differentialgleichung mit konstanten Koeffizienten* zwischen den beiden Unbekannten Θ und Z. Gl. (12) ist dagegen wegen des Gliedes Θ'^2 auf der rechten Seite *nicht linear.* Die mathematische Behandlung nicht linearer Gleichungen stöfst aber auf grofse Schwierigkeiten; es ist daher wünschenswert nachzuweisen, dafs wir jenes Glied näherungsweise streichen können.

Betrachten wir zunächst unsere Gleichungen (12) und (14) unter der Annahme, dafs die Unterlage völlig unnachgiebig sei ($k = \infty$, $\mathsf{Z} = \mathsf{Z}' = \mathsf{Z}'' = 0$, $k\mathsf{Z}$ unbestimmt). Dann geht Gl. (14) über in

$$\Theta'' + \frac{N^2}{A^2}\,\Theta = 0$$

und integriert sich durch $\Theta = \frac{a \sin}{b \cos}\left\{\frac{N}{A}\,t\right\}$, so dafs die Periode der Schwankungen der Kreiselaxe gleich $2\pi\,\frac{A}{N}$, also bei grofsem N klein wird. (Man vgl. hierzu Kapitel V § 2, Gl. (15), wo dieselbe Periode gefunden wurde.) Gl. (12) wird in diesem Falle nichtssagend, da wie bemerkt $k\mathsf{Z}$ unbestimmt wird; in der That ist jene Gleichung alsdann bei der Bestimmung der Bewegung entbehrlich.

Annähernd wird nun auch bei etwas nachgiebiger Unterlage die Periode und die Form der Schwankung der Kreiselaxe dieselbe sein, wie bei völlig starrer. Jedenfalls werden wir, um die Gröfsenordnung von Θ'^2 und Θ'' in Gl. (12) abzuschätzen, den Wert von Θ bei starrer Unterlage zu Grunde legen können. Dann erkennen wir: Wir dürfen nicht behaupten, dafs wenn Θ klein ist, d. h. wenn die Schwingungsamplituden a und b kleine Zahlen sind, auch Θ' oder gar Θ'' klein seien, weil bei der Differentiation der grofse Faktor N/A bezw. N^2/A^2 hinzutritt. Wohl aber dürfen wir behaupten, dafs Θ'^2 *klein ist gegen* Θ'', da sich die Sinus- oder Cosinusbestandteile beider im Mittel verhalten wie $a^2 : a$ oder wie $b^2 : b$. Während also das Glied Θ'^2 absolut genommen grofs sein kann, so ist es doch relativ gegen das Glied mit Θ'' belanglos. Wir schliefsen daraus, dafs sein Einflufs auf den Verlauf der Bewegung klein ist und halten uns dementsprechend für berechtigt, dasselbe in Gl. (12) zu streichen.

Dem Folgenden dürfen wir jetzt die zwei linearen Differentialgleichungen

$$(15)\qquad \left\{\begin{aligned}(M+m)\,\mathsf{Z}'' + h\mathsf{Z}' + k\mathsf{Z} &= ME \sin\vartheta_0\,\Theta''\\ \Theta'' + \frac{N^2}{A^2}\,\Theta &= \frac{ME\sin\vartheta_0}{A}\,\mathsf{Z}''\end{aligned}\right.$$

zu Grunde legen. Ihre Diskussion geschieht nach bekannten Regeln, die bei der Methode der kleinen Schwingungen (vgl. Kap. V, § 8) ständig angewandt werden.

Man setze

$$Z = Ce^{\lambda t}, \quad \Theta = Be^{\lambda t} \tag{16}$$

und bestimme das Verhältnis der beiden Schwingungsamplituden C und B, sowie die Schwingungsfrequenz λ durch Eintragen der vorstehenden Werte in die Gl. (15). Dabei ist es noch nötig, um vergleichbare, d. h. gleichbenannte Amplituden in der Rechnung zu haben, von der Amplitude des Winkels Θ etwa zu der Amplitude des Schwerpunktsausschlages oder, was noch bequemer sein wird, zu der Vertikalprojektion dieser Amplitude überzugehen. Wenn B die Amplitude von Θ, ist die Amplitude der Schwerpunktsbewegung $E \cdot B$ und die vertikale Projektion derselben $E \sin \vartheta_0 B$. Diese setzen wir gleich

$$D = E \sin \vartheta_0 B. \tag{17}$$

Die Gleichungen (15) lauten nun, nach Eintragen der Werte (16) und (17):

$$\begin{cases} (\lambda^2 + h'\lambda + k')\, C = \mu \lambda^2 D, \\ \left(\lambda^2 + \frac{N^2}{A^2}\right) D = \nu \lambda^2 C; \end{cases} \tag{18}$$

hierbei wurden die Abkürzungen benutzt:

$$h' = \frac{h}{M+m}, \quad k' = \frac{k}{M+m}, \quad \mu = \frac{M}{M+m}, \quad \nu = \frac{ME^2 \sin^2 \vartheta_0}{A}. \tag{19}$$

Man bemerke hierbei, daſs ν ebenso wie μ eine reine Zahl und zwar ein echter Bruch ist. In der That wird nach einem bekannten Satz über Trägheitsmomente das Trägheitsmoment A für den Stützpunkt gleich dem entsprechenden Trägheitsmoment für den Schwerpunkt vermehrt um ME^2; mithin ist $ME^2 < A$ und daher $\nu < 1$.

Aus den Gl. (18) folgert man:

$$\frac{C}{D} = \frac{\mu \lambda^2}{\lambda^2 + h'\lambda + k'} = \frac{1}{\nu \lambda^2}\left(\lambda^2 + \frac{N^2}{A^2}\right). \tag{20}$$

Die beiden letzten Glieder dieser Gleichung liefern die Bestimmung von λ; λ berechnet sich als *Wurzel der Gleichung vierten Grades*,

$$\mu \nu \lambda^4 = \left(\lambda^2 + \frac{N^2}{A^2}\right)(\lambda^2 + h'\lambda + k'), \tag{21}$$

so daſs man vier mögliche Werte von λ zur Verfügung hat, die wir $\lambda_1 \ldots \lambda_4$ nennen und von denen je zwei konjugiert imaginär sein werden.

Bei der Diskussion der Wurzeln gehen wir von der naturgemäſsen Annahme aus, daſs die Unterlage ziemlich unnachgiebig sei (k nicht mehr ∞, aber k' recht groſs, im Besonderen groſs gegen N^2/A^2). Dann ist nach Gl. (21) notwendig *entweder* $\lambda^2 + \frac{N^2}{A^2} \cdots$ sehr klein

oder $\lambda \cdots$ sehr grofs

Indem wir zunächst die erste Möglichkeit betrachten, setzen wir $\lambda^2 + N^2/A^2 = \varepsilon$, berechnen unter Vernachlässigung höherer Potenzen von ε zunächst den Wert von ε und bestimmen daraus zwei Wurzeln unserer Gleichung, deren Näherungswerte wir λ_1 und λ_2 nennen. Wir finden:

$$\varepsilon = \lambda^2 + \frac{N^2}{A^2} = \frac{\mu\nu\frac{N^4}{A^4}}{k' - \frac{N^2}{A^2} \pm ih'\frac{N}{A}},$$

oder, da k' grofs gegen N^2/A^2, die rechte Seite also klein ist:

$$\left.\begin{matrix}\lambda_1\\ \lambda_2\end{matrix}\right\} = \pm i\frac{N}{A}\left(1 - \frac{1}{2}\frac{\mu\nu}{Q}\frac{N^2}{A^2}\left\{k' - \frac{N^2}{A^2} \mp ih'\frac{N}{A}\right\}\right) \tag{22}$$

mit der Abkürzung

$$Q = \left(k' - \frac{N^2}{A^2}\right)^2 + h'^2\frac{N^2}{A^2}.$$

Die beiden andern Wurzeln unserer Gleichung finden wir durch Verfolgen der Annahme: λ sehr grofs. Wir setzen etwa $1/\lambda = \varepsilon'$ und vernachlässigen ε'^3, ε'^4. Für ε' ergiebt sich aus (21) mit Rücksicht darauf, dafs k' grofs gegen N^2/A^2 sein sollte, die quadratische Gleichung:

$$1 - \mu\nu + h'\varepsilon' + k'\varepsilon'^2 = 0;$$

ihre Lösung ist:

$$\varepsilon' = -\frac{h'}{2k'} \pm i\sqrt{\frac{1-\mu\nu}{k'} - \frac{h'^2}{4k'^2}}.$$

Hieraus ergeben sich die beiden folgenden Wurzelwerte:

$$\left.\begin{matrix}\lambda_3\\ \lambda_4\end{matrix}\right\} = \frac{-h' \mp i\sqrt{4(1-\mu\nu)k' - h'^2}}{2(1-\mu\nu)}. \tag{23}$$

Das Wurzelpaar (λ_1, λ_2) läfst sich mit dem wenig verschiedenen Wertepaar $\pm iN/A$ in Vergleich setzen, welches (s. pag. 615) den Schwingungen der Kreiselaxe bei völlig unnachgiebiger Unterlage entspricht. Es unterscheidet sich von diesem namentlich durch den reellen Bestandteil

$$-\frac{1}{2}\frac{\mu\nu}{Q}\frac{N^4}{A^4}h',$$

der als Folge der dämpfenden Wirkung der Unterlage anzusehen ist. Daneben ist auch der imaginäre Teil durch das Mitschwingen der Unterlage etwas modifiziert. Andrerseits können wir das Wurzelpaar (λ_3, λ_4) mit denjenigen Wurzelwerten vergleichen, welche den

Schwingungen der Unterlage bei Abwesenheit des Kreisels nach Gl. (1) zukommen. Man erkennt auch hier eine Rückwirkung des Kreisels auf die Schwingungen der Unterlage, eine Rückwirkung, die sich übrigens, wie man leicht sieht, am einfachsten als eine scheinbare Vermehrung der Masse m des ursprünglichen schwingenden Systems auffassen läſst.

Von hier aus können wir hinsichtlich des Charakters der eintretenden Bewegung folgendes schlieſsen: Jedenfalls müssen sich die Schwingungen sowohl der Kreiselaxe wie der Unterlage aus Gliedern von der Form

$$e^{\lambda_1 t}, \quad e^{\lambda_2 t}, \quad e^{\lambda_3 t}, \quad e^{\lambda_4 t}$$

additiv mit konstanten Koeffizienten C_i und D_i, deren Verhältnis durch Gl. (20) vorausbestimmt ist, zusammensetzen. Dabei werden sich die konjugierten Exponentialgröſsen paarweise zu trigonometrischen Funktionen vereinigen und zusammen je eine Schwingungszahl und einen Dämpfungsfaktor definieren. Insbesondere bestand die Schwingung der Kreiselaxe, wenn wir von der Einwirkung der Unterlage absehen, aus ungedämpften, rein periodischen Schwingungen von der Schwingungszahl $N/2\pi A$. *Durch die Mitwirkung der Unterlage wird diese Schwingungszahl etwas abgeändert, die Schwingung wird überdies gedämpft, so daſs sie allmählich absterben muſs; dann aber überlagern sich den genannten noch andere gedämpfte Schwingungen, die unter Voraussetzung einer ziemlich unnachgiebigen Unterlage* ($k' > N^2/A^2$) *wesentlich höhere Schwingungszahl haben.* Andrerseits sind, solange wir von der anregenden Wirkung des Kreisels auf die Unterlage absehen, die natürlichen Schwingungen der Unterlage gedämpfte Schwingungen von sehr groſser Schwingungszahl. *Durch die Mitwirkung des Kreisels wird ihre Schwingungszahl sowie ihre Dämpfung ebenfalls etwas abgeändert und es überlagern sich diesen Schwingungen noch Vibrationen von geringerer Schwingungszahl, deren Periode in der Nähe der natürlichen Schwingungsperiode der Kreiselaxe liegt.*

Es ist leicht einzusehen, daſs die langsamere der beiden Schwingungen, die der Eigenschwingung der Kreiselaxe naheliegt, in der Bewegung des Kreisels deutlicher zum Ausdruck kommen wird, wie in der Bewegung der Unterlage und daſs umgekehrt die schnellere Schwingung, die wir mit der Eigenschwingung der Unterlage verglichen hatten, in den Schwankungen der Unterlage stärker ausgeprägt sein wird, wie in denen des Kreisels. In der That zeigt Gl. (20), daſs für unser erstes Wurzelpaar $\lambda = \lambda_1$ oder $\lambda = \lambda_2$, für welches $\lambda^2 + N^2/A^2$ klein ist, auch C klein gegen D ist; daſs dagegen für das zweite Paar $\lambda = \lambda_3$ oder $\lambda = \lambda_4$, für welches $\lambda^2 + h'\lambda + k'$, wie man leicht nachrechnet, gleich $\mu\nu\lambda^2$ ist, C gleich D/ν wird, also gröſser als D sein muſs. *Jedes unserer beiden Systeme, Kreisel und Unterlage, schwingt in derjenigen Periode stärker, die ihm die natürlichere ist.*

In der Beobachtung macht sich namentlich der Umstand geltend, daſs die Schwingungen des mit der Unterlage gekoppelten Kreisels gedämpfte Schwingungen sind. Er zeigt sich darin, daſs die kleinen Schwankungen der pseudoregulären Präcession bald absterben und daſs die stationäre Bewegung der reinen regulären Präcession ($Z = 0$, $\Theta = 0$ oder in unseren früheren Koordinaten geschrieben $\zeta = \zeta_0$, $\vartheta = \vartheta_0$) als Endzustand angestrebt wird. Wir sahen übrigens früher, daſs auch andere dissipative Einflüsse (Reibung im Stützpunkte) in ähnlicher Weise auf eine Abnahme der Nutationen und auf eine Vereinfachung des Bewegungsvorganges hinwirkten. Jedenfalls aber kommt dem Mitschwingen der Unterlage in dem nunmehr erläuterten Sinne bei dieser Erscheinung eine wesentliche Rolle zu.

§ 10. **Anhang. Einfluſs der Reibung auf den in der Horizontalebene spielenden Kreisel.**

In dem Anhange zum vorigen Kapitel haben wir die Bewegung des auf der Horizontalebene frei beweglichen Kreisels unter Absehung von der Reibung behandelt. Indessen muſsten wir zum Schluſs jenes Anhanges darauf hinweisen, daſs die wirklich zu beobachtenden Bewegungen mit der dort gefundenen nur eine entfernte Ähnlichkeit haben. Der Grund liegt natürlich darin, daſs die Reibung, die wir dort vernachlässigt hatten, nicht eigentlich eine sekundäre korrigierende Bedeutung hat, sondern daſs sie, man mag die Unterlage noch so glatt herstellen wie man wolle (Spiegelglasscheibe), für den Charakter der Bahnkurve in erster Linie maſsgebend ist.

Da sich nun die Bahnkurve des horizontal beweglichen Kreisels besonders gut beobachten läſst (s. u.), da sie ferner wegen ihrer gesetzmäſsigen und schönen Gestalt ein besonderes Interesse beanspruchen darf, so müssen wir wünschen, unsere früheren Betrachtungen durch Berücksichtigung der Reibung soweit zu vervollständigen, daſs sie zur allgemeinen Erklärung der wirklichen Erscheinungen geeignet werden. Allerdings werden wir hierbei von quantitativen Berechnungen im Sinne von § 4 und 5 dieses Kapitels absehen und den Einfluſs der Reibung nur qualitativ diskutieren; ferner werden wir von einer erneuten Diskussion des Luftwiderstandes etc. absehen, da dieser neben der gleitenden Reibung an Wichtigkeit zurücktritt.

Auch von dem jetzigen Problem gilt die Bemerkung, die wir früher für die Reibungswirkungen überhaupt gemacht haben: daſs scheinbar geringfügige Nebenumstände den Charakter der Bewegung stark beeinflussen können. So ist es durchaus nicht gleichgültig, ob z. B. die auf der Unterlage gleitende Spitze mehr oder minder zugeschärft ist, ob die Unterlage gröſsere oder geringere Unebenheiten hat und Ähnliches. Besonders deutlich tritt die Wirkung solcher Verhältnisse bei einer Erscheinung hervor, die wir bei Benutzung einer Stahlspitze oft zu beobachten Gelegenheit hatten und die wir als den Vorgang des „Einwurzelns" bezeichnen möchten: Die Kreiselspitze gerät in irgend eine für das bloſse Auge kaum erkennbare Vertiefung der Unterlage, in der sie weiterhin festgehalten wird; der Kreisel spielt nicht mehr auf der horizontalen Ebene, sondern wird durch eine Art unsichtbarer Pfanne gezwungen, sich um einen festen Punkt wie bei unserem ursprünglichen Kreiselproblem zu drehen. Wann und wie dieses Einwurzeln statthat, läſst sich im Voraus nicht bestimmen. Nur soviel ist a priori klar und wird durch die Beobachtung bestätigt, daſs eine zugeschärfte Spitze sich leichter einbohrt, wie eine abgerundete, die über vorhandene Vertiefungen der Unterlage ev. hinweggleitet, daſs eine rauhe und weiche Unterlage (Papier und besonders Pappe) für die gedachte Wirkung günstiger ist, wie eine harte und glatte Unterlage (Glasscheibe), ja daß eine beruſste Glasscheibe, auf deren Oberfläche der Kreisel selbst durch Zusammenhäufung des Ruſses Unebenheiten herstellt, wieder günstiger ist wie eine unberuſste Scheibe, daſs ferner bei nahezu aufrechter Stellung von Figuren- und Drehaxe ein Einwurzeln häufiger stattfindet wie bei stärker geneigter Axe, weil im ersten Falle die zur Hemmung des Auflagepunktes erforderlichen Seitenkräfte kleiner sind und daher leichter von der Unterlage hergegeben werden können, wie im letzteren Falle, daſs endlich diese und andere Unregelmäſsigkeiten in der Bewegung um so leichter eintreten können, je kleiner die Abmessungen und die Massen des Kreisels sind, je kleiner der ursprünglich erteilte Impuls war oder je mehr derselbe im Laufe der Bewegung abgenommen hat. Im Folgenden werden wir diese Erscheinnng des Einwurzelns, über die sich theoretisch nicht viel sagen läſst, ausschlieſsen; wir setzen also eine hinreichend abgerundete Spitze auf hinreichend ebener und regelmäſsiger Unterlage voraus.

Wir wollen nun den allgemeinen Bewegungsverlauf schildern, wie er unter dieser Einschränkung beobachtet wird. Da fällt zunächst, im Gegensatz zu den Ergebnissen unserer früheren reibungsfreien Betrachtungen, ins Auge, daſs die Horizontalprojektion des Schwerpunktes sich nicht, wie früher behauptet wurde, auf gerader Linie mit konstanter Geschwindigkeit bewegt (entsprechend einer dem Schwerpunkt anfänglich erteilten horizontalen Geschwindigkeit), bez. daſs (bei der anfänglichen horizontalen Schwerpunktsgeschwindigkeit Null) der Schwerpunkt nicht auf einer festen Vertikalen bleibt, sondern dafs er vielmehr kreisförmige Bahnen beschreibt, die ungefähr der Bahn des Stützpunktes auf der Unterlage folgen. Es fällt ferner ins Auge, dafs die Bahn des Stützpunktes, die wir früher als Kreis mit aufgesetzten Zacken beschrieben, im Mittel nicht einen konstanten Radius hat, sondern dafs sich ihr Radius in der Regel verkleinert, unter Umständen, namentlich gegen Ende der Bewegung, allerdings sich gelegentlich auch erweitert. *Die Bahnkurve des Stützpunktes und ebenso die des Schwerpunktes* ist also jetzt als eine meist sich verengende *Spirallinie* zu beschreiben. Die einzelnen Windungen der Spirallinie legen sich in der Regel nicht ineinander, sondern mehr oder weniger nebeneinander, was auf die Deutlichkeit der entstehenden Figur sehr günstig wirkt. Die Spirallinie erscheint daher in einer gewissen Richtung seitlich auseinandergezogen. Man könnte in dieser Erscheinung die Folge einer dem Schwerpunkt ursprünglich erteilten Anfangsgeschwindigkeit erblicken wollen; indessen lehrt die Beobachtung in unzweideutiger Weise, dafs es sich hierbei lediglich um die Wirkung geringer Neigungen und Unregelmäfsigkeiten der Unterlage handelt. In der That konnten wir durch absichtliches Schiefstellen der Unterlage eine beliebig starke Auseinanderziehung der Spirallinie bewirken; die Richtung, in der die Windungen der Spirale fortschreiten, fällt dabei nicht mit der Richtung gröfster Neigung auf der Unterlage zusammen, sondern weicht vermöge der Kreiselwirkung in bestimmtem Sinne von jener ab. Hinsichtlich der Winkelgeschwindigkeit, mit welcher die aufeinander folgenden Kreise der Bahnkurve durchlaufen werden, der „Präcessionsgeschwindigkeit", lehrt die Beobachtung in unzweideutiger Weise, dafs diese im Verlauf der Bewegung etwas zunimmt, dafs wir es also mit einer etwas beschleunigten Präcession zu thun haben. Endlich wollen wir noch als ein allgemeines Ergebnis der Beobachtung erwähnen, dafs die Nutationen der Kreiselaxe, welche zu den Auszackungen der Bahnkurve des Stützpunktes Anlafs geben und dadurch viel zu dem eigenartig interessanten Eindruck dieser Kurve beitragen, bei den Experimenten ihrer Gröfse nach immer sehr gering sind, so dafs sie den gleichmäfsigen Verlauf der Bahnkurve nur unwesentlich unterbrechen. Während wir also im vorigen Kapitel auf die Nutationen der Kreiselaxe besonderen Wert legten, und sie durch trigonometrische Funktionen annäherten (bei strengerer Rechnung wären sie durch elliptische oder gar hyperelliptische Integrale darzustellen), werden wir jetzt bei Besprechung der Beobachtungen von diesen Nutationen überhaupt absehen.

Zum Beleg für die vorstehende Schilderung der zu beobachtenden Vorgänge geben wir in den nachstehenden Figuren zwei Beispiele von Bahnkurven des Stützpunktes zweier verschiedener Kreisel, welche beide

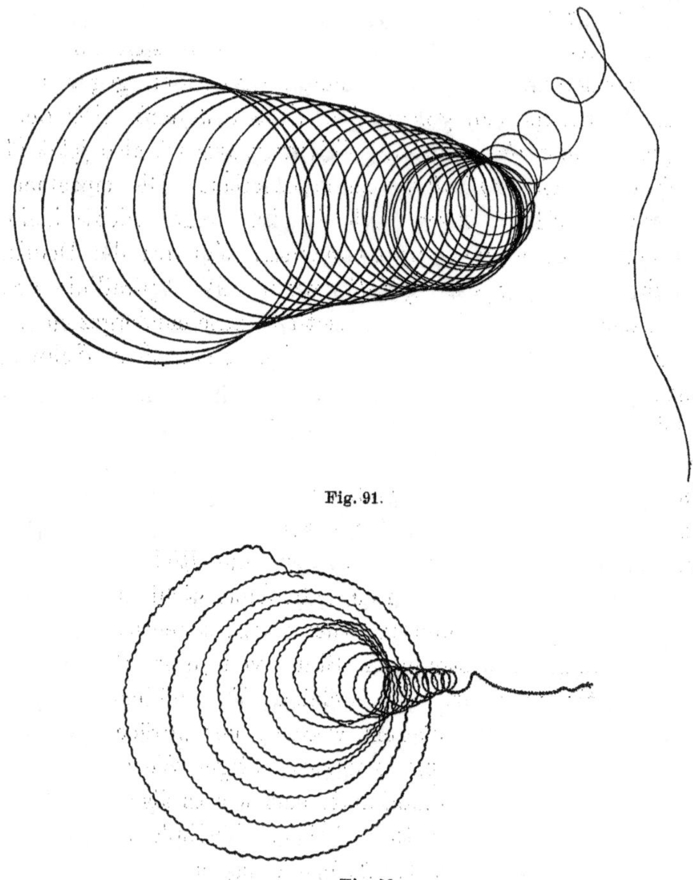

Fig. 91.

Fig. 92.

selbstthätig aufgezeichnet und alsdann photographisch reproduziert wurden, so daſs sie als unmittelbare Beobachtungsdokumente gelten können.

Die erste derselben wurde uns von Lord Kelvin gütigst zur Verfügung gestellt. Er lieſs sie entstehen, indem er auf dem Zeichenpapier einen Kreisel spielen lieſs, der nach unten hin in einen Bleistift auslief. Wir sehen hier die allmähliche Verengerung der Bahn des Stützpunktes, wie sie oben beschrieben wurde. Die einzelnen Windungen der spiraligen Bahnkurve legen sich in der Figur von links nach rechts neben einander. Die Verkleinerung des Krümmungsradius der Bahn hält in diesem Beispiele bis zum Schlusse an, wo der Impuls bereits stark geschwächt ist und die Linienführung der Bahn etwas unsicher und unregelmäſsig wird. Die Kurve läuft schlieſslich in einige gesetzlose Zacken aus, die dem Umfallen des Kreisels entsprechen. Über eine geeignete Herstellungsweise solcher selbstregistrierender Kreisel berichtet C. Barus*).

Wir selbst fanden es beim Studium dieser Erscheinungen bequem, eine beruſste Spiegelglasplatte als Unterlage zu benutzen, auf der sich die Spur des Kreisels deutlich markiert, oder, wo wir eine stärkere Reibungswirkung wünschten, beruſstes Schreibpapier. Als Kreisel dienten uns einige kleine, ziemlich leichte Uhrrädchen mit Axe (Abstand des Radmittelpunktes vom Stützpunkt ca. 1 cm, Durchmesser des Rädchens 5 cm, Gewicht 15 gr, die stählerne Auflagespitze bei den verschiedenen Exemplaren mehr oder minder zugeschärft). Von einem solchen Kreisel ist unsere zweite Figur auf einer beruſsten Glasplatte aufgezeichnet; die hier gegebene Reproduktion ist das Negative des Originals, bei dem sich die Bahnkurve als helle Linie auf dem dunkeln Grunde des Ruſses abhebt. Unsere zweite Figur zeigt deutlichere Nutationen wie die erste, im Übrigen läſst sie wieder die Spiralform der Bahnkurve und eine gewisse Seitenverschiebung erkennen, die namentlich gegen Ende der Bewegung als ein schon ziemlich unregelmäſsiger Auslauf in die Augen fällt.

Nachdem wir uns in solcher Weise durch das Experiment vorurteilslos orientiert haben, gehen wir nun an die theoretische Erklärung des Beobachteten.

Entsprechend der durch die Beobachtung festgestellten Geringfügigkeit der Nutationen werden wir über den Charakter der Bewegung die vereinfachende Annahme machen, daſs dieser in jedem Augenblick als *präcessions-ähnlich* angesehen werden kann. Unter einer regulären Präcession soll dabei jetzt eine Bewegung verstanden werden, bei der die Figurenaxe unter einem konstanten Winkel ϑ gegen die Vertikale geneigt ist und bei der sowohl der Schwerpunkt wie der Stützpunkt des Kreisels je einen Kreis mit konstanter Geschwindigkeit um dieselbe vertikale Gerade beschreiben. Präcessions-ähnlich wird eine Bewegung entsprechend dann heiſsen, wenn der Neigungswinkel ϑ nur langsam veränderlich ist und wenn die Bahnen von Stützpunkt und Schwerpunkt nahezu kreisförmige und nahezu gleichförmig durchlaufene Spiralen werden.

Hinsichtlich der Gestalt des Kreisels an der Unterstützungsstelle

*) Science, September 1896.

mögen die beim Kreisel mit festem Punkte (§ 3) eingeführten Vorstellungen gültig bleiben: das untere Ende des Kreisels laufe in eine Halbkugel von kleinem Radius ϱ aus; der tiefste Punkt der Halbkugel, welcher kein individueller Kreiselpunkt ist sondern in jedem Augenblicke wechselt, ist der *Stützpunkt* P. Während der senkrecht über P gelegene *Mittelpunkt* O der Halbkugel in § 3 ein fester Punkt war, beschreibt derselbe jetzt bei der regulären Präcession einen Kreis. Legen wir durch P eine Ebene senkrecht zur augenblicklichen Rotationsaxe, so schneidet diese unsere Halbkugel in einem Kreise, den wir den „Stützkreis“ nennen können; die sämtlichen Punkte dieses Kreises werden nämlich, sofern die augenblickliche Rotationsaxe im Kreisel nicht zu schnell wechselt, nach einander die Rolle des Stützpunktes übernehmen, indem sie durch die Rotation nach einander in die Lage des tiefsten Punktes der Halbkugel übergeführt werden.

Als Gesetz der Reibung — es soll sich lediglich um gleitende Reibung handeln — legen wir wieder das Coulombsche Gesetz (§ 2) zu Grunde. Der Reibungswiderstand W im Stützpunkte ist dann eine horizontale Kraft von der Gröſse μR, wenn R den Gegendruck der Unterlage gegen den Kreisel bedeutet. Letzterer ist, wie pag. 515 auseinandergesetzt wurde, allgemein gleich $M(g+z'')$, wo z'' die Schwerpunktsbeschleunigung bedeutet; im besonderen wird also bei einer präcessions-ähnlichen Bewegung hinreichend genau:

$$(1) \qquad R = Mg, \quad W = \mu Mg.$$

Richtung und Sinn des Reibungswiderstandes hängen von der Richtung des Gleitens im Stützpunkte ab. Um letztere zu bestimmen, werden wir vorübergehend den Mittelpunkt O der genannten Halbkugel zum „Bezugspunkte“ wählen und die Bewegung des Kreisels in eine Parallelverschiebung, deren Geschwindigkeit mit der Geschwindigkeit des Punktes O übereinstimmt, und eine Drehung um eine Axe durch O zerlegen. Der Punkt P erhält auf diese Weise die beiden Geschwindigkeiten v und V; v sei die Geschwindigkeit der Parallelverschiebung, oder die Geschwindigkeit von O, V diejenige Geschwindigkeit, die P vermöge der Drehung um O erhält. Fällt, wie wir annehmen wollen, die augenblickliche Drehaxe durch O nahezu mit der Figurenaxe zusammen, so liegt die Richtung von V nahezu senkrecht zur Figurenaxe und es wird die Gröſse von V gleich dem senkrechten Abstand des Punktes P von der Figurenaxe, d. i. gleich $\varrho \sin\vartheta$ multipliziert mit der augenblicklichen Drehgeschwindigkeit des Kreisels um O. Die Richtung des Gleitens wird dann durch geometrische Zusammensetzung der beiden Geschwindigkeiten v und V gefunden — durch geometrische, nicht durch algebraische Zusammensetzung, weil, wie wir sehen werden, die Richtungen von v und V notwendig gegen einander geneigt sind. Man wird nun drei Fälle unterscheiden können, nämlich

$$1)\ V > v, \quad 2)\ V = v, \quad 3)\ V < v.$$

Fall 1) wird bei rascher Rotation des Kreisels der normale sein; je größer nämlich die Rotation, um so größer wird die der Rotation entsprechende Geschwindigkeit V des Stützpunktes und um so kleiner wird, nach den Resultaten bei der reibungsfreien Bewegung zu urteilen, die Präcessionsgeschwindigkeit und daher auch die Geschwindigkeit v werden. Bei hinreichend starker Rotation wird man sogar v gegen V vernachlässigen und die Richtung des Gleitens mit der Richtung von V identifizieren können.

Fall 3) wird sich einstellen, wenn im Verlaufe der Bewegung die Eigenrotation durch die Reibung bereits beträchtlich geschwächt ist. Dann ist die Geschwindigkeit v für die Bestimmung der Gleitrichtung maßgebend.

Im Grenzfalle 2) findet, wenn wir die Gleichung $V = v$ nicht nur als eine Bedingung für die Größe, sondern auch für die Richtung der (in entgegengesetztem Sinne zu zählenden) Geschwindigkeiten v und V auffassen, überhaupt kein Gleiten statt. Bei entgegengesetzter Gleichheit von v und V ist nämlich der augenblickliche Stützpunkt in relativer Ruhe zur Unterlage; es rollt dann der augenblickliche Stützkreis ohne Gleiten auf der Unterlage ab. Ob aber im Verlauf der Bewegung dieser Grenzfall sich überhaupt vorübergehend realisiert, ist zweifelhaft und hängt von den Anfangsbedingungen ab.

Wir untersuchen zunächst den normalen Fall 1) des Näheren.

In Fig. 93 haben wir diejenigen Kreise verzeichnet, welche der Schwerpunkt S und der Punkt O nach Voraussetzung bei der präcessionsähnlichen Bewegung annähernd beschreiben. Beide Kreise sind durch senkrechte Projektion in die den Kreisel tragende Horizontalebene verlegt. Die Rotation finde annähernd um die Figurenaxe *im* Sinne des Uhrzeigers statt. Die Projektion des im Schwerpunkte konstruierten Drehimpulses auf diese Axe sei dementsprechend $N > 0$. Dann findet auch die Präcession des Stützpunktes von oben gesehen *im* Uhrzeigersinne statt. Letzteres können wir aus unseren früheren Ergebnissen bei Vernachlässigung der Reibung entnehmen. Die Winkelgeschwindigkeit ψ' der Knotenlinie, welche zugleich die Winkelgeschwindigkeit bedeutet, mit der der Stützpunkt um die (bei unserer früheren Betrachtung feste) Vertikale durch den Schwerpunkt rotiert, hatte (s. z. B. Gl. (31) von pag. 526) im Mittel den Wert

(2) $$\psi' = \frac{P}{N} = \frac{MgE}{N},$$

ist also *positiv* bei positivem N. Sicherlich wird der *Sinn* der Präcessionsbewegung durch die Reibung nicht umgekehrt werden können. Hierdurch ist die der Bahn von O in Fig. 93 beigegebene

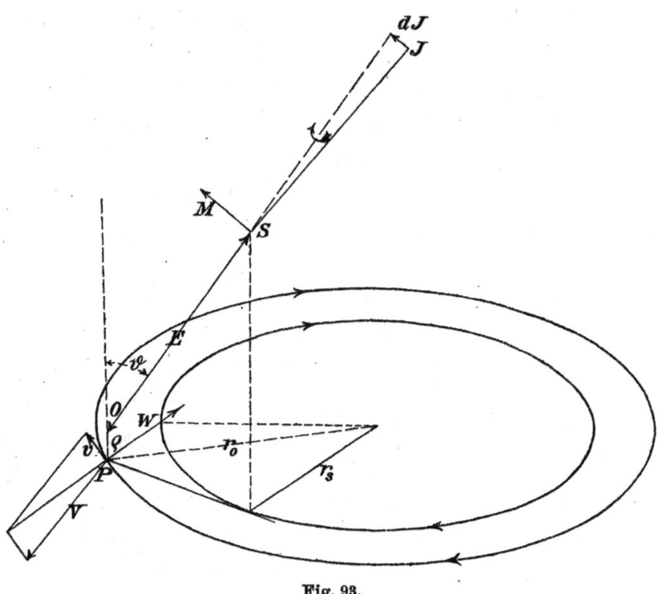

Fig. 93.

Pfeilrichtung gerechtfertigt. Dieselbe Pfeilrichtung kommt ersichtlich auch der Schwerpunktsbahn zu. Wir werden aber auch die *Gröſse* der in (2) genannten Präcessionsgeschwindigkeit auf den vorliegenden Fall übertragen dürfen, da die Reibung auf dieselbe nur einen indirekten Einfluſs (durch Verkleinerung von N) hat.

Die oben eingeführten Geschwindigkeiten v und V sind jetzt nach Richtung und Gröſse leicht angebbar. v hat die Richtung der an die Bahn von O im Punkte P gelegten Tangente und ist in unserer Figur von P aus nach hinten gerichtet. V liegt ungefähr senkrecht zur Figurenaxe und ist bei dem festgesetzten positiven Rotationssinn in unserer Figur nach vorne gerichtet. Der Gröſse nach ist, wenn r_o den Radius der Bahn von O bedeutet,

(3) $$v = r_o \psi' = r_o \frac{MgE}{N}.$$

Ferner folgt aus dem Eigenimpuls N die Gröſse der Rotation um die Figurenaxe gleich N/C (C = Trägheitsmoment um die Figurenaxe) und hieraus nach obigem angenähert:

(4) $$V = \varrho \sin \vartheta \frac{N}{C}.$$

Wir setzen voraus, daſs nicht nur, entsprechend der Bedingung des Falles 1), V gröſser als v, sondern daſs V groſs gegen v sei. Dies besagt nach (3) und (4)

$$(5)\qquad \frac{N^2}{Mg\,EC} \text{ groſs gegen } \frac{r_0}{\varrho \sin\vartheta}.$$

Bei hinreichend groſsem Eigenimpuls und hinreichend schräger Figurenaxe wird diese Bedingung in der That erfüllt sein.

Zugleich mit V steht unter der Annahme (5) auch der Reibungswiderstand W annähernd senkrecht auf der Figurenaxe; dem Sinne nach ist er in unserer Figur nach hinten gerichtet. Mit der Gröſse und Richtung von W hängt aber die Schwerpunktsbewegung auf's engste zusammen. Da nämlich W die einzige horizontale Kraft ist, die auf den Kreisel wirkt, so ist die Horizontalbeschleunigung des Schwerpunkts zu W parallel und gleich $W/M = \mu g$ (s. Gl. (1)). Beschreibt, wie wir annahmen, der Schwerpunkt nahezu einen Kreis mit annähernd konstanter Geschwindigkeit, so ist die Schwerpunktsbeschleunigung nahezu zentripetal, also senkrecht gegen die Kreisperipherie nach innen gerichtet. Da diese Richtung andrerseits genau parallel zur Richtung von W und daher nahezu senkrecht zur Richtung der Figurenaxe steht, so folgt, *daſs die Projektion der Figurenaxe auf die tragende Horizontalebene den Schwerpunktskreis nahezu tangieren muſs.* Und zwar entspricht von den beiden Tangenten, die in Fig. 93 von der augenblicklichen Lage von P an den Schwerpunktskreis gelegt werden können, offenbar die ausgezogene vordere Tangente den Verhältnissen des in Rede stehenden Falles 1). *Der Schwerpunkt bleibt also bei der Durchlaufung seines Kreises immer etwas hinter dem Stützpunkte zurück;* die Figurenaxe schneidet nicht die Vertikale durch den Mittelpunkt unserer Kreise, sondern dreht sich *in windschiefer Lage* um dieselbe herum. Auch die Gröſse des Schwerpunktskreises folgt nun leicht aus der Gröſse der Schwerpunktsbeschleunigung. Letztere ist einerseits bekanntlich gleich $r_s\psi'^2$, andrerseits wie oben bemerkt, gleich μg. Man hat also

$$(6)\qquad r_s = \frac{\mu g}{\psi'^2} = \mu g\,\frac{N^2}{(Mg\,E)^2}.$$

Der Schwerpunktskreis ist um so gröſser, je gröſser der Eigenimpuls und je kleiner das Schweremoment $P = Mg\,E$ ist; auſserdem nimmt seine Gröſse natürlich mit abnehmendem Reibungskoeffizienten μ ab und reduziert sich bei verschwindender Reibung auf Null, in Übereinstimmung mit früheren Ergebnissen. Auch die Gröſse des vom Stützpunkt beschriebenen konzentrischen Kreises ist hiernach bekannt. Man hat nämlich nach Fig. 93:

(7) $$r_o^2 = r_s^2 + (E \sin \vartheta)^2,$$

wo $E \sin \vartheta$ die Projektion der Länge OS in die Horizontalebene bedeutet. Dieser Kreis wird im allgemeinen nur wenig gröſser sein wie der Schwerpunktskreis.

Nachdem die Schwerpunktsbewegung bestimmt ist, haben wir die Drehung um den Schwerpunkt zu besprechen. In welchem Sinne wird dieselbe durch die Reibung W beeinfluſst? Wir konstruieren uns zunächst das Reibungsmoment $\mathfrak{M}(W)$ mit Bezug auf den Schwerpunkt. Vernachlässigen wir den Abstand ϱ der Punkte O und P, so enthält die durch S und W gelegte Ebene annähernd die Figurenaxe. Der das Reibungsmoment darstellende Vektor, welcher als Lot auf dieser Ebene zu konstruieren ist, steht daher annähernd senkrecht auf der Figurenaxe und ist in der durch die Figurenaxe gelegten Vertikalebene unter den Verhältnissen unserer Figur 93 schräg nach *oben* gerichtet. Derselbe setzt sich nun mit dem vorhandenen Drehimpulse in der Weise zusammen, daſs sich der Impuls in jedem Zeitelemente dt um $dJ = \mathfrak{M} dt$ ändert. Der Impuls, der annähernd die Richtung der Figurenaxe hat, wird dadurch nach oben hin abgelenkt. *Der Impuls richtet sich durch die Reibungswirkung allmählich auf.* Um von hieraus zu schlieſsen, daſs auch die Figurenaxe sich aufrichtet, erinnern wir an die Schluſsweise von pag. 555, wonach die Rotationsaxe annähernd der Impulsaxe folgt, während die Figurenaxe in schnellem Zeitmaſs um die Rotationsaxe herumgeführt wird, so daſs ihre mittlere Lage mit der Lage der Rotationsaxe annähernd übereinstimmt. Wir erkennen hieraus weiter, *daſs die Figurenaxe dauernd in der Nähe des Impulses bleibt, sich also ebenfalls aufrichtet.*

Natürlich ist neben dem Reibungsmomente $\mathfrak{M}(W)$ das Moment des Gegendruckes $\mathfrak{M}(R)$ zu berücksichtigen; dieses hat eine horizontale Axe und giebt in der vom reibungsfreien Falle her bekannten Weise indirekt zu der Präcession des Kreisels Anlaſs.

In erster Annäherung bleibt die Gröſse des Impulses vermöge der Reibungswirkung ungeändert, da der Impuls-Endpunkt (vgl. Fig. 93) annähernd senkrecht gegen die Figurenaxe und daher auch annähernd senkrecht gegen die Impulsrichtung fortschreitet. Es ist aber klar, daſs auf die Dauer der Impuls dennoch geschwächt werden muſs. Denn einerseits wird bei der Hebung der Figurenaxe Arbeit gegen die Schwerkraft geleistet, andrerseits geht an der Unterlage dauernd Reibungsarbeit verloren. Diese Arbeitsverluste müssen aus der lebendigen Kraft des Kreisels gedeckt werden, also teils aus der lebendigen Kraft der Schwerpunktsbewegung, teils aus derjenigen der Drehbewegung.

Die Schwerpunktsgeschwindigkeit ist gleich $r_s \psi'$ und hat nach den Gl. (2) und (6) die Gröſse

$$\mu g \frac{N}{MgE}.$$

Soll dieselbe abnehmen, so muſs N abnehmen. Zu dem gleichen Resultat werden wir offenbar geführt, wenn wir annehmen, daſs die Arbeitsverluste auf Kosten der lebendigen Kraft der Drehbewegung vor sich gehen. Denn der Hauptbestandteil dieser lebendigen Kraft ist wie bekannt $N^2/2C$. *Während also der Eigenimpuls N in erster Näherung konstant bleibt, muſs er in zweiter Näherung langsam abnehmen.*

Die allmähliche Verminderung von N bedingt aber weiter, daſs sich die Präcessionsgeschwindigkeit ψ' nach Gl. (2) beschleunigt und ferner nach Gl. (6), daſs sich der Radius des Schwerpunktskreises verringert. Hieraus folgt nach Gl. (7), daſs auch der Radius des vom Stützpunkte beschriebenen Kreises r_0 abnehmen muſs, der übrigens in geringerem Grade auch durch das Aufrichten der Figurenaxe (Verkleinerung des Winkels ϑ) verkleinert wird. Diese Ergebnisse stimmen, wie man sieht, mit den vorangestellten Resultaten der Beobachtung überein.

Wir fassen unsere Betrachtungen wie folgt zusammen: *Im Falle* 1) [$V > v$ oder besser V groſs gegen v] *läuft der Schwerpunkt auf einem Kreise, dessen Radius sich allmählich verkleinert, also genauer gesagt, auf einer sich verengernden Spirale, und zwar mit abnehmender Geschwindigkeit. Das Gleiche gilt von dem Stützpunkte P oder dem Halbkugelmittelpunkte O. Die Figurenaxe, die ursprünglich unter dem Winkel ϑ windschief an der vertikalen Mittellinie des Schwerpunktskreises vorbeigeht, richtet sich im Verlauf der Bewegung durch den Einfluſs der Reibung immer mehr auf.*

Wir wollen in ähnlicher Weise den Fall 3) $v < V$ diskutieren. Hier ist die Geschwindigkeit v für den Sinn des Gleitens maſsgebend; unter den Verhältnissen unserer Fig. 94, wo v im Punkte P nach hinten gerichtet ist, wird der Reibungswiderstand W nach vorn gerichtet sein. Halten wir an unserer Annahme fest, daſs der Schwerpunkt sich nahezu gleichförmig auf einem Kreise bewegt, so muſs seine Zentripetalbeschleunigung wieder nach Richtung und Gröſse gleich W/M sein. Die Zentripetalbeschleunigung muſs also in Fig. 94 ebenso wie W nach vorn gerichtet sein, d. h. S muſs sich auf dem hinteren Halbbogen des Schwerpunktskreises befinden. *Der Schwerpunkt eilt jetzt dem Stützpunkt im Sinne der Bewegung etwas voraus.* Die Figurenaxe geht abermals an der durch den Mittelpunkt des Schwerpunktskreises gelegten Vertikalen windschief vorbei. Dagegen können wir nicht mehr wie im Falle 1) behaupten, daſs W nahezu senkrecht zur Figurenaxe steht; es ist deshalb in Fig. 94 die in die Horizontalebene projizierte Figurenaxe nicht wie vorher als Tangente sondern als Sekante an den Schwerpunktskreis gelegt. Für die Gröſse des Schwerpunktskreises gilt wie vorher die Formel (6).

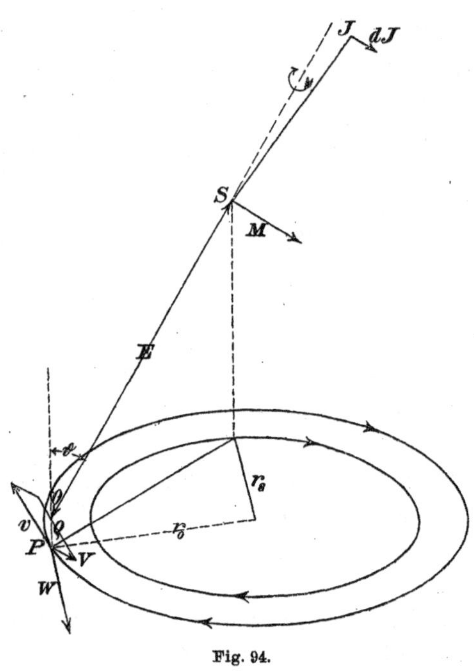

Fig. 94.

Es handelt sich ferner um den Einfluſs der Reibung auf die Drehbewegung. Hier liegen die Verhältnisse dem Sinne nach umgekehrt wie im Falle 1). Da der Reibungswiderstand in unserer Figur nach vorne gerichtet ist, giebt er im Schwerpunkte ein Moment, dessen repräsentierender Vektor schräg nach unten verläuft. Der Impuls-Endpunkt wird also durch die Reibungswirkung jetzt nach unten abgelenkt. *Der Impulsvektor und* (bei Hinzunahme der Überlegung von pag. 555) *auch die Figurenaxe werden sich senken.*

Um auch hier die Arbeitsverhältnisse zu berücksichtigen, bemerken wir, daſs durch die Senkung der Figurenaxe Arbeit gewonnen, daſs dagegen durch den Reibungswiderstand dauernd Arbeit verbraucht wird. Wahrscheinlich wird die letztere Arbeitsgröſse überwiegen, sodaſs im Ganzen die lebendige Kraft und insbesondere der Eigenimpuls weiter abnimmt. Wir sahen oben, daſs hieraus eine Verkleinerung des Schwerpunktskreises und weiterhin eine Verkleinerung der Bahn des Stützpunktes folgen würde. Andrerseits würde die zunehmende Neigung der Figurenaxe bei ungeändert bleibender Schwerpunktsbahn eine Vergröſserung der Bahn des Stützpunktes bedingen. Welcher von beiden Umständen mehr Einfluſs auf die Gröſse der Bahn des Stützpunktes haben wird, läſst sich allgemein nicht entscheiden. Thatsächlich beobachtet man gegen Ende der Bewegung bei geschwächtem Eigenimpuls N zuweilen eine Erweiterung, zuweilen eine Verengerung der Bahn des Stützpunktes.

Als hauptsächliches Ergebnis dieser allerdings sehr unsicheren Betrachtung ist zu betonen: *Die Figurenaxe mufs sich im Falle* 3) *senken.* Hierbei kann es nicht ausbleiben, dafs der Kreisel schliefslich mit seinen oberen Partien die Unterlage berührt und nach einigen unregelmäfsigen Auslaufsbewegungen zur Ruhe kommt.

Hinsichtlich des Grenzfalles 2) $v = V$ wollen wir uns kurz fassen. Dieser kann sich nur vorübergehend und, da wir die den Fall definierende Gleichung als Bedingung sowohl für die Gröfse wie für die Richtung der Geschwindigkeiten v und V auffassen wollten, nur unter besonderen Umständen einstellen. Da in diesem Grenzfalle der Stützpunkt an der Unterlage überhaupt nicht gleitet, so ist die eventuell vorhandene Reibung als eine Reibung der Ruhe (vgl. § 2) zu bezeichnen. Man hat alsdann nach Coulomb $W \leqq \mu_0 Mg$, wo μ_0 den Reibungskoeffizienten der Ruhe bedeutet. Insbesondere ist es möglich, dafs die ruhende Reibung gleich Null wird, wenn nämlich der Schwerpunkt, dessen Beschleunigung auch jetzt nach Richtung und Gröfse, gleich W/M sein mufs, in Ruhe ist, wenn also der Schwerpunktskreis sich auf einen Punkt zusammengezogen hat. In diesem Falle ist es denkbar, dafs der Kreisel seine Präcession ausführt, genau so wie auf einer idealen glatten Ebene, die wir im Anhange zu Kapitel VI voraussetzten, dafs also die Figurenaxe weder steigt noch fällt. Eine solche Bewegung könnte sogar beliebig lange andauern, wenn nicht andere hierbei aufser Betracht gelassene Einflüsse (rollende Reibung, Luftwiderstand) die Bedingungen des Falles 2) stören und den Übergang zu dem Fall 3) bedingen würden.

Die Unterscheidung der vorangestellten drei Fälle $V>v$, $V=v$, $V<v$ haben wir einer Note von Archibald Smith*) entnommen, in welcher überdies namentlich der Einflufs der besonderen Form des Auflagerendes diskutiert wird. Um unsere früheren Reibungsbetrachtungen in diese Fallunterscheidung einzuordnen, bemerken wir, dafs beim Kreisel mit festgehaltenem Punkte O natürlich $v = 0$ ist. Hier befinden wir uns also notwendig unter der Bedingung des Falles 1). Dementsprechend fanden wir früher, dafs vermöge der gleitenden Reibung die Figurenaxe des Kreisels mit festem Punkte sich allemal aufrichten müsse. Eine Behandlung des vorliegenden Reibungsproblems findet sich, soweit es die Drehung des Kreisels um seinen Schwerpunkt angeht, auch in dem bekannten Buche von Jellett**), jedoch mit dem Unterschiede, dafs

*) Note on the theory of the spinning top. Cambridge Mathematical Journal Vol. 1 (1846) pag. 47.

**) Theorie der Reibung, deutsch von Lüroth und Schepp. Leipzig 1890, Kapitel 8, pag. 198.

hier die Richtung des Gleitens allein nach der Geschwindigkeit V beurteilt und das Vorhandensein der Geschwindigkeit v übersehen wird. Indem also Jellet gewissermaſsen die Geschwindigkeit v gleich Null setzt, befindet er sich gleichfalls unter der Bedingung des Falles 1) und zeigt dementsprechend durch Rechnungen, die unserer obigen qualitativen Überlegung als Stütze dienen können, daſs die Figurenaxe sich aufrichten müsse. Nimmt man andrerseits an, daſs der Kreisel nach unten hin in eine absolut scharfe konische Spitze ausläuft, so wird der Stützpunkt ein Punkt der Figurenaxe, nämlich eben diese Spitze sein; alsdann ist bei reiner Rotation um die Figurenaxe $V = 0$ und wir befinden uns stets im Falle 3). Infolgedessen würde bei absolut zugeschärfter Auflagestelle die Figurenaxe unter allen Umständen durch die Reibung gesenkt werden.

Die hier gegebene Behandlung ist sowohl nach theoretischer wie nach experimenteller Seite hin reichlich unvollständig. So haben wir es nach theoretischer Seite überhaupt vermieden, die mit Reibungsgliedern behafteten Differentialgleichungen der Bewegung aufzuschreiben, weil wir uns bei der Unsicherheit der physikalischen Grundlagen keinen der Mühe entsprechenden Nutzen für das Verständnis des wirklich Beobachteten aus eingehenderen analytischen Entwickelungen versprachen. Nach experimenteller Seite haben wir uns mit der Aufzeichnung der Bahnkurve begnügt, welche der Unterstützungspunkt auf der Unterlage beschreibt, dagegen haben wir genauere Messungen über die zu jeder Bahnkurve gehörige Impulsgröſse, über die Abhängigkeit der Bewegung von den Anfangsbedingungen, von der Form der Auflagefläche etc. unterlassen müssen. Das letztere Versäumnis scheint uns im vorliegenden Falle schwerer zu wiegen, wie das erstere; wie wir denn allgemein wiederholentlich betonen möchten, daſs das Verständnis der wirklichen Bewegungsvorgänge, sofern dabei Reibungseinflüsse vorherrschend sind, mindestens ebenso sehr durch Beobachtung wie durch Rechnung zu fördern ist.

Kapitel VIII.

Anwendungen der Kreiseltheorie.

Abschnitt A. Astronomische Anwendungen.

§ 1. Die Präcession der Erdaxe, im Anschlufs an eine Idee von Gaufs behandelt.

Entsprechend der dominierenden Stellung, welche die astronomischen Anwendungen in der älteren mathematischen Litteratur einnehmen, ist das Problem der Rotationserscheinungen des Erdkörpers von hervorragendem Einflufs auf die Entwickelung der Kreiseltheorie überhaupt gewesen, wie sich unter Anderem in der auch von uns übernommenen Nomenclatur: reguläre Präcession, Nutation, Knotenlinie erweist. Fast die sämtlichen Namen der mathematischen Klassiker, allen voran Newton, dann Euler, d'Alembert, Laplace, Lagrange, Poisson, finden wir mit der Geschichte dieses Problems verknüpft.

Die Theorie der astronomischen Präcession ist sehr einfach, wenn man sich auf eine erste Annäherung beschränkt, sehr kompliziert, wenn man eine erschöpfende Behandlung anstrebt. Der letztere Standpunkt wird in den Lehrbüchern der Astronomie*) eingenommen, auf den ersteren müssen wir uns im wesentlichen stellen. Lediglich um dem nicht-astronomischen Leser einen Einblick in die mühsamen und bewundernswert gründlichen Methoden der Astronomie zu verschaffen, wollen wir zum Schlufs dieses Abschnittes einige Resultate der genaueren Theorie hersetzen.

Die Schwierigkeit wächst ganz aufserordentlich, wenn wir den Boden der abstrakten Dynamik verlassen und den Erdkörper nicht mehr als absolut starr ansehen. Die Diskussionen, die dann auftreten, sind heute noch keineswegs abgeschlossen. Wir werden diese Dinge für den folgenden Abschnitt aufsparen und zunächst an der *Annahme der Starrheit* festhalten.

---

*) Wir beziehen uns im Folgenden auf Tisserand, Mécanique céleste, t. II, Chap. 22—27. In § 194, pag. 442 berichtet Tisserand über die Geschichte des Problems und den Anteil der oben genannten Klassiker an seiner Erforschung.

Die Methode, der wir uns bedienen werden, ist einem von Gaufs angegebenen Verfahren zur Berechnung der säkularen Störungen der Planetenbahnen nachgebildet. Sie hat den Vorzug grofser Anschaulichkeit und liefert die einzelnen Bestandteile der Lösung schrittweise nach der Reihenfolge ihrer Wichtigkeit. Auf das vorliegende Problem scheint sie bisher nicht angewandt zu sein. Gaufs selbst leitet seine Methode durch die Bemerkung ein, dafs „die Säkularveränderungen einer Planetenbahn durch die Störung eines anderen Planeten dieselben sind, der störende Planet mag seine elliptische Bahn nach Keplers Gesetzen wirklich beschreiben, oder seine Masse mag auf den Umfang der Ellipse in dem Mafse verteilt angenommen werden, dafs auf Stücke der Ellipse, die sonst in gleich grofsen Zeiten beschrieben werden, gleich grofse Anteile an der ganzen Masse kommen“.

Diesen Gedanken wollen wir uns zu eigen machen und erweitern: Wir wollen nicht nur die Masse des störenden, sondern später (§ 2) auch die des gestörten Körpers, wo dieses wünschenswert ist, längs seiner Bahn verteilen, die wir dann als starren Ring behandeln, und werden nicht nur die säkularen, sondern auch, bei Zugrundelegung einer anderen Massenverteilung, die periodischen Störungen (§ 3) zu finden lernen.

So wie Gaufs seine Methode auseinandergesetzt hat, dient sie zur *genauen* Bestimmung der säkularen Störungen (wenigstens derjenigen erster Ordnung). Indem wir auf die von Gaufs beabsichtigte Genauigkeit verzichten, werden wir sie dadurch vereinfachen, dafs wir zunächst von der Excentricität der Bahn, d. h. hier der Sonnen- und Mondbahn absehen, diese also als kreisförmig voraussetzen. Damit fällt aber zugleich die in dem Gaufsischen Citat vorgesehene Ungleichförmigkeit der Massenverteilung fort, welche ja der ungleichförmigen Bewegung auf der Ellipse entsprechen sollte, und macht einer gleichförmigen Verteilung auf der Kreisperipherie Platz.

Der wichtigste Teil der Rotationserscheinungen der Erde ist die *Präcessionsbewegung.* Die kinematischen Verhältnisse derselben sind uns im Groben schon von früher her (pag. 50) bekannt: Die Erdaxe bildet mit der Normalen zur Ekliptik einen Winkel von $23\frac{1}{2}^0$ (genauer zur Zeit $23^0\,27'\,7''$, welche Zahl aber selbst langsam veränderlich ist) und dreht sich unter diesem Winkel um die besagte Normale in ca. 26000 Jahren einmal herum. Zusammen mit der täglichen Umdrehung der Erde stellt diese Axenbewegung eine reguläre Präcession

---

*) Determinatio attractionis etc., Ges. W. Bd. 3, pag. 331 und 357. Es ist dies dieselbe Abhandlung, welche die einzige direkte Mitteilung von Gaufs über seine Theorie der elliptischen Integrale enthält.

im früheren Sinne dar u. zw. eine retrograde: Betrachten wir nämlich den Vorgang von derjenigen Seite der Ekliptik aus, nach welcher der Nordpol der Erde hinweist, so findet die Drehung der Erde um ihre Figurenaxe entgegen dem Sinne des Uhrzeigers, die Drehung der Erdaxe um die Normale der Ekliptik im Sinne des Uhrzeigers statt (s. die nebenstehende Figur; die drei Pfeile, welche bez. der Figurenaxe der Erde F, der Normalen N und der Ebene E der Ekliptik beigegeben sind, deuten die Richtung der Erdrotation, der Präcession der Erdaxe und der scheinbaren Sonnenbewegung an); der schmale Polhodiekegel, dessen Gröfse pag. 50 ermittelt wurde, rollt im Innern des Herpolhodiekegels ab (vgl. Fig. 8 von pag. 52 sowie Fig. 100a).

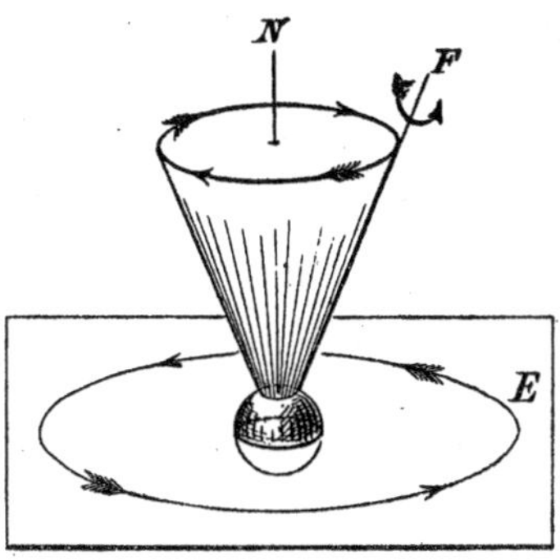

Fig. 95.

Diese Verhältnisse ebenso wie die Zahl 26000 sind der Beobachtung natürlich nicht direkt zugänglich. Letztere bezieht sich vielmehr auf die Schnittpunkte der Ekliptik mit der Äquatorebene, welche bekanntlich *Frühlings- und Herbst-Äquinoktialpunkte* (*Tag- und Nachtgleichen-Punkte*) heifsen und deren Verbindungsgerade die Knotenlinie K ist. Aus der Präcessionsbewegung der Erdaxe folgt nun, dafs sich auch diese Punkte im Sinne des Uhrzeigers, d. h. entgegen dem Sinne der scheinbaren Sonnenbewegung um die Normale der Ekliptik herumbewegen und zwar, wie die Beobachtung zeigt, in jedem Jahre um den Betrag von ca. 50''. Hieraus berechnet sich rückwärts die angegebene ungefähre Periode von 26000 Jahren. Es ist nämlich die Zeit eines vollen Umganges der Äquinoktialpunkte, also auch die Zeit, in der die Erdaxe die Normale der Ekliptik einmal umkreist, gleich

$$\frac{360^0}{50''} = \text{ca. } 26\,000 \text{ Jahren.}$$

Wir fragen nun, wie weit diese Erscheinung durch die bisherige Theorie des schweren symmetrischen Kreisels erklärt werden kann. Dafs es sich um nichts anderes, als eine Wirkung der allgemeinen Gravitation auf die am Äquator wulstförmig aufgetriebene, rotierende Erdmasse handelt, hat schon Newton*) erkannt und damit einen der wichtigsten und bewundernswertesten Belege seiner Theorie geschaffen.

Da die ins Spiel kommenden Anziehungskräfte nur von der gegenseitigen Lage der Himmelskörper abhängen, dürfen wir uns den Schwer-

*) Philosophiae naturalis principia mathematica. 1687. Tom. III, Prop. XXI, Theor. XVII.

punkt der Erde als fest und die übrigen Himmelskörper relativ gegen die Erde bewegt denken. Von diesen werden wir nur diejenigen Körper zu berücksichtigen brauchen, welche entweder durch ihre überwiegende Gröfse oder durch ihre geringe Entfernung von der Erde ausgezeichnet sind, d. h. nur die Sonne und den Mond. Zur vollständigen Behandlung der Rotationserscheinungen der Erde wäre es erforderlich, die wechselnde Gröfse der Anziehungskraft infolge der wechselnden Entfernung beider Körper von der Erde und die wechselnde Richtung der Kraft infolge des Fortschreitens der Körper auf ihren Bahnen zu berücksichtigen. In dieser Allgemeinheit werden wir auf das Problem im dritten Paragraphen zurückkommen. Wir werden uns dort das zeitlich veränderliche Potential der Sonnen- und Mondanziehung $V(t)$ in eine trigonometrische Reihe nach der Zeit t entwickelt denken und die den einzelnen Perioden des Sonnenumlaufs, des Umlaufs der Mondknoten etc. entsprechenden periodischen Glieder für sich betrachten. Das konstante Glied jener Reihe liefert im Besonderen die *säkulare Einwirkung* von Sonne und Mond auf die Erde, welches als Folgeerscheinung die uns zunächst interessierende Präcessionsbewegung der Erdaxe ergiebt. Indem wir an dieser Stelle auf jene allgemeinere Betrachtung nur hinweisen, wollen wir uns nun des anschaulichen Gaufsischen Verfahrens bedienen, welches gerade den in Frage kommenden säkularen Teil aus der gesamten Anziehungswirkung aussondert.

Wir denken uns also die Masse von Sonne und Mond auf ihren relativen Bahnen gegen die Erde ausgebreitet, und zwar gleichförmig ausgebreitet, da wir diese Bahnen als Kreise voraussetzen wollten. Der Radius der Kreise entspricht dem mittleren Erdabstand von Sonne und Mond. Wir haben auf diese Weise statt der wirklichen Sonnen- und Mondanziehung die Anziehung eines unendlich dünnen „Sonnen- und Mondringes“ von gleichförmiger Dichte zu untersuchen. Ferner wollen wir fürs Erste von der Neigung der Mondbahn gegen die Ekliptik, welche bekanntlich ungefähr 5^0 beträgt, absehen und uns den Mondring in die Ebene des Sonnenringes hineingedreht denken (s. Fig. 96, wo den fraglichen Ringen die in der Astronomie üblichen Zeichen für Sonne ☉, Mond ☾ und Erde ♁ beigegeben sind). Auch über die Beschaffenheit der Erde wollen wir vereinfachende Annahmen machen. Wie verabredet setzen wir sie als starr und aufserdem als Rotationskörper um die Nord-Südpol-Axe von den Trägheitsmomenten C und A voraus, wobei wegen der Aufbauchung am Äquator $C > A$ ist. Für die Berechnung sämtlicher Trägheitswirkungen kommt es nun auf die besondere Form der Erde in keiner Weise an; jeder andere Körper von denselben Trägheitsmomenten C, A, A an die

Stelle der Erde gesetzt, würde sich hinsichtlich aller Trägheitswirkungen bei der Rotation genau so verhalten wie die Erde. Aber mehr als das: Wir behaupten, daſs es auch bei der Berechnung der Anziehungs-

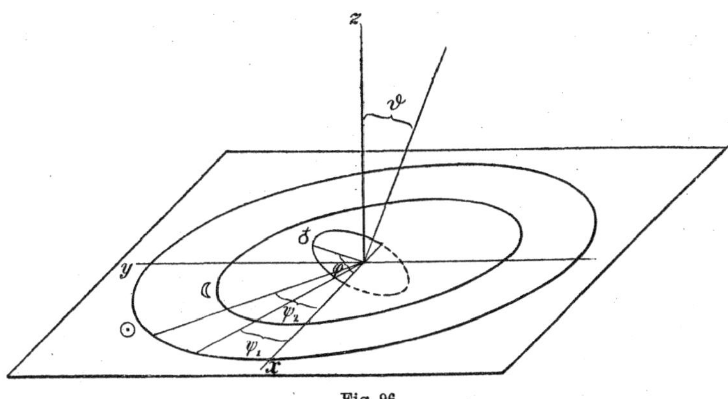

Fig. 96.

wirkungen von Sonne und Mond lediglich auf die Gröſse der Trägheitsmomente ankommt, sofern wir uns mit einer gewissen Näherung begnügen.

Zum Beweise denken wir uns das Anziehungspotential der wirklichen Erde auf einen äuſseren, hinreichend entfernten Punkt P, z. B. einen Punkt des Sonnen- oder Mondringes hingeschrieben. Dasselbe hat die Form $\sum \frac{m}{r}$, wo m ein Massenelement der Erde ist und die Summation sich auf die ganze Erdmasse erstreckt. Hier wird man $1/r$ nach Potenzen der Verhältnisse X/r_0, Y/r_0, Z/r_0 entwickeln, wobei unter XYZ die Koordinaten des Massenelementes m verstanden werden, als Koordinaten-Anfangspunkt der Mittelpunkt (Schwerpunkt) der Erde gedacht wird und r_0 den Abstand des Punktes P vom Erdmittelpunkte bedeutet. Diese Reihe konvergiert sehr schnell, weil die genannten Verhältnisse in unserem Falle höchstens gleich dem Verhältnis Erdradius durch Radius der Mondbahn sind. Man wird daher, wenn man keine groſse Genauigkeit anstrebt, die Reihe mit den Gliedern niedrigster Ordnung abbrechen dürfen. Die Glieder erster Ordnung verschwinden bei der Summation über die Erde, falls man als Koordinatenanfang den Schwerpunkt gewählt hat. Die Glieder zweiter Ordnung weisen nach Ausführung der Summation als Koeffizienten die Gröſsen $\Sigma m X^2$, $\Sigma m XY, \ldots$, d. h. die Trägheitsmomente und Trägheitsprodukte (oder Centrifugalmomente) der Erde auf. Läſst man insbesondere die Koordinatenaxen mit den Hauptträgheitsaxen zusammenfallen, so reduziert sich die Zahl der quadratischen Glieder auf drei und ihre Koeffizienten werden die drei Hauptträgheitsmomente. Daraus folgt aber, dafs in erster Annäherung, d. h. bei Berücksichtigung lediglich der Glieder niedrigster Ordnung, alle Körper von gleicher Lage der Hauptaxen und gleicher Gröfse der Hauptträgheitsmomente sich auch hinsichtlich der Gravitationswirkungen gleich verhalten müssen. Wir können also auch in dieser Hinsicht für die Erde einen beliebigen anderen Körper substituieren, falls nur das Trägheitsellipsoid desselben mit dem der Erde identisch ist.

Für viele Zwecke ist es üblich und nützlich, sich die Erde durch ein ideales Rotationsellipsoid ersetzt zu denken. In unserem Falle ist aber eine andere Wahl vorzuziehen: wir denken uns eine vollkommene, homogene Kugel, welche am Äquator mit einem gleichförmig mit Masse belegten Gürtel versehen ist. Es sei a das Trägheitsmoment der Kugel für einen ihrer Durchmesser und m die auf unserem Gürtel, dem „Erdringe", ausgebreitete Masse. Wir haben es nun so einzurichten, dafs diese Kombination, Kugel und Ring, dieselben Hauptträgheitsmomente C und A besitze, wie die wirkliche Erde, um in ihr einen für unsere Zwecke vollkommenen Ersatz der wirklichen Erde zu haben. Es ist aber das Trägheitsmoment des Ringes um die Nord-Süd-Axe gleich mR^2, das um eine äquatoriale Axe gleich $\frac{1}{2} mR^2$, unter R den Erdradius verstanden. Mithin haben wir zu bewirken, dafs

$$mR^2 + a = C,$$
$$\frac{1}{2} mR^2 + a = A$$

wird; wir haben also zu wählen:

$$(1) \qquad m = \frac{2(C - A)}{R^2}, \quad a = 2A - C.$$

Weiter ist aus Symmetrierücksichten klar, dafs die Kugel vom Trägheitsmomente a bei der Berechnung des Drehmomentes der anziehenden Wirkung von Sonnen- und Mondring nicht in Frage kommt, dafs wir vielmehr nur den Erdring zu berücksichtigen haben. Ferner lehrt die mechanische Anschauung ohne Weiteres, dafs Sonnen- und Mondring in gleicher Weise bestrebt sein werden, den Erdring in die Ebene der Ekliptik hineinzudrehen. Die betr. Drehkraft hat die Knotenlinie zur Axe und wirkt, von derjenigen Seite der Knotenlinie gesehen, welche den Frühlings-Tag- und Nachtgleichen-Punkt trägt, um diese Axe entgegen dem Sinne des Uhrzeigers, gerade so wie die Schwerkraft bei einem symmetrischen Kreisel, dessen Schwerpunkt unter dem Stützpunkte liegt. Wir wünschen die Gröfse dieser Drehkraft zu berechnen.

Sei m_1 die Masse, r_1 der Radius des Sonnenringes und ψ_1 ein in der Ekliptik etwa von der Knotenlinie aus gezählter Winkel, welcher die einzelnen Punkte des Sonnenringes unterscheidet (s. Fig. 96). Die analoge Bedeutung mögen m_2, r_2, ψ_2 für den Mondring haben. Endlich sind dieselben Gröfsen für den um den Erdäquator herumgelegten Erdring: m (s. oben), R (Erdradius) und φ (ein in der Äquatorebene von der Knotenlinie aus gezählter Winkel).

Der Winkel zwischen Erdring und Ekliptik heifse ϑ ($= 23\frac{1}{2}{}^0$ ca.). Wir legen rechtwinklige Koordinaten x, y, z zu Grunde, indem wir die z-Richtung mit der Normalen der Ekliptik, die x-Richtung mit der Knotenlinie zusammenfallen lassen; dann wird für den Sonnen- und Mondring:

$$x_1 = r_1 \cos\psi_1, \quad y_1 = r_1 \sin\psi_1, \quad z_1 = 0,$$
$$x_2 = r_2 \cos\psi_2, \quad y_2 = r_2 \sin\psi_2, \quad z_2 = 0,$$

während wir für den Erdring haben:

$$x = R\cos\varphi, \quad y = R\sin\varphi\cos\vartheta, \quad z = R\sin\varphi\sin\vartheta.$$

Um das Anziehungspotential des Sonnenringes auf den Erdring zu bilden, berechnen wir

$$\frac{1}{r} = \{(x_1-x)^2+(y_1-y)^2+(z_1-z)^2\}^{-\frac{1}{2}} = \{r_1{}^2 + R^2 - 2Rr_1 s\}^{-\frac{1}{2}},$$
$$s = \frac{xx_1 + yy_1 + zz_1}{Rr_1} = \cos\psi_1\cos\varphi + \sin\psi_1\sin\varphi\cos\vartheta,$$

und entwickeln $\frac{1}{r}$ nach Potenzen der kleinen Gröfse $\frac{R}{r_1}$, indem wir nur die Glieder bis zur zweiten Potenz incl. hinschreiben:

$$\frac{1}{r} = \frac{1}{r_1}\left(1 + \frac{Rs}{r_1} + \frac{3}{2}\left(\frac{Rs}{r_1}\right)^2 - \frac{1}{2}\left(\frac{R}{r_1}\right)^2 + \cdots\right).$$

Dieser Ausdruck ist nach ψ_1 und φ, d. h. über den Sonnen- und Erdring zu integrieren. Dabei wird

$$\int_0^{2\pi} s\,d\psi_1 = 0, \quad \int_0^{2\pi} s^2\,d\psi_1 = \pi(\cos^2\varphi + \sin^2\varphi\cos^2\vartheta),$$
$$\int_0^{2\pi} d\varphi \int_0^{2\pi} s^2\,d\psi_1 = \pi^2(1 + \cos^2\vartheta).$$

Das gesuchte Potential lautet daher, unter f die Gravitationskonstante verstanden:

$$V_1 = f\iint \frac{dm_1\,dm}{r} = f\frac{m_1 m}{(2\pi)^2}\int_0^{2\pi} d\psi_1 \int_0^{2\pi} \frac{1}{r}\,d\varphi$$
$$= f\frac{m_1 m}{r_1}\left(1 + \frac{3}{8}\frac{R^2}{r_1{}^2}(1+\cos^2\vartheta) - \frac{1}{2}\frac{R^2}{r_1{}^2} + \cdots\right).$$

Dasselbe hängt, wie wir sehen, nur von dem Winkel ϑ ab; also wirkt die Anziehung nur auf eine Änderung des Winkels ϑ, d. h. auf eine Drehung um die Knotenlinie hin, wie wir schon oben erkannten. Die Gröfse dieser Drehkraft ist dabei in erster Annäherung, d. h. bei der schon vorher genannten Vernachlässigung der höheren Potenzen von $\frac{R}{r_1}$:

$$\frac{\partial V_1}{\partial \vartheta} = -\frac{3}{4} f \frac{m_1 m R^2}{r_1^3} \sin\vartheta \cos\vartheta. \tag{2}$$

Endlich drücken wir die Masse m des Erdringes durch die Trägheitsmomente C und A des Erdkörpers aus (s. Gl. (1)) und erhalten:

$$\frac{\partial V_1}{\partial \vartheta} = -\frac{3}{2} f \frac{m_1 (C-A)}{r_1^3} \sin\vartheta \cos\vartheta. \tag{2'}$$

Ebenso ergiebt sich das vom Mondringe herrührende Drehmoment zu

$$\frac{\partial V_2}{\partial \vartheta} = -\frac{3}{2} f \frac{m_2 (C-A)}{r_2^3} \sin\vartheta \cos\vartheta. \tag{2''}$$

Die genannte Drehkraft ist daher gleich der Summe dieser beiden Ausdrücke, d. h. gleich

$$P \cos\vartheta \sin\vartheta,$$

wenn zur Abkürzung

$$P = -\frac{3}{2} f (C-A) \left\{\frac{m_1}{r_1^3} + \frac{m_2}{r_2^3}\right\} \tag{3}$$

gesetzt wird. Wir haben somit im vorliegenden Falle für die äufsere Drehkraft einen ganz ähnlichen Wert ($P \sin\vartheta \cos\vartheta$, $P < 0$) gefunden, wie früher beim schweren symmetrischen Kreisel, dessen Schwerpunkt unterhalb des Stützpunktes lag ($P \sin\vartheta$, $P < 0$).

Wir machen uns nun klar, *dafs unter dem Einflufs dieser Drehkraft die reguläre Präcession ähnlich wie früher eine mögliche Bewegungsform darstellt.* Gleichzeitig merken wir an, dafs sie ebensowenig wie früher, die allgemeinste mögliche Bewegungsform giebt. (Die Frage, ob es sich bei der Erde um die besondere *reguläre* Präcession oder um die allgemeine *pseudoreguläre* Präcession handelt, bildet den eigentlichen Gegenstand des folgenden geophysikalischen Abschnittes. Indem wir den Leser auf diesen verweisen, werden wir im gegenwärtigen Abschnitt die Bewegung der Erde und ebenso die des Mondringes als reguläre Präcession behandeln.) Dabei stützen wir uns am einfachsten auf das d'Alembertsche Prinzip (Kap. III, § 4), nach welchem bei jeder möglichen oder „natürlichen" Bewegung des Kreisels die Trägheitswirkung der äufseren Drehkraft dauernd das Gleichgewicht hält. Die Trägheitswirkung des symmetrischen Kreisels bei der regulären Präcession wurde pag. 175 zu

$$K = -C\mu\nu \sin\vartheta - (C-A)\nu^2 \sin\vartheta \cos\vartheta \tag{4}$$

gefunden; dieses Moment hatte die Knotenlinie zur Axe, ebenso wie im vorliegenden Falle die äufsere Drehkraft $P \sin\vartheta \cos\vartheta$. Das besagte Prinzip verlangt also:

$$K + P \sin\vartheta \cos\vartheta = 0. \tag{5}$$

In Gleichung (4) bedeutet ν die Präcessionsgeschwindigkeit, d. h. die Winkelgeschwindigkeit, mit der sich die Erdaxe um die Normale der Ekliptik dreht; μ ist die Winkelgeschwindigkeit der Erde bei ihrer täglichen Umdrehung, gemessen von der Knotenlinie aus. Als Unbekannte haben wir die Gröfse ν anzusehen. Unsere Gleichung liefert für dieselbe zwei Werte (wie früher bei der Präcessionsbewegung des symmetrischen Kreisels, pag. 178); da P (s. u.) sehr klein ist, wird der eine dieser Werte ebenfalls sehr klein, der andere von der Gröfsenordnung von μ. In unserem Falle kommt nur der erstere Wert für die Präcessionsgeschwindigkeit in Betracht, da die Beobachtungen unzweideutig zeigen, dafs ν erheblich kleiner als μ ist. Gleichzeitig berechtigt uns eben diese Kleinheit des Verhältnisses $\nu:\mu$ in Gleichung (4) das zweite Glied gegen das erste zu vernachlässigen und Gleichung (5) einfacher folgendermafsen zu schreiben:

$$C\mu\nu = P\cos\vartheta. \tag{5'}$$

Hieraus ergiebt sich als theoretischer Wert für ν:

$$\nu = \frac{P\cos\vartheta}{C\mu} = -\frac{3}{2}\,\frac{f}{\mu}\,\frac{C-A}{C}\left\{\frac{m_1}{r_1^{\,3}} + \frac{m_2}{r_2^{\,3}}\right\}\cos\vartheta. \tag{6}$$

Die rechte Seite läfst sich für die numerische Rechnung bequemer gestalten, wenn wir sie mit Hülfe des dritten Keplerschen Gesetzes umformen. Der präciseste Ausdruck desselben ist bekanntlich die Gleichung

$$f\,\frac{(m+m')}{a^3} = \left(\frac{2\pi}{T}\right)^2;$$

hier bedeuten m und m' die beiden Massen des Zweikörperproblems, a die halbe grofse Axe der Keplerschen Ellipse, T die Umlaufszeit. Wenn wir von der Excentrizität absehen, wird a mit dem mittleren Abstande r identisch. Für die Bewegung der Erde um die Sonne ergiebt sich hieraus, da die Masse der Erde gegen die der Sonne ohne Weiteres vernachlässigt werden darf:

$$f\,\frac{m_1}{r_1^{\,3}} = \left(\frac{2\pi}{T_1}\right)^2 \tag{7}$$

und für die Bewegung des Mondes um die Erde

$$f\,\frac{M+m_2}{r_2^{\,3}} = \left(\frac{2\pi}{T_2}\right)^2 \quad \text{oder} \quad f\,\frac{m_2}{r_2^{\,3}} = \frac{m_2}{M+m_2}\left(\frac{2\pi}{T_2}\right)^2. \tag{7'}$$

Gleichung (6) schreibt sich daraufhin folgendermafsen:

$$\nu = -\,6\pi^2\,\frac{C-A}{\mu C}\left(\frac{1}{T_1^{\,2}} + \frac{m_2}{M+m_2}\,\frac{1}{T_2^{\,2}}\right)\cos\vartheta. \tag{6'}$$

Aus dieser Formel wollen wir nun einige numerische Schlüsse ziehen. Zunächst läfst sich der von der Sonne herrührende Bestandteil der Präcession (ν_1) mit dem von dem Monde herrührenden (ν_2) vergleichen. Wir haben nämlich ersichtlich

$$\frac{\nu_1}{\nu_2} = \left(\frac{M}{m_2} + 1\right) \frac{T_2^{\,2}}{T_1^{\,2}}.$$

Hier ist $T_2 : T_1$ das Verhältnis des (siderischen) Mondumlaufs zum (siderischen) Jahre, d. h. ungefähr gleich $27\,^1\!/_3 : 365\,^1\!/_4$. Für das Verhältnis der Erdmasse zur Mondmasse werden wir den Wert 82 zu Grunde legen. Infolge dessen ergiebt sich

$$\frac{\nu_1}{\nu_2} = 0{,}47 \quad \text{oder} \quad \frac{\nu_2}{\nu_1} = 2{,}13.$$

Der Beitrag des Mondes zur Präcessionserscheinung ist also wegen seiner geringen Entfernung trotz seiner geringen Masse mehr als doppelt so grofs, wie der der Sonne.

Berechnen wir nun die beiden Bestandteile einzeln. Wir haben

$$(8) \qquad \nu_1 = -6\pi^2 \frac{C-A}{C} \frac{\cos\vartheta}{\mu T_1^{\,2}}, \quad \nu_2 = 2{,}13 \cdot \nu_1.$$

Es ist aber μ, die Winkelgeschwindigkeit der Erdumdrehung, gleich -2π dividiert durch die Länge des Sterntages*), also μT_1 gleich -2π multipliziert mit der Anzahl der Sterntage, die auf ein Jahr kommen. Diese Anzahl ist bekanntlich um 1 gröfser wie die Anzahl der Sonnentage. Somit wird $\mu T_1 = -2\pi \cdot 366\,^1\!/_4$. (Das negative Zeichen rührt daher, dafs die Drehung der Erde entgegen dem Sinne des Uhrzeigers stattfindet.) Wir müssen ferner den Wert von $\frac{C-A}{C}$ kennen. Indem wir uns eines gewissen Zirkels schuldig machen (s. § 4), wollen wir dafür den Wert $\frac{1}{305}$ acceptieren. Nehmen wir als Zeiteinheit das Jahr an, so ergiebt sich schliefslich, in Bogensekunden ausgedrückt:

$$(9) \qquad \nu_1 = 3\pi \cdot \frac{\cos 23{,}5^0}{305 \cdot 366\,^1\!/_4} = 16''.$$

---

*) Diese Angabe ist nicht ganz genau. Da nämlich die Winkelgeschwindigkeit μ ebenso wie der Eulersche Winkel φ, dessen zeitlicher Differentialquotient sie ist, von der Knotenlinie aus zu messen ist und diese sich, eben wegen der Präcession, entgegen dem Sinne der Erdrotation verschiebt, so wird μ in Wirklichkeit etwas gröfser ausfallen. Die obige Angabe bezieht sich eigentlich auf die wahre Umdrehungsgeschwindigkeit r, die dritte Komponente des Drehungsvektors (p, q, r). Da aber $r = \varphi' + \cos\vartheta \cdot \psi'$, da ferner $\varphi' = \mu$, $\psi' = \nu$ ist, so wird die Differenz zwischen r und μ gleich $\nu \cos\vartheta$, welche Gröfse wegen der Kleinheit von ν für unsere Zwecke nicht in Betracht kommt.

Die Knotenlinie dreht sich also wegen der Sonnenanziehung allein im Laufe eines Jahres um 16″ vorwärts.

Ferner ergiebt sich nach Gl. (8)

$$\nu_2 = 2{,}13 \cdot 16'' = 34''. \tag{9'}$$

Wegen der Mondanziehung allein dreht sich also die Knotenlinie während eines Jahres um 34″. Der Gesamtbetrag der Präcession ist mithin

$$\nu_1 + \nu_2 = 50''. \tag{10}$$

Soviel über die Erklärung und die ungefähre Gröfsenbestimmung der Präcession. Zum Vergleich mit Späterem wollen wir noch die Bewegung der Erdaxe durch Angabe der Eulerschen Winkel ψ und ϑ beschreiben. Dem bisherigen Grade der Annäherung entspricht die folgende Darstellung:

$$\left\{\begin{aligned} \psi &= \psi_0 + 50'' \cdot t, \\ \vartheta &= 23^0\,27'\,7''; \end{aligned}\right. \tag{11}$$

die Gröfse ψ_0 bleibt hierin unbestimmt; sie hängt davon ab, von welchem Punkte der Ekliptik wir den Winkel ψ messen wollen.

§ 2. Der Rückgang der Mondknoten. Erste Erweiterung der Gaufsischen Methode.

Die Mondbahn fällt bekanntlich nicht genau mit der Ebene der Ekliptik zusammen, wie wir bisher annahmen, sondern bildet mit ihr einen Winkel von ca. 5^0 (genauer gesagt einen Winkel, der zwischen $5^0\,0'$ und $5^0\,18'$ schwankt). Ihre Schnittpunkte mit dieser Ebene sind die *Mondknoten*, die Verbindungslinie derselben heifst die *Knotenlinie des Mondes.* Diese Knotenlinie führt nun unter dem Einflufs der Sonnenanziehung eine, im Sinne der Mondbewegung gerechnet, rückläufige Bewegung aus; sie dreht sich um die Normale der Ekliptik ebenso wie die Knotenlinie der Erde im Sinne des Uhrzeigers, aber mit erheblich gröfserer Geschwindigkeit, nämlich in ca. $18^2/_3$ Jahren einmal um.

Wir können auch diese Knotenbewegung in Zusammenhang mit der Kreiseltheorie bringen und können ihren zahlenmäfsigen Wert von da aus bestimmen. Allerdings müssen wir dabei wesentliche Punkte aus der Theorie des Mondes als bekannt voraussetzen. Wir müssen nämlich von vornherein wissen, dafs die von der Sonne hervorgerufene hauptsächliche Störung der Mondbahn in einer Bewegung ihrer Knoten bei Unveränderlichkeit ihrer Neigung gegen die Ekliptik besteht. Wir müssen ferner wissen, dafs die (bekanntlich ziemlich grofse) Excentrizität der Mondbahn, von der wir im Folgenden notgedrungen absehen werden, die Gröſse der Knotenbewegung nicht erheblich beeinfluſst, so daſs die Knotenbewegung einerseits und die von der Excentrizität herrührenden Störungen der Mondbahn andrerseits für sich berechnet werden können. In unserer Betrachtung fehlt also, mathematisch gesprochen, der Existenzbeweis für die Mondknotenbewegung; was wir aus der Kreiseltheorie entnehmen können, ist lediglich die Berechnung der Gröſse dieser Bewegung unter Voraussetzung ihrer Existenz.

Wir halten im Folgenden an unserer früheren Vorstellung eines Sonnen- und Mondringes fest, die wir uns beide als starr und kreisförmig denken. Der von uns konstruierte „Erdring", dessen Anziehung wir nachträglich gleichfalls berücksichtigen werden, ist von zu geringer Masse, um für unsere jetzigen Zwecke merklich in Betracht zu kommen, so daſs wir uns zunächst auf die anziehende Wirkung des Sonnenringes beschränken werden. Entsprechend der Bewegung des Mondes um die Erde denken wir uns den Mondring mit der betr. Umlaufsgeschwindigkeit als starres Ganzes kontinuierlich in sich verschoben. Wir haben dann das folgende einfache Problem der Kreiseltheorie vor uns: *Der in Rotation befindliche Mondring steht unter dem Einfluſs der Anziehung des Sonnenringes, die ihn in die Ebene der Ekliptik hineinzuziehen sucht; er beschreibt unter dem Einfluſs derselben um die Normale der Ekliptik eine reguläre Präcession; welches ist seine Präcessionsgeschwindigkeit?*

Bei dieser Formulierung sind wir in der Anwendung der Gauſsischen Methode über Gauſs selbst einen Schritt hinausgegangen. Während nämlich Gauſs nur die Masse des störenden (des anziehenden) Körpers auf seiner Bahn verteilt, haben wir auch die Masse des gestörten (des angezogenen) Körpers durch eine auf dessen Bahn ausgebreitete kontinuierliche Massenbelegung ersetzt. Während es aber bei der anziehenden Masse, dem Sonnenringe, gleichgültig ist, ob wir uns dieselbe in Bewegung oder in Ruhe denken, ist es bei der angezogenen Masse, dem Mondringe, wesentlich, daſs wir seine Bewegung (in Gestalt einer Verschiebung des Ringes in sich) berücksichtigen. Denn diese Bewegung ist es gerade, die nach den Grundsätzen der Kreiseltheorie die Mondbahn in den Stand setzt, ihre Neigung gegen die Ekliptik gegenüber dem von dem Sonnenringe ausgeübten Drehmomente zu behaupten.

Wir bilden zunächst das Anziehungspotential des Sonnenringes auf den Mondring und leiten daraus die um die Knotenlinie des Mondringes wirkende Drehkraft ab. Sie lautet nach Gleichung (2) des vorigen Paragraphen:

$$(1) \qquad \frac{\partial V}{\partial \vartheta_2} = -\frac{3}{4} f \frac{m_1 m_2 r_2^{\,2}}{r_1^{\,3}} \sin\vartheta_2 \cos\vartheta_2;$$

in der That brauchen wir nur die auf den Erdring sich beziehenden Gröfsen m, ϑ und R in der genannten Gleichung durch die auf den Mondring bezüglichen m_2, $\vartheta_2 = 5^0$ und r_2 zu ersetzen. Schreiben wir hierfür $P_2 \sin\vartheta_2 \cos\vartheta_2$, so wird mit Rücksicht auf Gl. (7) des vorigen Paragraphen:

$$(2) \qquad P_2 = -\frac{3}{4} f \frac{m_1 m_2 r_2^2}{r_1^3} = -\frac{3}{4} m_2 r_2^2 \left(\frac{2\pi}{T_1}\right)^2 = -\frac{3\pi^2}{T_1^2} C_2,$$

wo jetzt $C_2 = m_2 r_2^2$ das Trägheitsmoment des Mondringes um seine Figurenaxe bezeichnet.

Eine mögliche Präcessionsbewegung des Mondringes von langer Periode wird wieder hinreichend genau durch die Gleichung (5′) des vorigen Paragraphen definiert, welche wir, unter N die unbekannte Präcessionsgeschwindigkeit, unter M die Drehgeschwindigkeit des Mondringes verstanden, so zu schreiben haben:

$$(3) \qquad C_2 \mathsf{M}\mathsf{N} = P_2 \cos\vartheta_2;$$

sie ergiebt

$$(4) \qquad \mathsf{N} = -\frac{3\pi^2}{T_1^2 \mathsf{M}} \cos\vartheta_2.$$

Nun bedeutet M die Winkelgeschwindigkeit des Mondringes in Bezug auf seine Knoten; sie ist gleich derjenigen Winkelgeschwindigkeit, mit welcher, von der Erde aus gesehen, der Mond in seiner Bahn gegen die Mondknoten fortschreitet. Die betr. Umlaufszeit heifst die drakonitische, sie ist gleich 27,2 Tagen*). Mithin wird

$$\mathsf{M} = -\frac{2\pi}{27{,}2} \quad \text{und} \quad \mathsf{M} T_1 = -2\pi \frac{365{,}25}{27{,}2}.$$

Nehmen wir wieder als Zeiteinheit das Jahr, so wird in Gradmafs ausgedrückt

$$(5) \qquad \mathsf{N} = \frac{3}{2} \frac{27{,}2}{365{,}25} \cos 5^0 \cdot 180^0 = 20{,}0^0.$$

Dies wäre die Anzahl Grade, welche die Mondknoten in einem Jahre zurücklegen; die volle Umlaufszeit der Mondknoten würde daher betragen:

$$(6) \qquad \frac{360}{\mathsf{N}} = 18 \text{ Jahre.}$$

Der oben angegebene Wert war $18^2/_3$ Jahre oder genauer 6793 Tage; dem entspricht als genauerer Wert von N der Betrag $19^1/_3{}^0$. Der

*) Über die Beziehung dieser Winkelgeschwindigkeit zur wahren oder siderischen Winkelgeschwindigkeit des Mondes ist dasselbe zu sagen, wie oben über die Beziehung zwischen μ und r. Bezeichnen wir die siderische Winkelgeschwindigkeit (d. h. die Gröfse -2π dividiert durch den siderischen Monat) mit R, so gilt wieder $R = \mathsf{M} + \mathsf{N}\cos 5^0$.

Unterschied kann uns bei der Rohheit unserer Vorstellung vom Mondringe, bei der wir von der Excentrizität der Mondbahn absahen, nicht wunder nehmen.

Wir wollen noch ergänzungsweise den Einfluſs der *Erdanziehung* auf die Bewegung der Mondknoten, wenigstens in grober Annäherung, bestimmen. Es ist klar, daſs die Erde nur insofern die Ebene der Mondbahn stören kann, als sie von der Kugelgestalt abweicht, daſs also bei der im vorigen Paragraphen besprochenen Zerlegung der Erde in eine „Erdkugel“ und einen „Erdring“ nur der Erdring von der Masse m (Gl. (1) daselbst) zu berücksichtigen ist. Dieser Erdring m sucht nun ebenso wie der Sonnenring den Mondring in seine Ebene hineinzudrehen, also hier in die Ebene des Erdäquators. Wir schlieſsen wie oben, daſs unter dem Einfluſs dieses Drehmomentes und vermöge der eigenen Umdrehungsgeschwindigkeit des Mondringes die reguläre Präcession um die Normale der genannten Ebene, also hier um die Nord-Süd-Axe der Erde, eine mögliche Bewegungsform des Mondringes sei, wobei wir von der im vorigen Paragraphen untersuchten Eigenbewegung der Erdaxe absehen. Wir wollen die Präcessionsgeschwindigkeit und die Zeitdauer dieser Präcession bestimmen. Indem wir finden, was aus der geringen Masse des Erdringes vorherzusehen war, daſs diese Präcessionsgeschwindigkeit sehr klein, die Präcessionsdauer also sehr lang wird, verglichen mit der entsprechenden Geschwindigkeit und Zeitdauer bei der durch die Sonne hervorgerufenen Mondknotenbewegung, zeigt sich, daſs durch die Einwirkung der Erde die Mondknotenbewegung nur in geringer Weise und in säkularer Form abgeändert wird und daſs wir bei der vorhergehenden Berechnung derselben die Erdanziehung vernachlässigen durften. Die Art dieser (sehr geringfügigen) Abänderung besteht dabei nicht in einer einfachen Beschleunigung oder Verzögerung der durch die Sonne bewirkten Knotenbewegung, sondern sie verändert auch die Neigung der Mondbahn gegen die Ekliptik, da wie bemerkt die von der Erde bewirkte Präcessionsbewegung um eine andere Axe erfolgt, wie die durch die Sonne bewirkte.

Das Drehmoment des Erdringes auf den Mondring hängt von dem Winkel der Neigung des Mondringes gegen die Äquatorebene der Erde ab. Dieser Winkel wechselt wegen der durch die Sonne bewirkten Knotenbewegung und schwankt in $18^2/_3$ Jahren um $\pm 5^0$. Es ist am einfachsten und liegt am nächsten, jenen Neigungswinkel durch seinen Mittelwert zu ersetzen, d. h. durch den Winkel $\vartheta = 23{,}5^0$, unter dem die Äquatorebene der Erde gegen die Ekliptik geneigt ist. Indem wir dieses thun, sehen wir also wie im ersten Paragraphen von der Neigung der Mondbahn gegen die Ekliptik ab, denken uns vielmehr den Mondring in die Ekliptik hineingedreht.

Das Drehmoment der Erdanziehung auf den Mondring können wir nun direkt aus der Gl. (2″) des vorigen Paragraphen entnehmen. Die dortige Formel bedeutete das Drehmoment, welches der in die Ekliptik hineingedrehte Mondring auf den Erdring ausübte. Gerade so grofs ist aber das jetzt in Frage stehende Drehmoment. Setzen wir dasselbe gleich $P_2' \sin\vartheta \cos\vartheta$, so wird nach der genannten Gleichung:

$$P_2' = -\frac{3}{2} f \frac{m_2 (C-A)}{r_2^3}.$$

Wir vergleichen das Produkt $P_2' \cos\vartheta$ mit dem Produkte $P_2 \cos\vartheta_2$, unter P_2 den in Gl. (2) dieses Paragraphen angegebenen Wert verstanden. Nach Gl. (3) dieses Paragraphen verhält sich nämlich diejenige Winkelgeschwindigkeit, mit der die Mondknoten um die Nord-Süd-Axe der Erde infolge der Anziehung des Erdringes umlaufen würden, zu derjenigen Geschwindigkeit, mit der sie infolge der Sonnenanziehung in der Ekliptik umlaufen, wie $P_2' \cos\vartheta$ zu $P_2 \cos\vartheta_2$. Nennen wir die beiden Geschwindigkeiten N' bez., wie oben, N, so haben wir

$$\frac{\mathsf{N}'}{\mathsf{N}} = \frac{P_2' \cos\vartheta}{P_2 \cos\vartheta_2} = \frac{2(C-A)}{m_1 r_2^2} \frac{r_1^3}{r_2^3} \frac{\cos\vartheta}{\cos\vartheta_2}.$$

Nach dem dritten Keplerschen Gesetz (Gl. (7) und (7′) aus § 1) dürfen wir setzen

$$\frac{r_1^3}{r_2^3} = \frac{m_1}{M+m_2} \frac{T_1^2}{T_2^2};$$

und erhalten daher:

$$\frac{\mathsf{N}'}{\mathsf{N}} = \frac{2(C-A)}{(M+m_2) r_2^2} \frac{T_1^2}{T_2^2} \frac{\cos\vartheta}{\cos\vartheta_2} = 2 \frac{C-A}{C} \frac{C}{(M+m_2) r_2^2} \frac{T_1^2}{T_2^2} \frac{\cos\vartheta}{\cos\vartheta_2}.$$

Hier werde noch im Zähler des Ausdrucks ein Näherungswert für C eingesetzt; sehen wir nämlich die Erde vorübergehend als eine Kugel von gleichförmiger Dichte an, so dürfen wir nach einer bekannten Formel $C = \frac{2}{5} M R^2$ annehmen, so dafs sich schliefslich ergiebt:

$$\frac{\mathsf{N}'}{\mathsf{N}} = \frac{4}{5} \frac{C-A}{C} \frac{M}{M+m_2} \frac{R^2}{r_2^2} \frac{T_1^2}{T_2^2} \frac{\cos\vartheta}{\cos\vartheta_2}.$$

Die sämtlichen Faktoren dieses Ausdrucks sind bekannte Zahlen. Es ist z. B. das Verhältnis R/r_2 gleich ca. $1/60$, während das Verhältnis $M/M+m_2$ hinreichend genau gleich 1 genommen werden kann. Mit Benutzung der schon früher angegebenen sonstigen Zahlenwerte ergiebt sich

$$\frac{\mathsf{N}'}{\mathsf{N}} = \frac{4}{5} \frac{1}{305} \left(\frac{1}{60}\right)^2 \left(\frac{365{,}25}{27{,}3}\right)^2 \frac{\cos 23{,}5^0}{\cos 5^0} = 1{,}2 \cdot 10^{-4}.$$

Die Geschwindigkeit N′ ist also außerordentlich klein gegen die Geschwindigkeit N. Umgekehrt ist die zu N′ gehörige Präcessionsdauer außerordentlich groß gegen die Periode der Mondknotenbewegung in der Ekliptik, welche $18^2/_3$ Jahre beträgt. Jene Präcessionsdauer würde nämlich sein:

$$\frac{18^2/_3 \cdot 10^4}{1{,}2} = 156\,000 \text{ Jahren.}$$

Die Größe dieser Zahl zeigt unmittelbar, daß unserer Betrachtung nur die Bedeutung einer *Abschätzung*, nicht die einer *zuverlässigen Berechnung* zukommt. Denn einerseits ändern sich während des genannten Zeitraumes die Elemente der Mondbahn in bedeutendem und nicht vorherzubestimmendem Maße, während sie in unserer Rechnung als konstant angenommen wurden. Andrerseits und namentlich ändert sich in jenem Zeitraume die Lage des Erdringes im Raume wegen der Knotenbewegung der Erde völlig, während wir doch in unserer Rechnung die Stellung des Erdringes und das von ihm ausgeübte Drehmoment als unveränderlich voraussetzen mußten. Diese Voraussetzung ist nur für einen Zeitraum zulässig, der klein ist gegen die Präcessionsdauer (26 000 Jahre) der Erdknoten, dagegen völlig unhaltbar für den hier gefundenen Zeitraum, der sich sogar größer als 26000 Jahre ergeben hat.

Trotzdem wird durch die vorstehende Rechnung soviel bewiesen, als wir ergänzungsweise zu beweisen wünschten: daß nämlich die von dem Erdringe bewirkte Mondknotenbewegung zu vernachlässigen und daß lediglich die Sonnenanziehung als maßgebender Faktor hierbei zu berücksichtigen ist.

§ 3. Die astronomische Nutation der Erdaxe. Verallgemeinerung der Gaußischen Methode auf periodische Störungen.

Indem wir uns zu der von Bradley 1747 entdeckten *Nutation der Erdaxe* wenden, betonen wir vorab, daß diese „astronomische“ Nutation mit der früher als Nutation der Kreiselaxe bezeichneten Bewegung in *kinetischer* Hinsicht nichts gemein hat. Die Nutation der allgemeinen Kreiseltheorie (vgl. besonders Kap. V, § 2) rührt daher, daß der Anfangszustand der Bewegung im Allgemeinen nicht genau auf die reguläre Präcession abgepaßt ist und daß dementsprechend selbst beim Fehlen aller äußeren Kräfte die Figurenaxe im Raume im Allgemeinen einen Kegel beschreibt. Die astronomische Nutation dagegen hat ihren Ursprung darin, daß auf die sich drehende Erde periodisch veränderliche Kräfte einwirken, welche natürlich eine in gleichem Zeitmaß erfolgende periodische Bewegung der Erdaxe bedingen. Indem wir an eine in der gesamten Mechanik ebenso wichtige wie bekannte Unterscheidung anknüpfen, können wir kurz so sagen: *Die frühere Nutation war eine freie, die jetzige ist eine erzwungene Schwingung.*

Die Ähnlichkeit beider Bewegungen, welche die gleiche Wahl der Bezeichnung rechtfertigen möge, ist vielmehr nur *kinematischer* Natur. In beiden Fällen handelt es sich um eine gegen die Periode der Präcession sehr kurze Schwingung. Die Periode der freien Nutation in der allgemeinen Kreiseltheorie beträgt $2\pi A/N$, die der Präcession $2\pi N/P$ (s. z. B. pag. 305, Gl. (13) und (15)), das Verhältnis beider Perioden ist daher die oft genannte Gröſse AP/N^2, die wir in der Regel als kleine Zahl (z. B. $< 1/100$) voraussetzen durften. Andrerseits rührt die astronomische Nutation von der Bewegung der Mondknoten her, hat daher wie diese die Periode von $18^2/_3$ Jahren; die Periode der Präcession der Erdaxe wurde zu 26000 Jahren berechnet; das Verhältnis beider Perioden ist daher auch hier sehr klein, sogar $< 1/1000$.

Um die Theorie der astronomischen Nutation an unsere bisherigen Betrachtungen anschlieſsen zu können, müssen wir zunächst unsere von Gauſs übernommene Methode abermals erweitern. In ihrer ursprünglichen Form dient diese Methode nur zur Berechnung der *säkularen Störungen.* Wir werden aber sehen, daſs sie bei geringer Modifikation auch die *periodischen* liefern wird.

Formulieren wir zunächst das Problem der Erdrotation in allgemeinster Weise. Da haben wir auf der einen Seite die Erde, auf der anderen Seite Sonne und Mond, die ihre als bekannt anzusehenden relativen Bahnen um die Erde beschreiben und dementsprechend wechselnde Anziehungen ausüben. Die Gesamtheit der Anziehungswirkungen findet man am einfachsten aus dem *Anziehungspotential* durch Ableitung desselben nach den Koordinaten. Das Potential wird dabei, wie immer bei Störungsaufgaben, aus den relativen Lagen der fraglichen Körper *unter vorläufiger Absehung von den im Verlaufe der Rechnung selbst zu findenden Störungen* berechnet. Da die Störungen sich in der Regel im Verhältnis zur Hauptbewegung als klein ergeben, wird hierdurch nur ein kleiner Fehler entstehen. Wollte man dagegen die gestörte Bewegung selbst bei der Berechnung des Anziehungspotentials zu Grunde legen, so würde man neben den sog. Störungen erster Ordnung, auf die wir im folgenden allein abzielen, zugleich auch die „Störungen zweiter Ordnung“ ermitteln. Auch wenn man die letzteren zu kennen wünschte, würde sich immer ein schrittweises Vorgehen und eine vorläufige Beschränkung auf die Störungen erster Ordnung empfehlen. In unserem

Falle haben wir unter der ungestörten Bewegung der Erde ihre gleichmäſsige Rotation um die gegen die Ekliptik geneigte Figurenaxe zu verstehen.

Dieses Potential V der Sonnen- und Mondanziehung auf die Erde wird man nun naturgemäſs in nicht-periodische und periodische Bestandteile spalten. Die periodischen Bestandteile der Sonnenanziehung V_1 werden zur Periode das Jahr, die der Mondanziehung V_2 teils den Monat, teils den Umlauf der Knoten etc. haben. Die *harmonische Analyse* liefert ein allgemeines methodisches Mittel, um diese Bestandteile von einander zu sondern. Bekanntlich findet man die Koeffizienten der trigonometrischen Reihe in der Form bestimmter Integrale. So ist der *unperiodische Teil von* V_1 gleich $\frac{1}{T_1}\int V_1(t)\,dt$, erstreckt über die Zeit eines vollen Sonnenumlaufs. Diese Formel läſst sich aber deuten als Potential der in geeigneter Weise mit Masse belegten relativen Sonnenbahn. Es sei dm das Massenelement, welches wir auf dem mit der Geschwindigkeit $\frac{ds}{dt}$ durchlaufenen Bahnelemente ds anbringen. Da das Potential $V_1(t)$ der ganzen Sonnenmasse m_1 entspricht, wird das Potential des genannten Massenelementes gleich $\frac{dm}{m_1}V_1(t)$ sein und das gesamte Potential der mit Masse versehenen Sonnenbahn $\frac{1}{m_1}\int V_1(t)\,dm$. Damit Übereinstimmung herrscht zwischen diesem Potential und dem genannten Koeffizienten der trigonometrischen Entwickelung, muſs die Massenverteilung so eingerichtet werden, daſs auf jedes Element der Bahn das Massenelement

$$(1) \qquad dm = \frac{m_1\,dt}{T_1}$$

kommt. Die gesamte auf der Bahn aufgetragene Masse ist hiernach genau die gesamte Sonnenmasse m_1. Wir haben damit genau den ursprünglichen Gauſsischen Ansatz. Wird überdies die Bahn als kreisförmig, die Geschwindigkeit also als gleichförmig vorausgesetzt, so ist die Massenverteilung eine gleichförmige. Dies war unser Standpunkt bei der obigen Behandlung der Präcession, welche in der That von dem konstanten oder durchschnittlichen Teile der Sonnen- und Mondanziehung herrührt.

Betrachten wir nun die *periodischen Teile.* Indem wir wieder auf die Sonne argumentieren, sei T_1/n die betr. Periode, unter n eine ganze Zahl verstanden. Die Koeffizienten der beiden Terme von dieser Periode in der trigonometrischen Entwickelung sind:

$$(2) \qquad \frac{2n}{T_1}\int V_1(t)\cos 2\pi\frac{nt}{T_1}\,dt, \quad \frac{2n}{T_1}\int V_1(t)\sin 2\pi\frac{nt}{T_1}\,dt.$$

Wir fassen sie wieder auf als Anziehung der mit Masse belegten Sonnenbahn, wobei aber jetzt auf das Bahnelement ds die Masse $m_1 \frac{2n}{T_1} \begin{smallmatrix}\cos\\ \sin\end{smallmatrix} 2\pi \frac{nt}{T_1} dt$ kommt, unter t und dt die Zeit resp. das Zeitintervall verstanden, zu der resp. in dem das Element ds von der Sonne durchlaufen wird. Die gesamte zur Verteilung kommende Masse ist jetzt Null, da wir neben positiver auch gleich viel „negative“ Masse verwenden müssen. Die Dichte ist, selbst bei kreisförmiger Gestalt der Bahn, nicht gleichförmig sondern harmonisch variabel. Die nachstehenden schematischen Figuren mögen diese Verhältnisse im Falle $n = 0$ und $n = 2$ veranschaulichen.

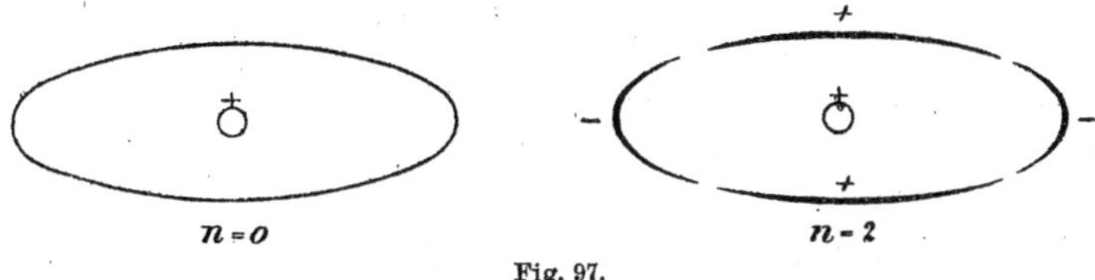

Fig. 97.

Die betr. auf den Erdkörper wirkenden periodischen Drehkräfte ergeben sich aus den berechneten trigonometrischen Koeffizienten durch Ableitung nach den räumlichen Koordinaten und Multiplikation mit $\begin{smallmatrix}\sin\\ \cos\end{smallmatrix} \frac{2\pi nt}{T_1}$. Sie werden Störungen der Erdaxe von derselben Periode T_1/n hervorrufen. Auf die Berechnung derselben gehen wir hier nicht ein; sie kann nach dem Muster der weiter unten für die astronomische Nutation zu gebenden Entwickelungen erfolgen. Praktisch kommt von solchen Störungen nur diejenige in Betracht, welche die Periode $T_1/2$ hat, sowie die entsprechende von der Mondanziehung herrührende Störung von der Periode $T_2/2$. Auch bei diesen Gliedern übersteigt die Amplitude der Schwankung nur an einer Stelle den Betrag $1''$ (s. die Formeln am Schlusse des nächsten Paragraphen). Die Amplituden der übrigen Glieder von den Perioden T_1, $T_1/3, \cdots$, T_2, $T_2/3, \cdots$ sind so klein, dafs sie selbst für die Bedürfnisse der astronomischen Genauigkeit verschwinden.

Anders diejenigen Störungen, welche die Periode des Umlaufs der Mondknoten besitzen.

Sehen wir zunächst zu, wie sich bei ihnen unsere Methode gestaltet.

So wie wir oben durch gleichzeitige Inbetrachtnahme sämtlicher von Sonne und Mond durchlaufenen Örter ihrer Bahnen den Sonnen- und Mondring erzeugten, so werden wir jetzt, ausgehend von dem gegen die Ekliptik geneigten Mondring, indem wir uns die sämtlichen

Örter vorstellen, die er bei seiner Präcessionsbewegung einnimmt, eine „Mondringfläche" erhalten. Diese durch Rotation des Mondringes um die Normale der Ekliptik entstehende Mondringfläche ist ersichtlich eine doppelt überdeckte*) Kugelzone vom Radius r_2 und der Höhe $2r_2 \sin 5^0$. Die beiden folgenden Figuren deuten die Massenverteilung in den Fällen $n = 0$ und $n = 1$ an, mit der wir unsere Mondringfläche auszustatten haben. Es möge dabei ausdrücklich hervorgehoben werden, dafs die Absicht bei der Einführung unserer Mondringfläche und der Verzeichnung der folgenden Figuren keine andere ist wie diejenige, die das Gaufsische Verfahren überhaupt verfolgt: den Sinn der Rechnungen an einem geometrischen Substrat zu veranschaulichen; die Rechnungen selbst werden dadurch im Grunde nicht vereinfacht, sondern sind genau identisch mit denjenigen, die wir auch bei rein analytischem Vorgehen auszuführen haben würden.

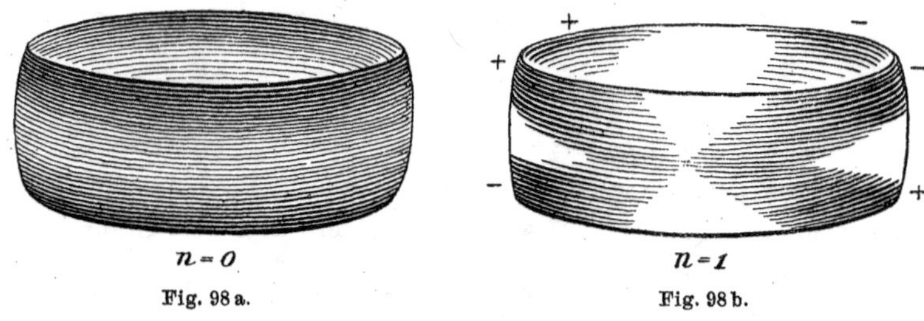

Fig. 98 a. Fig. 98 b.

a) *Im Falle* $n = 0$ (säkulare Störung) ist die Massenverteilung so zu wählen, dafs auf jedes Element der Mondringfläche eine Masse $d\mu$ kommt, die nach Analogie mit Gl. (1) gleich ist dem Produkt aus der Masse des dies Element überstreichenden Elementes der Mondringfläche in das Verhältnis dt/T, d. h. in das Verhältnis der Dauer des Überstreichens zu der ganzen Periode der Mondknoten. Wir wollen

*) Wir denken uns die Kugelzone *doppelt überdeckt*, d. h. aus *zwei Schalen bestehend*, die längs ihres oberen und unteren Randes zusammenhängen, weil jede Stelle der Kugelzone von dem rotierenden Mondringe *zweimal* überstrichen wird, einmal von dem in Fig. 99 gezeichneten vorderen, das andere Mal von dem in dieser Figur nicht angedeuteten hinteren Halbbogen. Am einfachsten wird die Vorstellung, wenn wir, der Kugelzone eine gewisse Körperlichkeit zuschreibend, die äufsere Oberfläche derselben als die eine, die innere Oberfläche als die andere Schale auffassen und festsetzen, dafs der Mondring in jeder seiner Lagen am oberen bez. unteren Rande der Kugelzone von der einen auf die andere Schale übertritt. Damit steht die Wahl unserer Koordinaten α, β im Einklange: wenn wir im Folgenden α und β von 0 bis 2π integrieren, so überstreichen wir damit jede Stelle der Kugelzone doppelt, also jede der beiden Schalen einmal; der einen Schale entsprechen dabei die Werte der Koordinaten $-\pi/2 < \alpha < +\pi/2$, $0 < \beta < 2\pi$, der anderen Schale die Werte $+\pi/2 < \alpha < +3\pi/2$, $0 < \beta < 2\pi$.

in der Ebene des Mondringes einen Winkel α messen, indem wir etwa die Knotenlinie des Mondes OM (vgl. Fig. 99) als $\alpha = 0$ rechnen; jeder Punkt P des Mondringes ist dann durch den Centriwinkel $\alpha = MOP$ charakterisiert. Andrerseits wollen wir den Winkel, den die Mondknotenlinie OM gegen einen willkürlichen festen Anfangsstrahl OA in der Ekliptik bildet, mit β bezeichnen; ψ sei der Winkel, den die Knotenlinie der Erde mit demselben Strahl OA bildet. Die Winkel α, β stellen dann schiefwinklige sphärische Koordinaten auf

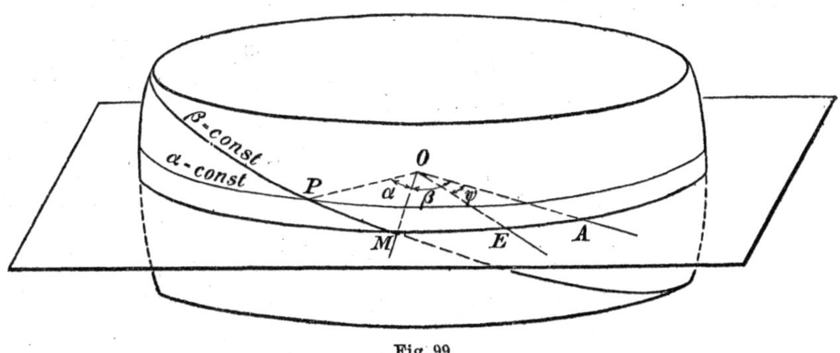

Fig. 99.

unserer Kugelzone dar, durch welche die Lage eines jeden Punktes der Kugelfläche fixiert werden kann und durch welche die Kugelzone in parallelogrammatische Elemente eingeteilt wird. Die auf ein solches Element entfallende Masse $d\mu$ ist nun gleichzusetzen der Masse des Mondringelementes, welches zu dem Winkel $d\alpha$ gehört, nämlich $m_2\, d\alpha/2\pi$, multipliziert in das oben genannte Verhältnis dt/T, welches bei gleichförmigem Umlauf der Mondknoten gleich ist $d\beta/2\pi$; man hat also

$$(3) \qquad d\mu = \frac{m_2}{4\pi^2}\, d\alpha\, d\beta.$$

Die gesamte zur Verteilung kommende Masse, die sich aus $d\mu$ durch Integration nach α und β je zwischen 0 und 2π ergiebt, ist natürlich gleich der Masse des Mondringes m_2.

Die Dichte der Verteilung, d. h. die Masse pro Flächeneinheit der Mondringfläche (zusammen für beide Schalen gerechnet) ist, wie man aus der geneigten Lage des Mondringes leicht versteht, nicht gleichförmig angeordnet, sondern häuft sich an den Rändern der Mondringfläche (für $\alpha = \pm\, \pi/2$) unendlich an. Längs der Breitenkreise ist dagegen die Dichte konstant. In Fig. 98a wurde versucht, diese Verhältnisse durch die Stärke der Schraffierung anzudeuten.

b) *Im Falle* $n = 1$ (periodische Störung) ist die auf der Mondringfläche zu supponierende Massenverteilung auch längs der Breitenkreise nicht gleichförmig, sondern harmonisch variabel. Es tritt nämlich (vgl. die Formeln (2) für die Koeffizienten der trigonometrischen Reihe) zu der vorher bestimmten Masse der Faktor $2\cos\beta$ bez. $2\sin\beta$ hinzu. Mithin wird jetzt

$$(4) \qquad d\mu = \frac{m_2}{2\pi^2} \frac{\cos}{\sin} \beta \, d\alpha \, d\beta.$$

Die gesamte zur Verteilung kommende Masse, die wieder durch Integration von $d\mu$ nach α und β zwischen 0 und 2π gewonnen wird, ist jetzt gleich Null.

Auch jetzt häuft sich die Dichte, die wir als algebraische Summe der auf die Flächeneinheit beider Schalen entfallenden Masse berechnen, nach den Rändern hin an und ist in benachbarten Oktanten der Kugelzone entgegengesetzt gleich. In Fig. 98b wurden diese Verhältnisse teils durch die Stärke der Schraffierung, teils durch Beifügung der Vorzeichen angedeutet.

Nachdem somit die Figuren 98 erläutert sind, bilden wir uns aus den gefundenen Massenbelegungen die zugehörigen Potentiale; und zwar soll das der Belegung (3) entsprechende Potential U, die den Belegungen (4) entsprechenden Potentiale w_1 und w_2 heiſsen (w_1 zu $\cos\beta$, w_2 zu $\sin\beta$ gehörig). Diese Potentiale sind nichts anderes als die ersten Koeffizienten in der nach der Mondknotenperiode fortschreitenden Entwickelung des vom Monde auf die Erde ausgeübten Anziehungspotentiales $V_2(t)$; letzteres drückt sich nämlich durch U, w_1, w_2 sowie die Mondknotengeschwindigkeit N folgendermaſsen aus:

$$V_2(t) = U + w_1 \cos \mathsf{N}t + w_2 \sin \mathsf{N}t + \cdots,$$

wofür wir auch abkürzend schreiben:

$$V_2(t) = U + W + \cdots, \qquad W = w_1 \cos \mathsf{N}t + w_2 \sin \mathsf{N}t.$$

Das konstante Glied U gehört also zu dem Werte $n = 0$ des Stellenzeigers der Entwickelung, das zeitlich veränderliche Glied W faſst die beiden zu dem Werte $n = 1$ des Stellenzeigers gehörigen Terme der Entwickelung zusammen.

Aus dem Werte von U können wir nichts wesentlich Neues erfahren, vielmehr müssen wir auf den schon im ersten Paragraphen berechneten Anteil des Mondes an der Präcessionsbewegung der Erde zurückfallen. Wir führen diese Rechnung nur deshalb nochmals durch, um uns zu überzeugen, daſs die früher vernachlässigte Neigung der Mondbahn gegen die Ekliptik die Präcessionserscheinung nur unwesentlich beeinfluſst. Aus dem Werte von W dagegen wird sich die Erklärung und Vorausberechnung der astronomischen Nutation ergeben.

a) *Der Fall* $n = 0$. Das Potential eines Elementes $d\mu$ der Mondringfläche auf ein Element dm des Erdringes ist, unter f die Gravitationskonstante verstanden, $f\,d\mu\,dm/r$; daher wird das Potential der ganzen Mondringfläche auf den Erdring:

$$U = f\int\int \frac{d\mu\, dm}{r}. \tag{5}$$

Sind x, y, z bez. x_2, y_2, z_2 die Koordinaten eines Punktes des Erdringes bez. des Mondringes, so setzen wir wie früher

$$x = R\cos\varphi, \quad y = R\sin\varphi\cos\vartheta, \quad z = R\sin\varphi\sin\vartheta.$$

Fällt ferner die Mondknotenlinie gerade mit der Erdknotenlinie zusammen, so können wir, bezogen auf das gleiche Koordinatensystem, schreiben:

$$x_2 = r_2\cos\alpha, \quad y_2 = r_2\sin\alpha\cos 5^0, \quad z_2 = r_2\sin\alpha\sin 5^0.$$

Diese Koordinaten entsprechen der besonderen Lage $\beta = \psi$ des Mondringes (vgl. Fig. 99). Bei beliebigem β bleibt der Wert von z_2 der angegebene, die Koordinaten x_2, y_2 aber entstehen aus den vorstehenden nach der Regel der Koordinatentransformation, wobei als Drehwinkel der Winkel $\beta - \psi$ eingeht. Es wird nämlich allgemeingültig:

$$\begin{aligned}
x_2 &= r_2(\cos\alpha\cos(\beta-\psi) - \sin\alpha\cos 5^0\sin(\beta-\psi)),\\
y_2 &= r_2(\cos\alpha\sin(\beta-\psi) + \sin\alpha\cos 5^0\cos(\beta-\psi)),\\
z_2 &= r_2\sin\alpha\sin 5^0.
\end{aligned}$$

Wir berechnen uns hiernach

$$r^2 = (x-x_2)^2 + (y-y_2)^2 + (z-z_2)^2 = R^2 + r_2^{\,2} - 2Rr_2 s,$$

worin s bedeutet:

$$\left\{\begin{aligned}
s = \frac{xx_2 + yy_2 + zz_2}{Rr_2} = \\
\cos\varphi(\cos\alpha\cos(\beta-\psi) - \sin\alpha\cos 5^0\sin(\beta-\psi))\\
+ \sin\varphi\cos\vartheta(\cos\alpha\sin(\beta-\psi) + \sin\alpha\cos 5^0\cos(\beta-\psi))\\
+ \sin\varphi\sin\vartheta\sin\alpha\sin 5^0.
\end{aligned}\right. \tag{6}$$

Durch Entwickelung nach Potenzen von r_2 folgt

$$\frac{1}{r} = \frac{1}{r_2}\left(1 + \frac{R}{r_2}s - \frac{1}{2}\frac{R^2}{r_2^{\,2}} + \frac{3}{2}\frac{R^2}{r_2^{\,2}}s^2 + \cdots\right). \tag{7}$$

Wir integrieren diesen Ausdruck nach $d\mu$ und dm, indem wir $d\mu$ aus (3) entnehmen und dm gleich $\frac{m}{2\pi}d\varphi$ einsetzen. Zunächst wird $\int s\,d\varphi = 0$; ferner liefern von den Gliedern auf der rechten Seite von (7) das erste und dritte Beiträge zu unserem Potential, die von den die Lage des Erdringes bestimmenden Winkeln ϑ und ψ frei sind. Da wir später das Potential nach diesen Winkeln zu differenzieren haben werden, fallen auch diese Glieder heraus. Wir schreiben daher die ersten drei Glieder ebenso wie die höheren Glieder der Entwickelung nicht hin und setzen:

$$U = \cdots + \frac{3}{16} f \frac{m m_2}{\pi^3} \frac{R^2}{r_2^3} \cdot \int d\alpha \int d\beta \int d\varphi \, s^2 + \cdots .$$

Man rechnet nun leicht aus, daſs

$$\int d\alpha \int d\beta \int d\varphi \, s^2 = \pi^3 \{(1 + \cos^2\vartheta)(1 + \cos^2 5^0) + 2 \sin^2\vartheta \sin^2 5^0\}.$$

Mithin wird, wenn wir noch für die Masse des Erdringes ihren Wert aus Gl. (1) von § 1 einführen:

$$U = \frac{3}{8} f \frac{m_2 (C - A)}{r_2^3} \{(1 + \cos^2\vartheta)(1 + \cos^2 5^0) + 2 \sin^2\vartheta \sin^2 5^0\}.$$

Das zugehörige Drehmoment auf den Erdring wird nun durch Differentiation nach ϑ gefunden und lautet:

$$\begin{aligned} \frac{\partial U}{\partial \vartheta} &= -\frac{3}{4} f \frac{m_2 (C - A)}{r_2^3} \{1 + \cos^2 5^0 - 2 \sin^2 5^0\} \sin\vartheta \cos\vartheta \\ &= -\frac{3}{2} f \frac{m_2 (C - A)}{r_2^3} \left\{1 - \frac{3}{2} \sin^2 5^0\right\} \sin\vartheta \cos\vartheta. \end{aligned}$$

Dieser Wert läſst sich unmittelbar mit dem im ersten Paragraphen Gl. (2″) für dasselbe Drehmoment abgeleiteten Werte vergleichen. Er unterscheidet sich von jenem, wie man sieht, nur durch Hinzutreten des Faktors

$$1 - \frac{3}{2} \sin^2 5^0 = 1 - 0{,}012.$$

Für die numerische Rechnung spielt dieser Unterschied aber keine Rolle, sofern wir wie im ersten Paragraphen nur die ganzen Sekunden der jährlichen Präcession anzugeben wünschen. Deshalb würde die weitere Behandlung genau so wie dort zu erfolgen haben und wir können alle früheren Resultate auch mit Rücksicht auf die Neigung der Mondbahn als hinreichend genau bestätigen.

b) *Der Fall* $n = 1$. Auch hier gehen wir von der Formel (5) aus, wobei wir aber jetzt unter $d\mu$ die durch (4) definierten Massenverteilungen verstehen und die ihnen entsprechenden Potentiale, wie verabredet, w_1 und w_2 nennen. dm ist wie oben gleich $\frac{m}{2\pi} d\varphi$, für $\frac{1}{r}$ ist die Entwickelung (7) einzutragen. Indem wir wieder diejenigen Glieder unterdrücken, die bei der Integration nach φ oder bei der späteren Differentiation nach ϑ und ψ verschwinden, schreiben wir:

$$\left.\begin{matrix} w_1 \\ w_2 \end{matrix}\right\} = \cdots + \frac{3}{8} f \frac{m m_2}{\pi^3} \frac{R^2}{r_2^3} \int {\cos \atop \sin} \beta \, d\beta \int d\alpha \int d\varphi \, s^2 + \cdots .$$

Führen wir zunächst die Integration nach α und φ aus, so erhalten wir aus (6):

$$\int d\alpha \int d\varphi\, s^2 = \pi^2 \{ \cos^2(\beta-\psi) + \cos^2 5^0 \sin^2(\beta-\psi) + \cos^2\vartheta \sin^2(\beta-\psi) + (\cos\vartheta \cos 5^0 \cos(\beta-\psi) + \sin\vartheta \sin 5^0)^2 \};$$

multiplizieren wir dieses mit $\cos\beta$ oder $\sin\beta$ und integrieren nach β, so fallen alle diejenigen Terme fort, welche nach Auflösung von $\genfrac{}{}{0pt}{}{\cos}{\sin}(\beta-\psi)$ von ungerader Dimension in $\genfrac{}{}{0pt}{}{\cos}{\sin}\beta$ sind. Als einziger nichtverschwindender Term bleibt übrig

$$2\pi^2 \sin\vartheta \cos\vartheta \sin 5^0 \cos 5^0 \int \genfrac{}{}{0pt}{}{\cos}{\sin}\beta \cos(\beta-\psi)\, d\beta = 2\pi^3 \sin\vartheta \cos\vartheta \sin 5^0 \cos 5^0 \genfrac{}{}{0pt}{}{\cos}{\sin}\psi.$$

Mithin wird:

$$\left.\begin{matrix} w_1 \\ w_2 \end{matrix}\right\} = \frac{3}{4} f \frac{m m_2 R^2}{r_2^3} \sin\vartheta \cos\vartheta \sin 5^0 \cos 5^0 \genfrac{}{}{0pt}{}{\cos}{\sin}\psi.$$

Damit ist das Potential der Mondringfläche für die beiden durch Fig. 98b schematisch dargestellten Massenbelegungen oder, wie wir auch sagen können, diejenigen beiden Koeffizienten der trigonometrischen Entwickelung gefunden, welche zu Gliedern von der vollen Periode des Mondknoten-Umlaufs gehören. Die Summe dieser Glieder, welche nach Verabredung W heifsen sollte, wird nun

$$(8) \qquad W = \frac{3}{4} f \frac{m m_2 R^2}{r_2^3} \sin\vartheta \cos\vartheta \sin 5^0 \cos 5^0 \cos(\mathsf{N}t - \psi).$$

Wir formen diesen Ausdruck ein wenig um, indem wir einerseits die Definition von m (Gl. (1) von § 1), andrerseits das dritte Keplersche Gesetz (Gl. (7') von § 1) berücksichtigen und erhalten:

$$(9) \quad W = \frac{3}{2} \frac{m_2}{M+m_2} \left(\frac{2\pi}{T_2}\right)^2 (C-A) \sin\vartheta \cos\vartheta \sin 5^0 \cos 5^0 \cos(\mathsf{N}t-\psi).$$

Aus dem Potential W leiten wir nunmehr die Drehmomente ab, die auf den Erdring wirken. Da W sowohl von ϑ wie von ψ abhängt, erhalten wir ein Drehmoment, welches um die Knotenlinie der Erde wirkt, durch Differentiation nach ϑ, ein anderes, welches um die Normale der Ekliptik wirkt, durch Differentiation nach ψ. Es ergiebt sich nämlich

$$(10) \begin{cases} \dfrac{\partial W}{\partial \vartheta} = \dfrac{3}{2} \dfrac{m_2}{M+m_2} \left(\dfrac{2\pi}{T_2}\right)^2 (C-A) \cos 2\vartheta \sin 5^0 \cos 5^0 \cos(\mathsf{N}t-\psi), \\ \dfrac{\partial W}{\partial \psi} = \dfrac{3}{4} \dfrac{m_2}{M+m_2} \left(\dfrac{2\pi}{T_2}\right)^2 (C-A) \sin 2\vartheta \sin 5^0 \cos 5^0 \sin(\mathsf{N}t-\psi). \end{cases}$$

Wir sehen uns nun vor das folgende Kreiselproblem gestellt: *Die Erde steht unter dem Einflufs der eben genannten Drehmomente; welches ist ihre Bewegung?* Natürlich haben wir bei der weiteren Behandlung dieses Problems nicht mehr, wie bei der Berechnung des Anziehungspotentiales, von dem Erdring allein, sondern von dem gesamten Erdkörper zu handeln.

Das hiermit definierte Kreiselproblem unterscheidet sich von allen früheren Fragen in zweifacher Hinsicht: einerseits ist zu dem Drehmoment um die Knotenlinie, welches auch im Falle des gewöhnlichen schweren Kreisels vorlag, ein solches um die „Vertikale“ (hier die Normale zur Ekliptik) hinzugetreten. Andrerseits sind beide Drehmomente nicht nur mit der Lage des Kreisels sondern auch mit der Zeit veränderlich. Das Zeitmafs dieser Veränderlichkeit bestimmt offenbar auch das Zeitmafs, in welchem die Erde jenen Drehmomenten folgt. Während also bei der in der allgemeinen Kreiseltheorie untersuchten *freien* Nutation die Schwingungsperiode durch Massenverteilung und Bewegungszustand des Kreisels selbst bedingt war, ist die Periode der jetzt zu besprechenden *erzwungenen* Nutation durch den Wechsel der äufseren Kräfte vorgeschrieben und stimmt in unserem Falle mit der Periode der Mondknotenbewegung überein.

Im Allgemeinen kann man sagen, dafs das Problem der erzwungenen Schwingungen, wenn man von besonderen Vorkommnissen (Resonanz etc.) absieht, ein einfacheres ist wie das der freien Schwingungen, eben deshalb weil die Periode der Schwingungen nicht erst aus der Natur des schwingenden Systems erschlossen zu werden braucht, sondern von vornherein bekannt ist. Wenn das Problem in unserem Falle etwas kompliziert aussieht, so liegt dies nur an dem zusammengesetzten Charakter der wirkenden Kräfte. Übrigens ist der Weg, den wir einschlagen werden, vorbildlich für die Behandlung jeder Art erzwungener Schwingungen, falls dieselben hinreichend klein ausfallen. Den erzwungenen Schwingungen können sich allemal noch freie Schwingungen überlagern, wovon wir indessen im vorliegenden Falle absehen dürfen, da wir auf die Möglichkeit solcher freier Schwingungen im nächsten Abschnitt ausführlich zu sprechen kommen.

Mathematisch gesprochen bedeutet das Zurückstellen der freien Schwingungen, dafs wir uns mit einem *partikulären* Integral des vorgelegten Bewegungsproblems begnügen wollen, nämlich mit demjenigen Integral, welches rein periodisch im Zeitmafs des Kraftwechsels veränderlich ist und eben deshalb die *erzwungene* Schwingung heifst. Das *allgemeine* Integral entsteht hieraus durch Hinzufügung der allgemeinsten *freien* Schwingung, d. h. derjenigen allgemeinen Lösung, welche dem kräftefreien Falle entspricht, und zwar in Strenge, wenn das Problem durch lineare Differentialgleichungen festgelegt ist, mit einem gewissen Grade der Annäherung, wenn, wie im vorliegenden Falle, die Differentialgleichungen des Problems unter Vernachlässigung kleiner Gröfsen auf lineare Gleichungen zurückgeführt werden können.

Bei der Berechnung der erzwungenen Schwingungen des Erdkörpers werden wir uns der *Lagrangeschen Gleichungen in den Koordinaten* ϑ, ψ, φ bedienen. Auf der rechten Seite dieser Gleichungen stehen die Komponenten der äufseren Kraft nach jenen Koordinaten, d. h. in unserem Falle:

$$\frac{\partial W}{\partial \vartheta}, \quad \frac{\partial W}{\partial \psi}, \quad \frac{\partial W}{\partial \varphi} = 0.$$

Der Ausdruck der lebendigen Kraft heifst bekanntlich

$$T = \frac{A}{2}(\vartheta'^2 + \sin^2\vartheta\,\psi'^2) + \frac{C}{2}(\varphi' + \cos\vartheta\,\psi')^2$$

und liefert:

$$\frac{\partial T}{\partial \vartheta} = A \sin\vartheta \cos\vartheta\,\psi'^2 - C(\varphi' + \cos\vartheta\,\psi')\sin\vartheta\,\psi', \qquad \frac{\partial T}{\partial \psi} = \frac{\partial T}{\partial \varphi} = 0,$$

$$\frac{\partial T}{\partial \vartheta'} = [\Theta] = A\vartheta', \qquad \frac{\partial T}{\partial \psi'} = [\Psi] = A\sin^2\vartheta\,\psi' + C\cos\vartheta(\varphi' + \cos\vartheta\,\psi'),$$

$$\frac{\partial T}{\partial \varphi'} = [\Phi] = C(\varphi' + \cos\vartheta\,\psi').$$

Die Lagrangeschen Gleichungen lauten nun:

$$A\vartheta'' - A\sin\vartheta\cos\vartheta\,\psi'^2 + C(\varphi' + \cos\vartheta\,\psi')\sin\vartheta\,\psi' = \frac{\partial W}{\partial \vartheta},$$

$$\frac{d}{dt}(A\sin^2\vartheta\,\psi' + C\cos\vartheta(\varphi' + \cos\vartheta\,\psi')) = \frac{\partial W}{\partial \psi},$$

während die dritte Gleichung liefert: $[\Phi] = \text{const.}$ Da $[\Phi] = Cr$ ist, wo r die Umdrehungsgeschwindigkeit der Erde um ihre Figurenaxe und $2\pi/r$ die Dauer des Sterntages ist, so wird auch r konstant und mithin die Länge des Sterntages durch die in Rede stehenden Mondstörungen nicht beeinflufst.

Wir führen die Winkelgeschwindigkeit $r = \varphi' + \cos\vartheta\,\psi'$ in die vorstehenden Gleichungen ein und schreiben dieselben einfacher:

$$A\vartheta'' - A\sin\vartheta\cos\vartheta\,\psi'^2 + C\sin\vartheta\,r\psi' = \frac{\partial W}{\partial \vartheta},$$

$$\frac{d}{dt}(A\sin^2\vartheta\,\psi' + C\cos\vartheta\,r) = \frac{\partial W}{\partial \psi}.$$

Jetzt berücksichtigen wir, dafs die Winkeländerungen ψ' und ϑ' erfahrungsgemäfs aufserordentlich viel langsamer erfolgen und eine aufserordentlich viel kleinere Amplitude haben, wie die Umdrehung r, dafs daher r sehr grofs sein wird gegen φ' und ϑ'. Dementsprechend werden wir alle Glieder linkerhand, welche nicht r als Faktor besitzen, streichen und die vorigen Gleichungen folgendermafsen vereinfachen:

$$C \sin\vartheta\, r\, \psi' = \frac{\partial W}{\partial \vartheta},$$
$$- C \sin\vartheta\, r\, \vartheta' = \frac{\partial W}{\partial \psi}.$$

Setzen wir rechterhand die Werte aus (10) ein, so ergiebt sich:

$$\psi' = \frac{3}{2} \frac{m_2}{M+m_2} \left(\frac{2\pi}{T_2}\right)^2 \frac{C-A}{Cr} \sin 5^0 \cos 5^0 \frac{\cos 2\vartheta}{\sin\vartheta} \cos(\mathsf{N}t - \psi),$$
$$\vartheta' = -\frac{3}{2} \frac{m_2}{M+m_2} \left(\frac{2\pi}{T_2}\right)^2 \frac{C-A}{Cr} \sin 5^0 \cos 5^0 \cos\vartheta \sin(\mathsf{N}t - \psi).$$

Hier können wir abermals eine Vereinfachung eintreten lassen, indem wir auf der rechten Seite die in erster Näherung gefundenen Werte für ψ und ϑ (s. Gl. (11) aus § 1), nämlich $\psi = \psi_0 + 50'' t = \psi_0 + \nu t$, $\vartheta = 23^0 27' 7'' = \vartheta_0$ eintragen. Die Integration nach t läſst sich dann leicht ausführen und liefert:

$$(11) \quad \begin{cases} \vartheta = \frac{3}{2} \frac{m_2}{M+m_2} \left(\frac{2\pi}{T_2}\right)^2 \frac{C-A}{Cr} \frac{\sin 5^0 \cos 5^0}{\mathsf{N}-\nu} \cos\vartheta_0 \cos(\mathsf{N}t - \nu t - \psi_0), \\ \psi = \frac{3}{2} \frac{m_2}{M+m_2} \left(\frac{2\pi}{T_2}\right)^2 \frac{C-A}{Cr} \frac{\sin 5^0 \cos 5^0}{\mathsf{N}-\nu} \frac{\cos 2\vartheta_0}{\sin \vartheta_0} \sin(\mathsf{N}t - \nu t - \psi_0). \end{cases}$$

In diesen Gleichungen ist die theoretische Darstellung der astronomischen Nutation gewonnen. Wie wir sehen ist sowohl der Winkel ϑ wie der Winkel ψ einer harmonischen Schwankung unterworfen, deren Periode mit der der Mondknoten $2\pi/\mathsf{N}$ zusammenfällt. (Wir können nämlich die Winkelgeschwindigkeit ν der Erdknoten gegen die der Mondknoten N ohne Weiteres vernachlässigen.) Um die numerischen Werte der Amplituden zu finden, welche bez. a und b heiſsen mögen, berechnen wir zunächst:

$$\frac{b}{a} = 2 \operatorname{ctg} 2\vartheta_0 = 1{,}9.$$

Ferner wird, wegen der früher angegebenen Werte, wenn wir das Jahr als Zeiteinheit nehmen:

$$\frac{M}{m_2} = 82, \quad \frac{C-A}{C} = \frac{1}{305}, \quad T_2 = \frac{27^1/_3}{365^1/_4}, \quad r = -2\pi \cdot 366^1/_4, \quad \mathsf{N} = \frac{2\pi}{18^2/_3},$$

also die Amplitude von ϑ, in Sekunden ausgedrückt:

$$a = \frac{3}{2} \cdot \frac{1}{83} \cdot \frac{(365^1/_4)^2}{366^1/_4} \cdot \frac{18^2/_3}{(27^1/_3)^2} \cdot \frac{0{,}087 \cdot 0{,}917}{305} \cdot \frac{360 \cdot 60 \cdot 60}{2\pi} = 9''.$$

Hieraus folgt

$$b = 1{,}9 \cdot a = 17''.$$

Am Himmelsgewölbe beschreibt die Erdaxe hiernach eine kleine Ellipse, die nach ihrem Entdecker die Bradleysche Ellipse heiſst. Die groſse Axe derselben beträgt $a = 9''$; sie ist nach dem Pole der Ekliptik hingerichtet. Die kleine Axe wird, wie eine elementargeometrische Überlegung zeigt, $b \sin \vartheta_0 = 7''$.

Wir wollen schliefslich die am Schlusse des ersten Paragraphen gegebene Darstellung der Erdaxenbewegung (Gl. (11) von pag. 643) durch Hinzufügung von Nutationsgliedern vervollständigen. Sie lautet alsdann:

$$(12) \qquad \begin{cases} \psi = \psi_0 + 50'' t + 17'' \sin (\mathsf{N} t - \psi_0), \\ \vartheta = 23^0 27' + 9'' \cos (\mathsf{N} t - \psi_0). \end{cases}$$

§ 4. Schlufsbemerkungen zum Problem der Präcession und Nutation. Die Bestimmung der Mondmasse und der Elliptizität der Erde.

Mit den bisherigen Korrektionen ist aber die Sache noch lange nicht abgethan. Zunächst kann man den Einflufs der Mondknotenbewegung weiter verfolgen und Glieder von der Periode $\frac{4\pi}{\mathsf{N}}, \frac{6\pi}{\mathsf{N}}$ etc. berechnen. Die ersteren werden in der Praxis wirklich berücksichtigt, obgleich ihre Amplituden nur den zehnten bez. fünften Teil einer Sekunde betragen. Sodann aber wäre die Excentrizität der Sonnen- und namentlich die der Mondbahn und deren Apsidenbewegung zu berücksichtigen, durch welche nicht nur die periodischen Glieder, sondern auch der säkulare Präcessionsterm beeinflufst wird. Die hieraus resultierende Korrektion der Präcessionsgeschwindigkeit beträgt abermals weniger als $1''$.

Ferner wollen wir hier nochmals auf die oben besprochenen aber nicht durchgerechneten Einflüsse hinweisen, welche von der wechselnden Stellung von Sonne und Mond in ihrer Bahn herrühren und welche zur Periode einen aliquoten Teil des Sonnen- oder Mondumlaufs haben.

Endlich ist zu bedenken, dafs alle Elemente, welche in unsere Rechnungen eingehen, säkularen Änderungen unterworfen sind, so die Excentrizität der Sonnenbahn, die Lage der Ekliptik am Fixsternhimmel etc., Änderungen, welche man üblicher Weise in eine nach Potenzen von t fortschreitende Reihe entwickelt. Hieraus folgt insbesondere, dafs auch die Präcessionsgeschwindigkeit nicht einfach der Zeit proportional ist, sondern ihrerseits durch eine Potenzreihe in t dargestellt wird. Allerdings ist schon der Koeffizient von t^2 in dieser Reihe äufserst klein, ca. $10^{-4} \cdot 1''$; trotzdem genügt sein Vorhandensein, um Resultate, welche sich auf eine längere Reihe von Jahren beziehen und nur aus dem ersten Gliede (νt) gezogen sind, wie z. B. die am Anfang dieses Abschnittes gegebene Berechnung der Periode von 26 000 Jahren, einigermafsen illusorisch erscheinen zu lassen.

Bei Berücksichtigung dieser verschiedenen Einflüsse werden die Formeln für die Bewegung der Erdaxe wesentlich komplizierter. Die

Präcession wird nicht mehr eine gleichförmige, sondern wegen der zuletzt genannten Verhältnisse eine etwas beschleunigte oder verzögerte sein. Aufserdem wird sich der bisher besprochenen hauptsächlichen Nutation eine Reihe sekundärer Nutationen, z. B. eine Nutation von der halben Periode der Mondknoten, von der halben Periode des Sonnen- und Mondumganges etc. überlagern. Um ein Bild von den so entstehenden Formeln zu geben, setzen wir als Gegenstück zu den Näherungsformeln vom Schlusse des vorigen Paragraphen die folgende vollständigere Beschreibung der Erdaxenbewegung her. Dieselbe ist, mit Abänderung der Bezeichnungen dem Werke von Tisserand*) entnommen; der Ursprung und die Bedeutung der einzelnen Terme wird nach dem Vorhergehenden klar sein:

$$\begin{aligned}\psi &= 50'',37140\,t - 0'',00010881\,t^2 \\ &\quad - 17'',251 \sin \mathsf{N}t + 0'',207 \sin 2\mathsf{N}t \\ &\quad - 1'',269 \sin \frac{4\pi t}{T_1} - 0'',204 \sin \frac{4\pi t}{T_2}, \\ \vartheta &= 23^0\,27'\,32'',0 + 0'',00000719\,t^2 \\ &\quad + 9'',223 \cos \mathsf{N}t - 0'',090 \cos 2\mathsf{N}t \\ &\quad + 0'',551 \cos \frac{4\pi t}{T_1} + 0'',089 \cos \frac{4\pi t}{T_2}.\end{aligned}$$

Auch diese vollständigere Formel beansprucht nicht, exakt zu sein, und darf ebensowenig wie unsere frühere Darstellung auf beliebig lange Zeiträume ausgedehnt werden. Ihr Zweck ist vielmehr nur der, unter den heutzutage gültigen Werten der astronomischen Konstanten die Vorausbestimmung der Lage der Erdaxe für einen den Bedürfnissen des rechnenden Astronomen genügenden Zeitraum zu ermöglichen. Andere Autoren**) geben noch längere Formeln an.

Zum Schlusse dieses Abschnittes haben wir noch einen gewissen Zirkelschlufs zu besprechen, den wir uns im Vorangehenden bei den numerischen Rechnungen zu Schulden kommen lassen mufsten und auf den bereits pag. 642 hingewiesen wurde. Es handelt sich um das *Verhältnis Erdmasse zu Mondmasse* M/m_2 und um die sog. *Elliptizität der Erde* (vgl. wegen der Benennung § 8 des vorigen Kap.), d. h. das Verhältnis $(C-A)/A$. Während wir im Vorstehenden gewisse Zahlenwerte für diese Gröfsen zu Grunde legten, um daraus die Gröfse der

---

*) l. c. tome 2, § 192, Gl. (m) und (n). Übrigens haben wir zwei der Tisserandschen Glieder unterdrückt, welche im Vorstehenden keine Erklärung gefunden haben.

**) Z. B. Th. Oppolzer, Bahnbestimmung der Kometen und Planeten, Leipzig 1870 und 1882, Bd. I, erster Teil.

Präcessionsgeschwindigkeit und die Amplituden der Nutation zu berechnen, liegt in Wirklichkeit die Sache so, daſs die zuverlässigsten Zahlenwerte jener beiden Verhältnisse eben aus der Beobachtung von Präcession und Nutation gefolgert werden. Damit entfällt dann logischer Weise die Möglichkeit, die Präcession und Nutation vorauszuberechnen. Außerdem liegt auch noch die physikalische Voraussetzung zu Grunde, daſs man die Erde für die hier berechneten Wirkungen als starr ansehen darf, worauf wir im folgenden Abschnitt zurückkommen.

Wir sahen oben, daſs sowohl in den theoretischen Ausdruck der Präcessionsgeschwindigkeit ν (Gl. (6′) von pag. 641) wie in den Ausdruck der Nutationsamplituden a und b (Gl. (11) von pag. 660) die beiden Gröſsen $(C-A)/C$ und M/m_2 eingehen. Entnehmen wir also den Beobachtungen zwei möglichst genaue Werte, beispielsweise von ν und a, so haben wir zwei Gleichungen zur Bestimmung der beiden Unbekannten $(C-A)/C$ und M/m_2. Man findet auf solche Weise als die heutzutage vertrauenswürdigsten Werte dieser beiden Unbekannten*)

$$\frac{C-A}{C}=\frac{1}{304{,}9}, \quad \frac{M}{m_2}=81{,}58.$$

Dem entsprechen die oben benutzten abgekürzten Zahlenwerte $1/305$ und 82. Für die sog. Elliptizität ergibt sich mit derselben Näherung $(C-A)/A=1/304$.

Übrigens stimmen die auf anderen Wegen hierfür erhaltenen Zahlen (z. B. aus der Gradmessung der Erde, aus den Störungen der Mondbahn durch die Erde und der Erdbahn durch den Mond) mit den angegebenen Zahlen soweit überein, als man es bei der gröſseren Unsicherheit dieser letzteren Bestimmungsweisen erwarten kann.

B. Geophysikalische Anwendungen.

§ 5. Die Eulersche Periode der Polschwankungen, theoretische Behandlung.

Es ist uns von früher her wohlbekannt, daſs unter dem Einfluſs der Schwere die *reine Präcessionsbewegung* des Kreisels einen Ausnahmefall darstellt, daſs diese Bewegung im Allgemeinen von periodischen Schwankungen der Kreiselaxe überlagert wird, welche aller-

*) Vgl. S. Newcomb, Fundamental Constants of Astronomy. Washington 1895, pag. 133.

dings bei hinreichend starkem Eigenimpuls in der Regel unmerklich klein werden. Diese Schwankungen wurden *Nutationen* schlechtweg genannt; wir werden sie jetzt zum Unserschied von den im vorigen Abschnitt besprochenen Nutationen als *freie Nutationen* bezeichnen. Aus der Zusammensetzung dieser freien Nutationen mit der gleichförmigen Präcession entstand unsere *„pseudoreguläre Präcession"*.

Es drängt sich uns nun die Frage auf: Ist die im vorigen Abschnitt berechnete Präcession der Erdaxe von Schwankungen begleitet, welche nicht von den äufseren Kräften erzwungen sind, sondern die freien Schwingungen des Systems darstellen? oder, kürzer gesagt: *Ist die Rotationsbewegung der Erde*, wenn wir von allen erzwungenen Schwankungen absehen, *eine reguläre oder eine pseudoreguläre Präcession?*

Die Beantwortung dieser Frage erfordert das Zusammenwirken von Theorie und Beobachtung. Wir geben zunächst die Theorie.

Das Wort Erdaxe ist zweideutig. Man bezeichnet damit einerseits die *Figurenaxe* der Erde, d. h. diejenige Hauptträgheitsaxe der Erde, welche ungefähr mit der Verbindungslinie von Nord- und Südpol zusammenfällt, also eine *im Erdkörper feste* Axe; andrerseits meint man damit die *augenblickliche Rotationsaxe* der Erddrehung, also eine Gerade, welche genau den instantanen Nord- und Südpol verbindet und daher instantan *im Raume fest* ist. Dafs beide Bedeutungen nicht zusammenfallen, ist gerade der Gegenstand der folgenden Erörterungen, bei denen wir zwischen Figuren- und Rotationsaxe wohl zu unterscheiden haben.

Die Bewegungen der *Figurenaxe* bei der pseudoregulären Präcession wurden pag. 291 erörtert. Sie wurden in den Winkeln ϑ und ψ durch die folgenden angenäherten Gleichungen bestimmt (s. pag. 303, Gl. (11)):

$$(1) \qquad \begin{cases} \cos\vartheta = \cos\vartheta_0 + a\sin\vartheta_0 \sin\frac{N}{A}t, \\ \psi = \frac{P}{N}t + \frac{a}{\sin\vartheta_0}\cos\frac{N}{A}t, \end{cases}$$

wo a durch die pag. 296 definierte Größe n' sich folgendermaßen ausdrückte:

$$(1') \qquad a = \frac{n'}{N\sin\vartheta_0} - \frac{AP}{N^2}\sin\vartheta_0 .$$

Die ersten Glieder der rechten Seiten von (1) geben den Präcessionsbestandteil der Bewegung und kommen für das Folgende nicht in Betracht. Wir bemerken nur, dafs die Gröfse P, die beim Kreisel gleich MgE war, im Falle der Erde durch $P\cos\vartheta_0$ zu ersetzen ist, wo P durch den Ausdruck (3) von pag. 640 bestimmt ist. Die zweiten Glieder liefern die freie Nutation und interessieren uns hier ausschliefslich. Sie bedeuten eine *kreisförmige Schwingung* (vgl. pag. 305), d. h. der Durchschnitt der Figurenaxe mit dem Himmelsgewölbe beschreibt, wenn man von der Präcessionsbewegung und den im vorigen Paragraphen betrachteten erzwungenen Schwankungen absieht, einen kleinen Kreis am Himmel. Die scheinbare Gröfse des Radius beträgt a und hängt von der Anfangslage des Impulses ab, auf welche sich die Gröfse n' in Gl. (1′) bezieht. ϑ_0 bedeutet die mittlere Neigung der Figurenaxe gegen die Normale zur Ekliptik während dieser Kreisschwingung. Die Schwingungsperiode τ, d. h. die Zeit, in der der Kreis einmal durchlaufen wird, ist durch die Gleichung bestimmt

$$\frac{2\pi}{\tau} = \frac{N}{A} = \frac{C}{A} r,$$

wo r, die Winkelgeschwindigkeit der Erdumdrehung, gleich 2π dividiert durch die Länge des Sterntages ist. Nehmen wir letzteren zur Zeiteinheit, so wird $r = 2\pi$ und $\tau = A/C$. *Die Schwingungsperiode ist also*, da C nur wenig gröfser ist als A, *ein wenig kleiner als ein siderischer Tag.*

Dies Resultat war vorherzusehen. Wenn nämlich die Figurenaxe mit der Rotationsaxe nicht zusammenfällt, wird erstere um letztere auf einem Kreiskegel herumgeführt. Stände nun die Rotationsaxe völlig still, so würde die Periode genau einen Tag betragen; wechselt sie langsam ihren Platz, so weicht die Periode nur wenig von einem Tage ab.

Indessen läfst sich die somit als möglich nachgewiesene nahezu eintägige Schwankung der Figurenaxe durch die Beobachtung nicht feststellen, weil sich die Beobachtung am Himmel notwendig auf den Wechsel der Rotationsaxe bezieht. Zu letzterer wenden wir uns jetzt.

Dabei werden wir zu unterscheiden haben zwischen dem *Wechsel der Rotationsaxe gegen den Raum* und ihrem *Wechsel relativ gegen den Erdkörper*. Ersterer wird bestimmt durch die Komponenten π, $\varkappa$, ϱ, letzterer durch die Komponenten p, q, r des Drehungsvektors, welche beide durch die Gl. (7) und (8) von pag. 45 mit den Eulerschen Winkeln φ, ψ, ϑ in Beziehung gesetzt sind. Die π, $\varkappa$, ϱ sind die Koordinaten der Punkte der *Herpolhodie*, die p, q, r die der *Polhodie*.

Die Werte der π, $\varkappa$, ϱ lauteten

$$(2)\qquad \begin{cases} \pi = \vartheta' \cos\psi + \varphi' \sin\vartheta \sin\psi, \\ \varkappa = \vartheta' \sin\psi - \varphi' \sin\vartheta \cos\psi, \\ \varrho = \psi' + \cos\vartheta\, \varphi'; \end{cases}$$

sie beziehen sich auf ein im Raume festes Koordinatensystem x, y, z, dessen dritte Axe in unserem Falle mit der Normalen der Ekliptik zusammenfällt, (weil wir von dieser aus den Winkel ϑ messen), und dessen erste Axe der in der Ekliptik gelegene Strahl $\psi = 0$ ist (nach allgemeiner Festsetzung über die Messung des Winkels ψ). Es ist aber bequemer ein Koordinatensystem zu benutzen, dessen dritte Axe mit der mittleren Lage der Figurenaxe zusammenfällt, also gegen die Normale der Ekliptik um den Winkel ϑ_0 geneigt ist. Die erste Axe des neuen Systems möge mit der ersten Axe des alten Systems übereinstimmen. Bezeichnen wir die Koordinaten des Drehungsvektors in diesem neuen System mit π_1, $\varkappa_1$, ϱ_1, so wird ersichtlich

$$\begin{aligned} \pi_1 &= \pi, \\ \varkappa_1 &= \quad \varkappa \cos\vartheta_0 + \varrho \sin\vartheta_0, \\ \varrho_1 &= -\varkappa \sin\vartheta_0 + \varrho \cos\vartheta_0. \end{aligned}$$

Setzen wir aus (2) ein, so ergiebt sich

$$(3)\quad \left\{ \begin{aligned} \pi_1 &= \vartheta' \cos\psi + \varphi' \sin\vartheta \sin\psi, \\ \varkappa_1 &= \quad \vartheta' \cos\vartheta_0 \sin\psi - \varphi'(\sin\vartheta \cos\vartheta_0 \cos\psi - \sin\vartheta_0 \cos\vartheta) + \psi' \sin\vartheta_0, \\ \varrho_1 &= -\vartheta' \sin\vartheta_0 \sin\psi + \varphi'(\sin\vartheta_0 \sin\vartheta \cos\psi + \cos\vartheta_0 \cos\vartheta) + \psi' \cos\vartheta_0. \end{aligned} \right.$$

Nun ist zu berücksichtigen, daſs nach (1) $\vartheta - \vartheta_0$ und ψ, sowie die Differentialquotienten ϑ' und ψ' kleine Gröſsen sind; lassen wir auſserdem den uns hier nicht interessierenden Präcessionsterm Pt/N fort, so werden alle jene Gröſsen von der Ordnung der Nutationsamplitude a. Wir können nämlich, indem wir $\cos\vartheta$ entwickeln, statt (1) schreiben:

$$(4)\quad \left\{ \begin{aligned} &\vartheta - \vartheta_0 = -a \sin\left(\frac{N}{A}t\right), &\quad \vartheta' &= -\frac{aN}{A}\cos\left(\frac{N}{A}t\right), \\ &\sin\vartheta_0\, \psi = \quad a \cos\left(\frac{N}{A}t\right), &\quad \sin\vartheta_0\, \psi' &= -\frac{aN}{A}\sin\left(\frac{N}{A}t\right). \end{aligned} \right.$$

In den Gleichungen (3) sollen nur die Glieder niedrigster Ordnung der kleinen Gröſsen beibehalten werden. Wir setzen daher $\cos\psi = 1$, $\sin\psi = \psi$, $\sin\vartheta \sin\psi = \sin\vartheta_0 \cdot \psi$, $\vartheta' \sin\psi = 0$ etc. und erhalten:

$$\begin{aligned} \pi_1 &= \vartheta' + \varphi' \sin\vartheta_0 \cdot \psi, \\ \varkappa_1 &= -\varphi'(\vartheta - \vartheta_0) + \psi' \sin\vartheta_0, \\ \varrho_1 &= \varphi' + \psi' \cos\vartheta_0. \end{aligned}$$

Des Weiteren bemerken wir, daſs $\varphi' + \cos\vartheta_0 \psi'$ nach den Gleichungen (7) von pag. 45 gleich der Winkelgeschwindigkeit r der Erdumdrehung, also gleich 2π ist, wenn wir wieder den Sterntag als Zeiteinheit wählen. Die letzte Gleichung lautet daher $\varrho_1 = 2\pi$; in den beiden ersten Gleichungen dürfen wir direkt $\varphi' = 2\pi$ nehmen, weil hier φ' mit den kleinen Gröſsen ψ und $\vartheta - \vartheta_0$ multipliziert erscheint. Somit folgt:

$$\pi_1 = \vartheta' + 2\pi \sin\vartheta_0 \psi,$$
$$\varkappa_1 = -2\pi(\vartheta - \vartheta_0) + \psi' \sin\vartheta_0,$$
$$\varrho_1 = 2\pi.$$

Indem wir nun die Werte von ψ, ψ' etc. aus (4) eintragen und berücksichtigen, daſs $N = Cr = 2\pi C$ ist, erhalten wir schlieſslich die folgende *Darstellung der Herpolhodie*:

$$(5) \qquad \begin{cases} \pi_1 = -2\pi a \dfrac{C-A}{A} \cos 2\pi \dfrac{C}{A} t, \\ \varkappa_1 = -2\pi a \dfrac{C-A}{A} \sin 2\pi \dfrac{C}{A} t, \\ \varrho_1 = 2\pi. \end{cases}$$

Wir erkennen hieraus: *Die Rotationsaxe beschreibt im Raume einen Kreiskegel um die Richtung unserer dritten Koordinatenaxe ϱ, d. h. um die mittlere Lage der Figurenaxe. Die Zeitdauer, in der sie diesen Kreiskegel einmal durchläuft, ist wieder $\tau = A/C$, also wenig kleiner wie ein Sterntag.*

Wir können auch sagen, daſs in der gleichen Zeit der Schnittpunkt der Rotationsaxe mit dem Himmelsgewölbe einen Kreis durchläuft. Der scheinbare Radius desselben, gemessen durch denjenigen Winkel, unter dem er von der Erde gesehen wird, beträgt (bei Vertauschung der trigonometrischen Tangente mit dem Bogen):

$$\frac{\sqrt{\pi_1^2 + \varkappa_1^2}}{\varrho_1} = a\,\frac{C-A}{A}.$$

Dieser Radius ist erheblich kleiner wie der scheinbare Radius a desjenigen Kreises, den der Schnittpunkt der Figurenaxe mit dem Himmelsgewölbe beschreibt. Wir fanden nämlich (vgl. pag. 663)

$$(6) \qquad \frac{C}{C-A} = 305, \quad \text{also} \quad \frac{A}{C-A} = 304.$$

Die Schwankung der Rotationsaxe im Raume beträgt also kaum den 300ten Teil derjenigen der Figurenaxe. Da sich nun, wie wir sehen werden, aus den Beobachtungen ergiebt, daſs die Winkelgröſse a hart an der Grenze des Beobachtbaren liegt, so wird sich die Winkelgröſse $a\,\frac{C-A}{A} = a/304$ der Beobachtung völlig entziehen. *Man wird also für alle praktischen Fragen annehmen dürfen, daſs die Rotationsaxe im Raume völlig stille steht.*

Natürlich ist die obige Darstellung der Herpolhodiekurve nicht völlig exakt, weil wir erstens höhere Glieder weggelassen und zweitens die Präcessionsterme vernachlässigt haben. Hätten wir letztere mit berücksichtigt, so hätten wir statt des Kreises am Himmelsgewölbe eine sehr eng verschlungene Cykloide bekommen.

Interessanter ist das Studium der *Polhodie.* Ihre Koordinaten p, q, r sind durch die Gleichungen (7) von pag. 45 gegeben:

$$\begin{aligned} p &= \vartheta' \cos\varphi + \psi' \sin\vartheta \sin\varphi, \\ q &= -\vartheta' \sin\varphi + \psi' \sin\vartheta \cos\varphi, \\ r &= \varphi' + \cos\vartheta\, \psi'. \end{aligned}$$

Die letzte Koordinate ist konstant, nämlich bei unserer Wahl der Zeiteinheit gleich 2π. In den beiden ersten Gleichungen setzen wir für ϑ' und ψ' die Werte aus (4) ein, schreiben, unter Vernachlässigung kleiner Gröfsen höherer Ordnung, $\sin\vartheta = \sin\vartheta_0$, $\varphi = 2\pi t$, $N = 2\pi C$ und erhalten:

$$\begin{aligned} p &= -2\pi a \frac{C}{A}\left(\cos 2\pi \frac{C}{A} t \cos 2\pi t + \sin 2\pi \frac{C}{A} t \sin 2\pi t\right), \\ q &= \ \ 2\pi a \frac{C}{A}\left(\cos 2\pi \frac{C}{A} t \sin 2\pi t - \sin 2\pi \frac{C}{A} t \cos 2\pi t\right), \\ r &= 2\pi \end{aligned}$$

oder:

$$(7)\qquad \begin{cases} p = -2\pi a \dfrac{C}{A} \cos 2\pi \dfrac{C-A}{A} t, \\ q = -2\pi a \dfrac{C}{A} \sin 2\pi \dfrac{C-A}{A} t, \\ r = 2\pi. \end{cases}$$

Dies ist die gesuchte *Darstellung der Polhodie.* Sie zeigt uns, *dafs die Rotationsaxe auch im Erdkörper einen Kreiskegel beschreibt und zwar um die Figurenaxe der Erde. Der Winkel an der Spitze desselben* zwischen der Figurenaxe und den Erzeugenden des Kegels ist (bei Vertauschung der trigonometrischen Tangente mit dem Bogen):

$$\frac{\sqrt{p^2 + q^2}}{r} = a \frac{C}{A}.$$

Dieser Winkel ist also $C/(C-A) = 305$ mal gröfser wie der entsprechende Winkel des Herpolhodiekegels. *Die Zeit, in der die Rotationsaxe den Polhodiekegel einmal durchläuft,* beträgt dabei $A/(C-A) = 304$ Sterntage oder rund 10 Monate. Diese Zeit heifst die *Eulersche Periode* oder der *Eulersche Cyklus,* weil bereits Euler*) die nötigen theoretischen Vorarbeiten zur Berechnung dieser Periode geliefert hat.

*) Mechanica sive motus scientia. Petersburg 1736, dritter Teil, Kap. XVI, § 839 ff. Theoria motus corporum solidorum seu rigidorum, Greifswald 1765, Kap. XII, §§ 711, 717—732. Der numerische Wert 304 scheint allerdings bei Euler noch nicht vorzukommen.

Natürlich sind auch die Gleichungen (7) nicht ganz vollständig, insofern wir bei ihrer Ableitung von den Präcessionsgliedern abgesehen haben; wollten wir letztere mit berücksichtigen, so würden zu den obigen Werten der p und q noch gewisse leicht angebbare Glieder von sehr kleinem Betrage und von der Periode eines Sterntages hinzukommen.

Übrigens lassen sich die obigen Werte der p und q auch unmittelbar aus den Eulerschen Gleichungen entnehmen, wenn man bedenkt, daſs die in Rede stehende Bewegung eine freie Nutation ist, und dementsprechend bei ihrer Berechnung von den äuſseren Kräften (Sonnen- und Mondanziehung) abstrahiert. Die Eulerschen Gleichungen lauten dann (vgl. pag. 140) für $A = B$ und $r = \text{const.} = 2\pi$:

$$A\frac{dp}{dt} = 2\pi(A - C)q, \quad A\frac{dq}{dt} = 2\pi(C - A)p$$

und geben integriert (vgl. pag. 151, Gl. (6')):

$$p + iq = ce^{2\pi i \frac{C-A}{A}t}.$$

Man braucht schlieſslich nur in einen reellen und imaginären Teil aufzulösen, um im Wesentlichen (nämlich bis auf die abgeänderte Bezeichnung der Integrationskonstanten) die Gleichungen (7) wiederzufinden.

Es ist nützlich, diese Verhältnisse im Sinne Poinsots durch die Figur des Polhodie- und Herpolhodiekegels zu veranschaulichen und mit derjenigen Figur zu vergleichen, welche in gleicher Weise die Verhältnisse bei der (durch Sonnen- und Mondanziehung erzwungenen) Präcession der Erdaxe darstellt. Dies geschehe in den Fig. 100a und b.

In Fig. 100a (erzwungene Präcession) findet die Bewegung der Erdaxe um die Normale der Ekliptik (N) in dem mehrfach genannten ungefähren Zeitraum von 26000 Jahren statt. Der Winkel an der Spitze des Herpolhodiekegels (eigentlich Winkel zwischen der Normalen N *und* der *Rotationsaxe*, wofür wir aber ohne irgend einen Fehler auch den Winkel zwischen der Normalen N und der *Figurenaxe* nehmen können) beträgt $23\frac{1}{2}^0$. Die Öffnung des Polhodiekegels wurde pag. 49 berechnet und nach Gl. (2) daselbst gefunden zu $\sin 23\frac{1}{2}^0 / 365 \cdot 26000$ = ungefähr 0,01″; die Kleinheit des Polhodiekegels wurde a. a. O. durch die Angabe veranschaulicht, daſs er auf der Erdoberfläche einen um den Nordpol beschriebenen Kreis von nur 27 cm Radius ausschneidet. Wir haben also einen *ziemlich weiten Herpolhodiekegel und einen äuſserst spitzen Polhodiekegel.* In Fig. 100a konnten wir natürlich nicht annähernd das wirkliche quantitative Verhältnis beider Kegel zum Ausdruck bringen; vielmehr ist der Polhodiekegel verhältnismäſsig fast 10^6 mal zu breit gezeichnet. Wir haben uns vorzustellen, daſs der in der Erde feste und an der Erdumdrehung teilnehmende Polhodiekegel sich in einem Tage, von F aus gesehen *entgegen* dem Uhrzeigersinne, einmal umdreht und dabei ohne zu gleiten im Innern des Herpolhodiekegels abrollt. Wegen seiner auſserordentlichen Kleinheit durch-

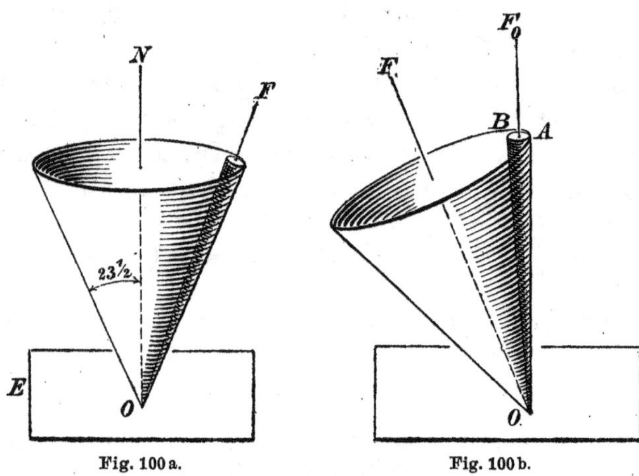

Fig. 100a. Fig. 100b.

miſst er den Mantel des Herpolhodiekegels erst in 26000 Jahren einmal. Der Sinn des Abrollens ergibt sich aus dem Umdrehungssinne des Polhodiekegels und erfolgt in der Figur von rechts über vorn nach links, also von N gesehen *im* Uhrzeigersinne.

Wir betrachten nun Fig. 100b (freie Nutation). Die Bewegung findet hier um die mittlere Lage der Figurenaxe statt (die in der Figur vertikal gezeichnete Gerade OF_0, im Gegensatz zu der augenblicklichen Lage der Figurenaxe OF). Der Winkel an der Spitze des Polhodiekegels beträgt nach Obigem $a\,\frac{C}{A}$, der des Herpolhodiekegels $a\,\frac{C-A}{A}$; das Verhältnis beider wurde gleich 305 gefunden. *Jetzt ist also der Herpolhodiekegel erheblich spitzer wie der Polhodiekegel;* auch hier konnte das zahlenmäſsige Verhältnis beider Kegel in der Figur nicht zum richtigen Ausdruck gebracht und muſste der Herpolhodiekegel verhältnismäſsig viel zu stumpf gezeichnet werden. Nach unseren Formeln hängt die absolute Gröſse der Kegelöffnungen von der Gröſse a ab, über die nur die Beobachtungen Aufschluſs geben können. Wir sind also einstweilen über die wirkliche Gestalt von Polhodie- und Herpolhodiekegel im Unklaren und haben daher in Fig. 100b dem Polhodiekegel etwa diejenige Gröſse gegeben, wie sie dem Herpolhodiekegel in Fig. 100a zukommt. In Wirklichkeit wird, da die Beobachtungen einen äufserst kleinen Wert von a ergeben, auch der Polhodiekegel äufserst spitz und der Herpolhodiekegel dementsprechend noch 300 mal spitzer. Fig. 100b kann daher nur eine grobe qualitative Veranschaulichung der Verhältnisse geben. Wir müssen uns nun vorstellen, dafs der relativ weite Polhodiekegel, der den engen Herpolhodiekegel umfafst, mit der Geschwindigkeit der Erdumdrehung rotiert und dabei ohne zu gleiten auf dem Herpolhodiekegel abrollt. Der Drehsinn des Polhodiekegels ist wieder, von F gesehen, dem Uhrzeigersinne *entgegengesetzt.* Daraus folgt, dafs das Abrollen, von F_0 aus gesehen, ebenfalls *entgegen* dem Uhrzeigersinne erfolgt. Die Berührungslinie beider Kegel stellt uns die Lage der Rotationsaxe sowohl im Raume wie in der Erde dar. *Sie läuft im Raume in etwas weniger wie einem Sterntage um.* Wenn nämlich die Berührungslinie nach einmaliger Durchmessung des Herpolhodiekegels wieder in ihre ursprüngliche Lage auf dem Herpolhodiekegel (OA der Figur) zurückgekehrt ist, befindet sie sich in Deckung mit derjenigen Erzeugenden OB des Polhodiekegels, die wir erhalten, indem wir den auf dem Polhodiekegel gemessenen Bogen AB gleich dem Umfange des Herpolhodiekegels im Abstande OA von O machen. Der Strahl OA, als Erzeugende des Polhodiekegels betrachtet, ist infolgedessen noch nicht in seine Anfangslage zurückgekehrt; die Zeitdauer des Umlaufs der Rotationsaxe auf dem Herpolhodiekegel wird daher etwas kleiner als die Zeitdauer, in der ein Strahl des Polhodiekegels einmal umläuft, welche ihrerseits gleich einem Sterntage ist. *Auf dem Polhodiekegel andrerseits läuft die Rotationsaxe erheblich langsamer um.* Da sie nämlich während eines Sterntages um wenig mehr als das Stückchen AB auf dem Polhodiekegel im Sinne der Erddrehung vorgerückt ist, dauert es eine erhebliche Anzahl von Sterntagen, bis sie den ganzen Umfang des Polhodiekegels durchmessen hat. Diese Anzahl wurde oben als Eulerscher Cyklus bezeichnet und gleich 304 gefunden. Nach der Figur in Übereinstimmung mit unseren obigen Rechnungen wird das Verhältnis zwischen der Umlaufszeit der Rotationsaxe in der Erde und derjenigen im Raume gleich dem Verhältnis des Umfanges des Polhodiekegels zu demjenigen des Herpolhodiekegels, in gleichem Abstand von der Spitze der Kegel gemessen.

In unseren Rechnungen sowohl wie in unseren Zeichnungen haben wir aus guten Gründen die Behandlung der erzwungenen Präcession von der der freien Nutation abgesondert und die erzwungenen Nutationen überhaupt bei Seite gelassen (die man ebenfalls mit Poinsotschen Vorstellungen begleiten könnte).

In Wirklichkeit findet natürlich eine Überlagerung dieser verschiedenen Bewegungen und damit eine Überlagerung der Formeln und in gewissem Sinne eine Überlagerung der Figuren statt. Leider verliert die Poinsotsche Vorstellung der abrollenden Kegel für eine derartige zusammengesetzte Bewegung ihren Hauptvorzug, den der unmittelbaren Anschaulichkeit. Wollten wir uns nämlich Präcession und Nutation in *einer* Figur darstellen und durch *ein* Paar abrollender Kegel verwirklichen, so müfsten wir den Herpolhodiekegel mit aufserordentlich kleinen und kurzen Wellungen versehen, in welche entsprechende Wellungen des Polhodiekegels eingreifen. Für das anschauliche Verständnis des Vorganges wird hierdurch aber nichts gewonnen.

Schliefslich gehen wir im Interesse der folgenden Diskussionen von dem uns nunmehr bekannten Polhodiekegel bei der freien Nutation zu demjenigen Kreise über, den der Polhodiekegel auf der Erdoberfläche ausschneidet. Wir unterscheiden den Durchschnitt der Rotationsaxe mit der Erdoberfläche, den „instantanen Erdpol", von dem Durchschnitt der Figurenaxe mit der Erdoberfläche, dem „geometrischen Erdpol". Unser Kreis ist der geometrische Ort des instantanen Pols, sein Mittelpunkt fällt mit dem geometrischen Pole zusammen. Nach der vorangehenden Theorie müssen wir erwarten, dafs der instantane Pol den geometrischen Pol in der Periode des Eulerschen Cyklus, also etwa in 10 Monaten, einmal im Sinne der Erdrotation umkreist. Der vom Erdmittelpunkte aus gesehene Radius des Kreises beträgt nach Obigem $a\frac{C}{A}$.

Wir werden im folgenden Paragraphen darüber zu berichten haben, in welcher Weise sich eine derartige Bewegung des instantanen Pols in den Beobachtungen der Polschwankungen bemerklich macht. Überschlagen wir hier nur noch die Chancen der Beobachtungsmöglichkeit, so sehen wir, dafs diese jetzt viel günstiger liegen, wie vorher, wo es sich um den Nachweis der räumlichen Bewegung der Rotationsaxe handelte. Denn erstens ist die Periode der Bewegung des instantanen Pols und zweitens ist ihre Gröfse ca. 300 mal so grofs, wie die Periode und Gröfse derjenigen Bewegung, welche der Schnittpunkt der Rotationsaxe am Himmelsgewölbe ausführt. Obschon also, wie wir bemerkten, die frühere Bewegung unmerklich war, so braucht es darum nicht die jetzige zu sein.

§ 6. Der Nachweis der Polschwankungen durch die Beobachtung; die Chandlersche Periode.

In der Beobachtung werden sich die im vorigen Paragraphen als möglich nachgewiesenen Polschwankungen durch eine Veränderlichkeit der *Breite* des Beobachtungsortes verraten. Ob man dabei die Breite als geographische (Komplement desjenigen Winkels, welchen die Lotlinie des Beobachtungsortes mit der Rotationsaxe der Erde bildet) oder als geocentrische (Komplement des Winkels, den die Verbindungslinie des Beobachtungsortes und des Erdmittelpunktes mit der Rotationsaxe einschliefst) definiert, ist gleichgültig. In beiden Fällen handelt es sich um den Winkel einer in der Erde festen Geraden mit der in der Erde variabeln Rotationsaxe. Je nachdem sich die letztere bei ihrer Bewegung dem Beobachtungsorte nähert oder sich von ihm entfernt, wird die Breite des Ortes abnehmen oder wachsen.

In der That sind nun Breitenschwankungen, welche sich nicht durch Beobachtungsfehler erklären liefsen, schon früher zu wiederholten Malen vermutet worden, so von Peters (1842) und Nyrén (1871) an der Sternwarte Pulkowa, von Clerk Maxwell an den Greenwicher Beobachtungen aus dem Jahre 1851 bis 1854. Die Amplitude der Schwankung hielt sich in den Zehnteln einer Sekunde, die Angaben über die Periode waren widersprechend. Zur Sicherheit erhoben wurde das Vorhandensein von Breitenschwankungen aber erst durch die besonders genauen Beobachtungen von Küstner an der Berliner Sternwarte aus dem Jahre 1885. Auf die sehr ausführlichen Arbeiten, in denen Chandler*) das gesamte vorliegende Beobachtungsmaterial einer eingehenden Diskussion unterzog, kommen wir unten zurück.

Neues Licht wurde auf die ganze Frage geworfen, als im Jahre 1891 eine astronomische Expedition nach Honolulu zum Zwecke von Breitenmessungen ausgeschickt wurde, welche mit gleichzeitigen Beobachtungen in Berlin verglichen wurden. Honolulu liegt ungefähr auf dem entgegengesetzten Meridian (171° westlich) von Berlin. Wenn nun die Breitenschwankungen wirklich ihren Grund in dem Wechsel der Rotationsaxe der Erde haben, so müssen sie sich an beiden Stationen in entgegengesetztem Sinne äufsern (vgl. Fig. 101): die Breite in Berlin mufs zunehmen, wenn sie in Honolulu abnimmt, ein Maximum der Breite in Berlin mufs mit einem Minimum in Honolulu zusammenfallen etc. Wie vollständig sich diese Erwartung bestätigt hat, zeigen die beiden

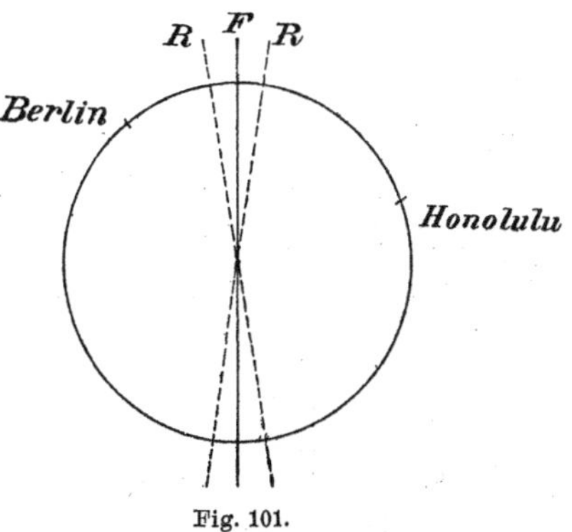

Fig. 101.

*) Astronomical Journal Vol. XI, XII, XV, XIX, XXI, XXII (1891—1902).

folgenden Diagramme*) (Fig. 102); in ihnen bedeutet die Abscisse die Zeit während der Jahre 1891 und 1892, die Ordinate giebt die Abweichung der geographischen Breite von ihrem mittleren Werte an, in einem Maſsstabe, der aus den angeschriebenen Zahlen ersichtlich ist. Die Amplitude der Schwankung ist, wie wir sehen, für beide Stationen

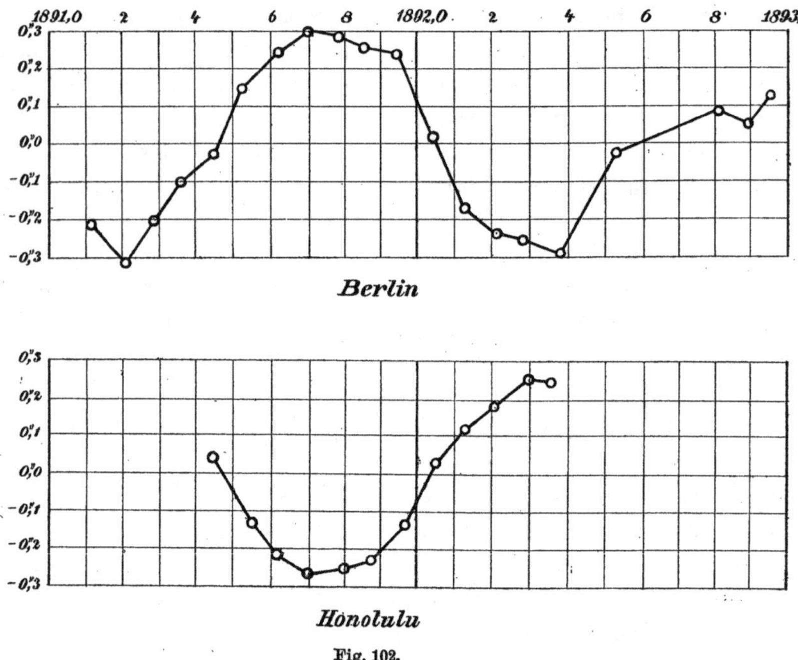

Fig. 102.

ungefähr gleich; sie liegt zwischen 0",2 und 0",3; vor allem aber sehen wir: *die Phase ist für beide Stationen genau entgegengesetzt.* Durch letztere Thatsache ist aufs augenfälligste dargethan, *daſs die Breitenschwankungen ihren Grund in Umlagerungen der Rotationsaxe haben, daſs also diese Axe relativ gegen den Erdkörper gewisse Bewegungen ausführt.*

Offenbar geben zwei auf entgegengesetzten Meridianen gelegene Stationen, wie Berlin und Honolulu, nur eine Komponente der Bewegung wieder, die Komponente nach der durch beide Stationen gelegten Meridianebene. Dagegen werden zur vollständigen Kenntnis der Bewegungen zwei Stationen genügen, deren Meridiane etwa einen rechten Winkel bilden. Wenn mehrere solche Stationen, insbesondere auch

*) Wir entnehmen dieselben den Verhandlungen der 1895 in Berlin abgehaltenen Konferenz der internat. Erdmessung, Berlin 1896, Tafel 4.

auf entgegengesetzten Meridianen gelegene, zur Verfügung stehen, so werden ihre Resultate sich gegenseitig kontrollieren können.

Fig. 103 stellt die Lage der Beobachtungsorte dar, auf welche sich die von der permanenten Kommission für internationale Erdmessung angeregte Festlegung der Polschwankungen stützt. Die Mehrzahl der europäischen Stationen liegt gegen die hauptsächlichen amerikanischen Stationen, vom Nordpol gesehen, ungefähr unter rechtem Winkel. Das gesamte Beobachtungsmaterial wird in Potsdam von Th. Albrecht verarbeitet und fortlaufend von dem Centralbureau der internationalen Erdmessung veröffentlicht. Dem letzten Berichte*) entnehmen wir die Figur 104, welche die Beobachtungsergebnisse von 1890 bis 1900 zusammenfaſst.

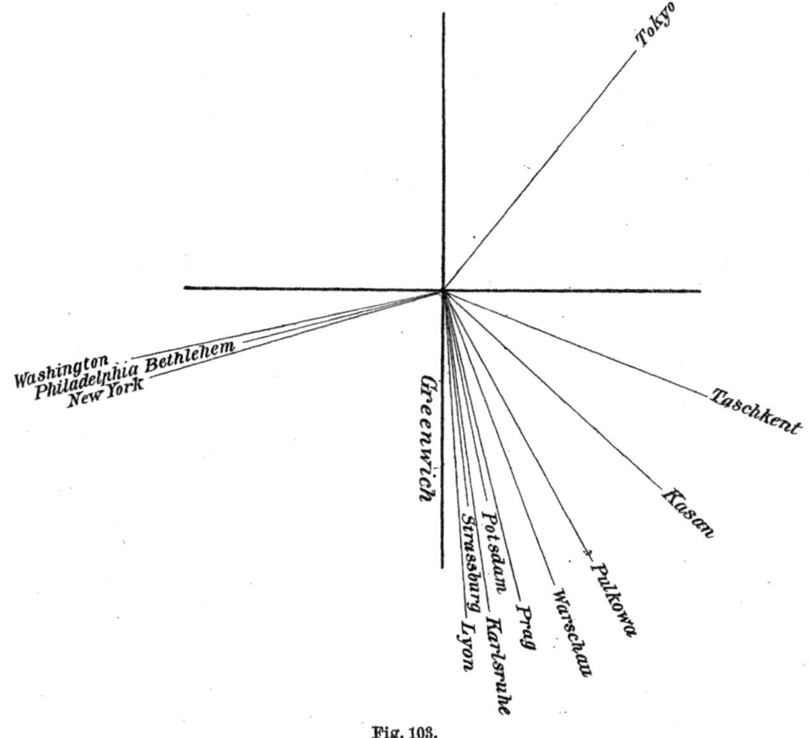

Fig. 103.

Diese Figur stellt den Weg des Poles in dem genannten Zeitraume dar u. zw. ist der Deutlichkeit der Zeichnung wegen der den

*) Berlin 1900. Frühere Mitteilungen in den Verhandlungen der genannten Kommission auf der Konferenz in Lausanne 1896. Vgl. auch für die Jahre nach 1900 Astron. Nachr. Nr. 3808

ersten fünf Jahren entsprechende Weg punktiert, der den letzten fünf Jahren entsprechende ausgezeichnet. Die eingeschriebenen Zahlen bedeuten die Daten (Jahre und Jahreszehntel), auf welche die Beobachtungen sämtlicher Stationen reduziert wurden. Der mittlere Fehler der einzelnen Koordinate des instantanen Poles wird zu 0,03″ angegeben. Dieser verhältnismäfsig kleine mittlere Fehler wird aber nur dadurch erzielt, dafs zur Ableitung jeder Koordinate eine grofse Zahl von Einzelbeobachtungen herangezogen wurde, die selbst einen viel gröfseren mittleren Fehler haben. Der Ursprung des benutzten Koordinatensystems entspricht der mittleren Lage des instantanen Poles oder wie wir auch sagen können, dem geometrischen Pol.

Bewegung des Nordpoles der Erdaxe.

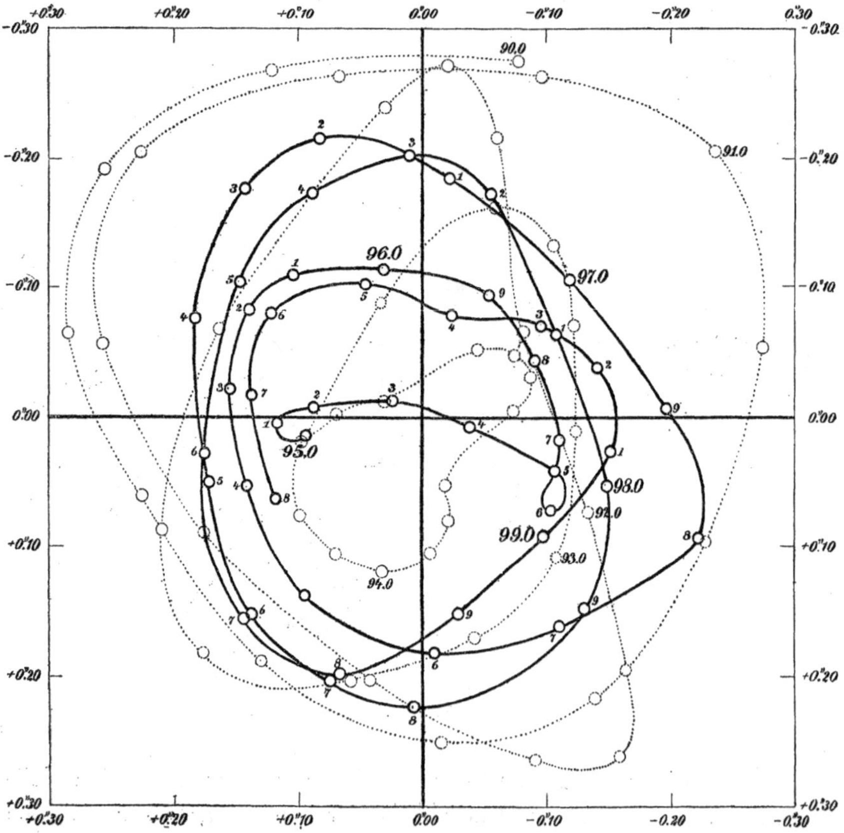

Fig. 104.

Vergleichen wir nun diese Figur mit der vorangehenden Theorie der Polschwankungen.

Da fällt zunächst ins Auge, dafs die Polbahn keinem einfachen mathematischen Gesetze mit Genauigkeit genügt, dafs sie einen scheinbar zufälligen Charakter hat und vielfach gestört ist. Es sind bei der vorliegenden Frage offenbar nicht mehr die einfachen Verhältnisse der Himmelsmechanik mafsgebend, sondern wir befinden uns hier bereits auf dem verschlungenen Gebiete der Geophysik. Nach der abstrakten Theorie des vorigen Paragraphen sollte die Bahnkurve ein *Kreis* sein; davon ist in Wirklichkeit nicht die Rede; nur zu Beginn des Beobachtungszeitraumes wird die Kreisgestalt einigermafsen approximiert. In der That werden wir bald eine Reihe unberechenbarer Störungen kennen lernen, welche die Polbewegung beeinflussen und von ihrer theoretischen Gesetzmäfsigkeit entfernen.

Dagegen ist zu betonen, dafs der *Sinn der Polbewegung* durchweg mit dem von der Theorie geforderten Sinne der Erdumdrehung übereinstimmt, wenn wir eine vorübergehende Unregelmäfsigkeit ausnehmen, die von 95,0 bis 95,6 reicht. Hier hat entweder eine jener später zu besprechenden temporären Störungen stattgefunden, in einem solchen Grade, dafs durch dieselbe der Polweg in der Figur über den Koordinatenursprung hinübergezogen ist, oder aber die Schleife als solche ist auf Beobachtungsfehler zurückzuführen, was ebenfalls keineswegs ausgeschlossen ist, da schon eine Korrektion der Koordinaten um etwa den angegebenen mittleren Fehler genügt, um die ganze Unregelmäfsigkeit fortzuschaffen.

Was nun die *Amplitude der Polschwankung*, d. h. den Radiusvektor der Polbahn betrifft, so beträgt dieselbe in Gradmafs im Maximum etwa $1/4''$, im Mittel vielleicht $1/8''$. Die in den Formeln des vorigen Paragraphen unbestimmt gebliebene Gröfse a würde hiernach im Mittel etwa gleich $1/8''$ zu setzen sein. Auf der Erdoberfläche ergiebt sich hieraus als mittlere Entfernung e des geometrischen und des instantanen Poles etwa:

$$e = a \times \text{Erdradius} = \frac{\pi}{180 \cdot 60 \cdot 60} \frac{1}{8} \cdot \frac{2}{\pi} 10^7 = \text{circa } 4 \text{ m}.$$

In den Jahren 1890 bis 1895 hat diese mittlere Entfernung durchschnittlich abgenommen, von 1895 bis 1898 hat sie zugenommen, von da ab ist sie kleiner geworden, ist aber jetzt (1902) bereits wieder in's Zunehmen übergegangen, wie aus der unsere Figur ergänzenden Publikation in den Astron. Nachr. hervorgeht (vgl. die vorige Anm.).

Das Hauptinteresse konzentriert sich indessen auf die Frage nach der *Periode der Polbewegung*. Hier zeigt sich eine zunächst überraschende Abweichung von der Theorie, die um so bemerkenswerter ist, als sie durchaus gesetzmäfsig zu sein scheint. Während nämlich die Theorie eine Periode von ungefähr 10 Monaten verlangt, ergiebt die Prüfung von Figur 104 eine Periode von etwa 14 Monaten. Wir verfahren, um dies einzusehen, ziemlich roh, aber für unsere Zwecke hinreichend genau wie folgt: Wir denken uns zunächst die offenbar unregelmäfsige Schlinge von 95,0 bis 95,6 nach unten hin auseinandergezogen, so dafs sie mit den anliegenden Kurvenstücken einen dem Uhrzeigersinne entgegengesetzten Umlauf des Koordinatenanfanges gleich den übrigen Umläufen ergiebt und zählen darauf von 90,0 bis etwa 99,4 die Anzahl der Umläufe ab. Es sind dies gerade 8 Umläufe, welche vom Pole in 9,4 Jahren zurückgelegt sind. Mithin beträgt die Dauer eines Umlaufes oder die Periode der Polschwankung

$$\frac{9{,}4}{8} \cdot 12 = 14{,}1 \text{ Monate.}$$

Während wir also die Eulersche zehnmonatliche Periode vorzufinden erwarteten, werden wir durch die Beobachtungen auf eine wesentlich längere Periode hingewiesen.

Das Verdienst, die hier hervorgetretene längere Periode entdeckt zu haben, gebührt dem amerikanischen Astronomen Chandler. Chandler prüfte in den schon zitierten umfangreichen Arbeiten rein rechnerisch ohne theoretische Voreingenommenheit das gesamte Beobachtungsmaterial der Breitenschwankungen von 1840 bis 1891 und wurde dabei auf eine Periode von 427 Tagen = ca. 14 Monaten geführt, eine Periode, welche seitdem im Gegensatz zur *Eulerschen* die *Chandlersche* heifst.

Ohne zunächst auf die theoretische Erklärung dieser Periode einzugehen, wünschen wir uns durch blofse Diskussion der in Fig. 104 niedergelegten Beobachtungen ein Bild davon zu verschaffen, wieweit die Polschwankungen durch die Annahme einer 14-monatlichen Periode dargestellt werden können. Wir werden dabei nicht das äufserst mühsame und gründliche rechnerische Verfahren von Chandler benutzen, sondern ein naheliegendes graphisches Verfahren.

Es sei $w = x + iy$ der Vektor vom Koordinatenursprung nach dem augenblicklichen Orte des instantanen Poles. Würde die Bewegung des Poles vollständig durch *eine* Periode τ_1 (z. B. = 14 Monate) erschöpft, so könnten wir einfach schreiben

$$(1) \qquad w = a e^{2\pi i \frac{t}{\tau_1}} + a' e^{-2\pi i \frac{t}{\tau_1}};$$

wäre die Bewegung überdies eine reine Kreisbewegung, so würde von den beiden Konstanten a und a' die eine (sagen wir a') verschwinden; gleichzeitig würde dann die andere a durch ihren absoluten Betrag den Radius des Kreises bestimmen, auf dem die Bewegung stattfindet.

Wir können aber sogleich, den Fall einer allgemeinen elliptischen Polschwingung in Betracht ziehend, a sowohl wie a' als im allgemeinen nicht verschwindende komplexe Gröfsen voraussetzen.

Die Kompliziertheit der Figur 104 zeigt unmittelbar, dafs diese Darstellung durch *eine* Periode nicht ausreicht. Wir machen daher den allgemeineren Ansatz

$$(2)\qquad w = a e^{2\pi i \frac{t}{\tau_1}} + a' e^{-2\pi i \frac{t}{\tau_1}} + b e^{2\pi i \frac{t}{\tau_2}} + b' e^{-2\pi i \frac{t}{\tau_2}} + \cdots,$$

indem wir versuchen, die wirklich beobachtete Bewegung durch Überlagerung zweier (oder mehrerer) Schwingungsbewegungen darzustellen. Es ist sehr leicht, den Bestandteil von der bereits bekannten 14-monatlichen Periode aus der Polbewegung zu eliminieren. Wir bilden zu dem Zwecke nach Gl. (2)

$$\begin{aligned} w_{t+\tau_1} - w_t &= b\left(e^{2\pi i \frac{t+\tau_1}{\tau_2}} - e^{2\pi i \frac{t}{\tau_2}}\right) + b'\left(e^{-2\pi i \frac{t+\tau_1}{\tau_2}} - e^{-2\pi i \frac{t}{\tau_2}}\right) + \cdots \\ &= b\left(e^{2\pi i \frac{\tau_1}{\tau_2}} - 1\right) e^{2\pi i \frac{t}{\tau_2}} + b'\left(e^{-2\pi i \frac{\tau_1}{\tau_2}} - 1\right) e^{-2\pi i \frac{t}{\tau_2}} + \cdots \\ &= c e^{2\pi i \frac{t}{\tau_2}} + c' e^{-2\pi i \frac{t}{\tau_2}} + \cdots, \end{aligned}$$

wo c und c' ebenso wie vorher b und b' unbekannte komplexe Konstante bedeuten. Wenn also in der Polbewegung aufser τ_1 noch eine weitere Periode τ_2 steckt, so mufs sich diese in der von der hauptsächlichen Periode τ_1 befreiten Differenz $w_{t+\tau_1} - w_t$ gerade so ausprägen, wie die Periode τ_1 in w selbst.

Am einfachsten bestimmt man die Differenz $w_{t+\tau_1} - w_t$ durch die folgende *graphische Konstruktion**) an der Polbahn Fig. 104. Es ist $\tau_1 = 14$ Monate $= 1{,}17$ Jahre. Man vergleiche also z. B. den Ort des Poles für den Zeitpunkt 90,0 mit demjenigen für den Zeitpunkt 91,17. Die Verbindungslinie beider Orte giebt uns nach Gröfse, Richtung und Sinn den Vektor $w_{t+\tau_1} - w_t$ für $t = 90{,}0$. Es ist also nur nötig, diese Strecke etwa durch Parallelenlineale aus Fig. 104 in eine neue Figur (105a) zu übertragen. Wir erhalten so einen vom Koordinatenursprung dieser neuen Figur auslaufenden Vektor, von dem nur der Endpunkt markiert und durch die Zahl 90,0 bezeichnet ist. In gleicher Weise

*) Dieses graphische Verfahren dürfte neu und für manche ähnlichen Fälle nützlich sein. Vgl. auch, was die analytischen Regeln zur Auffindung „versteckter Periodizitäten" angeht, den Bericht von H. Burkhardt: Entwickelungen nach oscillierenden Funktionen. Jahresbericht der deutschen Mathematiker-Vereinigung, Bd. 10 (1901), pag. 312—332. Neuerdings hat A. Schuster eine allgemeine Methode (Konstruktion eines sog. „Periodographen") angegeben, durch welche die Frage entscheidend gefördert werden dürfte. Vgl. Nature, Bd. 66 (1902), pag. 614—618.

verfahren wir mit den beiden Orten 90,1 und 91,27 in Fig. 104 und erhalten dadurch in Fig. 105a einen Punkt, der der Differenz $w_{t+\tau_1} - w_t$ für $t = 90{,}1$ entspricht und mit 1 bezeichnet ist. So fortfahrend leiten wir aus der Polbahn in Fig. 104 eine neue Polbahn ab, die von dem Hauptgliede der Bewegung befreit ist. Diese abgeleitete Polbahn wird, wie man sieht, noch viel verschlungener und unregelmäſsiger als die ursprüngliche. Es muſste daher, sollte die Figur nicht zu undeutlich werden, die abgeleitete Polbahn in zwei Stücke getrennt werden: Fig. 105a giebt den Zeitraum von 90,0 bis 94,0, Fig. 105b den Zeitraum von 94,0 bis 98,0 wieder. Im Ganzen sind somit bei der abgeleiteten Polbahn die Orte zwischen 90,0 und 99,17 verwandt worden.

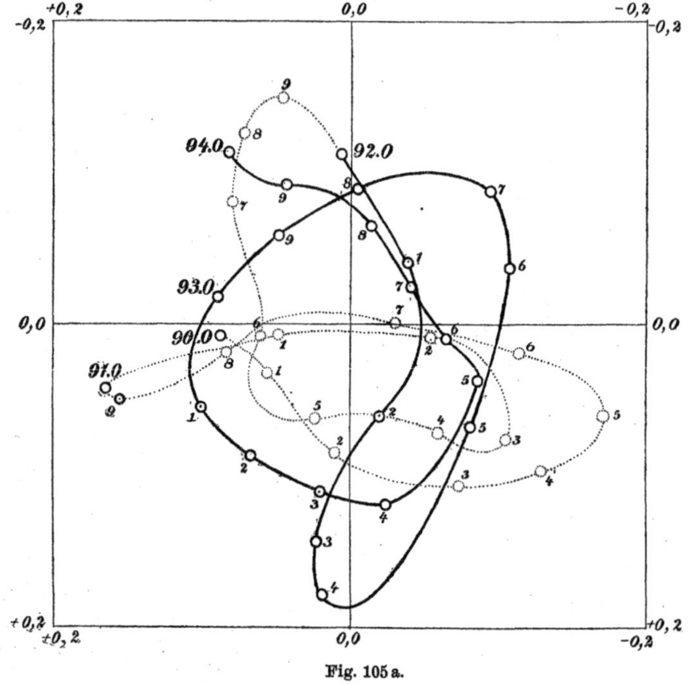

Fig. 105a.

Der Deutlichkeit wegen wurde in beiden Figuren die Hälfte der abgeleiteten Polbahn punktiert, die andere Hälfte ausgezogen.

Zunächst lehrt der Anblick der abgeleiteten Polbahnen, daſs ihre Abmessungen kleiner sind, wie die der ursprünglichen Figur. Während die Ausschläge in Fig. 104 bis nahezu an 0″,30 heranreichen, überschreiten die Ausschläge in den Fig. 105 nur an wenigen Stellen 0″, 15. Dies Resultat ist keineswegs selbstverständlich, da sich ja bei der Differenzbildung zwischen $w_{t+\tau_1}$ und w_t die Gröſse der Ausschläge ebensogut vermehren wie vermindern konnte.

Wir schliefsen hieraus, dafs in der That eine Periode von 14 Monaten in den Polschwankungen ausgeprägt ist und dafs etwa die Hälfte der im Ganzen beobachteten Schwankungen auf eine Bewegung von dieser Periode zurückzuführen ist.

Weiter aber schliefsen wir aus der schon erwähnten gröfseren Verschlungenheit der neuen Figuren, *dafs die Umstände, welche den nach Abzug der 14-monatlichen Periode verbleibenden Restbetrag der Polschwankungen bedingen, weniger gesetzmäfsig und einfach sind, wie diejenigen, welche den Charakter und die Periode der Hauptbewegung bestimmen.* Betrachtet man insbesondere z. B. den Zeitraum von 96,5 bis 97,5 in Fig. 105b, so wird man den Eindruck gewinnen, als ob

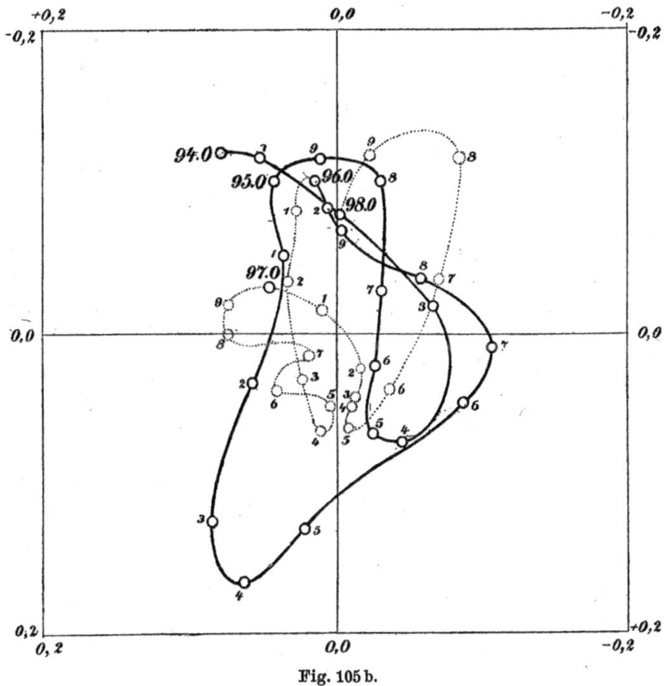

Fig. 105 b.

das Zickzack dieses Bahnstückes regellos verläuft, und wird den Verdacht hegen, dafs es möglicherweise ganz auf Beobachtungsfehler zurückzuführen ist. Es kommt hinzu, dafs der mittlere Fehler der abgeleiteten Polbahn bei unserer Konstruktion noch etwas gröfser ausfällt, wie der der ursprünglichen Bahn (0″,03), dafs also bei der abgeleiteten Polbahn die Lage der Punkte nur etwa auf 0″,05 bestimmt ist.

Indessen läfst sich eine gewisse Gesetzmäfsigkeit auch bei der abgeleiteten Polbahn nicht verkennen. Es fällt auf, dafs in beiden

Figuren 105 die mit gleichen Zahlen bezeichneten Punkte in der Regel ziemlich dicht bei einander liegen. So befinden sich z. B. die vollen Jahreszahlen sämtlich in dem linken oberen Quadranten der Figuren oder in unmittelbarer Nähe desselben. Um dies noch deutlicher zu machen, könnte man sich in der Fig. 105 die verschiedenen Polygone der Jahreszehntel eintragen, indem man die mit gleichen Ziffern 1, 2, . . . bezeichneten Orte des Poles in den verschiedenen Jahren geradlinig verbindet. Alle diese Polygone würden verhältnismäſsig klein ausfallen. Nach Ablauf eines Jahres kommt also der „abgeleitete“ Pol im Groſsen und Ganzen in seine frühere Lage zurück. *In der abgeleiteten Polbahn scheint sich hiernach die Periode eines vollen Jahres auszuprägen.*

Versuchen wir ebenso wie oben bei der 14-monatlichen Periode durch Abzählung der Umläufe das Vorhandensein der jährlichen Periode wahrscheinlich zu machen, so müssen wir in erhöhtem Maſse von der schon dort angewandten Willkür Gebrauch machen, einzelne Schleifen über den Koordinatenursprung herüberzuziehen, um dadurch die Kurve abzuglätten. Betrachten wir z. B. den ausgezogenen Teil beider Figuren von 92,0 bis 96,0, der die verhältnismäſsig deutlichsten Elongationen aufweist. Wir denken uns den Zug von 92,0 bis 92,4 nach links hin über den Mittelpunkt der Figur herübergezogen. Dieser Zug ergiebt dann zusammen mit dem Stücke 92,4 bis 92,8 einen ersten Umlauf des Koordinatenursprungs; einen zweiten ziemlich regelmäſsigen Umlauf haben wir in der Bahn von 92,8 bis 93,8. Indem wir auf die andere Figur übergehen, denken wir uns die Schlinge von 94,0 bis 94,5 nach unten links herabgezogen; alsdann können wir bis 94,9 einen dritten Umlauf zählen. Einen vierten vollen Umlauf liefert die die Zeit von 94,9 bis 96,0. Im ganzen haben wir also, wenn wir die vorgenommenen willkürlichen Verschiebungen der Bahn gelten lassen, in vier Jahren gerade vier Umläufe, also eine jährliche Periodizität der abgeleiteten Bahn.

Dieses Ergebnis ist ebenfalls bereits von Chandler auf Grund seiner rechnerischen Reduktion der Beobachtungen ausgesprochen worden. Auf ähnlicher Grundlage hat später van de Sande Bakhuyzen*) den jährlichen Bestandteil der Polbewegung formelmäſsig darzustellen gesucht. Er findet dabei nach Abzug der 14-monatlichen Polschwankung als mittlere jährliche Polbahn eine Ellipse, deren groſse Axe gleich $0'',104$ ist und gegen den 19ten Meridian östlich von Greenwich gerichtet ist und deren kleine Axe $0'',044$ beträgt. Dieselbe wird, wie auch aus den

*) Akademie von Wetenschappen, Amsterdam, August 1900.

Figuren 105 zu ersehen ist, in der Richtung von Westen nach Osten durchlaufen; den 19ten Meridian passiert der Pol Anfang Oktober.

Es liegt nahe, unser Verfahren zu wiederholen und aus den Figuren 105 durch Elimination der jährlichen Periode eine neue Figur abzuleiten. Bedeutet also jetzt w den in Fig. 105 dargestellten Vektor und τ_2 die Periode eines Jahres, so bilden wir uns auf graphischem Wege wie oben $w_{t+\tau_2} - w_t$ und tragen das Resultat in einer neuen Figur ein. Es wurden dabei nur die ausgezogenen Teile der Figuren 105 (von 92,0 bis 96,0) der weiteren Behandlung zu Grunde gelegt, so daſs die neu entstehende Figur 106 von den Marken 92,0 bis 95,0 reicht, wobei wieder die Hälfte der Figur (von 92,0 bis 93,5) ausgezogen, die andere Hälfte (von 93,5 bis 95,0) punktiert wurde. Wäre eine weitere Periode auſser τ_1 und τ_2 in der Polbewegung enthalten, so müſste diese in unserer Fig. 106 zur Anschauung kommen. Es scheint aber nicht, daſs dem so ist; *vielmehr macht Fig. 106 den Eindruck, als ob es sich hier um einzelne Störungen handelt, die entsprechende einmalige Vorstöſse der Bahn bedingen, und die von einem Zurückweichen in die Ruhelage gefolgt sind.* Einen solchen Vorstoſs haben wir in der Figur bei 92,1, einen zweiten bei 93,2 u. s. w. Wie der Vergleich der Figuren 105 und 106 zeigt, ist eine wesentliche Verkleinerung der Dimensionen durch unser zweites Verfahren nicht mehr eingetreten. Die Realität der 12-monatlichen Periode wird also durch die Gröſse unserer Figuren nicht in dem Sinne verdeutlicht, wie vorher die Realität der 14-monatlichen Periode. *Wir müssen daraus schlieſsen, daſs die Störungen, welche in Fig. 106 zur Anschauung kommen, etwa von derselben Gröſsenordnung sind, wie die Einflüsse, welche den vorausgesetzten jährlichen Umlauf des Poles bedingen.* Jedenfalls bleibt in der Polbewegung ein erheblicher Restbetrag übrig, welcher weder durch eine 14-monatliche noch durch eine 12-monatliche Schwankung er-

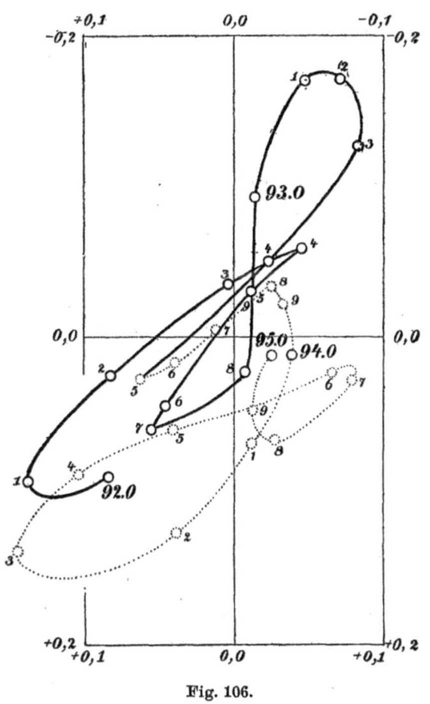

Fig. 106.

klärt wird. Von der 10-monatlichen Eulerschen Schwankung ist überhaupt nichts zu bemerken.

Es ist nicht unmöglich, daſs die hier auf graphischem Wege gezogenen Schlüsse teilweise voreilig sind und daſs sie beim Bekanntwerden weiterer Beobachtungen über Polschwankungen zu modifizieren sein werden. Namentlich muſs die letzte Figur wegen der bei der Wiederholung unseres graphischen Verfahrens sich häufenden Unsicherheiten als ziemlich problematisch gelten. Auch liegt in unserem Ableitungsverfahren eine gewisse Willkür, insofern als wir nicht notwendig die Vektoren w_t und $w_{t+\tau}$ zu vergleichen brauchten, sondern ebensogut die Differenz zwischen $w_{t+2\tau}$ oder $w_{t+3\tau} \ldots$ und w_t hätten nehmen können. Die abgeleiteten Figuren würden dann andere geworden sein. Indessen stimmen unsere Ergebnisse mit den rechnerischen Resultaten von Chandler u. A. überein; jedenfalls scheint unser Verfahren für die hier beabsichtigte mehr orientierende wie abschlieſsende Diskussion bei der heutigen Genauigkeit der fraglichen Beobachtungen auszureichen. Bei einer abschlieſsenden Beurteilung des Gegenstandes werden namentlich auch Wahrscheinlichkeitsuntersuchungen darüber, ob eine aufgefundene Periodizität als wirklich oder zufällig anzusehen ist, im Sinne von A. Schuster (vgl. die Anm. auf pag. 679) herangezogen werden müssen.

Was insbesondere das Hauptergebnis dieser Betrachtungen, die 14-monatliche Chandlersche Periode betrifft, so scheint diese auch noch eine gewisse Stütze durch die Erscheinungen der Ebbe und Flut zu finden. Es ist klar, daſs eine Umlagerung der Rotationsaxe wegen der veränderten Centrifugalverhältnisse der Erde die Bewegung der Oceane beeinflussen muſs und daſs eine periodische Umlagerung der Rotationsaxe eine Schwankung des mittleren Meeresniveaus von derselben Periode zur Folge haben müſste, vorausgesetzt, daſs der Einfluſs auf letztere genügend stark ist. Die Herren van de Sande Bakhuyzen*) und Christie**) glauben diese Voraussetzung bejahen und in den holländischen bez. amerikanischen Flutbeobachtungen eine 14-monatliche Variabilität von einigen cm. nachweisen zu können.

Zusammenfassend schlieſsen wir also aus den mitgeteilten Beobachtungen namentlich zweierlei: erstens daſs Polschwankungen zweifellos konstatiert sind, daſs also der Erdpol nicht mehr als „der ruhende Pol in der Erscheinungen Flucht" angesehen werden kann, zweitens, daſs die Polschwankungen nicht diejenige einfache Gesetzmäſsigkeit

*) Astronom. Nachr. Nr. 3261.

**) Bulletin of the Phil. Soc. of Washington 1895, vol. XII, p. 103.

und namentlich nicht diejenige Periode haben, die wir nach den Erörterungen des vorigen Paragraphen erwartet haben würden.

§ 7. Die Erklärung der Chandlerschen vierzehnmonatlichen Periode und die Elastizität der Erde.

Bekanntlich darf die alte Streitfrage, ob das Erdinnere feuerflüssig oder fest sei, heutzutage als in dem Sinne entschieden gelten, daſs sich das Erdinnere, im groſsen und ganzen genommen, wie ein *fester Körper* verhält. Man wird dabei, damit es sich nicht um einen bloſsen Streit um Worte handelt, die Benennungen flüssig und fest zu definieren haben und wird sagen: flüssig soll ein Mittel heiſsen, in dessen Innerem unter gegebenen Umständen relative Verschiebungen der Teile in merklichem Maſse vorkommen können, fest ein Mittel, in dem solche Verschiebungen unmöglich sind. Man kann es dahingestellt sein lassen, ob im letzteren Falle die Verschiebbarkeit der Teile durch eine Art elastischen Zusammenhaltes, (durch Festigkeit im gewöhnlichen Sinne), oder durch einen besonders hohen Grad von Viscosität hervorgerufen wird: auch eine Flüssigkeit von hinreichender Viscosität (z. B. Asphalt) verhält sich gegen äuſsere Einwirkungen von nicht zu langer Dauer merklich wie ein fester Körper und zeigt keine bedeutenden Verschiebungen ihrer Teile gegeneinander. Wir können im Anschluſs an eine in der englischen Litteratur gebräuchliche Ausdrucksweise von *effektiver Festigkeit* sprechen, um damit ein Verhalten zu bezeichnen, welches unter gegebenen Umständen dem eines festen Körpers von bestimmtem Elastizitätsgrade analog ist.

Dagegen soll mit der Angabe, das Erdinnere sei fest, nichts über seinen sonstigen physikalischen Zustand ausgesagt werden. Dieser dürfte bei den auſserordentlichen Temperaturen und Drucken, die im Innern der Erde herrschen, von allem abweichen, was wir sonst von flüssiger oder fester Konstitution wissen. Schon in Laboratoriumsversuchen lassen sich gewisse kritische Zustände schaffen, bei denen die Aggregatzustände stetig ineinander übergehen; der Zustand des Erdinneren liegt aber weit jenseits jener kritischen Grenzen. Der richtige Standpunkt wird offenbar der sein, den Zustand des Erdinneren nicht nach gewagten Analogien und Extrapolationen aus Laboratoriumsversuchen vorauszusagen, sondern aus dem thatsächlichen Verhalten der Erde, wie es sich z. B. bei den Polschwankungen zeigt, auf den durchschnittlichen oder effektiven Zustand zurückzuschlieſsen.

Auch soll mit der Berechnung eines bestimmten Elastizitätsmoduls nicht behauptet werden, daſs die Erde durch und durch die Beschaffenheit eines Körpers von der betr. Elastizität habe. Vielmehr kann man als die heutzutage wahrscheinlichste und herrschende Ansicht diejenige bezeichnen, wonach die Erde *inhomogen* konstituiert ist, nämlich aus einem dichteren und festeren Kern (Eisenkern) und einer weniger dichten und nachgiebigeren Schale (Gesteinsmantel) besteht, welche beide durch eine nicht sehr ausgedehnte Schicht eines zähflüssigen Magmas von einander getrennt werden (vgl. die unten zu nennende Theorie von E. Wiechert). Auch die Möglichkeit einer solchen Inhomogenität wünschen wir durch das Wort „effektive" Elastizität oder Festigkeit einzuschließen. Der zu berechnende Elastizitätsmodul bedeutet alsdann den Wert desselben für einen homogenen elastischen Körper, welcher sich hinsichtlich der hier in Frage kommenden elastischen Wirkungen ebenso verhält wie die wahrscheinlich inhomogene Erde.

Wir beabsichtigen nicht, auf die Diskussionen über das Erdinnere näher einzugehen, sondern heben nur einige Punkte aus der historischen Entwickelung hervor*). Im Interesse der Theorie des Vulkanismus haben die Geologen seit altersher für das feuerflüssige Erdinnere plaidiert. Der erste, der sich mit wissenschaftlichen Gründen dagegen ausgesprochen hat, scheint Hopkins**) gewesen zu sein. Hopkins untersuchte die Präcession und Nutation, die eine mit Flüssigkeit gefüllte Kugelschale zeigen würde, und fand, dafs eine solche sich erheblich anders als die Erde verhalten würde. Die späteren und tiefer gehenden Untersuchungen Lord Kelvins***) ergaben, dafs die Beweisführung von Hopkins mangelhaft war und dafs auch seine Resultate in wesentlichen Punkten zu berichtigen sind. Indem Kelvin statt der Kugelschale eine abgeplattete ellipsoidische Schale betrachtet, zeigt er, dafs sich *bei völlig starrer Schale* in den schnelleren Nutationen (der halbjährigen und namentlich der halbmonatlichen vgl. pag. 651), nicht aber in der Präcession und in der $18^2/_3$-jährigen Nutation eine Differenz zwischen Beobachtung und Rechnung ergeben würde†), dafs dagegen bei

*) Wegen näherer Angaben vgl. die Darstellung in Kap. 15 des vorzüglichen populär-wissenschaftlichen Werkes von G. H. Darwin, The Tides, London 1898, deutsche Ausgabe von A. Pockels, Leipzig 1902, oder die jüngst erschienene Kosmische Physik von Sw. Arrhenius, Leipzig 1903.

**) Researches in physical geology, Philosophical Transactions London R. Soc. 1839, 1840, 1842.

***) Mathematical and Physical Papers, Bd. 3, art. 45 vgl. insbesondere §§ 21—38, zusammengefafst in Popular Lectures, Bd. 3, pag. 238.

†) Hiermit hängt eine Bemerkung Lord Kelvins zusammen, die wir an Modellen der Göttinger mathematischen Sammlung bestätigt haben: Ein Kreisel, dessen Schwungmasse durch ein mit Flüssigkeit gefülltes *abgeplattetes* Rotationsellipsoid ersetzt ist, verhält sich, in Umdrehung um seine Axe versetzt, auf horizontaler Unterlage *stabil* und führt seine Präcessionsbewegung aus, ähnlich

einer *einigermaſsen nachgiebigen Schale* alle jene Erscheinungen so verlaufen könnten, wie es der Wirklichkeit entspricht. Die astronomischen Thatsachen widerlegen also nur die Annahme: flüssiges Erdinnere in starrer Schale, eine Annahme, die ja auch aus physikalischen Gründen unhaltbar ist, da wir kein Material kennen, das als dünne Schale ausgebildet völlig unnachgiebig wäre, Andrerseits aber wird die Annahme: flüssiges Erdinnere in nachgiebiger Schale, durch die Erscheinungen der Ebbe und Flut widerlegt. Eine dünne Erdkruste von der elastischen Nachgiebigkeit der uns bekannten Materialien würde nämlich dem deformierenden Einfluſs der Gezeitenkräfte fast ebenso willig folgen wie das Wasser der Meere. Dann aber gäbe es unter dem Einfluſs jener Kräfte keine relative Bewegung des Wassers gegen das Land, sondern nur ein gemeinsames Auf- und Abwogen der Meere und Kontinente, das sich der unmittelbaren Wahrnehmung entziehen würde. Somit bleibt nur die Annahme einer im Durchschnitt effektiv-festen Erde übrig (fest im Sinne der vorausgeschickten Erklärung). Mit dieser Annahme ist das Vorhandensein peripherischer Hohlräume, die mit einer Art Flüssigkeitsmagma ausgefüllt sind, oder auch das Vorhandensein einer ringsum ausgebildeten flüssigen Schicht durchaus verträglich, falls dieselben nur im Verhältnis zu dem effektiv-festen Erdkerne und der festen Erdkruste wenig ausgedehnt sind, wodurch nicht nur den Bedürfnissen der geologischen Theorien, sondern namentlich auch den wichtigen Ergebnissen der Pendelbeobachtungen Rechnung getragen werden kann. (Vgl. auch hierzu die Wiechertsche Theorie des Erdinnern.)

Daſs die Erde zugleich effektiv starr sei, soll damit nicht behauptet werden. Schon Lord Kelvin*) hat versucht, den Grad der elastischen Nachgiebigkeit des Erdkörpers auf Grund der thatsächlichen Höhe der Fluten abzuschätzen. Während, wie wir soeben sagten, bei einer in der Hauptsache flüssigen, also völlig nachgiebigen Erde die Fluthöhe sich auf Null reduzieren müſste, wird bei jedem endlichen Grade von elastischer Nachgiebigkeit die Fluthöhe einen gewissen Bruchteil derjenigen Höhe betragen, die sich auf einer völlig starren Erde ausbilden müſste.

---

wie ein Kreisel aus festem Stoff; (über den Verlauf der kürzeren Nutationen geben die Beobachtungen an unserem Modell keinen deutlichen Aufschluſs). Dagegen erweist sich ein Kreisel, dessen Schwungmasse aus einem mit Flüssigkeit gefüllten *verlängerten* Ellipsoid besteht, unter denselben Verhältnissen als gänzlich *labil.* Da die Erde ein abgeplattetes Rotationsellipsoid ist, so versteht man, daſs sie in ihren Präcessionsbewegungen von denen eines durchaus festen Körpers auch dann nicht wesentlich abweichen würde, wenn sie mit Flüssigkeit gefüllt wäre, vorausgesetzt, daſs die Erdkruste, so wie wir es ohne merklichen Fehler von unserem Modell voraussetzen dürfen, absolut starr wäre.

*) Thomson und Tait, Natural Philosophy II, art. 843.

Kelvin schätzt von hier aus die Nachgiebigkeit der Erde kleiner als diejenige des Glases und etwa gleich derjenigen des Stahles. Einen sehr viel schärferen Anhalt für eine derartige Schätzung werden wir im Folgenden kennen lernen, wo wir uns zur Erklärung der Chandlerschen Periode wenden.

Es ist das Verdienst von S. Newcomb*), erkannt zu haben, dafs die Periode der freien Nutationen mit dem Grade der Nachgiebigkeit des Erdkörpers zusammenhängt. Die Eulersche Periode von 10 Monaten entspricht der Annahme völliger Starrheit; zu jedem endlichen Elastizitätsgrade dagegen berechnet sich eine davon verschiedene und zwar längere Periode. Umgekehrt läfst sich der Chandlerschen Periode ein bestimmter Elastizitätsgrad zuordnen, bei welcher die Periode der freien Nutationen gerade die beobachtete Dauer von 14 Monaten annehmen würde.

In der Litteratur sind diese Verhältnisse am gründlichsten in einer Arbeit von S. S. Hough**) untersucht, der von den elastischen Differentialgleichungen eines rotierenden Sphäroids ausgeht. Wir werden die Resultate von Hough auf sehr viel einfacherem Wege gewinnen, indem wir an einen Satz aus Kap. VII, § 8 (pag. 607) anknüpfen. Dort wurde bereits die Dauer der freien Nutation oder, was dasselbe bedeutet, die Periode der kräftefreien Präcession für einen deformirbaren sphäroidischen Kreisel berechnet, unter der Annahme, dafs lediglich die elastischen Widerstände den durch die Centrifugalwirkung der Umdrehung verursachten Formänderungen entgegenwirken. Diese Annahme trifft bei einem Körper von den Dimensionen der Erde nicht zu, weil hier auch die gegenseitigen Gravitationswirkungen der Teilchen wesentlich zu berücksichtigen sind.

Wir müssen daher Einiges über diese Gravitationswirkungen und über die Art, wie sie sich mit der Wirkung der elastischen Kräfte zusammensetzen, vorausschicken. Wir ordnen die folgenden Erörterungen in eine Reihe von Einzelproblemen.

Erstes Problem. Eine homogene, incompressible Flüssigkeitsmasse steht unter dem Einflufs der gegenseitigen Gravitation ihrer Teile und würde im Ruhezustande eine Kugel vom Radius R bilden; sie wird in Rotation um eine feste Axe versetzt; die Winkelgeschwindigkeit

*) On the dynamics of the Earth's rotation with respect to the periodic variations of Latitude. Monthly Notices Astr. Soc. London (1892), Bd. 52, pag. 336 und Remarks on Mr. Chandlers Law of Variation of Terrestrial Latitude. Astronomical Journal Bd. 11, 12, 19.

**) On the Rotation of an elastic Spheroid, Philos. Transactions R. Soc. London (1896) Bd. 187, pag. 319.

sei ω. Eine mögliche Gleichgewichtsform der Flüssigkeit ist dann ein abgeplattetes Umdrehungsellipsoid, welches die Rotationsaxe zur Symmetrieaxe hat (Mac Laurinsches Ellipsoid). *Die Elliptizität desselben wird, unter der Annahme, dafs dieselbe klein ausfällt, durch die Formel gegeben*

$$\varepsilon_1 = \frac{5}{4} \frac{\omega^2 R}{g}, \tag{1}$$

wo g die Gravitationsbeschleunigung an der Oberfläche unserer Flüssigkeit bedeutet.

Den Verhältnissen der Erde entsprechen die folgenden in Metern und Sekunden ausgedrückten Zahlenwerte:

$$\omega = \frac{2\pi}{24 \cdot 60 \cdot 60}, \quad R = \frac{2}{\pi} 10^7, \quad g = 9{,}81, \quad \frac{\omega^2 R}{g} = \frac{1}{289}, \quad \varepsilon_1 = \frac{1}{231}. \tag{2}$$

Bei der Ableitung der Gl. (1) können wir, wenn wir uns nicht auf die (übrigens sehr bekannten) Formeln für das Potential eines Ellipsoides berufen wollen, mit Vorteil an unsere frühere Vorstellung des „Erdringes" anknüpfen. Ebenso wie früher die feste Erde ersetzen wir jetzt unsere ellipsoidische Flüssigkeit durch eine Kugel (Radius R, Masse M) und einen in der Äquatorebene des Ellipsoides gelegenen Ring (Radius R, Masse m). Wie wir in § 1 dieses Kapitels sahen, wird das Gravitationspotential der Kombination Kugel + Ring in einem äufseren Punkte bis zu den Gliedern zweiter Ordnung einschliefslich gleich dem Potential irgend einer anderen Massenverteilung von den gleichen Hauptträgheitsmomenten. Die Trägheitsmomente unserer Flüssigkeitsmasse um die Rotationsaxe (z-Axe) bez. um zwei dazu senkrechte Axen (y- und x-Axe) seien C, A, A. Unter der Elliptizität verstehen wir wie früher das Verhältnis*)

$$\varepsilon = \frac{C - A}{A}.$$

Die Masse m des Ringes ist nach Gl. (1) von § 1 folgendermafsen zu wählen:

$$m = \frac{2(C - A)}{R^2} = \frac{2A}{R^2} \varepsilon = \frac{4}{5} M \varepsilon, \tag{3}$$

*) Neben dieser Definition kommt in der Litteratur die folgende vor:

$$\varepsilon = \frac{a - b}{a},$$

wo a die grofse, b die kleine Axe des Ellipsoides bedeutet. Man überzeugt sich leicht mit Rücksicht auf pag. 600, dafs für eine *homogene* Massenverteilung diese Definition bis auf höhere Potenzen von ε mit der unsrigen übereinstimmt.

wobei wir für A den Näherungswert $A = \frac{2}{5} MR^2$ eingeführt haben, der das Trägheitsmoment einer Kugel vom Radius R bedeutet.

Ist r der Abstand eines beliebigen äußeren Punktes P vom Mittelpunkte der Flüssigkeitsmasse, so wird das Potential von Kugel und Ring in P

$$V = f\left(\frac{M}{r} + \frac{m}{r}\frac{1}{2\pi}\int \frac{d\varphi}{\sqrt{1 + (R/r)^2 - 2(R/r)s}}\right),$$

die Integration erstreckt über den Umfang des Ringes. Dabei bedeutet s ähnlich wie pag. 639 die Abkürzung

$$s = \frac{xx' + yy' + zz'}{rR},$$

wo x, y, z die Koordinaten von P, x', y', z' die eines Ringpunktes sind. Legen wir die xz-Ebene durch den Punkt P und die xy-Ebene durch den Ring, und nennen Θ den Winkel zwischen OP und OX, so wird

$$x = r\cos\Theta, \quad y = 0, \quad z = r\sin\Theta,$$
$$x' = R\cos\varphi, \quad y' = R\sin\varphi, \quad z' = 0,$$

und daher

$$s = \cos\Theta\cos\varphi.$$

Die Potenzentwickelung der Quadratwurzel liefert ähnlich wie pag. 639:

$$\frac{1}{\sqrt{1 + (R/r)^2 - 2(R/r)s}} = 1 + \frac{R}{r}s + \left(\frac{R}{r}\right)^2\left(\frac{3}{2}s^2 - \frac{1}{2}\right) + \cdots$$

und die Ausführung der Integration

$$(4)\quad \begin{cases} \frac{1}{2\pi}\int\limits_0^{2\pi} \frac{d\varphi}{\sqrt{1 + (R/r)^2 - (R/r)s}} = 1 + \left(\frac{R}{r}\right)^2\left(\frac{3}{4}\cos^2\Theta - \frac{1}{2}\right) + \cdots \\ \qquad = 1 + \frac{3}{4}\left(\frac{R}{r}\right)^2\left(\cos^2\Theta - \frac{2}{3}\right) + \cdots. \end{cases}$$

Daher wird das Potential der Anziehung, wenn wir für m den Wert (3) eintragen:

$$V = fM\left(\frac{1}{r} + \frac{4}{5}\frac{\varepsilon}{r} + \frac{3}{5}\varepsilon\frac{R^2}{r^3}\left(\cos^2\Theta - \frac{2}{3}\right) + \cdots\right).$$

Wir suchen den Wert von V für die Oberfläche der Flüssigkeitsmasse, deren Gleichung wir schreiben dürfen:

$$(5)\qquad r = R\left(1 + \varepsilon\left(\cos^2\Theta - \frac{2}{3}\right)\right),$$

(vgl. Gl. (2) von pag. 601, wo wir für den dort definierten mittleren Radius m den Näherungswert R nehmen). Wegen der Kleinheit von ε können wir

$$\frac{1}{r} = \frac{1}{R}\left(1 - \varepsilon\left(\cos^2\Theta - \frac{2}{3}\right)\right)$$

schreiben. Diesen Wert tragen wir in das erste Glied des Ausdrucks für V ein; ferner dürfen wir in den folgenden mit ε behafteten und daher als klein zu behandelnden Gliedern des Potentials direkt $r = R$ setzen. Es ergibt sich so:

$$V = \frac{fM}{R}\left(1 + \frac{4}{5}\varepsilon - \varepsilon\left(1 - \frac{3}{5}\right)\left(\cos^2\Theta - \frac{2}{3}\right) + \cdots\right). \tag{6}$$

Die Oberfläche der rotierenden Flüssigkeit mufs eine Fläche konstanten Druckes sein. Daraus folgt nach den Grundsätzen der Hydrodynamik, dafs auch die potentielle Energie der auf die Masseneinheit der Flüssigkeit wirkenden Kräfte längs der Oberfläche konstant sein mufs. Diese Kräfte sind die Gravitation einerseits und die Centrifugalkraft andrerseits. Die potentielle Energie der letzteren ist, für die Masseneinheit berechnet, in einem beliebigen Punkte des rotierenden Ellipsoides:

$$U = \frac{1}{2}\omega^2(x^2 + y^2) = \frac{1}{2}\omega^2 r^2 \cos^2\Theta,$$

also insbesondere in der Oberfläche des Ellipsoides, wo näherungsweise $r = R$ ist, mit einer kleinen formalen Abänderung:

$$U = \frac{1}{3}\omega^2 R^2 + \frac{1}{2}\omega^2 R^2\left(\cos^2\Theta - \frac{2}{3}\right). \tag{7}$$

Damit die Summe $V + U$ auf der Oberfläche der Flüssigkeit einen konstanten, d. h. von Θ unabhängigen Wert erhält, ist es notwendig, dafs die Faktoren von $\left(\cos^2\Theta - \frac{2}{3}\right)$ in (6) und (7) entgegengesetzt gleich sind. Dies liefert die Gleichung:

$$\frac{2}{5}\frac{fM}{R}\varepsilon = \frac{1}{2}\omega^2 R^2, \tag{8}$$

woraus sich ergiebt:

$$\varepsilon = \frac{5}{4}\frac{\omega^2 R^3}{fM}.$$

Führen wir noch die Gravitationsbeschleunigung g an der Oberfläche unserer Flüssigkeitsmasse ein, nämlich $g = fM/R^2$ (näherungsweise), so erhalten wir direkt den oben angegebenen Wert ε_1 aus Gl. (1).

Gl. (1) ist von Clairaut gegeben und bildet eine Grundformel in der Theorie von der Figur der Erde. Sie setzt voraus, dafs die Dichte der Flüssigkeit konstant ist und dafs die Centrifugalwirkung lediglich durch die Gravitation im Gleichgewicht gehalten wird.

Bekanntlich bezeichnet man diejenigen Funktionen von Θ, die in Gl. (4) als Koeffizienten der verschiedenen Potenzen von R/r bei der Entwickelung des reziproken Abstandes zweier Punkte auftreten, als *Kugelfunktionen**). Eine solche Funktion und zwar eine „Kugelfunktion

*) Genauer gesagt als *Kugelflächenfunktionen.* Unter einer *räumlichen Kugelfunktion* versteht man jeden Ausdruck, der homogen in den rechtwinkligen Koordi-

zweiter Ordnung“ ist der obige Ausdruck $\cos^2\Theta - 2/3$. Die vorstehend berechnete Reihe (6) für V stellt, können wir sagen, die Entwickelung des Potentials nach Kugelfunktionen dar. Ferner haben wir in Gl. (7) auch den Ausdruck von U nach Kugelfunktionen geordnet. In der Gleichgewichtsbedingung (8) endlich haben wir die beiden Terme von V und U, welche unsere Kugelfunktion zweiter Ordnung enthalten, mit einander verglichen und gelangten dadurch zur Berechnung der Elliptizität. Wir können diese Gleichgewichtsbedingung schematisch folgendermaſsen schreiben, wenn wir mit U_2 und V_2 den betr. Term in der Entwickelung von U und V bezeichnen, wobei wir V_2 für die Elliptizität 1 berechnen und bei der Berechnung von U_2, mit Rücksicht darauf, daſs die Centrifugalkraft eine störende Ursache von kleinem Betrage darstellt, von der Elliptizität überhaupt absehen:

$$\varepsilon V_2 = U_2, \qquad V_2 = \frac{2}{5}\frac{fM}{R}\left(\cos^2\Theta - \frac{2}{3}\right). \tag{9}$$

Wegen näherer Ausführung der Theorie, insbesondere bei beträchtlichen Werten der Elliptizität, müssen wir auf die Litteratur*) verweisen.

Zweites Problem. Eine homogene elastisch-feste Kugel vom Radius R und der Dichte ϱ wird mit der Winkelgeschwindigkeit ω um einen ihrer Durchmesser gedreht. Sie geht dabei in ein abgeplattetes Umdrehungsellipsoid über, welches die Rotationsaxe zur Symmetrieaxe hat. Das elastische Verhalten des Materials sei dadurch bestimmt, daſs wir den Elastizitätsmodul (E) geben und annehmen, daſs das Material incompressibel sei, daſs also das Poissonsche Verhältnis von Querkontraktion zu Längsdehnung den speziellen Wert 1/2 habe. Die letztere Annahme vereinfacht die Rechnungen und hat auf das Resultat keinen erheblichen Einfluſs.

Die Elliptizität des so entstehenden Ellipsoides wird alsdann

$$\varepsilon_2 = \frac{15}{38}\frac{\varrho\,\omega^2 R^2}{E}. \tag{10}$$

Um auch hier zunächst ein Zahlenbeispiel zu geben, welches sich den Verhältnissen der Erde anschlieſst, wählen wir in CGS-Einheiten

$$\varrho = 5{,}5, \qquad \omega = \frac{2\pi}{24\cdot 60\cdot 60}, \qquad R = \frac{2}{\pi}\,10^9$$

---

naten x, y, z ist und der Potentialgleichung $\frac{\partial^2}{\partial x^2} + \frac{\partial^2}{\partial y^2} + \frac{\partial^2}{\partial z^2} = 0$ genügt. Aus einer räumlichen Kugelfunktion entsteht eine Kugelflächenfunktion, wenn man in dem Ausdruck der ersteren $x^2 + y^2 + z^2 = \text{const.}$ setzt.

*) H. Lamb, Hydrodynamics, Cambridge 1895, Kap. XII, pag. 580. W. Wien, Hydrodynamik, Leipzig 1900, Kap. VIII, pag. 303. Thomson und Tait, Natural Philosophy II, Cambridge 1895, art. 771, 793 ff. Ausführliche Litteraturangabe bei A. E. H. Love, Encykl. d. math. Wissensch. Bd. IV, Art. 16, Nr. 4.

und nehmen E gleich dem Elastizitätsmodul von Stahl, d. h. rund gleich $2{,}2 \cdot 10^6$ (kg Gewicht/cm²) $= 2{,}2 \cdot 981 \cdot 10^9$ CGS-Einheiten. Es wird dann

$$\text{(11)} \qquad \frac{\varrho\,\omega^2 R^2}{E} = \frac{1}{184}, \qquad \varepsilon_2 = \frac{1}{465}.$$

Bei der Ableitung der Gl. (10) müssen wir auf die Grundlagen der Elastizitätstheorie zurückgehen.

Sind u, v, w die Verrückungen eines Punktes im Innern der Kugel nach den Koordinatenaxen, welche letztere ebenso wie unter 1) gewählt werden, so gilt zunächst wegen der vorausgesetzten Incompressibilität:

$$\text{(12)} \qquad \frac{\partial u}{\partial x} + \frac{\partial v}{\partial y} + \frac{\partial w}{\partial z} = 0.$$

Die elastischen Differentialgleichungen nehmen für ein incompressibles, durch Centrifugalwirkungen beanspruchtes Material die Form an:

$$\text{(13)} \qquad \begin{cases} \dfrac{E}{3}\Delta u + \dfrac{\partial p}{\partial x} + \varrho\,\dfrac{\partial U_2}{\partial x} = 0, \\[2ex] \dfrac{E}{3}\Delta v + \dfrac{\partial p}{\partial y} + \varrho\,\dfrac{\partial U_2}{\partial y} = 0, \\[2ex] \dfrac{E}{3}\Delta w + \dfrac{\partial p}{\partial z} + \varrho\,\dfrac{\partial U_2}{\partial z} = 0. \end{cases}$$

Δ bedeutet wie üblich die Abkürzung für den zweiten Differentialparameter, p ist ein von Ort zu Ort wechselnder allseitiger Druck, welcher so zu bestimmen ist, daſs der Bedingung (12) Genüge geleistet wird. U_2 bedeutet den oben definierten mit Θ variabeln Teil des Potentials der Centrifugalkraft (s. Gl. (7)):

$$\text{(7')} \qquad U_2 = \frac{1}{2}\,\omega^2 r^2 \left(\cos^2\Theta - \frac{2}{3}\right) = \frac{\omega^2}{6}(x^2 + y^2 - 2z^2).$$

Wie man sieht ist U_2 (vgl. die Anm. zu pag. 691) eine räumliche Kugelfunktion zweiter Ordnung. Von dem in (7) zu U_2 hinzutretenden Terme $\frac{1}{3}\,\omega^2 r^2$ sehen wir im Folgenden ab, da dieser nur die Gröſse, nicht die Gestalt der Kugel abändern kann und bei einem incompressibeln Material überhaupt ohne Einfluſs ist.

Die Differentialgleichungen (12) und (13) sind noch zu ergänzen durch die Bedingungen dafür, daſs die Kugelfläche eine kräftefreie Oberfläche ist. Sie besagen, daſs die auf jedes Oberflächenelement wirkenden Spannungen nach allen drei Koordinatenrichtungen verschwinden müssen. In den Verrückungen u, v, w geschrieben lautet die Bedingung für die x-Richtung:

$$\left(\frac{2}{3}E\frac{\partial u}{\partial x} + p\right)\cos(n, x) + \frac{E}{3}\left(\frac{\partial u}{\partial y} + \frac{\partial v}{\partial x}\right)\cos(n, y) + \frac{E}{3}\left(\frac{\partial u}{\partial z} + \frac{\partial w}{\partial x}\right)\cos(n, z) = 0;$$

da für die Kugel $\cos(n, x) : \cos(n, y) : \cos(n, z) = x : y : z$, können wir hierfür schreiben:

$$x\frac{\partial u}{\partial x} + y\frac{\partial u}{\partial y} + z\frac{\partial u}{\partial z} + x\frac{\partial u}{\partial x} + y\frac{\partial v}{\partial x} + z\frac{\partial w}{\partial x} = -\frac{3p}{E}x. \tag{14}$$

Die auf die y- und z-Richtung bezüglichen Bedingungen folgen aus (14) durch cyklische Vertauschung von $(x\,y\,z)$, $(u\,v\,w)$.

Wir behaupten nun, daſs den Gleichungen (12) bis (14) bei geeigneter Wahl der Konstanten α, β, γ durch den folgenden Ansatz genügt wird:

$$\left\{\begin{aligned} u &= \alpha\frac{\partial U_2}{\partial x} + \beta r^2\frac{\partial U_2}{\partial x} + \gamma\frac{\partial}{\partial x}(r^2 U_2),\\ v &= \alpha\frac{\partial U_2}{\partial y} + \beta r^2\frac{\partial U_2}{\partial y} + \gamma\frac{\partial}{\partial y}(r^2 U_2),\\ w &= \alpha\frac{\partial U_2}{\partial z} + \beta r^2\frac{\partial U_2}{\partial z} + \gamma\frac{\partial}{\partial z}(r^2 U_2),\end{aligned}\right. \tag{15}$$

welcher somit die vollständige Lösung des gestellten Problems enthält.

Bei dem folgenden Beweise werden wir des öfteren von den nachstehenden Regeln Gebrauch zu machen haben, welche unmittelbar aus der Definition der Kugelfunktionen und ihrer Homogenität folgen:

$$\Delta U_2 = 0, \quad \left(x\frac{\partial}{\partial x} + y\frac{\partial}{\partial y} + z\frac{\partial}{\partial z}\right)U_2 = 2U_2, \quad \Delta(r^2 U_2) = 14 U_2,$$

$$\Delta\left(r^2\frac{\partial U_2}{\partial x}\right) = 10\frac{\partial U_2}{\partial x} \text{ etc.}$$

Wir tragen den Ansatz (15) zunächst in die Gleichung (12) ein und erhalten:

$$\frac{\partial u}{\partial x} + \frac{\partial v}{\partial y} + \frac{\partial w}{\partial z} = (4\beta + 14\gamma)U_2 = 0;$$

hiernach ist

$$\beta = -\frac{7}{2}\gamma \tag{16}$$

zu wählen. Indem wir auf die erste der Gleichungen (13) übergehen, berechnen wir nach (15) und (16):

$$\Delta u = (10\beta + 14\gamma)\frac{\partial U_2}{\partial x} = -21\gamma\frac{\partial U_2}{\partial x}.$$

Es muſs also nach (13) sein:

$$\frac{\partial p}{\partial x} = (7E\gamma - \varrho)\frac{\partial U_2}{\partial x};$$

entsprechend ergiebt sich

$$\frac{\partial p}{\partial y} = (7E\gamma - \varrho)\frac{\partial U_2}{\partial y}, \qquad \frac{\partial p}{\partial z} = (7E\gamma - \varrho)\frac{\partial U_2}{\partial z}.$$

Wir schlieſsen hieraus, indem wir von der Hinzufügung einer Integrationskonstanten absehen:

$$p = (7E\gamma - \varrho)U_2. \tag{17}$$

Schließlich haben wir die Oberflächenbedingung (14) zu betrachten. Wir bilden zunächst aus (15)

$$x\frac{\partial u}{\partial x}+y\frac{\partial u}{\partial y}+z\frac{\partial u}{\partial z}=\alpha\frac{\partial U_2}{\partial x}+3\beta r^2\frac{\partial U_2}{\partial x}+3\gamma r^2\frac{\partial U_2}{\partial x}+6\gamma x U_2,$$

$$x\frac{\partial u}{\partial x}+y\frac{\partial v}{\partial x}+z\frac{\partial w}{\partial x}=\alpha\frac{\partial U_2}{\partial x}+\beta r^2\frac{\partial U_2}{\partial x}+4\beta x U_2+3\gamma r^2\frac{\partial U_2}{\partial x}+6\gamma x U_2;$$

Gl. (14) verlangt also mit Rücksicht auf (17):

$$(2\alpha+4\beta r^2+6\gamma r^2)\frac{\partial U_2}{\partial x}+(4\beta+12\gamma)x U_2=-3\left(7\gamma-\frac{\varrho}{E}\right)x U_2.$$

Wir tragen für β den Wert aus (16) ein und schreiben, indem wir die auf die y- und z-Richtung bezüglichen Gleichungen hinzufügen:

$$(2\alpha-8\gamma r^2)\frac{\partial U_2}{\partial x}+\left(19\gamma-\frac{3\varrho}{E}\right)x U_2=0,$$

$$(2\alpha-8\gamma r^2)\frac{\partial U_2}{\partial y}+\left(19\gamma-\frac{3\varrho}{E}\right)y U_2=0,$$

$$(2\alpha-8\gamma r^2)\frac{\partial U_2}{\partial z}+\left(19\gamma-\frac{3\varrho}{E}\right)z U_2=0.$$

Wird nunmehr der Ausdruck (7') für U_2 eingeführt, so werden die beiden ersten Gleichungen nach Forthebung je eines gemeinsamen Faktors unter sich identisch. Unser Gleichungstripel reduziert sich daher auf das folgende Gleichungspaar:

$$2(2\alpha-8\gamma r^2)+\left(19\gamma-\frac{3\varrho}{E}\right)(x^2+y^2-2z^2)=0,$$

$$-4(2\alpha-8\gamma r^2)+\left(19\gamma-\frac{3\varrho}{E}\right)(x^2+y^2-2z^2)=0,$$

welches in allen Punkten der Kugeloberfläche $r=R$ erfüllt sein soll. Es ist dieses nur möglich, wenn

$$(18)\qquad 2\alpha-8\gamma R^2=0,\quad 19\gamma-\frac{3\varrho}{E}=0.$$

Durch diese Gleichungen zusammen mit Gl. (16) sind die erforderlichen Werte unserer Koeffizienten α, β, γ bestimmt; sie lauten:

$$(19)\qquad \gamma=\frac{3}{19}\frac{\varrho}{E},\quad \beta=-\frac{21}{38}\frac{\varrho}{E},\quad \alpha=\frac{12}{19}\frac{\varrho}{E}R^2.$$

Gleichzeitig ist durch diese Bestimmung der Beweis für die Richtigkeit des Ansatzes (15) erbracht.

Es ist nun leicht, die Elliptizität des durch die Deformation entstehenden Ellipsoides zu berechnen. Wir bilden zu dem Zwecke den Ausdruck für die radiale Verrückung eines Punktes an der Oberfläche der Kugel, nämlich

$$\delta R=\frac{1}{R}(ux+vy+wz).$$

Nach (15) wird:

$$\delta R = \left(\frac{2\alpha}{R} + 2\beta R + 4\gamma R\right) U_2,$$

also wegen (19):

(20) $$\delta R = \frac{15}{19}\frac{\varrho}{E} R U_2.$$

Andrerseits wird diese selbe Verrückung, wenn wir sie aus der Ellipsoidgleichung (5) berechnen:

(21) $$\delta R = r - R = R\varepsilon\left(\cos^2\Theta - \frac{2}{3}\right).$$

Durch Vergleich von (20) und (21) folgt, wenn wir den Oberflächenwert von U_2 aus Gl. (7') entnehmen, in der That der in (10) angegebene Wert $\varepsilon = \varepsilon_2$.

Wir wollen noch das Resultat der Vergleichung von (20) und (21) in der folgenden Form darstellen, die uns demnächst von Nutzen sein wird:

(22) $$\varepsilon W_2 = U_2, \quad W_2 = \frac{19}{15}\frac{E}{\varrho}\left(\cos^2\Theta - \frac{2}{3}\right).$$

W_2 bedeutet eine Kugelflächenfunktion, durch welche das elastische Verhalten unserer Kugel charakterisiert wird. Gl. (22) kann ähnlich wie Gl. (9) als Gleichgewichtsbedingung angesprochen werden, da sie uns angiebt, bei welcher Abplattung die Centrifugalkräfte durch die elastischen Kräfte an der Oberfläche gerade aufgehoben werden.

Die vorstehenden Resultate sind unter allgemeineren Voraussetzungen von Lord Kelvin*) abgeleitet worden. Lord Kelvin betrachtet statt eines incompressibeln einen *beliebigen* elastischen Körper und statt der besonderen Kugelfunktion U_2 eine Störungsfunktion U_n von der Ordnung n; auch berücksichtigt er die bei der Erde nachweisbare Zunahme der Dichte nach dem Erdmittelpunkte hin. Durch Voranstellen der einfachsten Annahmen gelang es uns, die Kelvinschen Rechnungen bedeutend zu kürzen.

Drittes Problem. Wir betrachten abermals eine Kugel aus elastisch-festem Material, die in der Umdrehung ω begriffen ist, berücksichtigen aber aufser dem elastischen den von der gegenseitigen Gravitation ihrer Teile herrührenden Widerstand gegen Formänderungen. Bei gleichem elastischen Verhalten wie im vorhergehenden Falle mufs die Elliptizität jetzt kleiner ausfallen, weil der Widerstand gegen die Abänderung der Kugelgestalt vergröfsert ist. *Wir behaupten, dafs sich nunmehr die Elliptizität aus der Formel berechnet***):

---

*) Thomson und Tait, Natural Philosophy, Part II, namentlich art. 834. Sir W. Thomson, Mathem. and Phys. Papers, Vol. III, art. 45. Vgl. auch A. E. H. Love, Elasticity, Cambridge 1892, Chap. X.

**) Thomson und Tait, Natural Philosophy, art. 840.

$$\frac{1}{\varepsilon_3} = \frac{1}{\varepsilon_1} + \frac{1}{\varepsilon_2}, \tag{23}$$

wo ε_1 und ε_2 durch Gl. (1) und (10) bestimmt sind.

Der Beweis ist in den Gl. (9) und (22) enthalten. Wenn allein die Gravitation oder allein die Elastizität den Centrifugalkräften entgegenwirkt, fanden wir:

$$\varepsilon_1 V_2 = U_2 \quad \text{bez.} \quad \varepsilon_2 W_2 = U_2. \tag{24}$$

Wenn beide Widerstände zusammen das Gleichgewicht gegenüber den Centrifugalkräften herstellen, lautet die Gleichgewichtsbedingung, unter ε_3 die nunmehrige Elliptizität verstanden:

$$\varepsilon_3 V_2 + \varepsilon_3 W_2 = U_2.$$

Dividieren wir diese Gleichung durch $\varepsilon_3 U_2$ und drücken wir die Verhältnisse V_2/U_2, W_2/U_2 nach (24) durch ε_1 und ε_2 aus, so ergiebt sich genau die zu beweisende Gleichung (23).

Für eine Versuchskugel von mäfsigen Dimensionen ist ε_1 aufserordentlich grofs gegen ε_2. Aus (1) und (10) ergiebt sich nämlich

$$\frac{\varepsilon_1}{\varepsilon_2} = \frac{19}{6} \frac{E}{\varrho R g}.$$

Die Gröfse g, welche die auf der Oberfläche unserer Versuchskugel statthabende, durch deren Gravitation bewirkte Fallbeschleunigung bedeutet, ist um so viel kleiner als die Fallbeschleunigung auf der Erde, wie der Radius der Kugel kleiner ist als der Erdradius, (gleiche mittlere Dichte von Kugel und Erde vorausgesetzt). Aus dieser Kleinheit von g sowie aus der Gröfse von E folgt, dafs ε_2 gegen ε_1, also $1/\varepsilon_1$ gegen $1/\varepsilon_2$ vernachlässigt werden kann. Gl. (23) besagt in diesem Falle $\varepsilon_3 = \varepsilon_2$, d. h. unter Laboratoriumsverhältnissen könnte man bei der fraglichen centrifugalen Deformation von dem Einflufs der Gravitation kurzweg absehen. Mit Vergröfserung der Dimensionen der Kugel nimmt aber $\varepsilon_1/\varepsilon_2$ quadratisch ab; bei einer Kugel von der Gröfse der Erde und der Elastizität des Stahles ist dementsprechend $1/\varepsilon_1 = 231$ gegen $1/\varepsilon_2 = 465$ nicht mehr zu vernachlässigen. Die Elliptizität einer solchen Kugel wäre daher nach (23) zu berechnen und würde rund $1/700$ betragen, also wesentlich kleiner sein, wie wenn die Elastizität allein der Centrifugalwirkung entgegenarbeiten würde.

Man mufs aber nicht glauben, dafs die beobachtbare Elliptizität der Erde in dem hier erörterten Sinne durch die gemeinsame Wirkung von Gravitation und Elastizität bestimmt würde, so dafs ihre Berechnung unter Zugrundelegung eines geeigneten Elastizitätsgrades E nach der Formel (23) zu erfolgen hätte. Wir müssen uns vielmehr vorstellen, dafs die Erde einst, so wie die Sonne jetzt, in feurig-flüssigem Zustande war. In diesem Zustande konnte nur die Gravitation der Centrifugalwirkung das Gleichgewicht halten. Die Elliptizität mufste also $\varepsilon_1 = 5\omega^2 R/4g$ betragen. Bei allmählicher Abkühlung der Erdmasse trat alsdann Erstarrung ein und zwar nach der Schilderung, die Lord Kelvin von diesem Vorgange entwirft, durch einen verhältnismäfsig raschen Prozefs. Die Elliptizität der nunmehr festen Erdform stimmte dabei, darf man annehmen, im Wesentlichen mit der der früheren Flüssigkeitsform überein. In dieser Form ist die Erde, bei gleichbleibender Rotation ω, *spannungsfrei*. Die Erde befindet sich in dieser abgeplatteten Form in ihrem natürlichen Zustande; elastische Kräfte treten nur auf, sofern durch Abänderung der Rotationsverhältnisse oder durch anderweitige Kräfte eine Abänderung dieser ursprünglichen Form angestrebt wird, wobei die elastischen Kräfte in dem Sinne wirken werden, dafs sie jene spannungsfreie Form wiederherzustellen suchen.

Es folgt hieraus, dafs man aus der heutzutage beobachtbaren Elliptizität über die elastischen Eigenschaften des Erdkörpers unmittelbar nichts entnehmen kann. Die Sache liegt hier anders wie bei der oben erwähnten Versuchskugel, deren natürlicher Zustand bei nicht vorhandener Rotation die Kugelform sein sollte, bei der also elastische Widerstände auftreten, wenn durch die Centrifugalwirkung diese Kugelform abgeändert wird. Infolgedessen wird sich in der Gestalt der rotierenden Versuchskugel der Einflufs der elastischen Kräfte und zwar bei mäfsigen Dimensionen, wie wir sahen, in vorherrschender Weise ausprägen; dagegen legt die thatsächliche Gestalt der Erde bei normaler Rotationsgeschwindigkeit ω nur von der Gravitationswirkung Zeugnis ab.

Viertes Problem. Indem wir uns den bei der Erde vorliegenden Verhältnissen um einen weiteren Schritt nähern, gehen wir jetzt von einem in der Umdrehung ω begriffenen abgeplatteten Ellipsoid von der Elliptizität ε_1 aus, welches aus gravitierendem, elastischen Material besteht und sich in dieser Form und Bewegung im spannungsfreien Gleichgewicht befindet. Wir fragen, welche Elliptizität ε es annehmen würde, *wenn die Rotation aufhört.* Diese Elliptizität wird jedenfalls kleiner sein als ε_1; dabei wird die Gravitation die Verkleinerung der Elliptizität begünstigen, die Elastizität ihr widerstehen.

Wir behaupten, dafs sich die gesuchte Elliptizität ε mittels der früher (Gl. (1) und (9)) *berechneten Elliptizitäten ε_1 und ε_2 folgendermafsen ausdrückt:*

$$(25) \qquad \varepsilon = \frac{\varepsilon_1^{\,2}}{\varepsilon_1 + \varepsilon_2}.$$

Daneben merken wir noch den Unterschied der Elliptizitäten in dem spannungsfreien Zustande bei der Rotation ω und dem Zustande nach Aufhören der Rotation an. Dieser Unterschied heifse ε'; er beträgt nach (25)

$$\varepsilon' = \varepsilon_1 - \varepsilon = \frac{\varepsilon_1 \varepsilon_2}{\varepsilon_1 + \varepsilon_2}. \tag{26}$$

Den Beweis führen wir auf doppelte Art:

a) In dem natürlichen Zustande des Ellipsoides (Rotation ω, Elliptizität ε_1) herrscht Gleichgewicht zwischen Centrifugalkräften und Gravitation. Nach (9) gilt daher für diesen Zustand:

$$\varepsilon_1 V_2 = U_2.$$

In dem deformierten Zustande (Rotation 0, Elliptizität ε) haben wir dagegen Gleichgewicht zwischen Gravitation und Elastizität. Da die elastischen Kräfte nach dem spannungsfreien Zustande (Elliptizität ε_1) hinstreben, ist die elastische Wirkung jetzt zu messen durch den Unterschied ε' der Elliptizitäten und wird gegeben durch $\varepsilon' W_2$. Das Gleichgewicht zwischen Gravitation und Elastizität erfordert

$$\varepsilon V_2 = \varepsilon' W_2 \quad \text{oder} \quad \varepsilon V_2 = (\varepsilon_1 - \varepsilon) W_2.$$

Wir dividieren diese Gleichung durch U_2 und setzen nach (9) und (22) $V_2/U_2 = 1/\varepsilon_1$, $W_2/U_2 = 1/\varepsilon_2$. Dann ergiebt sich

$$\varepsilon \left(\frac{1}{\varepsilon_1} + \frac{1}{\varepsilon_2}\right) = \frac{\varepsilon_1}{\varepsilon_2}, \tag{27}$$

was mit Gl. (25) übereinstimmt.

Indem wir direkt an die oben gefundene Lösung unseres dritten Problems anknüpfen, können wir auch folgendermafsen schliefsen:

b) In dem spannungsfreien Zustande ε_1 des rotierenden Ellipsoids denken wir uns die Centrifugalkräfte gegen die Gravitationswirkungen gestrichen. Um zu dem rotationslosen Zustand ε überzugehen, haben wir die Centrifugalkräfte im umgekehrten Sinne (also centripetal), sowie den Unterschied der Gravitationskräfte gegen jenen früheren Zustand im umgekehrten Sinne (oder centrifugal) an unserem Ellipsoide anzubringen. In dem gleichen (centrifugalen) Sinne wirken die elastischen Kräfte, die ja den Zustand ε_1 herzustellen streben. Mithin wirken bei dem Übergange von dem Zustande ε_1 zum Zustande ε, d. h. bei der Elliptizitätsänderung ε', die elastischen Kräfte und die Unterschiede der Gravitationskräfte zusammengenommen den dem Sinne nach umgekehrten Centrifugalkräften entgegen. Die so entstehende Änderung ε' der Elliptizität kann daher unmittelbar nach Gl. (23) berechnet werden; wir erhalten:

(28) $$\frac{1}{\varepsilon'} = \frac{1}{\varepsilon_1} + \frac{1}{\varepsilon_2},$$

was mit (26) übereinstimmt. —

Nach Erledigung dieser vier vorbereitenden Probleme gehen wir nun auf den eigentlichen Gegenstand dieses §, die *Erklärung der Chandlerschen Periode,* ein. Dabei erinnern wir uns der Resultate aus Kap. VII, § 8, betreffend die Nutationsperiode*) eines Kreisels von deformierbarem Material und nahezu kugelförmiger Gestalt. Wir sahen pag. 607, daſs diese sich aus der „ursprünglichen“ Elliptizität ε, die der Kreisel im Ruhezustande bei der Rotation Null haben würde, und nicht aus derjenigen Elliptizität berechnet, die das in Rotation begriffene Sphäroid aufweist und die wir $\mathsf{E} = \varepsilon + \varepsilon'$ nannten. Die Formel lautete (vgl. Gl. (12) von pag. 607):

(29) $$\frac{\text{Nutationsperiode}}{\text{Umdrehungsdauer}} = \frac{1}{\varepsilon}.$$

Im Falle der Erde ist die Umdrehungsdauer gleich einem Tage, ε bedeutet diejenige Elliptizität, die die Erde bei der Rotation Null annehmen würde, ist also nach Gl. (25) zu berechnen. Die Elliptizität E des rotierenden Kreisels ist im Falle der Erde mit ε_1 zu identifizieren; die Differenz beider Elliptizitäten wurde im Vorstehenden sowohl wie früher mit ε' bezeichnet. Dabei besteht der Unterschied, daſs wir uns früher diese zusätzliche Elliptizität ε' allein durch die elastischen Eigenschaften des Kreisels bedingt dachten, während sie bei der Erde im Sinne der Gleichung (28) aus den elastischen und Gravitationswirkungen zusammen hervorgeht. Die Anwendbarkeit unserer früheren Überlegungen wird dadurch nicht beeinträchtigt; denn es wurde bei jenen lediglich das Vorhandensein einer Deformation überhaupt, nicht die Umstände, unter denen dieselbe zustande kam, in Rechnung gesetzt. Ebensowenig macht es für die mechanische Betrachtung etwas aus, daſs wir früher den Kreisel im rotationslosen Zustande ε als spannungsfrei, im Zustande $\varepsilon + \varepsilon'$ dagegen als elastisch beansprucht ansahen, während umgekehrt die Erde im Zustande $\varepsilon_1 = \varepsilon + \varepsilon'$ spannungsfrei ist und in dem daraus abgeleiteten, gedachten, rotationslosen Zustand ε von elastischen Spannungen ergriffen ist, in solchem Maſse, daſs sie vielleicht unter dem Einfluſs dieser Spannungen zerbersten würde. Denn es kann uns für die Bestimmung der Bewegung eines Körpers gleichgültig sein, ob an dem Körper ein Kraftsystem hinzugefügt oder fortgenommen wird, vorausgesetzt, daſs sich dasselbe am Körper das Gleichgewicht hält.

*) Wegen der Benennung (freie Nutation = kräftefreie Präcession) vgl. den Anfang von § 8, p. 599 unten.

Nach Gleichung (29) und (25) wird nun die Periode der freien Nutation der Erde, in Tagen ausgedrückt, gleich

$$\frac{\varepsilon_1 + \varepsilon_2}{\varepsilon_1^2} = \frac{1}{\varepsilon_1}\left(1 + \frac{\varepsilon_2}{\varepsilon_1}\right). \tag{30}$$

Wäre das Material der Erde absolut starr (ihr Elastizitätsmodul unendlich grofs, also $\varepsilon_2 = 0$), so wäre die Nutationsperiode aus der Elliptizität der *rotierenden* Erde zu berechnen und gleich $1/\varepsilon_1$. Ist aber die Erde elastisch nachgiebig (Elastizitätsmodul endlich, $\varepsilon_2 > 0$), so kommt es auf die Elliptizität der *rotationslos gedachten* Erde an und es tritt zu $1/\varepsilon_1$ ein Zusatzglied hinzu. *Die elastische Nachgiebigkeit der Erde verlängert also die Periode der freien Nutation,* und zwar in dem Verhältnis $1 + \varepsilon_2/\varepsilon_1 : 1$. Legen wir beispielsweise der Erde den Elastizitätsmodul des Stahles bei, so ergiebt sich für dieses Vergröfserungsverhältnis:

$$1 + \frac{231}{465} = 1{,}5.$$

Setzen wir die Nutationsperiode der absolut starren Erde (Eulersche Periode) gleich 10 Monaten, so folgt als Nutationsperiode einer Erde von der Elastizität des Stahles die Zeitdauer von 15 Monaten. Da andererseits die Beobachtung eine Nutationsperiode von 14 Monaten (Chandlersche Periode), also gegenüber der Eulerschen ein Vergröfserungsverhältnis von 1,4 ergeben hat, so schliefsen wir, dafs für das Material der Erde

$$1 + \frac{\varepsilon_2}{\varepsilon_1} = 1{,}4$$

gelte. Hieraus können wir den effektiven Elastizitätsgrad der Erde entnehmen. Es ergiebt sich

$$\varepsilon_2 = 0{,}4\,\varepsilon_1 = \frac{0{,}4}{231} = \frac{1}{578}.$$

Nach Gl. (10) ist die Gröfse ε_2 dem Elastizitätsmodul des betr. Materials umgekehrt proportional und nach Gl. (11) gilt für Stahl $\varepsilon_2 = 1/465$. Mithin berechnet sich der Elastizitätsmodul der Erde gleich dem 578/465-fachen, d. h. gleich dem 1,24-fachen des Elastizitätsmoduls von Stahl. *Wir brauchen also der Erde nur einen sehr geringen Grad von elastischer Nachgiebigkeit zuzuschreiben, um die Verlängerung der Eulerschen in die Chandlersche Periode auf diesem Wege zu erklären: Die Erde mufs ihrem durchschnittlichen elastischen Verhalten nach noch etwas weniger nachgiebig sein als Stahl, oder einen noch etwas höheren Elastizitätsmodul besitzen wie dieser.*

Bei dieser Schlufsweise bedarf noch ein Punkt der Erläuterung. Der angegebene Wert (30) für die Nutationsdauer der Erdaxe ergiebt unter der Annahme der Starrheit ($\varepsilon_2 = 0$) die Periode $1/\varepsilon_1 = 231$ Tage.

Diese Periode ist von der Eulerschen verschieden und beträgt noch nicht 8 Monate. Der Grund dieser Verschiedenheit liegt natürlich darin, daſs die wirkliche Elliptizität der Erde von derjenigen verschieden ist, die wir unter der Annahme homogener Massenverteilung auf hydrodynamischem Wege berechnet haben. Im Vorstehenden haben wir uns offenbar eine gewisse Inkonsequenz zu Schulden kommen lassen, indem wir das Vergröſserungsverhältnis $1 + \varepsilon_2/\varepsilon_1$ aus der *theoretischen Formel* (30) bestimmten, dagegen die Nutationsperiode bei starrem Verhalten der Erde gleich der Eulerschen Periode setzten, welche mittelbar aus den astronomischen *Beobachtungen* über die Präcession der Erde entnommen wird. Diese Inkonsequenz läſst sich nachträglich folgendermaſsen rechtfertigen.

Der theoretische Wert $\varepsilon_1 = 1/231$ nimmt auf die Ungleichförmigkeit der Massenverteilung im Innern der Erde keine Rücksicht und stellt nur eine *obere Grenze* für die Elliptizität der Erde dar, deren mittlere Dichte erfahrungsgemäſs viel gröſser ist als ihre Oberflächendichte. Thatsächlich ist denn auch die wirkliche Elliptizität der Erde (1/304 nach den astronomischen Beobachtungen, vgl. pag. 663) oder die wirkliche Abplattung (1/298 nach den geodätischen Messungen) kleiner als der für homogene Massenverteilung berechnete Wert 1/231. Auch ist es klar, daſs bei inhomogener Massenverteilung der Begriff der Elliptizität selbst insofern unbestimmt wird, als die beiden pag. 689 genannten Definitionen alsdann zu verschiedenen Zahlenwerten führen müssen. Die eine im Text gegebene Definition könnten wir als *Massen-Elliptizität*, die andere in der Anmerkung gegebene zum Unterschiede davon als *Abplattung* oder als *Oberflächen-Elliptizität* bezeichnen. Zahlreiche Untersuchungen von Radau, Callandreau, Poincaré und älteren Forschern beschäftigen sich mit der Frage, wie das (als stetig vorausgesetzte) Gesetz der Dichtigkeitszunahme nach dem Erdinnern beschaffen sein muſs, damit es mit der erfahrungsmäſsigen Massen- und Oberflächenelliptizität, sowie mit der erfahrungsmäſsigen mittleren Erddichte verträglich wird. Wir verweisen dieserhalb auf die zusammenfassende Darstellung von Tisserand*), dessen Bericht indessen hinzuzufügen ist, daſs neuerdings E. Wiechert**) die sämtlichen einschlägigen astronomischen, geodätischen und physikalischen Daten zu einer bemerkenswerten Theorie des Erdinneren zu-

*) Tisserand, Mécanique céleste, t. 2, chap. XIV, insbesondere art. 110—112.

**) E. Wiechert, Die Massenverteilung im Innern der Erde, Göttinger Nachrichten 1897, pag. 221. Vgl. auch G. H. Darwin, Monthly Notices of the R. Astr. Soc. London. Vol. 60 (1899) Nr. 2. Die Ergebnisse von Wiechert und Darwin werden verglichen von F. R. Helmert, Sitzungsberichte der Akademie d. Wiss. Berlin 1901, p. 328.

sammengearbeitet hat, auf welche bereits wiederholt Bezug genommen wurde. In dieser Theorie wird die Erddichte als sprungweise veränderlich angesetzt, die Erde nämlich als aus einem dichteren Metallkern und einem weniger dichten Gesteinsmantel bestehend angenommen, welche von einander durch eine zähflüssige Zwischenschicht getrennt werden. Die Gröfsen- und Massenverhältnisse von Kern und Mantel lassen sich dabei so bestimmen, dafs sowohl die Massen- wie die Oberflächenelliptizität richtig herauskommen und dafs die Oberfläche des Mantels genau und die Oberfläche des Kernes nahezu dem spannungsfreien hydrodynamischen Gleichgewicht entspricht. Wir erwähnen diese Arbeiten hier, um begreiflich zu machen, dafs durch geeignete Annahmen über die Massenverteilung der theoretische Grenzwert 1/231 thatsächlich in den beobachteten Wert der Massenelliptizität 1/304 sowie in den beobachteten Wert der Abplattung übergeführt werden kann, dafs sich also insbesondere die Massenelliptizität wegen der Inhomogenität der Erde im Verhältnis 231/304 verkleinert. In dem umgekehrten Verhältnis mufs sich dann die der starren Konstitution entsprechende Nutationsperiode, die ja der Massenelliptizität umgekehrt proportional war, vergröfsern und es liegt nahe anzunehmen, dafs sich in eben diesem Verhältnis auch die der wirklichen elastischen Konstitution entsprechende Nutationsperiode gegenüber demjenigen Wert, den sie bei homogener Massenverteilung theoretisch haben würde, vergröfsert. Diese Annahme lag unserer obigen Erklärung der Chandlerschen Periode stillschweigend zu Grunde, bei der wir nicht von der für homogene Massenverteilung gültigen Nutationsperiode $1/\varepsilon_1 = 231$, sondern von der wegen der Inhomogenität gröfseren Eulerschen Periode von 304 Tagen ausgingen, die wir alsdann wegen der Elastizität der Erde mit dem aus den theoretischen Werten von ε_1 und ε_2 berechneten Vergröfserungsverhältnis $1 + \varepsilon_2/\varepsilon_1$ multiplizierten. Auch in der oben zitierten Arbeit von Hough wird mangels anderweitiger sicherer Unterlagen die gleiche Annahme gemacht.

Dabei soll nicht geleugnet werden, dafs unsere Resultate sich ursprünglich auf ein homogenes Ellipsoid bezogen und dafs ihre Übertragung auf die inhomogene Erde notwendig mit einiger Unsicherheit verbunden ist.

Diese Unsicherheit betrifft aber nur die quantitativen Angaben, nicht die qualitativen. Es ist wohl möglich, dafs man bei Berücksichtigung der inhomogenen Dichtigkeitsverteilung im Erdinnern für den durchschnittlichen Elastizitätsmodul der Erde einen etwas anderen Zahlenwert finden möchte, als den oben angegebenen. Dagegen bleibt das allgemeine Resultat, dafs die Periode der freien Nutation durch die Elastizität der Erde verlängert wird und dafs für einen gewissen Grad der Nachgiebigkeit die Eulersche in die Chandlersche Periode übergeht, bei einem beliebigen Gesetz der Massenverteilung und bei beliebiger Struktur des Erdinneren zuversichtlich bestehen.

Zum vollen Verständnis der Polschwankungen (oder genauer gesagt, des 14-monatlichen Bestandteils derselben) wird es beitragen, wenn wir schliefslich noch die im vorigen Kapitel, § 8, gegebene allgemeine Schilderung der Bewegung eines deformierbaren Kreisels auf die Verhältnisse der Erde übertragen.

Bei normaler Lage der Rotationsaxe, wo dieselbe mit der polaren Hauptträgheitsaxe zusammenfällt, rotiert die Erde gleichförmig um diese Axe mit der Abplattung $1/298$. Der Unterschied des äquatorialen und des polaren Erdradius beträgt dabei $R/298$, wo R den mittleren Erdradius bedeutet, oder rund 21 km. Jetzt werde die Rotationsaxe durch irgend welche Umstände abgelenkt. Die Elliptizität der Erde bleibt dabei dieselbe (vgl. pag. 603), nicht aber die Lage der Hauptträgheitsaxen (vgl. Fig. 90 auf pag. 602). Die Erdmasse weicht nämlich bei festgehaltener Form des Erdellipsoides nach der Seite der abgelenkten Rotationsaxe hin aus. Dabei stellt sie sich aber nicht symmetrisch um die Rotationsaxe selbst ein, sondern um eine Axe, die augenblickliche Hauptträgheitsaxe, die zwischen der ursprünglichen Hauptträgheitsaxe und der augenblicklichen Rotationsaxe liegt. Und zwar teilt diese Axe den Winkel (δ in Fig. 90) zwischen der ursprünglichen Hauptträgheitsaxe und der augenblicklichen Rotationsaxe nach Gl. (6) von pag. 603 im Verhältnis $\varepsilon'/(\varepsilon+\varepsilon')$. Da $\varepsilon' = \varepsilon_1 - \varepsilon$ war, kann das genannte Verhältnis auch geschrieben werden: $1 - \varepsilon/\varepsilon_1$. Nun bestimmte $1/\varepsilon$ die Dauer der Chandlerschen, $1/\varepsilon_1$ die der Eulerschen Periode. Mithin wird

$$\frac{\varepsilon}{\varepsilon_1} = \frac{10}{14} \quad \text{und} \quad 1 - \frac{\varepsilon}{\varepsilon_1} = \frac{2}{7}.$$

Ist e die Ablenkung des augenblicklichen Rotationspoles auf der Erdoberfläche, so ist die Ablenkung des augenblicklichen Trägheitspoles $2e/7$. Aus den Beobachtungen entnahmen wir pag. 677, dafs e im Mittel 4 m beträgt; die Ablenkung des Hauptträgheitspoles wird daher nur 1,1 m. Würde der augenblickliche Rotationspol einfach einen Kreis vom Radius 4 m in 14 Monaten um den ursprünglichen Hauptträgheitspol, den geometrischen Pol, beschreiben, so müfste der augenblickliche Trägheitspol in derselben Zeit und im gleichen Umlaufssinne einen Kreis vom Radius 1,1 m um denselben Mittelpunkt durchlaufen.

Die Verrückung, die ein Punkt der Erdoberfläche hierbei erfährt, und die zum Teil in einer Hebung zum Teil in einer Senkung bestehen wird, ist äuſserst gering. Wir können sie aus Gl. (3) und (5) von pag. 601 und 602 unmittelbar entnehmen. In Gl. (3) bedeutet r denjenigen Abstand, den ein Punkt auf der Oberfläche des Sphäroides vom Mittelpunkte desselben bei der normalen Umdrehung ω um die ursprüngliche Hauptträgheitsaxe hat; Gl. (5) giebt denselben Abstand bei abgelenkter Rotationsaxe. Die Differenz beider stellt die Verrückung des Punktes infolge der Deformation des Sphäroides dar; sie beträgt, wenn wir den früher mit m bezeichneten Radius durch den mittleren Erdradius ersetzen und die Winkelablenkung δ als kleine Gröſse behandeln:

$$(3) - (5) = R\varepsilon'(\cos^2\Theta - \cos^2(\Theta + \delta)) = R\varepsilon'\delta \sin 2\Theta.$$

In Fig. 90, pag. 602 wird diese Gröſse durch die Dicke desjenigen Streifens dargestellt, welchen die Umriſsellipse in der deformierten, um ϑ verdrehten Lage von der ursprünglichen Umriſsellipse abschneidet. Die gröſste Verrückung findet nach Fig. 90 und der vorangehenden Formel für $\Theta = 45^0$ statt, wo $\sin 2\Theta = 1$ wird. Für diese Breite können wir, indem wir noch $R\delta$, die auf der Erdoberfläche gemessene Ablenkung des Rotationspols, mit e bezeichnen, die Verrückung darstellen durch

$$\varepsilon' e = (\varepsilon_1 - \varepsilon)\, e = \varepsilon_1 \left(1 - \frac{\varepsilon}{\varepsilon_1}\right) e = \frac{1}{304}\left(1 - \frac{10}{14}\right) e < e \cdot 10^{-3}.$$

Da e nur 4 m betrug, so wird die gröſste Verrückung eines Punktes an der Erdoberfläche kleiner als 4 mm.

Mit der Kleinheit dieser Verrückung hängt auch die Geringfügigkeit der Lotschwankung zusammen, die durch die Deformation der Erde hervorgerufen wird. Wir bestimmen einerseits nach Gl. (3), andrerseits nach Gl. (5) von pag. 601 und 602 den Winkel, welchen die Normale an das Erdellipsoid mit der Verbindungslinie des fraglichen Ortes nach dem Mittelpunkte der Erdfigur hin bildet. Dieser Winkel ist (bei Vertauschung von Winkel und Tangente):

$$\frac{1}{r}\frac{dr}{d\Theta}$$

und wird in erster Näherung

$$\text{nach (3)} \cdots -(\varepsilon + \varepsilon')\sin 2\Theta,$$
$$\text{nach (5)} \quad -\varepsilon \sin 2\Theta - \varepsilon' \sin 2(\Theta + \delta).$$

Der Unterschied beider Winkel, welcher gleich der Richtungsänderung der Lotlinie ist, ergiebt sich daher zu

$$\varepsilon'(\sin 2(\Theta + \delta) - \sin 2\Theta) = 2\varepsilon'\delta \cos 2\Theta.$$

Die gröſste Lotschwankung findet hiernach in Übereinstimmung mit Fig. 90 für $\Theta = 0$ und $\pi/2$, d. h. an den Polen und am Äquator statt und beträgt

$$\pm 2\varepsilon'\delta.$$

Da soeben $\varepsilon' < 10^{-3}$ gefunden wurde, so wird die gröfste Lotschwankung kleiner als der 500te Teil der Ablenkung der Rotationsaxe. Da letztere nach Fig. 104 von pag. 676 kleiner als 0″,3 war, so wird die Lotablenkung jedenfalls kleiner als 0″,0006, eine Gröfse, die der Beobachtung unter keinen Umständen zugänglich sein dürfte. —

Endlich möge noch auf den Einflufs hingewiesen werden, den das Wasser der Ozeane auf die Länge der Nutationsdauer möglicherweise ausüben kann. Wäre die Erdoberfläche völlig mit Wasser bedeckt, so würde sich dieses, da es dem Einflufs der Centrifugalkräfte frei zu folgen vermag, symmetrisch rings um die augenblickliche Rotationsaxe einstellen. Wir hätten dann im Anschlufs an Fig. 90 zu unterscheiden: die Oberfläche der Flüssigkeit, welche bei einer Ablenkung der Rotationsaxe um den vollen Winkel δ gegen ihre ursprüngliche Lage verdreht wird, und die Oberfläche des festen Erdkernes, welche nur um den pag. 603 bestimmten Bruchteil von δ nach der Seite der Rotationsaxe verschoben wird. Die ausgiebigere Ablenkung der Flüssigkeitsoberfläche würde die Dauer der freien Nutation ihrerseits verlängern; es würde daher ein Teil der Abweichung zwischen der Chandlerschen und der Eulerschen Periode durch das Verhalten der Flüssigkeitsbedeckung erklärt werden müssen und nur der Rest auf die Elastizität der Erde kommen. Die Nachgiebigkeit der Erde würde sich auf diese Weise noch kleiner oder ihr durchschnittlicher Elastizitätsmodul noch gröfser ergeben, als er oben gefunden wurde, wo wir jene ganze Abweichung auf Rechnung der Elastizität der Erde setzten. In Wirklichkeit wird nun aber die Erdoberfläche nicht vollständig, sondern nur etwa zu $^2/_3$ von Wasser bedeckt und die Beweglichkeit des Wassers wird in komplizierter Weise durch die Form der Kontinente beschränkt. Deshalb dürfte es kaum thunlich sein, den Einflufs der Ozeane auf die Nutationsperiode der Erdaxe a priori einwandsfrei abzuschätzen. Vielmehr wird man abwarten müssen, bis ein reichlicheres Beobachtungsmaterial über die den Polschwankungen entsprechenden Wasserbewegungen vorliegt. Bereits auf pag. 684 wurde auf die Flutwellen von 14-monatlicher Periode hingewiesen; wenn die Existenz derselben sicher festgestellt und ihre Gröfse ungefähr bestimmt ist, wird die Aufgabe entstehen, auch den Einflufs dieser Fluten auf das Problem der freien Nutationen der Erdaxe anzugeben.

§ 8. Die Polschwankungen von jährlicher Periode. Massentransporte und Flutreibung.

Mit der Erklärung der Chandlerschen Periode ist nur eine Seite des Problems der Polschwankungen erledigt. Es wäre weiter zu begründen, warum neben jener eine jährliche Periode, die wir aus den Fig. 105a und b von pag. 680, 681 herauslasen, auftritt und warum auch nach Abzug der Schwankungen dieser Periode ein Restbetrag übrig bleibt (Fig. 106 von pag. 683) von scheinbar gesetzlosen, zufälligen Störungen. Überhaupt verdient die Frage alle Beachtung, weshalb die freien Nutationen der Erdaxe so kompliziert und teilweise regellos ausfallen, während doch die erzwungenen Nutationen (vgl. § 3 dieses Kapitels) sich streng gültigen mathematischen Gesetzen fügen.

Der Grund hiervon scheint darin zu liegen, dafs die Erde im Sinne des vorigen § zwar *effektiv fest*, aber nicht *wirklich fest* ist, dafs sich vielmehr ihre Teile bis zu einem gewissen Grade gegeneinander verschieben können. Insbesondere legt das Vorhandensein der jährlichen Periode die Annahme nahe, dafs solche Verschiebungen oder „Massentransporte“ durch die Sonnenwärme bedingt werden, also meteorologischen Ursprungs sein mögen. Man hat verschiedene meteorologische Einflüsse zur Erklärung der jährlichen Polschwankungen herangezogen, so den jährlichen Wechsel in den Schnee- und Eisablagerungen, Meeresströmungen von jährlicher Periode und dadurch bedingte Wassertransporte, sowie Schwankungen in dem Niveau des Luftmeeres. Die letzteren scheinen sich auf Grund der für den gröfsten Teil der Erde bekannten Isobarenkarten am ehesten quantitativ bestimmen zu lassen und liefern Massenumlagerungen von überraschend hohem Betrage.

Wir entnehmen die folgenden Angaben einer Untersuchung von R. Spitaler*). Bekanntermafsen ist der Luftdruck im Winter im Mittel höher als im Sommer. Daher wird die Luftdruckdifferenz zwischen Januar und Juli auf der nördlichen Halbkugel im Mittel positiv, auf der südlichen negativ sein. Die Verteilung der Druckdifferenzen ist dabei natürlich keine gleichförmige, sondern wesentlich verschieden, je nachdem die betr. Gegend Festland oder Ozean ist, und zwar in dem Sinne verschieden, dafs die Wasserbedeckung die Luftdruckschwankungen merklich ausgleicht. In Übereinstimmung mit dieser Überlegung zeigen die Isobarenkarten, dafs sich der Drucküberschufs zwischen Januar und Juli auf der nördlichen Halbkugel über dem asiatischen Festlande konzentriert, während sich der Drucküberschufs zwischen Juli und Januar auf der südlichen Halbkugel inselförmig über die drei Gebiete: Südafrika, Südamerika, Australien gruppiert. Über die Polargegenden ist naturgemäfs nichts Sicheres bekannt. Hinsichtlich der Gröfse der

*) Die periodischen Luftmassenverschiebungen und ihr Einflufs auf die Lagenänderungen der Erdachse. Petermanns Mitteilungen, Ergänzungsheft Nr. 137 (1901).

Druckdifferenzen lehrt die Ausmessung der Isobarenkarten Folgendes: Es lagert auf der nördlichen Halbkugel zwischen 0° und 80° nördlicher Breite im Januar ein Luftmassenüberschuſs gegenüber Juli gleich 192,5 Kubikkilometer Quecksilber, auf der südlichen Halbkugel zwischen 0° und 50° südlicher Breite im Juli ein Massenüberschuſs gegenüber Januar von 402,2 Kubikkilometer Quecksilber! Da ein Kubikkilometer Quecksilber die Masse $13{,}6 \cdot 10^{12}$ kg aufweist, so haben wir es hier mit Massenunterschieden zu thun, die mit der gesamten Erdmasse (gleich mittlerer Dichte mal $4\pi R^3/3$ = rund $6 \cdot 10^{24}$ kg) schon einigermaſsen vergleichbar sind*).

Hinsichtlich der durch Meeresströmungen verursachten Massentransporte verweisen wir auf eine Abschätzung von J. Lamp**).

Auſser durch meteorologische Einflüsse finden Massentransporte von kurzer Periode infolge von Ebbe und Flut und unperiodische Massenverschiebungen wenn auch von geringem Betrage durch Erdbeben, vulkanische Ausbrüche, Ablagerungen der Flüsse und durch die säkularen Hebungen und Senkungen der Erdkruste statt***).

Wir haben uns nun zu fragen, wie solche Massentransporte die Bewegung der übrigen Erde beeinflussen. Wir können dabei einen *indirekten* und einen *direkten Einfluſs* unterscheiden, einen indirekten, durch die veränderte Massenverteiluug vermittelten Einfluſs, indem durch einen Massentransport die Hauptträgheitsaxen der Erde verlegt werden und somit die Lage der Rotationsaxe in der Erde beeinfluſst wird, einen direkten Einfluſs, insofern die Hervorbringung der Massentransporte einen Teil des zur Verfügung stehenden Gesamtimpulses verbraucht und dadurch den für die Erdrotation übrig bleibenden Impuls nach Gröſse und Richtung modifiziert.

Wir geben zunächst eine allgemeine Schilderung der fraglichen Verhältnisse.

Um den *indirekten Einfluſs* eines Massentransportes zu bestimmen,

---

*) Die entsprechenden Luftdruckdifferenzen sind keineswegs groſs. Denken wir uns z. B. die Gesamtmasse von 192,5 km³ Quecksilber auf die Kugelzone zwischen 0° und 80° nördlicher Breite gleichmäſsig verteilt, so ergiebt sich eine Bedeckung von nur 0,78 mm Höhe. Dem genannten Massenüberschuſs auf der nördlichen Kugelzone entspricht daher ein im Januar um 0,78 mm höherer Barometerstand als im Juli. Ebenso entspricht dem Massenüberschuſs von 402,2 km³ Quecksilber auf der genannten südlichen Kugelzone ein im Juli um 2,08 mm höherer mittlerer Barometerstand als im Januar.

**) Über Niveauschwankungen der Ozeane als eine mögliche Ursache der Veränderlichkeit der Polhöhe. Astron. Nachrichten 126 (1891), Nr. 3014.

***) Näheres hierüber vgl. Helmert, Die mathem. und physikalischen Theorien der höheren Geodäsie, II, Kap. 5, Leipzig 1884.

verfahre man so: Man berechne aus der als bekannt anzusehenden Lage der bewegten Masse gegen den Erdkörper in jedem Momente die Lage der Hauptträgheitsaxen in der Erde und insbesondere die Lage des Trägheitspoles. Wenn letzterer vor dem Massentransport zufälliger Weise mit dem instantanen Rotationspol zusammenfiel, wird er während desselben und nach demselben von diesem verschieden sein. Gestattet man sich, was mit großer Annäherung zulässig ist, die Erde nach wie vor als symmetrischen Kreisel (mit gleichen äquatorialen Trägheitsmomenten) zu behandeln, so besteht die Bewegung des Rotationspoles auch nach dem Massentransport aus einer Umkreisung des Trägheitspoles. Die Periode dieser Bewegung ist — unter Voraussetzung der früher berechneten Elastizität — die vierzehnmonatliche. Der Radius des Kreises hängt dabei in erster Linie von der Verrückung des Trägheitspoles, in zweiter Linie von der Geschwindigkeit des Massentransportes ab; er bleibt theoretisch solange erhalten, bis er durch neue Massentransporte abgeändert wird.

Bei der Besprechung des *direkten Einflusses* der Massentransporte auf den Impuls wollen wir annehmen, daſs unser Massentransport durch innere Kräfte hervorgerufen sei, also durch Kräfte, die innerhalb des Massensystems der Erde dem Gesetz der Gleichheit von Wirkung und Gegenwirkung genügen. Dann gilt unser fundamentaler Impulssatz von pag. 113 für die nichtfeste Erde ebenso unumschränkt wie für einen starren Körper (vgl. eine Bemerkung auf pag. 111). Dieser Satz besagt, daſs der Gesamtimpuls des Massensystems der Erde nach Richtung und Gröſse im Raume konstant bleibt. Der Gesamtimpuls zerlegt sich aber hier in den Impuls des Massentransportes und den der Erdrehung. Ist der erstere veränderlich, so muſs es auch der letztere sein. Mit dem Impuls der Erddrehung ändert sich im Allgemeinen auch die Rotationsaxe der Erde und die Lage des instantanen Pols auf der Erde. Fiel dieser vor dem Massentransport mit dem geometrischen Pol zusammen, so wird er während desselben von ihm entfernt; bewegte er sich ursprünglich in einem Kreise um den geometrischen Pol, so wird der Radius dieses Kreises durch den Massentransport vergröſsert oder verkleinert.

Wir geben nun einige analytische Ausführungen hierzu, wobei wir die beiden unterschiedenen Einflüsse zunächst noch getrennt behandeln und den Stoff in eine Reihe von Einzelproblemen auseinanderlegen.

Erstes Problem: Eine Masse oder der Schwerpunkt eines nicht zu ausgedehnten Massensystems m werde von der Stelle $X_0\,Y_0\,Z_0$ der Erde nach der Stelle $X\,Y\,Z$ verlagert. Wie ändert sich dabei die polare Hauptträgheitsaxe?

Bei der ursprünglichen Lage von m seien die Koordinatenaxen Hauptträgheitsaxen. Die Hauptträgheitsmomente heifsen A, $B = A$, C; die Trägheitsprodukte (vgl. pag. 98) sind Null. Bei der abgeänderten Lage von m setzen wir die Trägheitsmomente und -Produkte um die Koordinatenaxen in folgender Form an:

$$\begin{array}{lll} \bar{A} = A + a, & \bar{B} = A + b, & \bar{C} = C + c, \\ \bar{E} = \quad e, & \bar{F} = \quad f, & \bar{G} = \quad g. \end{array}$$

Die Gröfsen $a, \ldots, e, \ldots$ haben die Bedeutung

$$(1) \qquad \begin{cases} a = m(Y^2 + Z^2 - Y_0^2 - Z_0^2), \ldots \\ e = m(YZ - Y_0 Z_0), \ldots \end{cases}$$

und sind im Verhältnis zu A und C als kleine Gröfsen zu behandeln. Bei der Bestimmung der abgeänderten Lage der Hauptträgheitsaxen knüpfen wir nach pag. 100 an die folgende Fläche zweiten Grades an:

$$(A + a)\xi^2 + (A + b)\eta^2 + (C + c)\zeta^2 - 2e\eta\zeta - 2f\zeta\xi - 2g\xi\eta = 1.$$

Die Hauptaxen derselben, welche zugleich die gesuchten Hauptträgheitsaxen sind, werden durch die folgenden Gleichungen bestimmt:

$$\begin{array}{l} (A + a - \lambda)\xi - g\eta - f\zeta = 0, \\ -g\xi + (A + b - \lambda)\eta - e\zeta = 0, \\ -f\xi - e\eta + (C + c - \lambda)\zeta = 0. \end{array}$$

Hierin ist λ so zu wählen, dafs die drei Gleichungen miteinander verträglich werden. Ist dieses geschehen, so bestimmen die Verhältnisse $\xi : \eta : \zeta$ die Lage je einer der drei Hauptaxen. Es ist für das Folgende bequem, die ξ, η, ζ als die Richtungskosinus der fraglichen Hauptaxe aufzufassen, ihre absolute Gröfse also so zu wählen, dafs $\xi^2 + \eta^2 + \zeta^2 = 1$ wird.

Wir interessieren uns speziell für die polare Hauptträgheitsaxe und dürfen annehmen, dafs diese nur wenig von ihrer ursprünglichen Richtung, der Z-Axe abweicht. (Für die äquatorialen Hauptträgheitsaxen wäre die entsprechende Annahme unzulässig, weil ihre Lage in der Äquatorebene ursprünglich unbestimmt ist und daher durch einen kleinen Massentransport bedeutend abgeändert werden kann.) Wir werden also ξ und η als klein voraussetzen und ζ gleich 1 nehmen. Gröfsen wie $f\xi$, $a\xi$ sind dann zu streichen; unsere dritte Gleichung ergiebt daher einfach $\lambda = C + c$ und unsere beiden ersten Gleichungen werden

$$(2) \qquad (A - C)\xi = f, \quad (A - C)\eta = e.$$

Die Richtungsänderung der fraglichen Hauptaxe ist hiernach auf Grund der in (1) angegebenen Werte von f und e bekannt. Die ξ, η können zugleich als die durch die zugehörigen geocentrischen Winkel gemessenen x und y-Koordinaten des Trägheitspoles angesehen werden. Multiplizieren wir ξ und η mit dem Erdradius R, so erhalten wir direkt die Verschiebung des Trägheitspoles auf der Erdoberfläche.

Um ein Zahlenbeispiel zu geben, wollen wir annehmen, die Masse m werde auf einem Meridian, den wir zur XZ-Ebene nehmen können, aus der Breite Θ_0 in die Breite Θ verschoben. Es ist dann

$$e = 0, \quad f = \frac{mR^2}{2}(\sin 2\Theta - \sin 2\Theta_0), \quad \eta = 0.$$

Den Ausdruck (2) für ξ können wir so umschreiben:

$$\xi = \frac{A}{A - C}\frac{f}{A}.$$

Die Gröfse A würde bei homogener Massenverteilung durch $2MR^2/5$ zu berechnen sein, unter M die Masse der Erde verstanden; der wirklichen Massenverteilung entspricht aber besser der Ansatz $A = MR^2/3$ *). Mit Benutzung des bekannten Zahlenwertes von $A/(C - A)$ folgt daraufhin

$$\xi = -456\frac{m}{M}(\sin 2\Theta - \sin 2\Theta_0).$$

Um eine Ablenkung der Hauptträgheitsaxe um $1''$ hervorzubringen, ist hiernach, wenn z. B. $\Theta_0 = -45^0$, $\Theta = +45^0$ genommen wird, die folgende Masse erforderlich:

$$m = \frac{\pi M}{180 \cdot 60 \cdot 60 \cdot 912} = \frac{1}{2} 10^{-8} M.$$

Natürlich schlägt der Pol in demselben Sinne aus wie die Massenverschiebung erfolgte.

Zweites Problem: Es finde eine Massenverschiebung statt, deren Impuls nach Gröfse und Lage im Erdkörper durch einen ev. veränderlichen Vektor $\lambda\mu\nu$ für jede Zeit gegeben ist. Es wird angenommen, dafs die Hauptträgheitsaxen durch diese Massenverschiebung nicht abgeändert werden (s. unten). Welchen Einflufs hat die Massenverschiebung auf die Lage der Rotationsaxe?

Sehen wir von äufseren Kräften ab und nehmen wir an, dafs der Massentransport lediglich durch innere Kräfte hervorgebracht wird, so bleibt der Gesamtimpuls im Raume konstant. Dieser hat gegen die bewegte Erde die Komponenten $L + \lambda$, $M + \mu$, $N + \nu$, wenn LMN den Impuls der Erddrehung bezeichnet. Mithin gelten nach pag. 140 die Eulerschen Gleichungen in der folgenden Form:

*) Vgl. Helmert l. c. II, pag. 473.

$$\frac{d(L+\lambda)}{dt} = r(M+\mu) - q(N+\nu),$$
$$\frac{d(M+\mu)}{dt} = -r(L+\lambda) + p(N+\nu),$$
$$\frac{d(N+\nu)}{dt} = q(L+\lambda) - p(M+\mu).$$

Wir schreiben dafür

$$(3)\qquad \begin{cases} \dfrac{dL}{dt} = rM - qN + \mathsf{\Lambda}, \\ \dfrac{dM}{dt} = -rL + pN + \mathsf{M}, \\ \dfrac{dN}{dt} = qL - pM + \mathsf{N}, \end{cases}$$

indem wir setzen

$$\mathsf{\Lambda} = -\frac{d\lambda}{dt} + r\mu - q\nu, \quad \mathsf{M} = -\frac{d\mu}{dt} - r\lambda + p\nu, \quad \mathsf{N} = -\frac{d\nu}{dt} + q\lambda - p\mu.$$

Die Gröſsen λ, μ, ν sind kleine Gröſsen; wir können daher in den vorstehenden Definitionsgleichungen die p, q, r durch ihre Näherungswerte ersetzen, die sie bei ungestörter Erddrehung haben würden, d. h. durch die Werte $p=0$, $q=0$, $r=\omega$. Dadurch vereinfachen sich diese Gleichungen wie folgt:

$$(4)\qquad \mathsf{\Lambda} = -\frac{d\lambda}{dt} + \omega\mu, \quad \mathsf{M} = -\frac{d\mu}{dt} - \omega\lambda, \quad \mathsf{N} = -\frac{d\nu}{dt}.$$

Die $\mathsf{\Lambda}$, M, N sind hiernach ebenso wie die λ, μ, ν bekannte Funktionen der Zeit und die Gleichungen (3) lassen die folgende Deutung zu: Unser Massentransport vom Impulse $\lambda\,\mu\,\nu$ beeinfluſst die Erddrehung in solcher Weise, als ob eine als Funktion der Zeit gegebene Drehkraft $\mathsf{\Lambda}\,\mathsf{M}\,\mathsf{N}$ an dem Erdkörper angriffe.

Da wir annehmen, daſs die Lage der Hauptaxen durch den Massentransport nicht beeinfluſst wird, diese also im Erdkörper festliegen, können wir in (3) $L = Ap$, $M = Aq$, $N = Cr$ setzen; auſserdem können wir in Gliedern, die mit den kleinen Faktoren p oder q behaftet sind, r mit seinem Näherungswert ω vertauschen. Die beiden ersten Gleichungen (3) lauten dann:

$$(5)\qquad \begin{cases} A\dfrac{dp}{dt} = (A-C)\omega q + \mathsf{\Lambda}, \\ A\dfrac{dq}{dt} = (C-A)\omega p + \mathsf{M}. \end{cases}$$

Die dritte Gleichung kommt für das Folgende nicht in Betracht.

Wir fassen die Gl. (5) durch Multiplikation mit 1 und i zu einer komplexen Gleichung

$$(6)\qquad A\frac{d(p+iq)}{dt} = (C-A)i\omega(p+iq) + \mathsf{\Lambda} + i\mathsf{M}$$

zusammen und nehmen von dem Massentransport an, dafs er ein periodischer sei, dafs also λ, μ, ν und daher auch Λ, M, N periodische Funktionen der Zeit sind. Diese Funktionen werden wir nach Vielfachen der Periode in eine Fouriersche Reihe entwickeln und ein einzelnes Reihenglied für sich betrachten. Für $\Lambda + iM$ können wir dann ganz allgemein den Ansatz machen:

$$\Lambda + iM = ae^{i\alpha t} + a'e^{-i\alpha t}.$$

Dem entspricht als allgemeines Integral von (6):

$$p + iq = be^{i\alpha t} + b'e^{-i\alpha t} + ce^{i\beta t}, \tag{7}$$

wo c die Integrationskonstante ist und wo zur Abkürzung gesetzt wurde:

$$\left\{\begin{aligned} \beta &= \frac{C-A}{A}\omega, \\ b &= \frac{a}{i\alpha A - i\omega(C-A)} = \frac{ia}{A}\frac{1}{\beta-\alpha}, \\ b' &= \frac{a'}{-i\alpha A - i\omega(C-A)} = \frac{ia'}{A}\frac{1}{\beta+\alpha}; \end{aligned}\right. \tag{8}$$

c ist ebenso wie vorher a und a' im Allgemeinen komplex. Die beiden ersten Glieder der rechten Seite von (7) stellen die durch den Massentransport *erzwungene* Schwingung, das letzte Glied die *freie* Schwingung der Rotationsaxe dar. Erstere erfolgt natürlich im Zeitmafs des Massentransportes, letztere in der durch den Wert von β angezeigten Periode von $A/(C-A)$ Tagen. Setzen wir letztere nicht gleich der Eulerschen, sondern gleich der Chandlerschen Periode, so berücksichtigen wir damit in einfachster Weise im Sinne des vorigen Paragraphen die elastische Nachgiebigkeit der Erde, die sich natürlich auch an dieser Stelle geltend machen wird.

Wie überall bei Schwingungsfragen stofsen wir hier auf ein gewisses Resonanzphänomen, d. h. auf eine Verstärkung der Ausschläge im Falle der Koincidenz zwischen der Periode der freien und erzwungenen Schwingung. Diese Koincidenz tritt ein, wenn in unseren Bezeichnungen $\alpha = \pm\beta$ wird, in welchem Falle entweder b oder b' unendlich grofs wird. Wir messen die für eine gewisse Frequenz eintretende Verstärkung am besten durch den Vergleich mit einer sehr langsamen Schwingung ($\alpha = 0$). Nach (8) ergiebt sich für den Koeffizienten b bei sehr geringer Frequenz bez. für das Verhältnis dieses Koeffizienten bei beliebiger und bei geringer Frequenz:

$$b_0 = \frac{ia}{A}\frac{1}{\beta}$$

und

$$\frac{b_\alpha}{b_0} = \frac{1}{1-\alpha/\beta}. \tag{9}$$

(Dieselbe Formel gilt für den Koeffizienten b', wenn wir $+\alpha$ mit $-\alpha$ vertauschen; die folgenden Bemerkungen, die wir an den Wert von b anknüpfen, ergeben sich ebensowohl aus der entsprechenden Formel für b', wenn wir negative Frequenzen α betrachten, also dem Massentransport den umgekehrten Sinn beilegen.)

Hat z. B. der Massentransport die Periode eines Jahres und nehmen wir als Periode der freien Schwingung, wie verabredet, die Chandlersche, so wird $\alpha/\beta = 14/12$ und (vom Vorzeichen abgesehen) $b_\alpha/b_0 = 6$. *Der Umstand also, dafs die jährliche Periode nicht sehr weit von der natürlichen Periode der Polschwankungen entfernt ist, hat zur Folge, dafs ein Massentransport von jährlicher Periode eine sechsmal stärkere Ablenkung hervorbringt, als ein Vorgang, der dieselbe Drehkraft, aber in unendlich verlangsamter Zeitfolge auf die Erde überträgt.* Hat der Massentransport andrerseits eine sehr kurze Periode, (α sehr grofs), so wird α/β grofs und b_α/b_0 klein. Z. B. wollen wir uns auf den an sich bedeutenden Massentransport beziehen, der relativ zur rotierenden Erde mit halbtägiger Periode in der Erscheinung der Ebbe und Flut auftritt*). Hierbei ist α/β rund gleich 840 und b_α/b_0 rund gleich 1/840. *Ein Massentransport von so kurzer Periode bringt also bei gleicher Gröfse der übertragenen Drehkraft gegenüber einem zeitlich unendlich verlangsamten Transporte nur eine verschwindend kleine Wirkung auf die Rotationsaxe hervor.* Das Massensystem der Erde ist eben zu träge, um den Einwirkungen von ganz kurzer Dauer folgen zu können; es folgt einer Störung um so williger und ergiebiger, je näher die Störungsperiode der natürlichen Periode der Polschwankungen liegt.

Übrigens tritt dasselbe Resonanzphänomen auch auf, wenn wir wie in dem ersten Problem dieses § lediglich die indirekte Wirkung des Massentransportes, d. h. seinen Einflufs auf die Massenverteilung in Rechnung setzen, indem durch einen periodischen Massentransport auch der Trägheitspol der Erde in periodischer Weise verlagert wird und hieraus eine um so stärkere Schwankung des Rotationspoles entsteht, je näher die Periode des Massentransportes der natürlichen Periode der Polschwankungen liegt. Wir werden unten in einem dritten Problem hierauf zurückzukommen Gelegenheit haben.

Durch den geringen Unterschied zwischen der jährlichen Periode der meteorologischen Massentransporte und der freien Schwingungsperiode des Poles ist jedenfalls die Möglichkeit gegeben, dafs ein verhältnismäfsig schwacher meteorologischer Massentransport eine ver-

*) Allerdings handelt es sich hierbei um einen durch äufsere Kräfte (Mondanziehung) bewirkten Massentransport, für welchen die gegenwärtige Auseinandersetzung nicht unmittelbar gilt.

hältnismäſsig starke Polschwankung zur Folge haben kann, eine Möglichkeit, die bei dem Studium der Polschwankungen von jährlicher Periode im Auge zu behalten ist.

Es giebt eine Klasse von Massentransporten, bei denen die hier für sich behandelte Wirkung auf den Impuls thatsächlich gesondert auftritt und die Wirkung auf die Massenverteilung in Fortfall kommt. Wir sprechen von „cyklischen Massentransporten", wenn die verschobene Masse sofort von neuer Masse derselben Dichtigkeit ersetzt wird. Ersichtlich giebt ein cyklischer Massentransport zu einer Umlagerung der Hauptträgheitsaxen keinen Anlaſs, während er andrerseits den Impuls der Erddrehung nach Maſsgabe seiner Geschwindigkeit und Ergiebigkeit beeinfluſst. Diese Fälle lassen eine sehr elegante Behandlung besonders dann zu, wenn der Impuls des Massentransportes in Bezug auf den Erdkörper konstant bleibt; sie sind von V. Volterra*) in einer Reihe von Abhandlungen untersucht worden.

Bisher ist es indessen nicht gelungen, reale cyklische Massentransporte von hinreichender Intensität oder hinreichender Dauer nachzuweisen, die einen merklichen Einfluſs auf die Polschwankungen haben könnten. Namentlich scheint der Versuch nicht aussichtsvoll, mit Volterra auch die Polschwankungen der Chandlerschen Periode aus diesem Erklärungsgrunde abzuleiten. Die cyklischen Bewegungen, welche Volterra postulieren muſs, um zur Chandlerschen Periode zu gelangen, sind rein hypothetischer Natur und werden durch die geophysikalischen Erfahrungen nicht wahrscheinlich gemacht. Überdies werden wir im Folgenden sehen, daſs die direkte Wirkung eines Massentransportes auf den Impuls gegen seine indirekte Wirkung auf die Hauptträgheitsaxen im Allgemeinen zurücktritt, daſs also ein nicht-cyklischer Massentransport die Erddrehung im Allgemeinen mehr beeinfluſst, wie ein cyklischer von gleicher Stärke. Deshalb scheinen die Volterra'schen Untersuchungen mehr ein allgemeines mathematisches wie ein unmittelbares geophysikalisches Interesse zu haben.

Rein theoretisch, ohne Rücksicht auf geophysikalische Fragen, war die Bewegung eines Kreisels, in dessen Innerem eine cyklische Bewegung vor sich geht, schon früher von A. Wangerin**) behandelt worden.

*) Astronom. Nachr. Bd. 138 (1895), pag. 33; Atti d. R. Accademia di Torino, Bd. 30 und 31 (1895). In derselben Richtung liegen die Erläuterungen von G. Peano, ibid. Volterra faſst seine Untersuchungen zusammen in Acta Mathematica Bd. 22 (1898).

**) Halle 1899, Universitätsschrift. Das Problem ist in mathematisch verallgemeinerter Form aufgenommen von V. Volterra, Rend. d. R. Accademia dei Lincei (5) Bd. 4 (1895) und von E. Jahnke, Liouvilles Journal (5) Bd. 5 (1899).

Indem wir jetzt noch die bei unserem ersten und zweiten Problem gegebenen Entwickelungen zusammenfassen, berücksichtigen wir nun zugleich die direkte Wirkung auf den Impuls und die indirekte Wirkung eines Massentransportes auf die Massenverteilung der Erde. Wir stellen uns dementsprechend das folgende

Dritte Problem: Eine Masse m werde von einer Anfangslage $X_0\,Y_0\,Z_0$ aus in bestimmter Weise auf der Erde verschoben, so dafs ihre Koordinaten X, Y, Z gegen den Erdkörper bekannte, im Besonderen periodische Funktionen der Zeit sind. Hierdurch wird der Trägheitspol der Erde in bestimmter Weise abgelenkt und es wird gleichzeitig der Impuls der Erddrehung in solcher Weise beeinflufst, als ob auf den Erdkörper eine bestimmte Drehkraft $\mathsf{\Lambda\, M\, N}$ *wirkte. Es sollen die Differentialgleichungen der Drehbewegung aufgestellt und integriert werden.*

Aus den als Funktionen von t gegebenen Koordinaten X, Y, Z von m berechnen wir zunächst den Verschiebungsimpuls von m, nämlich den Vektor

$$mX', \quad mY', \quad mZ'$$

und hieraus die Momente dieses Vektors um die Koordinatenaxen, welche die nach denselben Axen genommenen Komponenten des Drehimpulses des Massentransportes werden, nämlich

$$(10)\qquad \lambda = m(YZ' - ZY'), \quad \mu = m(ZX' - XZ'), \quad \nu = m(XY' - YX').$$

Die Bewegung des Erdkörpers wird, unter der Annahme dafs äufsere Kräfte nicht vorhanden sind, nach wie vor durch die Gleichungen (3) dargestellt, in denen die $\mathsf{\Lambda}$, M, N aus den soeben angegebenen λ, μ, ν hinreichend genau mittels der Gl. (4) berechnet werden können. In der That gelten die Gl. (3) von pag. 712 oder die Gl. (2') von pag. 140, aus denen wir jene folgerten, für ein beliebiges im Kreisel festes rechtwinkliges Axensystem, gleichviel ob dasselbe das System der Hauptträgheitsaxen ist oder nicht. Im Gegensatz zu den Betrachtungen bei unserem zweiten Problem sind unsere Koordinatenaxen jetzt nicht mehr Hauptträgheitsaxen; nehmen wir etwa an, dafs sie es zu Anfang der Bewegung waren, so verlieren sie diese Eigenschaft in dem Mafse, wie der Trägheitspol durch den Massentransport abgelenkt wird. Infolgedessen treten an die Stelle der einfachen Beziehungen $L = Ap$, $M = Aq$, $N = Cr$ die allgemeinen Gl. (2) von pag. 95 für den Zusammenhang zwischen Impuls- und Rotationsvektor, die wir mit Rücksicht auf die Definition der Gröfsen $a\,b\,c$, $e\,f\,g$ in Gl. (1) folgendermafsen schreiben können:

$$\begin{aligned} L &= (A + a)p - gq - fr, \\ M &= -gp + (A + b)q - er, \\ N &= -fp - eq + (C + c)r. \end{aligned}$$

Wir berücksichtigen, daſs die $a\,b\,c$, $e\,f\,g$, $p\,q$ kleine Gröſsen sind und können daher wie folgt vereinfachen:

$$L = Ap - fr, \quad M = Aq - er, \quad N = (C + c)r. \tag{11}$$

Diese Werte haben wir in die Gl. (3) einzutragen. Aus der dritten dieser Gleichungen folgt zunächst, daſs (im Gegensatz zu r selbst) dr/dt eine kleine Gröſse wird, was man übrigens auch daraus entnehmen konnte, daſs die ungestörte, ursprüngliche Bewegung in einer *gleichförmigen* Rotation $r = \omega =$ const. bestand. In den beiden ersten Gleichungen (3) vernachlässigen wir ferner alle diejenigen Glieder, die von der zweiten Ordnung in den kleinen Gröſsen werden und ersetzen in den Gliedern erster Ordnung r durch seinen Näherungswert ω. So ergiebt sich

$$\left\{\begin{aligned} A\frac{dp}{dt} &= (A - C)\,q\,\omega + \Lambda', \\ A\frac{dq}{dt} &= (C - A)\,p\,\omega + \mathsf{M}', \end{aligned}\right. \tag{12}$$

wo zur Abkürzung gesetzt ist:

$$\left\{\begin{aligned} \Lambda' &= \omega\frac{df}{dt} - \omega^2 e + \Lambda, \\ \mathsf{M}' &= \omega\frac{de}{dt} + \omega^2 f + \mathsf{M}. \end{aligned}\right. \tag{13}$$

Die Gleichungen (12) haben durchaus dieselbe Form, wie die Gl. (5); die Λ', M' hier sind, ebenso wie die Λ, M dort, bekannte Funktionen der Zeit, wenn der Massentransport in seiner Abhängigkeit von der Zeit bekannt ist. Die Λ', M' fassen die direkte Wirkung auf den Impuls und die indirekte Wirkung des Massentransportes zusammen und lassen sich abermals deuten als eine scheinbare, auf den Erdkörper wirkende Drehkraft. Bemerkenswert ist noch der folgende analytische Ausdruck dieser scheinbaren Drehkraft, der sich unmittelbar aus den Definitionsgleichungen (4) und (13) von Λ, M und Λ', M' ergiebt:

$$\begin{aligned} \Lambda' &= -\frac{d}{dt}(\lambda - \omega f) + \omega(\mu - \omega e), \\ \mathsf{M}' &= -\frac{d}{dt}(\mu - \omega e) - \omega(\lambda - \omega f). \end{aligned} \tag{14}$$

Man hat also, um neben der direkten die indirekte Wirkung des Massentransportes zu berücksichtigen, λ, μ einfach durch $\lambda - \omega f$, $\mu - \omega e$ zu ersetzen.

Die weitere Behandlung der Gl. (12), ihre Integration und die Diskussion ihrer Lösungen unterscheidet sich in nichts von der obigen Behandlung der Gl. (5); insbesondere findet auch jetzt die oben betonte Resonanzwirkung statt, wenn der Massentransport periodisch ist und seine Periode der Periode der freien Schwingungen der Erdaxe nahe liegt.

Wir wollen hier zunächst die Frage entscheiden, ob bei einem periodischen Massentransport die direkte oder die indirekte Wirkung, d. h. die Wirkung auf den Impuls oder die auf die Massenverteilung die bedeutendere ist, um von da aus zu einer für die Zahlenrechnung nützlichen weiteren Vereinfachung der Gl. (12) zu gelangen. Wir brauchen zu dem Zwecke nach den Gleichungen (14) lediglich das Verhältnis der Gröfsenpaare λ, μ und ωf, ωe zu prüfen.

Das Gesetz, nach welchem der Massentransport im Erdkörper zeitlich abläuft, möge durch die folgenden, möglichst bequem gewählten Gleichungen zum Ausdruck gebracht werden:

$$X = X_0 + a \sin \alpha t,$$
$$Y = Y_0 + b \sin \alpha t,$$
$$Z = Z_0.$$

Die fragliche Masse pendelt hiernach um ihre Anfangs- und Mittellage $X_0\, Y_0\, Z_0$ in der Periode $2\pi/\alpha$ herum. Wir berechnen nach (1):

$$e = m Z_0 b \sin \alpha t, \qquad f = m Z_0 a \sin \alpha t$$

und nach (10):

$$\lambda = - m Z_0 b \alpha \cos \alpha t, \qquad \mu = m Z_0 a \alpha \cos \alpha t.$$

Hiernach ergeben sich die Verhältnisse

$$\frac{\lambda}{\omega f} = -\frac{\alpha}{\omega}\frac{b}{a}\frac{\cos \alpha t}{\sin \alpha t}, \qquad \frac{\mu}{\omega e} = \frac{\alpha}{\omega}\frac{a}{b}\frac{\cos \alpha t}{\sin \alpha t}.$$

Über die Amplituden a und b wollen wir nichts Näheres aussagen; wir werden aber annehmen, dafs sie etwa von gleicher Gröfsenordnung sind. Dann wird die Gröfsenordnung der vorstehenden Verhältnisse im Mittel durch den Faktor α/ω gegeben. Nun sind die Gröfsen α und ω umgekehrt proportional der Periode des Massentransportes bez. der der Erddrehung. α/ω wird daher gleich der reziproken Anzahl von Tagen, welche auf die Periode des Massentransportes kommt. Wir sahen bereits, dafs nur Massentransporte von solcher Periode, die der natürlichen Periode der Polschwankungen nahe liegen, einen starken Einflufs auf die Polschwankungen ausüben können. Deshalb ist für alle Massentransporte die uns interessieren, α/ω eine kleine Zahl, für die meteorologischen Massentransporte beispielsweise gleich 1/365. Es folgt hieraus, dafs *bei diesen Massentransporten die direkte Wirkung gegenüber der indirekten sehr erheblich zurücktritt*, sodafs wir in den Gl. (14) λ und μ gegen ωe und ωf streichen können. Gleichzeitig werden wir auch df/dt gegen ωe und de/dt gegen ωf streichen können, weil das Verhältnis dieser Gröfsenpaare der Gröfsenordnung nach abermals durch den Wert α/ω bestimmt wird. Die Gl. (14) vereinfachen sich auf Grund dieser Vernachlässigungen zu

$$\Lambda' = -\omega^2 e, \qquad \mathsf{M}' = +\omega^2 f,$$

wofür wir auch nach Gl. (2), indem wir die Winkelablenkungen der Hauptaxen einführen, schreiben können:

$$\Lambda' = -\omega^2(A-C)\eta, \qquad \mathsf{M}' = +\omega^2(A-C)\xi. \tag{15}$$

Diese Vereinfachung ist hier auf Grund einer sehr speziellen Annahme über den Massentransport abgeleitet. Man übersieht aber leicht, dafs auch bei allgemeinerem Ansatz, wenn man die X, Y, Z je durch eine Fouriersche Reihe gibt, auf deren erste Glieder wir uns oben beschränkt haben, ähnliche Schlüsse möglich sein werden, dafs nämlich auch dann bei den Gliedern von langer Periode (d. h. lang gegen die Periode der Erdumdrehung) der durch die Änderung der Massenverteilung bedingte, indirekte Einflufs überwiegt, während bei den Gliedern von kurzer Periode (d. h. kurz gegen die Periode der freien Schwingung der Erdaxe) sowohl der direkte Einflufs auf den Impuls wie jener indirekte Einflufs auf die Erddrehung unbedeutend wird. Nur bei stofsweisen Massentransporten dürfte der direkte Einflufs ausschlaggebend sein, wobei es allerdings zweifelhaft bleibt, ob solche Massentransporte von beträchtlicher Stärke in Wirklichkeit vorkommen.

Setzen wir die Werte (15) in unsere Differentialgleichungen (12) ein, so lauten dieselben:

$$\begin{cases} \dfrac{dp}{dt} = \dfrac{A-C}{A}\,\omega(q-\omega\eta), \\[2ex] \dfrac{dq}{dt} = \dfrac{C-A}{A}\,\omega(p-\omega\xi). \end{cases} \tag{16}$$

Hier wollen wir noch neben den Koordinaten ξ, η des Trägheitspoles die ebenso zu messenden Koordinaten des Rotationspoles einführen, welche u, v heifsen mögen. Die u, v sollen die Richtungskosinus der Rotationsaxe gegen die Koordinatenaxen X und Y bedeuten, also gleich sein p/r bez. q/r, wofür wir auch hinreichend genau p/ω bez. q/ω nehmen können. Benutzen wir aufserdem wie in Gl. (8) für die Frequenz der freien Schwingung der Erdaxe die Abkürzung β, so werden unsere Gleichungen:

$$\begin{cases} \dfrac{du}{dt} = -\beta(v-\eta), \\[2ex] \dfrac{dv}{dt} = +\beta(u-\xi). \end{cases} \tag{17}$$

Sie besagen einfach, *dafs der Rotationspol in jedem Augenblicke um den Trägheitspol mit der Winkelgeschwindigkeit β umgedreht wird.* Der

Sinn der Drehung stimmt mit dem der Erddrehung überein; das Koordinatensystem ist so gewählt zu denken, daſs die positive X-Axe auf kürzestem Wege in die positive Y-Axe durch die Erddrehung übergeführt wird.

Zum Zwecke der Integration fassen wir die Gl. (17) in die komplexe Form zusammen:

$$\frac{d(u+iv)}{dt} = i\beta((u+iv) - (\xi + i\eta)) \tag{18}$$

und nehmen an, daſs infolge von Massentransporten der Trägheitspol eine elliptische Schwingung um seine mittlere Lage ausführe. Wir können dann für $\xi + i\eta$ ähnlich wie früher für $\Lambda + i\mathsf{M}$ den Ansatz machen:

$$\xi + i\eta = ae^{i\alpha t} + a'e^{-i\alpha t}. \tag{19}$$

Dem entspricht als zugehöriges partikuläres Integral von (18), welches die durch den Massentransport *erzwungene* Schwingung des Rotationspols darstellt (von der *freien*, in der Periode $2\pi/\beta = 14$ Monaten erfolgenden Schwingung können wir absehen):

$$\begin{cases} u + iv = be^{i\alpha t} + b'e^{-i\alpha t}, \\ b = \dfrac{a\beta}{\beta - \alpha}, \quad b' = \dfrac{a'\beta}{\beta + \alpha}. \end{cases} \tag{20}$$

Gl. (20) stellt ebenso wie (19) eine elliptische Schwingung dar. Um die gegenseitige Lage und Gröſse beider Ellipsen bequem zu übersehen, können wir die Koordinatenrichtungen so gewählt denken, daſs sie mit den Hauptaxen der Ellipse (19) zusammenfallen. Dann sind a und a' und nach (20) auch b und b' reell. Nennen wir die Hauptaxen der beiden Ellipsen bez. h, k, H, K, so können wir statt (19) und (20) schreiben:

$$\xi + i\eta = h\cos\alpha t + ik\sin\alpha t, \quad h = a + a', \quad k = a - a', \tag{19'}$$

$$u + iv = H\cos\alpha t + iK\sin\alpha t, \quad H = b + b', \quad K = b - b'. \tag{20'}$$

Man erkennt hieraus, daſs der Richtung nach die Hauptaxen beider Ellipsen zusammenfallen; was ihre Gröſse betrifft, so ergiebt sich aus (20) und der Definition der h, k, H, K:

$$H = \frac{\beta(\beta h + \alpha k)}{\beta^2 - \alpha^2}, \quad K = \frac{\beta(\beta k + \alpha h)}{\beta^2 - \alpha^2}. \tag{21}$$

Es ist dabei zu beachten, daſs die H, K mit Vorzeichen zu rechnen sind und daſs man auch der Gröſse h ev. das negative Vorzeichen beizulegen hat, um erforderlichenfalls den richtigen Umlaufssinn des Trägheitspoles durch (19′) zum Ausdruck zu bringen. Die Umkehrung der Gl. (21) liefert

$$h = H - \frac{\alpha}{\beta}K, \quad k = K - \frac{\alpha}{\beta}H. \tag{22}$$

Es mögen zunächst einige Zahlenbeispiele und Figuren folgen. Wir nehmen dabei an, dafs der fragliche Massentransport meteorologischen Ursprungs sei, also die Periode eines Jahres habe. Als Periode der freien Schwingung sehen wir, um der Elastizität des Erdkörpers Rechnung zu tragen (vgl. pag. 713), die Chandlersche an. Dann wird rund $\alpha/\beta = 7/6$. Der Trägheitspol möge eine geradlinige Schwingung ausführen, es sei also z. B. $h = 0$ und $\eta = k \sin \alpha t$. Aus (21) ergiebt sich

$$H = -\frac{42}{13} k = -3{,}2\, k; \qquad K = -\frac{36}{13} k = -2{,}8\, k$$

und aus (20′)

$$u = -3{,}2\, k \cos \alpha t, \qquad v = -2{,}8\, k \sin \alpha t.$$

Dieser Fall wird durch Fig. 107a veranschaulicht. Wir haben dabei entsprechende, d. h. zu gleicher Zeit von dem Trägheitspol und dem Rotationspol inne gehabte Punkte mit gleichen Zahlen bezeichnet.

In Fig. 107b ist hinsichtlich der Bahn des Trägheitspoles an der vorigen Annahme festgehalten. Dagegen haben wir, wie es für einen

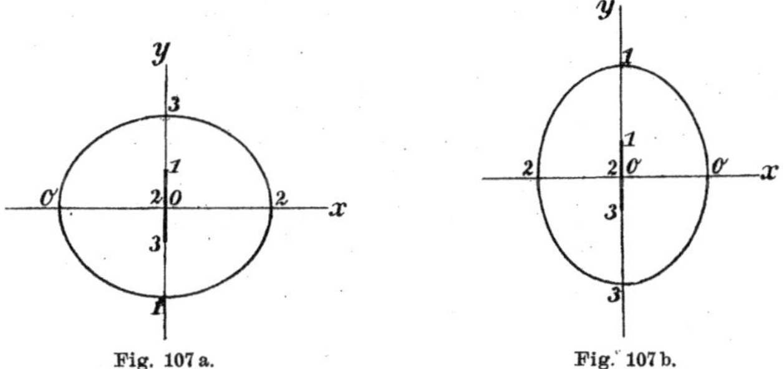

Fig. 107a. Fig. 107b.

absolut starren Erdkörper angemessen wäre, als Periode der freien Schwingungen die Eulersche gewählt. Es wird dann $\alpha/\beta = 5/6$ und

$$H = \frac{30}{11} k = 2{,}7\, k, \qquad K = \frac{36}{11} k = 3{,}3\, k,$$

$$u = +2{,}7\, k \cos \alpha t, \qquad v = +3{,}3\, k \sin \alpha t.$$

Beide Figuren 107 bringen die wiederholt hervorgehobene Resonanzwirkung zum Ausdruck, vermöge deren die Bewegung des Rotationspoles bei nicht sehr verschiedenen Perioden der freien und erzwungenen Schwingung wesentlich ausgiebiger wird, als die des Trägheitspoles. Dafs sich in Fig. 107a der Rotationspol auf der entgegengesetzten, in Fig. 107b auf derselben Seite wie der Trägheitspol befindet (entgegengesetzte bez. gleiche Phase hat), entspricht einem allgemeinen Schwingungsgesetz; entgegengesetzte Phase tritt stets im Falle $\alpha > \beta$, gleiche Phase im Falle $\alpha < \beta$ ein. Den Übergang zwischen beiden Ellipsen vermittelt der Fall $\alpha = \beta$, wo unsere Ellipse (s. Gl. (21)) in einen Kreis von unendlich grofsem Radius übergeht. Im Falle $\alpha = 0$ (unendlich lange Periode, säkularer Massentransport) artet die elliptische in eine geradlinige Schwingung aus, indem (vgl. (21)) $H = 0$, $K = k$ wird; der Rotationspol folgt dann genau der Bahn des Trägheitspoles. Im Falle $\alpha = \infty$ (unendlich rasche Schwingung) vermag der Rotationspol der Einwirkung des Massentransportes überhaupt nicht zu folgen; es wird nach (21) $H = K = 0$. Denkt man sich in Fig. 107b die in eine Gerade ausgeartete Ellipse des Trägheitspoles durch eine kontinuierliche Folge von sich erweiternden Ellipsen, zu denen auch die in dieser Figur konstruierte Ellipse des Rotationspoles gehört, in den unendlichen Kreis übergeführt und in Fig. 107a diesen durch eine kontinuierliche Folge von sich verengernden Ellipsen, deren eine mit der in dieser Figur verzeichneten Ellipse übereinstimmt, in den Koordinatenanfangspunkt zusammengezogen, so hat man das Gesamtbild der möglichen Bahnen des Rotationspoles bei beliebigen Werten des Verhältnisses α/β vor sich.

So übersichtlich liegen indessen die Verhältnisse nicht mehr, wenn wir die Bahn des Trägheitspoles selbst als elliptisch ansetzen, also der soeben betrachteten geradlinigen Schwingung eine zweite dazu senkrechte und in der Phase gegen jene verschobene Schwingung hinzufügen. Dann kann es insbesondere vorkommen, dafs der Resonanzeffekt in gewisser Weise durch Interferenz verdeckt wird; die Mannigfaltigkeit der gegenseitigen Lagen beider Ellipsen, die nach den Gl. (21) möglich sind, wird dann aufserordentlich grofs. —

Nach Erledigung der vorangestellten drei Probleme kommen wir nun auf die bei der Erde vorliegenden realen Verhältnisse, insbesondere auf den im Anfang dieses Paragraphen besprochenen Luftmassentransport zurück. Wie Herr Spitaler auf Grund der Luftdruckkarten (durch mechanische Quadratur über die Erdoberfläche) berechnet, wird durch den Lufttransport der Trägheitspol abgelenkt

im Januar um 0″,055 nach 100° westl. v. Gr.
„ Juli „ 0″,041 „ 68° östl. v. Gr.

Der Trägheitspol schlägt also zu jenen beiden Zeitpunkten um annähernd gleiche Winkel nach annähernd entgegengesetzten Meridianen hin aus. Die Ausschläge für die Zeiten April und Oktober sind nicht berechnet, sondern nur geschätzt, sie erfolgen ungefähr nach den Meridianen 180° und 0° und sind vermutlich kleiner wie die vorher angegebenen. Der Trägheitspol läuft also in der Richtung von Osten nach Westen d. h. im umgekehrten Sinne wie die Erdrotation. Die genauere Gestalt der Bahn läfst sich nach diesen Daten nicht feststellen und es ist daher auch nicht möglich, die zugehörige Bahn des Rotationspoles zu bestimmen.

Dagegen ist der umgekehrte Weg gangbar. Nach pag. 682 kann die Polschwankung von jährlicher Periode als eine Ellipse von den Hauptaxen $0'',104$ und $0'',044$ beschrieben werden, deren groſse Axe nach dem Meridian 19^0 östl. v. Gr. gerichtet ist und die im Sinne der Erddrehung durchlaufen wird. Wir setzen daher $H = 0'',104$, $K = 0'',044$ und berechnen nach den Gl. (22) mit $\alpha/\beta = 7/6$:

$$h = 0'',053, \quad k = -0'',077.$$

Die hierdurch bestimmte Ellipse wird (vermöge des Vorzeichens von k) im umgekehrten Sinne durchlaufen wie die vorige Ellipse; die Lage der groſsen und kleinen Axe ist die umgekehrte wie bei der vorigen Ellipse.

In Fig. 108 ist die Ellipse des Rotationspoles H, K und die theoretisch hinzugehörige Ellipse des Trägheitspoles h, k verzeichnet. Zusammengehörige Stellen beider sind durch gleiche Monatsbezeichnungen markiert. Ferner ist in der Figur die Lage des Trägheitspoles und sein Bewegungssinn nach den Berechnungen von Spitaler für die Zeiten Januar und Juli eingetragen. Die betr. Punkte sind als kleine Kreise kenntlich gemacht. Man erkennt aus der Figur, daſs eine allgemeine Übereinstimmung zwischen diesen Punkten und den theoretisch bestimmten gleichzeitigen Orten des Trägheitspoles wenigstens der Gröſsenordnung und dem Sinne nach vorhanden ist. Die thatsächlich bestehenden Unterschiede in ihren Lagen können entweder durch unsere noch ziemlich vollständige Unkenntnis der arktischen Luftdruckverhältnisse oder dadurch erklärt werden, daſs auſser den Lufttransporten noch andere meteorologische Prozesse (Wassertransporte etc.) die jährliche Bahn des Rotationspoles beeinflussen.

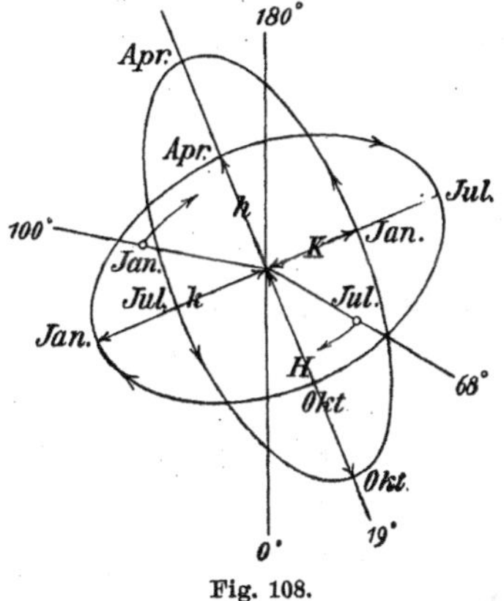

Fig. 108.

Alles in allem hat man zu der Annahme guten Grund, daſs es bei weiterer Anreicherung des Beobachtungsmaterials möglich sein wird, den jährlichen Bestandteil der Polschwankungen aus meteorologischen Massentransporten befriedigend zu erklären.

Nicht so günstig stehen die Aussichten für die Erklärung des in Fig. 106 dargestellten Restbetrages von unperiodischen Polschwankungen. Säkulare Massenveränderungen von einigermaſsen wahrscheinlichem Betrage geben meist nur sehr kleine Einwirkungen auf den Trägheits-

und den Rotationspol*). Auch macht die allgemeine Gestaltung von Fig. 106, soweit wir derselben überhaupt reale Bedeutung zusprechen können, den Eindruck, als ob es sich bei den unperiodischen Polschwankungen mehr um kürzere Zeit anhaltende und dann im umgekehrten Sinne wirkende Störungen handelt.

Störungen dieses Charakters würden sich in unserer obigen Bezeichnung als direkte Einflüsse auf den Impuls der Drehbewegung ergeben, wenn eine Massenverschiebung auf der Erde ziemlich plötzlich eingeleitet wird und alsdann wieder zur Ruhe kommt, so dafs der Impuls der Massenverschiebung erst erzeugt und nachher wieder vernichtet wird und die korrespondierende Impulsänderung der Erddrehung zuerst im einen und alsdann im entgegengesetzten Sinne stattfindet. Da wir indessen durchaus keinen Anhalt zu der Annahme haben, dafs derartige Massenverschiebungen von hinreichender Stärke auf der Erde möglich sind, so halten wir es für nutzlos, die soeben angedeutete Vorstellung weiter auszuführen. —

Hinsichtlich der allgemeinen analytischen Entwickelungen dieses Paragraphen sei noch hervorgehoben, dafs die für die Behandlung des Erdkörpers von variabler Massenverteilung grundlegenden Gleichungen (3) unmittelbar aus unserer Auffassung der Eulerschen Gleichungen entspringen, auch für den Fall, wo die Koordinatenaxen nicht Hauptaxen des Erdkörpers sind oder bleiben. Unter Festhalten an den einmal gewählten Koordinaten gelangten wir dann durch blofse Spezialisierung auf den besonderen vorliegenden Fall zu der einfachsten Gleichungsform (17). In der Litteratur wird das Problem am eingehendsten von G. H. Darwin**) behandelt. Darwin legt dabei als Koordinatenaxen nicht wie wir im Erdkörper feste Axen, sondern die im Erdkörper beweglichen jeweiligen Hauptaxen zu Grunde und kommt auf diese Weise ebenfalls zu den Endgleichungen (17). Die der Fig. 107b zu Grunde liegenden Rechnungen sind zuerst von R. Radau***) gegeben worden, weshalb die Ellipse jener Figur gelegentlich als Radau'sche Ellipse bezeichnet wird. Unter allgemeineren Voraussetzungen diskutiert F. R. Helmert†) den Zusammenhang zwischen der Ellipse des Trägheitspoles und des Rotationspoles.

Unsere Darstellung der Polschwankungen würde aber unvollständig sein, wenn wir nicht neben den hinsichtlich des Rotationspoles *centri-*

*) Vgl. Tisserand, Mécanique céleste II, Chap. 29, art. 208 und Chap. 30, art. 218.

**) G. H. Darwin: On the influence of Geological Changes on the Earth's Rotation. London, Phil. Trans. 167 (1877), mit einem Anhang von Lord Kelvin.

***) R. Radau, Comptes Rendus 111 (1890) und Bulletin Astronomique 7 (1890).

†) F. R. Helmert, Astronom. Nachr. 126 (1891), Nr. 3014.

fugalen Wirkungen der Massentransporte noch gewisse *centripetale* Tendenzen erwähnen würden, die durch Auftreten von Reibungseinflüssen veranlafst werden und die in gewisser Weise die Bewegung des Rotationspoles beruhigen und vereinfachen können, so wie jene dieselbe stören und komplizieren.

Wir denken in erster Linie an die Reibung, welche *Ebbe und Flut* mit sich bringt und zwar zunächst die gewöhnliche durch Mond- oder Sonnenanziehung hervorgebrachte. Schon Immanuel Kant hat 1754 das Vorhandensein einer solchen Reibung betont und hat daraus die Notwendigkeit einer säkularen Verlängerung des Sterntages abgeleitet. Wie diese Reibung im Einzelnen zustande kommt, brauchen wir hier nicht zu erörtern*); für unsere Zwecke genügt die folgende, etwas groteske Vorstellung: Auf der mit Wasser bedeckten Erdoberfläche sind an den diametralen Enden eines Durchmessers die beiden Flutberge angehäuft; die Erde rotiert unter ihnen fort, während die Flutberge selbst stillstehen bez. nach Mafsgabe der Mondbewegung ihre Stelle verhältnismäfsig langsam verändern. Sie übertragen durch die Viscosität des an der Erde haftenden Wassers ein Drehmoment auf diese, welches der Erddrehung entgegenwirkt. Wenn der Mond genau im augenblicklichen Äquator der Erde fest stünde und die Symmetrie der Flutbewegung durch die Kontinente nicht gestört wäre, würde die Axe des Drehmomentes mit der augenblicklichen Rotationsaxe übereinstimmen und seine Gröfse der Gröfse dieser proportional sein. Die hierdurch gekennzeichnete denkbar einfachste Bestimmung des Drehmomentes der Flutreibung wollen wir dann als annähernd und im Mittel allgemeingültig ansehen. Wir können etwa die beiden Flutberge mit den beiden Backen einer Eisenbahnbremse vergleichen, die sich an das rotierende Rad anlegen und dessen Umdrehung verlangsamen.

Die weitere Verfolgung des Einflusses der Flutreibung ist hierdurch auf ein Kreiselproblem zurückgeführt, welches bereits in Kap. VII, § 7 als Problem des Luftwiderstandes behandelt wurde: Ein sonst kräftefreier Kreisel steht unter dem Einflufs einer Drehkraft, deren Axe die augenblickliche Drehungsaxe ist und deren Gröfse der augenblicklichen Rotation negativ proportional ist. Wir sahen, dafs bei einem solchen Kreisel die Rotation allmählich erlischt und dafs gleichzeitig die Rotationaxe asymptotisch und spiralig mit der Axe des gröfsten Hauptträgheitsmomentes sich zu vereinigen strebt (vgl. pag. 588 und die Figur von pag. 589). Bei der Erde ist die Axe gröfsten

*) Vgl. hierzu Kap. 16 und 17 des Werkes von G. H. Darwin, auch wegen weiterer Litteratur. Insbesondere sei noch auf die dort erörterten überraschenden kosmogonischen Wirkungen der Gezeitenreibung hingewiesen.

Trägheitsmomentes die polare Hauptträgheitsaxe. Es könnte also scheinen, dafs wir in dieser Flutreibung eine die Polschwankungen ausgleichende und dämpfende Wirkung haben und dafs wir es dieser Wirkung verdanken, wenn trotz temporärer Störungen der Rotationspol im Mittel dem Trägheitspol erfahrungsgemäfs so nahe bleibt.

Indessen lehrt eine Zahlenrechnung, dafs diese Wirkung gänzlich zu vernachlässigen ist. Wir knüpfen dabei an Gl. (1) und (6) von pag. 587 und 588 an. In Gl. (6) bedeutete β den Winkel, den die augenblickliche Rotationsaxe mit der Axe gröfsten Hauptträgheitsmomentes zur Zeit t einschliefst, β_0 denselben Winkel zur Zeit $t = 0$. Indem wir uns auf kleine Winkel β, β_0 beschränken, können wir Gl. (6) schreiben:

$$\frac{\beta}{\beta_0} = e^{-\lambda t\left(\frac{1}{A} - \frac{1}{C}\right)} = e^{-\frac{\lambda t}{C}\varepsilon},$$

wo ε (rund gleich $1/300$) wie früher die Elliptizität der Erde bedeutet. Nach der angezogenen Gl. (1) ist andrerseits:

$$\frac{r}{r_0} = e^{-\frac{\lambda t}{C}}.$$

Beide Gleichungen zusammengefafst ergeben

$$\frac{\beta}{\beta_0} = \left(\frac{r}{r_0}\right)^{\varepsilon}.$$

Während also die Flutreibung eine ursprünglich vorhandene Ablenkung β_0 der Rotationsaxe auf die Hälfte ihres Betrages reduziert $\left(\beta = \frac{1}{2}\beta_0\right)$, reduziert sie gleichzeitig die ursprünglich vorhandene Erdrotation r_0 auf den Bruchteil

$$\left(\frac{1}{2}\right)^{1/\varepsilon} = 2^{-300} = \frac{1}{2}\cdot 10^{-90}$$

ihrerselbst. Mit anderen Worten: *Die Erdrotation müfste vermöge der Flutreibung bereits so gut wie vollständig zur Ruhe gekommen sein, ehe die Hälfte einer ursprünglich vorhandenen Ablenkung der Rotationsaxe ausgeglichen ist.* In solcher Weise aufgefafst kommt also die Flutreibung für die Frage der Polschwankungen überhaupt nicht in Betracht (ebensowenig wie der Massentransport der gewöhnlichen Mond- oder Sonnenflut, vgl. pag. 714) und kann auch nicht (vgl. pag. 593) zur Erklärung säkularer Änderungen der Rotationsaxe, wie sie in der Geologie häufig postuliert worden sind, herangezogen werden.

Indessen giebt es noch eine andere Art Fluten und eine andere Art Flutreibung, welche in wirksamerer Weise den Rotationspol nach dem Trägheitspol zurücklenken dürften, nämlich diejenigen Fluten, die durch die Polschwankungen selbst hervorgerufen werden (vgl. pag. 684, wo wir insbesondere den vierzehnmonatlichen Bestandteil dieser Fluten erwähnten). Auch diese Fluten werden mit Reibung verbunden sein und zwar kann man sich vorstellen, daſs die Reibung hier der *Änderung der Rotationsaxe* entgegenwirkt und daſs ihre Axe auf der Rotationsaxe *senkrecht* steht, während die Reibung bei der gewöhnlichen Mond- und Sonnenflut von der jeweiligen Gröſse der *Rotation selbst* abhängt und ihrer Axe nach mit der jeweiligen Rotationsaxe *zusammenfällt.*

Wollen wir uns von dem Zustandekommen dieser Fluten eine möglichst einfache, wenn auch wieder etwas rohe Vorstellung bilden, so können wir folgendermaſsen sagen: Die Lage der Rotationsaxe im Erdkörper zu einer gewissen Zeit sei durch die Gröſsen p, q, r gegeben; dieser Lage entspricht, wenn von der Einwirkung der Kontinente abgesehen wird, eine Anordnung der Wasserbedeckung, bei welcher letztere einen Flutgürtel um den zur Rotationsaxe senkrechten, augenblicklichen Äquator bildet. In einem folgenden Zeitpunkte sei die Lage der Rotationsaxe gegeben durch $p + p'dt$, $q + q'dt$, $r + r'dt$; der Flutgürtel legt sich jetzt um den nunmehrigen Äquator herum und ist gegen seine vorherige Lage gedreht. Wir führen ihn aus seiner ersten in seine zweite Lage über, indem wir ihn um die gemeinsame Senkrechte zur ersten und zweiten Lage der Rotationsaxe drehen und zwar durch einen Winkel, welcher dem Ablenkungswinkel der Rotationsaxe gleich ist. Die Flutreibung wirkt dieser Drehung entgegen; wir nehmen der Einfachheit wegen an, daſs das Moment der Flutreibung um dieselbe Axe wirkt, wie diese Drehung erfolgt, und der Gröſse der Drehungsgeschwindigkeit proportional ist. Die Axe der Flutreibung berechnet sich dann durch die Unterdeterminanten des folgenden Schemas:

$$\begin{vmatrix} p & q & r \\ p' & q' & r' \end{vmatrix}.$$

Die Komponenten der Flutreibung werden daher den folgenden Ausdrücken proportional

$$qr' - rq', \quad rp' - pr', \quad pq' - qp'.$$

Berücksichtigen wir, daſs die Gröſsen p, q, p', q', r' klein sind und daſs r näherungsweise gleich ω ist, so können wir unter Vernachlässigung kleiner Gröſsen zweiter Ordnung dafür schreiben:

$$-\omega q', \quad \omega p', \quad 0.$$

Mit Benutzung eines positiven Proportionalitätsfaktors λ setzen wir dementsprechend die Komponenten der Flutreibung den folgenden Gröſsen gleich

$$-\lambda A q', \quad +\lambda A p', \quad 0.$$

In der That erkennt man leicht, dafs durch diesen Ansatz den oben über Gröfse, Axe und Sinn des Flutreibungsmomentes gemachten Verabredungen entsprochen wird, falls die Drehgeschwindigkeit der Erde ω als positiv gerechnet wird, die Koordinatenaxen also die auf pag. 720 angegebene Lage haben. Das Trägheitsmoment A wurde den vorstehenden Ausdrücken als Faktor hinzugefügt, damit die Gröfse λ der Dimension nach eine reine Zahl vorstellt, was für das Folgende bequem ist.

Um den Einflufs dieser Flutreibung auf die Polschwankungen zu bestimmen, gehen wir auf die Eulerschen Gleichungen zurück, denen wir rechterhand die soeben bestimmten Komponenten der Flutreibung hinzufügen. Die Gleichung für die Komponente r wird dadurch in erster Näherung nicht abgeändert. Diese Komponente können wir daher auch mit Rücksicht auf die Flutreibung als konstant ansehen und gleich ω setzen; mit anderen Worten: die Länge des Sterntages wird durch die jetzt in Rede stehenden Fluten innerhalb der von uns festgehaltenen Genauigkeitsgrenze nicht verlängert. Die Eulerschen Gleichungen für die Komponenten p und q des Drehungsvektors lauten, wenn wir von der Störung der Bewegung durch Massentransporte absehen und nur die freien Schwingungen der Erdaxe betrachten:

$$Ap' = (A-C)\,\omega q - \lambda A q',$$
$$Aq' = (C-A)\,\omega q + \lambda A p'.$$

Wir fassen sie zum Zweck der Integration in der öfters beschriebenen Weise in die eine komplexe Gleichung zusammen:

$$A(p'+iq') = (C-A)\,i\omega(p+iq) + i\lambda A(p'+iq'),$$

wofür wir mit Einführung der Elliptizität ε auch schreiben können:

$$(1-i\lambda)\,(p'+iq') = \varepsilon i\omega(p+iq).$$

Die Zahl λ wird jedenfalls klein gegen 1 sein, da im anderen Falle periodische Polschwankungen überhaupt nicht zustande kommen könnten. Daher können wir ohne merklichen Fehler die Gleichung auch so umformen:

$$\frac{p'+iq'}{p+iq} = \varepsilon i\omega(1+i\lambda)$$

und folgendermafsen integrieren:

$$p + iq = ae^{-\varepsilon\omega\lambda t + \varepsilon i\omega t}.$$

a ist die Integrationskonstante, welche von der Anfangslage der Erdaxe, d. h. den der Betrachtung vorausgegangenen Störungen abhängt.

Von hier aus ergeben sich folgende Schlüsse: Die Reibung läfst die Periode der Polschwankungen ungeändert (ungeändert bis auf Gröfsen zweiter Ordnung); ihre Frequenz wird auch jetzt durch das Produkt $\varepsilon\omega$ bestimmt; dagegen erscheinen die Schwingungen jetzt vermöge der Reibung *gedämpft*. Der Dämpfungsfaktor beträgt für die Dauer einer freien Schwingung nach der vorstehenden Formel $e^{-2\pi\lambda}$. Vermöge dieser Dämpfung wird ersichtlich der Rotationspol dem Trägheitspole genähert; auch ist es klar, dafs hierdurch der früher hervorgehobene Resonanzeffekt gemildert wird, sodafs beim Zusammenfallen der freien und erzwungenen Schwingungen die Amplitude des Rotationspoles nicht mehr unendlich wird, sondern eine durch den Wert des Dämpfungsfaktors bestimmte endliche Gröfse annimmt.

Über die zahlenmäfsige Gröfse dieser Dämpfung, insbesondere der Dämpfungskonstanten λ, sind wir leider zunächst völlig im Unklaren. Da wir schon über die Gröfse der fraglichen Fluten (vgl. pag. 706) theoretisch nichts auszusagen vermochten, wird es noch weniger möglich sein, die Gröfse ihrer Reibungswirkung zahlenmäfsig abzuschätzen.

Wir wollen noch bemerken, dafs sehr wahrscheinlich auch die im vorigen Paragraphen besprochenen Deformationen des Erdkörpers mit Energieverlusten verbunden sind und daher ebenfalls einen Beitrag zur Dämpfung der freien Schwingungen liefern werden. Wenigstens ist uns kein elastischer Körper bekannt, in welchem einmal erregte Deformationsschwingungen nicht alsbald abstürben; wir schieben diesen Umstand auf das Auftreten innerer Reibungsvorgänge oder elastischer Nachwirkungen. Es wäre nun höchst unphysikalisch, anzunehmen, dafs dies bei dem Erdkörper anders sein sollte. Infolgedessen scheint es angemessen, neben der Flutreibung auch die innere Reibung des Erdkörpers bei seinen früher beschriebenen Formänderungen als eine mögliche Dämpfungsursache der Polschwankungen ins Auge zu fassen.

Bisher hat man bei der rechnerischen Behandlung der Polschwankungen die dämpfende Wirkung der verschiedenen möglichen Energieverluste, die ja in analogen Fällen bei sonstigen mechanischen Problemen mit Recht berücksichtigt wird*), wohl stets vernachlässigt, indem man die Polbahn durch eine nach reinen, ungedämpften trigonometrischen Funktionen der Zeit fortschreitende Fourier'sche Reihe darstellte (vgl. die Citate auf *Chandler* pag. 673 und *van de Sande Bakhuyzen* pag. 682). Auch unsere graphische Reduktion der Polbahnen in § 6 dieses Kapitels fufste auf dieser Annahme und würde zu modifizieren sein, wenn wir die Dämpfung berücksichtigen bez. wenn wir aus der thatsächlich beobachteten Polbahn aufser den verschiedenen in der Polbahn versteckten

---

*) Vgl. z. B. Routh, Dynamik starrer Körper, Bd. II (deutsche Ausgabe Leipzig 1898) Kap. VII § 331—333.

Perioden auch die Gröſse ihrer Dämpfungen ermitteln wollen. Da eine theoretische Vorausberechnung der Dämpfungskonstante λ ziemlich aussichtslos erscheint, so sollte man vielleicht versuchen, in der soeben angedeuteten Weise aus den Polschwankungen selbst darüber Aufschluſs zu erhalten.

Natürlich ist die oben zu Grunde gelegte Vorstellung über die Wirkung der Polschwankungsfluten eine recht idealisierte; wegen des Einflusses der Kontinente auf die Flutbewegung werden die Verhältnisse in Wirklichkeit viel komplizierter liegen. Es wird daher erwünscht sein, ohne spezielle Annahmen zuzulassen, durch eine ganz allgemeine Betrachtung, die auch den Fall der Deformationsreibung im Innern des Erdkörpers umfaſst, die Wirkung irgend welcher energieverzehrender Umstände wenigstens ihrem Sinne nach zu bestimmen.

Bei den Polschwankungen und den durch sie erzeugten Fluten und Deformationen sowie der zugehörigen Flutreibung und Deformationsreibung kommen nur innere Kräfte ins Spiel, die den Gesamtimpuls des Massensystems, das wir Erde nennen, ungeändert lassen (im Gegensatz zu der vorher betrachteten Flutreibung, die durch die äuſseren Kräfte von Sonnen- und Mondanziehung hervorgebracht wird). Für die Komponenten des Gesamtimpulses gilt daher die Gleichung

$$L^2 + M^2 + N^2 = \text{const.},$$

die wir als Gleichung einer Kugel deuten können. Andrerseits wird die lebendige Kraft des Systems durch die Reibung vermindert, indem ein Teil derselben in Wärme umgesetzt wird. Wenn wir uns gestatten, den Ausdruck der lebendigen Kraft eines starren Kreisels auf unser in sich bewegliches System zu übertragen, so können wir schreiben

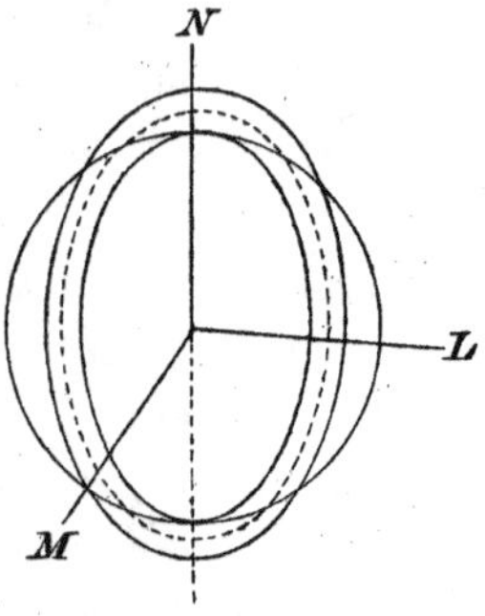

$$\frac{L^2 + M^2}{A} + \frac{N^2}{C} = 2T,$$

und können diese Gleichung in den Koordinaten L, M, N für jeden Wert von T als ein Rotationsellipsoid deuten. Und zwar handelt es sich um ein verlängertes Rotationsellipsoid (wegen $C > A$), welches, indem es sich selbst ähnlich bleibt, sich allmählich zusammenzieht (wegen der allmählichen Abnahme von T). Auf der Schnittkurve beider Flächen (Kugel und Ellipsoid) muſs der Endpunkt des Impulsvektors L, M, N liegen; diese Schnittkurve zieht sich aber bei der allmählichen Verkleinerung unseres Ellipsoides auf einen Punkt der N-Axe zusammen

Fig. 109.

(vgl. Fig. 109); der Impulsvektor und zugleich mit ihm die Rotationsaxe geht dabei in die polare Hauptträgheitsaxe, der Bewegungszustand also in die einfache gleichförmige Umdrehung um diese Axe über.

Insoweit als diese Überlegung auf den Fall der Flutreibung oder auf andere dissipative Einflüsse anwendbar ist, dürfen wir behaupten, dafs solche Einflüsse irgendwie erzeugte Störungen des einfachsten Bewegungszustandes der Erde ausgleichen und die Lage des Rotationspoles auf der Erdoberfläche stabilieren werden.

§ 9. Der Nachweis der Erdrotation durch die Kreiselwirkung. Foucaults Gyroskop und Gilberts Barogyroskop.

Nachdem Léon Foucault im Jahre 1851 seinen glänzenden Pendelversuch zum Nachweis der Erdrotation durchgeführt hatte, unternahm er es im folgenden Jahre, demselben Zweck die Kreiselwirkungen dienlich zu machen. Er benutzte einen Kreisel im Cardanischen Gehänge (vgl. z. B. die schematische Figur 2 von pag. 2), dessen einzelne Teile: Schwungring, innerer und äufserer Ring, mit gröfster Sorgfalt so justiert waren, dafs der Schnittpunkt ihrer Drehaxen zugleich Schwerpunkt jedes dieser Teile war. Foucaults Versuchsanordnung war eine doppelte: das eine Mal*) liefs er dem Kreisel seine *drei Freiheitsgrade*, indem er den äufseren Ring um eine vertikale Axe in Spitzen drehbar machte. Diese Spitzen dienten dabei nicht sowohl zum Tragen des Kreisels, als zur Verhinderung seitlicher Bewegungen; getragen wurde das Gewicht des Kreisels vielmehr durch einen torsionslosen Faden, an dem der äufsere Ring aufgehängt war. Der innere Ring ruhte mittels Schneiden auf gewissen Auflagerflächen des äufseren Ringes. Das andere Mal**) stellte er den inneren Ring gegen den äufseren fest, operierte also mit einem Kreisel von nur mehr *zwei Freiheitsgraden*, welcher vermöge seiner Verbindung mit der Erde in gewisser Weise geführt wird.

Im Falle des Kreisels von drei Freiheitsgraden bleibt nach Foucault bei starker Rotation des Schwungringes *die ursprüngliche Richtung seiner Axe im absoluten Raume fest*, oder, anders ausgedrückt, weist diese Axe beständig *nach demselben Punkte des Fixsternhimmels*. Von der Erde aus gesehen bewegt sich also jeder ihrer Punkte parallel der

---

*) Sur une nouvelle démonstration expérimentale du mouvement de la Terre, Comptes Rendues Bd. 35, Paris 1852, pag. 421.

**) Sur les phénomènes d'orientation des corps tournants entraînés par une axe fixe à la surface de la Terre — Nouveaux signes sensibles du mouvement diurne. l. c. pag. 524.

Richtung des Äquators. Geometrische Betrachtungen der einfachsten Art zeigen von hier aus die Richtigkeit der folgenden Angaben:

Weist die Axe zu Beginn des Versuches nach dem Zenith, so bildet sie nach der Beobachtungszeit Δt den Winkel $\omega \cos \varphi \Delta t$ (ω = Winkelgeschwindigkeit der Erdumdrehung, φ = geographische Breite) mit der Lotlinie, weil in der gleichen Zeit das ursprüngliche Zenith diesen Bogen um den Pol des Himmels beschreibt. Liegt andrerseits die Axe des Schwungringes ursprünglich horizontal und in der Richtung des Meridians, so bleibt sie für eine hinreichend kurze Beobachtungszeit horizontal und bildet nach der Zeit Δt den Winkel $\omega \sin \varphi \Delta t$ mit dem Meridian, weil ein Stern am Horizont unter dem Meridian den Polabstand φ (oder $\pi - \varphi$) besitzt und während der Zeit Δt einen Bogen $\omega \sin \varphi \Delta t$ von horizontaler Richtung beschreibt. Derselbe Ausdruck $\omega \sin \varphi \Delta t$, der übrigens auch bei dem Foucaultschen Pendelversuch auftritt, gilt auch für die Horizontalkomponente der Winkeländerung bei beliebiger horizontaler Anfangslage der Schwungringaxe. Fragen wir uns nämlich nach der scheinbaren Bewegung eines Sternes im Horizont bei beliebigem Azimuth, so besteht dieselbe aus einer Drehung ω um die Polaraxe, die wir uns in eine Drehung $\omega \sin \varphi$ um die Lotlinie und eine Drehung $\omega \cos \varphi$ um den Meridian zerlegen können. Die erstere Komponente liefert die Horizontalbewegung des Sternes, welche während der Beobachtungszeit Δt also $\omega \sin \varphi \Delta t$ betragen wird; die letztere Komponente giebt die Höhenänderung des Sternes. Die erstere Komponente und also auch die Horizontalkomponente der Bewegung der Kreiselaxe ist hiernach von dem Azimuth der Anfangsstellung unabhängig.

An letzteren Umstand knüpft die Versuchsanordnung von Foucault an. Man beachte, daſs bei horizontaler Anfangslage die Bewegung der Kreiselaxe durch das Cardanische Gehänge von selbst in ihre zwei Komponenten zerlegt wird, daſs nämlich die Bewegung des äuſseren Ringes die horizontale Komponente der Bewegung der Kreiselaxe wiedergiebt, während sich die Bewegung des inneren Ringes allein durch die Höhenänderung der Kreiselaxe bestimmt. Foucault beobachtet daher unter dem Mikroskop den äuſseren Ring, dessen Verdrehung gleich $\omega \sin \varphi \Delta t$ sein soll. Als gröſstmöglichen Wert der Beobachtungsdauer giebt Foucault 8 bis 10 Minuten an. Berechnen wir also mit $\Delta t = 8$ Min. und $\varphi = 49^0$ (ungefähre Breite von Paris) die zu erwartende Ablenkung, so ergiebt sich in Gradmaſs:

$$\omega \sin \varphi \Delta t = \frac{360 \cdot 8}{24 \cdot 60} 0{,}75 = 1^0{,}5.$$

Diese ziemlich beträchtliche Verdrehung müfste sich zumal unter dem Mikroskop mit grofser Sicherheit feststellen lassen.

Hiermit contrastiert einigermafsen der Umstand, dafs Foucault nur von dem Sinn der Verdrehung spricht, der sich bei seinen Versuchen richtig, also dem Sinne der Erdrotation entgegengesetzt ergab, dafs er dagegen Zahlenwerte aus seinen Beobachtungen nicht mitteilt. Wir wissen nicht, wie weit diese mit den theoretischen Werten gestimmt haben. Solange aber die quantitative Übereinstimmung nicht nachgewiesen ist oder solange die Fehlerquellen, welche die Nichtübereinstimmung bewirken, unbekannt sind, können die Versuche kaum als unwiderleglicher Beweis der Erdrotation angesprochen werden; es könnte ja sein, dafs im vorliegenden Falle die Fehlerquellen die Ablenkung des Ringes stärker beeinflussen wie die Erdrotation selbst und dafs der richtige Sinn des Resultates nur scheinbar durch zufällige Gruppierung der verschiedenen Fehler hergestellt wird.

Als Fehlerquellen kommen hier namentlich eine nicht genaue Centrierung des Apparates und die Reibung in den verschiedenen Lagern in Betracht. Wohl ist der Foucaultsche und Gaufsische *Pendelversuch* von Kamerlingh-Onnes*) in musterhafter Weise nach der quantitativen Seite hin auf alle Fehlerquellen durchgeprüft worden; für den Foucaultschen *Kreiselversuch* dagegen scheint eine solche Prüfung nie unternommen zu sein.

Die grofse historische Bedeutung des Foucaultschen Kreiselversuches scheint uns daher weniger in dem Nachweis der Erdrotation selbst als darin zu liegen, dafs durch diesen Versuch die allgemeine Aufmerksamkeit auf die Kreiselwirkungen gelenkt wurde und dafs die Kenntnis der Kreiselwirkungen durch die geniale, von der Formel losgelöste Unmittelbarkeit der Foucaultschen Auffassung wesentlich gefördert wurde.

Bevor wir die Theorie dieses Versuches kritisch beleuchten, wollen wir zunächst Näheres über die zweite Versuchsanordnung von Foucault, über den *Kreisel von zwei Freiheitsgraden*, berichten. Die Axe des Schwungringes bleibt jetzt nicht mehr im Raume fest; *vielmehr strebt dieselbe nach Foucault sich der Axe der Erddrehung soweit parallel zu stellen, als es die besonderen Umstände des Versuches erlauben.* Foucault spricht daher von der *Tendenz der Drehaxen zum Parallelismus* **), indem er unter Parallelismus der Axen nicht nur das Zusammenfallen der Axenrichtungen, sondern gleichzeitig das Übereinstimmen des Dreh-

---

*) Dissertation Groningen 1879. Nieuwe bewijzen voor de aswenteling der aarde.

**) Sur la tendance des rotations au parallélisme. Comptes Rendues l. c. pag. 602.

sinnes um die Axen versteht — man könnte genauer sagen: *Tendenz zum gleichsinnigen oder homologen Parallelismus.*

Etwa gleichzeitig mit Foucault hat G. Sire*) dasselbe Gesetz zum Gegenstand einer Mitteilung an die Pariser Akademie gemacht und auf den Nachweis der Erdrotation angewandt, ohne selbst Versuche auszuführen. Die theoretischen Überlegungen von Sire, durch welche dieses Gesetz gestützt wird, sind indessen nicht einwandfrei, da sie an einer gewissen Vieldeutigkeit des Wortes Axe leiden (Figurenaxe, Rotationsaxe, Impulsaxe). Etwas Ähnliches läſst sich wohl auch gegen die glänzend geschriebenen Ausführungen Foucaults sagen; allerdings beabsichtigen dieselben bei ihrer Kürze mehr beschreibender als beweisender Natur zu sein. (Vgl. hierzu unsere Kritik der populären Kreisellitteratur in Kap. V, § 3 unter 2).

Foucault untersucht auf Grund des genannten Gesetzes das Verhalten der Schwungringaxe in den beiden besonderen Fällen, wo die Schwungringaxe entweder nur in der Horizontalebene, oder nur in der Vertikalebene durch den Meridian des Beobachtungsortes frei beweglich ist. Man erreicht dieses, indem man beidemal den inneren Ring unter einem rechten Winkel gegen den äuſseren festklemmt und die Drehaxe des äuſseren Ringes im ersten Falle in die Lotlinie, im zweiten Falle senkrecht gegen die Meridianebene des Beobachtungsortes stellt.

Im ersten Falle, wo die Axe des Schwungringes die Horizontalebene nicht verlassen kann, ist ein wirklicher Parallelismus zwischen ihr und der Erdaxe nicht möglich: die Axe des Schwungringes strebt alsdann derjenigen Richtung zu, welche den kleinsten Winkel mit der Erdaxe bildet, d. i. der Richtung des Meridianes. Und zwar wird diejenige Seite der Axe, von der aus gesehen der Schwungring entgegen dem Uhrzeigersinne rotiert, nach Norden weisen, weil die Erde um den Nordpol in dem gleichen Sinne rotiert. *Unsere horizontal bewegliche Schwungringaxe verhält sich also ähnlich wie die Magnetnadel im Deklinationskompaſs* (natürlich mit dem Unterschiede, daſs im Foucaultschen Versuch der astronomische Meridian an die Stelle des magnetischen tritt). Im Anschluſs an diese Analogie können wir diejenige Seite der Axe, von der aus gesehen die Schwungringumdrehung umgekehrt wie die Uhrzeigerbewegung erfolgt, als *Nordpol* des Schwungringes, die umgekehrte Seite als *Südpol* bezeichnen.

Im anderen Falle, wo die Axe des Schwungringes in der Meridian-

---

*) Eine spätere Veröffentlichung von Sire findet sich in der Bibliothèque universelle de Genève, Arch. d. scienc. phys. et natur. Bd. 1 (1858) pag. 105.

ebene beweglich ist, wird der genaue Parallelismus dieser Axe mit der Erdaxe nicht nur angestrebt, sondern auch (bei hinreichend lang anhaltender Schwungringumdrehung) erreicht. Die Axe des Schwungringes bewegt sich, wenn sie etwa anfangs horizontal stand, in solcher Weise, daſs auf der nördlichen Halbkugel ihr „Nordpol" aus der Horizontalebene nach oben hin heraustritt und daſs sich die Verbindungslinie Süd-Nordpol des Schwungringes mit der Verbindungslinie Süd-Nordpol der Erde gleichsinnig parallel richtet. *Unsere in der Meridianebene bewegliche Schwungringaxe kann also mit der Magnetnadel in einem Inklinationskompaſs verglichen werden* (natürlich abermals mit dem Unterschiede, daſs an die Stelle der auf der Erdoberfläche bekanntlich recht unregelmäſsig verlaufenden Linien gleicher Inklination hier die genauen geographischen Breitengrade treten würden). Dabei besteht aber der wesentliche Unterschied, *daſs sich der „Nordpol" des Schwungringes auf der nördlichen Halbkugel hebt, während sich der der Inklinationsnadel senkt.*

Theoretisch liegt also, wie Foucault betont, die Möglichkeit vor, ohne astronomische oder magnetische Beobachtungen sowohl die Lage des Meridians wie nach Bestimmung desselben die Lage der Weltaxe für einen beliebigen Ort aus bloſsen Kreiselbeobachtungen abzuleiten. Man könnte daran denken, in der Tiefe eines Bergwerks von dieser Möglichkeit Nutzen zu ziehen.

Es ist selbstverständlich, daſs die Einstellung der Kreiselaxe in den Meridian bez. in die Richtung der Weltaxe nicht aperiodisch, sondern oscillatorisch vor sich gehen muſs. Die Drehkraft, welche z. B. die horizontal bewegliche Kreiselaxe dem Meridian zuführt, erzeugt eine gewisse Drehbeschleunigung und Drehgeschwindigkeit um die vertikale Axe. Während nun bei meridionaler Lage der Kreiselaxe die Drehkraft verschwindet, so verschwindet darum nicht gleichzeitig die Geschwindigkeit. Diese führt die Kreiselaxe vielmehr über die Gleichgewichtslage hinaus, worauf die Richtkraft ihren Sinn umkehrt und zuerst verlangsamend, dann im umgekehrten Sinne beschleunigend wirkt. Die Kreiselaxe muſs also um den Meridian herumpendeln — ebenfalls in Analogie mit der Magnetnadel. Steht die Kreiselaxe anfänglich im Meridian, aber so daſs ihr „Nordpol" nach Süden weist, so ist auch diese Lage an sich eine Gleichgewichtslage, weil die auf die Kreiselaxe wirkende Drehkraft verschwindet, aber ersichtlich eine instabile: bei einer kleinen Abweichung von dieser Lage strebt die Drehkraft die Abweichung zu vergröſsern und das Nordende der Axe nach Norden überzudrehen.

Foucault verwahrt sich dagegen, daſs auf dem beschriebenen Wege die Lage des Meridians oder die Stellung der Weltaxe im Raume hinreichend genau bestimmt werden könnte. Wie es scheint, hat Foucault auch die zuletzt genannten Versuche mehr auf ihre allgemeine Möglichkeit wie auf ihre exakte Durchführbarkeit hin geprüft. —

Wir erwähnen noch, dafs Foucault im Anschlufs an seine Versuche das jetzt vielfach gebräuchliche Wort *Gyroskop* geprägt hat. Dieses drückt in schlagender Weise das Resultat der Foucaultschen Versuche aus, *dafs nämlich der Kreisel ein Mittel ist, um vorhandene Drehbewegungen* (oder Gyrationen) *kenntlich zu machen*, ähnlich wie das Elektroskop ein Hülfsmittel bezeichnet, das Vorhandensein elektrischer Ladungen sichtbar zu machen. Würde es gelingen, auch die Gröfse einer vorhandenen Drehbewegung durch quantitative Messung der Kreiselbewegungen festzustellen, so dürfte man dem Kreisel sogar die weitergehende Bezeichnung eines „Gyrometers" beilegen.

Dagegen scheint es uns unzweckmäfsig, die Bezeichnung Gyroskop zu verallgemeinern und als gleichbedeutend mit dem Worte Kreisel zu gebrauchen, was in der Litteratur häufig geschehen ist. In der That bringt doch die Bezeichnung Gyroskop nur eine besondere Anwendung des nach den verschiedensten Seiten hin interessanten und wichtigen Kreiselbegriffes zum Ausdruck und es liegt kein Grund vor, die charakteristische Bezeichnung *Kreisel (turbo, toupie, top)* zu verlassen. —

Wir haben nun die Theorie der Foucaultschen Versuche, zunächst desjenigen mit dem Kreisel von drei Freiheitsgraden, zu vertiefen. Dabei liegt es uns fern, diesen Versuch mit ausgedehnten analytischen Entwickelungen aus der Theorie der Relativbewegungen begleiten zu wollen, wie sie thatsächlich angestellt worden sind, Entwickelungen*), deren Endresultat nach den ihnen zu Grunde liegenden Voraussetzungen schliefslich kein anderes sein kann, als die Bestätigung der Foucaultschen Angabe, wonach die Kreiselaxe ihre Lage im absoluten Raume im Wesentlichen beibehält. Die Schwierigkeit und Unübersichtlichkeit der fraglichen Entwickelungen hat nur darin ihren Grund, dafs in ihnen nicht konsequent vernachlässigt wird, dafs nämlich das Gyroskop nicht durchweg als verschwindend klein gegen die Erde oder seine Umdrehungsgeschwindig-

---

*) Es handelt sich u. A. um Arbeiten von Quet (Liouvilles Journal Bd. 18 (1853)), Lottner (Crelles Journal Bd. 54 (1857)), Bour (Liouvilles Journal (2) Bd. 8 (1863)). Zusammengestellt bei Gilbert: Étude historique et critique sur le problème de la rotation (aus Annales de la Société Scientifique de Bruxelles Bd. 2 (1878)). Wir nennen ferner die grofse Arbeit von Gilbert: Mémoire sur l'application de la méthode de Lagrange à divers problèmes du mouvement relatif (Ebenda Bd. 6 und 7 1881—1883) und das Werk von Budde: Allgemeine Mechanik der Punkte und starren Systeme (Berlin 1890, 1891, Bd. 2 Nr. 294).

keit nicht durchweg als unendlich grofs gegen die Erdumdrehung vorausgesetzt wird. Wir verweisen dieserhalb auf die zutreffende Kritik von E. Guyou*), der wir nur noch hinzufügen möchten, dafs man mit demselben ungeheuren Grade der Annäherung, mit dem man die Geschwindigkeit der Erdumdrehung gegen die der Kreiselrotation vernachlässigt, auch die Trägheitswirkung des äufseren und inneren Ringes gegen die des Schwungringes vernachlässigen darf, worauf wir unten zurückkommen werden.

Zunächst wollen wir ausdrücklich verabreden, dafs es erlaubt sei, den äufseren und inneren Ring als *masselos* zu betrachten und *von Reibungswirkungen abzusehen.* Dann haben wir allein von dem Schwungringe zu sprechen. Dieser ist um seinen Schwerpunkt frei beweglich und von Kräften frei, da die Schwerkraft als im Stützpunkte angreifend nicht in Betracht kommt. Die Bewegung des Schwungringes besteht daher allgemein gesprochen in einer *regulären Präcession* relativ zum absoluten Raume. Die an der Erddrehung teilnehmende Schwerpunktsbewegung beeinflufst diese Drehbewegung in keiner Weise. Denn Bewegung des Schwerpunktes und Drehung um den Schwerpunkt sind wie bekannt zwei Vorgänge, die sich beim Fehlen äufserer Kräfte glatt superponieren, ohne sich irgendwie zu stören.

Dies würde auch dann noch gelten, wenn die Schwerpunktsbewegung nicht eine nahezu gleichförmig-geradlinige wäre, wie sie es bei der Erddrehung für den Zeitraum einiger Minuten thatsächlich ist, sondern *wenn der Schwerpunkt in willkürlicher Weise und in beliebigen scharfen Krümmungen geführt würde.* Ja es würde nicht nur gelten für den schnell rotierenden, sondern ebensogut *für den nicht angedrehten Schwungring*, immer unter der Voraussetzung der Reibungslosigkeit der Führungen und der Massenlosigkeit der Ringe. In der That ist die kräftefreie Bewegung des symmetrischen Kreisels bei beliebiger Gröfse der Eigenrotation eine reguläre Präcession; von der gröfseren oder geringeren Eigenrotation, die wir dem Kreisel erteilen, hängt es lediglich ab, ob der entstehende Präcessionskegel bei gegebenem seitlichen Anstofs eine geringere oder gröfsere Winkelöffnung erhält. Wäre es zu erreichen, dafs die Axe des Schwungringes zu Beginn des Versuches momentan im absoluten Raume genau stillsteht, so würde sie ihre Lage gegen den absoluten Raum genau beibehalten, der Öffnungswinkel des Präcessionskegels wäre und bliebe dann genau gleich Null, ganz unabhängig davon, ob der Schwungring um seine Axe rotiert oder nicht,

---

*) Sur une solution élémentaire du problème du gyroscope de Foucault. Comptes Rendues Bd. 106, Paris 1888, pag. 1143.

und ob der Schwerpunkt des Apparates bewegt wird oder nicht; denn nachdem wir die Reibung wegdefiniert haben, giebt es nichts, was die einmal ruhende Schwungringaxe in Bewegung setzen könnte. Wir hätten hier also die von Foucault behauptete Stabilierung der Kreiselaxe im Raume ohne das von Foucault hierfür als unerläſslich angesehene Mittel einer hohen Eigenrotation.

Allerdings ist der soeben vorausgesetzte Anfangszustand der Kreiselaxe experimentell nicht zu erreichen. Der Experimentator kann die anfängliche Ruhe der Kreiselaxe nur vom Standpunkte der Erdbewegung aus beurteilen; er ist bestrebt, nicht die absolute Ruhe im Raume, sondern die relative Ruhe gegen die Erde zu verwirklichen. Nehmen wir an, daſs ihm letzteres genau gelungen sei, und sehen wir zu, wie sich die Bewegung der Kreiselaxe gestaltet, wenn der Kreisel insbesondere nicht angedreht ist.

In der Anfangslage weist die Kreiselaxe bei dem ersten Foucault'schen Versuche horizontal; sie bildet mit der Umdrehungsaxe der Erde den Winkel α, welcher zwischen φ und $\pi - \varphi$ (φ = geographische Breite des Ortes) enthalten ist und von dem Azimuth der Kreiselaxe gegen den Meridian abhängt. Der anfängliche Geschwindigkeitszustand besteht in einer Drehung um die Erdaxe von der Gröſse ω (ω = Erdrotation). Diese Drehung zerlegt sich in eine Komponente $\omega \cos \alpha$ um die Figurenaxe und in eine Komponente $\omega \sin \alpha$ um eine äquatoriale Axe des Schwungringes. Der Anfangsimpuls des Kreisels hat nach denselben Axen die Komponenten $C\omega \cos \alpha$, $A\omega \sin \alpha$; er bildet im Falle des Schwungringes (abgeplattetes Trägheitsellipsoid) mit der Figurenaxe einen Winkel $\beta < \alpha$, welcher bestimmt ist durch

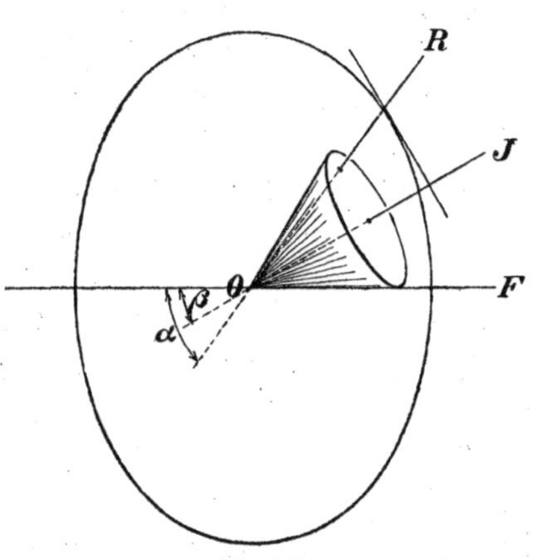

Fig. 110.

$$(1) \qquad \operatorname{tg} \beta = \frac{A}{C} \operatorname{tg} \alpha .$$

Der Winkel β kann auch durch eine bekannte Konstruktion (vgl. p. 106) gefunden werden, die in Fig. 110 angedeutet ist. Aus der Richtung der Rotationsaxe OR, die hier mit der Erdaxe zusammenfällt und der Richtung der Figurenaxe OF folgt die Richtung der Impulsaxe OJ, indem man an die Spur des Trägheitsellipsoides in der Ebene ROF die Tangente im Schnittpunkte mit OR legt und auf diese das Lot von O fällt.

Bei der nun folgenden Bewegung beschreibt die Figurenaxe im Raume einen Präcessionskegel um die Impulsaxe von dem soeben bestimmten Öffnungswinkel β. Dagegen beschreibt eine mit der Erde fest verbundene von O auslaufende Richtung vermöge der Erdrotation einen Kegel um die Rotationsaxe der Erde. Aus der Verschiedenheit der Kegel ergiebt sich, dafs auch der nicht eigens angedrehte Kreisel, von der Erde aus beurteilt, Bewegungen ausführen würde und also (bei gänzlich ausgeschalteter Reibung) im Sinne Foucaults als Gyroskop funktionieren würde.

Natürlich ist aber auch die Voraussetzung, dafs sich der Kreisel im Anfangszustande genau in relativer Ruhe gegen die Erde befunden habe, unzulässig. Selbst bei sorgfältigstem Experimentieren wird die Kreiselaxe relativ gegen die Erde eine Anfangsgeschwindigkeit haben, die mit Rücksicht auf die Geringfügigkeit der Erdrotation möglicher Weise gröfser sein kann wie die der letzteren entprechende Geschwindigkeit. Der anfängliche Impulsvector, der sich aus dieser Geschwindigkeit zusammen mit der Winkelgeschwindigkeit der Erdrotation bestimmt, kann dann jede beliebige Lage und der Präcessionskegel, den die Figurenaxe um diesen Impulsvektor beschreibt, jede beliebige Winkelöffnung haben. Wenn z. B. durch den anfänglichen Anstofs die Komponente der Erdrotation nach der Figurenaxe des Kreisels gerade aufgehoben, die Eigenrotation des Kreisels mithin zufällig Null wird, so würde der Impulsvektor in eine äquatoriale Axe fallen; der Präcessionskegel würde dann in die zu dieser Axe normale Ebene ausarten. Wenn andrerseits die Komponente der Erdrotation nach der Äquatorebene des Kreisels durch den anfänglichen Anstofs zufällig aufgehoben wird, so würde der Präcessionskegel unendlich schmal werden und mit der Figurenaxe zusammenfallen; diese selbst würde dann im Raume absolut stillstehen. Mit Rücksicht auf derartige unkontrollierbare geringfügige Anfangsimpulse würde also die weitere Bewegung des Kreisels völlig unsicher werden.

Und nun ist die Sache die, dafs man dieser Unsicherheit entgeht, wenn man dem Kreisel eine gegen die Erdrotation grofse Eigenrotation erteilt. Hierzu würde z. B. schon eine Geschwindigkeit von einer Umdrehung pro Sekunde genügen, da dieselbe $24 \cdot 60 \cdot 60$ mal gröfser als die Geschwindigkeit der Erdumdrehung ist. Etwa mit dieser Umdrehungsgeschwindigkeit hat Foucault in der That gearbeitet*). Der Gesamtimpuls des Kreisels, der sich aus diesem absichtlichen Eigen-

*) Vgl. hierzu Instructions sur les expériences du gyroscope; in dem Buche: Recueil des travaux scientifiques de L. Foucault, Paris 1878, p. 417.

impuls, dem sonstigen unvermeidlichen Anfangsimpuls und dem Impuls der Erdrotation zusammensetzt, wird alsdann fast genau die Richtung der Figurenaxe haben. Gleichzeitig wird der Präcessionskegel so schmal, daſs wir mit einer für alle Versuche hinreichenden Genauigkeit von einer absoluten Ruhe der Figurenaxe im Raume sprechen können.

Die dem Kreisel zu erteilende Eigenrotation bezweckt also in erster Linie, *von den unkontrollierbaren Anfangsimpulsen beim Ingangsetzen des Kreisels frei zu werden*, wodurch überhaupt erst eine bestimmbare und wohldefinierte Bewegung des Kreisels ermöglicht wird, in zweiter Linie, *den Präcessionskegel hinreichend eng zu machen*, wodurch diese Bewegung so einfach wie möglich wird, wobei sie nämlich merklich in die einfache Rotation um die im Raum feste Figurenaxe übergeht. Ist Ω die Eigenrotation des Kreisels und wie früher ω die Geschwindigkeit der Erdumdrehung, α der anfängliche Winkel der Figurenaxe gegen die Drehaxe der Erde, ferner ω_0 die durch unabsichtliche Anstöſse dem Schwungringe erteilte anfängliche Drehgeschwindigkeit relativ gegen die Erde, γ der Winkel, den die Figurenaxe mit der Axe von ω_0 bildet, so bestimmt sich die Öffnung β des Präcessionskegels ähnlich wie in Formel (1) zu:

$$\operatorname{tg} \beta = \frac{A}{C} \cdot \frac{\omega \sin \alpha + \omega_0 \sin \gamma}{\Omega + \omega \cos \alpha + \omega_0 \cos \gamma}. \tag{2}$$

Wenn Ω groſs gegen ω und ω_0, so hat man merklich $\beta = 0$. Nehmen wir, wie es oben geschah, an, daſs ω_0 und ω etwa von gleicher Gröſsenordnung sind, so können wir kurz sagen, daſs die Öffnung des Kegels von der Gröſsenordnung ω/Ω wird und daſs die Richtung der Figurenaxe dann und nur dann als unveränderlich anzusehen ist, wenn man Gröſsen von der Ordnung ω/Ω vernachlässigt.

Somit ist die Foucaultsche Angabe von der im Raum festen Schwungringaxe unter den bisherigen Vernachlässigungen als hinreichend genau bestätigt und gleichzeitig die eigentliche Rolle, die der Eigenrotation hierbei zufällt, deutlicher als bei Foucault hervorgekehrt.

Zunächst soll nun der Einfluſs des *Massensystems der Aufhängeringe* studiert bez. nachgewiesen werden, daſs sie ohne merklichen Einfluſs auf die Lage des Schwungringes sind. Solange wir sie als masselos voraussetzten, stand die Axe des Schwungringes bei hinreichender Eigenrotation desselben merklich im Raume stille. Dementsprechend wird unter dieser Voraussetzung ein Durchmesser D des inneren Ringes, nämlich der mit der Schwungringaxe zusammenfallende, im Raume festgehalten. Andrerseits wird ein Durchmesser D' des äuſseren Ringes, nämlich der in die Lotlinie des Beobachtungsortes fallende, durch seine Verbindung mit der rotierenden Erde in ganz bestimmter Weise geführt. Es ist aber klar, dafs die Bewegung des Systems unserer beiden Ringe durch Angabe der Bewegung zweier Durchmesser D und D' vollständig festgelegt ist: Wenn der Durchmesser D wirklich im Raume genau stillsteht und der Durchmesser D' genau die Bewegung der Lotlinie mitmacht, so ist die Bewegung unserer beiden Ringe dadurch *zwangläufig* gemacht. Ihre Drehgeschwindigkeit wird hierbei ersichtlich *von der Gröfsenordnung der Geschwindigkeit der Erdrotation.* Des Näheren sahen wir bereits pag. 732, dafs, solange die Schwungringaxe relativ zur Erde wenig von ihrer horizontalen Anfangslage abweicht, die Winkelgeschwindigkeit des äufseren Ringes gleich $\omega \sin \varphi$ sein würde; die des inneren Ringes wird, wie gleichfalls aus der angezogenen früheren Überlegung folgt, gleich $\omega \cos \varphi \sin \lambda$, wo λ das Azimuth der Kreiselaxe gegen den Meridian des Beobachtungsortes bedeutet. Indem des Weiteren die Schwungringaxe ihre Stellung im Raum behauptet und sich dabei im Laufe der Zeit aus der Horizontalen des Beobachtungsortes entfernt, ändern sich diese Werte der Geschwindigkeiten stetig, bleiben aber dauernd von der Gröfsenordnung ω.

Jetzt stellen wir uns vor, dafs die beschriebene Bewegung der Ringe auch bei nicht verschwindender Masse derselben zwangläufig aufrecht erhalten werde. Hierzu ist erforderlich, dafs den Ringen zu Anfang der Bewegung die Impulse $A_1 \omega \cos \varphi \sin \lambda$, $A_2 \omega \sin \varphi$ erteilt werden, wo A_1 und A_2 die Trägheitsmomente des inneren und äufseren Ringes um einen ihrer Durchmesser bedeuten, und dafs diese Impulse in der Weise abgeändert werden, wie es der Veränderlichkeit der Drehgeschwindigkeiten entspricht. Sie bleiben dabei von der Gröfsenordnung $A_1 \omega$ und $A_2 \omega$. Setzen wir sie mit dem Impuls der Eigenrotation des Schwungringes zusammen, welcher im Wesentlichen $C\Omega$ beträgt, so ergiebt sich ein Gesamtvektor, der nach Richtung und Gröfse jedenfalls nur wenig von dem konstanten Eigenimpuls des Schwungringes abweicht. Der Richtungsunterschied sowie der verhältnismäfsige Gröfsenunterschied beider Vektoren ist nämlich von der Gröfsenordnung ω/Ω, wenn wir das Verhältnis der Trägheitsmomente A_1/C und A_2/C, indem wir ungünstig rechnen, der Gröfsenordnung nach gleich 1 setzen. (Bei der wirklichen Ausführung des Foucaultschen Gyroskops sind diese letzteren Verhältnisse sogar wesentlich kleiner als 1.)

Wir können hiernach sagen: zu der von uns fingierten zwangläufigen Bewegung der Ringmassen, wie sie sich bei Festhaltung der Schwungringaxe ergeben würde, gehört ein Gesamtimpuls, der nach Richtung und Gröfse als konstant angesehen werden darf, sofern wir

Richtungs- und Gröfsenänderungen von der Ordnung ω/Ω vernachlässigen. Er bleibt also in demselben Sinne und mit demselben Genauigkeitsgrade konstant, wie die Figurenaxe bei Absehung von den Ringmassen ihre Lage im Raume beibehält. In der That war auch die Unveränderlichkeit der Schwungringaxe nur eine angenäherte, wie im Anschlufs an Gl. (2) hervorgehoben wurde, und nur eine bei Vernachlässigung des Gröfsenverhältnisses ω/Ω zutreffende.

Wir schliefsen hieraus, indem wir nunmehr von der bisher betrachteten erzwungenen zu der freien Bewegung des Massensystems: Schwungring, innerer und äufserer Ring, übergehen, dafs diese Bewegung bei gleicher Wahl des Anfangszustandes mit jener identisch ausfällt, sofern wir nur Unterschiede von der Gröfse ω/Ω vernachlässigen. Denn für die freie Bewegung ist zu fordern, dafs bei dieser der Gesamtimpuls des Massensystems nach Richtung und Gröfse im Raum konstant bleibe. Dieser Forderung genügt innerhalb der Genauigkeitsgrenze ω/Ω die bisher betrachtete erzwungene Bewegung. Daher stimmt dieselbe innerhalb derselben Genauigkeitsgrenze mit der natürlichen Bewegung des Mafsensystems überein.

Mit anderen Worten: *Der Einflufs der Massen des Cardanischen Gehänges auf die Bewegung des Foucaultschen Gyroskopes von drei Freiheitsgraden ist nur von der Gröfsenordnung ω/Ω und läfst sich in der Beobachtung auf keine Weise nachweisen.* Er darf nicht nur, sondern er mufs konsequenter Weise vernachlässigt werden, wenn anders man überhaupt mit Foucault von der Unveränderlichkeit der Schwungringaxe sprechen will. —

Um Mifsverständnissen entgegenzutreten, wollen wir noch ausdrücklich hervorheben, dafs die bei der Foucaultschen Beobachtungsmethode zu messende Winkeländerung des äufseren Ringes gegen die Erde (oder die Horizontalkomponente der relativen Bewegung der Schwungringaxe) nicht ihrerseits von der hier vernachlässigten Gröfsenordnung ist. Jene Winkeländerung betrug nämlich $\omega \sin \varphi \, \Delta t$. Ihr Verhältnis gegen Gröfsen von der Ordnung ω/Ω ist $\Omega \sin \varphi \, \Delta t$. Hier bedeutet $\Omega \, \Delta t$ den Drehungswinkel des Schwungringes während der Beobachtungszeit, also bei einigermafsen schneller Rotation und einer beispielsweisen Beobachtungszeit von 8 Minuten, ein aufserordentlich grofses Vielfaches von 2π. Wir erkennen hieraus, dafs der Wert des zu beobachtenden gyroskopischen Effektes durch Vernachlässigungen von der Ordnung ω/Ω in keiner Weise getrübt wird. —

Von ungleich gröfserem Einflufs wie die Massen der Aufhängeringe dürfte die *Reibung* sein. Wir denken dabei teils an die Reibung in der Führungsaxe des äufseren Ringes, teils an diejenigen Widerstände, die sich zwischen den Schneiden des inneren Ringes und ihren Auflagerflächen am äufseren Ringe entwickeln. Die Untersuchung dieser Fehlerquellen, zu denen sich noch Luftwiderstand, Luftströmungen, Erwärmung des Materials etc. gesellen, wäre für das wirkliche Verständnis der Foucaultschen Versuche jedenfalls wichtiger als die pag. 736 erwähnten unnötig allgemeinen und mathematisch ausgesponnenen Betrachtungen über Relativbewegungen.

Den Einflufs der Lagerreibungen können wir uns in vergröfsertem und vergröbertem Mafsstabe durch ein einfaches Experiment klar machen. Wir nehmen einen Kreisel im Cardanischen Gehänge, dessen Schwerpunkt im Mittelpunkt des Gehänges liegt (Fig. 2). Den Schwungring versetzen wir in starke Rotation und stellen seine Axe anfangs horizontal. Darauf drehen wir das Gestell langsam um die Vertikale. Liegen die Verhältnisse günstig, d. h. ist die Reibung in den Lagern gering, die Eigenrotation stark und die Drehung des Gestelles langsam, so behält die Schwungringaxe zunächst ihre ursprüngliche Lage scheinbar bei und hält dadurch auch die Ebene des äufseren Ringes im Raume fest. Dies Ergebnis ist aber nur eine Folge ungenauer Beobachtung. Bei länger anhaltender Drehung des Gestelles oder bei absichtlich vermehrter Lagerreibung sehen wir, dafs sich die Axe des Schwungringes langsam hebt und dabei den inneren Ring schief stellt, während der äufsere scheinbar fortfährt, seine ursprüngliche Lage im Wesentlichen beizubehalten. Drehen wir andrerseits das Gestell um die horizontale Axe des inneren Ringes, so bemerken wir ebenfalls zunächst ein scheinbares Stehenbleiben der Schwungringaxe, wodurch der innere Ring in seiner ursprünglichen Horizontalebene festgehalten wird. Bei länger anhaltender Drehung oder bei vermehrter Reibung sehen wir aber, dafs die Axe des Schwungringes seitlich in der Horizontalebene ausweicht, wobei sie die Ebene des äufseren Ringes um deren Axe verdreht.

Der Grund dieser Bewegungen liegt offenbar in der Reibung. Drehen wir das Gestell um die Vertikale, so bewegen sich die Lager des äufseren Ringes relativ gegen dessen Zapfen, welche durch den Schwungring annähernd festgehalten werden, und es entsteht ein Reibungsmoment um die Drehaxe des *äufseren* Ringes; dieses setzt, wie wir bei dem Versuch sehen, in erster Linie nicht den äufseren, sondern den *inneren* Ring in Bewegung. Drehen wir aber das Gestell um die vorher genannte horizontale Axe, so tritt ein Gleiten der Lager des inneren Ringes gegen dessen Zapfen und im Zusammenhange damit ein Reibungsmoment um die Axe des *inneren* Ringes auf; dasselbe versetzt nicht den inneren, sondern vornehmlich den *äufseren* Ring in Bewegung.

Die Erklärung dieser abermals paradoxen Erscheinungen läfst sich wenigstens qualitativ aus der Theorie des schweren Kreisels entnehmen. Unser im Schwerpunkte unterstützter Schwungring verhält sich unter dem Einflufs eines Reibungsmomentes um die Drehaxe des *inneren* Ringes mutatis mutandis wie ein schwerer Kreisel. Denn das genannte Reibungsmoment hat, gerade so wie die Schwere beim Nicht-Zusammenfallen von Schwerpunkt und Stützpunkt, die zur Figurenaxe senkrechte horizontale Gerade („Knotenlinie") zur Axe. Die Folge ist eine pseudoreguläre Präcession des Schwungringes, bei welcher die Figurenaxe des Schwungringes in der Horizontalebene ausweicht. Die Ebene des inneren Ringes bleibt dabei im Mittel horizontal, die des *äufseren* Ringes wird verdreht. Die Überlegung läfst sich entsprechender Weise auch auf die zuerst betrachtete Drehung um die vertikale Drehaxe des *äufseren* Ringes übertragen und ergiebt dabei eine Präcession des Schwungringes in einer Vertikalebene, also eine Verdrehung des *inneren* Ringes. Übrigens kommen wir auf diesen letzteren Fall im folgenden Kapitel bei dem Geradlaufapparat des Torpedos zurück, woselbst wir eine eingehendere Theorie der fraglichen Erscheinung geben werden.

Auf den Foucaultschen Versuch übertragen sich diese Ergebnisse wie folgt: Was bei uns das Gestell des Kreisels, ist bei Foucault die Erde. Ihre Drehung findet um die Polaraxe statt. Wir zerlegen sie in drei Drehungen um die Lotlinie, d. h. die Drehaxe des äufseren Ringes, um die ursprünglich horizontale Drehaxe des inneren Ringes und um die Figurenaxe des Schwungringes. Die den beiden ersten Drehkomponenten entsprechenden Reibungswiderstände wirken in der Weise unseres Versuches auf den Schwungring; die eine verdreht den inneren Ring und lenkt dabei die Axe des Schwungringes in vertikalem Sinne ab, die andere verdreht den äufseren Ring und bewirkt eine Horizontalablenkung der Schwungringaxe. Beide Umstände stören diejenige scheinbare Bewegung, die die im Raum feste Schwungringaxe nach Foucault relativ zur Erde beschreiben soll. Die dritte nach der Figurenaxe genommene Komponente der Erddrehung kommt nicht weiter in Betracht; das entsprechende Reibungsmoment addiert sich zu der von der Eigenrotation herrührenden Reibung der Schwungringaxe in ihren Lagern und ist gegen diese zu vernachlässigen.

Es sind mithin bei dem Foucaultschen Versuch verschiedene Reibungseinflüsse thätig, welche die absolute Ruhe der Schwungringaxe stören.

Es entsteht nun die Frage, wie man über diese Reibungseinflüsse Herr werden kann. Das Mittel hierzu liefert abermals eine *hinreichend hohe Eigenrotation des Schwungringes.* (Foucault selbst läfst uns über die Rolle die der Eigenrotation bei seinen Versuchen zufällt, wie schon oben erwähnt, einigermaſsen im Unklaren.) Mit Rücksicht auf die Anfangsbewegung der Schwungringaxe sahen wir, daſs die Eigenrotation die Aufgabe hat, den von dieser Axe im Allgemeinen beschriebenen *Präcessionskegel hinreichend enge zu machen.* Mit Rücksicht auf die Reibung dagegen müssen wir sagen, die Eigenrotation bezweckt, die zu den verschiedenen Reibungseinflüssen gehörigen *Präcessionsgeschwindigkeiten möglichst langsam zu machen.* Es handelt sich dabei wohlgemerkt jetzt um ganz andere Präcessionsbewegungen wie früher. Bei der durch die Reibung bewirkten Präcessionsbewegung, auf die wir nach Analogie mit dem schweren Kreisel schlossen, beschreibt die Axe des Schwungringes einen in eine Ebene ausgearteten Kegel (oder Fächer) und zwar einen solchen in der Horizontal- oder Vertikalebene, je nachdem wir allein das Reibungsmoment um die Drehaxe des inneren oder allein das um die Drehaxe des äuſseren Ringes betrachten. (In Wirklichkeit werden sich natürlich beide Bewegungen überlagern und es werden auch noch minimale Schwankungen hinzutreten, die in der früher betrachteten Präcessionsbewegung ihren Grund haben.) Da die Präcessionsgeschwindigkeit des schweren Kreisels gleich P/N war, wo P das Moment der Schwere und N den Eigenimpuls des Kreisels bedeutet, [vgl. z. B. p. 305 Gl. (13)], so wird die Geschwindigkeit der durch die Lagerreibung bewirkten Präcession analog gleich M/N werden, wo M das eine oder andere Reibungsmoment, N wiederum den Eigenimpuls bedeutet. Durch Vergröſserung von N kann man jedenfalls diese Präcessionsgeschwindigkeit so klein machen, daſs während einiger Minuten Beobachtungszeit die Kreiselaxe überhaupt noch nicht merklich aus ihrer Anfangslage im Raum abgewichen ist. Jedenfalls sehen wir, daſs, wenn es überhaupt erlaubt ist, von der Reibung abzusehen, dies nur für einen nicht zu langen Zeitraum und dank einem hinreichend groſsen Eigenimpulse gestattet ist. *Wennschon der Eigenimpuls die Wirkung der Reibungsmomente nicht aufheben kann, so kann er doch ev. das Zeitmaſs dieser Wirkung so reduzieren, daſs dieselbe für eine nicht zu lange Beobachtungszeit unwesentlich wird.*

Wie groſs man aber den Eigenimpuls wählen muſs, um dieses zu erreichen, läſst sich theoretisch nicht bestimmen, da es hierbei auf die Gröſse der Reibungsmomente M, also auf die Konstruktion der Lager und Schneiden ankommt. Hier hätte die genaue experimentelle Untersuchung der Fehlerquellen einzusetzen, die bei Foucault selbst zu fehlen scheint. Das experimentelle Genie von Foucault bürgt uns dafür, daſs die Reibungswirkungen M bei seinem Apparat sehr klein waren; wie klein sie aber waren, darüber gewinnen wir aus seinen Mitteilungen kein Urteil.

Eine andere Schwierigkeit des ersten Foucaultschen Versuches, nämlich die Notwendigkeit einer sehr genauen Zentrierung des Schwungringes*), wird durch eine glückliche Modifikation des Gyroskops, das sog. *Barogyroskop*, umgangen, von dem unten die Rede sein wird.

Wir gehen zunächst zu dem zweiten Foucaultschen Versuch (Kreisel von zwei Freiheitsgraden) über und haben hier die beiden interessanten Sätze zu beweisen, daſs a) ein in der Horizontalebene beweglicher Schwungring wie eine Deklinationsnadel, b) ein in der Meridianebene beweglicher mutatis mutandis wie eine Inklinationsnadel sich verhält.

Der Beweis beider Sätze ist unmittelbar einleuchtend, wenn wir uns auf den früher entwickelten Begriff des Deviationswiderstandes stützen (vgl. Kap. III § 6); umständliche analytische Entwickelungen, wie sie für diesen Zweck von Gilbert**) gegeben sind, scheinen hier ebensowenig am Platze, wie im vorigen Falle. Die folgenden einfachen Betrachtungen stimmen im Resultat mit den Gilbertschen Entwickelungen überein.

a) *Drehaxe des äuſseren Ringes in die Lotlinie gestellt, innerer Ring unter einem rechten Winkel gegen den äuſseren festgeklemmt, Schwungringaxe die Horizontalebene bestreichend.* Wir zerlegen die Erdrotation ω in zwei Komponenten nach der Lotlinie und dem Meridian des Beobachtungsortes. Die erste Komponente beträgt $\omega \sin \varphi$, wenn φ die geographische Breite ist. Dieselbe beeinfluſst bei hinreichend geringer Reibung in den Zapfen des äuſseren Ringes die absolute Lage des Schwungringes nicht; der Schwungring macht diese Drehung einfach nicht mit, wobei er natürlich auch den inneren und äuſseren Ring verhindert, dieser Drehung zu folgen, und verhält sich hinsichtlich dieser Komponente ebenso wie der Kreisel von drei Freiheitsgraden hinsichtlich der gesamten Erdrotation. Die andere Komponente ist $\omega \cos \varphi$. Denken wir uns die Lage des Schwungringes in der Horizontalebene für einen Augenblick fixiert, so würde diese Komponente die Axe des Schwungringes auf einem Kreiskegel um den Meridian herumführen und der Kreisel eine reguläre Präcession beschreiben. Vermöge seiner Trägheit widerstrebt er dieser Führung mit einem Momente, dessen Axe gleichzeitig auf der Figurenaxe und der Axe des Präcessionskegels senkrecht steht, in unserem Falle also in die Lotlinie fällt. Die Gröſse des Momentes beträgt nach p. 175 Gl. (1), wenn wir für die dort mit ν bezeichnete Präcessionsgeschwindigkeit den Wert

---

*) Vgl. die oben cit. Instructions sur les Expériences du gyroscope.

**) Vgl. § XV und XVI der p. 736 citierten Arbeit: Mémoire sur l'application etc.

$\omega \cos \varphi$ eintragen und den Eigenimpuls N des Schwungringes*) in die Formel einführen:

$$(3) \qquad K = -\omega \cos \varphi \sin \vartheta \, (N - A\omega \cos \varphi \cos \vartheta);$$

ϑ meint hierbei den Winkel zwischen der Figurenaxe des Kreisels und der Axe des Präzessionskegels, d. h. in unserem Falle den Winkel zwischen Figurenaxe und Meridian. Zur Fixierung des Vorzeichens werde festgesetzt, dafs wir ϑ von der nördlichen Seite des Meridians aus zählen wollen und dafs wir diejenige Seite der Schwungringaxe als (positive) Figurenaxe rechnen, um welche die Eigenrotation in demselben Sinne erfolgt, wie die Erdrotation um die Verbindungslinie Erdmittelpunkt—Nordpol, dafs wir also mit Benutzung der pag. 734 eingeführten Ausdrucksweise die Figurenaxe vom Mittelpunkte des Schwungringes nach dem „Nordpol“ desselben gezogen denken. Das Produkt ωN in Gl. (3) ist auf Grund dieser Festsetzungen eine *positive* Gröfse.

Übrigens ist in (3) das zweite Glied der Klammer gegen das erste unbedingt zu streichen. Jenes Glied verhält sich nämlich zu diesem der Gröfsenordnung nach wie $A\omega$ zu N oder (unter Absehung von der Verschiedenheit des äquatorialen und polaren Trägheitsmomentes) wie die Geschwindigkeit der Erdumdrehung zur Winkelgeschwindigkeit des Schwungringes oder wie die Dauer einer Schwungringumdrehung zur Länge des Tages. Wir schreiben daher statt (3) kürzer:

$$(3') \qquad K = -N\omega \cos \varphi \sin \vartheta.$$

Soll nun die vorausgesetzte Präcessionsbewegung des Schwungringes unter der unveränderlichen Neigung ϑ gegen den Meridian aufrecht erhalten werden, so müfste ein Moment $-K$ um die Lotlinie ausgeübt werden, welches den Trägheitswiderstand K überwindet. Geschieht dieses nicht, so bewegt sich der Schwungring so, als ob ein Moment $+K$ um die Lotlinie wirkt, welches den Winkel ϑ verändert. Die Lotlinie ist für den Schwungring eine äquatoriale Hauptaxe, desgleichen für den äufseren Ring, für den inneren Ring dagegen die Figurenaxe desselben. Nennen wir A_1, C_1, A_2, C_2 die bez. äquatorialen und polaren Hauptträgheitsmomente des inneren und äufseren Ringes, so wird für die Drehung um die Lotlinie die Summe der in

*) Der Eigenimpuls N drückt sich (vgl. z. B. p. 222 oben) durch die Eulerschen Winkel φ, ψ, ϑ folgendermafsen aus: $N = C(\varphi' + \cos \vartheta \psi')$; die Winkelgeschwindigkeiten φ' und ψ' sind aber in Gl. (1) von p. 175 mit μ und ν bezeichnet. Es wird daher auch: $N = C(\mu + \cos \vartheta \cdot \nu)$. Selbstverständlich hat der Eulersche Winkel φ nichts mit der im Text benutzten geographischen Breite φ zu thun.

Frage kommenden Trägheitsmomente von Schwungring, innerem und äußerem Ring $A + C_1 + A_2$. Die Bewegungsgleichung wird mithin:

$$(4) \qquad (A + C_1 + A_2)\,\vartheta'' = K = -N\omega \cos\varphi \sin\vartheta.$$

Daß gleichzeitig der Eigenimpuls des Schwungringes durch die Erddrehung nicht geändert wird, ist selbstverständlich, weil die Axe von K auf der Figurenaxe senkrecht steht. N ist daher in der vorigen Gleichung eine Konstante, in welchem Umstande wir diejenige zweite Gleichung erblicken können, die zur vollständigen Beschreibung der Bewegung unseres Kreisels von zwei Freiheitsgraden neben (4) erforderlich ist.

Gl. (4) zeigt nun unmittelbar Folgendes: *Im Gleichgewicht befindet sich die Schwungringaxe nur dann, wenn dieselbe die Richtung des Meridianes hat.* Denn wir haben $\vartheta'' = 0$ nur dann, wenn entweder $\vartheta = 0$ oder $\vartheta = \pi$ ist. *Von den beiden Gleichgewichtslagen $\vartheta = 0$ und $\vartheta = \pi$ ist die erstere eine stabile, die letztere eine labile.* Denn vermöge des Vorzeichens der rechten Seite von (4) wird bei einer Störung der Gleichgewichtslage $\vartheta = 0$ die Schwungringaxe durch die auftretende Winkelbeschleunigung nach dieser Lage zurückgeführt, dagegen bei einer Störung der Gleichgewichtslage $\vartheta = \pi$ von dieser entfernt. *In der stabilen Gleichgewichtslage befindet sich die Eigenrotation des Schwungringes mit der meridionalen Komponente der Erdrotation im gleichsinnigen Parallelismus.* Denn wir wollten, um das Vorzeichen von ωN positiv zu machen, den Winkel ϑ zwischen Meridian und Figurenaxe so bestimmen, daß die Eigenrotation um die Figurenaxe in demselben Sinne erfolgt, wie die Erddrehung um die Erdaxe oder wie die meridionale Komponente derselben um die nördliche Hälfte des Meridians, von der aus wir den Winkel ϑ zählen. *Die von Foucault hervorgehobene Tendenz zum gleichsinnigen Parallelismus der Drehaxen zeigt sich in dem Auftreten der nach der stabilen Gleichgewichtslage hin gerichteten Beschleunigung der Schwungringaxe.*

Am einfachsten und vollständigsten läßt sich die in Rede stehende Bewegung beschreiben, wenn wir sie mit der Bewegung eines mathematischen Pendels vergleichen. In der That ist (4) nichts anderes, als die gewöhnliche Differentialgleichung der Pendelbewegung. Die letztere können wir, wenn wir unter l die Länge des Pendels und unter ϑ denjenigen Winkel verstehen, den l mit der stabilen Gleichgewichtslage, d. h. mit der Schwererichtung jeweils einschließt, schreiben:

$$(4') \qquad \vartheta'' = -\frac{g}{l}\sin\vartheta.$$

Um die Gl. (4) und (4') in einander überzuführen, ist es nur nötig, l so zu wählen, daß

(5) $$l = \frac{g(A + C_1 + A_2)}{N\omega \cos \varphi}.$$

Diese Formel giebt die Länge des korrespondierenden mathematischen Pendels an, dessen Bewegung bei gleichen Anfangswerten von ϑ und ϑ' mit der Bewegung unseres Schwungringes genau identisch ist. Länge und Schwingungsdauer des Pendels wird um so kleiner, je gröſser N ist; dementsprechend nimmt die Richtkraft der Erddrehung auf unseren Schwungring mit der Gröſse des Eigenimpulses N zu.

Auch der Vergleich mit der Deklinationsnadel läſst sich jetzt aufs einfachste durchführen. Da nämlich die Bewegungsgleichung einer solchen lautet $J\vartheta'' = -MH \sin \vartheta$, wo J das Trägheitsmoment der Nadel, M das magnetische Moment derselben und H die Horizontalintensität des Erdmagnetismus bedeutet, so wird die Länge des dieser Magnetnadel korrespondierenden mathematischen Pendels

(5′) $$l = \frac{gJ}{MH}.$$

Indem man die in (5) und (5′) angegebenen Pendellängen gleichsetzt, erkennt man, wie sich die von Foucault ausgesprochene Zuordnung des rotierenden Schwungringes mit der Magnetnadel auch quantitativ durchführen läſst. Stellt man sich z. B. vor, daſs das Trägheitsmoment J der Nadel mit dem für die Bewegung des Schwungringes in Betracht kommenden gesamten Trägheitsmoment $A + C_1 + A_2$ der Kreiselvorrichtung übereinstimmt, so hätte man den Eigenimpuls des Schwungringes einfach so zu wählen, daſs $N\omega \cos \varphi = MH$ ist; *alsdann wird die Bewegung unseres Schwungringes vom Eigenimpuls N bei gleichen Anfangswerten von ϑ und ϑ' ein kongruentes Abbild der Bewegung einer Magnetnadel vom magnetischen Momente M.*

b) *Drehaxe des äuſseren Ringes senkrecht gegen die Meridianebene gerichtet, innerer Ring senkrecht gegen den äuſseren festgestellt, Schwungringaxe in der Meridianebene beweglich.*

Von einer Zerlegung der Erdrotation in Komponenten haben wir hier abzusehen, weil die Gesamtrotation ω die Lage des Schwungringes in der Meridianebene beeinfluſst. Denken wir uns den Winkel ϑ zwischen der Axe des Schwungringes und der Axe der Erdrotation für einen Augenblick festgehalten, so würde der Schwungring eine reguläre Präcession um die Erdaxe beschreiben. Dem widerstrebt er vermöge seiner Trägheit mit einem Momente K, dessen Axe gleichzeitig auf der Axe des Schwungringes und der der Erdrotation senkrecht steht, also in die Normale zur Meridianebene, d. h. in die Drehaxe des äuſseren Ringes fällt. Die Gröſse des Momentes beträgt nach p. 175 Gl. (1), wenn wir nunmehr ω statt ν und N statt $C(\mu + \nu \cos \vartheta)$ eintragen,

$$K = -\omega \sin \vartheta (N - A\omega \cos \vartheta). \tag{6}$$

Ebenso wie unter a) haben wir das zweite Glied der Klammer gegen das erste zu vernachlässigen, so daſs einfacher wird:

$$K = -N\omega \sin \vartheta. \tag{6'}$$

Setzen wir ähnlich wie unter a) fest, daſs wir die Figurenaxe vom Mittelpunkte des Schwungringes nach derjenigen Seite hin ziehen, von der aus gesehen die Rotation des Schwungringes in demselben Sinne erfolgt wie die Erdrotation um den Nordpol, und messen wir den Winkel ϑ von der nördlichen Hälfte der Erdaxe nach der so definierten Figurenaxe hin, so wird das Produkt $N\omega$ in der vorigen Gleichung positiv sein.

Soll also der Schwungring in der sich drehenden Meridianebene seine Lage beibehalten, so ist dazu ein Moment $-K$ um die Drehaxe des äuſseren Ringes erforderlich, welches die Trägheitswirkung des Schwungringes überwindet. Wird ein solches Moment nicht ausgeübt, so muſs sich der Winkel ϑ zwischen Erdaxe und Figurenaxe ändern, in solchem Maſse, das das Produkt aus dem Trägheitsmoment der bewegten Teile und der Winkelbeschleunigung gleich K wird. Dies führt ebenso wie oben auf die Differentialgleichung:

$$(A + C_1 + A_2)\vartheta'' = K = -N\omega \sin \vartheta. \tag{7}$$

Aus dieser Gleichung ergeben sich unmittelbar die folgenden Schlüsse: *Der Schwungring befindet sich innerhalb der Meridianebene nur dann im Gleichgewicht, wenn er die Richtung der Erdaxe hat, d. h. nur in den beiden Lagen $\vartheta = 0$ und $\vartheta = \pi$. Die erstere Lage ist eine stabile die letztere eine labile Gleichgewichtslage. Indem die durch* (7) *bestimmte Beschleunigung den Schwungring nach der stabilen Gleichgewichtslage hinführt, ist sie bestrebt, die Drehaxe des Schwungringes mit der Drehaxe der Erde in homologem Sinne parallel zu richten.*

Auch die jetzige Bewegung ist kongruent mit der Bewegung eines einfachen Pendels. *Die korrespondierende Pendellänge beträgt nunmehr*

$$l = \frac{g(A + C_1 + A_2)}{N\omega}. \tag{8}$$

Andrerseits läſst sich auch die Bewegung der Inklinationsnadel mit der Pendelbewegung identifizieren. Bedeutet J und M Trägheitsmoment und magnetisches Moment der Nadel, T die Totalintensität des Erdmagnetismus, so wird die Länge des dieser Inklinationsnadel entsprechenden Pendels:

$$l = \frac{gJ}{MT}. \tag{8'}$$

Aus dem Vergleich von (8) *und* (8') *erkennt man, wie sich das Verhalten unserer in der Meridianebene beweglichen Schwungringaxe dem Verhalten der Magnetnadel im Inklinationskompaſs quantitativ zuordnen läſst,* wobei indessen der pag. 735 hervorgehobene Unterschied beider Bewegungen im Auge zu behalten ist.

c) Die vorangehenden Resultate lassen sich leicht zusammenfassen und verallgemeinern, wenn man annimmt, daſs die Axe des Schwungringes in einer *gegen die Erde beliebig gelegenen Ebene E* beweglich sei. Man kann, um dieses zu erreichen, die Ebene des inneren Ringes wieder senkrecht gegen die des äuſseren feststellen und hat dann nur die Drehaxe des äuſseren Ringes relativ gegen die Erde so zu lagern, daſs dieselbe senkrecht auf der Ebene E steht. Bedeutet λ den Winkel zwischen der Axe der Erdrotation und der Ebene E, so kommt als wirksame Komponente der Erdrotation $\omega \cos \lambda$ in Betracht und es ergiebt sich als Länge des korrespondierenden einfachen Pendels:

$$l = \frac{g(A + C_1 + A_2)}{\omega N \cos \lambda}. \tag{9}$$

Diese Formel geht in den Fällen a) und b), wo im Besonderen $\lambda = \varphi$ bez. $\lambda = 0$ wird, in die Gl. (5) und (8) über; sie rührt von Gilbert her*).

Noch mögen zwei Bemerkungen hinzugefügt werden über den Einfluſs der Reibung und der Massen des Aufhängesystems; diese Bemerkungen sollen sich gleichmäſsig auf die Fälle a) und b), sowie auf den verallgemeinerten Fall c) beziehen.

Die Reibung in den Lagern des äuſseren Ringes wird sich natürlich auch bei dem Gyroskop von zwei Freiheitsgraden bemerklich machen. Während die Schwingungsamplitude der Schwungringaxe bei Vernachlässigung der Reibung konstant bleiben müſste, wie die obige Betrachtung zeigt, wird sie durch die Reibung allmählich gedämpft. Die Schwungringaxe wird sich also mit abnehmender Amplitude der Schwingungen immer mehr der stabilen Gleichgewichtslage nähern und sich schlieſslich in diese einstellen, wenn die Eigenrotation des Schwung-

---

*) Gl. (130) in der früher cit. Arbeit: Mémoire sur l'application etc. Wir sind im Texte nur darin von Gilbert abgewichen, daſs wir beim Übergange von (3) zu (3') und von (6) zu (6') ein Glied mit dem Faktor ω^2 unterdrückt haben, welches mit Rücksicht auf den Genauigkeitsgrad des ganzen theoretischen Ansatzes keine Bedeutung hat.

ringes hinreichend lange anhält. Hinsichtlich der quantitativen Verhältnisse dürfen wir uns dabei einfach auf die Analogie mit dem einfachen Pendel oder mit der Magnetnadel berufen. Bei ähnlicher Konstruktion der Lager wird die Reibungswirkung bei den in Rede stehenden Versuchen eine ähnliche sein, wie bei dem einfachen Pendel und bei den Schwingungen einer Magnetnadel, die ihrerseits natürlich stets gedämpfte Schwingungen sind.

Was die Massenwirkung des äufseren und inneren Ringes betrifft, so könnte es auffallen, dafs wir dieselbe in unseren letzten Formeln zum Ausdruck gebracht haben, während wir bei der Besprechung des ersten Foucaultschen Versuches sagten, dafs sie zu vernachlässigen sei. Dies erklärt sich daraus, dafs im ersten Foucaultschen Versuche (bei Vernachlässigung der Reibung) die Schwungringaxe im Raume merklich feststeht und die Ringmassen nur Drehgeschwindigkeiten von der Ordnung der Erdrotation ausführen, dafs dagegen im zweiten Foucaultschen Versuch die Schwungringaxe wirkliche Beschleunigungen erfährt, an denen die zu einem Ganzen verbundenen Mafsen des äufseren und inneren Ringes teilnehmen. Während im ersten Foucaultschen Versuche der Einflufs der Ringmassen auf die zu beobachtende Gröfse der relativen Bewegung des Schwungringes verschwindend klein war (von der Ordnung ω/Ω vgl. p. 742), wird er im zweiten Foucaultschen Versuch von derselben Gröfsenordnung wie die zu beobachtenden Bewegungen der Schwungringaxe selbst, so dafs sich z. B. in der Formel (9) das Trägheitsmoment der Ringe C_1, A_2 zu dem des Schwungringes A direkt hinzuaddiert. —

Es bleibt uns schliefslich noch übrig, von einer zweckmäfsigen Abänderung des Foucaultschen Gyroskops, dem schon genannten *Barogyroskop* von Gilbert zu sprechen. Wie der Name besagt, kommt bei diesem Apparat aufser der Erdrotation auch die Schwere ins Spiel. Wir schildern die Einrichtung desselben an Hand der Abbildung*) 111, indem wir den Vergleich mit dem Foucaultschen Gyroskop ziehen.

In der Figur sieht man zunächst den Schwungring D mit seiner Axe a, auf welcher sich bei E ein Zahnrad zum Anlassen desselben befindet, sowie in der Verlängerung der Axe nach unten hin ein Laufgewicht p. Als inneren Ring können wir hier den Rahmen C bezeichnen, welcher bei A und A' auf Schneiden ruht. Den Bügel S können wir mit dem äufseren Ringe bei Foucault vergleichen. Er läfst sich in der Hülse H verdrehen und auf diese Weise in ein be-

*) Dieselbe ist dem „Katalog mathem. Modelle, Apparate und Instrumente", im Auftrage der deutschen Mathem.-Vereinig. herausgegeben von W. Dyck, Nachtrag p. 79 entnommen.

liebiges Azimuth einstellen; bei jedem einzelnen Versuche ist er aber fest, da die Reibung in der Hülse jede selbstthätige Drehung des Bügels hindert.

Man justiert den Apparat so, dafs die Axe AA' genau horizontal unter einem beliebigen Azimuth gegen den Meridian steht, und bringt zunächst durch zweckmäfsiges Verstellen der Schrauben vv' und der Zusatzmassen uu' den Schwerpunkt von Schwungring und Rahmen in

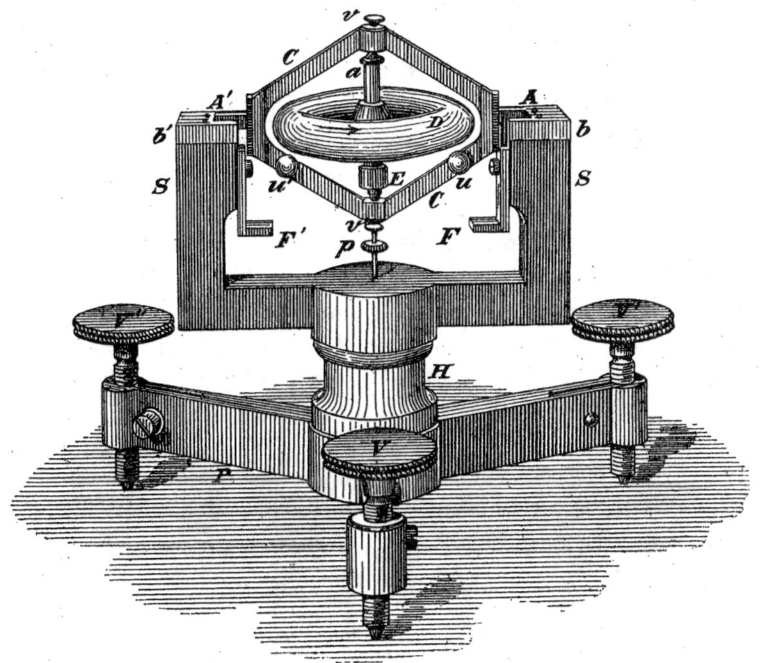

Fig. 111.

die Verbindungslinie der Schneiden AA', so dafs sich der bewegliche Teil des Apparates im neutralen Gleichgewicht befindet. Dann bringt man das Laufgewicht p auf die am unteren Ende des Rahmens befestigte Nadel und verwandelt dadurch die Neutralität des Gleichgewichts in eine (geringe) Stabilität.

Nachdem der Schwungring einen grofsen Eigenimpuls N bekommen hat (bei Gilbert 150 Umdrehungen in der Sekunde), beobachtet man, dafs sich seine Axe oscillatorisch von der Vertikalen entfernt und nachdem die Oscillationen abgestorben sind, unter einer gewissen Neigung, welche unter anderem von dem Azimuth der Aufstellung abhängt, verharrt.

Die Berechnung dieser Neigung und die Theorie des Versuches wird wieder äufserst einfach, wenn man an den Begriff des Deviationswiderstandes anknüpft.

Qualitativ können wir folgendermaſsen sagen: Der in einer beliebigen Vertikalebene bewegliche Schwungring befindet sich unter ganz ähnlichen Bedingungen wie der Schwungring im zweiten Foucaultschen Versuch (s. oben unter b) oder c)); um seine Lage innerhalb der Vertikalebene oder seine Stellung gegen die rotierende Erde festzuhalten, wäre die Überwindung des Momentes K erforderlich, welches die Verbindungslinie der Schneiden AA' zur Axe hat. Da ein Gegenmoment $-K$ nicht ausgeübt wird, bewegt sich der Schwungring so, als ob ein Moment K um die genannte Axe auf ihn einwirkt. Dieses strebt die Figurenaxe des Schwungringes der Drehaxe der Erde parallel zu stellen; es lenkt also die Schwungringaxe aus ihrer vertikalen Anfangslage nach derjenigen Richtung hin ab, in welche sich die Axe der Erdrotation auf die Bewegungsebene des Schwungringes projiziert. Auſser diesem Momente wirkt aber jetzt das Moment der Schwere, welches die Figurenaxe des Schwungringes nach der Vertikalen zurücklenkt. Es wird mithin eine gewisse mittlere Lage zwischen der Vertikalen und der Projektion der Erdaxe geben, in welcher sich beide Drehmomente das Gleichgewicht halten und in welcher sich die Axe des Schwungringes demnach in Ruhe befindet.

Um die Überlegung nach der quantitativen Seite zu vervollständigen, ist es nur nötig, das Moment der Schwere M einerseits und das der Trägheitswirkung K andrerseits durch die an dem Apparat zu beobachtenden Gröſsen auszudrücken.

Es sei m die Masse des Laufgewichtes p und δ sein Abstand vom Schwerpunkt des Schwungringes. Bedeutet χ den Winkel, den die Figurenaxe des Schwungringes mit der Vertikalen bildet, von der Vertikalen nach der Figurenaxe hin positiv gerechnet, so wird der Hebelarm der Schwerkraft mg um die Axe der Schneiden $\delta \sin \chi$ und daher das Moment der Schwere im Sinne des Winkels χ

$$M = -mg\delta \sin \chi. \tag{10}$$

Bei der Bestimmung des Deviationswiderstandes K gehen wir wieder von der Gl. (1) p. 175 aus, führen darin den Eigenimpuls N des Schwungringes ein und setzen für ν die Komponente der Erdrotation nach der Bewegungsebene des Schwungringes $\nu = \omega \cos \lambda$, wo λ wie unter c) den Winkel zwischen der Erdaxe und dieser Ebene bedeutet. Wir erhalten so, wenn wir noch ein Glied von der verhältnismäſsigen Gröſsenordnung $A\omega/N$ wie oben streichen:

$$K = -N\omega \cos \lambda \sin \vartheta.$$

ϑ miſst hierbei den Winkel zwischen der Projektion der Erdaxe auf die Bewegungsebene des Schwungringes und der Figurenaxe des letzteren, von jener nach dieser hin positiv gerechnet. In dem gleichen Sinne wie ϑ wird das Moment K gerechnet. Führen wir noch den Winkel μ ein, den die Projektion der Erdaxe auf die Bewegungsebene mit der Vertikalen bildet, ebenfalls von jener nach dieser hin positiv gerechnet, so haben wir $\vartheta = \mu + \chi$ und können schreiben:

$$K = -N\omega(\cos\chi\cos\lambda\sin\mu + \sin\chi\cos\lambda\cos\mu). \tag{11}$$

Hier sind die Produkte $\cos\lambda \sin\mu$ und $\cos\lambda\cos\mu$ durch Gröfsen auszudrücken, die der Messung direkter zugänglich sind als die Winkel λ und μ. Wir wählen als solche die geographische Breite φ des Beobachtungsortes und den Winkel α ($< 180^0$), den die Bewegungsebene der Figurenaxe mit dem Meridian des Beobachtungsortes bildet. Auf der um den Mittelpunkt des Schwungringes beschriebenen Einheitskugel markieren wir uns (vgl. Fig. 112) ihren Schnittpunkt V mit der Vertikalen, ihren Schnittpunkt P mit der Parallelen zur Erdaxe und endlich den Punkt Q, der der Projektion der Erdaxe auf die Bewegungsebene des Schwungringes entspricht. Das entstehende sphärische Dreieck PQV ist bei Q rechtwinklig. Seine Hypotenuse beträgt $\pi/2 - \varphi$, seine Katheten sind λ und μ. Der Winkel bei V ist gleich α. Nach der Neperschen Regel gelten die beiden Gleichungen:

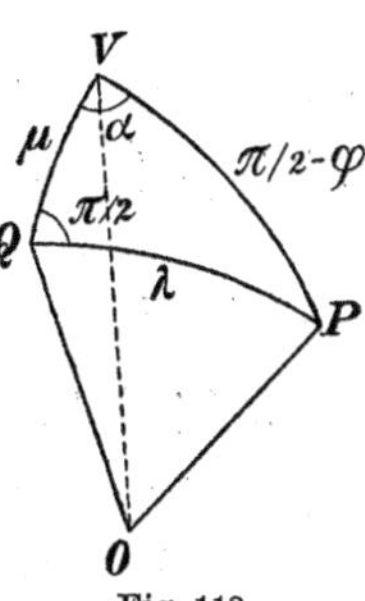

Fig. 112.

$$(12)\qquad \begin{aligned}\sin\varphi &= \cos\lambda\cos\mu,\\ \cos\alpha &= \operatorname{tg}\varphi\operatorname{tg}\mu,\end{aligned}$$

aus welchen durch Multiplikation folgt

$$\cos\alpha\cos\varphi = \cos\lambda\sin\mu. \tag{12'}$$

Setzen wir die in (12) und (12′) bestimmten Werte von $\cos\lambda\cos\mu$ und $\cos\lambda\sin\mu$ in (11) ein, so ergiebt sich

$$K = -N\omega(\sin\chi\sin\varphi + \cos\chi\cos\varphi\cos\alpha). \tag{13}$$

Wir können nun sowohl die Gleichgewichtslage wie das Bewegungsgesetz der Schwungringaxe in einfachster Weise bestimmen.

Im *Gleichgewicht* befindet sich die Axe des Schwungringes, wenn die beiden Momente M und K einander aufheben. Zur Bestimmung der Gleichgewichtslage dient daher die Gleichung $M = K$. Bezeichnen wir mit χ_0 denjenigen Wert von χ, welcher der Gleichgewichtslage entspricht, so haben wir nach (10) und (13) zur Bestimmung von χ_0 die Gleichung:

$$mg\delta\sin\chi_0 = N\omega(\sin\chi_0\sin\varphi + \cos\chi_0\cos\varphi\cos\alpha)$$

oder

$$\operatorname{tg}\chi_0 = \frac{N\omega\cos\varphi}{mg\delta - N\omega\sin\varphi}\cos\alpha. \tag{14}$$

Allgemeiner finden wir die *Bewegungsgleichung* der Schwungringaxe, wenn wir das Produkt aus dem Trägheitsmoment der bewegten Teile in die Beschleunigung des Winkels ϑ oder, was dasselbe bedeutet, des Winkels χ gleich der Differenz der wirkenden Momente setzen. Ist A das äquatoriale Trägheitsmoment des Schwungringes und A_1 das Trägheitsmoment des Rahmens um die Verbindungslinie der Schneiden, so kommt bei der Änderung des Winkels χ die Summe $A + A_1 + m\delta^2$ in Betracht. Die Bewegungsgleichung wird hiernach

$$(A + A_1 + m\delta^2)\,\chi'' = K - M$$

oder nach (10) und (13)

$$(A + A_1 + m\delta^2)\,\chi'' = -(N\omega \sin\varphi - mg\delta) \sin\chi - N\omega \cos\varphi \cos\alpha \cos\chi.$$

Wir schreiben hierfür bequemer, indem wir die Definition von χ_0 berücksichtigen:

$$(15)\quad (A+A_1+m\delta^2)\chi'' = -\sqrt{(N\omega\sin\varphi - mg\delta)^2 + (N\omega\cos\varphi\cos\alpha)^2}\,\sin(\chi-\chi_0).$$

Auch diese Gleichung läfst sich ersichtlich mit der Bewegungsgleichung eines gewöhnlichen Pendels in Parallele setzen (s. oben Gl. (4')). Die korrespondierende Pendellänge wird nach Analogie von Gl. (5)

$$l = \frac{g(A + A_1 + m\delta^2)}{\sqrt{(N\omega \sin\varphi - mg\delta)^2 + (N\omega \cos\varphi \cos\alpha)^2}}.$$

Die Axe des Barogyroskops oscilliert also um die Gleichgewichtslage χ_0 mit derjenigen Schwingungsdauer, welche der soeben definierten Pendellänge l entspricht. Mit Rücksicht auf die Reibung an den Schneiden werden die Oscillationen allmählich absterben, und wird die schliefsliche Ruhelage mit der Gleichgewichtslage χ_0 zusammenfallen.

Die Formeln (14) und (15) legt Gilbert der Berechnung und Dimensionierung seines Apparates zu Grunde. Die Gilbertsche Ableitung*) dieser Formeln ist wieder wesentlich komplicierter wie die hier gegebene. Wir diskutieren das Resultat in naheliegender Weise.

Nach Gl. (14) hängt die Neigung χ_0 von dem Azimuth der Aufstellung ab und wird z. B. gleich Null, wenn $\alpha = \pi/2$ ist, d. h. wenn die Verbindungslinie der Schneiden AA' in dem Meridian liegt. Letzteres folgt unmittelbar auch daraus, dafs bei dieser Stellung des Apparates die Projektion der Erdaxe auf die Bewegungsebene der Schwungringaxe mit der Vertikalen zusammenfällt, dafs also in diesem Falle beide Momente M und K die Schwungringaxe gleicherweise in die Vertikale einzustellen bestrebt sind. Umgekehrt wird man, um eine möglichst

*) Vgl. die mehrfach cit. Arbeit: Mémoire sur l'application, § XVIII, Gl. (153). Die Resultate sind zusammengestellt in dem ebenfalls cit. Katalog mathem. Modelle etc. Nachtrag p. 78.

deutliche Ablenkung χ_0 zu erhalten, die Verbindungslinie der Schneiden senkrecht gegen den Meridian richten, die Bewegungsebene der Schwungringaxe also mit der Meridianebene zusammenfallen lassen. Innerhalb dieser Ebene wird die am unteren Ende des Schwungringes befestigte Nadel nach Süden oder nach Norden abweichen, je nachdem dieses Ende nach der Ausdrucksweise von p. 734 ein Südpol oder ein Nordpol ist, d. h. je nachdem die Umdrehung des Schwungringes um die Nadel in dem entgegengesetzten oder in demselben Sinne erfolgt, wie die Erdrotation um den Nordpol der Erde.

Im Übrigen zeigt Gl. (14), dafs die Stärke des Ausschlages nur von dem Verhältnis $mg\delta/N\omega$ abhängt, und dafs man den stärksten Ausschlag, nämlich einen vollen rechten Winkel, erhalten würde, wenn man dieses Verhältnis gerade gleich $\sin\varphi$ wählt. Andrerseits lehrt aber Gl. (15), dafs diese Wahl praktisch nicht die vorteilhafteste ist, (ganz abgesehen davon, dafs die Auflagerung des Rahmens auf den Schneiden einen so grofsen Ausschlag unmöglich machen würde). Die Länge des korrespondierenden mathematischen Pendels würde dann nämlich

$$l = \frac{g\,(A + A_1 + m\delta^2)}{N\omega \cos\varphi \cos\alpha}$$

und die zugehörige halbe Schwingungsdauer für hinreichend kleine Schwankungen um die Gleichgewichtslage

$$\tau = \pi \sqrt{\frac{A + A_1 + m\delta^2}{N\omega \cos\varphi \cos\alpha}}$$

betragen. Zum Zwecke eines ungefähren Überschlages möge der für die Gröfse des Ausschlags günstigste Fall $\cos\alpha = 1$, $\cos\varphi = 1$ (Beobachtung im Meridian unter dem Äquator) vorausgesetzt werden; ferner möge das Trägheitsmoment C des Schwungringes, welches etwa doppelt so grofs ist, wie das äquatoriale Trägheitsmoment A desselben, beispielsweise gleich $A + A_1 + m\delta^2$ angenommen werden. Bezeichnet n die Umdrehungszahl des Schwungringes in der Sekunde, so hat man $N = 2\pi C n$ und

$$l = \frac{g}{2\pi n\omega}, \quad \tau = \pi \sqrt{\frac{1}{2\pi n\omega}}.$$

Bei Gilbert ist (s. oben) $n = 150$; der Wert von ω beträgt in Sekunden $2\pi/24 \cdot 60 \cdot 60$; mithin wird $2\pi n\omega$ ungefähr gleich $10/144$ und

$$l = 144 \text{ m}, \quad \tau = 12 \text{ sec.}$$

Diese Schwingungsdauer ist unerwünscht lang, da die Beobachtung auf die ersten Minuten nach Ingangsetzen des Schwungringes beschränkt werden mufs und da man bereits in dieser Zeit ein Urteil über die definitive Gleichgewichtslage des Schwungringes gewinnen will. Auch würden die starken Schwankungen der Schwungringaxe (in dem vorausgesetzten Falle beträgt die Amplitude der Schwankung einen rechten Winkel) für die Beobachtung der mittleren Gleichgewichtslage unbequem sein. Es kommt hinzu, daſs unser Wert von τ nur für hinreichend kleine Schwingungsamplituden gilt, daſs dagegen bei den in unserem Beispiel in Betracht kommenden bedeutenden Amplituden die Schwingungsdauer entsprechend länger ausfallen würde. Immerhin zeigt unsere Rechnung, daſs man die Stärke der Ablenkung aus der Vertikalen durch geeignete Wahl der Umstände beliebig steigern und je nach Bedarf regulieren kann.

Gilbert selbst rechnet folgendes Zahlenbeispiel: $\varphi = 48^0\,50'\,39''$, $\alpha = 0^0$, $n = 200$, $m = 0{,}79$ gr, $\delta = 5$ cm; mit Rücksicht auf die Abmessungen von Schwungring und Rahmen ergiebt sich

$$\chi_0 = 7^0\,37'\,10'', \quad \tau = 3{,}76 \text{ Sek.}$$

Hierbei ist also auf einen sehr groſsen Wert der Ablenkung verzichtet worden zu Gunsten einer Verkleinerung der Schwingungsdauer und der damit zusammenhängenden bequemeren Beobachtung der schlieſslichen Gleichgewichtslage.

Die Gilbertsche Anordnung scheint gegenüber der ursprünglichen Foucaultschen manche Vorzüge zu haben. In dem Laufgewichte p und seinem Abstande δ vom Schwerpunkt des Schwungringes hat man gewissermaſsen einen Parameter zur Verfügung, den man in einer für die Beobachtung günstigen Weise wählen kann. Indem man die Verhältnisse so einrichtet, daſs die schlieſsliche Gleichgewichtslage in der Nähe der Vertikalen liegt, eliminiert man manche Beobachtungsfehler, die bei groſsen Ausschlägen auftreten würden. Ferner werden die unvermeidlichen Fehler bei der Centrierung der bewegten Massen, die für das Foucaultsche Gyroskop sehr störend sein dürften, durch die absichtliche Hinzufügung des Übergewichtes p für das Barogyroskop relativ belanglos. Über die quantitative Übereinstimmung zwischen Theorie und Beobachtung macht indeſs Gilbert ebenso wie seinerzeit Foucault in der mehrfach genannten Abhandlung keine näheren Angaben.

Absichtlich haben wir in der vorangehenden Darstellung die wahrscheinlichen Fehlerquellen und die Frage nach einer möglichen quantitativen Bestätigung stärker betont, als dies in den Lehrbüchern der Mechanik sonst üblich ist. Scheint doch das vorliegende Beispiel vorzüglich geeignet, zu zeigen, wie weit der Weg ist, der sich zwischen der gedanklichen Erfassung eines dynamischen Vorganges und seiner Realisierung durch bestimmte physikalische Apparate dehnt!

Foucault hatte in geistvoller Weise, mehr durch Intuition als durch zwingende mechanische Schlüsse, das Verhalten des rotierenden Schwungringes an der Erdoberfläche vorhergesagt. Um von da aus sein Gyroskop fertig zu stellen, war eine angestrengte Arbeit von acht Monaten nötig. Trotz der aufgewandten Mühe und trotz der ungewöhnlichen experimentellen Begabung Foucaults dürfte der Apparat nur gerade an derjenigen Grenze stehen, bei welcher sich die nachzuweisende mechanische Wahrheit aus den Störungen und Beobachtungsfehlern eben herauszuheben beginnt. Wie mifstrauisch Foucault selbst gegen die Angaben seines Apparates sein zu müssen glaubte, geht aus einer Bemerkung in den oben cit. „Instructions" hervor: Man dürfe nicht eher überzeugt sein, dafs die beobachtete Ablenkung des Gyroskops wirklich in der Erddrehung ihren Grund habe, bevor man nicht bei entgegengesetztem Umdrehungssinn des Schwungringes denselben Sinn der Ablenkung erhalten habe. Es scheint hiernach, dafs nicht einmal der Sinn der Ablenkung über allen Zweifel erhaben war; dafs die Gröfse derselben sich mit einiger Genauigkeit richtig ergiebt, scheint umso zweifelhafter, besonders wenn der Versuch von einem weniger gewiegten Experimentator als Foucault gemacht wird.

Günstiger dürften aus den oben genannten Gründen (Fortfall der Notwendigkeit einer besonders genauen Centrierung, Auswahl bequemer Versuchsbedingungen durch geeignete Bestimmung des Übergewichtes) die Chancen bei dem Barogyroskop stehen. Indessen wäre auch hier noch der wirkliche experimentelle Nachweis erforderlich, dafs die Fehlerquellen die Gröfse der zu beobachtenden Ablenkung nicht zu sehr entstellen, ein Nachweis, den wir bei Gilbert vergeblich suchen.

Bei einer Wiederholung der Foucault'schen oder Gilbert'schen Versuche würde man wohl jedenfalls elektromagnetischen Antrieb des Schwungringes einführen und dadurch die Mifslichkeiten ausschalten, die aus der allmählichen Verlangsamung der Eigenrotation hervorgehen.

Kapitel IX.

Technische Anwendungen.

§ 1. Die wichtigste Formel der Kreiseltheorie. Allgemeines über die Stabilierung durch Kreiselwirkungen.

Dafs diefses Schlufsheft unseres Werkes so spät erscheint, können wir im Interesse der Sache nicht bedauern. Sind doch die technischen Anwendungen, um die es sich hier hauptsächlich handelt, erst in den letzten zehn Jahren, also während des Drucks dieses Buches, entstanden; wir erinnern an die Schnellbahnen, an den Schiffskreisel und den Kreiselkompafs.

Bei ihrer Erklärung bewährt sich nun in besonderem Mafse das unserer ganzen Darstellung früher zu Grunde gelegte mechanische Prinzip: die Voranstellung des Impulsbegriffes. Wir gelangen von hier aus unmittelbar zu derjenigen Formel, auf der die Theorie fast aller technischen Anwendungen beruht.

Da wir wünschen, dafs die Entwickelungen dieses Kapitels auch ohne eingehendes Studium der vorangehenden Kapitel verständlich sind und sich womöglich auch in den Händen des Ingenieurs als fruchtbar erweisen möchten, scheint es angemessen, die zu ihrer Begründung dienenden Formeln und Begriffe hier in Kürze zusammenzustellen.

Der Impuls (genauer gesagt „das Impulsmoment") war das Moment der Bewegungsgröfse der einzelnen Massenteile des rotierenden starren Körpers, bezogen auf den festen Punkt desselben. Haben wir es mit einem schnell rotierenden Schwungring oder Radsatze zu thun, so überwiegt die Rotation um die Symmetrieaxe („Figurenaxe") so sehr über die dem Körper („Kreisel") sonst etwa erteilten Drehungen, dafs die Ebene jenes Momentes merklich senkrecht zur Figurenaxe steht, merklich in die „Äquatorebene des Kreisels" fällt. Der Impulsvektor, welcher senkrecht auf jener Ebene errichtet wird, fällt dann merklich in die Figurenaxe. Seine nach dieser Axe genommene Komponente, gegen die also die anderen Komponenten meist vernachlässigt werden können, nennen wir den „Eigenimpuls“ N. Es ist dasjenige Antriebsmoment („Drall“), das wir beim Anlassen des Kreisels durch eine Schnur auf ihn übertragen, das beim Schiffskreisel durch den Turbinenantrieb oder bei den Eisenbahnrädern durch die Zugkraft der Lokomotive unterhalten wird.

Der früheren Bevorzugung des Uhrzeigersinnes und des Links-Schrauben-Koordinatensystems (vgl. z. B. Fig. 3 auf pag. 18) entspricht es, dafs wir den Impulsvektor nach derjenigen Seite ziehen, von der aus die Rotation um die Figurenaxe, die „Eigenrotation“, im Uhrzeigersinne dreht.

Die Einführung des Impulses liefert nun die Möglichkeit, die Grundgesetze der Dynamik des Kreisels ebenso einfach und fast mit denselben Worten zu formulieren wie die Dynamik des einzelnen Massenpunktes: *Der kräftefreie Kreisel bewegt sich so, dafs sein Impuls nach Richtung und Gröfse im Raum konstant bleibt* (entsprechend dem Galileischen Trägheitsgesetz des einzelnen Massenpunktes). Und: *Unter dem Einflufs äufserer Kräfte bewegt sich der Kreisel derart, dafs die Änderungsgeschwindigkeit des Impulsvektors nach Richtung und Gröfse gleich ist dem* (ebenfalls durch einen Vektor dargestellten) *Moment der äufseren Kräfte in bezug auf den Stützpunkt des Kreisels.* (Newtonsches Beschleunigungsgesetz*) für den Massenpunkt.)

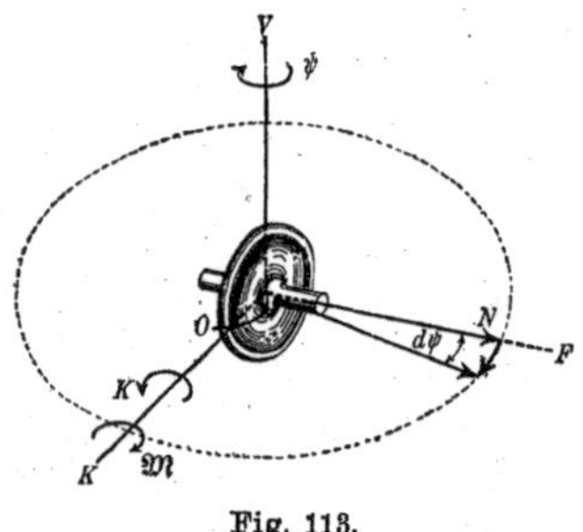

Fig. 113.

I. Die wichtigste Formel der Kreiseltheorie. Wir betrachten einen Schwungring, der mit dem Eigenimpuls N (gleich Trägheitsmoment um die Figurenaxe mal Winkelgeschwindigkeit um dieselbe Axe) begabt ist, und denken seine Figurenaxe etwa in horizontaler Lage (Fig. 113). Wir drehen diese Axe um die Vertikale durch O, ohne die Gröfse des Eigenimpulses zu beeinflufsen (Drehwinkel ψ, Drehgeschwindigkeit $d\psi/dt$). Welches Moment ist hierzu erforderlich?

Die Antwort liefert unser Impulssatz: In der Zeit dt beschreibt der Endpunkt des Vektors N den Weg $N d\psi$ in der Horizontalebene senkrecht zur Figurenaxe. Seine Geschwindigkeit ist also

$$N\frac{d\psi}{dt}.$$

---

*) Diese Bezeichnung ist eigentlich nicht historisch treu. Newton spricht in seiner Lex secunda nicht von der Beschleunigung, sondern von der Änderung der „quantitas motus“, d. h. der Impulsänderung, wie überhaupt der Impulsbegriff auch in den Newtonschen Prinzipien voran steht.

Dies ist zugleich das äufsere Moment $\mathfrak{M}$, welches wir aufzuwenden haben, um diese Impulsänderung zu veranlassen. Es wirkt um die zur Figurenaxe OF und Vertikalen OV senkrechte Axe OK, die wir wie früher die „Knotenlinie" nennen. Der Sinn des Momentes ist aus der Figur ersichtlich: Stellen wir $\mathfrak{M}$ durch einen Vektor dar, so ist dieser der Impulsgeschwindigkeit gleichgerichtet, weist also in der Figur nach vorn. Dem entspricht ein Drehpfeil, welcher die Halbaxe OK im Uhrzeigersinne umgiebt.

Diesem Momente $\mathfrak{M}$ entgegengesetzt ist die *Kreiselwirkung*, d. h. diejenige Trägheitswirkung des rotierenden Schwungringes, die wir fortgesetzt zu überwinden haben, wenn wir ihn in der geschilderten Weise bewegen. Wir nennen sie K und haben

(I) $$K = N\frac{d\psi}{dt}.$$

Der Sinn der Kreiselwirkung ist demjenigen von $\mathfrak{M}$, somit dem Uhrzeigersinne entgegengesetzt.

Die Kreiselwirkung besteht also darin, dafs sich die Axe des Schwungringes aufzurichten und mit der Axe der hinzukommenden Drehung in gleichsinnigen Parallelismus zu setzen strebt, derart, dafs der Drehsinn der Eigenrotation mit demjenigen der hinzukommenden Drehung übereinstimmen würde. Die Gröfse dieses Bestrebens wird durch (I) *gemessen und durch das äufsere Moment $\mathfrak{M}$ im Gleichgewicht gehalten.*

Zu erwähnen ist noch, dafs zwar nicht zur Unterhaltung, aber zur Einleitung der Drehung um die Vertikale ein Impuls um diese Axe von der Gröfse $A d\psi/dt$ erforderlich ist (A = Trägheitsmoment des Kreisels um eine äquatoriale Axe). Der Gesamtimpuls des Kreisels besteht daher aus der Resultante des horizontalen Eigenimpulses N und dieser vertikalen Komponente. Indem wir die letztere vernachlässigten und bei der Anwendung unseres Impulssatzes den Gesamtimpuls mit dem Eigenimpuls identifizierten, begingen wir eine Ungenauigkeit und setzten stillschweigend voraus, daß die Drehgeschwindigkeit $d\psi/dt$ klein sei gegen die Eigenrotation. Dementsprechend enthält auch unsere Formel (I) eine Ungenauigkeit (vgl. hiermit die strenge Formel (III)), die sie aber gerade für die Anwendung auf die praktischen Fälle besonders geeignet macht.

II. Verallgemeinerung dieser Formel. Wir denken uns wieder den Kreisel um die Vertikale gedreht, wobei aber die Figurenaxe nicht die Horizontalebene bestreichen, sondern unter dem beliebigen Winkel ϑ gegen die Vertikale geneigt sein soll. Der Eigenimpuls N beschreibt bei unveränderter Länge einen Kreiskegel und sein Endpunkt einen

Kreis vom Radius $N \sin \vartheta$ (vgl. Fig. 114). Während der Zeit dt ist also der Weg des Impuls-Endpunktes $N \sin \vartheta d\psi$ und seine Geschwindigkeit $N \sin \vartheta d\psi/dt$ parallel der Knotenlinie. Dementsprechend bestimmt sich Größe und Axe des äufseren Momentes $\mathfrak{M}$, welches zur Unterhaltung der Bewegung anzubringen ist, sowie Gröfse und Axe der *Kreiselwirkung*

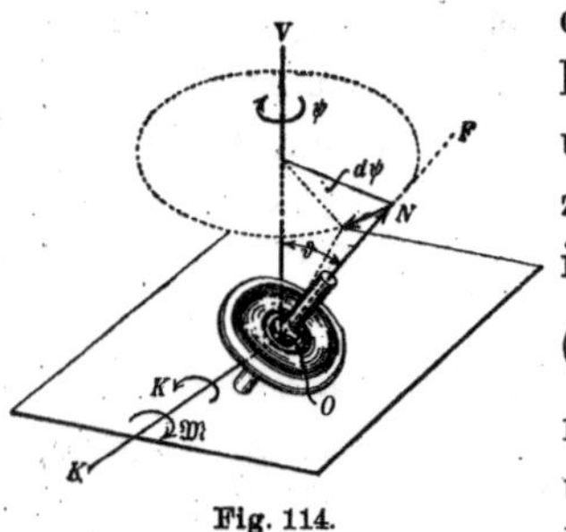

Fig. 114.

$$\text{(II)} \qquad K = N \sin \vartheta \frac{d\psi}{dt},$$

mit welcher der Kreisel sich der Drehung um die Vertikale widersetzt. Der Sinn der Kreiselwirkung wird auch jetzt (vgl. Fig. 114) durch die Tendenz zum gleichsinnigen Parallelismus beschrieben. Auch diese Formel gilt nur mit Näherung und setzt voraus, dafs die Eigenrotation grofs sei gegen die hinzukommende Drehung.

III. Der strenge Ausdruck für die Trägheitswirkung des Kreisels. Obwohl von geringerer Wichtigkeit, möge auch der allgemeine und in Strenge gültige Wert der Trägheitswirkung abgeleitet werden, die sich aus der bisher betrachteten Kreiselwirkung und einer hinzukommenden Centrifugalwirkung zusammensetzen wird, unter folgenden Voraussetzungen: Die Figurenaxe ist um den Winkel ϑ gegen die Vertikale geneigt; um letztere findet eine gleichmäfsige Drehung $d\psi/dt$ statt; der Impuls wandert dabei ohne Änderung seiner Größe auf einem Kreiskegel um die Vertikale.

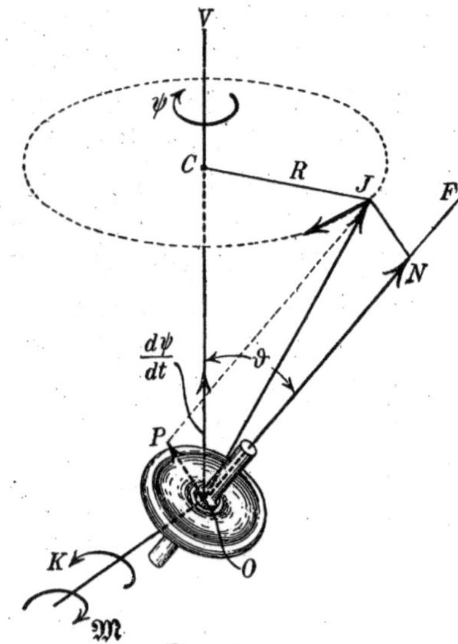

Fig. 115.

Das Bahnelement des Impuls-Endpunktes I (vgl. Fig. 115) ist $R d\psi$, wo $R = CI$ der Radius des von I beschriebenen Kreises ist. Hieraus bestimmt sich das aufzuwendende Moment $\mathfrak{M}$ und die ihm entgegengesetzte Trägheitswirkung K wie oben. Es kommt also lediglich auf die Berechnung des Radius R an.

Die Winkelgeschwindigkeit $d\psi/dt$ tragen wir als Drehpfeil in der Vertikalen auf und zerlegen denselben, da die Vertikale keine Hauptaxe für die Massenverteilung des Schwungringes ist, in zwei Komponenten nach der Äquatorebene und der Figurenaxe:

$$\sin \vartheta \frac{d\psi}{dt} \quad \text{und} \quad \cos \vartheta \frac{d\psi}{dt}.$$

Die zugehörigen Anteile des Impulses werden durch Multiplikation mit den bez. Trägheitsmomenten gewonnen. Wird also das Trägheitsmoment für eine Axe der Äquatorebene mit A bezeichnet, so erhält man die zur Figurenaxe senkrechte Impulskomponente, welche bei der vorangehenden angenäherten Betrachtung gegen den Eigenimpuls vernachlässigt wurde, gleich

$$OP = A \sin \vartheta \frac{d\psi}{dt}.$$

Macht man in der Figur $OP = NI$, fügt also diese zur Figurenaxe senkrechte Komponente zu dem Eigenimpuls $N = ON$ hinzu, so erhält man den Endpunkt des Impulsvektors I. Der fragliche Radius R ergiebt sich nun, wenn wir den Linienzug ONI auf die Richtung MI projizieren, zu

$$R = ON \sin \vartheta - NI \cos \vartheta = N \sin \vartheta - A \sin \vartheta \cos \vartheta \frac{d\psi}{dt}.$$

Somit ist auch die gesuchte Trägheitswirkung bekannt:

$$\text{(III)} \qquad K = R\frac{d\psi}{dt} = \left(N - A \cos \vartheta \frac{d\psi}{dt}\right) \sin \vartheta \frac{d\psi}{dt}.$$

Das hier gefundene Zusatzglied

$$- A \sin \vartheta \cos \vartheta \left(\frac{d\psi}{dt}\right)^2$$

ist übrigens aus der Theorie des einfachen sphärischen Pendels bekannt, es ist die dort als Moment der Centrifugalkraft bezeichnete Wirkung. Verschwindet nämlich der Eigenimpuls des Kreisels ($N = 0$), so schwingt der Kreisel wie ein sphärisches Pendel mit dem Trägheitsmoment A. Wir können uns dieses realisiert denken durch ein Fadenpendel von der Länge l und Masse m, so daſs

$$ml^2 = A.$$

Hier ist nun die horizontal wirkende Centrifugalkraft

$$Z = ml \sin \vartheta \left(\frac{d\psi}{dt}\right)^2$$

und deren Moment um die Knotenlinie

$$ml \sin \vartheta \left(\frac{d\psi}{dt}\right)^2 l \cos \vartheta = A \sin \vartheta \cos \vartheta \left(\frac{d\psi}{dt}\right)^2,$$

also gerade der obige Ausdruck. Auch das negative Vorzeichen unseres Zusatzgliedes stimmt mit dieser Betrachtung überein, indem das Moment der Centrifugalkraft das Pendel von der Vertikalen zu entfernen strebt, also den umgekehrten Sinn hat, wie das erste Glied in (III) und wie der Pfeil K in Fig. 115.

Es ist aber zu bemerken, daſs die Scheidung der Trägheitswirkung (III) in Kreiselwirkung und Centrifugalwirkung keine absolute ist, sondern davon abhängt, daſs wir die Figurenaxe bei der Berechnung des Impulses ausgezeichnet haben.

IV. Stabilierung durch Kreiselwirkungen. Eine der auffallendsten und bekanntesten Folgerungen der Kreiseltheorie ist die Möglichkeit, durch Anbringung rotierender Schwungmassen einen an sich instabilen oder neutralen Freiheitsgrad zu stabilisieren. Das Schema dieses Verfahrens, für welches uns die Erörterungen dieses Kapitels mehrfache Beispiele liefern werden, läſst sich auf Grund unsererFormel (I) an einem Beispiel folgendermaſsen darstellen.

Die Lage der Figurenaxe in der Horizontalebene (vgl. Fig. 116), welche durch den Winkel ψ gemessen wird, ist an sich, d. h. bei nicht rotierendem Schwungringe, indifferent: Ein Drehmoment Ψ um die Vertikale bewirkt einen Ausschlag ψ, der sich mittels des für die Vertikale in Betracht kommenden äquatorialen Trägheitsmomentes A aus der Beschleunigungsgleichung bestimmt

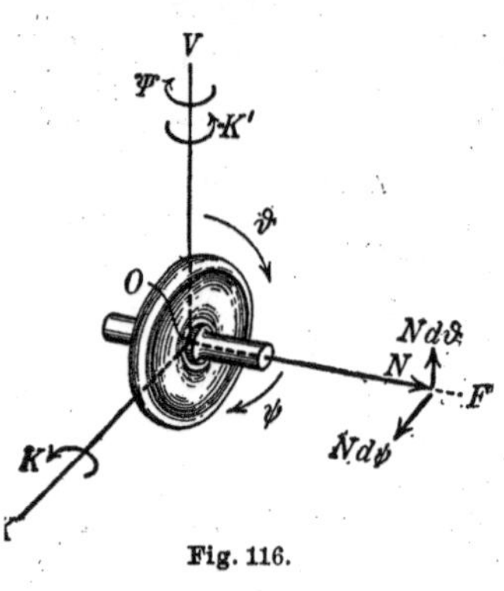

Fig. 116.

$$\text{(IV a)} \qquad A\frac{d^2\psi}{dt^2} = \Psi.$$

Ist aber der Schwungring in Rotation versetzt, so ist mit diesem Ausschlag eine Kreiselwirkung K verbunden, welche durch (I) bestimmt ist. *Wir setzen voraus, daſs die Figurenaxe nicht mehr,* wie wir in I. annahmen, *in der Horizontalebene festgehalten wird, sondern sorgen durch eine geeignete Aufhängung dafür, daſs sie ihrer Tendenz zum Parallelismus mit der vertikalen Drehaxe folgen kann.* Sie wird dann ihre Neigung ϑ gegen die Vertikale vermindern, entsprechend der Beschleunigungsgleichung:

$$\text{(IV b)} \qquad A\frac{d^2\vartheta}{dt^2} = -K = -N\frac{d\psi}{dt}.$$

Hieraus ergiebt sich für die Winkelgeschwindigkeit der Hebung der Figurenaxe

$$\text{(IV c)} \qquad \frac{d\vartheta}{dt} = -\frac{N}{A}\psi,$$

vorausgesetzt, daſs wir das Azimuth ψ von einer Lage aus zählen, in der $d\vartheta/dt$ gleich Null war.

Nun würde aber die Fortsetzung der Drehung $d\vartheta/dt$ um OK eine Verlagerung des Impulses N, und zwar nach oben erfordern, gerade so gut wie die Drehung $d\psi/dt$ um OV eine Verlagerung in der Horizontalebene. Es tritt daher abermals eine Kreiselwirkung auf, und zwar um die zu OK und OF senkrechte Axe OV. Wir nennen dieselbe K' und bestimmen sie wieder durch die Formel (I) zu

$$\text{(IV d)} \qquad K' = N\frac{d\vartheta}{dt}.$$

Entsprechend der Tendenz zum gleichsinnigen Parallelismus wirkt sie im umgekehrten Sinne wie die ursprüngliche Drehung $\frac{d\psi}{dt}$, also in Fig. 116 entgegen dem Uhrzeigersinne. Zu dem Drehmoment Ψ gesellt sich also das Gegenmoment K'.

Die Bewegungsgleichung (IVa) geht daher über in

$$\text{(IVe)} \qquad A\frac{d^2\psi}{dt^2} = \Psi + K' = \Psi + N\frac{d\vartheta}{dt}.$$

In den Gleichungen (IVe) und (IVb) ist nun das Schema der Stabilierung durch Kreiselwirkungen gegeben. Die Gleichung (IVe) geht nämlich bei Benutzung der Gleichung (IVc) über in:

$$\text{(IV)} \qquad A\cdot\frac{d^2\psi}{dt^2} = \Psi - \frac{N^2}{A}\psi.$$

Diese Gleichung (IV) drückt die Möglichkeit einer stabilen Schwingung in der Koordinate ψ aus.

Ist nämlich der Eigenimpuls N hinreichend grofs, so wird das Gegenmoment K' das ursprünglich ablenkende Moment Ψ derart überwiegen, dafs wir bei qualitativen Fragen Ψ gegen K' vernachlässigen können. Dann ist die rechte Seite von (IV) negativ bei positivem ψ, positiv bei negativem.

Die Schwungringsaxe strebt also, gerade so wie ein stabil aufgehängtes Pendel in ihre Anfangslage zurück, eilt über dieselbe hinaus, um sich ihr abermals zu nähern usf. Sie besitzt „eine spezifische Widerstandsfähigkeit gegen Richtungsänderungen, eine Art absoluter Orientierung im Raum“, wie es zum Schlufs des Kap. III hiefs.

Aus unserer Ableitung dieser Stabilierungs-Möglichkeit ergiebt sich aber eine weitere Bedingung von prinzipieller Bedeutung, an welche sie gebunden ist. Die Kreiselaxe mufs die Möglichkeit haben, in vertikaler Richtung auszuweichen; es mufs die Drehung $d\vartheta/dt$ durch die Anordnung des Schwungringes wirklich ermöglicht werden. Bleibt die Kreiselaxe auf die Horizontalebene beschränkt, so wird mit $d\vartheta/dt$ auch unser stabilisierendes Gegenmoment K' gleich Null, und es tritt nur die Kreiselwirkung K auf, welche sich als Druck gegen die die Bewegungsfreiheit des Kreisels beschränkende Führung äufsert. Der Kreisel mufs also seine volle Bewegungsfreiheit haben (zwei Freiheitsgrade für die Bewegung der Figurenaxe in horizontalem und vertikalem Sinn, ein dritter Freiheitsgrad für die Drehung um die Figurenaxe), wenn er stabilisierend wirken soll. Wir sprechen daher das folgende Prinzip aus:

Stabilierung ist nur möglich durch einen Kreisel von d r e i Freiheitsgraden. Nimmt man dem Kreisel einen seiner Freiheitsgrade, so fallen die durch diesen erzeugten Kreiselwirkungen fort, und es ist seine „spezifische Widerstandsfähigkeit gegen Richtungsänderungen“ dahin. Ein Kreisel von zwei Freiheitsgraden folgt daher widerstandslos den auf ihn wirkenden Impulsen. Erschwert man nur eine der Bewegungsfreiheiten, ohne sie gänzlich aufzuheben, so bleibt eine gewisse Widerstandsfähigkeit zurück, die aber kleiner ausfällt wie bei unbeeinträchtigter Bewegungsfreiheit.

Klemmen wir z. B. in Fig. 23 den inneren Ring fest, heben also die Drehungsmöglichkeit um die Axe ST auf, so läſst sich der Stab bei rotierender Schwungmasse verdrehen, wie wenn er keinen Kreisel enthielte. Die an dem Ring wirkenden Reaktionskräfte leisten dann die Umlagerung des Impulsvektors, die die Führung der Figurenaxe auf der vorgeschriebenen Bahn erfordert. Arbeitet andererseits die Axe ST mit erheblicher Reibung in ihren Lagern, so wird das Gegenmoment K' erheblich kleiner, als es der Gl. (IV) entspricht. Dann wird nämlich die disponible Impulsänderung, die durch die rechte Seite der Gl. (IV d) gegeben ist, nur zum kleinen Teil auf Erzeugung der Drehgeschwindigkeit $d\psi/dt$, zum gröſseren Teile auf Überwindung der der Drehung $d\vartheta/dt$ entgegenwirkenden Reibung verwandt.

Die Gleichungen (IV) sind, da sie auf Grund der Formel (I) abgeleitet sind, mit einer Ungenauigkeit behaftet, auf die wir sogleich zurückkommen, und gelten nur für ein Zeitintervall, in dem die Figurenaxe auf der Vertikalen annähernd senkrecht steht. Vorerst möge, unter Benutzung jener ungenauen Gleichungen, eine quantitative Folgerung gezogen werden.

Nehmen wir z. B. das ablenkende Moment Ψ als konstant an, so läſst sich Gl. (IV) ohne weiteres allgemein integrieren und liefert

$$\psi = \frac{A\Psi}{N^2} + a\cos\frac{N}{A}t + b\sin\frac{N}{A}t;$$

machen wir überdies ψ und $\frac{d\psi}{dt}$ gleich Null für $t = 0$, so wird $b = 0$, $a = -A\Psi/N^2$, also

$$\text{(IV f)} \qquad \psi = \frac{A\Psi}{N^2}\left(1 - \cos\frac{N}{A}t\right).$$

Die Figurenaxe giebt also dem Momente Ψ etwas nach, und zwar im Mittel um den bei groſsem N kleinen Winkel $\psi_m = A\Psi/N^2$; der Ausdrehungswinkel schwankt zwischen seinem anfänglichen Werte 0 und dem maximalen Werte $2\psi_m$ periodisch hin und her.

Gleichzeitig hebt sich aber die Figurenaxe; nach Gl. (IV c) wird nämlich:

$$\frac{d\vartheta}{dt} = -\frac{\Psi}{N}\left(1 - \cos\frac{N}{A}t\right),$$

also wenn zu Anfang $\vartheta = \pi/2$ war,

$$\vartheta = \frac{\pi}{2} - \frac{\Psi}{N} t + \frac{A\Psi}{N^2} \sin \frac{N}{A} t. \tag{IV g}$$

Diese Bewegung ist keine rein periodische, sondern hat einen mit der Zeit fortschreitenden, durch die ersten beiden Terme gegebenen Hauptbestandteil, welcher von kleinen, durch den letzten Term dargestellten Schwankungen überlagert wird. Amplitude und Zeitmafs dieser Schwankungen stimmen mit denjenigen des Winkels ψ überein.

Bei sehr großem N werden beide Arten von Schwankungen (ähnlich wie die Nutationen bei der pseudoregulären Präcession (in Kap. V, § 2) unmerklich klein, und wird auch die Hebung der Kreiselaxe sehr langsam erfolgen. Nur in diesem Falle sind die Voraussetzungen unserer Rechnung bei der Anwendung der Formel (I) für eine nicht zu lange Beobachtungszeit t hinreichend genau erfüllt.

Wollen wir dagegen strenge verfahren und die Hebung der Figurenaxe, wie sie in unserem letzten Beispiel zu Tage trat, berücksichtigen, so haben wir die Kreiselwirkung K nicht aus der Gl. (I), sondern aus (III) zu bestimmen; ferner haben wir von der Kreiselwirkung K', welche die zu OF und OK gemeinsame Senkrechte zur Axe hat, nur diejenige Komponente zu nehmen, die um OV wirkt. Sodann aber bleibt auch der Eigenimpuls N nicht konstant, sondern wird, sobald die Figurenaxe nicht mehr senkrecht zur Vertikalen steht, durch das um die Vertikale wirkende Drehmoment Ψ seinerseits abgeändert. Endlich ist die Vertikale keine Hauptaxe der Massenverteilung mehr, sobald die Äquatorebene des Kreisels nicht mehr durch die Vertikale geht; deshalb ist auch die Beschleunigungswirkung des Drehmomentes Ψ nicht mehr, wie in Gl. (IVa), durch $Ad^2\psi/dt^2$ gegeben, sondern mufs nach dem allgemeinen Impulssatz und dem allgemeinen Zusammenhange zwischen Impuls- und Drehungsvektor bestimmt werden.

Die so sich ergebenden genauen Bewegungsgleichungen lassen sich zwar nach dem Schema der Lagrangeschen Gleichungen hinschreiben, sind aber einer weiteren Integration nicht zugänglich. Trotzdem kann über den Charakter der Erscheinungen allgemein kein Zweifel sein:

Indem sich der Winkel ϑ von $\pi/2$ bis 0° verkleinert, nimmt die Kreiselwirkung K und die in Betracht kommende Komponente von K' successive ab. Dementsprechend vermindert sich die Stabilität des Kreisels gegen das äufsere Moment Ψ, bis dieselbe für $\vartheta = 0$ vollständig verschwunden ist. In diesem letzteren Grenzfalle, wo der Eigenimpuls N in der Vertikalen liegt, findet ja bei einer Drehung ψ keine Verlagerung von N und daher auch keine Kreiselwirkung mehr statt.

Die Erfahrung an jedem Kreiselmodell bestätigt diese Schlufsfolgerung vollständig:

Bei fortgesetzter Hebung der Figurenaxe eine fortgesetzte Verminderung der Stabilität gegenüber einem um die Vertikale wirkenden Moment Ψ.

Um das Vorstehende mit den Entwickelungen der vorangehenden Hefte in Zusammenhang zu bringen, mögen folgende Rückverweisungen dienen.

Die grundlegenden Impulssätze sind in Kap. II § 5 begründet.

Zu I. Die Formel (I) wurde z. B. bei der populären Kreisellitteratur pag. 311 besprochen und subsumiert sich unter den allgemeineren Begriff des „Deviationswiderstandes bei der regulären Präcession" Kap. III, § 6. In der That ist die unter I betrachtete Bewegung eine reguläre Präcession um die Vertikale unter dem Neigungswinkel $\vartheta = \pi/2$ und Formel (I) unter dieser Bedingung und innerhalb der oben genannten Genauigkeitsgrenze identisch mit Gl. (1) von pag. 175. Wegen der Regel des gleichsinnigen Parallelismus vgl. Kap. VIII, pag. 734.

Zu III. Der Ausdruck (III) stimmt nicht nur angenähert für grofses N, sondern genau mit der schon herangezogenen Gl. (1) für den Deviationswiderstand von pag. 175 überein, indem $N = C(\mu + \nu \cos\vartheta)$ ist; das negative Vorzeichen jener Gleichung haben wir gegenwärtig unterdrückt, da wir den Sinn der Kreiselwirkung jetzt lieber in einer für alle Fälle gültigen Weise durch die Regel vom gleichsinnigen Parallelismus festgelegt haben. Auch in den Lagrangeschen Gleichungen (pag. 154, Gl. (1)) ist unsere Formel (III) enthalten. Unsere Kreiselwirkung K war ja ihrer Definition nach entgegengesetzt gleich dem äufseren, um die Knotenlinie wirkenden Moment Θ, das zur Unterhaltung der regulären Präcession erforderlich ist. Daher wird die ϑ-Komponente jener Lagrangeschen Gleichungen bei regulärer Präcession ($\vartheta = \text{const.}$):

$$-K = \frac{d[\Theta]}{dt} - \frac{\partial T}{\partial \vartheta}.$$

Wegen des Ausdrucks (6) von pag. 156 ist aber für $\vartheta = \text{const.}$:

$$[\Theta] = \frac{\partial T}{\partial \vartheta'} = A\vartheta' = 0,$$

$$\frac{\partial T}{\partial \vartheta} = A \sin\vartheta \cos\vartheta\, \psi'^2 - C(\varphi' + \cos\vartheta\, \psi') \sin\vartheta\, \psi' = (A\cos\vartheta\, \psi' - N) \sin\vartheta\, \psi',$$

also:

$$-K = (N - A\cos\vartheta\, \psi') \sin\vartheta\, \psi'$$

in Übereinstimmung mit Gl. (III) (bis auf das dort nicht angeschriebene Vorzeichen).

Im allgemeinen Fall dagegen, wenn die Bewegung keine reguläre Präcession ist, also das äufsere Moment Θ nicht gerade der Kreiselwirkung das Gleichgewicht hält, haben wir:

$$[\Theta] = A\vartheta'; \quad \frac{d[\Theta]}{dt} = A\vartheta'',$$

also lautet die Lagrangesche Gleichung für die ϑ-Komponente:

$$A\vartheta'' = (A\cos\vartheta\, \psi' - N) \sin\vartheta\, \psi' + \Theta,$$

$$\text{d. i.} \quad A\vartheta'' = -K + \Theta$$

übereinstimmend mit Gl. (IV b) (bei der nur das äufsere Moment Θ als verschwindend angenommen war).

Zu IV. Unser jetziger Ausdruck für das Gegenmoment der Kreiselwirkungen in Gl. (IV) stimmt natürlich mit der früheren Gl. (3) von pag. 195 bis auf die Bezeichnungen überein.

Lord Kelvin hat in seinen „Gyrostaten" solche Vorrichtungen realisiert, bei denen instabile Freiheitsgrade durch Kreiselwirkungen stabiliert werden. Ein einfachstes Beispiel eines Gyrostaten ist in der „Natural Philosophy" I, Art. 345, 2. Aufl., pag. 397, sowie Enc. d. math. Wiss. Bd. IV, Art. 6 (Stäckel) Nr. 43b, pag. 675 abgebildet. Die obige Theorie der Kreiselstabilierung giebt bei geringer Modifikation (das äufsere Moment wirkt an der ϑ- statt an der ψ-Koordinate und ist also nicht raumfest) auch die Theorie jenes einfachen Gyrostaten; dagegen ist der Gyrostat wesentlich verschieden von unserem Beispiel hinsichtlich der Ausdauer der Stabilierung; vgl. dazu § 10, Nr. 3 dieses Kapitels.

Das oben betonte Prinzip der zwei und drei Freiheitsgrade ist von Lord Kelvin allgemein für eine beliebige Anzahl von Freiheitsgraden ausgesprochen, und zwar bei Gelegenheit der Behandlung seiner Gyrostaten. Es besagt dann, dafs immer *nur eine gerade Anzahl von labilen Freiheitsgraden* durch Trägheitswirkungen cyklischer Bewegungen stabiliert werden kann, die man als verallgemeinerte Kreiselwirkungen durch Systeme umlaufender Schwungräder verwirklicht denken möge; dagegen ist die Zahl der von vornherein stabilen und auch weiterhin stabil bleibenden Freiheitsgrade beliebig. Analytisch zeigen sich diese Wirkungen in dem Auftreten „gyroskopischer Terme", das sind Glieder in den Bewegungsgleichungen der nicht-cyklischen Koordinaten, die aus den nicht-cyklischen Geschwindigkeiten und den cyklischen Impulsen zusammengesetzt sind. Vgl. Natural Philosophy, Art. 345 VI ff. Einfachste Beispiele dieser Terme sind die im Text mit K und K' bezeichneten Kreiselwirkungen. Wegen der genaueren analytischen Bauart der Terme vgl. den Schlufs von § 4. Eine interessante Anwendung des Kelvinschen Satzes wird bei der Besprechung der Einschienenbahn (§ 10, Nr. 3) seinen Sinn deutlicher machen.

Eine eingehende mathematische Untersuchung des Stabilierungsproblems auf Grund der strengen Lagrangeschen Gleichungen wäre sehr dankenswert. Es handelt sich dabei einfach um die Frage: Wie verhält sich der Kreisel, wenn auf ihn ein (z. B. konstantes) Moment um eine *raumfeste* Axe wirkt? Das Verhalten des Kreisels unter Einwirkung eines Momentes um eine *im Kreisel feste* Axe ist mittels der Eulerschen Gleichungen leicht zu behandeln (vgl. das ähnliche Problem im vorigen Kap. von pag. 728 und 726). Beim klassischen Problem des schweren Kreisels handelt es sich um ein Moment, dessen Drehpfeil weder *raumfest* noch *kreiselfest* ist, vielmehr auf der raumfesten Vertikalen und der kreiselfesten Figurenaxe senkrecht steht. In der Fragestellung — aber leider nicht in der mathematischen Durchführung — ist das in Rede stehende Stabilierungsproblem mindestens ebenso einfach und anziehend wie das klassische Kreiselproblem.

§ 2. Kreiselwirkungen im Eisenbahnbetriebe.

Unter den technischen Anwendungen der Kreiseltheorie sind diejenigen vielleicht die einfachsten, die die Wirkung schnell umlaufender Räder bei Fahrzeugen betreffen.

Wir betrachten einen Eisenbahnzug und fassen eine einzelne Axe desselben ins Auge. M sei diejenige Masse des Wagens (oder der Lokomotive), die unsere Axe zu tragen hat, ihre eigene Masse eingerechnet, Mg also der Axendruck, mit dem der Radsatz auf horizontaler Strecke im ganzen gegen die Schienen geprefst wird. Das

Trägheitsmoment des Radsatzes um seine Mittellinie heiſse C; wir verstehen unter r den Radius der Räder, von der Mittellinie bis zur Lauffläche gerechnet („Laufkreishalbmesser“), und setzen

(1) $$C = mr^2;$$

alsdann heiſst m bekanntlich die auf den Umfang der Räder reduzierte Masse des Radsatzes. Ist v die Fahrgeschwindigkeit des Zuges, so wird die Winkelgeschwindigkeit der Räder v/r und der Impuls derselben

(2) $$N = C\frac{v}{r} = mrv.$$

Den Radsatz können wir als einen „symmetrischen Kreisel“ bezeichnen; die Mittellinie des Radsatzes entspricht der Figurenaxe des Kreisels. Sobald diese durch irgendwelche Umstände aus ihrer Richtung abgelenkt wird, entstehen Kreiselwirkungen.

a) In erster Linie betrachten wir den Fall, daſs eine Ablenkung durch die Krümmung des Geleises hervorgerufen wird. Von der üblichen Überhöhung der äuſseren Schiene in der Kurve sehen wir zunächst der Einfachheit halber ab. R sei der Krümmungsradius des Geleises in der Kurve. Die Drehgeschwindigkeit in der Kurve heiße $d\psi/dt$ und berechnet sich aus R und der Fahrgeschwindigkeit v zu

(3) $$\frac{d\psi}{dt} = \frac{v}{R}.$$

Der Radsatz führt in der Kurve zu gleicher Zeit zwei Drehungen aus, einmal eine Drehung um seine Mittellinie, seine „Eigendrehung“, andrerseits die „hinzukommende“ Drehung $\frac{d\psi}{dt}$ um eine vertikale Axe durch den augenblicklichen Krümmungsmittelpunkt der durchfahrenen Kurve. Da wir indessen von der Vorwärtsbewegung des Zuges bei der Berechnung der Kreiselwirkungen absehen können und lediglich die Drehungen des Radsatzes um seinen Schwerpunkt zu betrachten brauchen, so ordnen wir der hinzukommenden Drehung als Axe lieber die Vertikale durch den Schwerpunkt des Radsatzes zu.

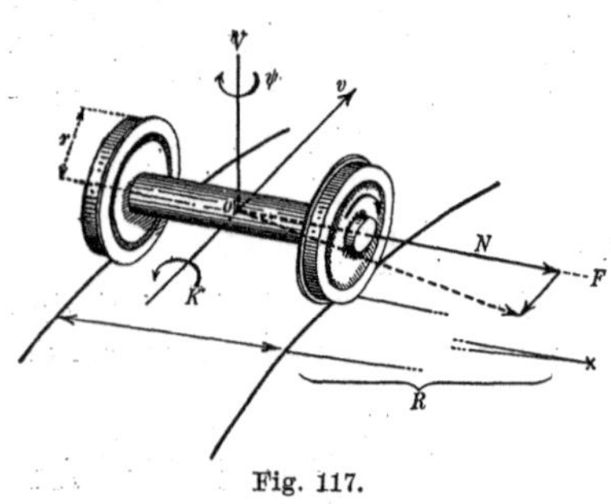

Fig. 117.

In Fig. 117 sind die beiden Axen OV (Axe der hinzukommenden Drehung $\frac{d\psi}{dt}$) und OF (Axe der Eigendrehung = Figurenaxe des Kreisels = Mittellinie des Radsatzes) markiert. Die Fahrtrichtung des Zuges steht zu beiden Axen senkrecht und ist in der Figur von dem Beschauer fortweisend gedacht, so daſs die Eigendrehung um die nach rechts gezeichnete Axe OF im Uhrzeigersinne erfolgt. Der Mittelpunkt der Kurve möge rechts von der Fahrtrichtung liegen, so dafs die Drehung $\frac{d\psi}{dt}$ von oben gesehen im Uhrzeigersinne stattfindet. In der Figur markieren wir die zu OV und OF senkrechte Axe OK, die „Knotenlinie", welche mit der Fahrtrichtung abgesehen vom Sinne übereinstimmt. Dies ist zugleich die Axe der Kreiselwirkung, welche nach der Regel vom gleichsinnigen Parallelismus (vgl. den vorigen Paragraphen) den Radsatz um die dem Krümmungsmittelpunkt der Kurve abgekehrte, *äufsere* (in der Figur *linke*) Schiene aufzukippen strebt. Diese Kreiselwirkung K stellt uns den Inbegriff der für uns in Betracht kommenden Trägheitswirkungen des rotierenden Radsatzes dar. Ihre Größe bestimmt sich durch die Formel (I) des vorigen Paragraphen zu

$$K = N\frac{d\psi}{dt}$$

oder wegen der Gl. (2) und (3) dieses Paragraphen zu*)

$$K = mv^2\frac{r}{R}. \tag{4}$$

Bezeichnen wir die Spurweite der Schienen mit s und setzen $K = Ps$, so bedeutet P denjenigen Betrag, um welchen die äufsere Schiene durch die Kreiselwirkung belastet, die innere Schiene entlastet wird (vgl. Fig. 118). Das Paar der Kräfte P wird natürlich durch die Schienen aufgenommen, indem der Gegendruck der äufseren Schiene um den Betrag $Q = P$ vergröfsert, der der inneren Schiene um den gleichen Betrag ermäfsigt wird — beides gegenüber demjenigen Gegendruck, der sich als Reaktion gegen das Gewicht des Fahrzeugs ergiebt.

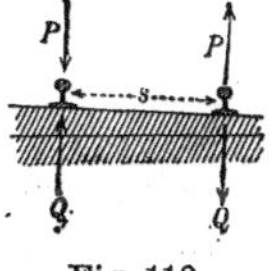

Fig. 118.

Das Kräftepaar Qs der Schienenwirkungen ist nichts anderes als das äufsere Moment $\mathfrak{M}$, von dem im vorigen Paragraphen die Rede war, und dessen Betrag nach unserem allgemeinen Impulssatze gleich der Änderungsgeschwindigkeit des Impulses ist (vgl. Fig. 117, wo diese Änderung angedeutet ist). Während die Kreiselwirkung K eine fingierte oder Trägheitswirkung ist, haben wir dieses Moment $\mathfrak{M}$ der Schienenreaktion als die physikalisch existierende, durch die thatsächliche Führung des Radsatzes in den Schienen realisierte Wirkung anzusehen.

Was die im vorigen Paragraphen hervorgehobene Ungenauigkeit unserer Formel für die Kreiselwirkung betrifft, so überzeugen wir uns leicht, dafs diese bei den Verhältnissen des Eisenbahnbetriebes nicht in Betracht kommt. Sie bestand darin, dafs der Impuls der hinzu-

*) Wir finden diese Formel z. B. in dem anregenden kleinen Buch von Worthington: Dynamics of rotation, an elementary introduction to rigid dynamics, 5. Aufl., London 1904, pag. 157, Example (1).

kommenden Drehung gegen den Eigenimpuls vernachlässigt wurde. Nun verhält sich die hinzukommende Drehgeschwindigkeit v/R zu der Eigenrotation v/r wie der Radradius zum Radius der Kurve; von diesem Verhältnis unterscheidet sich das Verhältnis der zugehörigen Impulskomponenten nur durch den Faktor des Verhältnisses der Trägheitsmomente um die Vertikale und die Figurenaxe. Die Berechtigung zu der fraglichen Vernachlässigung ist also aufser Zweifel.

Es entsteht nun die Frage, ob unsere Kreiselwirkung irgendwie praktisch in Betracht kommt. Wir unterrichten uns darüber am besten, wenn wir sie mit dem *Moment der Centrifugalkraft* vergleichen, welche beim Durchfahren der Kurve auftritt und im Eisenbahnbetriebe ihre bekannte wichtige Rolle spielt.

Zunächst sehen wir, dafs die Kreiselwirkung dem Sinne nach mit der Centrifugalwirkung übereinstimmt; denn auch die Centrifugalwirkung ist bestrebt, den Wagen um die äufsere Schiene der Kurve umzukippen. *Durch die Kreiselwirkung wird also die äufsere Schiene in einer Kurve noch mehr belastet, die innere noch mehr entlastet, als es durch die Centrifugalkraft allein geschieht.* Namentlich der letztere Umstand ist es, der aus Sicherheitsgründen unerwünscht ist.

Die Gröfse der Centrifugalkraft ist in unseren obigen Bezeichnungen Mv^2/R; sie greift, können wir sagen, im Schwerpunkte des auf unsere Axe entfallenden Zugteiles an und liefert, wenn h die Höhe dieses Schwerpunktes über der Schienenoberkante ist, das Kippmoment

$$H = Mv^2 \frac{h}{R}.$$

Dieses ist also nicht nur in der Richtung, sondern auch in seiner Abhängigkeit von Fahrgeschwindigkeit und Bahnkrümmung mit dem Moment der Kreiselwirkung gleichgebaut.

Mit Rücksicht auf Gl. (4) folgt*):

$$\frac{K}{H} = \frac{m}{M} \frac{r}{h}. \tag{5}$$

Beide Faktoren der rechten Seite sind echte Brüche. Denn es ist die *Gesamtmasse* des betrachteten Zugteiles gröfser als die *wirkliche* Masse des Radsatzes, und diese ist wieder noch etwas gröfser als die

*) Vgl. hierzu F. Kötter: Die Kreiselwirkung der Räderpaare bei regelmäfsiger Bewegung des Wagens in kreisförmigen Bahnen. Sitzungsber. d. Berliner Mathem. Gesellschaft, III. Jahrgang, 1904, pag. 36, wo auch eine gleichmäfsige Überhöhung der äufseren Schiene berücksichtigt wird. Das durch unsere Gl. (5) gegebene Verhältnis der Kreiselwirkung zur Centrifugalwirkung deutet Herr Kötter als eine verhältnismäfsige Vergröfserung des Hebelarmes der Centrifugalwirkung, nämlich als eine scheinbare Erhöhung der Schwerpunktslage des Wagens.

reduzierte Masse des Radsatzes (d. h. diejenige Masse, die auf dem Umfange der Räder angebracht, dasselbe Trägheitsmoment um die Mittellinie ergeben würde wie die wirkliche Masse des Radsatzes). Ferner liegt der Schwerpunkt des Radsatzes in der Höhe r über den Schienen, also der Gesamtschwerpunkt des Zugteiles jedenfalls höher als r. Mithin ist sicherlich $K < H$.

Relativ am gröfsten wird die Kreiselwirkung bei den elektrisch angetriebenen Bahnen, falls hier, wie in dem folgenden Beispiel, der Motor direkt an dem Radsatze befestigt ist, wodurch das Trägheitsmoment und die reduzierte Masse des Radsatzes verhältnismäfsig grofs wird. Aufserdem kommt dann der Schwerpunkt der Gesamtmasse verhältnismäfsig tief zu liegen, so dafs die Centrifugalwirkung gering wird. Die folgenden Angaben entsprechen einem von Siemens und Halske erbauten Schnellbahnwagen, der für die Probefahrten der „Studiengesellschaft für elektrische Schnellbahnen" auf der Strecke Marienfelde-Zossen, Herbst 1903, benutzt worden ist.*) Die Abmessungen waren: das auf die einzelne Axe entfallende Wagengewicht rund 15 Tonnen**), wirkliches Gewicht eines angetriebenen Radsatzes 4 Tonnen, auf den Umfang reduziertes Gewicht desselben etwa 1,5 Tonnen***), Höhe des Schwerpunktes über Schienenoberkante***) rund 1 m, Radradius 0,625 m.

Wir haben hiernach zu setzen $m/\overline{M} = 1{,}5/15 = 1/10$, $r/h = 0{,}625$, mithin ergiebt sich

$$\frac{K}{H} = 0{,}0625 = \frac{1}{16}.$$

Das Gesamtmoment beim Durchfahren einer Kurve wird daher

$$H + K = H\left(1 + \frac{1}{16}\right) = 1{,}06\,H,$$

ist also unter den vorausgesetzten Umständen um 6 % höher wie das gewöhnlich allein berücksichtigte Moment der Centrifugalkraft. Dieses Gesamtmoment wächst wegen des Ausdruckes von H in bekannter Weise mit der Krümmung und namentlich mit der Fahrgeschwindigkeit, während das Verhältnis beider Anteile K und H von Krümmung und Fahrtgeschwindigkeit unabhängig ist.

---

*) Vgl. Elektrotechn. Zeitschr. 1901, pag. 778 oder Zeitschr. d. Ver. deutscher Ing. 1904, pag. 949. Der auf der Axe befestigte Motor ist in späteren Ausführungen nicht beibehalten worden; vielmehr sorgt man jetzt für möglichst gute Abfederung desselben.

**) Das Gesamtgewicht des Wagens beträgt 93400 kg; der Wagen hat zwei dreiaxige Drehgestelle mit je zwei äufseren Motoraxen und einer Laufaxe in der Mitte.

***) Nach einer gefälligen Mitteilung der erbauenden Firma.

b) Bekanntlich begegnet man dem schädlichen Momente der Centrifugalkraft dadurch, daſs man die äuſsere Schiene in einer Kurve überhöht und auf diese Weise ein entgegenwirkendes Schweremoment ins Spiel bringt. Wegen der bisher betrachteten Kreiselwirkung wäre diese Überhöhung, wie wir oben sahen, um einige Prozent zu vergröſsern.

Die notwendige Überhöhung hat nun aber noch weitere Folgen. Natürlich muſs die Überhöhung vor und hinter der Kurve — in den sog. Übergangsbögen — stetig eingeleitet und in die nicht überhöhte Strecke zurückgeführt werden. Der Radsatz befindet sich also beim Einlaufen und Auslaufen der Kurve in einem Zustande stetig zunehmender oder abnehmender Schiefstellung seiner Axe. Ersichtlich tritt hierbei abermals eine (von der bisher betrachteten verschiedene) Kreiselwirkung auf, welche nunmehr eine *vertikale* Axe haben wird.

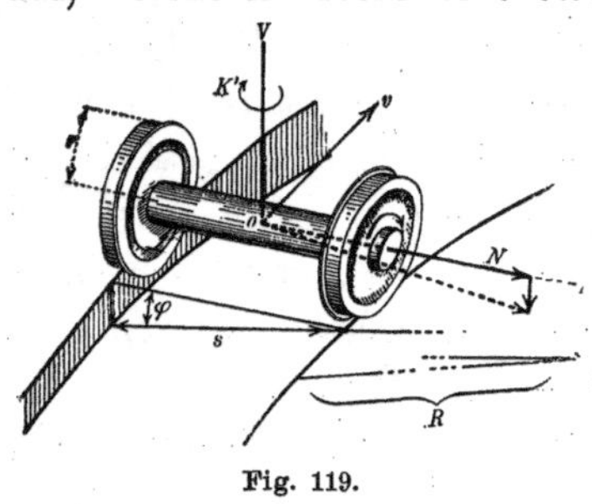

Fig. 119.

Wir knüpfen an Fig. 119 an, denken uns ebenso wie in Fig. 117 das Krümmungscentrum rechts von der Bahn und nehmen daher an, daſs die linke (äuſsere) Schiene überhöht ist. Beim Übergang von der nichtüberhöhten zu der erhöhten Strecke wird der Radsatz um die Axe der Fahrtrichtung im Uhrzeigersinne gedreht; die bezügliche Drehgeschwindigkeit heiſse $\frac{d\varphi}{dt}$. Durch diese wird der Impuls N des Radsatzes nach unten hin abgelenkt; das hierzu erforderliche Drehmoment ist, vom Halbstrahl OV beurteilt, negativ. Das entgegengesetzte Drehmoment stellt den Widerstand des Radsatzes gegen die Impulsablenkung oder kurz seine *Kreiselwirkung* dar; diese wirkt also um OV im Sinne des Uhrzeigers entsprechend der Regel vom homologen Parallelismus. Hierauf bezieht sich der in Fig. 119 angebrachte Pfeil K'. Führt der Übergangsbogen umgekehrt von einer überhöhten krummen zu einer nichtüberhöhten geraden Strecke, so kehrt sich ersichtlich der Sinn von $\frac{d\varphi}{dt}$ und damit auch der Sinn der Kreiselwirkung um.

Auch die Gröſse unserer jetzigen Kreiselwirkung ist wieder durch die Formel (I) des vorigen Paragraphen bestimmt zu

$$K' = N\frac{d\varphi}{dt}. \tag{6}$$

Um sie mit der vorher berechneten Gröſse von K vergleichen zu können, haben wir zunächst die Winkelgeschwindigkeit $\frac{d\varphi}{dt}$ zu berechnen. h' sei die Überhöhung der äuſseren Schiene in der Kurve, l die Länge des Übergangsbogens, also h'/l die für den ganzen Übergangsbogen als gleichmäfsig vorausgesetzte Neigung des äufseren Schienenstranges gegen die Horizontalebene oder der Anstieg desselben für die Länge 1. Ist s wieder die Spurweite der Bahn, so wird daher die Winkeländerung der Mittellinie des Radsatzes, ebenfalls für die Längeneinheit, h'/ls. Da aber der Zug in der Zeiteinheit v Längeneinheiten zurücklegt, so wird die genannte Winkeländerung pro Zeiteinheit, d. h. die Winkelgeschwindigkeit $\frac{d\varphi}{dt}$ gleich

$$\frac{h'v}{ls}.$$

Setzen wir noch für N den Wert aus Gl. (2) ein, so liefert (6)

$$K' = mv^2 \frac{h'}{l} \frac{r}{s}. \tag{7}$$

Dieses Moment K' ist natürlich, ebenso wie K, um so gröfser, je gröfser die Fahrgeschwindigkeit ist, und hängt überdies von dem gröfseren oder geringeren Anstieg der Schiene in dem Übergangsbogen ab. Der Vergleich von Formel (7) und (4) zeigt nun, dafs

$$\frac{K'}{K} = \frac{h'}{l} \frac{R}{s}. \tag{8}$$

Man beachte, dafs bei dem Übergang von einer geraden zu einer kreisförmig gekrümmten Strecke der Krümmungsradius R des Übergangsbogens von dem Anfangswerte ∞ stetig bis auf den Radius der definitiven Kreisbogenstrecke vermindert wird. Da die Kreiselwirkung K mit abnehmendem Krümmungsradius zunimmt, die Kreiselwirkung K' aber vom Krümmungsradius unabhängig ist, so versteht man, dafs zu Beginn des Übergangsbogens (R sehr grofs) K' überwiegen mufs. Wir fragen, ob dies auch am Ende des Übergangsbogens gilt, wo K seinen vollen Wert erreicht hat, der für das weitere Passieren der kreisförmigen Kurve mafsgebend ist.

Wir setzen diejenige schärfste Krümmung voraus, die im Eisenbahnbetriebe noch mit voller Schnellzugsgeschwindigkeit (100 km/Stunde) passiert werden darf, nämlich $R = 900$ m. Die Spurweite beträgt durchgehends $s = 1{,}435$ m. Bei der Tracierung der Bahn wählt man die Länge des Übergangsbogens so, dafs der Anstieg möglichst nicht mehr als 1:300 wird, d. h. man wählt l nach Möglichkeit $= 300\,h'$. Hiernach ergiebt Formel (4)

$$\frac{K'}{K} = \frac{900}{430} = 2{,}1.$$

Es zeigt sich also, dafs beim Durchfahren eines Übergangsbogens dauernd die Kreiselwirkung um die Vertikale diejenige um die Fahrtrichtung überwiegt. Ist der kreisförmige Teil der Kurve erreicht, in welcher kein Wechsel der Überhöhung mehr eintritt, so fällt natürlich die Wirkung K' fort, und bleibt K allein übrig.

In dem Bericht*) der bereits genannten Studiengesellschaft für elektrische Schnellbahnen über ihre Versuchsfahrten September—November 1903 finden wir in der That einen Hinweis auf die Wichtigkeit sanft geneigter Übergangsbögen bei höheren Geschwindigkeiten. Auf der Versuchsstrecke hatte die stärkste Kurve 2000 m Krümmungsradius; die Überhöhung der äufseren Schiene von 80 mm war ursprünglich auf eine Strecke von 50 m, d. h. in einem Anstieg von 1:600, ausgeglichen. Indessen erwies sich dieser Anstieg für Geschwindigkeiten gröfser als 160 km/Stunde zu steil: Bei der Einfahrt in die Kurve war die einseitige Hebung des Wagens deutlich als Stofs zu spüren, dessen Drehbestandteil also wohl in der Hauptsache auf Kreiselwirkung zurückzuführen wäre. Als dagegen der Anstieg auf 1:1200 erniedrigt war, verschwanden die beobachteten Stöfse fast ganz.

Es scheint also, dafs im Gegensatz zu der ursprünglich betrachteten Kreiselwirkung K, deren unmittelbare praktische Bedeutung gering ist, die Kreiselwirkung K' unerwünschte Folgen haben kann. Wir wollen daher der Art und Weise, wie letztere zustande kommen, etwas näher nachgehen.

Bekanntlich hat der Radsatz innerhalb der Schienen immer etwas Spielraum (10 bis 20 mm); er kann also der Kreiselwirkung K', die ihn um die Vertikale zu drehen strebt, in beschränkten Grenzen nachgeben, wobei allerdings die sehr starke Reibung zwischen Rad und Schiene entgegenwirkt. Man kann bemerken, dafs die Reibung im Wesentlichen unabhängig von der Geschwindigkeit ist, die Kreiselwirkung aber quadratisch mit ihr anwächst. Bei zunehmender Geschwindigkeit könnte also trotz der grofsen Reibung die Kreiselwirkung K' in einer Verdrehung um die Vertikale sich äufsern. In dem mit dem Radsatze verbundenen Fahrzeug wird dann ebenfalls eine Drehung um die Vertikale oder, wie man im Eisenbahnwesen sagt, ein *Schlingern* hervorgebracht. Wegen der federnden Verbindung zwischen Radsatz und Fahrzeug kann, zumal bei der Lokomotive, eine solche Schlingerbewegung einmal eingeleitet einige Elongationen machen und dadurch ihrerseits auf den Radsatz zurückwirken in einem Mafse, das natürlich wieder durch die Schienenreibung bestimmt wird. Gleichviel durch welche Ursachen hervorgerufen, wird eine Ablenkung des Radsatzes um die Vertikale ebenso wie die ursprünglich betrachtete Ablenkung beim Durchfahren einer Kurve Kreiselwirkungen K hervorrufen, bestehend in einem Mo-

*) Berlin 1904 bei S. Hermann, pag. 44.

ment um die Fahrtrichtung. Die Gröfse des so entstehenden Momentes hängt von der Geschwindigkeit des Schlingerns ab. Die letztere wird aber jetzt erheblich höher werden wie beim Durchfahren einer Kurve, wo sie nur v/R betrug. Es möge hervorgehoben werden, dafs die Drehgeschwindigkeit des Schlingerns gemildert werden kann, wenn man dem Fahrzeug ein möglichst grofses Trägheitsmoment um die Vertikale giebt.

c) Unsere Darstellung brachte es mit sich, dafs als primäre Ursache unseres Momentes K' zunächst die absichtliche Überhöhung einer Schiene in einem Übergangsbogen angesehen wurde. Es liegt aber auf der Hand, dafs unbeabsichtigte Höhenunterschiede der Schienenführung und Unregelmäfsigkeiten am Radumfange in demselben Sinne und eventl. in erhöhtem Mafse wirken werden. Wenn z. B. ein Rad an unserer Axe *unrund* gelaufen ist, so macht die Mittellinie der Axe bei jedem Umlauf eine kleine Senkung und darauffolgende Hebung durch. Bei der hierdurch hervorgerufenen Kreiselwirkung K' kommt es nicht auf die Gröfse der Senkung oder Hebung selbst, sondern auf die Gröfse ihres Abfalles und Anstieges an: diese wird auch bei geringer Abweichung des Rades von der Kreisform verhältnismäfsig grofs sein, da sich Abfall und Anstieg je auf der verhältnismäfsig kurzen Strecke eines Radumfanges wiederholen. Auf diese Weise können starke Momente K' und schnelle Schlingerbewegungen, endlich als Folge derselben bedeutende Momente K und abwechselnd erhebliche Entlastungen der einen oder anderen Schiene eintreten. Ebenso wie Unregelmäfsigkeiten im Radumfange wirken *Unregelmäfsigkeiten in der vertikalen Schienenführung*, sog. Geleisbuckel. In direkter Weise ferner wirken auf Momente K und damit auf Entlastung der einen und Belastung der anderen Schiene *Unregelmäfsigkeiten in der horizontalen Schienenführung*, seitliche Ausbiegungen der Schiene hin. Es ist dabei namentlich zu betonen, dafs die horizontalen und vertikalen Unregelmäfsigkeiten sich gegenseitig bedingen und mit der Zeit verstärken können.

Ein vertikaler Geleisbuckel z. B. bewirkt eine kleine Schlingerbewegung des Radsatzes; diese würde nach dem Passieren des Buckels einen Druck des Radsatzes gegen eine der Schienen zur Folge haben, und zwar (bei gegebener Geschwindigkeit und Massenverteilung des Fahrzeuges) immer gegen dieselbe Stelle der Schiene. Allmählich wird sich daher eine dem vertikalen Geleisbuckel entsprechende horizontale Schienenausbiegung ausbilden. Gehen wir andererseits von einer horizontalen Unregelmäfsigkeit aus, so bewirkt diese eine Mehrbelastung der einen Schiene, nämlich wenn die Krümmung nach aufsen konvex ist, eine Mehrbelastung der unregelmäfsig gekrümmten Schiene selbst, wenn die Krümmung nach innen konvex ist, eine Mehrbelastung der anderen Schiene. Wenn eine hinreichende Anzahl von Radsätzen und Zügen diese Stelle passiert hat, wird sich die mehrbelastete Schiene allmählich durchgebogen oder ausgeschliffen haben. *Ein vertikaler Geleisbuckel erzeugt also einen horizontalen und ein horizontaler einen vertikalen; die Kreiselwirkung arbeitet daher systematisch auf eine Verschlechterung der Strecke hin.* Gerade das Zusammenwirken von horizontalen und vertikalen Geleisbuckeln und die durch die Schlingerbewegung vermittelte Verkettung der Momente K und K' können für die Sicherheit des Betriebes gefährlich werden; es wäre wohl wert, diese zunächst rein theoretischen Möglichkeiten an Hand der Erfahrung einmal nachzuprüfen.

Als erschwerender Umstand kann ferner eine Art *Resonanzwirkung* mitspielen, in allen denjenigen Fällen, wo die Kreiselwirkungen (z. B. bei unrunden Rädern oder bei durcheinander bedingten Horizontal- und Vertikalbuckeln) rhythmisch aufeinanderfolgen und wo dieser Rhythmus übereinstimmt mit dem Rhythmus der freien Schwingungen des federnd gelagerten Wagens.*)

Wahrscheinlich wird der Leser geneigt sein, diese Schlufsfolgerungen als theoretische Übertreibungen zu empfinden, wenn er sie mit seinen Erfahrungen über die Ruhe und Sicherheit eines gut abgefederten Eisenbahnwagens vergleicht. Hiergegen ist zu bemerken, dafs nach Formel (4) und (6), welche nicht nur für regelmäfsige Kurven und Überhöhungen, sondern entsprechend auch bei Geleisbuckeln gelten, *alle Kreiselwirkungen mit dem Quadrat der Fahrgeschwindigkeit v zunehmen.* Mögen diese Wirkungen daher unter gewöhnlichen Umständen kaum merklich sein, so erreicht man durch gehörige Steigerung der Fahrgeschwindigkeit eine Grenze, wo sie merklich, und bei weiterer Steigerung eine Grenze, wo sie gefährlich werden. Diese Grenzen liegen sogar gar nicht sehr hoch, eben weil eine Verdoppelung der Geschwindigkeit bereits eine Vervierfachung der Kreiselwirkung zur Folge hat. Thatsächlich wird von den Teilnehmern an den in Berlin ausgeführten Probeschnellfahrten bestätigt, dafs bei dem ursprünglichen, für die Probefahrten nicht besonders vorbereiteten Zustand des Geleises schon für 150 km/Stunde Geschwindigkeit das Gefühl der Sicherheit in sein Gegenteil verwandelt wurde. Die im gewöhnlichen Betriebe als zulässig festgesetzten Geschwindigkeiten sind eben so bemessen, dafs bei ihnen die Unregelmäfsigkeiten im Zustande der Geleise und

*) Man könnte daran denken, die Kreiselwirkungen des Radsatzes dadurch zu kompensieren, dafs man auf der gleichen Axe eine Schwungmasse anordnet, die mit entgegengesetzt gleichem Impuls umläuft.

der Räder sowie die Schwingungsbewegungen der Fahrzeuge noch keine schädlichen Folgen haben.

Wir verstehen daher, dafs die „Studiengesellschaft für elektrische Schnellbahnen", bevor sie zu den schliefslich erreichten Höchstgeschwindigkeiten von 200 bis 210 km/Stunde überging, zunächst eine Verstärkung des Oberbaues vornahm und sorgsamste Überwachung desselben veranlafste. Insbesondere spricht Herr Wittfeld*) aus, dessen Veröffentlichungen und gefälligen persönlichen Mitteilungen wir die unter c) mitgeteilten Gesichtspunkte verdanken, dafs die Höchstgrenze der Fahrgeschwindigkeit wesentlich durch den Oberbau und die Gleisführung bestimmt wird. Unter den sonstigen Forderungen, die Herr Wittfeld an einen für Schnellfahrten geeigneten elektrischen oder Dampfwagen stellt, heben wir hervor:

Radsätze von möglichst geringem Trägheitsmoment C — zur Verminderung der Kreiselwirkungen K und K';

Fahrzeuge von möglichst grofsem Trägheitsmoment um die vertikale Schweraxe — zur Verminderung der eventuell durch Kreiselwirkungen angeregten Schlingerbewegungen.

Bei der Korrektur hatten wir Gelegenheit, einen Aufsatz von Herrn G. Brecht über „Schwerpunktslage und Kreiselwirkungen bei elektrischen Lokomotiven" im Manuskript einzusehen, welcher demnächst in der Zeitschrift für elektrische Kraftbetriebe und Bahnen erscheint. Die allgemeinen Überlegungen entsprechen durchaus dem Vorstehenden, werden aber durch eingehende Zahlenrechnungen an bestimmten Lokomotivtypen belegt. Aus den Schlufsfolgerungen des Verf., die für gewisse Bautypen auf eine praktische Bedeutungslosigkeit der Kreiselwirkungen hinauslaufen, führen wir an:

„Bei elektrischen Schnellzugslokomotiven sind zweifellos gewisse, dem elektrischen Antrieb teilweise eigentümliche Kreiselwirkungen zu beachten. Bei Lokomotiven mit Zahnradmotoren sind sie am geringsten, schon wegen des verschiedenen Drehsinns der umlaufenden Massen. Bei Axenmotoren sind sie unter sonst gleichen Verhältnissen gröfser. . . ."

„Die in Krümmungen und Überhöhungen auftretenden gleichförmigen Kreiselwirkungen (vgl. oben unter a) und b)) ändern die senkrechten und seitlichen Schienendrücke um höchstens 5—15%. Diese Wirkungen spielen keine Rolle gegenüber anderen Einflüssen, insbesondere gegenüber der Fliehkraft und den unvermeidlichen Stofswirkungen."

„Etwas gröfsere Bedeutung haben bei der neueren Bauart elektrischer Lokomotiven die Wirkungen, die durch die abgefederten umlaufenden Massen hervorgerufen werden. Es liegt die Möglichkeit vor, dafs durch die Kreiselwirkung ein schlingerndes Fahrzeug ins Wanken gerät und umgekehrt (vgl. oben den Schlufs von b)). Diese Erscheinungen können aber nur ausnahmsweise und nur bei Fahr-

---

*) Vgl. den Vortrag desselben: Über Schnellbahnen und elektrische Zugförderung auf Hauptbahnen. Annalen für Gewerbe und Bauwesen, herausgeg. von Glaser, Bd. 50, Heft 5, 1902, pag. 86.

geschwindigkeiten über 200 km/Std. in solchem Grade auftreten, daſs sie praktisch von Belang sind; die Betriebssicherheit beeinträchtigen sie auch dann noch nicht. Auſserdem wirken beiden Schwingungen erhebliche Reibungswiderstände entgegen, so daſs sie sich gegenseitig schnell zum Verlöschen bringen. . . .“

„Die Verwendung von Axenmotoren hat zur Folge, daſs die einzelnen Radsätze verhältnismäſsig groſse Impulse erhalten. Wenn daher bei einer solchen Lokomotive an einer besonders schlechten Stelle des Gleises (vgl. oben unter c)) die Axen schnell hintereinander kurze Drehstöſse in ihren senkrechten Ebenen erfahren, so können diese sehr wohl kräftige Drehungen der Axen in wagerechtem Sinne zur Folge haben; es liegt dann thatsächlich die Möglichkeit vor, daſs das ganze Lokomotivuntergestell einen energischen Drehstoſs erhält, der starkes Schlingern verursacht. . . . Ausgeschlossen ist es jedenfalls nicht, daſs beim Zusammentreffen verschiedener ungünstiger Umstände und bei sehr schlechter Gleislage Axen mit fest eingebauten Motorankern thatsächlich bedenkliche Kreiselwirkungen geben können.“

§ 3. Der Geradlaufapparat der Torpedos. Whitehead- und Howell-Torpedo.

Ein Beispiel für eine wohl durchdachte und praktisch wirksame Kreiselstabilierung bildet der *Geradlaufapparat des Whitehead-Torpedos.* Die eigenartige Widerstandsfähigkeit des Kreisels gegen Richtungsänderungen, seine „absolute Orientierung im Raume“, wie wir am Schluſs von Kap. III sagten, kommt hierbei voll zur Geltung.

Um die Wirksamkeit des Geradlaufapparates darzulegen, wird es nötig sein, etwas auszuholen und die allgemeine Einrichtung eines Torpedos zu skizzieren.

Der Whitehead-Torpedo hat ungefähr die Form einer Zigarre, ist 5 m lang und hat an der dicksten Stelle einen Durchmesser von 45 cm (vgl. Fig. 120). Das Kopfstück enthält die Sprengladung (Schieſsbaum-

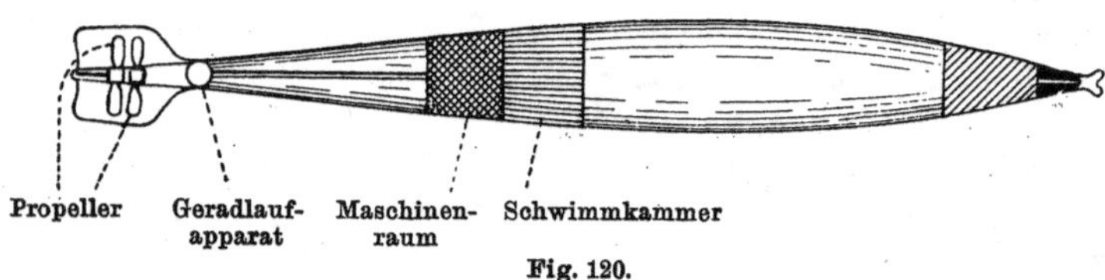

Fig. 120.

wolle) und den Zünder. An dieses schlieſst sich der Windkessel (300 Liter Inhalt) an, welcher das ganze Mittelstück des Torpedos einnimmt; er ist mit Preßluft von 100 Atm. gefüllt und bildet die Quelle aller Arbeitsleistungen, die der Torpedo in seinem Lauf auszuüben hat, betätigt also die Maschine, die die Geschwindigkeit des Torpedos unterhält, und legt die Steuerruder aus. Es folgt die Schwimmkammer, welche den *Tiefenapparat* beherbergt, von dem wir sogleich sprechen werden, dahinter liegt der Maschinenraum. Die Maschine hat drei Zylinder, ihre Leistung beträgt etwa 60 Pferdestärken; die Prefsluft wird, bevor sie in die Maschine tritt, auf 30 Atm. heruntertransformiert. Zwischen dem Maschinenraum und dem Schwanzstück befindet sich das Tunnelstück, in dem die Wellen von der Maschine nach den beiden Propellern hin verlaufen und an dessen Ende der uns vornehmlich interessierende *Geradlaufapparat* untergebracht ist. Die beiden hintereinander angeordneten Propeller laufen, zur Vermeidung von Drehmomenten, in entgegengesetztem Sinne und machen etwa 1000 Umdrehungen in der Minute. Aufser den Propellern enthält das Schwanzstück in seiner horizontalen Flosse die Ruder für den Tiefenapparat, in seiner vertikalen Flosse die für den Geradlaufapparat.

Die gröfste Entfernung*), auf die ein Torpedo geschossen wird, beträgt 600 m, die Geschwindigkeit des Laufes etwa 15 m/sec. Die Schüsse werden teils unter dem Wasser, teils über Wasser abgegeben. Der Schwerpunkt der Gesamtmasse des Torpedos liegt 1 cm tiefer als der Schwerpunkt der verdrängten Wassermasse, woraus eine gewisse, wenn auch geringe Stabilität gegen Krängungen folgt.

Wir schildern nun einerseits den Tiefenapparat, andererseits den Geradlaufapparat.

Der *Tiefenapparat* hat den Zweck, den Torpedo auf einer gegebenen, vor dem Schufs einzustellenden Tiefe (3 bis 4 m unter dem Wasserspiegel) zu halten. Hierzu dient eine Platte mit Membran oder ein Kolben, der von der einen Seite her mit dem Wasser in Berührung ist und gegen den sich von der anderen Seite her eine Spiralfeder gegenlegt. Der Kolben ist im Gleichgewicht, wenn Wasserdruck und Federkraft gleich sind; die Feder ist so reguliert, dafs dieses in der gewünschten Tiefe von 3 bis 4 m zutrifft. Überschreitet der Torpedo diese Tiefe, so nimmt der Wasserdruck nach dem bekannten hydrostatischen Gesetz zu; er ist nun stärker wie die Feder und drängt den Kolben zurück. Unterschreitet er diese Tiefe, so überwiegt die Federkraft; der Kolben rückt gegen das Wasser vor. Durch ein Stangenwerk und einen Schieber, der den Zutritt von Prefsluft zu den Steuern reguliert, ist der Kolben mit den genannten zwei Rudern in der Schwanzflosse verbunden; beim Zurückweichen des Kolbens werden die Ruder nach oben, beim Vordringen nach unten hin ausgelegt. Im ersten Falle wird daher durch den Druck des gegen die Ruder strömenden Wassers das Kopfende des Torpedos gehoben, im zweiten Falle gesenkt. In beiden Fällen wird die Abweichung gegen die eingestellte Tiefe solcher Weise korrigiert. Die Einrichtung des

*) Diese Angabe bezieht sich auf das Jahr 1900 (vgl. die Anm. am Schlufs des Paragraphen). Neuerdings wird eine erheblich gröfsere Schufsweite (in der englischen Marine bis zu 5000 m) angestrebt.

Tiefenapparates bringt es mit sich, daſs die Abweichung sogar stets überkorrigiert wird, so daſs eine Abweichung nach unten von einer solchen nach oben gefolgt wird, doch wird durch eine noch eigens vorgesehene Pendelvorrichtung, die die Steuer wieder zurücklegt, die Überkorrektion abgeschwächt. Im Ganzen wird sich also der Torpedo in einer flachen Wellenlinie um die vorgeschriebene Tiefe herumbewegen.

Der *Geradlaufapparat**) ist von dem österreichischen Ingenieur Obry konstruiert und hat den Zweck, den geraden Kurs des Torpedos, wie er durch die Visierrichtung beim Abschieſsen gegeben ist, festzuhalten. Seine Aufgabe ist mehr, die Seitenabweichungen von dem geraden Kurse zu *bemerken*, wie sie *aufzuheben* oder *rückgängig zu machen*. Die letztere Funktion fällt der Preſsluft zu, die von dem Windkessel in feinen Kanälen**) durch ein von dem Geradlaufapparat gesteuertes Ventil-System ausströmt und zwei miteinander fest verbundene Ruder auslegt, die, wie erwähnt, ebenfalls in der Schwanzflosse untergebracht sind, bei Linksabweichung nach rechts, bei Rechtsabweichung nach links. Der Geradlaufapparat hat gewissermaſsen nur die Innervation zu geben, während die eigentliche Arbeitsleistung — die Muskeltätigkeit, wie wir im Bilde des tierischen Körpers sagen könnten — von der Preſsluft des Windkessels verrichtet wird. Wir nennen diese Anordnung das *Prinzip des indirekten Geradlaufes*, weil der Apparat hierbei nur auslösend auf ein ergiebigeres Kraftreservoir wirkt und die erforderliche Richtungsänderung des Torpedos durch Vermittelung dieses letzteren erreicht wird. Das umgekehrte *Prinzip des direkten Geradlaufes* werden wir bei dem Howell-Torpedo kennen lernen, bei dem der Geradlaufapparat gleichzeitig die Funktion der Nerven und der Muskeln übernehmen soll. Der indirekte Geradlauf hat den groſsen Vorteil, daſs er nur kleine Kraftwirkungen verlangt, die durch einen Apparat von mäſsiger Masse erzielt werden können, während der direkte Geradlauf eine Vorrichtung erfordert, deren Massigkeit einigermaſsen der zu bewegenden Gesamtmasse des Torpedos proportioniert sein muſs. Der Obry-Apparat wiegt noch nicht 4 kg; die Ausführung seines Schwungringes, der Lager und des Ventilsystems ist Präcisionsarbeit, wie sie nur bei einem Apparat von geringen Maſsen möglich ist.

Wir haben schon oft auf die gyroskopischen Eigenschaften des Kreisels, d. h. auf seine Fähigkeit, eine Richtungsänderung zu bemerken, hingewiesen, z. B. bei Gelegenheit der Foucault'schen Versuche. Auf dieser Eigenschaft fuſst natürlich auch der Obry-Apparat.

---

*) Nähere Beschreibung desselben von Leutnant W. J. Sears in Engineering, Vol. 66, 1898, p. 89.

**) Der Druck der Preſsluft nimmt hierbei auf etwa 15 Atm. ab.

Die Gestalt des in ihm angeordneten Kreisels ist aus Fig. 121 ersichtlich: ein Schwungring im Cardanischen Gehänge, wie er ganz ähnlich auch von Foucault verwandt wurde. Der Schwungring hat 76 mm Durchmesser und wiegt 800 gr. In der normalen Stellung fällt seine Drehaxe mit der Längsaxe des Torpedos zusammen. Er läuft in einem inneren Ring, der um eine horizontale Axe drehbar ist, dieser in einem äufseren Ring, der um die Vertikale drehbar im Torpedokörper gelagert ist. Der Schwungring sitzt auf einer starken, nach den Enden hin konisch auslaufenden Axe, die auf der einen Seite mit Zahnvertiefungen versehen ist. In letztere greift der gezähnte Mantel einer Federtrommel ein, welche beim Einsetzen des Torpedos in das Lancierrohr gespannt und beim Abschiefsen entspannt wird. Eine selbstthätige Reguliervorrichtung stellt vor dem Spannen den Kreiselapparat in seine normale Lage, d. h. den inneren Ring horizontal, den äufseren Ring quer zur Längsaxe des Torpedos. Die dem Schwungringe übertragene Geschwindigkeit soll nach Angabe des Konstrukteurs 9000 bis 10000 Umdrehungen pro Minute betragen. Die Richtung des erzeugten Impulsvektors ist zugleich die Schufsrichtung.*)

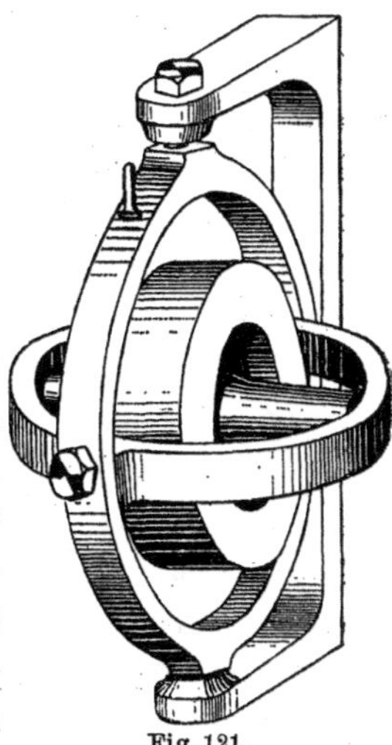

Fig. 121.

Der Schwungring mufs äufserst sorgfältig centriert sein, so dafs sein Schwerpunkt genau in den Schnittpunkt der Drehaxe des äufseren und inneren Ringes fällt. Nur in diesem Falle behält der Impulsvektor seine Richtung während des Laufes bei. Im anderen Falle würde, nach den Bewegungsgesetzen des schweren Kreisels, die Figurenaxe des Schwungringes successive abgeändert werden und eine mehr oder minder reguläre Präcession um die Vertikale beschreiben. Der Apparat würde dann eine Krümmung der Torpedobahn bewirken, in derselben Weise, wie er bei centriertem Schwungrad die Bahn gerade richtet.

Besonders zu Beginn der Laufbahn können bedeutende Seitenabweichungen von der geraden Schusfrichtung stattfinden, beim Verlassen des Lancierrohres, beim Aufschlagen aufs Wasser, beim Durchschneiden der Wellenkämme, endlich wegen der besonders zu Anfang starken Thätigkeit der Tiefenapparat-Ruder, die bei einem Krängen des Torpedos nicht nur auf Tiefe, sondern gleichzeitig etwas zur Seite steuern. Alle diese Unregelmäfsigkeiten, die die Treffsicherheit stark beeinträch-

*) Wie man den Geradlaufapparat den neuerdings erhöhten Anforderungen an die Schufsweite (vgl. pag. 783 Anm.) angepafst hat, ist nicht bekannt geworden

tigen würden, hat der Geradlaufapparat anzuzeigen und mit Hülfe der Preſsluft und der Steuerruder auszugleichen.

Letzteres geschieht einfach folgendermaſsen: Wir denken uns den Torpedo aus seinem geraden Lauf, dessen Richtung durch die Schwungringaxe in Fig. 121 angezeigt wird, abgelenkt, so daſs der Torpedokörper eine Drehung um die Vertikale ausführt. An dieser Drehung nimmt der mit dem Torpedokörper verbundene, in der Figur angedeutete Bügel teil, in welchem der äuſsere Ring gelagert ist, *aber nicht dieser Ring selbst,* welcher durch die Kreiselwirkung stabiliert ist. Der Torpedokörper verdreht sich also bei einer Seitenablenkung relativ gegen diesen Ring. An dem Ringe ist ein in der Figur angedeuteter Stift befestigt. Um diesen greift mit etwas Spielraum auf beiden Seiten eine Gabel herum, die auf dem cylindrischen Ventilschieber aufsitzt. Der Schieber ist in einer Büchse drehbar, die mit dem Torpedokörper verbunden ist. Schieber sowohl wie Büchse sind mit feinen Bohrungen (Kanälen für die Preſsluft) versehen. Wenn nun der Torpedokörper gegen den äuſseren Ring dreht, stöſst die Gabel gegen den Stift; da der Stift nicht nachgiebt, wird die Gabel und der mit ihr verbundene Schieber gegen die Schieberhülse verdreht. Die Bohrungen, die ursprünglich nicht aufeinander paſsten und der Preſsluft keinen Zutritt zu der im hinteren Torpedoteile liegenden Steuermaschine des Geradlaufapparats gestatteten, schlieſsen sich jetzt zusammen; die Preſsluft strömt durch die Kanäle hindurch und drückt, je nachdem der Schieber im einen oder anderen Sinne verdreht ist, auf die eine oder andere Seite des Kolbens der Steuermaschine. Der Kolben legt mittels einer Stange und Hebelübertragung Seitenruder aus, und die Seitenruder lenken den Torpedo wieder nach dem geraden Kurs zurück, wie oben beschrieben.

Ähnlich wie bei dem Tiefenapparat wird auch hier die Abweichung beständig etwas überkorrigiert werden, da die Umsteuerung des Ventilschiebers und das Einziehen der Ruder erst erfolgen kann, wenn z. B. die Rechtsabweichung bereits in eine Linksabweichung übergegangen ist. Es wird daher die Horizontalprojektion der Torpedobahn ebenso wie die Vertikalprojektion eine Wellenlinie, die um die gerade Richtung herumoscilliert. Da starke Seitenabweichungen wie erwähnt nur zu Anfang der Bahn auftreten und die durch den Geradlaufapparat selbst hervorgerufenen Seitenoscillationen klein gegen jene anfänglichen Ablenkungen sind, so wird die Amplitude der Wellenlinie allmählich abnehmen und die Bahn sich der geraden Richtung der Visierlinie anpassen.

Daſs der Geradlaufapparat von Obry sicher funktioniert und praktisch brauchbar ist, wird am deutlichsten dadurch bewiesen, daſs er im

Torpedowesen fast aller Länder eingeführt ist. Allerdings setzt seine Handhabung Sachkenntnis und Sorgfalt in der dem Gebrauch vorhergehenden Justierung voraus.

Indem wir jetzt den Stabilierungsvorgang numerisch näher ins Auge fassen, haben wir uns auf die allgemeinen Ausführungen in § 1 unter IV zu beziehen. Hier wie dort handelt es sich darum, dafs ein schnell rotierender Schwungring von horizontaler Axe einem um die Vertikale wirkenden Moment scheinbar nicht, in Wirklichkeit nur sehr wenig nachgiebt. Nur in einem Punkte werden wir das allgemeine Stabilierungsschema des § 1, um uns besser an die Wirklichkeit anzuschliefsen, abändern. Wir wollen nämlich unter A in Gl. (IVb), (IVc) und (IVe) nicht mehr das äquatoriale Trägheitsmoment des Schwungringes allein, sondern die Summe dieses und des Trägheitsmomentes des inneren Ringes um dessen Drehaxe (vgl. Fig. 121) verstehen, da letzterer an der Hebung der Figurenaxe bei der Cardanischen Aufhängung teilnimmt; ferner wollen wir in den Gleichungen (IVa) und (IV) linkerhand A ersetzen durch J und darunter die Summe der Trägheitsmomente des Schwungringes, des inneren und äufseren Ringes um die vertikale Drehaxe des letzteren (vgl. Fig. 121) zusammenfassen, indem an den Änderungen des die Lage der Figurenaxe bestimmenden Winkels ψ auch der innere und äufsere Ring beteiligt sind. Gl. (IV) geht damit über in

$$\frac{d^2\psi}{dt^2} = \frac{\Psi}{J} - \frac{N^2}{AJ}\psi,$$

und ihre Integration liefert an Stelle von (IVf) und (IVg) unter den entsprechenden Anfangsbedingungen:

$$\psi = \frac{A\Psi}{N^2}\left(1 - \cos\frac{N}{\sqrt{AJ}}t\right),$$

$$\vartheta = \frac{\pi}{2} - \frac{\Psi}{N}t + \frac{\Psi\cdot\sqrt{AJ}}{N^2}\sin\frac{N}{\sqrt{AJ}}t;$$

für den mittleren und den maximalen Ausdrehungswinkel ergiebt sich daher wie früher

$$\psi_m = \frac{A\Psi}{N^2} \quad \text{resp.} \quad 2\psi_m.$$

Um diesen Winkel giebt also im Mittel resp. im Maximum die Figurenaxe des Schwungringes und mit ihr die Ebene des äufseren Ringes dem verdrehenden Momente Ψ anfangs nach, während sich gleichzeitig die Ebene des inneren Ringes langsam hebt, wobei die Widerstandsfähigkeit des äufseren Ringes successive geschwächt, der Ausdrehungswinkel also allmählich vergröſsert wird. Das hier als constant angesehene Moment Ψ hat bei dem Torpedo einen doppelten Ursprung: einmal überträgt sich bei einer Seitenablenkung des Torpedos von dem Bügel der Fig. 121 auf das Lager des äuſseren Ringes, wenn dieser wirklich im Raume fest bleibt, ein kleines Reibungsmoment, andererseits leistet der Ventilschieber, wenn er durch den äuſseren Ring bewegt wird, einen kleinen Widerstand, der an dem Stifte der Fig 121 angreift und ebenfalls ein Moment um die Drehaxe des äuſseren Ringes giebt.

Bei der folgenden Zahlenrechnung haben wir auf die früheren Angaben zurückzugreifen. Die Zahl der Umdrehungen pro Minute sollte 10 000 betragen; es ist also, wenn ω die Winkelgeschwindigkeit in der Sekunde bedeutet:

$$\omega = \frac{10\,000}{60} \cdot 2\pi = 1{,}05 \cdot 10^3 (\sec^{-1}).$$

Wir dürfen diese Geschwindigkeit hier als konstant voraussetzen, obwohl sie in Wirklichkeit natürlich durch Reibung in den Lagern des Schwungringes allmählich geschwächt wird. Der Versuch zeigt nämlich, daſs der Schwungring bei den hier in Frage kommenden Anfangsgeschwindigkeiten etwa in 12 Minuten ausläuft, während der Torpedoschuſs (s. u.) nur etwa 40 Sekunden dauert.

Die Masse des Schwungringes war 800 gr, sein Radius 38 mm. Wäre seine Masse ganz am äuſseren Umfang verteilt, so würde das Trägheitsmoment um die Mittellinie im absoluten cgs-System betragen

$$800 \cdot 3{,}8^2 = 11{,}6 \cdot 10^3 (\text{gr cm}^2);$$

wäre andrerseits die Masse gleichförmig auf einer Kreisscheibe angeordnet, so hätten wir als Trägheitsmoment nur:

$$\frac{1}{2}\, 800 \cdot 3{,}8^2 = 5{,}8 \cdot 10^3 (\text{gr cm}^2).$$

Die wirkliche Massenverteilung des Schwungringes ist so beschaffen, daſs sein Trägheitsmoment C kleiner als der erstgenannte, gröſser als der zweitgenannte Wert sein muſs. Wir nehmen als mittleren Wert etwa an

$$C = 8 \cdot 10^3 (\text{gr cm}^2).$$

Für den Impuls N ergiebt sich somit

$$N = C\,\omega = 8{,}4 \cdot 10^6 (\text{gr cm}^2 \sec^{-1}).$$

Das Trägheitsmoment des Schwungringes um eine zur Mittellinie desselben senkrechte Axe würde $C/2$ sein, wenn die Masse lediglich in einer zur Mittellinie senkrechten Ebene verteilt wäre; in Wirklichkeit fällt es etwas größer aus. Bei dem Trägheitsmoment A in unseren Formeln ist außerdem das Trägheitsmoment des inneren Ringes um seine Drehaxe mitgerechnet. Es ist also um so mehr $A > C/2$; wir schätzen etwa

$$A = 5 \cdot 10^3 \, (\text{gr cm}^2).$$

Bei dem Trägheitsmoment J um die Drehaxe des äußeren Ringes kommt zu dem Trägheitsmoment des Schwungringes das des inneren Ringes um die Vertikale, welches im Allgemeinen größer ist wie das Trägheitsmoment desselben um seine Drehaxe, und außerdem das des äußeren Ringes hinzu. Es wird also $J > A$; wir nehmen

$$J = 6 \cdot 10^3 \, (\text{gr cm}^2).$$

Endlich ist noch das äußere Drehmoment Ψ abzuschätzen. Bei der genauen Bauart des Apparates ist sowohl das übertragene Reibungsmoment im Lager des äußeren Ringes bei einer Drehung des Torpedokörpers als auch der Widerstand des Ventilschiebers am Stifte des äußeren Ringes klein. Wir gehen der Größenordnung nach nicht fehl, wenn wir beide zusammen höchstens gleich dem Momente von 1 gr Gewicht an dem Hebelarme 1 cm ansetzen, also schreiben:

$$\Psi = g = \text{rund } 10^3 \, (\text{gr cm}^2 \sec^{-2}).$$

Hiernach berechnen wir auf Grund der soeben wiederholten Formeln die folgenden Größen:

1. die mittlere Ablenkung des äußeren Ringes, zugleich die Amplitude seiner Schwankung

$$\psi_m = \frac{A\Psi}{N^2} = \frac{5 \cdot 10^3 \cdot 10^3}{(8{,}4 \cdot 10^6)^2} = 7 \cdot 10^{-8} = 0{,}015'',$$

2. die Schwingungsdauer des äußeren Ringes, zugleich die des periodischen Teils in der Bewegung des inneren Ringes

$$\tau = 2\pi \frac{\sqrt{AJ}}{N} = 2\pi \frac{\sqrt{30} \cdot 10^3}{8{,}4 \cdot 10^6} = 4{,}1 \cdot 10^{-3} \text{ Sekunden};$$

3. die reziproke mittlere Winkelgeschwindigkeit des inneren Ringes, d. h. diejenige Zeit, in der sich die Neigung ϑ des inneren Ringes um die Einheit des Winkels in Bogenmaß ändert:

$$\frac{1}{\vartheta'_m} = \frac{N}{\Psi} = \frac{8{,}4 \cdot 10^6}{10^3} = 8{,}4 \cdot 10^3 \text{ Sekunden},$$

mithin diejenige Zeit, in der sich dieselbe Neigung um 1^0 beispielsweise ändert:

$$\frac{8{,}4 \cdot 10^3}{57{,}3} = 147 \text{ Sekunden} = 2\tfrac{1}{2} \text{ Minuten}.$$

Diese Zahlen zeigen uns folgendes:

1. Die mittlere Ablenkung des äufseren Ringes ist thatsächlich durchaus unmerklich; der äufsere Ring ist durch die Kreiselwirkung völlig stabiliert.

2. Die Schwankungen des äufseren Ringes sind nicht nur wegen der Kleinheit ihrer Amplitude, sondern auch wegen der aufserordentlichen Kürze ihrer Periode unmerklich. Dasselbe gilt von den periodischen Schwankungen des inneren Ringes.

3. Dagegen würde die gleichförmige mittlere Drehung des inneren Ringes in einer nicht zu kurzen Beobachtungszeit sich bemerklich machen; immerhin tritt auch diese Bewegung bei den für den Torpedoschufs verfügbaren Zeiten noch kaum deutlich in die Erscheinung. Wir sagten, dafs ein Torpedo mit 15 m/sec Geschwindigkeit läuft und dafs die gröfste Schufsweite 600 m beträgt. Die Dauer des Schusses wird also höchstens 40 sec; für diese Zeit liefert unsere obige Rechnung eine Ablenkung des inneren Ringes um

$$\frac{40^0}{147} = 16',$$

also noch fast genau die ursprüngliche normale Stellung des inneren Ringes. Bei dieser geringen Abweichung bleibt die Widerstandsfähigkeit der äufseren Ringes fast ungeschwächt, so dafs die Anwendung unserer Näherungsformeln, welche nach § 1 unter IV) bei gröfseren Abweichungen versagen würden, hier berechtigt ist. Es kommt hinzu, dafs unsere obige Annahme eines zeitlich konstanten Momentes Ψ den wirklichen Verhältnissen nicht entspricht und den denkbar ungünstigsten Fall darstellt. In Wirklichkeit wechselt das Moment Ψ wegen der Gegenwirkung der Steuerruder und des daraus folgenden periodischen Charakters der Seitenablenkungen während eines Schusses mehrmals seinen Sinn; mit dem Momente Ψ kehrt sich aber auch der Drehungssinn des inneren Ringes um; die Winkeländerung ϑ des inneren Ringes wird auf diese Weise teilweise wieder rückgängig gemacht; mithin wird auch der innere Ring am Ende des Schusses noch fast genau dieselbe Lage aufweisen wie in der normalen Stellung beim Abschiefsen.

Man bemerke, dafs einen gewissen, wenn auch minimalen Einflufs auf die Wirksamkeit des Geradlaufapparates auch die Tiefenabweichungen des Torpedos haben. Wenn der Torpedokörper sich nach unten oder oben neigt, so wird die Drehaxe des äufseren Ringes dabei mitgenommen und um denselben Winkel wie die Mittellinie des Torpedokörpers gegen die Vertikale gedreht. Der innere Ring macht indessen diese Neigung in erster Näherung nicht mit, da er in seiner Drehaxe frei beweglich ist und durch die Kreiselwirkung des Schwungringes in seiner ursprünglichen horizontalen Lage festgehalten wird; nur insofern als in dem

Lager des inneren Ringes durch die Neigung des äuſseren Ringes ein Reibungsmoment übertragen wird, kommt eine minimale mittlere Ablenkung des inneren Ringes und im Zusammenhange damit eine langsame Drehung des äuſseren Ringes zustande. Die Rolle des inneren und des äuſseren Ringes kehrt sich jetzt gegen die vorherige Betrachtung um, indem das primäre Reibungsmoment Ψ jetzt an der Axe des inneren Ringes wirkt. Eine merkliche Drehung des äuſseren Ringes ergiebt sich auch hieraus nicht, da auch die Tiefenablenkungen periodisch wechseln. Wir erwähnen diese eigenartige Verkoppelung der Drehungen des inneren und des äuſseren Ringes oder der Tiefen- und Seitenablenkungen hauptsächlich im Hinblick auf den sogleich zu betrachtenden *Howell-Torpedo.*

Die theoretische Überlegung erklärt also die günstigen Erfahrungen, die man mit dem Obry-Apparate gemacht hat.

Endlich haben wir als Gegenstück zu dem indirekten Geradlauf des Whitehead-Torpedos den *direkten Geradlauf beim Howell-Torpedo* darzustellen. Auch hier müssen wir mit einer allgemeinen Beschreibung dieses Torpedotyps beginnen.

Die äuſsere Gestalt und die Abmessungen sind etwa die des Whitehead-Torpedos: Länge 4,27 m, gröſster Durchmesser 45 cm, Gesamtgewicht 520 kg. Etwa in der Mitte des Torpedos liegt querschiffs gelagert ein kräftiges Schwungrad vom Gewichte 133,8 kg, welches also einen wesentlichen Bruchteil des Gesamtgewichtes ausmacht. Die Ebene des Schwungrades fällt mit der vertikalen Mittellängsebene des Torpedokörpers zusammen. Vor dem Schuſs wird dem Schwungrade mittels einer Dampfturbine eine Umdrehungszahl von 9500 Touren pro Minute erteilt, so daſs bei der bedeutenden Masse des Schwungrades ein erheblicher Arbeitsvorrat in ihm aufgespeichert wird. Es ist dies die einzige Energiequelle des Torpedos, durch die sowohl die Geschwindigkeit der Fortbewegung unterhalten, wie auch die Richtung der Geschwindigkeit korrigiert werden soll. *Das rotierende Schwungrad dient beim Howell-Torpedo sowohl als Antriebsmaschine wie als Geradlaufapparat.*

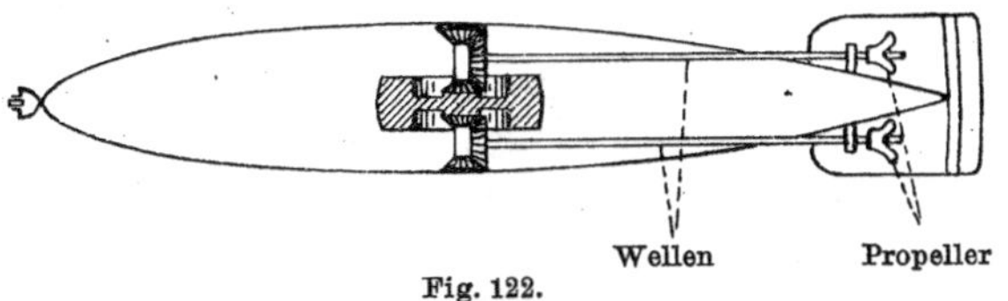

Fig. 122.

Die Umdrehungen des Schwungrades werden durch zwei konische Zahnräderpaare (vgl. Fig. 122) im Übersetzungsverhältnisse 2 : 1 direkt auf die Wellen der Propeller übertragen. Die Steigung der Propeller ist automatisch verstellbar eingerichtet und wächst mit zunehmender Laufstrecke des Torpedos; hierdurch wird erreicht, dafs trotz der wegen der äufseren Arbeitsleistung beträchtlichen Abnahme der Schwungradumdrehungszahl die Geschwindigkeit des Torpedos annähernd konstant bleiben kann.

Um die dem Schwungrad innewohnende Richtkraft beurteilen zu können, fragen wir zunächst nach der Art und der Anzahl seiner Freiheitsgrade. Bei festgedachtem Torpedokörper hat das Schwungrad nur eine Bewegungsfreiheit, nämlich die einfache Drehung in sich. Die Axe dieser Drehung liegt hier querschiffs, während beim Obry-Apparat die entsprechende Axe des Schwungringes bei normaler Stellung desselben längsschiffs angeordnet war. Einen zweiten Freiheitsgrad haben wir in den Drehungen des Torpedos um seine Längsaxe — den Krängungen desselben — zu erblicken, durch welche die Schwungradaxe gegen die Horizontale geneigt wird. Diese Krängungen vertreten in gewisser Weise die Bewegungsfreiheit des inneren Ringes beim Obry-Apparat. Da der Howell- ebenso wie der Whitehead-Torpedo eine gewisse Stabilität besitzt (auch hier liegt der Schwerpunkt des Torpedos etwas unter dem der verdrängten Wassermasse), so werden die Krängungen im allgemeinen periodisch werden und Ausschläge nach der einen Seite von solchen nach der anderen Seite gefolgt werden. Als dritten Freiheitsgrad, entsprechend dem äufseren Ringe des Obry-Apparates, haben wir die Drehungen des Torpedos um die Vertikale anzusehen, die bei Seitenablenkungen eintreten. Drehungen um die horizontale, querschiffs gelegene Axe, die mit den Tiefenablenkungen verbunden sind, beeinflussen dagegen die Lage des Schwungrades nicht und fallen daher für uns aufser Betracht.

Das Zustandekommen der Kreiselwirkung haben wir uns hier in der folgenden Reihenfolge vorzustellen: Eine Seitenablenkung durch äufsere Einflüsse sei das Primäre. Sie würde den Impuls des Schwungrades horizontal zur Seite drehen; die Richtung der Impulsänderung ist dabei die Längsaxe des Torpedos. Um diese wirkt das hieraus folgende Gegenmoment der Kreiselwirkung K, Gl. IV b in § 1. Dieses bewirkt ein Krängen des Torpedos und damit eine Änderung des Neigungswinkels der Schwungradaxe gegen die Vertikale. Der Impuls wird dabei in vertikaler Richtung abgelenkt. Daher entsteht ein Gegenmoment K' (Gl. IV d in § 1) um die Vertikale, welche dem primären seitlich ablenkenden Momente entgegengerichtet ist.

Wir erkennen also, dafs eine Korrection der Seitenablenkungen durch die Kreiselwirkung auch hier eintritt, und dafs sie durch die Krängungen des Torpedos vermittelt wird. Dabei wird man nicht übersehen, dafs diese Krängungen weniger unbehindert vor sich gehen, wie die ihnen entsprechenden Drehungen des inneren Ringes beim Obry-Apparate, dafs vielmehr der Wasserwiderstand denselben in bedeutendem Mafse entgegenarbeitet. Indem er dieses thut und die Krängungsgeschwindigkeit herabsetzt, verkleinert er aber auch die schliefsliche Richtkraft, deren Gröfse K' mit der Krängungsgeschwindigkeit ϑ' proportional gefunden wurde. Wegen dieses Wasserwiderstandes sowohl wie wegen der Mitwirkung der Schwere, durch die der Sinn des Krängens periodisch umgekehrt wird, liegen die Verhältnisse hier nicht so einfach und günstig, wie bei dem von der Torpedohülle ganz umschlossenen, sorgfältig justierten Obry-Apparat.

Wir können nun aber auch die Reihenfolge unserer obigen Überlegungen umkehren und ein Krängen des Torpedos als das Primäre ansehen. Namentlich beim Aufschlagen aufs Wasser würde dieses in bedeutendem Mafse durch äufsere Einflüsse erzeugt. Genau in der oben beschriebenen Weise folgt hieraus durch Vermittelung der Schwungradwirkung ein Moment um die Vertikale, also eine *Seitenablenkung.* Wir könnten durch Fortsetzung der Schlufsreihe auf ein dem Krängen entgegenwirkendes Moment schliefsen, wenn nicht bei der langgestreckten Gestalt des Torpedos der Wasserwiderstand gegen Seitenablenkungen so bedeutend wäre, dafs jenes Gegenmoment kaum mehr nennenswert ausfallen dürfte. Aufserdem interessiert uns nicht die Verhinderung des Krängens, sondern die der Seitenablenkungen. In letzterer Hinsicht zeigt aber unsere Überlegung: *Das Schwungrad des Howell-Torpedos scheint nicht nur eine Vorrichtung zu sein, um Seitenablenkungen zu verhindern oder rückgängig zu machen, sondern gleichzeitig auch um sie auf Grund anderweitig hervorgerufener Krängungen zu erzeugen.* Die eigenartige Verkoppelung von je zwei Freiheitsgraden des Kreisels, auf die wir schon oben aufmerksam machten, kommt hierin deutlich zum Ausdruck (Krängen und Seitenablenkung beim Howell-Torpedo, Seitenablenkung und Tiefenablenkung beim Whitehead-Torpedo).

Der Konstrukteur des Howell-Torpedos scheint die hier ausgesprochenen Befürchtungen über den schädlichen Einflufs des Krängens als berechtigt anzuerkennen; denn er bringt Vertikalruder an, welche sich beim Krängen auslegen und die aufrechte Lage des Torpedos sichern sollen. Gegenüber dieser Anordnung kann man aber nicht umhin, die folgende Alternative zu stellen: *Entweder verhindern die Ruder das Krängen nicht; dann erzeugt dieses Seitenablenkungen. Oder sie verhindern es; dann behindern sie auch die Richtkraft; denn das Krängen ist ein notwendiges Zwischenglied bei der Entstehung des Gegenmomentes gegen Seitenablenkungen.* Sind die genannten Ruder wirklich wirksam, so haben wir in dem Torpedo nurmehr einen Kreisel von *zwei* Freiheitsgraden vor uns; ein solcher besitzt aber nach dem im § 1 pag. 768 allgemein ausgesprochenen Prinzip keine Widerstandsfähigkeit gegen Richtungsänderungen.

Wir haben uns bei dieser Kritik der besonders interessanten und kühnen Howell'schen Konstruktion an die Ausführungen von Hn. Diegel*) angeschlossen, in dessen Arbeit andrerseits unsere obigen theoretischen Betrachtungen über den Obry-Apparat aufgenommen sind. Wir verweisen wegen weiterer Details auf die Darstellung dieses Fachmannes.

In der Praxis scheint sich der Howell-Torpedo nicht bewährt zu haben; wenigstens ist die Regierung der Vereinigten Staaten, die den Howell-Torpedo erworben hatte, nachträglich ebenfalls zu dem Whitehead-Torpedo mit seinem indirekten Geradlaufe übergegangen.

§ 4. Der Schlicksche Schiffskreisel. Allgemeines und Theorie.

Zu Anfang der siebziger Jahre des vorigen Jahrhunderts erbaute der um die Stahlindustrie hochverdiente englische Ingenieur Bessemer ein für den Ärmelkanal bestimmtes Schiff mit einer Salonkajüte, welche durch Kreiselwirkung am Rollen (Schwingungen um die Längsaxe des Schiffes) gehindert werden sollte. Die Kajüte war an zwei starken Zapfen so aufgehängt, daſs sie um eine horizontale längsschiffs verlaufende Axe ausschwingen konnte und trug ursprünglich ein mit ihr fest verbundenes Schwungrad. Hierbei war aber das wesentliche Prinzip jeder Kreiselstabilierung (vgl. pag. 767) übersehen: *Dem Bessemerkreisel fehlte ein Freiheitsgrad und damit die Möglichkeit, die Rollbewegung der Kajüte irgend zu beeinflussen.***) Die beabsichtigte Kreiselstabilierung wurde dann durch eine hydraulische Maschinerie***) ersetzt, die aber nicht mehr automatisch, sondern von Hand bethätigt wurde. Es scheint, daſs auch diese nicht befriedigend arbeitete; jedenfalls ist das Problem der Schiffsstabilierung erst dreiſsig Jahre später von Otto Schlick in Hamburg erfolgreich aufgenommen worden, dem der Schiffbau bereits die Durchführung des Massenausgleichs der Schiffsmaschinen und damit

---

*) Selbstthätige Steuerung der Torpedos durch den Geradlaufapparat. Marine-Rundschau 5. Heft 1899. Das Manuskript des vorstehenden Paragraphen stammt ungefähr aus derselben Zeit; etwaige neuere Erfahrungen im Torpedowesen sind also nicht berücksichtigt.

**) Vgl. Institution of naval architects, April 1889, Bemerkungen von Macfarlane Gray in der Diskussion zu einem Vortrag von Beauchamp Tower.

***) Institution of naval architects, März 1875, Vortrag von E. J. Reed, on the Bessemer Steam Ship; vgl. auch Engineer, Aufsatz von Bessemer vom gleichen Datum.

die Möglichkeit der modernen, in Gröfse und Leistungsfähigkeit gesteigerten Schiffstypen verdankte.

Der *Schlicksche Schiffskreisel* hat zunächst die erforderlichen Freiheitsgrade. Er dreht nicht um eine im Schiff gelagerte Axe, sondern ist in einem Rahmen befestigt, der um eine querschiffs gelagerte Axe schwingen kann, wobei die Figurenaxe des Kreiselrades in der vertikalen Längsebene des Schiffes ausschwingt. Unsere Fig. 123 stellt schematisch die Anordnung auf dem Dampfer „Silvana“ der Hamburg-Amerika-Linie dar. Die Axe des Kreiselrades steht in der Figur lotrecht; beim Betriebe pendelt sie um diese Lage hin und her, wobei sie durch ein Übergewicht G in dieselbe zurückgezogen wird. Der Kreiselrahmen R mit seiner horizontalen Drehaxe ZZ ist in der Figur zu sehen, er trägt das mit S bezeichnete Kreiselrad. Letzteres hat einen Durchmesser von 1,6 m und ein Gewicht (ohne Axe) von 5100 kg. Es wird ihm eine Umdrehungszahl von 1800 Touren pro Minute erteilt, entsprechend einer Umfangsgeschwindigkeit von 150,8 m. Das Kreiselrad wird als Dampfturbine angetrieben, der Dampf tritt durch den einen Zapfen des Rahmens ein, durch den anderen aus. Die hohen Anforderungen an die Umfangsgeschwindigkeit (bei gufseisernen Schwungrädern werden gewöhnlich nur 30 bis 40 m Umfangsgeschwindigkeit zugelassen) erforderten natürlich sorgfältigste Ausführung und bestes Material. Die Anlage ist von Dr. Föttinger konstruiert und vom Stettiner „Vulkan“ ausgeführt. Seinen Platz findet der Schiffskreisel nahe der Mitte des Schiffes.

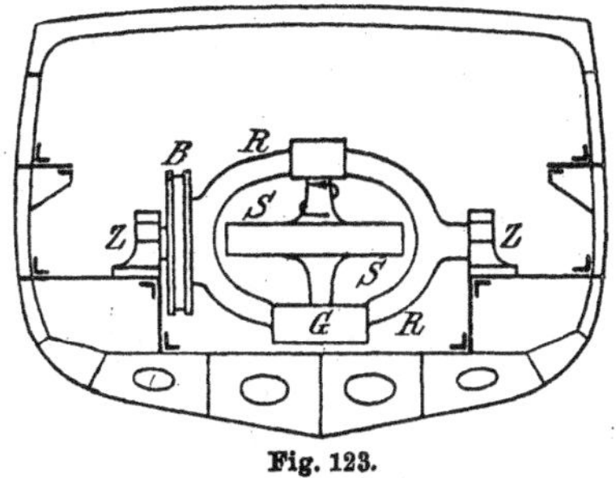

Fig. 123.

Aufser der „Silvana“ wurden auch der englische Dampfer „Lochiel“, ein Dampfer des Hamburger Staates und ein ausrangiertes Torpedoboot „Seebär“ der deutschen Marine, letzteres zur Vornahme der ersten orientierenden Versuche, mit einem Schiffskreisel ausgestattet. Außerdem wird ein Kreiselschiff in Danzig gebaut.

Wir bezeichnen zunächst die Aufgabe des Schiffskreisels im Allgemeinen. Zur Vermeidung der Seekrankheit sowie bei Kriegsschiffen zur Erleichterung der Geschützbedienung ist es geboten, die Amplitude der durch Seegang erzwungenen Rollbewegungen des Schiffes zu verringern, sowie die Dämpfung und womöglich auch die Periode der freien Rollschwingungen, die auf einen einmal hervorgerufenen seitlichen Ausschlag folgen, zu vergröfsern; die Schwingungen des Schiffes um seine Queraxe, das „Stampfen“, zu bekämpfen, liegt aufserhalb der Aufgaben des Schiffskreisels. Die dem Schiff bei einem Ausschlag erteilte Energie des Rollens kann durch den Kreisel natürlich nicht ohne Weiteres vernichtet, sondern nur umgesetzt werden in eine Schwingung des Kreiselrahmens gegen das Schiff. In dieser Form läfst sich die Schwingungsenergie aber durch geeignete Bremsvorrichtungen beseitigen (d. h. in Wärme verwandeln). Es ist eine Bandbremse (B in Fig. 123) sowie ein hydraulicher Bremszylinder, beide gegen den Kreiselrahmen wirkend, angeordnet. *In der Ermöglichung dieser Bremsung haben wir eine wesentliche Seite der Wirksamkeit des Schiffskreisels zu sehen.* Bei einem Wagen arbeitet ja die Bremse von dem Wagenkasten aus gegen die relativ dazu sich drehenden Räder. Bei dem Schiffskörper fehlt zunächst die Möglichkeit des Anlegens einer Bremse, da keine Relativbewegung der festen Teile vorhanden und der Wasserwiderstand, selbst wenn er durch Schlingerkiele unterstützt wird, nicht ausgiebig genug ist. Die Kreiselwirkung aber schafft eine energische Relativbewegung des Rahmens gegen den Schiffskörper und ermöglicht damit, dem letzteren eine Bremse anzulegen. Natürlich darf die Bremsung nicht so stark sein, dafs sie ein Ausschlagen des Kreiselrahmens überhaupt verhindert; sonst würden wir wieder auf den dem Schiffskörper fest eingebauten und daher wirkungslosen Schwungring zurückfallen. Dafs es ein geeignetes Mittelmafs von Bremsung giebt, welches die freien Schiffsschwingungen hinreichend stark dämpft, ohne die Kreiselwirkung zu unterbinden, und bei dem auch die erzwungenen Schwingungen heruntergesetzt werden, zeigt die Erfahrung und in Übereinstimmung mit ihr die theoretische Überlegung.

Über die Erfahrungen am Schiffskreisel werden wir im § 6 berichten. Wir wenden uns zunächst zu seiner Theorie. Vorab sei bemerkt, dafs wir die Verhältnisse schematisch wieder durch die Fig. 121 des Torpedokreisels darstellen können: Der äufsere Ring entspricht dem Schiffskörper, der innere dem Kreiselrahmen, der Schwungring unserem Kreiselrade. Der Unterschied ist zunächst nur ein quantitativer: der äufsere Ring ist im Falle des Schiffskreisels äufserst massig im Verhältnis zu den anderen Teilen zu denken. Dafs seine Drehaxe jetzt nicht vertikal, sondern horizontal gestellt wird, ist natürlich belanglos. Bei den zunächst zu betrachtenden freien Schwingungen wäre das äufsere Moment Ψ gleich Null, bei den durch Seegang erzwungenen Schwingungen periodisch wechselnd. Es giebt aber weitere Unterschiede, welche es bequemer erscheinen lassen, bei der Entwicklung der Formeln einen anderen Ausgangspunkt zu nehmen: Wir müssen jetzt die schon genannten Reibungswirkungen als wesentlich in die Theorie einführen, die wir früher nicht berücksichtigt haben; ferner müssen wir beim Schiff und auch beim Kreiselrahmen ein aufrichtendes Schweremoment in Rechnung setzen, während wir früher den äufseren, inneren und Schwungring als genau centriert und daher der Schwere entzogen dachten. Wir gehen jetzt aus von der Betrachtung *zweier miteinander gekoppelter schwingungsfähiger Freiheitsgrade:* der eine Freiheitsgrad wird gebildet von den um die Längsaxe des Schiffes erfolgenden Rollbewegungen desselben, der andere von den um die querschiffs gelagerte Drehaxe stattfindenden Ausschlägen des Kreiselrahmens; die Koppelung beider besorgt die zwischen ihnen sich abspielende Kreiselwirkung. Den Freiheitsgrad des Kreiselrades um seine eigene Figurenaxe können wir als solchen ignorieren, da sein Impuls durch den Antrieb auf konstanter Höhe gehalten wird.

Strenge genommen hätte der Kreisel auch noch die Freiheitsgrade, die vom Stampfen des Schiffes und seinen etwaigen Drehungen um die Vertikale herrühren. Die letzteren werden aber schon wegen des grofsen ihnen entgegenwirkenden Wasserwiderstandes gering, andrerseits wird sich, wegen des grofsen Trägheitsmoments um die Schiffsqueraxe, die Pendelungsenergie des Kreiselrahmens nur in sehr geringem Mafse auf die Stampfbewegung des Schiffs übertragen. Wir betrachten also vorläufig das Schiff, abgesehen von seinen Rollbewegungen, als fest, werden aber im § 6 noch einmal auf die Stampfbewegungen zurückkommen und ihren Einflufs numerisch abschätzen (s. pag. 841).

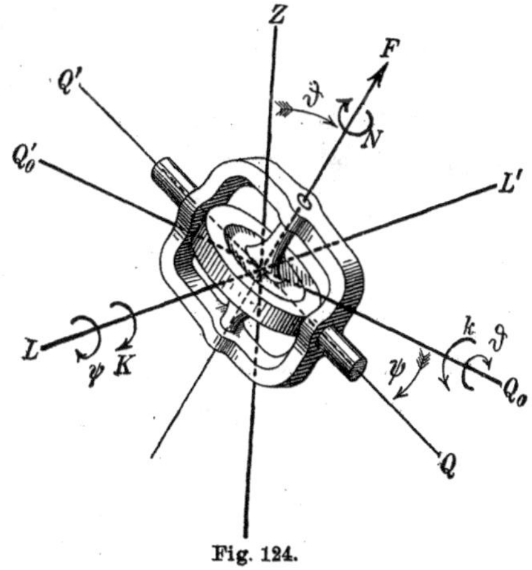

Fig. 124.

Sei ψ der Winkel der Rollbewegung des Schiffes um seine Längsaxe LL' (Fig. 124), ϑ der Drehwinkel*) des Rahmens um seine querschiffs gelagerte Drehaxe QQ', beide gezählt von der mittleren, aufrechten Lage des Schiffes resp. Kreiselrahmens aus.

In der Figur ist mit $Q_0 Q'_0$ die mittlere, horizontale Lage der Drehaxe QQ' bezeichnet, die dem Winkel $\psi = 0$ entspricht.

Betrachten wir zunächst die beiden Freiheitsgrade für sich, unter

---

*) Die Bezeichnungen ψ und ϑ sollen an die Eulerschen Winkel erinnern. In der That spielt die Längsaxe LL' hier dieselbe Rolle wie die Vertikale im § 1, um welche ψ gezählt wird. Nur war es zweckmäßig, mit ϑ nicht wie früher den Winkel zwischen LL' und der Figurenaxe, sondern sein Komplement zu bezeichnen.

Absehung von ihrer Koppelung. Die *freien Schwingungen des Schiffes* (bei festgestelltem Kreiselrahmen) werden bekanntermaſsen durch die folgende Differentialgleichung beschrieben:

$$J\frac{d^2\psi}{dt^2} + W\frac{d\psi}{dt} + QH\psi = 0. \tag{1}$$

Hier bedeutet

J das Trägheitsmoment des Schiffes um die Längsaxe LL',

W den Widerstand des Wassers für die Einheit der Winkelgeschwindigkeit,

Q das Gewicht des Schiffes oder die Wasserverdrängung (Deplacement),

H die sog. metacentrische Höhe, so daſs QH das aufrichtende Moment für die Einheit der Winkelausdrehung angiebt*).

Wenn wir in dieser Gleichung die Koeffizienten als konstant ansehen, so ist das bekanntermaſsen nur in erster Näherung (für hinreichend kleine ψ) richtig, indem in Wirklichkeit H eine komplizierte Funktion von ψ, und W eine einigermaſsen unbekannte Funktion**) von $d\psi/dt$ ist. Indessen sollen alle folgenden Betrachtungen ebenfalls nur erste Näherungen im Sinne der *Methode der kleinen Schwingungen* sein, so daſs die Voraussetzung konstanter Koeffizienten ausreicht.

Die *freien Schwingungen des Kreiselrahmens* andererseits (bei festgestelltem Schiff) werden durch die Differentialgleichung des „physikalischen Pendels" beschrieben:

$$j\frac{d^2\vartheta}{dt^2} + w\frac{d\vartheta}{dt} + qh\vartheta = 0. \tag{2}$$

Hier bedeutet

j das Trägheitsmoment des Kreiselrahmens, einschlieſslich des in ihm enthaltenen Schwungringes, um die Queraxe QQ',

w den Widerstand für die Einheit der Pendelungsgeschwindigkeit, der sich aus dem (nicht unbeträchtlichen) Zapfenwiderstand und dem am Umfange des Rahmens angebrachten Bremswiderstand zusammensetzt,

q das Gewicht von Kreiselrahmen und Kreiselrad,

h den Abstand des gemeinsamen Schwerpunktes beider von der Drehaxe QQ'.

---

*) Näheres Encykl. d. Math. Wiss. IV, Art. 6 von Stäckel, Nr. 39.

**) Näheres hierüber in Encykl. d. Math. Wiss. IV, Art. 22 von Kriloff und Müller, Nr. 8.

Aus (1) und (2) folgt die Periode der freien Schwingungen T und τ der beiden Freiheitsgrade, die wir unter Absehung von den Reibungswiderständen berechnen wollen:

$$T = 2\pi\sqrt{\frac{J}{QH}}, \quad \tau = 2\pi\sqrt{\frac{j}{qh}}$$

oder die zugehörigen „Frequenzen“:

(3) $$\frac{2\pi}{T} = \sqrt{\frac{QH}{J}}, \quad \frac{2\pi}{\tau} = \sqrt{\frac{qh}{j}}.\text{*)}$$

Unsere Pendelgleichung (2) gilt unabhängig davon, ob sich das Kreiselrad in Rotation befindet oder nicht. In der That machen sich die Kreiselwirkungen desselben nach dem mehrfach angezogenen Prinzip des § 1 bei der Bewegung erst geltend, wenn der Kreisel einen weiteren Freiheitsgrad erhält. Solange die Drehaxe QQ', wie bisher vorausgesetzt, festgehalten wird, äuſsert sich die Kreiselwirkung nur als Druck auf die Lager und beeinfluſst die Pendelbewegung in keiner Weise. Sie tritt aber in Wirksamkeit, wenn wir jetzt beide Freiheitsgrade gleichzeitig betrachten.

Schlägt die Kreiselaxe OF im Sinne der positiven ϑ (vgl. Fig. 124) aus, so entsteht eine Kreiselwirkung um die zu OF und OQ senkrechte Axe in solchem Sinne, daſs sie die Figurenaxe der Axe dieser hinzukommenden Drehung gleichsinnig parallel zu stellen, also die Halbaxe OQ zu senken sucht. Der in der Figur linke Zapfen der Querschiffsaxe (bei Q') erfährt dabei einen Druck nach oben, der rechte Zapfen bei Q einen solchen nach unten. Es sind das diejenigen Lagerdrucke, die bei Feststellung des Schiffes dieses aufzunehmen hat, die sich aber nun als Bewegungsmoment geltend machen. Mit Rücksicht auf den eben festgestellten Sinn, der dem positivem Sinne von ψ entspricht, wird die das Schiff bewegende Kreiselwirkung nach Gl. (I) des § 1:

(4) $$+N\frac{d\vartheta}{dt}.$$

Der Eigenimpuls N des Kreiselrades bestimmt sich in unserem Falle als das Produkt aus dem Trägheitsmoment des Kreiselrades (ohne Rahmen) um seine Figurenaxe und seiner durch den Turbinenantrieb erzeugten Winkelgeschwindigkeit.

Schlägt andererseits das Schiff im Sinne der wachsenden ψ aus, so ergiebt sich eine Kreiselwirkung um die zu OF und OL senkrechte

*) In dieser auch sonst vielfach gebrauchten Bezeichnungsweise bedeutet also „Frequenz“ die Schwingungszahl für die Zeiteinheit 2π sec.

Axe OQ. Dem Sinne nach sucht sie wieder die Figurenaxe der Axe OL gleichsinnig parallel zu stellen, wirkt also nach der Seite der abnehmenden ϑ. Nach Gl. (I) des § 1 wird daher Gröſse und Sinn dieser Kreiselwirkung gegeben durch

$$-N\frac{d\psi}{dt}. \tag{4'}$$

Diese beiden Momente wirken wie äuſsere Bewegungsmomente und sind als solche auf der rechten Seite der Gleichung (1) bezw. (2) zuzufügen.

Noch sei bemerkt, daſs die Anwendung der Gl. (I) bei der Berechnung von (4′) nur so lange berechtigt ist, als der Winkel zwischen OF und OL nahezu ein Rechter, also ϑ klein ist. Die genauere Gl. (II) würde statt (4′) den Wert $-N\cos\vartheta\frac{d\psi}{dt}$ ergeben (man beachte, daſs ϑ jetzt das Komplement des früheren ϑ bedeutet und daher sin durch cos zu ersetzen ist), der sich aber von (4′) nur um kleine Gröſsen höherer Ordnung unterscheidet. Ähnliches ist von der Berechnung der Kreiselwirkung (4) zu sagen, die eigentlich nicht um OL, sondern um die gemeinsame Senkrechte der Axen OQ und OF wirkt. Da diese mit OL den Winkel ϑ bildet, so würde zu (4) ebenfalls der Faktor $\cos\vartheta$ hinzutreten, der aber im Sinne der Methode der kleinen Schwingungen wiederum gleich 1 zu setzen ist. Schlieſslich kann man bemerken, daſs ein Ausschlag des Kreiselrahmens noch insofern auf die Schiffsbewegung Einfluſs nimmt, als er das Trägheitsmoment J desselben abändert. Aber abgesehen davon, daſs auch diese Änderung nur durch höhere Potenzen des als klein vorausgesetzten Winkels ϑ gemessen wird und daher nach der Methode der kleinen Schwingungen ebenfalls zu vernachlässigen ist, ist die Masse der Kreiselvorrichtung zu der des ganzen Schiffes so verschwindend, daſs dieser Einfluſs überhaupt nicht in Frage kommt.

Bei Hinzufügung von (4) und (4′) gehen nun die Gleichungen (1) und (2) in die folgenden *Bewegungsgleichungen für die freien Schwingungen des zusammengesetzten Systems Schiff und Kreisel* über:

$$J\frac{d^2\psi}{dt^2} + W\frac{d\psi}{dt} + QH\psi = +N\frac{d\vartheta}{dt},$$

$$j\frac{d^2\vartheta}{dt^2} + w\frac{d\vartheta}{dt} + qh\vartheta = -N\frac{d\psi}{dt}.$$

Wir haben also nunmehr ein *gekoppeltes* (simultanes) *System zweier linearer Differentialgleichungen mit konstanten Koeffizienten:*

$$\left\{\begin{aligned} &J\frac{d^2\psi}{dt^2} + W\frac{d\psi}{dt} - N\frac{d\vartheta}{dt} + QH\psi = 0,\\ &j\frac{d^2\vartheta}{dt^2} + w\frac{d\vartheta}{dt} + N\frac{d\psi}{dt} + qh\vartheta = 0.\end{aligned}\right. \tag{5}$$

Die Koppelung ist eine *Geschwindigkeitskoppelung*, weil sie durch Glieder mit den ersten Differentialquotienten vermittelt wird. Sie ist überdies *konservativer* Natur, da sie keinen Energieverlust, sondern nur eine Energieübertragung bewirken kann. Analytisch drückt sich dies durch die entgegengesetzte Gleichheit der „Koppelungskoeffizienten" $(+N, -N)$ in (5) aus und beweist sich durch Aufstellung der Energiegleichung wie folgt: Man multipliziere die beiden Gl. (5) bzw. mit $\frac{d\psi}{dt}$ und $\frac{d\vartheta}{dt}$; dann fallen in der Summe die Koppelungsglieder heraus, und es ergiebt sich:

$$\frac{1}{2}\frac{d}{dt}\left\{J\left(\frac{d\psi}{dt}\right)^2 + j\left(\frac{d\vartheta}{dt}\right)^2\right\} + \frac{1}{2}\frac{d}{dt}\left\{QH\psi^2 + qh\vartheta^2\right\}$$

$$= -W\left(\frac{d\psi}{dt}\right)^2 - w\left(\frac{d\vartheta}{dt}\right)^2.$$

Die beiden Glieder linker Hand bedeuten die Änderung der kinetischen und potentiellen Energie des Gesamtsystems. Die beiden Glieder rechter Hand können nach Lord Rayleigh als Dissipationsfunktion bezeichnet werden; sie sind allein durch die ursprünglichen Reibungsterme gegeben und von der Koppelung nicht beeinflußt.

Wir haben hier ebenso wie auf pag. 766 ein Beispiel für den von Kelvin eingeführten Begriff der *gyroskopischen Terme**); auch die Kelvin'sche Bezeichnung wird durch unseren Fall erläutert; unsere Koppelungsglieder sind Merkmale einer vorhandenen inneren Gyration des Systems, d. h. Kreiselwirkungen.

Wir kommen zur Integration des Systems (5). Diese geschieht in bekannter Weise durch den Ansatz:

$$\psi = Ae^{i\alpha t}, \quad \vartheta = ae^{i\alpha t}.$$

Die Gl. (5) liefern zwischen A, a, α die Bedingungen:

$$A(-J\alpha^2 + iW\alpha + QH) = +aiN\alpha$$

$$a(-j\alpha^2 + iw\alpha + qh) = -AiN\alpha$$

oder

(6) $$\frac{A}{a} = \frac{+iN\alpha}{-J\alpha^2 + iW\alpha + QH} = \frac{-j\alpha^2 + iw\alpha + qh}{-iN\alpha}.$$

Für α ergiebt sich also die Gleichung vierten Grades:

(7) $$(J\alpha^2 - iW\alpha - QH)(j\alpha^2 - iw\alpha - qh) = N^2\alpha^2.$$

Ihren vier Wurzeln α_1, α_2, α_3, α_4 entsprechen nach (6) vier Verhält-

---

*) Vgl. den Zusatz am Schlufs des § 4.

nisse der Gröfsen $A_1 : a_1$, $A_2 : a_2$, $A_3 : a_3$, $A_4 : a_4$. Die allgemeine Lösung der Gl. (5) schreibt sich nun:

$$(8)\qquad \begin{cases} \psi = A_1 e^{i\alpha_1 t} + A_2 e^{i\alpha_2 t} + A_3 e^{i\alpha_3 t} + A_4 e^{i\alpha_4 t}, \\ \vartheta = a_1 e^{i\alpha_1 t} + a_2 e^{i\alpha_2 t} + a_3 e^{i\alpha_3 t} + a_4 e^{i\alpha_4 t}. \end{cases}$$

Von den hier vorkommenden 8 Koeffizienten bleiben 4 nach Gl. (6) willkürlich; sie genügen, die allgemeine Lösung einem willkürlichen Anfangszustande anzupassen.

(Zum Zwecke einer späteren Anwendung wollen wir hier ein Beispiel mit einem speziell gewählten Anfangszustande näher ausführen.

a) Wir denken uns das Schiff zu Anfang um seine Längsaxe um einen Winkel ψ_0 ausgedreht, den Kreisel aber ruhend in seiner vertikalen Gleichgewichtslage. Die Anfangsbedingungen für $t = 0$ lauten dann:

$$\psi = \psi_0; \quad \frac{d\psi}{dt} = \vartheta = \frac{d\vartheta}{dt} = 0.$$

Wir wollen hier von der Dämpfung absehen, also $w = W = 0$ setzen. Dann wird nach (7): $\alpha_3 = -\alpha_1$, $\alpha_4 = -\alpha_2$ und man erkennt leicht, dafs die entsprechende Lösung sich aus (6) und (8) ergiebt zu*):

$$\psi = A_1 \cos\alpha_1 t + A_2 \cos\alpha_2 t,$$
$$\vartheta = a_1 \sin\alpha_1 t + a_2 \sin\alpha_2 t,$$

wobei noch:

$$(8')\qquad a_1\alpha_1 + a_2\alpha_2 = 0, \quad A_1 + A_2 = \psi_0.$$

Mittels (6) und (8′) folgt dann das Verhältnis, in dem die beiden Schwingungen zu der Schiffsbewegung beitragen:

$$(8'')\qquad \left|\frac{A_1}{A_2}\right| = \frac{(j\alpha_1^2 - qh)\cdot(QH - J\alpha_2^2)}{N^2\alpha_1^2}.$$

b) Hätten wir umgekehrt anfangs das Schiff in Ruhe angenommen und den Kreiselrahmen um einen Winkel ϑ_0 gedreht, so erhielten wir ganz analog die Darstellung:

$$(8''')\qquad \begin{cases} \psi = A_1 \sin\alpha_1 t + A_2 \sin\alpha_2 t, \\ \vartheta = a_1 \cos\alpha_1 t + a_2 \cos\alpha_2 t, \\ A_1\alpha_1 + A_2\alpha_2 = 0, \quad a_1 + a_2 = \vartheta_0, \\ \left|\dfrac{a_2}{a_1}\right| = \dfrac{(j\alpha_1^2 - qh)(QH - J\alpha_2^2)}{N^2\alpha_2^2}. \end{cases}$$

Wir verstehen nun unter α_1 die Wurzel, die, bei verschwindender Koppelung, in die Frequenz der freien Schiffsschwingung, unter α_2 diejenige, die in die Frequenz der freien Kreiselpendelung übergeht (s. Gl. (3)) und unterscheiden diese beiden Schwingungen als „Haupt-

*) Vgl. die ähnliche Darstellung der durch einen Anstoß abgeänderten, aufrechten Kreiselbewegung, pag. 368.

schwingung“ und „Nebenschwingung“. Schliefsen wir den Fall der Resonanz zwischen beiden Schwingungen aus, nehmen also $QH/J \neq qh/j$ an, so folgt in dem Falle *a*, dafs wegen des grofsen Trägheitsmomentes J bei allen praktisch erreichbaren Impulsen die Amplitude A_1 bedeutend über A_2 überwiegt, und umgekehrt im Falle *b* die Amplitude a_2 über a_1, während im ersten Fall das Verhältnis a_2/a_1, im zweiten das Verhältnis A_1/A_2 verhältnismäfsig wenig von der Einheit abweicht. Gab also (Fall *a*) das Schiff den Anlafs zu den Schwingungen, so überwiegt in der Schiffsbewegung der Anteil der Hauptschwingung, während sich auf den Kreisel beide Schwingungen etwa gleichmäfsig verteilen. Das entsprechend vertauschte Verhalten zeigt sich, wenn (Fall *b*) der Kreisel den Anstofs zu den Schwingungen giebt.

Andrerseits ist nach Formel (6), z. B. für die Nebenschwingung:

$$\left|\frac{A_2}{a_2}\right| = \left|\frac{N\alpha_2}{-J\alpha_2^{\,2} + QH}\right| \ll 1;$$

also wird (Fall *b*), ausgenommen bei naher Resonanz, die vom Kreisel auf das Schiff übertragene Nebenschwingung hier nur kleine Amplituden annehmen. Die entsprechende Formel im Falle *a* lautet bei der vom Schiff auf den Kreisel übertragenen Hauptschwingung

$$\left|\frac{a_1}{A_1}\right| = \left|\frac{N\alpha_1}{-j\alpha_1^{\,2} + qh}\right|;$$

hier sind an Stelle der Gröfsen J, QH die viel kleineren j, qh getreten, so dafs das Verhältnis a_1/A_1 bei der Hauptschwingung für die praktisch vorkommenden Werte von N erheblich wird.

Da wir nun oben fanden, dafs bei den vom Schiff oder Kreisel angeregten Schwingungen je an den dem anderen Freiheitsgrad „induzierten“ Schwingungen beide Frequenzen etwa gleichmäfsig beteiligt sind, so ist das Ergebnis, das auch durch die Erfahrung bestätigt wird, folgendes: a) Das Schiff kann durch eine ursprüngliche Rollbewegung den Kreisel verhältnismäfsig stark anregen, b) dagegen können auch grofse Kreiselpendelungen das Schiff nur wenig zum Schwingen bringen, außer im Resonanzfalle, in welchem daher für genügende Abbremsung der Nebenschwingung zu sorgen sein wird.)

Die eingehende numerische Diskussion der Gl. (7) wird uns im folgenden Paragraphen beschäftigen. Um sie vorzubereiten, ist es nötig, die Gleichung so umzuschreiben, dafs darin nur *unbenannte Zahlen* vorkommen. Man kann etwa folgendermafsen vorgehen:

α_0 sei die durch (3) bestimmte Frequenz der reibungsfreien ungekoppelten Schiffsschwingungen:

$$\alpha_0^{\,2} = \frac{QH}{J} \quad \text{und} \quad \beta = \frac{\alpha}{\alpha_0}; \tag{9}$$

ferner sei v das Verhältnis der Frequenz der reibungsfreien ungekoppelten Kreiselschwingungen*) zu derjenigen der Schiffsschwingungen:

(9′) $$v^2 = \frac{qh}{j} : \frac{QH}{J} \quad \text{also} \quad \frac{qh}{j} = v^2 \alpha_0^2.$$

Führt man noch die ebenfalls unbenannten Abkürzungen**) ein:

(9″) $$K = \frac{W}{J\alpha_0}, \quad k = \frac{w}{j\alpha_0}, \quad n^2 = \frac{N^2}{Jj\alpha_0^2},$$

so ergiebt sich aus (7) für die nunmehrige dimensionslose Unbekannte β die Gleichung:

(10) $$(\beta^2 - iK\beta - 1)(\beta^2 - ik\beta - v^2) = n^2\beta^2.$$

Von den hier eingeführten Zahlen mifst n die Kreiselwirkung, k die Bremswirkung, K die ursprüngliche Dämpfung der Schiffsschwingungen, wobei K im Verhältnis zu k unter Umständen vernachlässigt werden kann. Dem Frequenzverhältnis v werden wir insbesondere auch den Wert 1 geben, in welchem Falle die ursprüngliche Schiffs- und Pendelschwingung in Resonanz stehen. Für $n = 0$ fallen die Wurzeln β in zwei Paare auseinander, die der ungekoppelten Schiffs- und Pendelschwingung entsprechen. Wir werden zu untersuchen haben, wie sich diese Paare bei wachsendem n und geeignet angenommenem k stetig verändern. Der aus der ungekoppelten ursprünglichen Schiffsschwingung herauswachsende Schwingungsmodus, den wir als „Hauptschwingung“ bezeichneten, wird dabei an Dämpfung und unter günstigen Verhältnissen auch an Schwingungsdauer zunehmen, wie es zu Anfang dieses Paragraphen als wünschenswert gefordert wurde.

Indessen sind es nicht die *freien Schwingungen* von Schiff und Schiffskreisel, die uns in Rücksicht auf die Praxis in erster Linie interessieren, sondern die durch den Seegang *erzwungenen Schwingungen.* Der Bruchteil, auf den die Amplitude der letzteren durch den Kreisel herabgesetzt werden kann, liefert den einfachsten, wenn auch nicht den einzigen Mafsstab für die Wirksamkeit der Konstruktion.

Wir schreiben zunächst die Bewegungsgleichung des Schiffes bei festgestelltem Kreiselrahmen auf bewegter See hin. Hierzu führt

---

*) Von einem Verhältnis der Schwingungsfrequenzen kann natürlich nur die Rede sein, solange beide Schwingungen periodisch erfolgen. Dagegen behält unsere allgemeine in Gl. (9′) enthaltene Definition auch im aperiodischen Falle ihren Sinn. Wenn v weiterhin trotzdem vielfach kurz als Frequenzverhältnis bezeichnet wird, so ist dieses für die aperiodischen Fälle im übertragenen Sinne zu verstehen und auf die eigentliche Definition (9′) zurückzugreifen.

**) Die Dämpfungskonstante K hat natürlich nichts mit der sonst so bezeichneten Kreiselwirkung K zu thun.

folgende überschlägliche Überlegung*): Während auf glatter See das aufrichtende Moment die Mittelebene des Schiffes in die Vertikale einzustellen strebt und daher (s. Gl. (1)) dem Winkel ψ selbst proportional zu setzen ist, wirkt es auf bewegter See dahin, jene Ebene in eine gegen die Vertikale geneigte Richtung hineinzudrehen, die etwa senkrecht gegen die gewellte Wasseroberfläche steht, jedenfalls aber in derselben Periode wie diese und in einem von der Wellenamplitude abhängigen Betrage um die Vertikale schwankt. Das aufrichtende Moment ist jetzt proportional $\psi - \psi_0$ zu setzen, wenn ψ_0 die variable Neigung der genannten Gleichgewichtslage des Schiffes gegen die Vertikale bedeutet. Wir tragen also in dem dritten Term der Gl. (1) $\psi - \psi_0$ an Stelle von ψ ein, während wir den ersten und zweiten Term ungeändert beibehalten. (Die Trägheitswirkung des rollenden Schiffes ist ja nach wie vor allein durch die Beschleunigung des Schiffes, der Wasserwiderstand wenigstens der Hauptsache nach durch die Drehgeschwindigkeit des Schiffes gegen die ganze Wassermasse, nicht wesentlich gegen seine wechselnde Oberfläche bestimmt.) Gl. (1) geht dabei über in

$$J\frac{d^2\psi}{dt^2} + W\frac{d\psi}{dt} + QH(\psi - \psi_0) = 0.$$

Wir nehmen einen regelmäfsigen harmonischen Zug von Wasserwellen an, den wir uns seitlich gegen das Schiff heranrollen denken. Sei ω die Frequenz der Wellen (gleich 2π geteilt durch die Schwingungsdauer), so kann ψ_0 proportional $\cos\omega t$ und daher

$$J\frac{d^2\psi}{dt^2} + W\frac{d\psi}{dt} + QH\psi = C\cos\omega t \tag{11}$$

gesetzt werden. Die Wellung der Wasseroberfläche wirkt also wie ein äufseres Moment $C\cos\omega t$ auf das Schiff ein, welches in der Periode der Wellen wechselt; seine Amplitude C wächst mit der Amplitude der Wasserwellen. Im Allgemeinen ist die Wasserform natürlich keine regelmäfsige Sinus- oder Cosinuslinie. Wir können sie aber immer für eine beliebige Zeitdauer in eine Reihe solcher zerlegen und jede einzelne für sich behandeln.

Ebenso wie aus der Gl. (1) die Gl. (11) durch Hinzufügung des Gliedes $C\cos\omega t$ entsteht, erhalten wir aus den Gleichungen (5) für die freien Schwingungen unseres gekoppelten Systems die folgenden *Differentialgleichungen***) *für die durch den Seegang erzwungenen Schwingungen* desselben:

---

*) Wegen näherer Ausführungen und Litteraturangaben vgl. Encykl. d. Math. Wiss. IV, Art. Kriloff und Müller 22, Nr. 4d.

**) Im Anschlufs an pag. 796 weisen wir darauf hin, dafs diese Gleichungen mit $W = w = H = h = 0$ übergehen in die Gleichungen (IVb) und (IVe) des § 1, wenn wir dort speziell $\Psi = C\cos\omega t$ setzen.

$$(12)\qquad \begin{cases} J\dfrac{d^2\psi}{dt^2} + W\dfrac{d\psi}{dt} - N\dfrac{d\vartheta}{dt} + QH\psi = C\cos\omega t, \\ j\dfrac{d^2\vartheta}{dt^2} + w\dfrac{d\vartheta}{dt} + N\dfrac{d\psi}{dt} + qh\vartheta = 0, \end{cases}$$

indem ja weder an der Bewegung des Kreiselrahmens noch an seiner Kreiselwirkung durch das äufsere Moment direkt etwas geändert wird.

Auch die Integration dieses Gleichungssystems geschieht nach einem wohlbekannten Schema, bei dem wir ebenso wie oben am besten komplex rechnen.

Wir schreiben

$$\psi = Ae^{i\omega t}, \quad \vartheta = ae^{i\omega t}$$

und ersetzen auch die rechte Seite der ersten Gl. (12) durch den komplexen Ausdruck

$$Ce^{i\omega t}.$$

Bestimmt man dann die komplexen Koeffizienten A, a durch die aus (12) folgenden Bedingungen:

$$(13)\qquad \begin{cases} A(-J\omega^2 + iW\omega + QH) - iaN\omega = C, \\ a(-j\omega^2 + iw\omega + qh) + iAN\omega = 0, \end{cases}$$

so genügt nicht nur unser komplexer Ansatz den durch Eintragen von $e^{i\omega t}$ an Stelle von $\cos\omega t$ modifizierten Gl. (12), sondern zugleich der reelle Teil desselben den ursprünglichen Gleichungen. Aus (13) folgt:

$$(14)\qquad \begin{cases} A = C\dfrac{-j\omega^2 + iw\omega + qh}{(-J\omega^2 + iW\omega + QH)(-j\omega^2 + iw\omega + qh) - N^2\omega^2}, \\ a = C\dfrac{-iN\omega}{(-J\omega^2 + iW\omega + QH)(-j\omega^2 + iw\omega + qh) - N^2\omega^2}. \end{cases}$$

Bildet man den absoluten Betrag dieser Gröfsen, so hat man die Amplitude, bildet man das Verhältnis des imaginären und reellen Teiles und geht zum Arcus-Tangens über, so hat man die Phase der durch den Seegang erzwungenen Schiffs- und Kreiselschwingung.

Aus dieser partikulären Lösung von (12) erhält man die allgemeine, wenn man ihr die allgemeine Lösung (8) der Differentialgleichungen der freien Schwingungen superponiert. Indem letztere stets gedämpft, beim Schiffskreisel sogar absichtlich abgebremst sind, bleibt bei einem regelmäfsigen Wellenzuge nach kurzer Zeit nur noch unsere erzwungene Schwingung übrig, deren Amplitude uns also ein einfaches Mafs für die Wirksamkeit des Schiffskreisels liefert. Dafs diese, wie wir sagten, nicht das einzige Mafs ist, leuchtet ebenfalls ein. Es mufs die weitere Bedingung hinzukommen, dafs die freien Schwingungen, die bei dem nach Amplitude, Phase und Periode unregelmäfsigen Charakter des Seegangs immer wieder neu erzeugt werden, hinreichend schnell abgedämpft werden. Andernfalls würde unter den wirklich obwaltenden Verhältnissen ein Endzustand, wie er durch unsere erzwungenen Schwingungen dargestellt wird, gar nicht erreicht werden.

Bei der Diskussion des folgenden Paragraphen werden wir daher gleichzeitig die beiden Punkte ins Auge zu fassen haben: Amplitude der erzwungenen Schwingung, Gl. (14), Dämpfung und Schwingungszahl der freien Schwingung, Gl. (10). Zur Vorbereitung mögen hier die Werte (14) in unbenannte Form umgeschrieben werden. Aufser den in den Gl. (9) definierten Gröfsen werden wir dabei die Abkürzungen benutzen:

$$(9''') \qquad \gamma = \frac{\omega}{\alpha_0}, \quad c = -\frac{C}{J\alpha_0^2},$$

so dafs γ das Verhältnis der Wellenfrequenz zur Eigenfrequenz des Schiffes bezeichnet. Dann ist (14) gleichbedeutend mit

$$(15) \qquad \begin{cases} \dfrac{A}{c} = \dfrac{\gamma^2 - ik\gamma - v^2}{(\gamma^2 - iK\gamma - 1)(\gamma^2 - ik\gamma - v^2) - n^2\gamma^2}, \\[2ex] \dfrac{a}{c} = \sqrt{\dfrac{J}{j}}\, \dfrac{in\gamma}{(\gamma^2 - iK\gamma - 1)(\gamma^2 - ik\gamma - v^2) - n^2\gamma^2} \end{cases}$$

und daher das Quadrat des Amplitudenverhältnisses $\dfrac{|A|}{|c|}$:

$$(16) \qquad \left|\frac{A}{c}\right|^2 = \frac{(\gamma^2 - v^2)^2 + k^2\gamma^2}{[(\gamma^2-1)(\gamma^2-v^2) - (kK + n^2)\gamma^2]^2 + [k\gamma(\gamma^2-1) + K\gamma(\gamma^2 - v^2)]^2}.$$

Einschaltungsweise bestätigen wir auch an dieser Formel die mehrfach hervorgehobene Thatsache, dafs der festgestellte Kreisel völlig unwirksam wird, dafs sich nämlich für $k = \infty$ derselbe Wert von A wie für $n = 0$ ergiebt, welcher A_0 heifsen möge.

Im Allgemeinen wird man die Schiffsreibung K gegenüber der durch die Bremse gesteigerten Reibung des Kreiselrahmens vernachlässigen und also Gl. (16) ersetzen können durch:

$$(17) \qquad \left|\frac{A}{c}\right|^2 = \frac{(\gamma^2 - v^2) + k^2\gamma^2}{[(\gamma^2-1)(\gamma^2-v^2) - n^2\gamma^2]^2 + k^2\gamma^2(\gamma^2-1)^2}.$$

Für das Schiff ohne Kreisel aber darf die Dämpfung K nicht unterdrückt werden, weil sonst im Fall der Resonanz zwischen Schiffsschwingung und Welle die Amplitude der erzwungenen Schiffsschwingung beständig anwachsen würde, was nur durch die Dämpfung vermieden wird.

Wir werden zu zeigen haben, dafs sich bei den in der Praxis vorliegenden Verhältnissen aus (16) oder (17) ein Wert $|A| < |A_0|$ berechnet, dafs also, wie es am Anfang dieses Paragraphen gefordert wurde, die Amplitude der erzwungenen Schwingungen durch den Schiffskreisel im Allgemeinen heruntergesetzt wird. Als wirksamen Faktor werden wir hierbei die Gröfse n, also die Stärke des Kreiselimpulses erkennen, während die Dämpfung k hier im umgekehrten Sinne, also gegen die Herabsetzung der Amplitude, wirkt. Wir können im Grofsen und Ganzen sagen: *Bei den erzwungenen Schwingungen erweist sich die Trägheitswirkung, bei den freien die Reibungswirkung des Schiffskreisels als mafsgebend.*

Wir fügen einige Angaben über die Litteratur des Schiffskreisels an. Die Differentialgleichungen der freien Schwingungen wurden zuerst von H. Lorenz*), jedoch ohne Berücksichtigung der Bremswirkungen, aufgestellt und diskutiert. Fast gleichzeitig veröffentlichte A. Föppl**) eine eingehende, auch numerische Untersuchung der freien Schwingungen, bei der er nachdrücklich auf die wichtige Rolle der Bremsung hinwies. Die zusammenfassende Darstellung, die Föppl im 6. Bande seiner Vorlesungen über technische Mechanik giebt, ist uns erst bei der Korrektur bekannt geworden. Wir hoffen, dafs unsere in analytischer Hinsicht etwas weitergehende Darstellung die auf besonderer Sachkenntnis und eigener Anschauung beruhende Föppl'sche Behandlung zweckmäfsig ergänzen möge. Einen Ansatz für die erzwungenen Schwingungen giebt Malmström.***)

Schlick selbst beschreibt seine Konstruktion aufser in einigen kleineren Mitteilungen†) in einem Vortrag vor der Schiffbautechnischen Gesellschaft††), in dem auch die Grundlagen der Theorie und die praktischen Ergebnisse besprochen werden.

Die letzteren werden wir in § 6 darstellen; zu ihrem Verständnis müssen wir zunächst in etwas umständliche Diskussionen der Gl. (15) für die erzwungenen und (10) für die freien Schwingungen eintreten.

Unsere Kreiselwirkungen (4) und (4') in den Schwingungsgleichungen sind Beispiele von „gyroskopischen Gliedern". Man denke sich ein mechanisches System von beliebig vielen nicht-cyklischen Freiheitsgraden ψ, ϑ, ... und beliebigen cyklischen Bewegungen nach Art umlaufender Schwungräder φ, χ ... Ihre Trägheitswirkungen machen sich in den Gleichungen der ψ, ϑ ... durch Zusatzglieder, die „gyroskopischen Terme", bemerklich (vgl. den Zusatz zu § 1, IV, pag. 771), welche die Bewegungen der ψ, ϑ ... miteinander verkoppeln. Bei kleinen Schwingungen sind sie linear in den nicht-cyklischen Geschwindigkeiten

---

*) Physikal. Zeitschr. 5 (1903) pag. 27.

**) Zeitschr. d. Vereins deutscher Ing. 48 (1904) p. 478 und pag. 983.

***) Acta Societatis Fennicae, t. 35, 1907.

†) Zeitschr. d. Vereins deutscher Ing. 50 (1906) pag. 1466 und 1929.

††) Jahrbuch der Schiffbautechnischen Gesellschaft 1909, Nr. X. Vgl. auch Institution of Naval Architects, März 1904, mit einem theoretischen Anhang von A. Föppl.

mit Koeffizienten N, M, . . ., welche von den cyklischen Impulsen abhängen. Daher ergiebt sich als allgemeine Form dieser Terme $N\psi' + M\vartheta' + \cdots$. Charakteristisch ist nun, daß in der Beschleunigungsgleichung für ψ der Koeffizient von ψ' verschwindet, derjenige von ϑ' entgegengesetzt gleich ist dem Koeffizienten von ψ' in der Beschleunigungsgleichung für ϑ. Das Koeffizientenschema dieser Terme ist also, wie man sich ausdrückt, ein „schiefes". Es ist wie pag. 801 leicht zu sehen, dafs daher die Energiegleichung durch die gyroskopischen Terme überhaupt nicht beeinflufst wird. (Vgl. Natural Philosophy I, Art. 345 VII.)

Die Diskussion des Schiffskreisels als eines Systems gekoppelter Schwingungen hat eine weitergehende Bedeutung für alle diejenigen Aufgaben der Physik, die ihren Ausdruck in der Betrachtung gekoppelter Schwingungen finden; wir erinnern z. B. an den Zeeman-Effekt. Die Schwingungsdauer von Lichtwellen wird bekanntlich verändert, wenn die Lichtquelle in ein Magnetfeld gebracht wird. Man denkt sich in der Lichtquelle Systeme von Elektronen, so dafs jedes System eine Anzahl freier Schwingungen besitzt, analog zu unserer freien Schiffs- und Kreiselschwingung. Das System ist also zunächst durch eine Anzahl von Schwingungsgleichungen charakterisiert. Im Magnetfeld wird nun auf jedes Elektron eine auf seiner Bewegungsrichtung senkrechte, also konservative Kraft ausgeübt, so dafs auch die Gesamtenergie durch das Magnetfeld nicht verändert werden kann. Die Kraft ist erfahrungsmäfsig von der Geschwindigkeit des Elektrons und den Komponenten des Magnetfeldes bilinear abhängig. Diese beiden Bedingungen führen aber dazu (vgl. oben), dafs sich das Magnetfeld in den Schwingungsgleichungen durch den Zusatz „gyroskopischer Terme" bemerkbar macht. An Stelle der cyklischen Impulse treten jetzt die Komponenten der Feldstärke H, die Schwingungsgleichungen nehmen also die Form an:

$$m_i \frac{d^2 \xi_i}{dt^2} + f_i \xi_i = \sum h_{ik} \frac{d\xi_k}{dt},$$

$$h_{ik} = -h_{ki}, \quad h_{ii} = 0,$$

wobei sich die h linear durch den Vektor H ausdrücken. Wie beim Schiffskreisel nach Gl. (10) die Beeinflussung der Schwingungen vom Parameter n^2 abhängt, so wird hier die „Verschiebung der Spektrallinien" von H^2 abhängen, also sehr klein sein bei kleinem H. Nur wenn die beiden freien Schwingungen in Resonanz standen, also im Fall $v^2 = 1$, erhalten wir, bei Absehen von der Dämpfung, aus (10):

$$\beta^2 - 1 = \pm n\beta, \quad \pm\beta = 1 \pm \frac{n}{2} + \cdots$$

also eine Beeinflussung der Schwingungen, die von der ersten Potenz n abhängt. Entsprechend wurde die magnetische Verschiebung der Spektrallinien von Zeeman zuerst in Fällen zusammenfallender Schwingungsfrequenzen (D-Linie) nachgewiesen. Ähnlich werden wir beim Schiffskreisel (vgl. pag. 819) das Zusammenfallen der Frequenzen von Schiffsschwingung und Kreiselschwingung in gewissem Sinne als günstigsten Fall erkennen, d. h. als denjenigen Fall, in dem der Kreisel in einer Hinsicht die Schiffsschwingung am stärksten beeinflufst. Für nähere Ausführungen vgl. Encykl. d. math. Wiss. Bd. V 3, Art. 22 (Lorentz, Magnetooptische Phänomene) Nr. 31—43.

§ 5. Spezielle Diskussion der Wirkung des Schiffskreisels.

A. Erzwungene Schwingungen.

Die nähere Diskussion der im vorigen Paragraphen aufgestellten Ansätze beginnen wir mit der Besprechung der durch den Schiffskreisel beeinflufsten, vom Seegang erzwungenen Schwingungen.

Wenn wir vorerst die durch die Reibung im Wasser veranlafste Dämpfung K gegenüber der durch die Bremse bewirkten Dämpfung k vernachlässigen, so wird das Verhältnis der Amplitude A der erzwungenen Schiffsschwingung zu der Gröfse c, die die Amplitude der erregenden Welle mifst, nach Gl. (17):

$$\left|\frac{A}{c}\right|^2 = \frac{(\gamma^2 - v^2)^2 + k^2\gamma^2}{[(\gamma^2 - 1)(\gamma^2 - v^2) - n^2\gamma^2]^2 + k^2\gamma^2(\gamma^2 - 1)^2}. \tag{17}$$

Die Beeinflussung der Amplitude, wie überhaupt des Schwingungsverlaufes, werden wir wesentlich nur als von den folgenden drei dimensionslosen Gröfsen abhängig betrachten:

dem Verhältnis der Frequenz der Welle zu der der freien, ungedämpften Schiffsschwingung, γ;

der Gröfse k, die die Dämpfung der Kreiselschwingung mifst;

der Gröfse n, dem Mafs für den dem Kreisel erteilten Impuls.

Für den Parameter v kommt in Betracht, ob er kleiner oder gröfser als 1 gewählt ist, ob also die freie Kreiselpendelung langsamer oder schneller als die Schiffsschwingung verläuft. Durch die Aufhängung des Kreisels kann v leicht variiert werden und wird zu 0, wenn er im Schwerpunkt unterstützt ist.

Ohne vorerst auf numerische Diskussionen einzugehen, sei nur bemerkt, dafs die freie Schwingungsdauer eines Schiffes je nach der Gröfse desselben zwischen sehr weiten Grenzen schwankt. Das Gleiche gilt von der Periode der Wellen, die zwar im Allgemeinen erfahrungsgemäfs für ein bestimmtes Meer einen bekannten mittleren Wert annimmt, aber beträchtlich um diesen schwankt und sich bedeutend von Meer zu Meer ändert. Aufserdem müssen wir, wie schon erwähnt, an eine Übereinanderlagerung mehrerer harmonischer Wellenzüge denken. Umsomehr wird das Verhältnis der beiden Frequenzen variieren, und es wird auch im praktischen Interesse berechtigt, für die Diskussion γ^2 als von 0 bis ∞ veränderlich zu betrachten.

Im Interesse der analytischen Diskussion werden wir auch zeitweilig $k^2 = 0$ annehmen. Thatsächlich kann dieser Wert nicht erreicht werden, da, auch abgesehen von der Anbringung der hydraulischen

Bremse, die Lagerreibung an dem schweren Kreisel immer eine sehr beträchtliche ist.

Eine obere Grenze für n^2 endlich ist nur durch technische Schwierigkeiten gegeben.

Für die graphische Darstellung der Funktion $\left|\frac{A}{c}\right|^2 = f(\gamma^2, k^2, n^2)$ wollen wir γ^2 als unabhängige Variable wählen, die Gröfsen k^2, n^2 werden dann als Parameter je eines Kurvensystems aufzufassen und aufserdem wird $v^2 \gtrless 1$ zu unterscheiden sein. Bei unserer Wahl der unabhängigen Variabeln γ^2 haben wir den Vorteil, an die bekannten Resonanzkurven aus der Theorie der erzwungenen Schwingungen anknüpfen zu können.

1. Abhängigkeit vom Impuls, Bremsung Null. Für $n = 0$, den Fall, in dem der Kreisel nicht auf das Schiff einwirkt, fallen natürlich in dem Ausdruck (17), alle Glieder fort, die von der Koppelung mit dem Kreisel herrühren, und es bleibt:

$$\left|\frac{A_0}{c}\right|^2 = \frac{1}{(\gamma^2 - 1)^2}, \tag{18}$$

d. h. der einfachste Fall einer Resonanzkurve ohne Dämpfung. Dabei ist mit A_0 die zu $n = 0$ gehörige Amplitude bezeichnet; in gleicher Weise werde die zu einem beliebigen Wert n gehörige Amplitude A_n genannt. Die Amplitude A_0 wächst in der Nähe von $\gamma = 1$, d. h. wenn die Welle in Resonanz mit der freien Schiffsschwingung steht, stark an, bleibt aber doch vermöge der hier vernachlässigten Wasserdämpfung K auch für $\gamma = 1$ endlich.

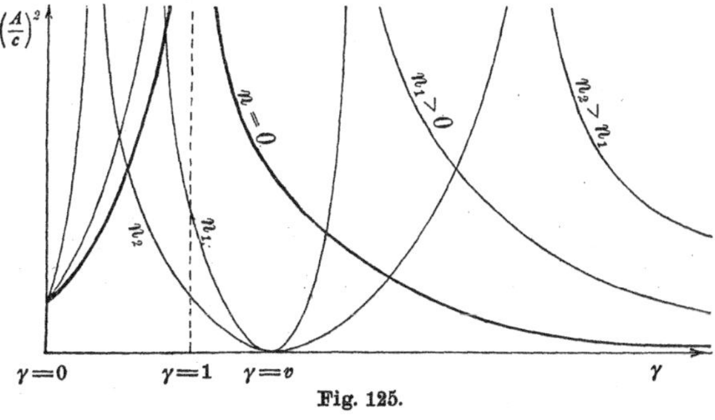

Fig. 125.

Wir lassen die in Fig. 125 und 127 stark ausgezogene „Grundkurve" (18) nun mit wachsendem n^2 sich stetig verändern, unter Vorgabe eines festen Wertes von v^2. Für die Grenzen $\gamma = 0$ und $\gamma = \infty$ kann durch die Koppelung mit dem Kreisel keine Veränderung eintreten. Denn für die unendlich lange Periode der Wellen, $\gamma = 0$, tritt an Stelle der erzwungenen Schwingung die auf pag. 805 bezeichnete Gleichgewichtslage, unabhängig davon, ob der Kreisel rotiert oder nicht. In Übereinstimmung damit wird das mit n^2 behaftete Glied in (17) für $\gamma = 0$ selbst 0, so dafs sich stets ergiebt: $\left|\frac{A_n}{c}\right|^2 = 1$ für $\gamma = 0$.

Die unendlich rasche Schwingung, $\gamma = \infty$, kann bei rotierendem Kreisel ebensowenig eine erzwungene Schwingung anregen, wie bei stillstehendem, so dafs sich aus (17) für $\gamma = \infty$ ebenfalls unabhängig von n ergiebt: $\left|\frac{A_n}{c}\right| = 0$. Die sämtlichen Kurven des zu variablem n gehörigen Kurvensystems (Fig. 125) gehen daher von dem Punkt: $\gamma = 0$, $\left|\frac{A_n}{c}\right|^2 = 1$ aus und berühren bei $\gamma = \infty$ asymptotisch die γ-Axe.

Im vorigen Paragraphen fanden wir, dafs durch die Koppelung mit dem Kreisel an Stelle der einen freien Schiffsschwingung nun zwei freie Schwingungen treten, von denen die eine aus der ursprünglichen freien Schiffschwingung, die andere aus der auf das Schiff übertragenen Kreiselschwingung entsteht. Resonanzerscheinungen werden auftreten, wenn die Periode der Welle mit einer dieser beiden Perioden übereinstimmt.

In der That ist der Nenner in dem Ausdruck (17), der für $k = 0$ übergeht in:

$$(19) \qquad \left|\frac{A_n}{c}\right| = \frac{(\gamma^2 - v^2)}{[(\gamma^2 - 1)(\gamma^2 - v^2) - n^2\gamma^2]},$$

diejenige quadratische Funktion von γ^2, die nach Gl. (10) (pag. 804) verschwindet, wenn die Frequenz der Welle mit einer der Frequenzen des gekoppelten Systems zusammenfällt. Dafs dieser Nenner:

$$y = (\gamma^2 - 1)(\gamma^2 - v^2) - n^2\gamma^2$$

immer zwei positiv reelle Nullstellen, das System also zwei rein periodische Schwingungen hat, sieht man so: Im Fall $n = 0$ ist der Nenner für $\gamma^2 = 0$ und $\gamma^2 = \infty$ positiv und hat die zwei Nullstellen:

$$\gamma^2 = 1 \quad \text{und} \quad \gamma^2 = v^2.$$

Nimmt n^2 zu, so bleibt der Wert des Nenners für $\gamma^2 = 0$ unverändert, für $\gamma^2 > 0$ nimmt er ab, wird aber wieder positiv für genügend grofses γ, so dafs immer zwei positive Nullstellen bleiben (vgl. Fig. 126). Und zwar rückt die kleinere der beiden Nullstellen beständig in der Richtung des abnehmenden, die gröfsere in der Richtung des wachsenden γ^2, folglich wird schliefslich für $n^2 = \infty$ die kleinere Nullstelle zu $\gamma = 0$, die gröfsere zu $\gamma = \infty$.

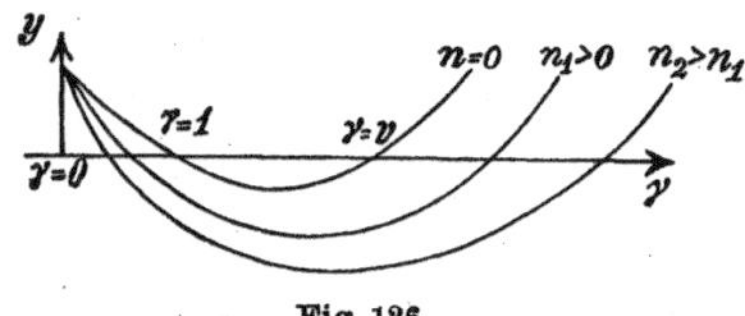

Fig. 126.

Wächst also n^2 von 0 zu positiven Werten, so geht die Grundkurve ($n = 0$) der Fig. 125 in eine Kurve mit zwei Unendlichkeitsstellen über, von denen die eine nahe bei der schon vorher vorhandenen Unendlichkeitsstelle $\gamma^2 = 1$ liegt, während die andere in der Nähe der Stelle

$\gamma^2 = v^2$ entsteht. An der Stelle $\gamma^2 = v^2$ selbst erhält aber auch der Zähler in dem Ausdruck (19) eine Nullstelle, so daſs also die Amplitude $|A|$ immer dann verschwindet, wenn die Welle in Resonanz mit der freien, unveränderten Kreiselschwingung steht. Im Falle $n^2 = 0$ hatten sich die Unendlichkeitsstelle und Nullstelle von $|A|$ bei $\gamma^2 = v^2$ gegenseitig zerstört.

2. Fallunterscheidung $v^2 \gtrless 1$. Es sei die aus $\gamma = 1$ entstehende Unendlichkeitsstelle mit γ_1, die aus $\gamma = v$ entstehende mit γ_2 bezeichnet; wir unterscheiden nun die zwei Fälle: $v^2 > 1$ (Fig. 125) und $v^2 < 1$ (Fig. 127), je nachdem die Periode der freien Kreiselschwingung kürzer oder länger als die der freien Schiffsschwingung ist. Es sei hier vorläufig bemerkt, daſs sich diese Unterscheidung auch später bei der Diskussion der freien Schwingungen als wesentlich erweisen wird.

Nach der Bemerkung zur Fig. 126 ist im ersten Fall $\gamma_1^2 < 1$, $\gamma_2^2 > v^2$. Die Amplitude wächst daher von ihrem Anfangswert $|A/c| = 1$ für $\gamma = 0$ an und wird für den Wert $\gamma^2 = \gamma_1^2$ unendlich. Dieser ist um so kleiner, liegt also um so weiter von dem ursprünglichen Pol $\gamma^2 = 1$ ab, je gröſser der Eigenimpuls des Kreisels ist. Von $\gamma = \gamma_1$ ab nimmt die Amplitude ab und wird zu 0 an der Stelle $\gamma = v$, wo die Kurve in Fig. 125 die γ-Axe berührt. Die Amplitude wächst wieder für gröſseres γ und wird noch einmal unendlich an der Stelle $\gamma = \gamma_2$. Dabei ist γ_2 um so gröſser, je gröſser n^2 ist. Für den Grenzfall $n = \infty$ würde (wie schon bemerkt) der Pol γ_1 nach 0, der Pol γ_2 nach ∞ rücken, und es würde für jeden von 0 und ∞ verschiedenen Wert von γ die Amplitude 0 werden.

Nach dem Vorhergehenden ergiebt sich, daſs es, im Hinblick auf die erzwungenen Schwingungen, günstig ist, den Kreisel so aufzuhängen, daſs seine freie Pendelschwingung möglichst in Resonanz mit dem Wellenzuge steht, d. h. $v = \gamma$ wird. In diesem Falle wäre die erzwungene Schwingung beim Schiff überhaupt verschwunden. Für die Amplitude und Phase der erzwungenen Schwingung des Kreisels ergäbe sich dann aus (15) (pag. 807):

$$\frac{a}{c} = -\frac{i}{n \cdot v}\sqrt{\frac{J}{j}},$$

d. h. die Amplitude der erzwungenen Kreiselschwingung wäre um so kleiner, je gröſser der Eigenimpuls des Kreisels gewählt ist, in der Phase müſste die Schwingung um eine Viertel-Periode gegen die Welle verzögert sein. In dieser Phase und Amplitude einmal angeregt, kann dann die Kreiselschwingung immer gerade das entgegengesetzte Moment auf das Schiff ausüben als die Welle, so daſs das Schiff, abgesehen von anderen Umständen, in Ruhe bleibt. Die Notwendigkeit eines grofsen n folgt hier analytisch daraus, dafs für kleines n die Amplitude der Kreiselschwingung sehr grofs werden müfste, und damit die Zulässigkeit unserer Ableitung, die ja nur kleine Ausschläge voraussetzt, fortfällt.

Da wir es aber überhaupt nicht mit einer harmonischen Welle zu thun haben, sondern mit einer Übereinanderlagerung mehrerer, und andererseits die freie Kreiselschwingung nie ungedämpft ist, so kann von einer genauen Befolgung dieses Prinzips gar keine Rede sein.

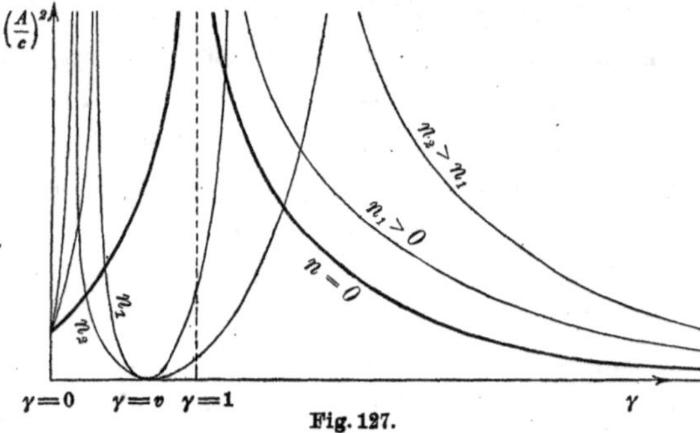

Fig. 127.

Der zweite Fall, $v^2 < 1$ (s. Fig. 127), ist nur dadurch vom ersten verschieden, dafs die Amplitude zunächst für den Wert $\gamma_2 < v$ unendlich wird, dann für $\gamma = v < 1$ Null, wie im ersten Fall. Von hier ab wächst sie mit wachsendem γ und wird noch einmal unendlich für einen Wert $\gamma_1 > 1$, nimmt dann schliefslich wieder ab, um für $\gamma = \infty$ Null zu werden. Dabei rückt jetzt mit wachsendem n^2 der Pol γ_2 von der Stelle $\gamma = v$ aus immer mehr nach 0 hin, der Pol γ_1 von 1 aus immer mehr nach ∞.

3. Folgerungen über die Wirkung von n. Um nun einen Mafsstab für die Günstigkeit der Koppelung mit dem Kreisel zu gewinnen, haben wir in Fig. 125 und 127 die Kurven für endliches n mit der Grundkurve für $n = 0$ zu vergleichen. Fragen wir zunächst nach den Wellenlängen, für die die Amplitude überhaupt nicht verändert wird, also $A_n = A_0$ ist. Auch hierbei setzen wir vorläufig $k = 0$ voraus.

Wir erhalten aufser den Stellen $\gamma = 0$ und $\gamma = \infty$ noch weitere, die nach (18) und (19) durch die folgende Gleichung bestimmt sind:

$$2(\gamma^2 - 1)(\gamma^2 - v^2) - n^2\gamma^2 = 0.$$

Es giebt zwei positive Werte von γ^2, die diese Bedingung erfüllen, sie sollen γ'^2 und γ''^2 heifsen. γ' und γ'' sind also die Abscissen der Punkte, in denen die Kurve von beliebigem n diejenige für $n = 0$ schneidet. Dann liegt γ' ersichtlich zwischen 1 und γ_1, γ'' zwischen v und γ_2. Wir entnehmen den Figuren:

Für alle Wellen, deren Frequenz zwischen γ' und γ'' liegt, ist die Wirkung des Kreisels eine günstige, d. h. die Amplitude der erzwungenen Schwingungen wird durch ihn verringert. Für alle anderen Wellen dagegen ist die Wirkung eine ungünstige.

Insbesondere ist klar: An der Stelle $\gamma^2 = 1$, d. h. in der Nähe der Resonanz mit der freien Schiffsschwingung bei ausgeschaltetem Kreisel, ist die Wirkung immer eine günstige. Sicher ist auch das ganze Gebiet zwischen $\gamma^2 = 1$ und $\gamma^2 = v^2$ günstig beeinflußt, da für $\gamma^2 = v^2$ noch $A_n = 0$ ist.

Demnach sehen wir auch: *Ist $v^2 > 1$, so enthält das günstig beeinflußte Gebiet im Wesentlichen Wellenlängen mit $\gamma^2 > 1$, ist $v^2 < 1$, so enthält es im Wesentlichen Wellenlängen mit $\gamma^2 < 1$.* Bezüglich der Impulsstärke folgt: *Durch Vergrößerung von n^2, also des Eigenimpulses, wird das Gebiet nach beiden Seiten hin erweitert, indem die Stellen γ', γ'' den Polen γ_1, γ_2 nachfolgen.*

Nach dem Vorhergehenden können wir die günstige Wirkung des Kreisels auf die erzwungenen Schwingungen darin erblicken, daß er, *bei geeigneter Aufhängung, die Frequenz der Eigenschwingungen des Schiffes möglichst von der Frequenz der Wellen entfernt, also schädliche Resonanzwirkungen ausschaltet.*

4. Abhängigkeit von der Bremsung k. Wir gehen nun dazu über, die bisher vernachlässigte Dämpfung k mit zu berücksichtigen. Wir können ihre Wirkung leicht dadurch diskutieren, daß wir die bisher erhaltenen Figuren entsprechend modifizieren.

Bemerken wir zu dem Ende, daß der vollständige Ausdruck (17) des Amplitudenwerts, wenn wir $y = |A/c|^2$ setzen und den Nenner heraufmultipliziert denken, sich folgendermaßen schreiben läßt:

$$f(y,\gamma) + k^2 g(y,\gamma) = 0. \tag{18 c}$$

Hier bedeutet $f(y,\gamma) = 0$ eine der vorher gezeichneten Kurven, wie sie einem bestimmten Werte von n im Falle $k = 0$ entsprachen. Für $k = \infty$ andererseits haben wir $g(y,\gamma) = 0$; diese Kurve muß mit unserer „Grundkurve" für $n = 0$ übereinstimmen, wie man leicht nach (17) bestätigt, da ja ein unendlich stark gebremster Kreisel ebenso unwirksam ist wie ein nicht rotierender. Die Schnittpunkte der beiden Kurven $f = 0$ und $g = 0$ wurden soeben mit γ', γ'' bezeichnet; durch sie muß nach (18 c) auch die Kurve für ein beliebiges k hindurchgehen.

An diesen zwei Stellen γ', γ'', die aber übrigens von dem Wert n^2 und v^2 abhängen, hat also die Dämpfung keinen Einfluß auf die Amplitude der erzwungenen Schwingung. Für die anderen Werte von γ^2 ist nur zu beachten, daß sich $|A/c|^2$ als lineare Funktion von k^2 mit wachsendem k^2 beständig in gleichem Sinne verändert, und für keinen endlichen positiven Wert von k^2 verschwindet oder unendlich wird. Wir erhalten also das Kurvenbüschel, das zu einem festen n^2 und v^2 und variablem k^2 gehört, wenn wir die entsprechende Kurve in Fig. 125, bezw. 127 kontinuierlich in die Grundkurve $k = \infty$ überführen (vgl. Fig. 128).

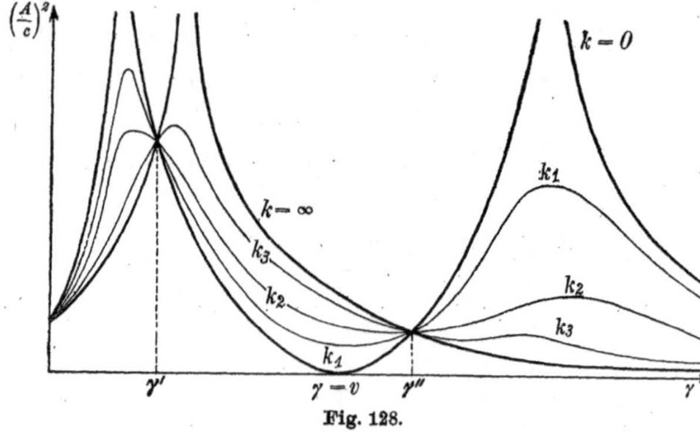

Fig. 128.

Dabei nimmt die Ordinate überall zu, wo sie kleiner als die der Grundkurve (18) war, überall ab, wo sie gröfser als diese war. Also: *Durch die Bremsung k wird die Wirkung des Kreisels auf die Amplitude der erzwungenen Schwingung überall abgeschwächt.* War die Wirkung ohne Dämpfung günstig, so wird sie ungünstiger durch die Dämpfung, war sie dagegen ungünstig, so wird sie günstiger. Demnach können wir jetzt erst recht das Resultat formulieren: *Die günstige Wirkung des Kreisels auf die erzwungenen Schwingungen besteht nur darin, dafs er die Frequenz der freien Schiffschwingungen bei geeigneter Aufhängung und geeigneter Impulsstärke möglichst von der Frequenz der Wellen entfernt.*

Wir finden darin den ersten Teil der am Ende des vorigen Paragraphen (pag. 808) aufgestellten Behauptung bestätigt, dafs nämlich für die erzwungenen Schwingungen die *Trägheitswirkungen des Kreisels der mafsgebende Faktor* sind, während die Dämpfung die Wirkung hier nur abschwächt. Voraussetzung für das reine Auftreten der erzwungenen Schwingungen ist aber, wie wir nochmals betonen, dafs die freien Schwingungen durch die Bremse genügend abgedämpft sind.

B. Freie Schwingungen.

1. Hauptschwingung und Nebenschwingung. Im Folgenden haben wir nach Schwingungsdauer und Dämpfung der durch den Schiffskreisel abgeänderten freien Schiffsschwingungen zu fragen, d. h. die Wurzeln der Gl. (10), pag. 804:

$$(\beta^2 - 1)(\beta^2 - ik\beta - v^2) - n^2\beta^2 = 0 \tag{10}$$

bei variablem n^2, v^2, k zu diskutieren. Wie schon im vorigen Paragraphen (pag. 802) bemerkt, treten an Stelle der einen freien Schiffsschwingung durch Koppelung mit dem Kreisel zwei auf. Die eine ist aus der eigentlichen Schiffsschwingung entstanden (Hauptschwingung), die andere aus der freien Pendelung des Kreiselrahmens und durch die Koppelung mittels des Eigenimpulses auf das Schiff übertragen (Nebenschwingung).

Wir könnten diese Gleichung 4. Grades, deren konjugierte Wurzelpaare die Schwingungen bestimmen, algebraisch auflösen. Für die Diskussion wäre damit aber wenig gewonnen, insbesondere wäre aus der komplizierten Form der Lösungen kaum zu sehen, wie sich die beiden Schwingungen aus der ursprünglichen Schiffs- und Kreiselschwingung bei wachsendem n^2 stetig ableiten. Wir benutzen daher besser „Kontinuitätsmethoden".

Für den dämpfungsfreien Fall $k = K = 0$ haben wir bereits in dem Abschnitt über die erzwungenen Schwingungen, S. 812, an Fig. 126 erkannt, daſs von den beiden Schwingungen, Haupt- und Nebenschwingung, die raschere mit wachsendem n^2 immer noch weiter beschleunigt, die langsamere weiter verzögert wird. Die Periode der Schiffsschwingung wird also in diesem Falle verlängert, wenn die Periode der Kreiselschwingung kürzer war, verkürzt, wenn sie länger war, als die der Schiffsschwingung. Dem entsprach die Bewegung der Pole in den Resonanzkurven, Fig. 125 bezw. 127. Schlieſslich wurde für unendlich groſses n^2 die Periode der einen Schwingung 0, die der anderen ∞.

Berücksichtigen wir die Dämpfung, so müssen wir die Wurzeln, statt wie in Fig. 126 als Punkte der reellen Axe, als Punkte einer komplexen Ebene $x + iy$ darstellen. Der reelle Teil x bezeichnet dann die Frequenz, der imaginäre iy die Dämpfung, so daſs $2\pi y/x$ das logarithmische Dekrement bedeutet, solange die Schwingung nicht aperiodisch gedämpft ist. Wir können dann natürlich nicht mehr die einfache Schluſsweise wie bei Fig. 126 über den Verlauf der Wurzeln anwenden.

Daſs jetzt keine der Wurzeln von (10), wie im dämpfungsfreien Fall, rein reell sein kann (auch wenn $K = 0$ ist, ausgenommen für $n^2 = 0$ oder $n^2 = \infty$), wird sich in der folgenden Diskussion ergeben. Beide Schwingungen sind also gedämpft. Doch sind rein imaginäre Wurzeln, also aperiodisch gedämpfte Schwingungen, möglich. Negativ imaginäre Wurzeln dagegen, d. h. ein aperiodisches Anwachsen des Ausschlags von Schiff, bezw. Kreisel, schlieſst die Form der Gl. (10) aus, da eine negativ imaginäre Wurzel die linke Seite von (10) zu einer Summe von lauter positiven Gliedern machen würde. Daſs auch keine Wurzeln mit negativ imaginärem Teil, also anwachsende Schwingungen, existieren, werden wir gelegentlich der näheren Diskussion (vgl. pag. 824) noch zeigen, es läfst sich übrigens ohne Beweis vorhersehen, da solche Lösungen mit der immer negativen Dissipationsfunktion im Energieprinzip, pag. 801, nicht verträglich wären.

Um die beiden Schwingungen in den Wurzeln zu unterscheiden, soll im Folgenden das zur *Hauptschwingung* gehörige Paar immer mit $\zeta_1 \zeta_2$, das zur *Nebenschwingung* gehörige mit $\eta_1 \eta_2$ bezeichnet sein. Für $n^2 = 0$ ist dann

$$\zeta_1, \zeta_2 = \pm 1;$$

$$\eta_1, \eta_2 = \frac{ik}{2} \pm \sqrt{v^2 - \frac{k^2}{4}}.$$

Die 4 Wurzeln beschreiben bei variablem n^2 Bewegungskurven in der komplexen Ebene, die wir zu untersuchen haben. Solange die Schwingungen periodisch sind, werden die Kurven für ζ_1 und ζ_2, bezw. η_1 und η_2 symmetrisch zur imaginären Axe*); bei aperiodischem Verhalten fallen die Kurven in die imaginäre Axe zusammen.

2. Näherung für kleinen und grofsen Impuls. Wir suchen zunächst, wie sich die Wurzeln von (10) verändern, wenn n^2 von 0 zu einem kleinen positiven Wert übergeht, wobei der gröfseren Übersichtlichkeit halber wieder $K = 0$ angenommen werden soll. Wir bemerken aber gleich, dafs die folgende Methode sich ebenso im Fall $K > 0$ anwenden läfst und die Resultate dann nur unwesentlich geändert werden.

Die Gl. (10) kann als Gleichung für das Paar $\zeta_1 \zeta_2$ geschrieben werden:

$$\zeta^2 - 1 = \frac{n^2}{\zeta^2 - ik\zeta - v^2}.$$

Wir suchen die Wurzel ζ_1, die aus der Wurzel $\zeta_1 = +1$ entsteht, setzen demnach auf der rechten Seite als erste Näherung $\zeta = +1$, und erhalten daraus die zweite Näherung:

$$\zeta_1 = +\sqrt{1 + \frac{n^2}{1 - v^2 - ik}},$$

$$= 1 + \frac{1}{2} \frac{n^2(1-v^2)}{(1-v^2)^2 + k^2} + \frac{i}{2} \frac{n^2 k}{(1-v^2)^2 + k^2}.$$

Die Quadratwurzel ist nach n^2 entwickelt und nur das erste Glied berücksichtigt. Ebenso wird:

$$\zeta_2 = -1 - \frac{1}{2} \frac{n^2(1-v^2)}{(1-v^2)^2 + k^2} + \frac{i}{2} \frac{n^2 k}{(1-v^2)^2 + k^2}.$$

Daraus folgt:

---

*) Ein Wurzelpaar von der Form $a + ib$, $-a + ib$ soll „konjugiert reell", in Analogie zur Bezeichnung „konjugiert imaginär" heifsen.

War die Schiffsschwingung ungedämpft, so wird sie bei wachsendem n^2 gedämpft.

Die Frequenz der Hauptschwingung nimmt ab oder zu, je nachdem die Frequenz der Kreiselschwingung gröfser oder kleiner ($v^2 \gtrless 1$), als die der Schiffsschwingung war.

Wir bestätigen auch wieder, dafs die Wirkung des Kreisels verschwindet, wenn die Dämpfung k unendlich wird. Andrerseits verschwindet der Dämpfungszuwachs $\frac{n^2}{2} \frac{k}{(1-v^2)^2+k^2}$ natürlich auch, wenn $k=0$ ist. Zwischen $k=0$ und $k=\infty$ mufs er also ein Maximum haben; die Differentiation des genannten Dämpfungszuwachses ergiebt, dafs dieses für den folgenden Wert von k eintritt:

$$k^2_{\max} = (1-v^2)^2.$$

Während die Hauptschwingung an Dämpfung zunimmt, nimmt die Dämpfung der Nebenschwingung von ihrem ursprünglichen Wert $ik/2$ aus (vgl. pag. 818) ab, da die Summe der Dämpfungen, d. h. die Summe der 4 Wurzeln oder der Koeffizient von $-i\beta^3$ in (10) konstant bleibt. Der Schlufs ist natürlich entsprechend zu modifizieren für den in der Praxis meist vorkommenden Fall aperiodisch gedämpfter Nebenschwingung.

Fragen wir endlich noch, wie die Periode der Kreiselpendelung, also v^2, zu wählen sei, damit die Dämpfung der Hauptschwingung bei festem k möglichst rasch mit n^2 zunimmt. Offenbar wird, ausgenommen den Fall $k=0$:

$$\frac{n^2 k}{(1-v^2)^2+k^2}$$

ein Maximum, wenn $v^2=1$ gewählt wird, also freie Kreiselpendelung und Schiffsschwingung in Resonanz standen (vgl. den Zusatz zu § 4, pag. 809). Solange die Nebenschwingung nicht in Betracht kommt, ist also, wenigstens bei hinreichend kleinen Werten von n^2, mit $v^2=1$ die günstigste Aufhängung des Kreisels gefunden.

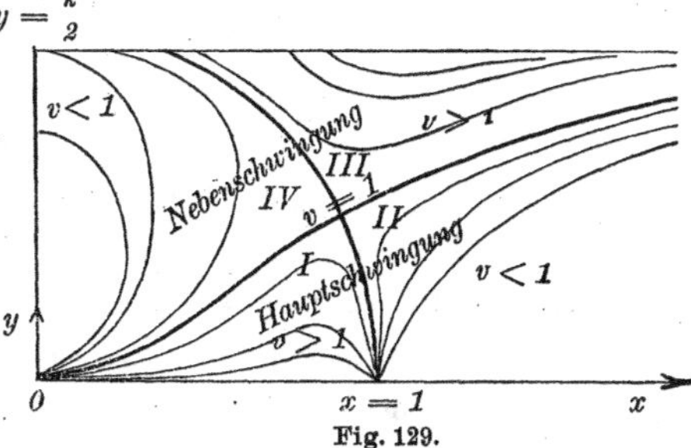

Fig. 129.

Nach dem Vorhergehenden bewegt sich bei kleinem n die Wurzel ζ_1 von 1 aus (Fig. 129) in der Richtung des wachsenden y und des wachsenden oder abnehmenden x, je nachdem $v^2 \lessgtr 1$. Wir suchen nun noch das Ende unserer Bewegungskurven, d. h. das Verhalten der Wurzeln für den Grenzwert des Eigenimpulses $n^2=\infty$.

Für einen solchen kann die Gl. (10) erfüllt sein durch ein Wurzelpaar $\beta^2 = 0$, wobei wir zunächst offen lassen, ob dieses Wurzelpaar zu der Hauptschwingung ζ oder der Nebenschwingung η gehört; als zweite Näherung erhält man dann:

$$\beta^2 = \frac{v^2}{n^2}.$$

Ein zweites mögliches Wurzelpaar ist $\beta^2 = \infty$. Für die zweite Näherung erhält man hier:

$$\beta^2 - ik\beta - (1 + v^2 + n^2) = 0,$$

also:

$$\beta = \frac{ik}{2} \pm \sqrt{-\frac{k^2}{4} + (1 + v^2 + n^2)}.$$

Wie im dämpfungsfreien Fall haben wir also für unendlich großen Eigenimpuls in erster Näherung die freien Frequenzen 0 und ∞. Die erste Schwingung ist auch in zweiter Näherung ungedämpft, die zweite hat die Dämpfungskonstante $k/2$ wie im Falle $n = 0$.

3. Verschiedene Möglichkeiten des Überganges von kleinem zu großem Impuls. Je nach den Verhältnissen ist es nun erstens möglich, daß die ursprüngliche Schiffsschwingung bei wachsendem n schließlich in die dämpfungsfreie mit der Frequenz 0 stetig übergeht. Dann würde die Dämpfung für einen gewissen Wert von n ein Maximum erreichen, über das man durch Vergrößerung des Impulses nicht mehr hinauskommen kann (vgl. die Kurven im Quadranten I der Fig. 129; in dieser ist k konstant zu denken, n variiert auf der einzelnen Kurve von 0 bis ∞, v wechselt von Kurve zu Kurve als Parameter der Schar). Es wäre aber auch möglich, daß die Schiffsschwingung stetig in die unendlich rasche Schwingung übergeht, die dann die volle Dämpfung der Kreiselschwingung übernommen hätte, wie in den Kurven des Quadranten II der Fig. 129. Endlich ist es noch möglich, daß von einem stetigen Übergang überhaupt nicht mehr gesprochen werden kann, wenn für einen gewissen Wert von n etwa die beiden Schwingungen in Dämpfung und Schwingungsdauer übereinstimmen und dabei ihre Rolle teilweise vertauschen, wobei eine Kurve derjenigen Art entsteht, die in Fig. 129 die Quadranten trennt. Dieser Fall tritt ein, wenn $v = 1$, also im Anfang die Frequenz der freien ungedämpften Kreiselpendelung mit der der Schiffsschwingung übereinstimmt, während die erste Möglichkeit durch $v > 1$, die zweite durch $v < 1$ realisiert wird, wie in der Figur angedeutet ist.

In Fig. 129 stellen die Kurven des III. und IV. Quadranten die zur Nebenschwingung gehörigen Wurzelwerte dar, und zwar so, daß je die Kurven der Quadranten I und III bezw. II und IV zu gleichem v^2

gehören. Da k, wie hervorgehoben, für alle Kurven der Figur das gleiche ist, beginnen die Bewegungskurven der Nebenschwingungen sämtlich für $n = 0$ in Punkten der horizontalen Geraden $y = k/2$, und zwar an Stellen, die von v abhängen; nur bei kleinem v, wenn die ursprüngliche Kreiselpendelung aperiodisch war, setzt die Kurve auf der imaginären Axe ein. Wegen der Bedeutung von v im aperiodischen Falle, wo wir nicht mehr vom Verhältnis der Schwingungszahlen schlechtweg sprechen können, vgl. die Anm. zu pag. 804.

Da gerade von diesen verschiedenen Möglichkeiten des Überganges, wie leicht ersichtlich, der Grad der für die Schiffsschwingung erreichbaren Dämpfung abhängt, und damit die Günstigkeit der ganzen Anordnung, so wollen wir sie im Folgenden näher untersuchen, wobei wir den genauen Beweis für die vorangestellten Behauptungen nachtragen werden. Bezüglich der zu wählenden Impulsstärke können wir ein Resultat schon jetzt feststellen: Haben wir einen Verlauf der Wurzeln wie im I. Quadranten, so erreicht die Dämpfung der Schiffsschwingung für einen gewissen Wert von n^2 ein Maximum, und es wird daher hinsichtlich der Dämpfung schädlich, den Impuls über diesen Wert hinaus zu vergröſsern. Haben wir dagegen eine Kurve im II. Quadranten, so kann die Schiffsschwingung bei genügend gesteigerter Impulsstärke die volle Dämpfung k der Kreiselpendelung übernehmen, und es ist daher zu erwarten, daſs die Dämpfung hier anfangs viel rascher mit wachsendem n^2 anwächst als im ersten Fall. Für gröſseres n^2 aber wird, wie ein Blick auf Fig. 129 zeigt, die Dämpfung nur noch langsam wachsen; dagegen ist es hier unerwünscht, daſs die Frequenz der Schiffsschwingung ebenfalls beständig zunimmt. Somit wird es auch hier eine obere Grenze für den Impuls geben, über die hinaus eine weitere Steigerung hinsichtlich der Dämpfung zwecklos, hinsichtlich der Frequenz schädlich wird. Daſs aber günstige mittlere Werte bestehen, bestätigt die numerische Berechnung in Übereinstimmung mit der Erfahrung.

4. Quantitative Bestimmung der Wurzeln bei beliebigem Impuls. Differentialgesetz für die Wurzelbewegung. Wir untersuchen nun diese Verhältnisse durch Weiterführung der für $n^2 = 0$ und $n^2 = \infty$ verwandten Näherungsmethode.

Die Gl. (10) lautet ausgeschrieben:

$$\beta^4 - i\,(k + K)\,\beta^3 - (1 + v^2 + kK + n^2)\,\beta^2 + i\,(Kv^2 + k)\,\beta + v^2 = 0.$$

Aus den Koeffizienten dieser Gleichung folgen für die Wurzeln folgende Beziehungen, denen wir gleich eine geeignete Form geben:

$$(20)\quad \begin{cases} (\zeta_1 + \zeta_2) + (\eta_1 + \eta_2) = i(k + K) \\ \zeta_1\zeta_2 + \eta_1\eta_2 + (\zeta_1 + \zeta_2)(\eta_1 + \eta_2) = -(1 + v^2 + kK + n^2) \\ \zeta_1\zeta_2 \cdot (\eta_1 + \eta_2) + \eta_1\eta_2 \cdot (\zeta_1 + \zeta_2) = -i(Kv^2 + k) \\ \zeta_1\zeta_2 \cdot \eta_1\eta_2 = v^2. \end{cases}$$

Mit Rücksicht auf die Realitätsverhältnisse setzen wir für Produkt und Summe:

$$(21)\quad \begin{cases} \zeta_1\zeta_2 = -p; & \eta_1\eta_2 = -\pi; \\ \zeta_1 + \zeta_2 = +is; & \eta_1 + \eta_2 = +i\sigma. \end{cases}$$

Hier bedeutet s bezw. σ den Dämpfungsfaktor, $\sqrt{p}$ bezw. $\sqrt{\pi}$ die augenblickliche „dämpfungsfreie“ Frequenz der beiden Schwingungen, d. h. diejenige Frequenz, die für $s = 0$ bezw. $\sigma = 0$ vorhanden wäre.

Aus den obigen Gleichungen folgt dann durch Differentiation nach n^2, da n^2 nur im Koeffizienten von β^2 vorkommt (die Striche bezeichnen die Differentiation nach n^2):

$$\begin{aligned} s' + \sigma' &= 0 \\ \sigma s' + s\sigma' + p' + \pi' &= 1 \\ \pi s' + p\sigma' + \sigma p' + s\pi' &= 0 \\ \pi p' + p\pi' &= 0. \end{aligned}$$

Endlich liefert die Auflösung dieser linearen Gleichungen für die Differentialquotienten, wenn Δ die Determinante des Systems bezeichnet, folgende Formeln:

$$(22)\quad \begin{cases} \Delta \cdot s' = -p\sigma + \pi s \\ \Delta \cdot \sigma' = +p\sigma - \pi s \\ \Delta \cdot p' = p(\pi - p) \\ \Delta \cdot \pi' = \pi(p - \pi) \end{cases}$$

Dabei ist

$$(23)\quad \Delta = \begin{vmatrix} 1 & 1 & 0 & 0 \\ \sigma & s & 1 & 1 \\ \pi & p & \sigma & s \\ 0 & 0 & \pi & p \end{vmatrix}$$

$$= -(p - \pi)^2 + (s - \sigma)(p\sigma - \pi s).$$

oder, wenn wir aus (21) einsetzen:

$$\begin{aligned} \Delta &= -(\zeta_1\zeta_2 - \eta_1\eta_2)^2 + [(\zeta_1 + \zeta_2) - (\eta_1 + \eta_2)][\zeta_1\zeta_2(\eta_1 + \eta_2) - \eta_1\eta_2(\zeta_1 + \zeta_2)] \\ &= -(\zeta_1 - \eta_1)(\zeta_1 - \eta_2)(\zeta_2 - \eta_1)(\zeta_2 - \eta_2). \end{aligned}$$

Die Determinante verschwindet also nur dann, wenn eine Wurzel des Paares $\zeta_1\zeta_2$ mit einer des Paares $\eta_1\eta_2$ zusammenfällt. Solange dieser Fall nicht eintritt, behält sie ihr ursprüngliches Vorzeichen bei Abänderung von n^2 ständig bei. Nur in jenem Ausnahmefall kann die Änderung der Gröfsen p, π, s, σ mit n^2 unstetig werden, andernfalls findet ihre Änderung mit stetigem Fortschreitungssinne statt.

Die Formeln (22) gestatten nun, mit Rücksicht auf diese Bemerkung, die Bewegungskurven der Wurzeln bei variablem n^2 zu diskutieren. Für ihre wirkliche Berechnung werden wir n^2 von 0 ausgehend, um kleine Werte $\delta(n^2)$ wachsen lassen und die Änderungen von p, π, s, σ für diese Intervalle als linear betrachten, nach dem Beispiel der „mechanischen Quadratur". Man erhält in dieser Art jedenfalls in viel rascherer und übersichtlicherer Weise die Wurzeln für eine kontinuierliche Reihe von Werten des Impulses n^2, als durch direkte, numerische Lösung der Gleichung vierten Grades.

Die Gleichungen (22) liefern zunächst nur die reellen Gröfsen p, π, s, σ. Man geht von ihnen aus zu den Wurzeln selbst über durch Auflösung der quadratischen Gleichungen für diese Paare:

$$\zeta^2 - is\zeta - p = 0$$

$$\eta^2 - i\sigma\eta - \pi = 0,$$

also

$$(24)\qquad \begin{aligned} \zeta_1, \zeta_2 &= +i\frac{s}{2} \pm \sqrt{-\frac{s^2}{4} + p} \\ \eta_1, \eta_2 &= +i\frac{\sigma}{2} \pm \sqrt{-\frac{\sigma^2}{4} + \pi}. \end{aligned}$$

Für den Ausgangswert $n^2 = 0$ haben die Gröfsen (21) die Werte:

$$(25)\qquad p = 1; \quad \pi = v^2; \quad s = K; \quad \sigma = k,$$

so dafs wegen der Kleinheit von K annähernd wird:

$$(25\text{a})\qquad \Delta = -(1 - v^2)^2 - k^2.$$

Hier sind p und π positiv und bleiben auch bei wachsendem n^2 positiv, da nach (20) und (21) ihr Produkt den unveränderlichen Wert v^2 hat. Die Determinante Δ ist nach (25a) für $n^2 = 0$ sicher negativ, bleibt also negativ, solange nicht eine Wurzel des Paares ζ mit einer des Paares η zusammenfällt. Wir werden zunächst, wie in Fig. 129, annehmen, dafs die Koppelung nicht ausreicht, um die Schiffsschwingung aperiodisch zu machen. Dann ist mindestens eines der Wurzelpaare ein konjugiertes Paar, und ein Zusammenfallen kann daher nur eintreten, wenn die beiden Paare vollständig zusammenfallen, also $p = \pi$, $s = \sigma$ ist. Tritt dieser Fall nicht ein, so bleibt die Determinante Δ immer negativ.

Wie wir endlich noch bemerken, läſst sich aus den Gleichungen (22) leicht zeigen, daſs die Gröſsen s und σ nie negativ werden, die beiden Schwingungen also nicht zeitlich anwachsen können, und daher die Methode der kleinen Schwingungen wirklich anwendbar bleibt. Denn es ist für keinen endlichen Wert von n^2 möglich, daſs p oder π zu 0 bezw. ∞ werden, da die Gleichung (10) nur für unendlich groſses n^2 verschwindende oder unendlich groſse Wurzeln haben kann. s und σ waren nun für kleines n^2 positiv, dann folgt aber aus den Gleichungen (22) wegen des negativen Wertes von Δ, daſs s sowohl als σ immer anwachsen würden, wenn sie einmal sehr klein geworden wären. Daher ist es für keinen endlichen positiven Wert von n^2 möglich, daſs eine der Gröſsen s oder σ verschwindet und weiterhin negativ wird. Bei diesem Beweise ist stillschweigend vorausgesetzt, daſs Δ nicht verschwindet; dieser Ausnahmefall, von dem bereits soeben die Rede war, tritt für $v^2 = 1$ ein und wird in Nr. 6 besonders behandelt.

5. Allgemeiner Verlauf der Wurzelbewegung bei $v^2 \gtrless 1$. Nach diesen vorbereitenden Bemerkungen ist der Verlauf der Kurven (Fig. 129) leicht zu diskutieren. Dabei ist zu beachten, daſs in dieser und den folgenden Figuren die Abscisse x nicht die Gröſse p bezw. π selbst vorstellt, sondern die Frequenzen $\sqrt{p^2 - \left(\frac{s}{2}\right)^2}$, bezw. $\sqrt{\pi^2 - \left(\frac{\sigma}{2}\right)^2}$, die aber ähnlichen Verlauf wie p bezw. π selbst haben.*) Die Gleichungen (22) legen es nahe, zu unterscheiden, ob zu Anfang $\pi - p \gtreqless 0$ war, d. i. nach (25):

$$v^2 \gtreqless 1.$$

Sei zunächst

$$v^2 > 1,$$

also die Kreiselpendelung rascher als die ursprüngliche Schiffsschwingung.

Aus den Formeln (22) folgt dann, daſs, solange Δ negativ ist, p' negativ, π' positiv wird, p nimmt also von dem Wert 1 aus ab, π von dem Anfangswerte $v^2 > 1$ aus zu, so daſs nicht $p = \pi$ werden kann. Also kann die Determinante Δ nicht verschwinden und daher nimmt p beständig weiter ab, π beständig zu. Dann muſs schlieſslich (nach Fig. 129) für groſses n^2 die Hauptschwingung in die ungedämpfte Schwingung mit der Frequenz 0, die Nebenschwingung in die gedämpfte mit der Frequenz ∞ übergehen. Der Fall $v^2 > 1$ entspricht also, wie

*) Entsprechend dem in der Praxis vorliegenden Fall ist in den Figuren 130 und 131 die freie Kreiselpendelung als aperiodisch gedämpft angenommen, die beiden Wurzeln η liegen dann bei kleinem n^2 auf der imaginären Axe. Nur in Fig. 129 sind der gröſseren Deutlichkeit halber auch periodische Fälle der Nebenschwingung gezeichnet.

früher bereits ohne Beweis angegeben, der ersten der auf S. 820 unter Nr. 3 besprochenen Möglichkeiten, die zugehörigen Kurven liegen im I. und III. Quadranten. *Die Dämpfung der Hauptschwingung muß für einen Wert von n^2 ein Maximum erreichen, dann wieder abnehmen.* Die Formeln (22) bestätigen dieses Verhalten, denn in der Gleichung für s' überwiegt für genügend grofses n^2 das Glied mit dem beständig anwachsenden Faktor π, so dafs, wegen des negativen Wertes von Δ, schliefslich s' wieder negativ werden mufs. Die Dämpfung σ der Nebenschwingung, die durch Punkte im III. Quadranten dargestellt ist, erreicht damit gleichzeitig einen Minimalwert und wächst dann wieder zu ihrem ursprünglichen Wert $\sigma = k$ an.

Im Fall
$$v^2 < 1,$$
d. h. wenn die Kreiselpendelung langsamer war als die Schiffsschwingung, folgt aus (22), analog dem Fall $v^2 > 1$, dafs p beständig vom Wert 1 ab weiter zunimmt, dagegen π, von $v^2 < 1$ beginnend, beständig abnimmt. Daher geht jetzt (nach Fig. 129) für grofses n^2 die Hauptschwingung in die Schwingung mit unendlich grofser Frequenz über, die aber jetzt die volle Dämpfung k übernommen hat, die Nebenschwingung nähert sich der dämpfungsfreien mit der Frequenz 0. Wie oben schon behauptet, entspricht also der Fall $v^2 < 1$ der zweiten der auf pag. 820 genannten Möglichkeiten, und es gelten bei dieser Anordnung die dort gemachten Bemerkungen. Die Formeln (22) bestätigen, dafs in dem Ausdruck für s' jetzt immer das Glied mit der beständig anwachsenden Gröfse p überwiegt, also s immer zunimmt.

Thatsächlich kommt natürlich nur ein kleiner Teil der so beschriebenen Kurven in Betracht, da ja die Gröfse von n^2 schon durch technische Schwierigkeiten begrenzt ist. Jedenfalls aber wird nach der obigen Diskussion eine gröfsere Dämpfung der Hauptschwingung zu erreichen sein, wenn die Konstruktion des Kreisels so gewählt wird, dafs er ohne Rotation langsamer schwingt als das Schiff. Allerdings wird dann zugleich die „dämpfungsfreie“ Frequenz der Hauptschwingung (p) erhöht, was schliefslich auch zu einer unerwünschten Erhöhung der wirklichen Frequenz $x = \sqrt{p^2 - \frac{s^2}{4}}$ führen muß, während für mittlere Werte von n die wirkliche Frequenz wegen der wachsenden Dämpfung doch abnehmen kann. Andererseits ist es vorteilhaft, dafs die in der Praxis immer aperiodisch zu wählende Nebenschwingung für gröfsere Werte des Impulses aperiodisch bleibt, während im Fall $v^2 > 1$ die Nebenschwingung viel früher periodisch wird. Erst für grofses n^2 wird die Nebenschwingung auch im Fall $v^2 < 1$ periodisch, aber von sehr langer Periode. Die numerischen Rechnungen bestätigen die obigen

Schlufsfolgerungen, *die es als günstig erscheinen lassen, den Kreisel möglichst langsam, jedenfalls nicht schneller als das Schiff, pendeln zu lassen.* Doch mufs er immerhin noch ein genügendes Schweremoment besitzen, um trotz der Reibung nach Aufhören von Rollbewegungen selbsttätig in die vertikale Gleichgewichtslage zurückzukehren.

6. Spezielle Behandlung des Falles $v^2 = 1$.*) Wir haben endlich noch den Resonanzfall, $v^2 = 1$, zu behandeln, in dem zu Anfang sicher $p = \pi = 1$ ist. Aus den Gleichungen (22) folgt dann aber, dafs zunächst dauernd bei wachsendem n^2

(26 a) $$p = \pi = 1$$

bleibt.

Denn Δ kann nicht verschwinden, solange nicht die beiden Wurzelpaare vollständig identisch sind, also auch $s = \sigma$ geworden ist. Die Gleichungen (22) vereinfachen sich mit $p = \pi = 1$ zu:

$$s' = \frac{1}{\sigma - s}; \quad \sigma' = \frac{1}{s - \sigma}.$$

Daraus folgt, dafs s zunimmt, σ abnimmt, bis $s = \sigma$ geworden ist. Durch Subtraktion dieser Gleichungen folgt:

$$\frac{d(s-\sigma)}{d(n^2)} = \frac{-2}{s-\sigma},$$

also

$$(s-\sigma)^2 = -4n^2 + \text{const.},$$

wo const. aus dem Falle $n = 0$ sich nach (25) zu k^2 ergiebt, wenn $K = 0$ angenommen wird.

Es ist also

$$s - \sigma = -\sqrt{-4n^2 + k^2}.$$

Ferner nach Gleichung (10):

$$s + \sigma = k.$$

Also:

(26 b) $$\begin{cases} s = \frac{1}{2}\left(k - \sqrt{k^2 - 4n^2}\right) \\ \sigma = \frac{1}{2}\left(k + \sqrt{k^2 - 4n^2}\right) \end{cases}.$$

Hiernach ergiebt sich $s = \sigma$ für den Wert $n^2 = \frac{k^2}{4}$, für den also wegen (26a) die beiden Wurzelpaare identisch werden.

Die Gleichung vierten Grades (10) ist im Falle $v^2 = 1$ durch blofse Quadratwurzeln lösbar.

*) Die pag. 808 zitierte Behandlung des Problems von A. Föppl beschränkt sich auf diesen mathematisch etwas leichter zugänglichen Sonderfall.

Ihre vollständige Lösung lautet nach dem Schema (24), pag. 823, wegen (26 a) und (26 b):

$$(27)\quad \begin{cases} \zeta_1, \zeta_2 = \frac{i}{4}\left(k - \sqrt{k^2 - 4n^2}\right) \pm \sqrt{1 - \frac{1}{16}\left(k - \sqrt{k^2 - 4n^2}\right)^2} \\ \eta_1, \eta_2 = \frac{i}{4}\left(k + \sqrt{k^2 - 4n^2}\right) \pm \sqrt{1 - \frac{1}{16}\left(k + \sqrt{k^2 - 4n^2}\right)^2}. \end{cases}$$

Bei weiterer Vergröſserung von n^2 würden unsere Werte s und σ selbst imaginär werden. Es werden dann zwei andere Paare der Wurzeln zu konjugierten Paaren, und diese gehen schlieſslich wie in den Fällen $v^2 \gtrless 1$, in die Grenzwerte 0 und ∞ über, wie auch aus den obigen Gleichungen (27) zu ersehen ist. Von einem stetigen Übergang der Schiffsschwingung oder Kreiselschwingung in eine der schlieſslich erreichten Schwingungen kann dann aber nicht mehr gesprochen werden.

Nach dem Vorhergehenden teilt die Kurve für den Fall $v^2 = 1$ die Zeichenebene in 4 Quadranten, in die sich die beiden Kurvensysteme für die Werte $v^2 \neq 1$, wie in Fig. 129, einzuordnen haben, und zwar ohne daſs sich dabei zwei Kurven schneiden. Denn da die linke Seite der Gl. (10) die Parameter v^2 und n^2 linear enthält, so sind durch Vorgabe eines Wurzelpaares diese Parameter eindeutig bestimmt, so daſs im allgemeinen nur eine Kurve durch einen Punkt der Ebene hindurchgehen kann.

Damit dürfte ein allgemeiner Überblick gewonnen sein über das Verhalten der Wurzeln für veränderliches n^2. Der zuletzt behandelte Fall $v^2 = 1$ hatte sich früher (pag. 819) als die Anordnung ergeben, durch die, wenigstens bei kleinem Impuls, die stärkste Dämpfung der Hauptschwingung durch eine vorgegebene Kreiselstärke erreicht wird. Auch bei gröſseren Impulswerten bleibt $v^2 = 1$ in der Hinsicht die günstigste Form. Denn bezeichnen die Striche jetzt die Differentiation nach v^2, bei festgehaltenem n^2 und k (nicht wie vorher nach n^2, bei festgehaltenem v^2 und k), so folgt aus den Gleichungen (20) und (21):

$$\begin{aligned} s' + \sigma' &= 0 \\ \pi s' + p\sigma' + \sigma p' + s\pi' &= 0 \\ \pi p' + p\pi' &= 1 \\ \sigma s' + s\sigma' + p' + \pi' &= 1. \end{aligned}$$

Für den Resonanzfall, in dem nach (26 a) $p = \pi = 1$, wenigstens solange $n^2 < k^2/4$, folgt hieraus:

$$\begin{aligned} \sigma s' + s\sigma' &= 0, \\ s' + \sigma' &= 0, \end{aligned}$$

also: $$s' = 0;\ \sigma' = 0.$$

Bei vorgegebenem n^2 haben demnach beide Dämpfungen im Resonanzfall ein Extremum, nämlich, wie sich in bekannter Weise zeigen läſst und schon bei kleinem n^2 gefunden wurde, ein Maximum bei der Hauptschwingung, was erwünscht ist, ein Minimum bei der Nebenschwingung, was unerwünscht ist, umso unerwünschter, als im vorliegenden Resonanzfalle auch die Amplitude der Nebenschwingung verhältnismäſsig groſs werden muſs.

Käme es nur auf die Dämpfung der Hauptschwingung an, so wäre also die Wahl $v^2 = 1$ die günstigste Anordnung. Zu beachten ist aber dann, daſs die Nebenschwingung entsprechend rasch an Dämpfung verliert und wegen ihrer verhältnismäſsig starken Amplitude auch merkbar werden kann, während für kleinere Werte von v^2 die Nebenschwingung wegen ihrer geringen Frequenz noch viel länger aperiodisch oder langsam periodisch bleibt und sicher nicht störend in Betracht kommt.

7. Möglichkeit aperiodischen Abklingens der Hauptschwingung. Wir haben uns bisher auf den Fall beschränkt, daſs die Schiffschwingung nicht aperiodisch gedämpft wird. Wie aber unsere folgenden numerischen Rechnungen zeigen werden, ist unter den in der Praxis vorkommenden Verhältnissen diese Beschränkung durchaus nicht notwendig, wenigstens nicht bei der Anordnung $v^2 \leqq 1$.

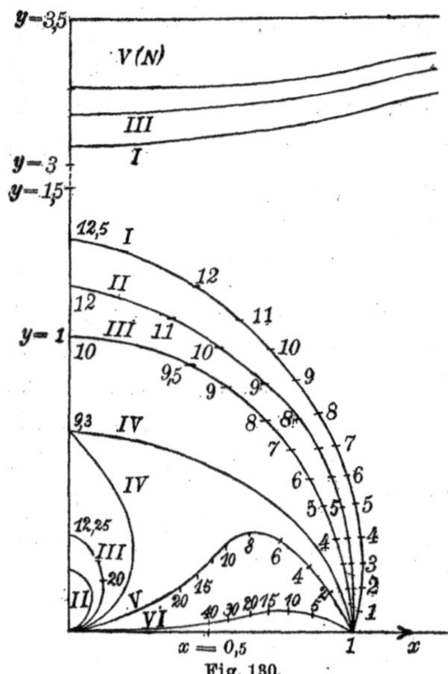

Fig. 130.

Auf Kurve I II III IV V VI
ist $v^2 =$ 0 0,25 1 1,5 4 20
(N) = Nebenschwingung.

Die Ziffern bezeichnen die Werte von n^2. Die Punkte sind nach der Methode von Nr. 4 für $k = 7$ berechnet.

Das Kurvenbild, das sich dann im Gegensatz zu Fig. 129 ergiebt, ist in Fig. 130 dargestellt. k ist wie in Fig. 129 konstant, aber gröſser zu denken wie dort. Auf der einzelnen Kurve variiert n, von Kurve zu Kurve v. Bei nicht zu groſsem v (vgl. I bis IV in der Figur) steigen die Kurven von ihrem gemeinsamen Ausgangspunkte auf der x-Axe an, bis sie die y-Axe erreichen. Die Hauptschwingung ist dann aperiodisch geworden. Sind beide Schwingungen aperiodisch, also die vier Wurzeln von (10) rein imaginär, so kann von einer Unterscheidung der Haupt- und Nebenschwingung nicht mehr gesprochen werden, da die Trennung der Wurzeln in zwei Paare wegfällt. Für sehr groſses n^2 dagegen müssen die Schwingungen wieder periodisch werden, da für $n^2 = \infty$ immer nur die zwei periodischen Schwingungen mit der Frequenz 0 und ∞ bleiben. Dabei geht die Dämpfung der raschen Schwingung nicht über den Wert k hinaus, die der langsameren Schwingung nach Null. Dementsprechend sehen wir in Fig. 130 z. B. aus der Kurve III bei zunehmendem n einen oberen und einen in der Nähe des Nullpunktes gelegenen unteren Ast sich entwickeln, die beide durch Teile der imaginären y-Axe mit dem ursprünglichen Kurvenaste III verbunden zu denken sind.

Dafs die Aperiodizität nur für mittlere Werte von n^2 eintritt, stimmt mit unseren früheren Bemerkungen überein, dafs es immer eine obere Grenze des Impulses giebt, über die hinaus ihn zu vergröfsern zwecklos, teilweise sogar schädlich ist. Das Aperiodizitätsgebiet erlaubt uns, die Grenzen einigermafsen quantitativ zu diskutieren, in denen die Impulsstärke womöglich zu halten ist.

8. Günstige Grenzen für Impulsstärke und Bremsstärke. Während in Fig. 129 und 130 k konstant, n und v variabel war, ist in Fig. 131 v konstant; n variiert auf der einzelnen Kurve, k von Kurve zu Kurve. Und zwar haben wir $v^2 = 1$ gewählt, in welchem Fall sich die Kurven am leichtesten numerisch berechnen lassen. Die den Marken beigefügten Zahlen bedeuten die Werte von n^2; die Berechnung der Punkte ist nach den Formeln der Nr. 6 ausgeführt. Dafs die Kurven hier, ähnlich wie die Kurve für $v^2 = 1$ in Fig. 129, eine Richtungsunstetigkeit haben, wenn Haupt- und Nebenschwingungen zusammenfallen, ist unwesentlich. Im Allgemeinen das gleiche Bild würde sich für einen anderen Wert von v^2 ergeben, nur würden die Kurven in der Umgebung der Knickstellen unserer Figur stetig bleiben, wie die Kurven für $v^2 \neq 1$ in Fig. 129. Ebenso ist es unwesentlich, und nur durch die spezielle Wahl $v^2 = 1$ bedingt, dafs die Wurzeln sich anfänglich für alle Werte von k auf demselben Kreise bewegen

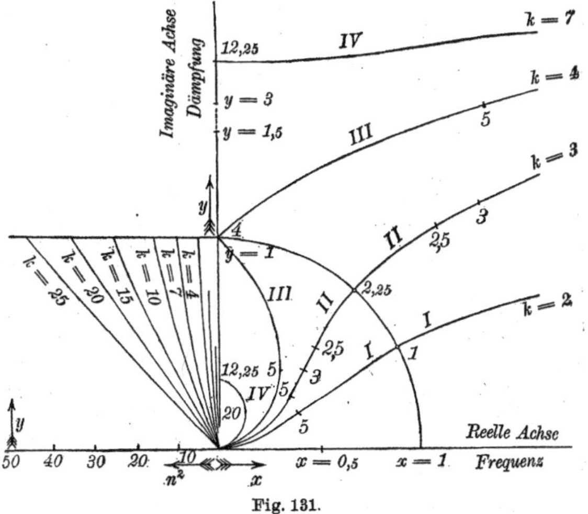

Fig. 131.

(weil hier das Produkt der zwei konjugiert reellen Wurzeln $\zeta_1 \zeta_2 = (x + iy)(-x + iy) = -1$ ist).

Die Kurve I der Fig. 131 giebt den Verlauf der Wurzeln für den kleinen Wert $k = 2$. Hier geht für $n^2 = 0$ die zur Nebenschwingung gehörige Wurzel η von dem Werte $+i$ aus, sie steht auf der Grenze zwischen Periodizität und Aperiodizität und bewegt sich mit wachsendem n^2 auf dem Kreise $x^2 + y^2 = 1$. Die zur Hauptschwingung gehörige, ζ, geht vom Punkte ± 1 aus (in der Figur ist nur die Wurzel mit positiv reellem Teil gezeichnet) und bewegt sich auf dem nämlichen Kreise nach aufwärts. Nach den Gleichungen (26), S. 826 fallen die beiden Wurzelpaare zusammen, wenn

$$n^2 = \frac{k^2}{4} = 1$$

geworden ist. Für gröfseres n^2 wird s und σ imaginär; dann ist aus den Gleichungen (27) ersichtlich, dafs keine der 4 Wurzeln (ausgenommen die Grenze $n = \infty$) rein imaginär sein kann, die Schwingungen also nicht aperiodisch sein können. Das Gleiche gilt noch für die Kurve II, $k = 3$, nur ist hier anfangs die Nebenschwingung aperiodisch, sie wird aber periodisch für $n^2 = 2$. Für $n^2 = 2{,}25$ fallen die beiden Paare zusammen und bleiben dann beide periodisch.

Für die Kurve III ist $k = 4$ gewählt. Hier wächst die Dämpfung s bis zu 2 an, und die Hauptschwingung erreicht damit gerade die Grenze zwischen Periodizität und Aperiodizität mit dem Wert $n^2 = 4$. Für denselben Wert aber fallen hier Haupt- und Nebenschwingung zusammen und werden dann mit wachsendem n^2 wieder periodisch, so dafs sich die Frequenzen schliefslich den Werten 0 und ∞ nähern.

Wir fassen zusammen:

Für kleine Werte der Dämpfung k, in unserem Falle $v^2 = 1$ für $k \leqq 4$, ist es nicht möglich, den Impuls so zu wählen, dafs auch die Hauptschwingung aperiodisch wird. Für alle Werte $k > 4$ dagegen durchläuft die Wurzel ζ den ganzen Kreisquadranten, und die Schwingung wird aperiodisch, ehe die Paare zusammengefallen sind, und zwar nach (27), wenn $16 - (k - \sqrt{k^2 - 4n^2})^2 = 0$ wird. Dem entspricht der positive Wert $n^2 = 2k - 4$. Für alle Impulsstärken $n^2 > k^2/4$ aber werden beide Schwingungen wieder periodisch, und es ist daher sicher zwecklos, den Impuls über diese Grenze zu steigern.

Um auch für die Punkte des Kreisquadranten die Abhängigkeit der Dämpfung vom Impuls n^2 zu zeigen, haben wir links von der imaginären Achse die Kurven

$$\frac{s}{2} = f(n^2)$$

aufgetragen, also den imaginären Teil von ζ als Funktion von n^2, und zwar für verschiedene Werte der Dämpfung k. Die Ziffern an der horizontalen Axe bezeichnen die Werte von n^2. Aus den Kurven ist zu ersehen, dafs für *genügend grofses* k, *im Fall* $v^2 = 1$ *für* $k > 4$, *die Schwingung immer aperiodisch werden kann, dafs aber die hierzu erforderliche Kreiselstärke um so gröfser ausfällt, je gröfser die Dämpfung* k *ist.*

Einschaltungsweise sei hier bemerkt, dafs bei dem für die „Silvana" konstruierten Kreisel und den Gröfsenverhältnissen dieses Schiffes n^2 nicht beträchtlich über 20 gesteigert werden kann. Die Kurven zeigen, dafs dann k nicht gröfser als 10 sein darf, damit noch Aperiodizität der Hauptschwingung möglich wird; dem entspräche eine Bremsstärke $w = 1000$ mkgsec.

Die im Vorhergehenden beschriebenen Verhältnisse für $v^2 = 1$ geben ein genügendes Bild auch für die entsprechenden Verhältnisse bei anderen Werten*) von v^2. Die Wirkung der Bremse, wie sie sich im Vorhergehenden ergab, läfst sich daher folgendermafsen verallgemeinern:

Der Dämpfungsfaktor der Hauptschwingung, s, *wächst mit* n^2 *an, bei kleinem* k *rasch, aber je gröfser* k *ist, desto langsamer* (vgl. den linken Teil der Fig. 131), *kann aber nie über den Wert* k *selbst hinausgehen. Ist er in die Nähe dieses Wertes gekommen, so wächst er nur noch langsam, um sich asymptotisch dem Grenzwert* k *zu nähern* (vgl. den rechten Teil der Fig. 131). *Es können also im Ganzen gröfsere Werte von* s *bei gröfserem* k *erreicht werden, aber nur unter der Voraussetzung, dafs man den Impuls beliebig steigern kann.*

Wegen der tatsächlichen Grenze für die Impulsstärke wird aber für die Praxis gerade die Frage in Betracht kommen, wie bei festem n^2 die Gröfse k zu wählen sei, damit möglichst günstige Wirkung erzielt wird. Nach den vorhergehenden Überlegungen existiert immer ein solcher günstiger Bremswert. Nehmen wir nämlich einen grofsen Wert von k, so liegt der dem festen Wert n^2 entsprechende Punkt auf dem anfänglichen steilen Anstieg der betreffenden Kurve (nämlich im Falle der Fig. 131 auf dem Kreisbogen), und zwar um so höher, je kleiner k ist; wählen wir dagegen einen kleinen Wert k, so liegt er auf einem

*) Da wir den Fall $v^2 > 1$ als ungünstig ausgeschlossen haben, bildet $v^2 = 1$ die obere, $v^2 = 0$ die untere Grenze für v. Im letzteren Falle lassen sich analytisch (durch Bildung der Diskriminante von Gl. (10)) die analogen Resultate ableiten. Z. B. ergiebt sich hier als günstigste Bremsstärke bei gegebenem n statt (28) auf pag. 832 ungefähr

$$k^2 = 3(n^2 + 1) \tag{28'}$$

Durch diese Festsetzung kann Aperiodizität der Hauptschwingung erreicht werden, wenn $n^2 > 8$ gewählt ist.

der anschliefsenden Kurvenäste mit nurmehr geringem Anstieg (nämlich im Falle der Fig. 131 auf einem der vom Kreise nach rechts abzweigenden Bögen), also (vgl. Fig. 131) um so höher, je größer k ist. Wir werden die günstigste Wirkung erhalten, wenn wir k so bestimmen, dafs der Punkt n^2 gerade auf dem Übergangsbogen zwischen beiden Gebieten der betr. Kurve liegt. Für den speziellen Fall unserer Fig. 131 ($v^2 = 1$) zieht sich dieser Übergangsbogen in den Verzweigungspunkt mit dem Parameterwert $n^2 = k^2/4$ zusammen. *Wir erhalten also* umgekehrt *bei festem n^2 und für $v^2 = 1$*:

$$k^2 = 4n^2 \tag{28}$$

als günstigste Bremsstärke.

8. Zahlenbeispiel für „Silvana". Um einen Anhalt für die in der Praxis in Betracht kommenden Gröfsen der Werte v^2, k^2, n^2 zu gewinnen, halten wir uns an das Beispiel des Kreisels in der „Silvana", der schon am Anfang des vorigen Paragraphen erwähnt war.

Die Verhältnisse bei der „Silvana" sind die folgenden:

Wasserverdrängung (Q):	850000 kg
Metacentrische Höhe (H):	0,4 m
Freie Periode der Rollbewegungen $\left(\frac{2\pi}{\alpha_0}\right)$:	8 sec.

Daraus ergiebt sich das

Trägheitsmoment (J):	550000 mkgsec^2.

Die Abmessungen des Kreisels waren annähernd:

Gewicht von Kreiselrad und Welle (q):	6000 kg
Trägheitsmoment der rotierenden Massen (Θ):	175 mkgsec^2,
Winkelgeschwindigkeit des Kreiselrades (ω):	189 sec^{-1},
Trägheitsmoment um die Queraxe (j) geschätzt zu etwa:	150 mkgsec^2.

Daraus ergiebt sich zunächst für unseren Parameter n^2:

$$n^2 = \frac{N^2}{Jj\alpha_0{}^2} = \frac{N^2}{jQH} = \frac{175^2 \cdot 189^2}{150 \cdot 85 \cdot 4 \cdot 10^3} = 21.$$

Das Frequenzverhältnis v konnte wegen starker Dämpfung durch den Versuch nicht bestimmt werden. Wir dürfen aber nach einer brieflichen Mitteilung von Herrn Otto Schlick $v < 1$ annehmen.

Über die Bremsstärken sind nähere Angaben unbekannt, doch ist jedenfalls die freie Kreiselpendelung durch die Lagerreibung aperiodisch gedämpft, wie wir ebenfalls von Herrn Schlick erfahren. Hieraus folgt zunächst $k \geq 2$ im Falle $v \leq 1$, da nach der Grundgleichung (2) in bekannter Weise $\sqrt{v^2 - k^2/4}$ der Frequenz der Kreiselpendelung proportional ist. Bei hinzutretender Bremse mufs umsomehr $k > 2$ sein. Formel (28) bezw. (28′) würde als günstigsten Wert $k = 9$ bezw. $k = 8$

ergeben. Für das Folgende wollen wir $k = 7$ annehmen. Die frühere Fig. 130 ist, wie daselbst bemerkt, für diesen Wert von k nach der Methode von Nr. 4 berechnet, darin sind die schrittweise gefundenen Punkte mit den zugehörigen Werten von n eingetragen. Dem Wert $k = 7$ entspricht eine Bremsstärke $w = 700$ mkgsec.

Die Fig. 130 zeigt, dafs in diesem Fall für alle Werte $v^2 \leqq 1$ (Kurve I, II, III) für verhältnismäfsig kleine Werte von n^2 schon Aperiodizität der Hauptschwingung eintritt. (Die angeschriebenen Ziffern bezeichnen überall die dem betreffenden Punkte zugehörige Gröfse von n^2). Für den Wert $v^2 = 1{,}5$ (Kurve IV) kann die Schwingung, mit $n^2 = 9{,}3$, gerade die Grenze zwischen Periodizität und Aperiodizität erreichen, um bei gröfserem n^2 wieder periodisch zu werden. Für noch gröfseres v^2 (V, VI) erreicht die Dämpfung nur einen Maximalwert und nimmt wieder ab, ohne dafs die Schwingung aperiodisch wird.

§ 6. Resultate und praktische Erfahrungen am Schiffskreisel.

Wir wenden uns noch zu einer kurzen Besprechung der im letzten Paragraphen erhaltenen Resultate, insbesondere zu ihrem Vergleich mit den von Schlick selbst gewonnenen Erfahrungen bei seinen Versuchen mit dem „Seebär" und der praktischen Ausführung der Kreiselkonstruktion bei der „Silvana" und dem „Lochiel".

Die wesentlichsten Ergebnisse sind, aufser in früheren Publikationen (vgl. pag. 808), in einem kürzlich erschienenen Vortrag*) von Schlick zusammengestellt. Herr Schlick hatte auch die Freundlichkeit, uns weitergehende Erfahrungen brieflich mitzuteilen.

Zunächst ist zu bedenken, dafs der Ansatz in § 4 in mehrfacher Hinsicht im Interesse der analytischen Ausführbarkeit einfacher gestaltet ist, als es der Wirklichkeit entspricht. Erstens geht er von der Annahme kleiner Schwingungen, und zwar des Schiffes und des Kreisels, aus. Was das Schiff betrifft, so sind in der That seine Schwingungen erfahrungsgemäfs, insbesondere nach Einschaltung des Kreisels, gering, d. h. die Ausschläge betragen im Höchstfall wenige Grade. Ohne Kreisel waren die Ausschläge bei der „Silvana" bei stürmischem Wetter etwa 10—15°. Anders steht es mit den Ausschlägen des Kreiselrahmens, die ja, nach den Bemerkungen auf S. 803, beträchtlich gröfser sind als die des Schiffes, wie die Erfahrung durchaus bestätigt. Aus einem gleich zu besprechenden Grunde kommen hier Ausschläge bis zu 45° nach beiden Seiten in Betracht. Unter diesen Umständen

*) Jahrbuch der Schiffbautechnischen Gesellschaft, 1909.

mufs die Annahme kleiner Schwingungen die Wirkung des Kreisels *günstiger* erscheinen lassen, als es die strenge Rechnung ergeben würde. Denn wir nahmen bei Berechnung der etwa durch die Rollbewegung veranlafsten Kreiselwirkung, die den Kreisel zum Pendeln bringt, an, dafs die Kreiselaxe senkrecht auf der Längsaxe des Schiffes stände. Diese Kreiselwirkung nimmt aber ab, wenn der Kreisel ausschlägt, entsprechend der früheren Formel (II) in § 1, um ganz zu verschwinden, wenn sich die Axe um 90^0 gedreht hat, da sie dann der Axe der Rollbewegung gerade parallel wird. Wir haben also die Koppelung zwischen Schiff und Kreisel als zu stark angenommen, und damit mufs die Beinflussung der Rollbewegungen durch den Kreisel überhaupt sich zu grofs ergeben. Da indessen nur Ausschläge bis zu 45^0 vorkommen, und dieser Ausschlag erfahrungsgemäfs nur selten erreicht wird, wird die gemachte Überschätzung der Kreiselwirkungen keine beträchtliche sein. Thatsächlich ist es bekannt, dafs in vielen Fällen auch bei endlicher Amplitude die unter der Annahme kleiner Ausschläge gefundenen Resultate mit der Erfahrung durchaus übereinstimmen.*) Übrigens wäre eine strenge Berechnung wegen anderer unkontrollierbarer Vernachlässigungen hier offenbar nicht am Platze.

Gröfsere Ausschläge des Kreiselrahmens als bis zu 45^0 waren bei der praktischen Ausführung durch einen „Stopper“ verhindert, der also zeitweise die Kreiselwirkung aufhebt

Eine weitere analytische Vereinfachung liegt in dem Ansatz der Kreiselbremsung $-k\frac{d\vartheta}{dt}$, der ein Inkrafttreten der Bremse erst bei Vorhandensein einer schwingenden Bewegung ausdrückt. Thatsächlich hat der Kreisel, abgesehen von der hydraulischen Bremse, auch bei Anwendung von Kugellagern, vermöge seines grofsen Gewichtes beträchtliche Lagerreibung, die bei kleinen Geschwindigkeiten die Gesetze der gleitenden, bezw. rollenden Reibung von festen Körpern aufeinander befolgt (Kap. VII, § 2). Nach diesen Gesetzen ist ein gewisses endliches Maximalmoment nötig, um den Rahmen schon von der Ruhe in die Bewegung überzuführen. Daher ist der Kreisel bei ruhendem Schiff nicht an die Gleichgewichtslage bei vertikaler Axe, d. h. bei möglichst tiefer Lage des Schwerpunkts, gebunden, sondern er kann im Gleichgewicht beharren bei einer Verlagerung gegen die Vertikale bis zu einem gewissen Winkel ϑ_0, der sich aus den Dimensionen des Kreisels und der Gröfse des „Lagerreibungskoeffizienten der Ruhe“ ergiebt, und

*) Als allgemeinen Grund hierfür kann man anführen, dafs der Sinus mit dem Bogen, durch den er ersetzt wird, bis zu 20^0 in der zweiten, bis zu 45^0 in der ersten Dezimale übereinstimmt.

etwa als Reibungswinkel des Systems bezeichnet werden kann. Dieser Winkel ist beim Kreisel ein ziemlich beträchtlicher, wie sich aus Versuchen von Schlick, den Kreiselrahmen künstlich zum Schwingen zu bringen, ergiebt. Andererseits ist aber auch zu beachten, dafs der Ansatz $-k\frac{d\vartheta}{dt}$ für die hydraulische Bremse nur ein allgemeines Schema sein und nur das Wesentliche ausdrücken will, nämlich eine Bremskraft, die der augenblicklichen Bewegung immer entgegenwirkt. Die spezielle Form des Wirkungsgesetzes ist für den Effekt wohl ziemlich belanglos, wie ja derselbe Fehler schliefslich auch, ohne sich zu rächen, bei vielen physikalischen Aufgaben begangen wird.

Eine andere Fehlerquelle aber, die bei der Behandlung aller technischen Probleme berücksichtigt werden mufs, insbesondere wenn es sich um so hohe Geschwindigkeiten handelt, wie im Falle des Schlickschen Kreisels, liegt in der elastischen Nachgiebigkeit des Materials. Die Richtung ihres Einflusses ist in diesem Falle zweifellos: eine weitere Abschwächung der berechneten Wirkung. Denn einerseits beruhen ja die Kreiselwirkungen selbst auf den inneren Reaktionen des als starr angenommenen Schwungringes, anderseits werden sie erst durch Vermittlung von Reaktionskräften vom Kreisel auf das als starr angenommene Schiff übertragen. Beide Arten von Reaktionen werden durch die, wenn auch geringe, elastische Nachgiebigkeit des Kreisel- und Schiffmaterials abgeschwächt, so dafs die Wirkung der Kreiselkoppelung überhaupt verringert werden mufs.

Wir wollen nun, auf Grund der Resultate des vorigen Paragraphen, die erforderliche Kreiselstärke zur Erzielung günstiger Wirkung abzuschätzen suchen, können aber, nach den vorangehenden kritischen Bemerkungen, natürlich nur einen ungefähren Anhaltspunkt erwarten.

Wir präcisieren die Frage dahin:

Wie grofs mufs der Kreiselimpuls gewählt werden, damit die Amplitude der erzwungenen Schwingung auf einen geeigneten Bruchteil ihres ursprünglichen Wertes (d. h. ohne Kreisel) reduziert werde. Dabei soll der Impuls und die Bremse k genügend stark sein, um die durch das Einsetzen erzwungener Schwingungen immer wieder angeregten freien Schwingungen rasch abzudämpfen.

Die Antwort ist aus den Überlegungen des § 5 zu entnehmen. Beschränken wir uns auf den wesentlich in Betracht kommenden Fall der Resonanz zwischen Welle und freier Schiffsschwingung, auf den sich auch die Versuche von Schlick beziehen, d. h. $\gamma = 1$, so wird das gesuchte Verhältnis nach Gl. (17) (pag. 810) und (18) (pag. 811) mit genügender Näherung:

$$\frac{|A_n|}{|A_0|} = \frac{K\sqrt{k^2 + (1 - v^2)^2}}{n^2}.$$

Beachten wir ferner, daſs v^2 nach den Folgerungen auf pag. 825, kleiner oder höchstens gleich 1 sein sollte, ein Resultat, zu dem auch Schlick durch seine Versuche gekommen ist, so können wir angenähert setzen, indem wir den kleinen echten Bruch $(1 - v^2)^2$ neben der groſsen Zahl k^2 vernachlässigen:

$$\left|\frac{A_n}{A_0}\right| = \frac{Kk}{n^2}. \tag{29}$$

Einen angenäherten Wert von K können wir aus Versuchen entnehmen, die Schlick beim „Seebär" angestellt hat. Dort ergab sich (s. auch Fig. 133), daſs der Ausschlag des Schiffes ohne Kreisel bei ruhendem Wasser nach 20 Schwingungen auf etwa $\frac{1}{20}$ seines ursprünglichen Betrages zurückging. Dem entspricht der Wert

$$K = 0{,}05.$$

Die Gröſse k wird, nach den Ergebnissen des vorigen Paragraphen, günstig so zu wählen sein, daſs die freie Schiffsschwingung durch die Kreiselkoppelung aperiodisch gedämpft werden kann, und zwar schon für verhältnismäſsig kleine Werte des Impulses. Diesen Bedingungen genügt etwa der der Fig. 130 zu Grunde gelegte Wert $k = 7$. Mit Rücksicht auf die vorerwähnte Unbestimmtheit der Definition von k sei $k = 7$ bis 10 gewählt, oder die zugehörige Gröſse der Bremsstärke in dem Beispiel der Silvana (pag. 832) $w = kj\sqrt{QH/J}$ zu 700 bis 1000 mkgsec.

Nach pag. 830 würde zwar auch schon ein etwas kleinerer Wert ausreichen, um die Hauptschwingung aperiodisch zu machen, aber dann würde, wenigstens für $v = 1$, die Nebenschwingung nahe in Resonanz mit der Hauptschwingung kommen; durch eine Verstärkung der Bremse läſst sich dies vermeiden. Um für $k = 7$ Aperiodizität der Hauptschwingung zu erzielen, müſste $n^2 = 10$ im Fall $v^2 = 1$ gewählt werden, für $k = 10$ dagegen $n^2 = 16$. Für kleinere Werte von v^2 wird durch diese Wahl ebenfalls starke Dämpfung der Schiffsschwingung erzielt (vgl. Fig. 130 und 131). Durch alleinige Betrachtung der freien Schwingung und ihrer Dämpfungsverhältnisse werden wir also auf einen Wert

$$n^2 = 10 \text{ bis } 16, \quad \text{bei } k = 7 \text{ bis } 10$$

geführt.

Wir haben nun weiter zu fragen, ob dadurch auch die erzwungenen Schwingungen hinreichend beeinfluſst werden. Aus (29) erhalten wir, durch Einsetzen der festgesetzten Werte von K, k und n^2:

$$\left|\frac{A_n}{A_0}\right| = \frac{0{,}05 \cdot 7}{10} = 0{,}035$$

$$\text{bezw.} \quad \left|\frac{A_n}{A_0}\right| = \frac{0{,}05 \cdot 10}{16} = 0{,}031.$$

Demnach würde der Wert

$$n^2 = 10 \text{ bis } 16$$

ausreichen, um die Amplitude auf etwa $^1/_{25}$ des Betrags herabzudrücken, den sie ohne Kreisel annähme. Für die erforderliche Winkelgeschwindigkeit ergiebt sich daraus nach pag. 804, wenn Θ das Trägheitsmoment der rotierenden Massen um ihre Axe bezeichnet:

$$(30) \qquad \Theta\omega = 3{,}2\sqrt{QHj} \text{ bis } 4\sqrt{QHj}.$$

Für das obige Beispiel der „Silvana" folgt hiernach eine Winkelgeschwindigkeit von 140 bis 175 sec^{-1}.*)

Wie stellen sich nun die Versuchsergebnisse von Schlick zu dieser Berechnung? Auf Grund der einleitenden Bemerkungen dieses Paragraphen ist zu erwarten, dafs das Resultat ein weniger günstiges sein wird als das von der Rechnung gelieferte. Trotzdem war der Erfolg der Schlickschen Versuche ein überraschend glücklicher. Bei der „Silvana" fand Schlick eine Abdämpfung der erzwungenen Schwingungen auf $\frac{1}{10}$ ihres ursprünglichen Betrags bei einer Winkelgeschwindigkeit des Kreiselrades von 189 sec^{-1}. Da über die dort verwendeten Bremsstärken nichts Näheres bekannt ist, kann das Resultat nicht unmittelbar mit dem unsrigen verglichen werden. Wahrscheinlich verwendete Schlick stärkere Bremsen, als sie unserer Rechnung zu Grunde liegen, und dann ist es schon aus diesem Grunde in Übereinstimmung mit unseren Resultaten auf S. 816, dafs wir eine günstigere Beeinflussung der erzwungenen Schwingungen fanden.

Weiter ist zu beachten, dafs wir von der Annahme einer harmonischen Welle ausgingen, die mit der Schiffsschwingung gerade in Resonanz steht, während es sich in Wirklichkeit um Übereinanderlagerung einer Reihe von Wellen handelt. Von diesen werden aber die

---

*) Die Formel (30) liefert in unserem Beispiel ähnliche Impulsstärken, wie eine von Föppl angestellte, überschlägliche Überlegung, die bezweckt, die Gröfsenordnung des erforderlichen Impulses zu bestimmen, wenn nur die Dimensionen des Schiffes und sein zu vernichtender anfänglicher Ausschlag (ψ_0) bekannt sind, aufserdem vorausgesetzt wird, dafs der Kreiselrahmen bis zu 45° auspendeln kann. Die betreffende Formel ist (vgl. Technische Mechanik, Bd. VI, § 41)

$$\Theta\omega = \frac{\psi_0}{5}\sqrt{QHJ}.$$

Wenn als Maximalwert von ψ_0 etwa 15° angenommen wird, so wird demnach

$$n = \frac{\Theta\omega}{\sqrt{QHj}} = \frac{1}{20}\sqrt{\frac{J}{j}};$$

wählt man also schätzungsweise für J/j die Verhältnisse wie bei der „Silvana" (vgl. pag. 832), so hat man näherungsweise $n = \sqrt{10}$, wie auch unsere obige Überlegung ergab.

nicht in Resonanz stehenden nach den Ausführungen des ersten Teils von § 5 weniger beeinflufst als die resonierende selbst, wie es ja für gewisse Gebiete der Frequenz der auffallenden Welle sogar vorkommt, dafs der Kreisel die erzwungene Schwingung verstärkt.

Bei Berücksichtigung aller dieser Umstände liefert die immerhin noch nahe Übereinstimmung unseres Resultats mit dem Schlick'schen eine gewisse Bestätigung des in § 4 gemachten Ansatzes der Differentialgleichungen.

Wir haben aber bei der vorhergehenden Berechnung auf einen wichtigen Punkt noch nicht geachtet, nämlich ob unter den angenommenen Verhältnissen die Kreiselrahmenausschläge auch für die erzwungenen Schwingungen innerhalb der verlangten Grenzen bleiben. Nur dann kann eine wenigstens angenäherte Übereinstimmung mit der Praxis erwartet werden. Die Rahmenausschläge berechnen sich aus den Formeln auf pag. 807. Aus Gl. (15) und (17) folgt, wieder unter der Annahme $v^2 = \gamma^2 = 1$ und bei kleinem K:

$$\left|\frac{a}{A_0}\right| = \left|\frac{a}{A}\right| \cdot \left|\frac{A}{A_0}\right| = \frac{K}{n}\sqrt{\frac{J}{j}},$$

also bei Zugrundelegung der früher angenommenen Zahlenwerte und der oben berechneten Impulsgröfsen etwa:

$$\left|\frac{a}{A_0}\right| = 1.$$

A_0 der Ausschlag des Schiffes ohne Kreisel beträgt erfahrungsmäfsig (vgl. die Diagramme Fig. 132) höchstens 10^0 bis 15^0. Fügt man noch eine Korrektion zu, um die nicht mehr streng zutreffende Annahme kleiner Schwingungen in Rechnung zu ziehen, so wird der Ausschlag a etwa 20^0, liegt also in der That innerhalb der Grenzen, für die unsere Rechnungen als gültig anzusehen sind.

Schlick hat seine Versuche dadurch graphisch niedergelegt, dafs er die Schlingerbewegungen durch einen von ihm konstruierten Indikator*) selbstthätig aufzeichnen liefs, der seinerseits auf dem Kreiselprinzip, nämlich auf der raumfesten Lage der Axe eines im Schwerpunkt unterstützten Schwungrads beruht, und zwar wurden Versuche mit dem „Seebär", später bei stürmischen Wetter auch mit der „Silvana" und dem „Lochiel" vorgenommen. Sie wurden in der Weise ausgeführt, dafs das Boot zunächst mit festgebremsten Kreisel quer zur See gelegt wurde. Das Boot geriet in Rollbewegungen bis zu 15^0 nach beiden Seiten, in einzelnen Fällen beim „Seebär" sogar bis zu 25^0. Dann

*) In dem Vortrag in der Schiffbautechnischen Gesellschaft (pag. 135) erwähnt.

wurde der Kreisel gelöst und die Rollbewegung dadurch fast augenblicklich bis auf 1° bis 2° reduziert. Dem Moment der Auslösung entspricht der Punkt A in den Diagrammen (s. Fig. 132), auf den nur noch die kleinen Rollbewegungen folgen, die die Diagramme zeigen.*)

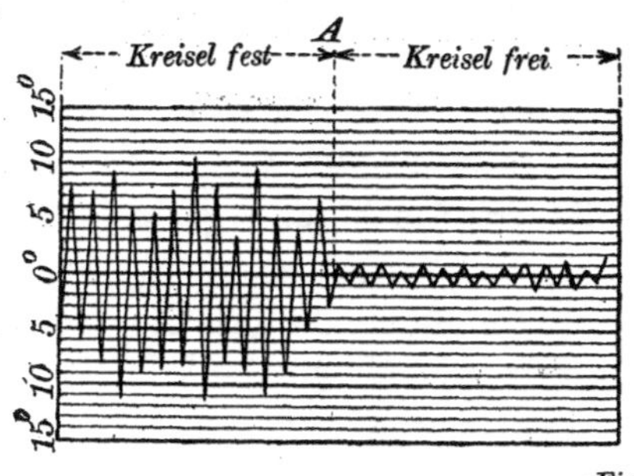

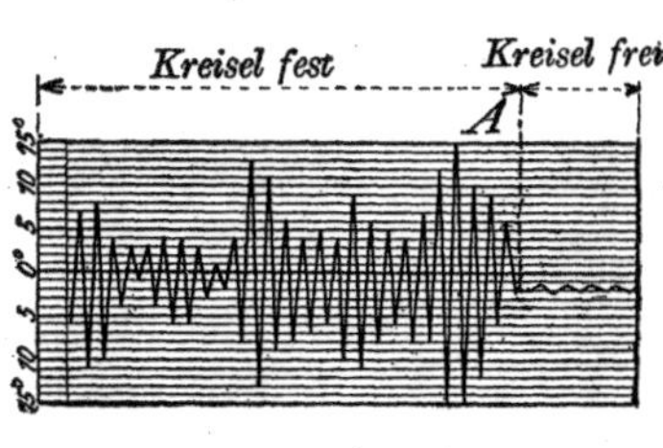

Fig. 132.

Es sind weiter eine Reihe von Versuchen, besonders am „Seebär" vorgenommen worden, um die Dämpfung der freien Schwingungen zu messen, wie sie durch den Kreisel bewirkt wird. Dazu wurde das Boot künstlich durch einen Kran bis zu etwa 15° seitlich geneigt und dann die Zahl der Schwingungen beobachtet, bis die Neigung auf $\frac{1}{2}$° herabgegangen war. Das Diagramm (Fig. 133) zeigt den Einfluſs des Kreisels. Hier entsprechen die Kurven 1, 2 der Abnahme der Ausschläge bei stillstehendem, die Kurven 3, 4, 5, 6 bei rotierendem Kreisel. Es sinkt z. B. bei der Kurve 5 der Ausschlag von $15\frac{1}{2}$° zu $\frac{1}{2}$° in vier Schwingungen herab, während er ohne Kreisel in Kurve 2 von $13\frac{1}{2}$° zu $\frac{1}{2}$° in 25 Schwingungen gesunken war. Aus der analytischen Behandlung hatten wir sogar gefolgert, daſs es möglich sei, bei verhältnismäſsig kleinem Impuls Aperiodizität der Schiffsschwingung zu erzielen, und zwar für den Fall $v^2 \leqq 1$, d. h. wenn die Kreiselpendelung nicht schneller war als die Schiffsschwingung. Ob praktisch die Dämpfung bis zu dem Grad gesteigert werden kann, bleibe dahingestellt,

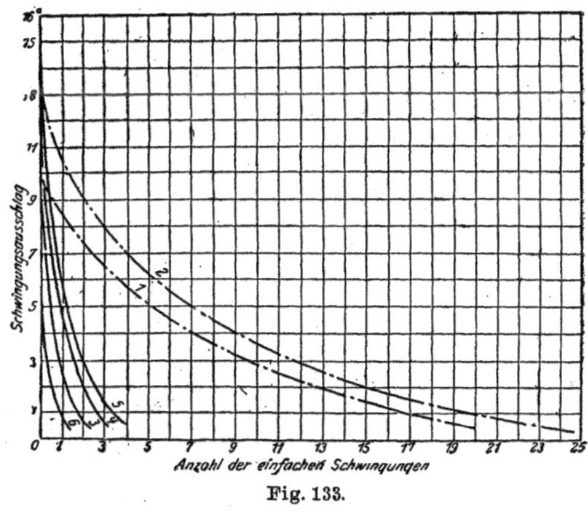

Fig. 133.

*) Die hier wiedergegebenen Figuren sind dem genannten Vortrage entnommen. Ähnliche Diagramme in dem Aufsatz in der Ing.-Zeitschr. 1906, pag. 1933.

doch sind jedenfalls die Kurven der Fig. 133 nicht mehr weit von der Aperiodizität entfernt.*)

Daſs $v^2 \leq 1$ die günstigere Anordnung ist, stimmt durchaus mit der Erfahrung und ist auch von Schlick selbst aus seinen Versuchsergebnissen gefolgert worden. Einer brieflichen Mitteilung entnehmen wir, daſs beim „Seebär" durch Beschweren des Oberteils des Kreiselrahmens, also Verlängerung der Periode seiner Pendelung, die Wirkung des Kreisels wesentlich besser wurde. „Die Periode sollte nahezu unendlich groſs sein, aber niemals unter die Periode des Schiffes heruntergehen." Die Fig. 130 legt hiervon Rechenschaft ab. Man vergleiche die Kurven I, II ($v < 1$) hinsichtlich der zugehörigen Dämpfung mit den Kurven V, VI ($v > 1$). Übrigens entspricht die Kurve VI, $v^2 = 20$, der von Föppl in der pag. 808 zitierten Arbeit gewählten „ersten Aufhängungsart".

Hier anschlieſsend können wir die im § 4 vorangestellten Behauptungen, *wieweit bei der Kreiselkonstruktion „Trägheitswirkungen" einerseits, „Dämpfungswirkungen" andererseits in Betracht kommen*, nochmals zusammenfassen. Für die erzwungenen Schwingungen selbst sind nach den früheren Diskussionen die „Resonanzwirkungen", also Trägheitswirkungen, wesentlich, indem durch die Kreiselkoppelung die Periode des Schiffs nach Möglichkeit von der Periode der auffallenden Wellen entfernt wird und dadurch die Amplitude der erzwungenen Schwingung verringert wird. Die Bremsung beeinträchtigt diese Wirkung nur. Günstig wirkt die Bremsung beim Seegange nur in sekundärer Weise durch Abdämpfung der immer gleichzeitig angeregten freien Schwingung.

Für die freien Schwingungen dagegen kommen beide Wirkungen in Betracht, und zwar für kleinen Impuls wesentlich die dämpfenden, für groſsen die Trägheitswirkungen. Die Unterscheidung zwischen „klein" und „groſs" hängt hier von der Bremstärke k ab. (Bei $v^2 = 1$ z. B. war als Grenze etwa $n^2 = k^2/4$ anzusehen.)

Daſs bei kleinem n^2 die Dämpfungswirkungen vorherrschen, geht zunächst aus dem auf pag. 831 ausführlicher besprochenen Resultat hervor, wonach bei kleinem n^2 und genügend kleinem k die Dämpfung s mit k wächst, so daſs die Hauptschwingung sogar aperiodisch werden kann, während für $k = 0$ auch die Hauptschwingung immer ungedämpft

*) Man könnte sich, nach einer Bemerkung von Föppl, eine Verbesserung der Bremswirkung von einer Handregulierung der Bremse während des Betriebs versprechen, um dem Umstande leichter Rechnung zu tragen, daſs einerseits der Kreisel genügende Bewegungsfreiheit besitzen muſs, um Energie der Rollbewegung aufzunehmen, andererseits genügend stark gebremst sein muſs, um sie zu vernichten.

blieb. Anderseits wird hier, wenigstens in dem günstigeren Fall $v^2 < 1$, die „freie Frequenz“ $\sqrt{p}$ der Hauptschwingung vergröfsert, also ist die Trägheitswirkung sogar in gewissem Sinne unerwünscht. Für grofse Werte von n^2 dagegen, haben wir gesehen, können die Dämpfungswirkungen mit wachsendem n^2 nicht mehr weiter zunehmen, weil sich die Schiffsdämpfung einer oberen Grenze nähert. Die Trägheitswirkungen dagegen nehmen beständig zu und werden die vorherrschenden.

Wir wollen zum Schlufs nicht unerwähnt lassen, dafs namentlich von technischer Seite gewisse Bedenken gegen die Kreiselkonstruktion erhoben worden sind.

Es handelt sich um die Frage, ob der Kreisel nicht mit der günstigen stabilierenden Wirkung auch unerwünschte Folgen für das Schiff verbinde. Von Marineingenieur F. Berger*) wurde zuerst vermutet, dafs der Schiffskreisel gefährlich für das Schiff werden könne, weil er die „Rollbewegungen des Schiffes in Stampfbewegungen und umgekehrt letztere in erstere umsetze“. Denn falls der Kreisel stark gebremst ist, wie es zur Erzielung günstiger Wirkung ja erforderlich ist, so wird die Energie der Pendelbewegung in der Bremse nicht völlig vernichtet, sondern es wird als Reaktion der Bremskräfte und Kreiselwirkungen ein Moment um eine horizontale Queraxe auf das Schiff übertragen, also Stampfbewegung angeregt. Bei festgestelltem Kreiselrahmen z. B. wird unmittelbar die von der Rollbewegung herrührende Kreiselwirkung auf das Schiff, statt auf den Kreiselrahmen wirken. Anderseits wird eine Stampfbewegung des Schiffes, wenn der Kreisel durch die Bremse gezwungen ist, diese Bewegung mitzumachen, gerade wie die Pendelbewegung des Rahmens selbst, durch ihre Kreiselwirkung Rollbewegung des Schiffes veranlassen. Dafs diese beiden Effekte thatsächtich vorhanden sind, ist zweifellos, dafs sie für das Schiff aber nicht schädlich werden, dafür sorgt ihre Kleinheit.**)

1. Stampfen durch Rollen angeregt. Denkt man sich z. B. den Kreisel ganz festgestellt, in welchem Falle, wie leicht analytisch zu zeigen, die gröfsten Momente auf das Schiff übertragen werden, so sind die beiden Freiheitsgrade des Rollens und Stampfens, die durch die Kreiselwirkungen gekoppelt werden, qualitativ gleichberechtigt, die Ausschläge sind aber, wegen des viel gröfseren Trägheitsmoments der Queraxe, um letztere viel kleiner als die Rollbewegungen um die Längsaxe, und daher ist dieser „erste Berger'sche Effekt“ gewifs ganz zu vernachlässigen.

Wir können dieses Resultat auch unmittelbar aus früheren Überlegungen in § 4 entnehmen. Während wir nämlich bisher die Längs-

*) Ztschr. d. V. d. Ing., 1906, pag. 982.

**) Vgl. eine Bemerkung von Föppl, ibid. 1906, pag. 983.

axe des Schiffes als fest ansahen, ist jetzt ein weiterer Freiheitsgrad, die Drehung um die Queraxe, in Betracht zu ziehen. Bei festgestelltem Kreiselrahmen tritt dieser Freiheitsgrad direkt an Stelle der Pendelung des Rahmens, so daſs die Koppelung zwischen Roll- und Stampfbewegung qualitativ durch unsere früheren Gleichungen beschrieben wird. Während wir früher zu betonen hatten, daſs bei festgestelltem Kreisel sein Einfluſs auf die Rollbewegung verschwindet, trifft dies jetzt nicht mehr zu, indem die Möglichkeit des Pendels durch die des Stampfens in geringem Grade ersetzt wird. Bei beweglichem Rahmen andererseits verteilt sich natürlich die Schwingung auf die beiden Freiheitsgrade des Pendelns und Stampfens in einem durch die Bremsstärke bestimmten Verhältnis.

Bei festgestelltem Kreiselrahmen überwiegt aber jetzt das Trägheitsmoment für die Koordinate ϑ, die jetzt die Stampfschwingung, wie früher die Kreiselpendelung miſst, weit über das Trägheitsmoment der Rollschwingungen. An Stelle des früheren Resultates (vgl. pag. 803), daſs ausgenommen im Resonanzfall eine ursprüngliche Kreiselpendelung nur sehr geringe Rollschwingungen anregen kann, tritt also jetzt die Aussage, daſs eine Rollschwingung nur geringe Stampfbewegungen auslösen kann, wenn nicht Roll- und Stampfschwingungen gerade in Resonanz stehen.

2. Rollen durch Stampfen angeregt. Der zweite Effekt dagegen läſst, da über seine Bedeutung mehrfach diskutiert worden ist, eine nähere quantitative Prüfung, wieder auf Grund der Formeln des § 4, wünschenswert erscheinen. Denken wir uns z. B. zu Anfang das Schiff in Ruhe mit einem Ausschlagwinkel ϑ_0 um die Stampfaxe und fragen nach der folgenden Bewegung, insbesondere nach dem Bruchteil der Energie, der zeitweise in Energie der Rollbewegung verwandelt wird. Den Bewegungsverlauf beschreiben dann, da wir wieder den Kreiselrahmen fest mit dem Schiff verbunden denken, die Formeln (8‴) des § 4 (pag. 802), wenn wir nur die dort vorausgesetzte Kreiselpendelung jetzt durch die Stampfschwingung des Schiffes ersetzen, d. h. das Trägheitsmoment j mit dem des Schiffes um seine Queraxe, K, vertauschen, und das Schweremoment $q \cdot h$ mit $Q \cdot S$, wo S die metacentrische Höhe für die Stampfschwingung bezeichne. Die Bewegung ist natürlich wieder die Überlagerung zweier Schwingungen in beiden Freiheitsgraden, und zwar werden jetzt bei gegebenem Kreiselimpuls die Schwingungen in ihrer Frequenz viel weniger als früher bei pendelndem Kreiselrahmen von der freien Roll- und Stampfschwingung ohne Kreisel abweichen.

Unter Ausschluſs absoluter Resonanz zwischen Roll- und Stampfschwingung können wir daher folgende Näherungsdarstellung aus den Formeln (8‴) zunächst für die resultierende Stampfbewegung entnehmen, wobei wir die Frequenzen α_1 und α_2 durch die Werte ersetzen, die sie im Falle $N = 0$ annehmen:

$$\vartheta = a_1 \cos\sqrt{\frac{QH}{J}}\,t + a_2 \cos\sqrt{\frac{QS}{K}}\,t,$$

$$a_1 + a_2 = \vartheta_0,$$

$$\left|\frac{a_1}{a_2}\right| = N^2 \frac{SJ}{Q(KH - JS)^2}.$$

Führen wir noch, genau entsprechend unseren früheren Parametern n^2 und v^2, unbenannte Gröfsen ein:

$$\mathfrak{N}^2 = \frac{N^2}{QHK}; \quad w^2 = \frac{QS/K}{QH/J},$$

so wird:

$$\left|\frac{a_1}{a_2}\right| = \mathfrak{N}^2 \frac{w^2}{(1 - w^2)^2}.$$

Seiner Definition entsprechend ist unser jetziger Parameter $\mathfrak{N}^2$, im Vergleich mit dem früheren n^2 (vgl. pag. 832), sehr klein, nämlich

$$\mathfrak{N}^2 = n^2 \cdot \frac{j}{K}.$$

Nun wird K, das Trägheitsmoment um die Stampfaxe, mindestens etwa 50 mal so grofs sein als das um die Rollaxe, J, und nach pag. 832 ist, im Falle der „Silvana", annähernd $J = 4000j$, also

$$\mathfrak{N}^2 = 2n^2 \cdot 10^{-5}.$$

Unter Zugrundelegung des bei der „Silvana" gewählten Parameterwertes $n^2 = 20$ wird somit

$$\mathfrak{N}^2 = 4 \cdot 10^{-4}.$$

Andererseits erhöht der Frequenzfaktor $w^2/(1 - w^2)^2$ bei Ausschlufs der Resonanz die Gröfsenordnung von $|a_1/a_2|$ nicht, indem er nur in der nächsten Nähe von $w = 1$ gröfser als 1 ist.

Aus diesem Verhältnis aber können wir den Bruchteil der Energie in bekannter Weise entnehmen, der zeitweise der Stampfbewegung entzogen und in Rollbewegung verwandelt wird. Die Überlagerung der beiden Schwingungen ist nämlich eine „Schwebung" in der Stampfbewegung, mit der maximalen Energie*):

$$E_1 = \frac{QS}{2}(a_1 + a_2)^2 = \frac{QS}{2}\vartheta_0^2$$

und der minimalen Energie:

$$E_2 = \frac{QS}{2}(a_1 - a_2)^2.$$

*) Diese Formeln werden allerdings unter der Annahme abgeleitet, daß die Frequenzen α_1 und α_2 nahezu übereinstimmen, also w wenig von 1 verschieden ist. Bei genauerer Rechnung würde in den Ausdruck für die Energieschwankung noch eine Potenz von w als Faktor eingehen, der aber die Gröfsenordnung nicht beeinflufst.

Die Energieschwankung beträgt also nur etwa 10^{-4} bis 10^{-3} der mittleren Energie des Stampfens, und auch nur dieser Bruchteil wird zeitweise in Rollenergie verwandelt. Wir kommen somit zu dem Resultat, daſs auch der „zweite Berger'sche Effekt", ausgenommen den Fall der Resonanz zwischen Roll- und Stampfschwingung, für das Schiff ernstlich nicht in Frage kommen wird.

Übrigens ist von Herrn Skutsch*) der Vorschlag gemacht, die besprochenen Wirkungen durch Verwendung zweier Kreisel unschädlich zu machen. Die beiden Kreisel sollen symmetrisch zur mittleren Queraxe eingebaut sein und mit entgegesetztem Drehsinn, aber gleicher Geschwindigkeit umlaufen, überhaupt in allem genaue Spiegelbilder sein, was durch zwangläufige Verbindung zu erreichen wäre. Wegen des entgegengesetzten Umlaufsinns würden dann durch die Rollbewegungen entgegengesetzte Ausschläge der beiden Kreisel veranlaſst und die auf das Schiff übertragenen, auf Anregung des Stampfens wirkenden Momente würden sich daher aufheben. Das Gleiche gilt für die Umkehrung, die durch die Stampfbewegung ausgelösten Momente.

3. Materialbeanspruchung. Ein weiteres Bedenken, das man gegen die Anwendung des Kreisels vorgebracht hat, beruht auf der Annahme, daſs ein in der geschilderten Weise an der Rollbewegung gehindertes Schiff besonders stark von der See, namentlich von überbrechenden Wellen zu leiden habe. Von den Teilnehmern an den Probefahrten wird aber ausgesagt, daſs nur an Stelle der Rollbewegungen ein ruhiges Heben und Senken des Schiffes in der Wellenoberfläche getreten sei, ohne Überbrechen von Wellen; die anrollenden Wellen seien einfach unter dem Schiff verschwunden. Andererseits wäre wohl denkbar, daſs durch die Verhinderung der Rollbewegung eine stärkere Beanspruchung der inneren Verbände eintritt. Schlick selbst bestreitet solche Bedenken mit dem Hinweis auf die groſsen Beanspruchungen, die groſse Schiffe im Seegang auszuhalten haben, dem sie ja nur wenig folgen, wenn nicht gerade die auffallende Welle in Resonanz mit der Schiffschwingung steht. Ebenso ist es bekannt, daſs die Rollbewegungen der Segelschiffe bei gesetzten Segeln durch den Luftwiderstand ganz unterdrückt werden, ohne daſs das Schiff Schaden leidet.

Man kann ferner anführen, daſs die ganze durch den Kreisel zu vernichtende Energie der Rollbewegung durchaus nicht sonderlich groſs ist. Sonst wäre es überhaupt nicht möglich, durch den im Verhältnis zum Schiff doch kleinen Kreisel fast die gesamte Energie zu zerstören.

*) Ztschr. d. V. d. Ing. 1908, S. 464.

Berechnen wir auf Grund der S. 832 gegebenen Zahlen für die „Silvana“ das vom Kreisel auf das Schiff übertragene Moment

$$N \cdot \frac{d\vartheta}{dt},$$

und zwar für die vom Seegange erzwungenen Schwingungen. Deren Periode wählen wir, wie es mittleren Verhältnissen entspricht, zu $\tau = 8$ sec. Nehmen wir den ungünstigsten Fall an, daſs der Kreisel den gröſstmöglichen Ausschlag von 45^0 erreicht, so wird $\vartheta = \frac{\pi}{4} \sin 2\pi \frac{t}{\tau}$, also $\frac{d\vartheta}{dt}$ im Maximum gleich $\frac{2\pi^2}{4\tau} = \frac{\pi^2}{16}$ sec^{-1}. Ferner war nach pag. 832 $N = \Theta\omega = 175 \cdot 189$ mkgsec. Also wird das fragliche Moment rund 20000 mkg. Nehmen wir als Lagerabstand am Kreiselrahmen etwa 2 m, so wird in jedem Lager eine Kraft von 10 Tonnen angreifen, also eine im Verhältnis zu den sonst im Schiff vorhandenen Gewichten mäſsige Last. Diese Beanspruchung erfährt das Schiff durch den Kreisel.

Die angeführten Bedenken dürften kaum ein wesentliches Hindernis für eine ausgedehntere Verwendung des Schiffskreisels sein, und überhaupt werden die eigentlichen Probleme, zu denen die weitere Vervollkommnung der Konstruktion führt, nicht auf der dynamischen, sondern auf der technischen Seite liegen.

Die Zukunft muſs lehren, ob sich der kühne Gedanke Schlicks trotz der seiner Durchführung entgegenstehenden erheblichen Kosten und Schwierigkeiten im Verkehr allgemein einbürgern kann, oder ob er in der Geschichte mehr als ein markantes Beispiel groſsen Maſsstabes für die tatsächliche Ausführbarkeit richtig gedachter mechanischer Konstruktionen dastehen wird.

§ 7. Der Kreiselkompaſs.

Bei Besprechung der Foucault'schen Versuche, die Erdrotation durch ihre Einwirkung auf die Bewegung eines rasch rotierenden Kreisels nachzuweisen, haben wir*) die von Foucault ausgesprochene Idee erwähnt, diese Wirkungen zur Orientierung auf der Erde zu benutzen, also ein Kreiselinstrument als Kompaſs auszubauen. Es handelte sich hier um die Eigenschaft eines Kreisels, dessen Figurenaxe nur in der Horizontalebene beweglich ist (eines Kreisels „von zwei Freiheitsgraden“), sich wie eine Deklinationsnadel selbstthätig in den Meridian einzustellen, andererseits eines Kreisels, dessen Figurenaxe nur in der Meridianebene beweglich ist, sich wie eine Inklinationsnadel in die Richtung der Erdaxe einzustellen.**)

---

*) pag. 734 f. **) pag. 746 f.

An die praktische Ausführung dieses Gedankens konnte naturgemäfs erst geschritten werden, nachdem es gelungen war, auf lange Dauer ohne Unterbrechung umlaufende Schwungräder herzustellen, was jetzt durch Verwendung von Elektromotoren erreicht wird. Ein wesentliches technisches Erfordernis ist hierbei, dafs das äufsere Moment, das entgegen der Reibung den Eigenimpuls konstant erhält, strenge um die Figurenaxe wirkt, also keine Impulsänderungen in der Äquatorebene erzeugt. In den 80er Jahren sind Versuche von Seiten der Kriegsmarinen in Frankreich, Holland und England ausgeführt worden, doch ist über ihr Ergebnis wenig an die Öffentlichkeit gekommen, jedenfalls haben sie nicht zur dauernden Einführung eines Rotationskompasses geführt.*) In Deutschland wurden die ersten Versuche in den 90er Jahren von Werner von Siemens geleitet, in Anlehnung an ein von Van den Bos angemeldetes Patent.**)

Die Frage nach der Herstellung eines brauchbaren Kreiselkompasses ist neuerdings wieder akut geworden, insbesondere zur Verwendung auf Kriegsschiffen, auf denen durch die Vermehrung der Eisenmassen das magnetische Erdfeld derartig verzerrt wird, dafs die Angaben des Magnetkompasses im höchsten Grade unsicher, ja fast unbrauchbar werden. Besonders erschwerend wirkt der Umstand, dafs die Eisenmassen an Bord vielfach verlagert werden (Munition, Geschütze) und dafs der Betrieb elektrischer Maschinen die Kompafsnadel direkt magnetisch beeinflufst, sowie dafs der auf das Schiff vom Erdfeld induzierte Magnetismus von Schiffsbewegungen abhängt.***) Es sind daher von verschiedenen Firmen Versuche in dieser Richtung gemacht worden, von denen aber bisher nur die von Anschütz-Kämpfe in Kiel zur Veröffentlichung gelangt sind†) und zur praktischen Verwendung geführt haben.

Hier wird nicht die Foucault'sche Anordnung verwendet, sondern ein Kreisel von drei Freiheitsgraden, der unter dem Einflufs der Schwere steht, entweder so, dafs der Schwerpunkt auf der Figurenaxe oder in der Äquatorebene des Kreisels liegt.

---

*) M. Edm. Dubois: Sur le gyroscope marin, C. R. 98, pag. 227, 1887; W. Thomson: Gyrostatic model of a magnetic compass, Nature 30, pag. 524, 1884.

**) D. R. P. Kl. 42, No. 34513.

***) S. Encyklopädie d. math. Wissensch. VI 1, 5, pag. 320 ff. (Nautik, von H. Meldau).

†) Jahrbuch der Schiffbautechnischen Gesellschaft, X, 1909, pag. 352; dazu math. Anhang (Max Schuler) pag. 561. Die Versuche der Firma Hartmann & Braun, Frankfurt a. M., nach Konstruktionen von Prof. Ach, sind noch nicht veröffentlicht.

Sehen wir von der Schwere ganz ab, so wäre der Kreisel sowohl gegen die Erde wie gegen den Raum in Ruhe, wenn seine Figurenaxe parallel zur Erdaxe stände. Dieses Gleichgewicht wird durch die Schwerewirkung gestört, im ersteren Falle haben wir einen schweren symmetrischen, im zweiten einen, wenigstens dem Kraftangriff nach, schweren unsymmetrischen Kreisel.

Beim schweren symmetrischen Kreisel zunächst zieht die Schwerkraft die Figurenaxe aus ihrer raumfesten Lage hinaus, und die entstehende Raumbewegung hat weiter ablenkende Kreiselwirkungen zur Folge. Es wird nun, wie bei dem früher behandelten Gilbert'schen Barygyroskop*), eine Ruhelage relativ zur Erde möglich sein. Die Bewegung des gegen die Erde ruhenden Kreisels ist dann, im Raume betrachtet, eine reguläre Präcession der Figurenaxe um die Erdaxe, bei der Schwerkraft und Kreiselwirkungen sich das Gleichgewicht halten. Die Figurenaxe liegt dabei beständig in der Meridianebene des Beobachtungsortes, unter einem zu bestimmenden Winkel gegen die Vertikale. Diese Bestimmung liefert einfach die Bedingung der regulären Präcession:

Kreiselwirkung bei der Erdrotation = Schweremoment,

erstere durch die Formel (II) von S. 764 bestimmt.

Bei dieser Präcession ist der Unterstützungspunkt des Kreisels nicht fest, sondern er wird, auch wenn er gegen die Erde ruht, auf einem Parallelkreis um die Erdaxe geführt, er erfährt also beständig eine radial in der Ebene des Parallelkreises gerichtete Beschleunigung. Eine Beschleunigung des Unterstützungspunktes wirkt aber wie eine am Schwerpunkt angreifende, entgegengesetzt gerichtete Kraft (vgl. z. B. S. 612), deren Gröfse das Produkt aus dieser Beschleunigung und der Masse des Systems ist. Diese scheinbare Kraft ist die der Erdrotation entsprechende Centrifugalkraft, die andererseits die Abplattung der Erdoberfläche bewirkt. Wir setzen sie daher richtig in Rechnung, wenn wir die im Lote des Erdortes liegende, thatsächlich gemessene Kraft als Schwerkraft betrachten, die Resultante aus reiner Gravitationswirkung und Centrifugalkraft.

Diese ideale Bewegungsform des Kreisels, die wir weiterhin als „Raumpräcession" bezeichnen wollen, würde zu Stande kommen, wenn von Anfang an die Kreiselaxe im Meridian unter der genau richtigen Erhebung gegen den Horizont eingestellt würde, wobei allerdings die Einstellung von der geographischen Breite und der Schiffsgeschwindigkeit des Ortes abhängen, also mit der Schiffsbewegung korrigiert werden

*) pag. 753.

müſste. Auf diesem Prinzip beruht ein von Anschütz-Kämpfe konstruiertes Kreiselkompaſsmodell*), das die Firma in einem früheren Stadium ihrer Versuche zum Patent angemeldet hat.

Soll der Kreisel bei seiner Raumpräcession die Nord-Südrichtung angeben, so muſs er eine merkliche Abweichung von der Vertikalen haben; daher muſs wegen der verhältnismäſsigen Kleinheit der durch die Erddrehung verursachten Kreiselwirkungen auch das Schweremoment sehr klein sein. Die Folge davon ist aber, daſs die Gleichgewichtslage im Meridian einen sehr geringen Stabilitätsgrad besitzt, so daſs der Kreisel auf einen kleinen Anstoſs hin, wie er durch die Schiffsbewegungen fortwährend zu Stande kommt, die Ruhelage verläſst und ähnlich, als ob die Erde ruhte, relativ zur Erde eine langsame Präcession um die Vertikale ausführt oder zum mindesten in einer sehr langen Schwingung in den Meridian zurückkekrt.

In dieser unzureichenden Stabilität liegt der hauptsächliche Grund, daſs die erste Form des Kompaſses nicht zur Ausführung gekommen ist.

Betrachten wir nun den anderen Fall des unsymmetrischen Kräfteangriffs, der bei dem ausgeführten Kompaſskreisel von Anschütz-Kämpfe vorliegt.**) Es sei der äuſsere Ring des kardanischen Gehänges um die Vertikale drehbar, der innere Ring um den horizontalen Durchmesser des äuſseren Ringes, die „Knotenlinie" des Kreisels. Dieser innere Ring trage ein Übergewicht in der Art, daſs in seiner Gleichgewichtslage seine Ebene *horizontal*, also auch die in der Ebene des inneren Ringes senkrecht zu dessen Drehaxe gelagerte *Figurenaxe horizontal* liegt. Der Schwerpunkt des Systems liegt dann in der Äquatorebene des Kreisels, ohne aber die Rotation um die Figurenaxe mitzumachen. Dieses rein schematische Bild der Anordnung genügt für unsere nächsten Zwecke; die wirkliche Ausführung wird am Ende des Paragraphen besprochen werden.

In kinetischer Hinsicht kann das System immer noch als symmetrischer Kreisel aufgefaſst werden, wenn die Eigenrotation so stark ist, daſs die Trägheit der Ringe neben der des Schwungkörpers zu vernachlässigen ist. Das Schweremoment wirkt dabei nach wie vor um die Knotenlinie des Kreisels, nur ist es nicht mehr dem Sinus, sondern

*) D. R. P. Nr. 178814, 1905.

**) D. R. P. Nr. 182855, 1908. Versuche mit diesem System sind auch von O. Martienssen gemacht worden, s. Physik. Ztschr. VII, Nr. 15, S. 535, 1906. Bei Versuchen von Föppl zum Nachweis der Erdrotation tritt an Stelle der Schwerkraft die Elastizität der Aufhängefäden des ebenfalls horizontal liegenden Kreisels. Sitzungsber. d. Akad. d. Wiss. München, 1904, Heft I. Vgl. auch die Zusätze am Schluſs dieses Buches.

dem Cosinus der früher als ϑ bezeichneten Abweichung der Figurenaxe von der Vertikalen proportional. Die vorher für den symmetrischen Kreisel gemachten Angaben lassen sich also auch auf diese Anordnung übertragen. Es ist eine stationäre „Raumpräcession" möglich, bei der die Figurenaxe beständig in die Nordrichtung des Beobachtungsortes weist, mit konstanter Erhebung über den Horizont. Die Erhebung bestimmt sich wieder aus der Präcessionsbedingung:

Schweremoment = Kreiselwirkung,

und kann sehr klein gemacht werden, wenn das Schweremoment genügend groſs ist.

Diese stationäre Bewegung ginge im Falle der ruhenden Erde in die Gleichgewichtslage mit horizontaler Axe über. Ähnlich wie in diesem Grenzfall verschwindender Erddrehung wird die allgemeine Bewegung die Überlagerung dieser stationären Bewegung mit einer Präcession um die Vertikale, einer „Horizontalpräcession", sein, die zu Stande kommt, wenn ein genügend groſser Anstoſs die Raumpräcession stört, aber in ihrem Charakter natürlich durch die Erddrehung beeinfluſst ist. Bei einem kleinen Anstoſs dagegen wird die Horizontalpräcession in eine Schwingung um die Nordrichtung ausarten.

Es ist hier nicht ohne Weiteres einzusehen, wie die Richtkraft zu Stande kommt, die den Kreisel in den Meridian zurückzieht; eine solche hatten wir früher nur bei dem Foucault'schen Kreisel von zwei Freiheitsgraden kennen gelernt. Man kann sich nun die dynamische Wirkungsweise klar machen durch Vergleich eben mit dem Foucault'schen Kreisel, der nur in der Horizontalebene beweglich ist. Die späteren analytischen Ergänzungen werden diese allgemeinen Vorstellungen näher belegen.

Im Foucault'schen Falle verhindert ja die Führung in der festen Horizontalebene die Axe, bei vorhandener Erdrotation im Raume stille zu stehen. Die dadurch erzwungene Raumbewegung hat die Kreiselwirkung zur Folge, die die Axe in den Meridian zurückzieht, also die Schwingung um den Meridian veranlaſst. Die Impulsverlagerung bei dieser Schwingung wird durch das Moment der auf der Horizontalebene senkrecht stehenden Drucke geleistet (s. pag. 746). Was hier die zwangsweise Führung in der Horizontalebene macht, bewirkt bei unserer Anordnung das Schweremoment des Übergewichts, das gewissermaſsen eine nachgiebige Führung darstellt. Es leistet qualitativ dieselbe Impulsverlagerung, wie dort die Führungsdrucke, zieht also die Figurenaxe in die Gleichgewichtslage zurück. Da übrigens auch bei der Foucault'schen Anordnung die Elastizität der horizontalen Führungsebene in Betracht kommt, die Führung also thatsächlich keine völlig zwangsweise ist, so fällt der Unterschied qualitativ überhaupt fort, es ist nur bei Foucault das Schweremoment als sehr grofs zu denken.

Nimmt man z. B. den „Nordpol" der Figurenaxe zu Anfang in horizontaler Lage und nach Osten weisend an. Er wird nun zunächst seine Lage im Raume beibehalten, daher wegen der Erddrehung relativ zum Horizont sich heben. Das dadurch entstehende Schweremoment verlagert den Impuls von seiner östlichen Lage in nördlicher Richtung, und damit erfährt die Figurenaxe, die im Mittel der Impulsaxe folgt, wie von der pseudoregulären Präcession her bekannt ist, eine Richtkraft nach Norden. Zeigte dagegen der „Südpol" der Figurenaxe nach Osten, so wird dieser in gleicher Weise nach Süden abgelenkt, der Nordpol erfährt also wieder eine Richtkraft nach Norden, so dafs in der That die Nordlage eine stabile Gleichgewichtslage für den Nordpol der Figurenaxe bedeutet.

Und zwar wird, wie die analytischen Entwicklungen bestätigen werden, dieser Gleichgewichtslage bei der jetzigen Anordnung eine verhältnismäfsig grofse Stabilität zukommen, der vorher erwähnten symmetrischen Form gegenüber wegen des vergröfserten Schweremoments, das in der geschilderten Weise die Einstellung in den Meridian in entsprechend kürzerer Zeit bewerkstelligt; der Foucault'schen Anordnung gegenüber ist die Erhöhung der Stabilität anderer Art, nämlich eine durch das Vorhandensein der drei Freiheitsgrade bedingte Unempfindlichkeit gegen Störungen von nicht zu langer Periode. Das Schema dieser Stabilierung ist nur durch das Hinzutreten des Schweremoments, das in gewissem Mafse die Freiheitsgrade beeinträchtigt, von dem in § 1 (unter IV) behandelten verschieden. Die dort betonte spezifische Widerstandsfähigkeit gegen Richtungsänderungen äufsert sich auch hier noch im verlangsamten Nachgeben, einer „effektiven Trägheit", die den Kreisel gegen Störungen von nicht zu langer Periode unempfindlich macht. Sie verschwindet erst für unendlich grofses Schweremoment, den Fall des Foucault'schen Kreisels, der Störungen nur noch sein eigenes Trägheitsmoment entgegenzusetzen hat. Die Stabilität kann noch verstärkt werden durch geeignete Dämpfungsvorrichtungen, deren bewundernswürdige Durchführung einen Hauptanteil an dem Erfolg des Kreiselkompasses hat.

Gröfstmögliche Erhöhung der Stabilität in der stationären Nord-Südlage ist insbesondere erforderlich wegen der Einwirkung der Schiffsbewegungen auf den Kreisel. Denn jede Bewegung des Schiffes bedeutet eine Störung seiner Gleichgewichtsbedingungen, veranlafst also Schwingungen, die in engen Grenzen gehalten werden müssen, damit der Apparat praktisch brauchbar sei. Zwei Fragen sind nun zu beantworten: 1. Wie reagiert der Kreisel auf eine gleichmäfsige Bewegung des Schiffes? 2. Wie reagiert der Kreisel auf eine Beschleunigung des Schiffes?

1. Fährt das Schiff mit konstanter Geschwindigkeit von Ost nach West, oder umgekehrt, so ist diese Bewegung gleichbedeutend mit einer kleinen Verringerung, bezw. Vergröſserung der Erdrotationsgeschwindigkeit. Im ersten Fall ist, angenommen, daſs sich die stationäre Raumpräcession eingestellt hat, deren Präcessionsgeschwindigkeit eine geringere als bei ruhendem Schiff; dieser entspricht eine kleinere Kreiselwirkung, der also auch ein kleineres Schweremoment das Gleichgewicht halten muſs. Die Folge ist dann nur eine etwas geringere Erhebung der Figurenaxe über den Horizont. Im anderen Falle wird umgekehrt die Figurenaxe eine etwas gröſsere Erhebung annehmen. Diese Wirkung ist dieselbe wie beim Übergang zu einer anderen geographischen Breite und unschädlich, da sie die Weisung nicht beeinfluſst.

Eine Fahrt in der Nord-Südrichtung andererseits ist gleichbedeutend mit einer zur Erddrehung hinzukommenden Drehung um einen äquatorialen Durchmesser, wobei aber die resultierende Axe aus der Erddrehung und dieser hinzukommenden Drehung wegen der Kleinheit der letzteren wenig von der Polaraxe abweicht. Die schlieſsliche Wirkung ist nun, daſs bei der stationären Raumbewegung die Figurenaxe sich in die Vertikalebene durch diese resultierende Drehaxe einstellt. Ihre Richtung weicht also von der Meridianebene ab, jedoch, ausgenommen in hohen Breiten, nur um einen kleinen Winkel. Die Abweichung, die sich westlich bei Süd-Nord- und östlich bei Nord-Südkurs ergiebt, beträgt z. B. für einen mittleren Geschwindigkeitswert, etwa 16 Knoten in der Stunde*):

für die Breite:	0°	20°	40°	60°	70°
Abweichung:	1,02°	1,04°	1,33°	2,03°	2,97°.

2. Wir kommen nun zu den Beschleunigungseffekten, die in erster Linie beim Übergang von einer zu einer anderen verschieden groſsen oder verschieden gerichteten Geschwindigkeit auftreten. Vermöge der bei der wirklichen Konstruktion ausdrücklich vorgesehenen Dämpfung stellt sich die Figurenaxe, sobald die Geschwindigkeit wieder gleichförmig geworden ist, in die neue Gleichgewichtslage ein, wenn diese einen genügenden Stabilitätsgrad besitzt. Durch die Störung der ursprünglichen Gleichgewichtsbedingungen aber entstehen Schwingungen, deren Amplituden den Betrag der schlieſslich erreichten Abweichung überschreiten können. Wie kommen des Näheren solche Schwingungen zu Stande?

Bei einer Geschwindigkeitsänderung des Schiffes in ost-westlicher Richtung behält der Kreisel zunächst seine Raumpräcessionsgeschwindig-

*) Siehe den pag. 846 zitierten Aufsatz von Schuler, pag. 569.

keit bei, da ja das Schweremoment sich zunächst noch nicht verändert hat. Da diese nicht mehr mit der Raumgeschwindigkeit des Schiffes übereinstimmt, so weicht der Kreisel aus der Meridianebene seitlich aus und beginnt eine von Nutationen überlagerte, langsame Horizontalpräcession. Denn eine solche muſs immer eintreten, wenn die Gleichgewichtsbedingung der Raumpräcession (pag. 849) gestört wird, wie bei ruhender Erde jeder Anstoſs eine pseudoreguläre Horizontalpräcession bedingt. Dabei ist eine genügende Gröſse der Richtkraft nach dem Meridian erforderlich, damit die Figurenaxe nicht eine vollständige Präcession ausführt, sondern nach einem kleinen Ausschlag in einer Schwingung um die neue Gleichgewichtslage in den Meridian zurückkehrt. Wir werden diese Forderung noch quantitativ zu präcisieren haben, bemerken aber im Voraus, daſs schon wegen der Kleinheit der Störung diese Ausschläge sehr klein sind neben den gleich zu besprechenden Ausschlägen bei der nämlichen Geschwindigkeitsänderung in Richtung des Meridians und daher praktisch nicht in Betracht kommen. Übrigens sind sie auch deshalb weniger wesentlich, weil die Schiffahrt im Allgemeinen nicht auf Breitenkreisen, sondern auf gröſsten Kreisen erfolgt.

Die Beschleunigung des Unterstützungspunktes ist nach den bekannten Trägheitsgesetzen einer am Schwerpunkt angreifenden, entgegengesetzten Kraft äquivalent. Für eine Ost-Westbeschleunigung ist deren Moment um die Figurenaxe gerichtet und daher unwesentlich. Für eine Nord-Südbeschleunigung dagegen wirkt ihr Moment um die Knotenlinie und hat, wie das Schweremoment, in letzter Linie eine pseudoreguläre Horizontalpräcession zur Folge, die zunächst so lange andauert, als die Beschleunigung währt. Es ist erforderlich, daſs während der Andauer der Beschleunigung der Gesamtbetrag dieser Präcessionsbewegung innerhalb praktischer Grenzen bleibt. Übrigens ist diese Abweichung stets nach derselben Seite gerichtet, wie die der nachher sich einstellenden neuen Gleichgewichtslage (vgl. oben), so daſs für die nun resultierende Schwingung nur die Differenz dieser beiden Abweichungen als Amplitude in Betracht kommt.

Beschleunigungen des Schiffes, und zwar im Meridian und senkrecht dazu, kommen bei jeder Wendung in Frage. Daher steht die Figurenaxe an einer Kurve nicht völlig still, wie die Magnetnadel, sondern sie macht kleine Schwingungen, und nur wenn diese genügend klein sind, läſst der Kreiselkompaſs die Kurve richtig erkennen.

Neben den absichtlichen Beschleunigungen des Schiffes kommen aber auch alle unregelmäſsigen Bewegungen ganz wesentlich in Betracht, wie Schwingungen des Schiffes und der Kreiselunterlage. Da es sich bei solchen Störungen stets um kurzperiodische handelt, so können sie, nach den bekannten Resonanzprinzipien, dadurch unschädlich gemacht werden, daſs die Eigenschwingungsdauer des Kreisels groſs gewählt wird. Dies wird nun gerade durch die schon genannte effektive Trägheit des Anschütz'schen Kreisels erreicht, ohne daſs es deshalb nötig wäre, zu groſse und technisch nachteilige Massen anzuordnen. Die Gröſse der Schwingungsdauer ist aber andererseits naturgemäſs beschränkt durch die Forderung, daſs der Kreisel bei einer gröſseren Störung nicht zu lange braucht, um seine Gleichgewichtslage zu erreichen. Bei dem Anschütz-Kämpfe'schen Apparat ist als günstiges Mittel eine Schwingungsdauer von 70 Minuten gewählt, und überdies werden durch kardanische Hängung des ganzen Systems äuſsere Stöſse nach Möglichkeit von vornherein abgeschwächt. In der durchaus notwendigen Länge der Schwingungsdauer scheint insofern eine Schwierigkeit*) zu liegen, als eine so langsame Schwingung nicht unmittelbar dem Auge als solche kenntlich ist. Nun ist aber jede Schwingung, wie wir noch sehen werden, mit einer gleichperiodischen geringen Hebung und Senkung der Figurenaxe verknüpft, die durch eine empfindliche Libelle auf der Kompaſsrose angezeigt wird und dem Steuermann die augenblickliche Miſsweisung des Kompasses, das Vorhandensein einer Schwingung, zu erkennen giebt. Bei einer gleichzeitigen Wendung wird allerdings die Libelle für diesen Zweck vorübergehend unbrauchbar, da dann durch die Zentrifugalkraft ihre Gleichgewichtslage gestört wird.

Wir haben des Weiteren den Bewegungsverlauf analytisch darzustellen. Bei der Berechnung der Kreiselwirkungen machen wir wieder**) die Annahme, daſs die Impulsaxe mit der Figurenaxe zusammenfalle, vernachlässigen also den Impuls, welcher der Bewegung der Figurenaxe um die Erdaxe und relativ zur Erde entspricht, neben dem Rotationsimpuls um die Figurenaxe. Als wirkende Momente haben wir dann das Schweremoment und die Kreiselwirkungen, die von den Raumbewegungen der Figurenaxe herrühren, anzusetzen.

Es bezeichne ϑ die Erhebung der Figurenachse über den Horizont, und zwar bedeute positives ϑ eine Hebung der Seite, von der aus die Drehung entgegen dem Uhrzeigersinn erfolgt, also des „Nordpols"; ψ die westliche Abweichung des Nordpols von der Nordrichtung SN. P sei das Schweremoment für den Ausschlag $\frac{\pi}{2}$, also $P \sin\vartheta$ für den Ausschlag ϑ, B das Trägheitsmoment des ganzen Systems um die vertikale Axe, A um die horizontale Knotenlinie, N der Eigenimpuls.

*) Vgl. die Diskussion zu dem pag. 846 zitierten Vortrag von Anschütz.

**) Wie § 1 dieses Kap. unter I und II. Vgl. auch die früheren Näherungsformeln über pseudoreguläre Präcession in Kap. V, die wesentlich auf dieser Annahme beruhten.

In A und B sind aufser der Masse des Schwungringes die Massen der Aufhängevorrichtung einbegriffen, soweit sie an der Bewegung der Schwungringaxe teilnehmen. A ist konstant, B kann bei kleinen Erhebungen ϑ annähernd als konstant angesehen werden, für die Konstanz von N sorgt der Antrieb. Ferner sei ω die Winkelgeschwindigkeit der Erde, φ die geographische Breite. Die Erddrehung zerlegen wir in die Komponenten $\omega \sin\varphi$ um die Vertikale und $\omega\cos\varphi$ um die horizontale Nord-Südrichtung.

Diese Drehkomponenten geben Anlafs zu Kreiselwirkungen, deren Axe senkrecht auf der fraglichen Drehaxe und der Impulsaxe steht. Eine einfache geometrische Überlegung gibt für diese die folgenden nach der Formel (II) des § 1 berechneten Werte:

Um die Knotenlinie:

$$K = N\omega(\sin\varphi\cos\vartheta - \cos\varphi\sin\vartheta\cos\psi).$$

Um die Vertikale:

$$K' = -N\omega\cos\varphi\cos\vartheta\sin\psi.$$

Von der Bewegung relativ zur Erde rühren die Kreiselwirkungen her:

Um die Knotenlinie:

$$K_1 = N\frac{d\psi}{dt}\cos\vartheta.$$

Um die Vertikale:

$$K_1' = -N\frac{d\vartheta}{dt}\cos\vartheta.$$

Daher sind die Bewegungsgleichungen:

$$(1)\quad \begin{cases} A\dfrac{d^2\vartheta}{dt^2} = N\omega(\sin\varphi\cos\vartheta - \cos\varphi\sin\vartheta\cos\psi) \\ \qquad\qquad + N\dfrac{d\psi}{dt}\cos\vartheta - P\sin\vartheta \\ B\dfrac{d^2\psi}{dt^2} = -N\omega\cos\varphi\cos\vartheta\sin\psi - N\dfrac{d\vartheta}{dt}\cos\vartheta. \end{cases}$$

Wir beschränken uns nun auf solche Bewegungen, bei denen, wie es dem Zwecke des Kreiselkompasses entspricht, die Erhebung ϑ beständig sehr klein bleibt, vernachlässigen also ϑ neben endlichen Gröfsen, während $N\omega$ selbst als kleine Gröfse erster Ordnung anzusehen ist. Die Rechtfertigung dieser Vernachlässigung liegt in der verhältnismäfsigen Gröfse des Schweremoments, das ähnlich wie beim Foucault'schen Horizontalkreisel eine nachgiebige Führung in der Nähe der Horizontalebene bedeutet. Die Gleichungen (1) werden dann*):

$$(2\text{a})\quad A\frac{d^2\vartheta}{dt^2} = N\omega\sin\varphi + N\frac{d\psi}{dt} - P\vartheta,$$

$$(2\text{b})\quad B\frac{d^2\psi}{dt^2} = -N\omega\cos\varphi\sin\psi - N\frac{d\vartheta}{dt}.$$

*) In Übereinstimmung mit den Grundgleichungen (4) in dem zitierten Aufsatz von O. Martienssen, Physik. Ztschr. Bd. 7 (1906) pag. 535.

Aus (2 a) erhalten wir durch Differentiation und Einsetzen von $\frac{d\vartheta}{dt}$ aus (2 b):

$$(3) \qquad NA\frac{d^3\vartheta}{dt^3} = (N^2 + PB)\frac{d^2\psi}{dt^2} + PN\omega\cos\varphi\sin\psi .$$

Andererseits wird nach zweimaliger Differentiation von (2 b):

$$(3\text{a}) \qquad -NA\frac{d^3\vartheta}{dt^3} = AB\frac{d^4\psi}{dt^4} + NA\omega\cos\varphi\frac{d^2\sin\psi}{dt^2} .$$

Aus (3) und (3 a) würden wir offenbar durch Addition eine Schwingungsgleichung vierter Ordnung für die Koordinate ψ erhalten, die also eine Überlagerung zweier Schwingungen bedeutet, und zwar, wie wir sogleich hier zufügen, einer langsamen und einer schnellen, die wir als Präcession und Nutation auffassen können. Diese zwei Schwingungen sind ihrerseits der Raumpräcession überlagert, die sich durch konstante Werte von ψ und ϑ ausdrücken mufs, und zwar nach den Gleichungen (2) durch die Werte:

$$\psi = 0; \quad \vartheta = \frac{N\omega\sin\varphi}{P} .$$

Die Figurenaxe weist also in dieser Gleichgewichtslage nach Norden, unter kleiner Erhebung über den Horizont, da $N\omega$ immer klein ist und P genügend grofs gewählt werden kann.

Die beiden Schwingungen betrachten wir nun gesondert. Handelt es sich um eine langsame Schwingung um die Gleichgewichtslage, so ist die Gl. (3) angenähert in bekannter Weise durch die folgende Gl. (4) zu ersetzen:

$$(4) \qquad (N^2 + PB)\frac{d^2\psi}{dt^2} + PN\omega\cos\varphi\sin\psi = 0,$$

die wegen der relativen Kleinheit von $PN\omega$ und Gröfse von N^2 thatsächlich eine langsame Schwingung darstellt.*)

Dieser langsamen Schwingung überlagern sich noch rasche Nutationen, die man bei Berücksichtigung der bisher gestrichenen Glieder erhält. Setzt man nämlich

$$\psi = \psi_0 + \psi_1 ,$$

*) Entnehmen wir nämlich die Gröfse der linken Seite von (3) aus (3 a), so wird sie durch zwei Glieder ausgedrückt, die einzeln klein sind gegen zwei Glieder der rechten Seite. Denn es ist $AN\omega\frac{d^2\sin\psi}{dt^2}$ ohne Weiteres neben $N^2\frac{d^2\psi}{dt^2}$ zu vernachlässigen, ferner für die langsame Schwingung (4) $AB\frac{d^4\psi}{dt^4}$ von der Ordnung $\frac{A\omega}{N}PB\frac{d^2\psi}{dt^2}$, also neben $PB\frac{d^2\psi}{dt^2}$ zu vernachlässigen. Die Lösung der Gleichung (4) stellt also in der That eine Näherungslösung auch für die Gl. (3) dar.

wobei ψ_0 der Gl. (4) genügen soll, so erhält man für kleine Abweichungen ψ_1 aus (3) und (3a) durch Elimination von ϑ die Gleichung:

$$(5)\qquad AB\frac{d^4\psi_1}{dt^4}+(AN\omega\cos\varphi\cos\psi_0+N^2+PB)\frac{d^2\psi_1}{dt^2} + PN\omega\cos\varphi\cos\psi_0\cdot\psi_1=0.$$

Setzt man $\psi_1=ae^{\lambda t}$, so mufs λ der Gleichung vierten Grades genügen:

$$(5\,a)\qquad AB\lambda^4+(AN\omega\cos\varphi\cos\psi_0+N^2+PB)\lambda^2 + PN\omega\cos\varphi\cos\psi_0=0.$$

Bei genügend grofsem Wert von N ist diese Gleichung immer für einen grofsen negativen Wert von λ^2 erfüllt, den man hinreichend genau bei Vernachlässigung des absoluten Gliedes in (5 a) zu

$$\lambda_1^2=-\frac{N^2}{AB}$$

erhält. Diese grofse Frequenz entspricht in der That den raschen Nutationen der Figurenaxe bei der pseudoregulären Präcession. Die anderen beiden Wurzeln von (5 a) dagegen fallen klein aus und entsprechen der vorangestellten langsamen Schwingung.

Die Übereinanderlagerung der beiden Schwingungen stellt die vollständige näherungsweise Lösung des Systems (2) dar.*) Für die raschen Nutationen bleibt, wie von der pseudoregulären Präcession her bekannt, die Schwingung in ϑ von der Gröfsenordnung derjenigen von ψ_1. Wir haben noch zu bestätigen, dafs, wegen des verhältnismäfsig grofsen Schweremoments, das die Figurenaxe in die Horizontalebene drängt, der Winkel ϑ auch für die langsamen Schwingungen wirklich immer klein bleibt. Aus (2 b) folgt:

$$-\frac{d\vartheta}{dt}=\omega\cos\varphi\sin\psi+\frac{B}{N}\frac{d^2\psi}{dt^2}.$$

Hier ist ω an sich und $\frac{B}{N}\frac{d^2\psi}{dt^2}$ jedenfalls für die langsame Schwingung (4) klein, also bleibt ϑ zwischen engen Grenzen. Der sichtbare Schwingungscharakter wird daher eine langsame horizontale Schwingung, die von einer gleichperiodischen Vertikalschwingung von sehr kleiner Amplitude begleitet ist. Wegen der Kleinheit von $d^2\psi/dt^2$ sind nach (2b) beide Schwingungen in der Phase um eine Viertel-

*) Wir würden natürlich unmittelbar diese Übereinanderlagerung von zwei Schwingungen erhalten haben, wenn wir in den Gleichungen (2a) und (2b) auch ψ als klein vorausgesetzt hätten. Doch ist diese Vernachlässigung nicht immer (z. B. für die erste Einstellung des Kreisels) berechtigt.

wellenlänge verschoben, so daſs die Kreiselspitze eine flache Ellipse beschreibt, mit der groſsen Axe im Horizont, der kleinen im Meridian. Die letztere ist aber so klein, daſs die Figurenaxe in der That wie eine horizontal schwingende Magnetnadel erscheint.

Da bei diesem Schwingungsvorgang die raschen Nutationen vernachlässigt sind, die in Wirklichkeit auch, wohl weil sie rasch abklingen, sich nicht fühlbar machen, so handelt es sich hier, unseren vorangestellten Behauptungen entsprechend, um die allerdings durch die Erddrehung ungleichförmig gemachte Horizontalpräcession. Man kann sie als langsam veränderliche reguläre Präcession auffassen, bei der das wegen der wechselnden Erhebung veränderliche Schweremoment der Impulsverlagerung das Gleichgewicht hält. Sie ist hier der Raumpräcession überlagert und daher ungleichförmig geworden, während sie bei verschwindender Erddrehung in eine gleichförmige Horizontalpräcession mit dauernd gleicher Erhebung überginge.

Nach der Gl. (4), die, in den Dimensionen einer Schwingungsgleichung geschrieben, lautet:

$$(4) \qquad \left(\frac{N^2}{P} + B\right)\frac{d^2\psi}{dt^2} + N\omega\cos\varphi\sin\psi = 0,$$

schwingt der Kreisel wie eine Magnetnadel mit der „Richtkraft" (eigentlich dem Moment der Richtkraft) $N\omega\cos\varphi$. Der Trägheit der Nadel entspricht hier eine effektive, die aus dem Trägheitsmoment B und einer scheinbaren „Trägheit der Horizontalpräcession", $\frac{N^2}{P}$, zusammengesetzt ist. Die letztere verschwindet für unendlich groſses P, d. h. wenn die Figurenaxe, wie beim Foucault'schen Kreisel von zwei Freiheitsgraden, in die Horizontalebene gebunden ist, und die Gl. (4) geht dann eben in die Schwingungsgleichung dieses Horizontalkreisels über (s. pag. 748, Gl. (4)). Dieses effektive Trägheitsmoment, das aber bei genügend groſsem Eigenimpuls weit über das ursprüngliche Trägheitsmoment B überwiegt, macht den Kreisel von drei Freiheitsgraden in erhöhtem Maſse unempfindlich gegenüber äuſseren Störungen von nicht zu langer Periode.

Die Schwingungsdauer der Bewegung ist für kleine Schwingungen:

$$(6) \qquad T = 2\pi \cdot \sqrt{\frac{N^2 + PB}{PN\omega\cos\varphi}},$$

sie wächst also bei groſsen Werten des Eigenimpulses mit diesem wie $\sqrt{N/P\omega}$. Man hat daher in der Wahl des Eigenimpulses wie auch des Schweremomentes ein Mittel, die Schwingungsdauer zu regulieren, während die Gröſse von B praktisch unwesentlich ist.

Um den Kreisel unempfindlich gegen äufsere Störungen zu machen, ist eine recht lange Schwingungsdauer erforderlich, die hier durch einen grofsen Wert des Impulses erzielt wird. Dagegen wäre beim Foucault'schen Kreisel eine Verlängerung der Schwingungsdauer nur durch unliebsame Vergröfserung des Trägheitsmomentes B oder unzulässig kleine Werte des Impulses N zu erreichen.

Die Gl. (4) giebt aber bekanntlich wie beim Pendel nur für genügend kleine Anstöfse eine wirkliche Schwingung. Die vorher mehrfach gestellte Frage, für welchen Anstofs der Kreisel eine dauernd gleichsinnige Horizontalpräcession wirklich ausführt und nicht schwingend in die Gleichgewichtslage zurückkehrt, ist nun mit der auch beim einfachen Pendel aufzuwerfenden Frage identisch:

„Ist die Bewegung eine periodische Schwingung oder erreicht das Pendel den höchsten Punkt und bewegt sich also beständig im gleichen Sinn?"

Die Antwort liefert hier wie dort der Energiesatz. Durch Multiplikation mit $\frac{d\psi}{dt}$ und Integration folgt aus (4):

$$(7)\qquad \left(\frac{N^2}{P}+B\right)\left[\left(\frac{d\psi}{dt}\right)^2-\left(\frac{d\psi}{dt}\right)_0^2\right]=2N\omega\cos\varphi(\cos\psi-1),$$

wobei $\left(\frac{d\psi}{dt}\right)_0$ die Winkelgeschwindigkeit für $\psi=0$ bedeutet. Die Figurenaxe macht keinen vollen Umlauf, d. h. erreicht den Wert $\psi=\pi$ nicht, wenn

$$\left(\frac{d\psi}{dt}\right)_0^2<\frac{4PN\omega\cos\varphi}{N^2+PB},$$

d. i.

$$(8)\qquad \left(\frac{d\psi}{dt}\right)_0<\frac{4\pi}{T}.$$

Praktisch ist die obige Forderung aber noch viel zu weit gestellt, da bekanntlich bei grofsen Ausschlägen die Schwingungsdauer wie beim Pendel nicht mehr nach der Formel (6) zu bemessen ist, sondern viel länger, für den Grenzfall, daß $\psi=\pi$ wird, sogar unendlich ausfällt. Daher sind nur viel kleinere Ausschläge zulässig als der durch die Formel (8) gegebene.

In dem Fall einer westöstlichen Geschwindigkeitsänderung des Schiffes ist $\left(\frac{d\psi}{dt}\right)_0$ unmittelbar kinematisch zu entnehmen. Es sei $\Delta\omega$ die zusätzliche Winkelgeschwindigkeit um die Erdaxe, die der Änderung der Schiffsbewegung entspricht und die wir uns der Einfachheit wegen als momentan erfolgend denken. Nach Gl. (2 a) gilt, bei Vernachlässigung der Nutationen, also des Gliedes $A\vartheta''$, nach der Geschwindigkeitsänderung:

$$N(\omega+\Delta\omega)\sin\varphi+N\frac{d\psi}{dt}-P\vartheta=0.$$

Da vor der Geschwindigkeitsänderung Gleichgewicht bestand, so war

$$P\vartheta - N\omega \sin\varphi = 0,$$

daher, weil ϑ zunächst ungeändert bleibt,

$$\left(\frac{d\psi}{dt}\right)_0 = -\Delta\omega \sin\varphi,$$

d. h. die Figurenaxe setzt zunächst mit der ihr vor der Beschleunigung eigenen Geschwindigkeit die Raumpräcession fort und weicht entsprechend aus dem Meridian aus.

Die (allerdings zu weit gefafste) Bedingung (8), dafs der Kreisel in den Meridian zurückkehre, wird daher:

$$\Delta\omega \sin\varphi < \frac{4\pi}{T}.$$

Bei dem Anschütz'schen Instrument ist $T = 70$ min gewählt, während $\Delta\omega$ einen kleinen Bruchteil der Erdgeschwindigkeit beträgt. Nehmen wir etwa

$$\Delta\omega = \frac{1}{40}\omega = \frac{1}{40}\,\frac{2\pi}{24\cdot 60}\,\text{min}^{-1}$$

und die geographische Breite zu 45^0 an, so ist

$$\Delta\omega \sin\varphi = \frac{1}{80}\,\frac{2\pi}{24\cdot 60}\sqrt{2}\,\text{min}^{-1} = \frac{4\pi}{160000}\,\text{min}^{-1},$$

während

$$\frac{4\pi}{T} = \frac{4\pi}{70}\,\text{min}^{-1}$$

beträgt; unsere Bedingung (8) ist also durchaus erfüllt. Es besteht daher hier keine Gefahr, dafs eine west-östliche oder ost-westliche Beschleunigung zu einer Horizontalpräcession von erheblichem Ausschlag Anlafs gäbe.

Aus der Energiegleichung (7) und der gefundenen Anfangsgeschwindigkeit $(d\psi/dt)_0 = \Delta\omega \sin\varphi$ ist dieser Ausschlag, ψ_b, wirklich zu entnehmen. (Die Bezeichnung ψ_b soll auf Beschleunigung im Breitenkreis hinweisen.) Es ist zu setzen $(d\psi/dt)_{\psi=\psi_b} = 0$ und folgt dann angenähert:

$$\cos\psi_b = 1 - \frac{N}{2P\omega}\,\frac{\sin^2\varphi}{\cos\varphi}\,\Delta\omega^2,$$

oder, da es sich um einen kleinen Winkel handelt, also

$$\cos\psi_b = 1 - \tfrac{1}{2}\psi_b^2$$

gesetzt werden darf:

$$\psi_b = \Delta\omega \sin\varphi \sqrt{\frac{N}{P\omega\cos\varphi}}.$$

Der Änderung $\Delta\omega$ der Winkelgeschwindigkeit entspricht die lineare Geschwindigkeitsänderung

$$\Delta v = \Delta\omega R \cos\varphi,$$

wo R den Erdradius bezeichnet. Also ist schliefslich:

$$\psi_b = \frac{\Delta v}{R} \operatorname{tg} \varphi \sqrt{\frac{N}{P\omega \cos \varphi}}.$$

Wir berechnen nun noch den ballistischen Ausschlag, der der nämlichen und ebenfalls als momentan angenommenen Geschwindigkeitsänderung Δv, aber jetzt in der Richtung des Meridians, entspricht. Eine solche äufsert sich nach pag. 852 zunächst in einem um die Knotenlinie wirkenden Moment. Ihre letzte Wirkung ist eine Horizontalpräcession unter Beibehaltung der vertikalen Erhebung, wenigstens mit grofser Annäherung; daher kehrt nach Aufhören der Beschleunigung der Kreisel schwingend in die Ruhelage zurück, ohne die Präcession fortzusetzen. Es kommt also hier nur darauf an, den ganzen Ausschlag innerhalb genügend enger Grenzen zu halten.*)

Ist Q das nach pag. 847 berechnete Moment der Beschleunigungsdrucke um die Knotenlinie, also

$$Q = -\gamma \cdot \frac{P}{g},$$

wo γ die Beschleunigung bezeichnet, so addiert sich Q in Gl. (2a) zu dem Schweremoment $P\vartheta$, während das Glied $A \cdot d^2\vartheta/dt^2$ für die Horizontalpräcession zu streichen ist. Somit wird

$$N\omega \sin \varphi - P\vartheta + Q + N\frac{d\psi}{dt} = 0.$$

Die beiden ersten Glieder heben sich hier auf wegen der Gleichgewichtsbedingung der Raumpräcession, die für die in Betracht kommende Erhebung erfüllt ist, wenn die Beschleunigung nicht zu lange andauert. Es bleibt also

$$\frac{d\psi}{dt} = -\frac{Q}{N};$$

daher wird der gesamte Ausschlag (ψ_m weist auf Beschleunigung im Meridian hin)

$$\psi_m = \int_{t_0}^{t_1} \frac{Q}{N} dt = \frac{P}{gN} \Delta v,$$

da

$$\Delta v = \int_{t_0}^{t_1} \gamma dt,$$

unter t_0 und t_1 die zeitlichen Grenzen der Beschleunigung verstanden.

Der Ausschlag kann also durch Wahl der Konstruktionsgröfsen und zwar gerade wieder der Schwingungsdauer, die von N/P abhängt, für alle Fälle auf ein geeignetes Mafs herabgedrückt werden. Der

*) Siehe für die folgende Rechnung Schuler, l. c. pag. 569.

vorher berechnete Ausschlag bei ost-westlicher Beschleunigung, ψ_b, wird, auf Grund der später angeführten Maſse des Anschütz'schen Apparates berechnet, für nicht zu hohe Breiten viel kleiner, nämlich weniger als 1/100 dieser Ablenkung ψ_m, ist daher in der That praktisch nicht zu berücksichtigen.

Die Stabilität des Kreisels wird noch erhöht durch die Dämpfung der Schwingungen, die wir in der Gl. (4) durch ein schematisches Zusatzglied $+ D d\psi / dt$ berücksichtigen können. Bei dem Anschütz'schen Apparat ist die eigentliche Reibung natürlich auf ein Minimum beschränkt, um die erforderliche Beweglichkeit des Kreisels nicht zu hindern. Die künstliche Dämpfung wird dort mittels einer sinnreichen Pendelvorrichtung durch ein äuſseres um die Vertikale wirkendes Moment erreicht, das durch den vom Kreisel erregten Luftstrom erzeugt wird. Die Vorrichtung ist so getroffen, daſs das Moment der Erhebung der Figurenaxe über die Gleichgewichtslage im Meridian, also nach Gl. (2a), bei Vernachlässigung von ϑ'', der augenblicklichen Präcessionsgeschwindigkeit proportional wirkt, wie es zur Dämpfung erforderlich ist. Die Anschütz'sche Anordnung hat übrigens bei Breitenänderungen eine kleine Abweichung aus dem Meridian in der Gleichgewichtslage zur Folge und in geringerem Grade auch bei Schiffsbewegungen, die bei Benutzung des Kompasses bekannt sein muſs.

Bei der technischen Ausführung ist die horizontale Gleichgewichtslage der Axe, die wir schematisch durch ein Übergewicht am inneren Ring des kardanischen Gehänges beschrieben, durch Aufhängung an einem Schwimmer erreicht. Dadurch hat der Kreisel die erforderlichen drei Freiheitsgrade, und die Reibung ist auf ein Mindestmaſs beschränkt. Fig. 134 zeigt die schematische Anordnung: Der Schwungring ist in dem Gehäuse s gelagert, dessen Form die horizontale Figurenaxe und die vertikal stehende Schwungringebene erkennen läſst. Das Gehäuse s ist durch das Verbindungsstück d mit dem Schwimmer i starr verbunden. Dieser ist in einem ringförmigen, mit Quecksilber gefüllten Gehäuse k beweglich. Das über die Ringöffnung hinübergeführte Verbindungsstück trägt, starr befestigt, oben die Kompaſsrose b; der Schwerpunkt des ganzen Systems liegt unterhalb vom Metazentrum, d. i. annähernd dem Schwerpunkt des ein-

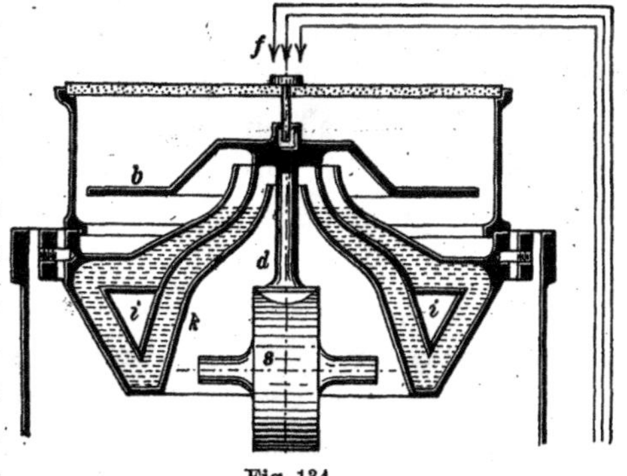

Fig. 134.
f: Stromzuführung.

getauchten Teils, so dafs die Gleichgewichtslage auch ohne Rotation stabil ist. Für die kleinen vertikalen Erhebungen des ganzen Systems um die Knotenlinie ist genügender Spielraum gelassen.

Der Durchmesser des Kreiselrades beträgt 14,8 cm*), sein Trägheitsmoment um die Rotationsaxe 136000 gr cm². Die Umlaufsgeschwindigkeit wird durch einen Drehstrommotor konstant gehalten, auf 20000 Umläufen in der Minute. Daraus berechnet sich der Impuls zu $N = 28 \cdot 10^7$ gr cm² sec⁻¹. Das Schweremoment P beträgt $15 \cdot 10^6$ gr cm² sec⁻², entsprechend einem im Abstand 10 cm von der Axe angebrachten Übergewicht von 1500 gr. Das Moment der Richtkraft des Kompasses, $N\omega \cos \varphi$, ist dann, für die Breite von Kiel berechnet, rund 12000 gr cm² sec⁻², sein scheinbares Trägheitsmoment um die Vertikale $\frac{N^2}{P} = 52 \cdot 10^8$ gr cm². Neben dieser scheinbaren Trägheit der Horizontalpräcession kann das wirkliche Trägheitsmoment B, das von der Gröfsenordnung des Trägheitsmoments um die Rotationsaxe sein wird, ganz vernachlässigt werden. Die daraus sich ergebende Schwingungsdauer wird, wie schon erwähnt, etwa 70 Minuten. Alle Einzelheiten der Konstruktion, insbesondere elektrischer Antrieb, Schmierung der Kugellager usw. sind natürlich aufs sorgsamste durchgearbeitet, wie überhaupt der Apparat ein Meisterwerk der Feinmechanik darstellt.

Der Anschütz'sche Kreiselkompafs ist nicht nur in der deutschen, sondern auch in der englischen und österreichischen Marine eingeführt. Jedes Schiff hat einen an drei Stellen des Schiffes automatisch ablesbaren Kreisel und einen Reservekreisel. Es sind die Ergebnisse von mehrwöchentlichen Versuchsfahrten veröffentlicht worden, bei welchen der Schwungring ohne Unterbrechung mit konstanter Umdrehungszahl lief und etwa eine Milliarde Umdrehungen zurückgelegt hat. Die Abweichungen aus dem Meridian erreichten, nachdem sich die Kreiselaxe in den ersten zwei bis drei Stunden einmal in den Meridian eingestellt hatte, während der ganzen Zeit nur wenige Grade.

Wir selbst hatten Gelegenheit, den von Herrn Anschütz im deutschen Museum in München aufgestellten Kreiselkompafs in Thätigkeit zu sehen und seine sichere Einstellung in den Meridian in verhältnismäfsig kurzer Zeit zu beobachten. Besonders auffallend war die Ruhe der Rosenstellung auch gegenüber starken äufseren Erschütterungen. Gewisse unerwünschte ablenkende Wirkungen haben nach Angaben von Herrn Anschütz nur periodische Erschütterungen von fester Richtung, deren Axe nicht mit der Nordrichtung zusammenfällt, wie sie etwa

*) Aus einer von Herrn Anschütz uns gütigst überlassenen Konstruktionszeichnung entnommen.

durch die Rollbewegungen des Schiffes übertragen werden können. Doch ist deren Wirkung durch Aufhängen des ganzen Systems an sehr langen Federn ausgeschaltet worden.

Aus Allem ist zu entnehmen, daſs der Kreiselkompaſs in der That einen wirklich brauchbaren Ersatz für den Magnetkompaſs bietet. Allerdings dürften die vorläufig sehr hohen Kosten der Einführung bei der Handelsmarine zunächst im Wege stehen*) und sein Verwendungsgebiet der Hauptsache nach auf die Kriegsmarine beschränken, für die nach den eingangs geschilderten Verhältnissen ein nicht-magnetischer Richtungsweiser geradezu eine Lebensfrage bildet.

§ 8. Stabilität des Fahrrads.

Die wesentlichste Frage bei der Konstruktion der modernen Zweiräder, die nach der Energie, die der Fahrer zur Erzielung der verhältnismäſsig groſsen Geschwindigkeit aufwenden muſs, ist theoretisch vielfach behandelt worden.**) Die gröſsere Energieersparnis, sowie die leichtere Lenkbarkeit sind der wesentliche Vorteil des Zweirades vor dem Dreirade. Mit den genannten Vorzügen ist aber der Nachteil verbunden, daſs in der aufrechten Stellung der Schwerpunkt sich in labilem Gleichgewicht befindet. Um die Gleichgewichtslage bei äuſseren Störungen dennoch einhalten zu können, ist eine Erlernung des Radfahrens nötig, die allerdings durch besondere Konstruktionen des modernen Fahrrads erleichtert wird.

Tragen nun zur Stabilierung der aufrechten Lage bei genügender Geschwindigkeit auch die Kreiselwirkungen der rotierenden Räder in nennenswertem Betrage bei, indem, in der herkömmlichen Bezeichnungsweise, die Rotationsaxen bestrebt sind, ihre Richtung im Raume beizubehalten? Im Hinblick auf die geringe Masse der Räder gegenüber der Masse des ganzen, von Fahrer und Rad gebildeten Systems möchte man eine solche Wirkung bezweifeln. Und offenbar liegt es auch nicht in der Absicht des Fabrikanten, sie zu verstärken, da ja sein Bestreben dahin geht, im Interesse der Energieersparnis alle Teile des Fahrrads möglichst leicht zu bauen, während eine Vergröſserung der Radmassen der Stabilierung durch Kreiselwirkungen zu statten käme.

Jedenfalls müssen wir auch an dieser Stelle betonen, daſs die Kreiselwirkungen nur dann in Kraft treten können, wenn das System die

---

*) Vgl. die Diskussion zu dem eingangs zitierten Vortrag von Anschütz in der Schiffbautechnischen Gesellschaft, Jahrbuch X, pag. 361.

**) Vgl. Encyklopädie der math. Wiss. Bd. IV, Nr. 9 (Walker, Spiel und Sport), pag. 149.

genügenden Freiheitsgrade besitzt. Für ein „Einrad", d. h. eine einzelne rollende Scheibe, ist die Stabilierung zweifellos möglich, wie die theoretische Berechnung in Übereinstimmung mit der Erfahrung bestätigen würde. Bei genügender Geschwindigkeit ist die rollende Bewegung einer solchen Scheibe bei vertikaler Ebene stabil.*) Hier kann die Bewegung als fortschreitende Bewegung des Schwerpunkts, verbunden mit einer Kreiselbewegung um den Schwerpunkt, aufgefafst werden, und die letztere ist ja aus den früheren Untersuchungen dieses Buches als stabil bereits bekannt.

Die relativ gröfste Ähnlichkeit mit einer einfachen Scheibe hatten die ursprünglich vielgebrauchten „Hochräder", bei denen zu dem grofsen Vorderrad, das der einzelnen Scheibe entspricht, nur ein kleines Hinterrad tritt, um den Sitz des Fahrers zu stützen und die Lenkung zu ermöglichen. Das Hinterrad würde aber die Zahl der Freiheitsgrade des Systems um eins vermindern und dadurch die Stabilierung unmöglich machen, wenn nicht die drehbare Lenkstange die Verdrehung der Vorderradebene gegen die des Hinterrades erlaubte. Bei Feststellung der Lenkstange hätte das ganze System nur noch zwei Freiheitsgrade, das Umkippen um die horizontale Spurlinie und die mit Raddrehung verbundene Vorwärtsbewegung, und damit fiele jede Möglichkeit der Stabilierung durch die Kreiselwirkungen fort. Das heutige Zweirad nun ist nur in den Gröfsenverhältnissen von dem Hochrad verschieden; die beiden Räder sind gleich grofs und die Masse der Räder ist viel kleiner im Verhältnis zur Gesamtmasse. Daher wird auch der Einflufs der Kreiselwirkungen abgeschwächt.

Der dritte Freiheitsgrad, die Drehung um die Lenkstange, ermöglicht aber nicht nur die Kreiselwirkungen, sondern auch die Hilfen, die der Fahrer zur Aufrechterhaltung des Rades selbst geben kann und die der gelernte Fahrer unwillkürlich anwendet. Die ursprüngliche Theorie des Fahrrads, die von Rankine herrührt**), berücksichtigte nur diese, vom Fahrer selbst ausgeführte Stabilierung. Neigt sich etwa das ganze Rad auf die rechte Seite, so wird der Fahrer das Vorderrad nach eben dieser Seite drehen und dadurch das Rad zwingen, nach rechts auszubiegen. Die durch die Wendung entstehende, im Schwerpunkt angreifende Centrifugalkraft hat ein Moment um die Spurlinie, das die Radebene wieder aufrichtet. Um nun ein Überfallen nach der linken Seite zu vermeiden, mufs der Fahrer die Lenkstange wieder nach links drehen usw. Gerade weil auch diese künstliche Stabilierung die Existenz des dritten Freiheitsgrades, der Drehung um die Lenk-

*) Vgl. Carvallo, Journ. de l'Ecole polyt. 2. Ser., 5. Heft, 1900.

**) Theory of bicycle, Engineer 1869.

stange, notwendig voraussetzt, ist es schwer zu entscheiden, welcher Anteil an der Stabilierung auf die Kreiselwirkungen, welcher auf die unwillkürlichen Bewegungen des Fahrers entfällt. Gegen die bedingungslose Annahme dieser Theorie wird der Fahrer einwenden, dafs er sich durchaus nicht einer beständigen Führung der Lenkstange bewufst ist, dafs er ja auch, ohne sie zu berühren, sicher zu fahren im Stande ist und die Lenkstange mehr, um ein Umkippen des Vorderrads zu verhindern, führt, als zur Stabilierung seiner aufrechten Lage. Er kann ja übrigens auch durch unwillkürliche seitliche Neigungen des Körpers ein Schweremoment erzeugen, das ein Umfallen verhindert.

Es bleibe dahingestellt, inwieweit die Stabilierung durch kleine Bewegungen des Fahrers selbst erreicht werden kann, darüber könnte vielleicht das Experiment entscheiden. Für alle Fälle aber wird es von Interesse sein, zu untersuchen, in welchem Grade überhaupt Eigenstabilierung des Fahrrads ohne Bewegungen des Fahrers möglich ist, und wieweit dabei Kreiselwirkungen mitspielen. Der Stabilierungsvorgang ist dann der, dafs eben die von Rankine besprochenen Hilfen teilweise die Kreiselwirkungen selbstthätig übernehmen, unterstützt durch geeignete Konstruktionen des Rades, die noch zu besprechen sind. Die Frage, wie weit das Rad ohne Zuthun des Fahrers stabiliert ist, unter der Annahme also, dafs der Fahrer starr mit dem Rahmen des Rades verbunden ist und die Lenkstange nicht in der Hand hält, ist von Whipple*) und Carvallo**) behandelt. Wir werden im Folgenden zu untersuchen haben, in welchem Grade an dieser Stabilierung die Kreiselwirkungen beteiligt sind. Dabei werden wir natürlich von allen Nebenumständen (einseitiger Antrieb durch die Pedale, Nachgiebigkeit des Pneumatik und die dadurch bedingte endliche Berührungsfläche mit dem Boden, Reibung an der Lenkstange, bohrende Reibung am Boden usw.) absehen.

Bei Whipple und Carvallo sind die allgemeinen Lagrange'schen Gleichungen erster, bezw. zweiter Art aufgestellt, die letzteren entsprechend modifiziert, da es sich um ein „nicht holonomes System" handelt, und diese für den Fall der kleinen Schwingungen um die geradlinige aufrechte Fahrt spezialisiert. Wir hoffen, den mechanischen Zusammenhang besser hervortreten zu lassen, wenn wir zur Ableitung entsprechender Näherungsgleichungen, ähnlich wie es bei den früher besprochenen Anwendungen geschehen, zu den Kräften, die im Falle der Ruhe auf das System wirken, die von der Bewegung hervorgerufenen Kreiselwirkungen und Centrifugalkräfte zufügen. Es ist

*) Quart. Journ. of Math., Nr. 120, 1899.

**) Journal de l'Ecole polytechnique, 2. Ser. 6. Heft 1901.

dabei wieder ausreichend, um die Glieder erster Ordnung in den Schwingungen zu erhalten, den vereinfachten Ausdruck (I) der Kreiselwirkung, pag. 764, zu verwenden. Wenn wir quadratische Glieder in den kleinen Schwingungen vernachlässigen, so bemerken wir noch, daſs die Gröſse der überhaupt in Betracht kommenden Ausschläge völlig innerhalb der Grenze liegen, für die diese Näherung bei der hier zu fordernden Genauigkeit ausreicht.

Die so zu erhaltenden Gleichungen stimmen mit denen von Whipple und Carvallo überein. Aus ihnen ist zu folgern: Die Bewegung ergiebt sich für kleine Geschwindigkeiten naturgemäſs als labil. Für gewisse mittlere Geschwindigkeiten aber wird die Bewegung stabil, d. h. die Schwingungen können in der Form

$$Ae^{\lambda t}$$

dargestellt werden, wo λ eine komplexe Gröſse mit negativ reellem Teil bezeichnet. Whipple findet unter Zahlenannahmen, die einem modernen Fahrrad besser entsprechen, als die von Carvallo, für dieses Gebiet etwa die Geschwindigkeiten von

$$16\,\mathrm{kmh}^{-1} \quad \text{bis} \quad 20\,\mathrm{kmh}^{-1}$$

also Geschwindigkeiten, die leicht erreichbar sind. Für gröſsere Geschwindigkeiten wird die Bewegung, was paradox erscheinen könnte, wieder labil, doch wird sich aus der Art, wie die einzelnen Bestandteile des Systems gekoppelt sind, diese Erscheinung leicht erklären. Praktisch ist übrigens die letzte Labilität nur eine schwache und kann durch fast unmerkliche Bewegungen des Fahrers, auch ohne Berührung der Lenkstange, aufgehoben werden.

Uns interessiert hier der Beitrag der Kreiselwirkungen zu den erwähnten Resultaten. Wir werden zeigen, was bei den genannten Autoren nicht verfolgt ist, daſs bei Fortfall der Kreiselwirkungen das Gebiet der vollständigen Stabilität verschwinden würde, daſs also die Kreiselwirkungen trotz ihrer Kleinheit für die selbständige Stabilierung unentbehrlich sind.

Das Zweirad (Fig. 135) besteht im Wesentlichen aus dem Rahmen, der das in seiner Ebene gelagerte Hinterrad trägt, und der Lenkstange, deren Axe das Vorderrad trägt. Da die Lenkstange durch einen festen Tubus der Rahmenebene geführt ist, so handelt es sich um zwei ebene Systeme, die, um eine gemeinsame Axe drehbar, verbunden sind. Mit dem Rahmen denken wir uns auch den Fahrer starr verbunden. Die Drehaxe der Lenkstange ist bei den modernen Rädern nach rückwärts geneigt, und zwar so geführt, daſs ihre Verlängerung die durch den Berührungspunkt B_1 des Vorderrads gezogene Vertikale $B_1 S_1$

zwischen diesem und dem Mittelpunkt S_1 schneidet (Fig. 135), so dafs also die Verlängerung den Boden vor dem Berührungspunkt trifft. Wie Bourlet*) hervorhebt, wird durch diese Führung der Lenkstange das Umfallen des Vorderrads erschwert, wenn man sich das Hinterrad geführt oder, durch Schwerpunktsverlegung des Fahrers, bis zu einem gewissen Grade aufrecht gehalten denkt. Ein näheres Eingehen auf die Folgen dieser nicht unwesentlichen Anordnung wird hier entbehrlich sein, weil sich ihr Einflufs in unserer späteren analytischen Behandlung natürlich von selbst zeigt.

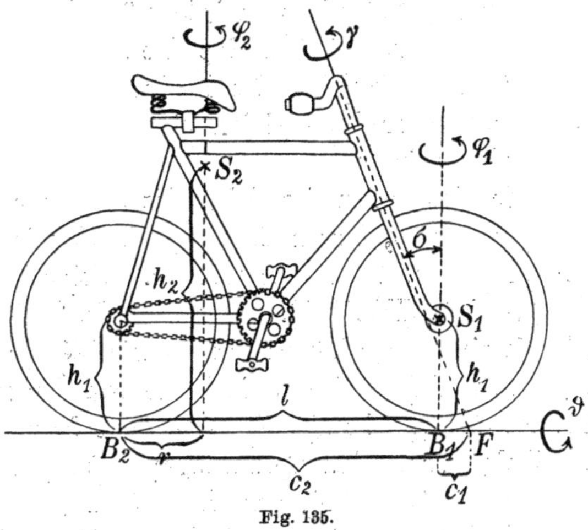

Fig. 135.

Nach dem beschriebenen kinematischen Zusammenhang zwischen Vorder- und Hinterrad können wir in irgend einem Moment etwa die Lage der Rahmenebene willkürlich vorgeben (2 Koordinaten für den Berührungspunkt, 2 Koordinaten für die Lage der Rahmenebene), ferner die Verdrehung der Vorderradebene gegen die Rahmenebene (1 Koordinate). Die Lage des ganzen Rades ist hiernach bereits bestimmt, da noch die Bedingung hinzukommt, dafs beide Räder den Boden berühren müssen, sie hat also, bei Ignorierung der cyklischen Koordinaten, die in den beiden Ebenen die Stellung der Räder um ihren Mittelpunkt festlegen, im Ganzen 5 Freiheitsgrade der Lage. Die Bewegungsmöglichkeit des Rades ist zunächst eine Neigung seiner Rahmenebene, dann eine Verdrehung des Vorderrades um die Lenkstange. Da die Bewegung der beiden Räder eine rollende sein soll, so ist durch die Lage der Vorderradebene auch seine Bewegungsrichtung bestimmt, dadurch ist dann die Bewegung der Lenkstange gegeben, und also auch die Bewegung der mit der Lenkstange verbundenen Hinterradebene. Willkürlich bleibt nur noch die Geschwindigkeit der Vorwärtsbewegung. Das Rad hat also 3 Bewegungsfreiheiten.

Wir lernen hier das charakteristische Merkmal von nicht holonomen Systemen**) kennen, zu denen alle rollenden Bewegungen gehören: Das

*) In dem anziehenden kleinen Buche: Nouveau traité des bicycles et bicyclettes, Paris 1898, pag. 87 ff.

**) Vgl. H. Hertz, Die Prinzipien der Mechanik, 1. Buch, Abschn. 4, Nr. 123—133.

Rad kann in jede seiner ∞^5 möglichen Lagen durch eine Aufeinanderfolge von erlaubten Bewegungen übergeführt werden, während es doch in jedem Moment nicht in jede mögliche unendlich benachbarte Lage durch eine unendlich kleine Bewegung übergeführt werden kann. Analytisch gesprochen: Die Bedingungsgleichungen zwischen den fünf Koordinaten der Lage bilden ein nicht integrables System von Differentialgleichungen.

Die Konstanten des Fahrrades seien die folgenden: M_1 die Masse des Vorderrades, dessen Schwerpunkt S_1 wir ohne wesentlichen Fehler im Mittelpunkt annehmen können. Seine Höhe, also der Radius des Rades, sei h_1 (Fig. 135). Von der Masse der Lenkstange, die wir in M_1 mit einrechnen können, haben wir bei der Schwerpunktsbestimmung abgesehen. M_2 bezeichne die Masse von Hinterrad, Rahmen und Fahrer. Deren Schwerpunkt S_2 habe die Höhe h_2 und den Abstand r von der Vertikalen durch den Berührungspunkt B_2 des Hinterrades.

Es sei ferner: A_v das Trägheitsmoment des Vorderrades um die vertikale Axe durch den Berührungspunkt B_1, A_h um die Spurlinie, B_v, B_h die entsprechenden Gröfsen des Systems: Hinterrad + Rahmen + Fahrer im Berührungspunkt des Hinterrades, B_{hv} das Deviationsmoment dieses Systems in der Radebene, ebenfalls im Berührungspunkt gemessen.

Die Lenkstange habe die Neigung σ gegen die Vertikale, ihr Fufspunkt F liege um die Länge c_1 vor dem Berührungspunkt des Vorderrades, um c_2 vor dem Berührungspunkt des Hinterrades, so dafs $c_2 - c_1 = l$ der Abstand der beiden Berührungspunkte wird.

Weiter sei ϑ_2 die Neigung der Hinterradebene gegen die Vertikale, wobei eine Neigung nach rechts im Sinne des Fahrers positiv gerechnet wird, ϑ_1 die entsprechende Neigung des Vorderrades, γ der Winkel zwischen Vorder- und Hinterrad, um die Lenkstange gemessen, positiv, wenn von oben gesehen das Vorderrad entgegen dem Uhrzeigersinn gegen das Hinterrad geneigt ist. φ_1 sei der Winkel des Vorderrades gegen die Ebene der mittleren Fahrtrichtung, um die Vertikale im gleichen Sinn gemessen wie γ, φ_2 der entsprechende Winkel beim Hinterrad. Dabei soll es sich nur um sehr kleine Winkel ϑ_1, ϑ_2, φ_1, φ_2, γ handeln, da nur dann diese Definitionen unmittelbaren Sinn haben. Unter dieser Beschränkung sind die kinematischen Formeln für die Bewegung aufzustellen.*)

Wir denken uns das Vorderrad in zwei Schritten in seine geneigte Lage ϑ_1 gebracht. Es habe zunächst die Neigung des Hinterrades, ϑ_2,

---

*) Für genaue Durchführung der Kinematik des Fahrrads vgl. Whipple und Carvallo l. c.

wie wenn es starr mit diesem verbunden wäre, dazu kommt die Verdrehung um die Axe der Lenkstange, γ. Letztere können wir nun (s. Fig. 135) in zwei Komponenten zerlegen, zunächst eine um die Spurlinie, $-\gamma \sin \sigma$, mit Rücksicht auf den oben definierten Sinn der Drehungen. Diese addiert sich nach den Sätzen über kleine Drehungen zur ersterwähnten Neigung des Vorderrades, so dafs also wird:

(1) $$\vartheta_1 = \vartheta_2 - \gamma \sin \sigma.$$

Die Vertikalkomponente der Drehung γ liefert dann:

(2) $$\varphi_1 - \varphi_2 = \gamma \cos \sigma.$$

Zu diesen geometrischen Beziehungen für die Lagenkoordinaten tritt noch, den obigen Bemerkungen entsprechend, eine nicht holonome Beziehung für die Bewegungskomponenten. Die mittlere Geschwindigkeit der Vorwärtsbewegung sei u. Wir denken uns die Lage des Rades, sowie die Bewegung u und die Drehung $\frac{d\varphi_1}{dt}$ des Vorderrades um seinen Berührungspunkt gegeben. Die gesuchte Beziehung erhalten wir, wenn wir beachten, dafs durch diese zwei Angaben die Bewegung des Fufspunktes der Lenkstange bestimmt ist, also auch die der Hinterradebene, die ja der Lenkstange folgt. Der Fufspunkt F hat (Fig. 136) in der Spur des Vorderrades die Geschwindigkeit u, senkrecht zu dieser Ebene die Geschwindigkeit $c_1 \frac{d\varphi_1}{dt}$.

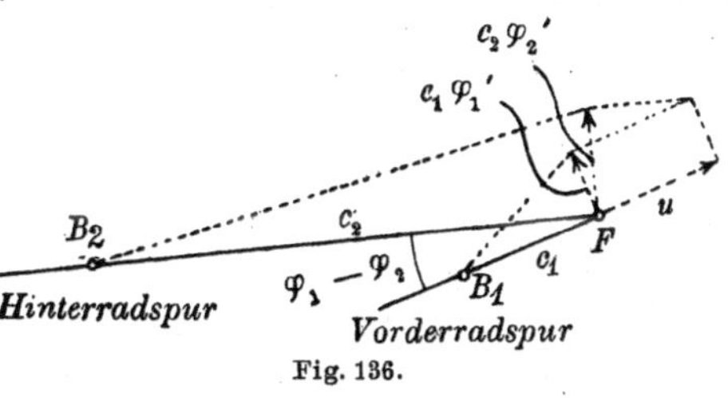

Fig. 136.

Wir bilden die Bewegungskomponente senkrecht zur Spur des Hinterrades, die mit der Spur des Vorderrades den Winkel $\varphi_1 - \varphi_2 = \psi$ einschliefst. Also wird die gesuchte Komponente:

$$c_1 \frac{d\varphi_1}{dt} \cos(\varphi_1 - \varphi_2) + u \sin(\varphi_1 - \varphi_2)$$

oder, bei Vernachlässigung quadratischer Glieder:

$$c_1 \frac{d\varphi_1}{dt} + u(\varphi_1 - \varphi_2).$$

In Folge der seitlichen Drehung $\frac{d\varphi_2}{dt}$ des Hinterrades wäre die nämliche Komponente

$$c_2 \frac{d\varphi_2}{dt},$$

und es folgt daher:

(3) $$c_2 \frac{d\varphi_2}{dt} = c_1 \frac{d\varphi_1}{dt} + u(\varphi_1 - \varphi_2)$$

als die gesuchte nicht holonome Gleichung.

Da c_1 klein ist gegen c_2, so drückt die Bedingung (3) aus, daſs das Hinterrad im Allgemeinen nach derjenigen Seite folgen muſs, nach der das Vorderrad gegen das Hinterrad verdreht ist. Durch Betrachtung der Bewegungskomponente von F in der Spur des Hinterrades würde noch eine Bedingung für die Geschwindigkeit der Vorwärtsbewegung des Hinterrades folgen, die von u um Gröſsen zweiter Ordnung verschieden wird. Für unsern Zweck ist diese Bedingung unwesentlich.

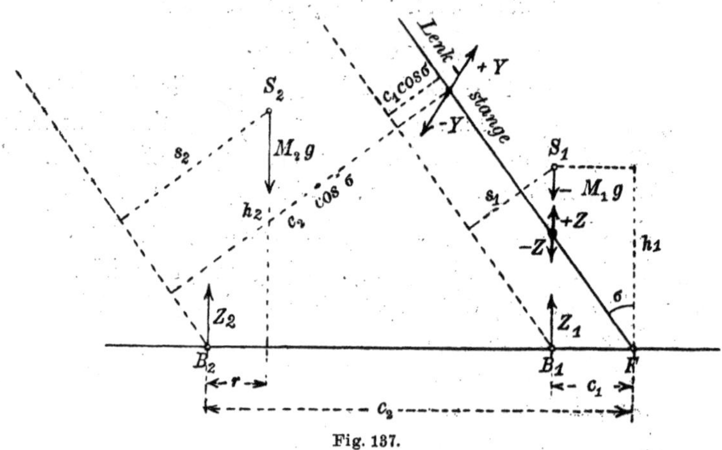

Fig. 137.

Es sind nun die auf das Rad wirkenden Kräfte und Reaktionen zu bestimmen (Fig. 137). Am Schwerpunkt S_1 greift die Schwerkraft $-M_1 g$ an, am Schwerpunkt S_2 die viel gröſsere Schwerkraft $-M_2 g$. Reaktionskräfte wirken an den beiden Berührungspunkten mit dem Boden und an der das Vorderrad und Hinterrad verbindenden Lenkstange.

Betrachten wir zunächst die Vertikalreaktionen. Wir brauchen hier nur die Reaktionen zu beachten, die bei der aufrechten geradlinigen Fahrt der Schwerkraft das Gleichgewicht halten, da diese endliche Gröſsen sind; ihre Änderungen im Falle kleiner Abweichungen von der geradlinigen Fahrt sind als kleine Gröſsen höherer Ordnung gegen die ursprünglichen Werte zu vernachlässigen.

Es handelt sich also nur um die vertikalen Kräfte, die im Falle der Ruhe die beiden Teile des Rades stützen. Nach den allgemeinen Gesetzen müſste man an der Lenkstange eine Reaktionskraft und ein Reaktionsmoment mit der Axe senkrecht zur Radebene ansetzen. Kraft und Moment können ja aber durch Verschiebung im allgemeinen zu einer Einzelkraft zusammengefaſst werden, und wir erhalten so die folgenden Reaktionen (Fig. 137):

Zunächst, wie wenn das System vollständig starr wäre, eine Kraft

(4) $$Z_2 = M_2 g \frac{l-r}{l}$$

am Berührungspunkt des Hinterrades,

(5) $$Z_1 = M_1 g + M_2 g \frac{r}{l}$$

am Berührungspunkt des Vorderrades. Der Bestandteil $M_2 g \frac{r}{l}$ in Z_1 wird durch den Auflagerdruck des Rahmens auf die Lenkstange übertragen, wir haben daher Gleichgewicht in beiden Teilen des gelenkig verbundenen Systems, wenn wir noch an der Lenkstange, und zwar senkrecht über dem Berührungspunkt des Vorderrads, eine Reaktion zufügen:

(6) $$-Z = -M_2 g \frac{r}{l} \quad \text{am Vorderrad,}$$
$$+Z = M_2 g \frac{r}{l} \quad \text{am Rahmen}$$

angreifend. Die Höhe ihres Angriffspunktes ist $c_1 \operatorname{ctg} \sigma$ nach Fig. 137.

Wir kommen zu den Horizontalreaktionen. Zunächst wirkt eine Reaktion $\pm Y$ an der Lenkstange senkrecht zur Radebene und daher auch senkrecht zu Z, welche von der Übertragung der Seitenbewegung zwischen beiden Teilen des Systems herrührt. Ihre Gröfse, die jedenfalls von erster Ordnung ist, kann natürlich statisch nicht angegeben werden, sondern hängt vom jeweiligen Bewegungszustand ab. Die nähere Bestimmung ihres Angriffspunktes ist für unsern Zweck unwesentlich.

Schliefslich müfsten noch die Reaktionen an der Lenkstange in der Fahrtrichtung eingeführt werden, die ja eigentlich den Antrieb vom Hinterrad auf das Vorderrad übertragen. Diese sind aber im Fall der gleichförmigen geradlinigen Fahrt bei Vernachlässigung der rollenden Reibung überhaupt nicht vorhanden, im Fall kleiner Abweichungen nur von zweiter Ordnung; und da ihr Hebelarm um alle in der Vertikalebene durch den Berührungspunkt hindurchgehenden Axen von erster Ordnung ist, so sind in den später zu benutzenden Momentengleichungen ihre Momente von dritter Ordnung und kommen daher nicht in Betracht.

Ebensowenig ist zu berücksichtigen, dafs durch eine Verdrehung des Vorderrades um die Lenkstange sein Berührungspunkt seitlich verschoben wird, wie die geometrische Anschauung zeigt. Denn diese Verschiebung ist von erster Ordnung, und ihr Einflufs auf die zu betrachtenden Momente um den Berührungspunkt von zweiter Ordnung.

Wir müssen hier noch eine kinematische Bemerkung bezüglich der Lage des Schwerpunktes anschliefsen.*) Es läfst sich leicht geometrisch

*) Vgl. Bourlet, l. c. pag. 91.

zeigen, daſs bei unserer Annahme über die Lage der Lenkstange und des Schwerpunkts S_2, nämlich $c_1 > 0$, $r > 0$, durch eine Verdrehung des Vorderrads bei vertikal stehendem Hinterrad die Höhe des Schwerpunkts S_2 in erster Näherung zwar, aus Symmetriegründen, unverändert bleibt, bei Berechnung der Glieder zweiter Ordnung aber sich verringert, so daſs die Lage $\gamma = 0$ ein Maximum der Schwerpunktshöhe bedeutet. Dieses besagt, daſs zu dem Schwere-Potential, welches der einfachen seitlichen Neigung entspricht:

$$\text{const} - \frac{g}{2}\,(M_1 h_1 \vartheta_1{}^2 + M_2 h_2 \vartheta_2{}^2),$$

auch Glieder mit dem Faktor $c_1 r g M_2 \gamma^2$ und $c_1 r g M_2 \vartheta\gamma$ hinzutreten. Auf ihre genauere Berechnung können wir hier verzichten, da die ihnen entsprechenden Kraftglieder durch Vermittelung der an der Lenkstange angreifenden Reaktion Z (Gl. 6) in die schlieſslichen Gleichungen von selbst eingehen werden.

Dagegen kommen, wie bei allen Schwingungen um Gleichgewichtslagen, die kinetischen Glieder, die dieser Senkung entsprechen, in unseren Näherungsgleichungen erster Ordnung nicht vor.

Auſser den bisher besprochenen, auch ohne Vorwärtsbewegung vorhandenen Kräften haben wir nun noch die scheinbaren Kräfte der Bewegung, nämlich die Centrifugalkraft und die Kreiselwirkungen, hinzuzufügen. Wir zerlegen die Vorwärtsbewegung in die Translation, mit der Geschwindigkeit u in der mittleren Fahrtrichtung, und die Rotation der Räder in ihren Ebenen, deren Winkelgeschwindigkeit $\frac{u}{h_1}$ ist. Der Impuls dieser Rotation ist für jedes der beiden Räder der nämliche und sei wieder mit N bezeichnet. Am Schwerpunkt S_2 greift dann die Centrifugalkraft

$$M_2 u \frac{d\varphi_2}{dt},$$

am Schwerpunkt S_1 die Centrifugalkraft

$$M_1 u \frac{d\varphi_1}{dt}$$

senkrecht zur Radebene an.

Von der mit der Vorwärtsbewegung verbundenen Rotation rühren die Kreiselwirkungen her, deren Gröſse und Sinn sich in gleicher Weise bestimmt, wie es im Fall der Eisenbahnwagen näher ausgeführt wurde. Einer Senkung des Rades zunächst, $\frac{d\vartheta}{dt}$, folgt eine Kreiselwirkung um die Vertikale nach:

Am Hinterrad: $\quad -N\frac{d\vartheta_2}{dt}$.

Am Vorderrad: $\quad -N\frac{d\vartheta_1}{dt}$.

Ein Senkung nach rechts etwa hat ein Moment um die Vertikale nach rechts (vom Fahrer gesehen) zur Folge.

Ferner ist die Kreiselwirkung, von der Drehung um die Vertikale $\frac{d\varphi_2}{dt}$, herrührend und um die Spurlinie wirkend, zuzufügen:

Am Hinterrad: $+ N\frac{d\varphi_2}{dt}$.

Am Vorderrad: $+ N\frac{d\varphi_1}{dt}$.

Die letzteren beiden Momente sind gleichgerichtet mit dem Moment der Centrifugalkraft, und da N mit u proportional ist, überhaupt nur durch einen konstanten Faktor von diesem verschieden. Da aber zur Centrifugalkraft die Masse des Fahrers und des Rahmens beiträgt, zu den Kreiselwirkungen aber nur die Masse der Räder, so sind in diesem Bestandteil jedenfalls die Kreiselwirkungen sehr unwesentlich neben den Centrifugalwirkungen, ähnlich, wie es sich im Fall der Eisenbahnwagen ergeben hatte (vgl. pag. 775).

Nach diesen Vorbereitungen können wir nun die Impulsgleichungen für die früher besprochenen Grade der Bewegungsfreiheit ansetzen. Für die Stabilitätsfrage, die uns hier interessiert, kommen dabei nur die Gleichungen für die beiden Freiheitsgrade der seitlichen Neigung und der Verdrehung um die Lenkstange in Betracht, während die thatsächlich gleichzeitig vorhandenen kleinen Schwankungen in der Geschwindigkeit der Vorwärtsbewegung auf jene beiden Koordinaten nur einen Einfluſs höherer Ordnung haben.

Die Änderung des Impulses um die Spurlinie von Hinter- und Vorderrad ist kinetisch ausgedrückt, d. h. durch Masse und Beschleunigung (A_{hv} ist Null, wenn wir von der schrägen Lage der Lenkstange absehen, deren Masse an sich klein und daher oben gar nicht erwähnt ist):

beim Hinterrad: $B_h\vartheta_2'' - B_{hv}\varphi_2''$.

beim Vorderrad: $A_h\vartheta_1''$

Die Summe dieser Glieder ist gleich der Summe der um die Spurlinien wirkenden Momente, nämlich der Kreiselwirkungen um die Spurlinien und der Momente, die von Centrifugalkraft und Schwerkraft (Hebelarm h_1 bezw. h_2), endlich von den Vertikalreaktionen Z herrühren. Diese Summen dürfen wir algebraisch statt vektoriell bilden, da die Berücksichtigung des kleinen Winkels zwischen den beiden Spurlinien nur zu Gliedern zweiter Ordnung Anlaſs geben würde. Wir erhalten daher:

$$A_h\vartheta_1'' + B_h\vartheta_2'' - B_{hv}\varphi_2'' = N(\varphi_1' + \varphi_2') + u(M_1 h_1\varphi_1' + M_2 h_2\varphi_2') + M_2 g h_2\vartheta_2 - Zc_1 \operatorname{ctg}\sigma\cdot\vartheta_2 + M_1 g h_1\vartheta_1 + Zc_1 \operatorname{ctg}\sigma\cdot\vartheta_1.$$

Diese Gleichung wird durch Einführung der Kraft Z aus (6):

$$(7)\quad \begin{cases} A_h \vartheta_1'' + B_h \vartheta_2'' - B_{hv} \varphi_2'' \\ \qquad = N(\varphi_1' + \varphi_2') + u(M_1 h_1 \varphi_1' + M_2 h_2 \varphi_2') \\ \qquad + g[M_1 h_1 \vartheta_1 + M_2 h_2 \vartheta_2 + M_2 c_1 \operatorname{ctg} \sigma \frac{r}{l} (\vartheta_1 - \vartheta_2)]. \end{cases}$$

Das letzte Glied der Gleichung (7):

$$g M_2 c_1 \operatorname{ctg} \sigma \frac{r}{l} (\vartheta_1 - \vartheta_2),$$

oder nach der kinematischen Gleichung (1):

$$- g M_2 c_1 \cos \sigma \frac{r}{l} \gamma$$

verschwindet, wenn Vorder- und Hinterradebene zusammenfallen; es entspricht der schon früher bemerkten, durch die Verdrehung des Vorderrades bewirkten Senkung des Schwerpunkts S_2. Übrigens verschwindet es stets in dem Fall, dafs die Lenkstange durch den Berührungspunkt des Vorderrads geht ($c_1 = 0$), da dann, in erster Näherung, das Vorderrad frei um die Lenkstange drehbar ist, ohne Beeinflussung des Hinterrads.

Wir hätten nun noch die Impulsgleichungen z. B. für die vertikalen Axen zu bilden, wollen aber, der Einfachheit halber, statt dessen die Gleichungen für Axen parallel zur Lenkstange aufstellen, die also unter dem Winkel σ gegen die Vertikale geneigt sind. Wir wählen die Axen durch die beiden Berührungspunkte und bilden der gröfseren Übersichtlichkeit wegen zunächst die Gleichungen für die beiden Teile des Rades getrennt, in welchem Falle wir die Reaktionen an der Lenkstange zu berücksichtigen haben.

Von diesen kommt nur das Moment der Kraft $\pm Y$, die senkrecht zur Radebene angreift, und der vertikalen Kraft $\pm Z$ in Betracht; die Summe ihrer Momente ist für die angegebenen Axen, unabhängig von ihrem Angriffspunkt:

am Hinterrad: $(Y + Z\vartheta_2) c_2 \cos \sigma$,

am Vorderrad: $-(Y + Z\vartheta_1) c_1 \cos \sigma$.

Das Reaktionsmoment an der Lenkstange dagegen kann unberücksichtigt bleiben; denn da die beiden Teile um die Lenkstange frei drehbar sind, so hat dieses jedenfalls keine Komponente um die Lenkstange oder die dazu parallel gewählten Axen.

Für das Vorderrad ist die Impulsänderung in dieser Richtung, nach den Bezeichnungen von pag. 868 wieder aus den kinetischen Elementen berechnet:

$$\cos \sigma A_v \varphi_1'' - \sin \sigma A_h \vartheta_1''.$$

Die Kreiselwirkung um diese Axe setzt sich aus den pag. 872 und 873 angegebenen Kreiselwirkungen zusammen zu

$$-N(\vartheta_1' \cos\sigma + \varphi_1' \sin\sigma).$$

Aufserdem sind die Momente der Centrifugalkraft, der Schwerkraft und der Reaktionen Z und Y zu bilden. Der Arm der Centrifugalkraft sei $s_1 = h_1 \sin\sigma$, und entsprechend am Hinterrad: $s_2 = h_2 \sin\sigma + r\cos\sigma$ (vgl. Fig. 137). Wir erhalten so die Impulsgleichung:

$$(8)\quad \begin{cases} \cos\sigma A_v \varphi_1'' - \sin\sigma A_h \vartheta_1'' \\ = -N(\vartheta_1' \cos\sigma + \varphi_1' \sin\sigma) - M_1 s_1 u \varphi_1' \\ \quad - gM_1 h_1 \sin\sigma \cdot \vartheta_1 - Zc_1 \cos\sigma \cdot \vartheta_1 - Yc_1 \cos\sigma. \end{cases}$$

Für den Fall $c_1 = 0$, wenn also die Lenkstange durch den Berührungspunkt des Vorderrades hindurchginge, wäre durch diese Gleichung und die Gleichung (7) der Bewegungsvorgang schon vollständig dargestellt. Die Reaktionen Z und Y fielen, da sie an der durch den festen Berührungspunkt des Vorderrads hindurchgehenden Lenkstange angreifend dessen Bewegung um die Lenkstange nicht beeinflussen könnten, heraus. Die seitliche Bewegung des Hinterrads andrerseits wäre durch die Bewegung des Berührungspunktes des Vorderrads gegeben. Daher würden die am Hinterrad um die Vertikale wirkenden Kreiselmomente durch die Reaktion an der Lenkstange ganz aufgehoben und kämen für das ganze System nicht in Betracht.

Bei der thatsächlichen Anordnung der Lenkstange aber, $c_1 > 0$, wird die Bewegung des Vorderrads noch durch die des Hinterrads beeinflufst, und zwar wird eine seitliche Drehung des Hinterrads gleichsinnig auf das Vorderrad übertragen, so dafs z. B. die Kreiselwirkungen beider Räder sich gegenseitig verstärken.

Es ist also noch eine Gleichung für das Hinterrad zu bilden, die ganz analog zur Gleichung (8) aufgestellt wird. Die Impulsänderung ist hier:

$$\cos\sigma(B_v \varphi_2'' - B_{hv}\vartheta_2'') - \sin\sigma(-B_{hv}\varphi_2'' + B_h \vartheta_2'')$$

und die Gleichung wird daher:

$$(9)\quad \begin{cases} (\cos\sigma B_v + \sin\sigma B_{hv})\varphi_2'' - (\cos\sigma B_{hv} + \sin\sigma B_h)\vartheta_2'' \\ = -N(\vartheta_2' \cos\sigma + \varphi_2' \sin\sigma) - M_2 s_2 u \varphi_2' \\ \quad - gM_2 h_2 \sin\sigma \cdot \vartheta_2 + Zc_2 \cos\sigma \cdot \vartheta_2 + Yc_2 \cos\sigma. \end{cases}$$

Aus (8) und (9) haben wir die Reaktion Y zu eliminieren, d. h. die Impulsänderung um die Lenkstange selbst zu bilden. Wir berechnen also:

$$c_2 \cdot (8) + c_1 \cdot (9),$$

d. i.

$$(10)\quad\left\{\begin{aligned} &c_2[\cos\sigma A_v\varphi_1''-\sin\sigma A_h\vartheta_1'']\\ &+c_1[(\cos\sigma B_v+\sin\sigma B_{hv})\varphi_2''-(\cos\sigma B_{hv}+\sin\sigma B_h)\vartheta_2'']\\ &=-N[(c_2\vartheta_1'+c_1\vartheta_2')\cos\sigma+(c_2\varphi_1'+c_1\varphi_2')\sin\sigma]\\ &-c_2M_1s_1\varphi_1'u-c_1M_2s_2\varphi_2'u\\ &+g[-\sin\sigma(c_2M_1h_1\vartheta_1+c_1M_2h_2\vartheta_2)+c_1\cos\sigma\tfrac{r}{l}M_2(c_1\vartheta_2-c_2\vartheta_1)].\end{aligned}\right.$$

Da jedenfalls für die Bewegung nicht die absoluten Werte φ_1, φ_2, wohl aber ihre Differenz mafsgebend ist, so wollen wir aus den kinematischen Gleichungen (2) und (3) in (7) und (10) den Winkel γ zwischen Vorder- und Hinterradebene einführen. Benutzen wir die Abkürzung:

$$\gamma\cos\sigma=\varphi_1-\varphi_2=\psi,$$

so haben wir die Gleichungen:

$$\begin{aligned} c_2\varphi_2'-c_1\varphi_1'&=\psi u\\ \varphi_2'-\varphi_1'&=-\psi',\end{aligned}$$

also, da $c_2-c_1=l$:

$$(11)\quad\left\{\begin{aligned} l\varphi_1'&=\psi u+c_2\psi'\\ l\varphi_2'&=\psi u+c_1\psi',\end{aligned}\right.$$

somit:

$$(11\text{a})\quad\left\{\begin{aligned} l\varphi_1''&=\psi'u+c_2\psi''\\ l\varphi_2''&=\psi'u+c_1\psi''.\end{aligned}\right.$$

Mittels dieser Substitution werden die Gleichungen (7), (10):

$$\text{I}\quad\left\{\begin{aligned} &[A_h\vartheta_1''+B_h\vartheta_2''-\tfrac{B_{hv}}{l}(c_1\psi''+u\psi')]\\ &\quad-\tfrac{N}{l}[(c_2+c_1)\psi'+2u\psi]\\ &\quad-\tfrac{u}{l}[(M_1h_1c_2+M_2h_2c_1)\psi'+(M_1h_1+M_2h_2)u\psi]\\ &\quad-g[M_1h_1\vartheta_1+M_2h_2\vartheta_2-M_2c_1\tfrac{r}{l}\cdot\psi]=0,\end{aligned}\right.$$

bezw.

$$\text{II}\quad\left\{\begin{aligned} &\left[\tfrac{c_2^2}{l}A_v\cos\sigma+\tfrac{c_1^2}{l}(B_v\cos\sigma+B_{hv}\sin\sigma)\right]\psi''\\ &\quad-c_2\sin\sigma A_h\vartheta_1''-c_1(B_{hv}\cos\sigma+B_h\sin\sigma)\vartheta_2''\\ &\quad+\left[\tfrac{c_2}{l}A_v\cos\sigma+\tfrac{c_1}{l}(B_v\cos\sigma+B_{hv}\sin\sigma)\right]u\psi'\\ &\quad+N\Big[(c_2\vartheta_1'+c_1\vartheta_2')\cos\sigma+\tfrac{c_1^2+c_2^2}{l}\sin\sigma\cdot\psi'\\ &\qquad\qquad+(c_2+c_1)\tfrac{u}{l}\sin\sigma\cdot\psi\Big]\\ &\quad+\left[(c_2^2M_1s_1+c_1^2M_2s_2)\tfrac{u}{l}\psi'+(c_2M_1s_1+c_1M_2s_2)\tfrac{u^2}{l}\psi\right]\\ &\quad+g\left[c_2M_1s_1\vartheta_1+c_1M_2s_2\vartheta_2-c_1c_2\tfrac{r}{l}\sin\sigma M_2\psi\right]=0.\end{aligned}\right.$$

Die Gl. II, die Impulsgleichung für die Lenkstange als Axe, enthält natürlich im Wesentlichen die Wirkungen, die auf eine relative Verdrehung der beiden Räder gegeneinander hinarbeiten. Zunächst bezeichnet das zweite Glied der dritten Zeile die von Bourlet hervorgehobenen Wirkungen*), d. h. ein Moment, das einer Verdrehung des Vorderrads um die Lenkstange entgegenwirkt, falls c_1 positiv ist und daher das Vorderrad aufrecht erhält, wenn man sich das Hinterrad aufrecht geführt denkt. Da nämlich die Lenkstange vor dem Berührungspunkt des Vorderrads liegt, so sucht offenbar ein auf das Vorderrad vom Rahmen übertragener Druck, dessen Richtung in der Rahmenebene liegt, das Vorderrad um seinen Berührungspunkt zu drehen, nnd zwar so, dafs die beiden Radebenen sich einander nähern.

Die Kreiselwirkungen und Centrifugalwirkungen in der vierten und fünften Zeile enthalten Glieder mit ψ' und ψ. Die letzteren rühren daher, dafs nach den kinematischen Bedingungen das Vorhandensein einer Verdrehung ψ eine Krümmung der Bahnkurve des Rades fordert, die ihrerseits wieder von ablenkenden Trägheitswirkungen begleitet sein mufs. Wir weisen hier darauf hin, dafs die Glieder mit ϑ_1' und ϑ_2' in der vierten Zeile nur von den Kreiselwirkungen herrühren.

Im Falle einer seitlichen Neigung des Rades wird von der Schwere das Vorderrad nach der nämlichen Seite um die Lenkstange gedreht, nach der die erste Neigung erfolgte, da ja der Schwerpunkt vor der schräg gelagerten Lenkstange liegt. Dem entsprechen die beiden ersten Glieder der letzten Zeile. Das letzte Glied dagegen, das den Faktor $-\psi$ enthält, entspricht der schon früher erwähnten Senkung des Schwerpunkts, die durch eine Verdrehung des Vorderrads bewirkt wird, wenn c_1 positiv ist. Die Folge dieses kinematischen Zusammenhangs mufs in der That sein, dafs eine anfängliche Verdrehung durch die Schwerkraft weiter vergröfsert wird.

Die Gleichungen I, II enthalten nur mehr die Koordinaten ϑ_1, ϑ_2, ψ. Wir fügen die kinematische Gleichung (1) zu als dritte lineare Gleichung zwischen diesen Variablen:

III $$\vartheta_1 - \vartheta_2 = -\gamma \sin\sigma = -\psi \operatorname{tg}\sigma.\text{**)}$$

Um nun die Stabilität des Systems zu untersuchen, haben wir zu setzen:

(12) $$\vartheta_1 = a \cdot e^{\lambda t}; \quad \vartheta_2 = b \cdot e^{\lambda t}; \quad \psi = c \cdot e^{\lambda t}.$$

Wir erhalten dann in bekannter Weise eine algebraische Gleichung für λ, und zwar vom vierten Grade, da 4 die Summe der Ordnungen der Differentialgleichungen I und II ist, während III keine Differentialquotienten enthält. Es existieren also zwei Schwingungen des Systems;

*) Bourlet, l. c. pag. 90. **) Unsere Gleichungen I, II, III sind lineare Kombinationen der von Whipple (pag. 323) wie der von Carvallo (pag. 100) erhaltenen.

sie sind stabil, wenn alle vier Wurzeln komplex mit nicht positivem reellen Teil sind, oder, im Falle von zwei reellen Wurzeln, diese negativ sind. Setzen wir (12) in I, II, III ein, so erhalten wir nach Forthebung des Faktors $e^{\lambda t}$ drei in a, b, c lineare homogene Gleichungen. Die Determinante Δ ihrer Koeffizienten ist 0 zu setzen; dabei ist

$$\Delta = \begin{vmatrix} \begin{array}{l} A_h\lambda^2 \\ -gM_1h_1 \end{array} & \begin{array}{l} B_h\lambda^2 \\ -gM_2h_2 \end{array} & \begin{array}{l} -\frac{B_{hv}}{l}c_1\lambda^2 - B_{hv}\frac{u}{l}\lambda \\ -\left[N\frac{c_2+c_1}{l} + \frac{c_2M_1h_1+c_1M_2h_2}{l}u\right]\lambda \\ -\left[N\frac{2u}{l} + \frac{M_1h_1+M_2h_2}{l}u^2\right] \\ +gM_2c_1\frac{r}{l} \end{array} \\ \begin{array}{l} -c_2\sin\sigma\cdot A_h\lambda^2 \\ +Nc_2\cos\sigma\cdot\lambda \\ +gc_2M_1s_1 \end{array} & \begin{array}{l} -[c_1\sin\sigma\cdot B_h + c_1\cos\sigma\cdot B_{hv}]\lambda^2 \\ +Nc_1\cos\sigma\cdot\lambda \\ +gc_1M_2s \end{array} & \begin{array}{l} \left[c_2^2\cos\sigma\cdot\frac{A_v}{l} + c_1^2\frac{(\cos\sigma\cdot B_v+\sin\sigma\cdot B_{hv})}{l}\right]\lambda^2 \\ \left[c_2\frac{u}{l}\cos\sigma\cdot A_v + c_1\frac{u}{l}(\cos\sigma\cdot B_v + \sin\sigma\cdot B_{hv})\right]\lambda \\ \left[N\frac{c_1^2+c_2^2}{l}\sin\sigma + \frac{u}{l}(c_2^2M_1s_1 + c_1^2M_2s_2)\right]\lambda \\ +N\frac{u}{l}(c_1+c_2)\sin\sigma + \frac{u^2}{l}(c_2M_1s_1 + c_1M_2s_2) \\ -gc_1c_2M_2\frac{r}{l}\sin\sigma \end{array} \\ 1 & -1 & \operatorname{tg}\sigma. \end{vmatrix}$$

Die Ausrechnung dieser Determinante würde eine Gleichung der folgenden Form ergeben, wenn man noch berücksichtigt, dafs N proportional mit u ist, und unter α, β, γ, ε von u unabhängige Konstanten versteht:

$$\alpha\lambda^4 + \beta u\lambda^3 + (\gamma_1 + \gamma_2 u^2)\lambda^2 + (\delta_1 u + \delta_2 u^3)\lambda + (\varepsilon_1 + \varepsilon_2 u^2) = 0.$$

Damit die Stabilitätsbedingung erfüllt ist, die aussagt, dafs diese Gleichung keine Wurzeln mit positiv reellem Teil haben darf, müssen, wie leicht zu sehen, alle ihre Koeffizienten positiv sein. Andrerseits ist aber durch positive Werte der Koeffizienten die Stabilität noch nicht gesichert, sondern es ist noch weitere Diskriminantenbildung erforderlich.

Wir wollen diese weitläufigen Ausrechnungen hier nicht durchführen, sondern uns vorläufig auf die von Whipple erhaltenen Resultate berufen, die sich auf Abmessungen an einem modernen Fahrrad beziehen.

Für kleines u ist das System durch seine Schwere jedenfalls labil. Hiermit übereinstimmend ergiebt sich, dafs die Koeffizienten

$$\gamma_1,\ \delta_1 \text{ negativ sind,}$$

ε_1 dagegen ist positiv, ebenso α und β. Die Koeffizienten der höheren Potenzen von u,

$$\gamma_2 \text{ und } \delta_2, \text{ sind positiv,}$$

dagegen ist ε_2 negativ, aber absolut genommen klein gegen die übrigen Koeffizienten. Die Koeffizienten von λ und λ^2 werden daher bei wachsender Geschwindigkeit positiv, das absolute Glied dagegen wird schliefslich wieder negativ.

Und zwar wird zunächst der Koeffizient $(\delta_1 u + \delta_2 u^3)$ von λ positiv für eine ungefähre Geschwindigkeit:

$$u_1 = 12 \text{ km/h},$$

dann auch der Koeffizient $(\gamma_1 + \gamma_2 u^2)$ von λ^2 etwa für die Geschwindigkeit

$$u_2 = 14 \text{ km/h}.$$

Endlich wird der letzte Koeffizient $(\varepsilon_1 + \varepsilon_2 u^2)$ negativ für

$$u_3 = 20 \text{ km/h}.$$

Stabilität ist nur zwischen der Grenze u_2 und u_3 möglich, für welches Gebiet alle Koeffizienten positiv sind. Die nähere Diskussion ergiebt hier noch, dafs thatsächlich vollständige Stabilierung in dem Gebiet:

$$u_4 = 16 \text{ km/h bis } u_3 = 20 \text{ km/h}$$

eintritt. Die Rechnungen von Carvallo, die für ein älteres Modell ausgeführt sind, ergeben qualitativ dasselbe, aber für alle diese Grenzen etwas niedrigere Werte.

Wir ergänzen diese Resultate durch den Nachweis, dafs die vollständige Stabilierung ohne Kreiselwirkungen nicht möglich wäre. Zu dem Zweck berechnen wir den Koeffizienten $(\delta_1 u + \delta_2 u^3)$ von λ aus der Determinante Δ. Wenn wir zur Abkürzung das gesamte Schweremoment $M_1 h_1 + M_2 h_2$ mit Mh bezeichnen, wird dieser:

$$
\begin{aligned}
& g(-M_1 h_1 c_1 + M_2 h_2 c_2) \sin\sigma \cdot N \\
& - gMh\,[c_2 \cos\sigma A_v + c_1(\cos B_v + \sin\sigma B_{hv})]\,\frac{u}{l} \\
& - gMh\,(c_1^2 + c_2^2) \sin\sigma \frac{N}{l} \\
& - gMh\,[c_2^2 M_1 s_1 + c_1^2 M_2 s_2]\,\frac{u}{l} \\
& + g(c_2 M_1 s_1 + c_1 M_2 s_2)\Big[(c_1 + c_2)\frac{N}{l} + (M_1 h_1 c_2 + M_2 h_2 c_1)\frac{u}{l} + B_{ho}\frac{u}{l}\Big] \\
& + (c_2 + c_1) \cos\sigma \cdot \frac{N}{l}\,[2Nu + Mhu^2 - gM_2 c_1 r]
\end{aligned}
$$

und reduziert sich noch zu:

$$
\begin{aligned}
& - gMh \cos\sigma\,(c_2 A_v + c_1 B_v)\,\frac{u}{l} \\
& + gB_{hv}\Big(- M_1 h_1 \sin\sigma + M_2 r \frac{c_1}{l} \cos\sigma\Big) u \\
& - gM_1 h_1 M_2 h_2 l \sin\sigma \cdot u - gM_1 M_2 h_1 c_1 r \cos\sigma \cdot u \\
& + \frac{c_2 + c_1}{l} \cos\sigma\, N[2Nu + Mhu^2].
\end{aligned}
\tag{13}
$$

In diesem Ausdruck enthält das letzte Glied, da N mit u proportional ist, den Faktor u^3, die anderen nur den Faktor u. Von diesen überwiegen die negativen Glieder weit über das positive, da das letztere die beiden kleinen Faktoren c_1 und r enthält; daher wird für kleine Fahrtgeschwindigkeit u der ganze Koeffizient negativ. Er bliebe immer negativ, und damit die aufrechte Bewegung labil, wenn die Kreiselwirkungen unberücksichtigt blieben, also $N = 0$ angenommen würde (d. h. da die Umlaufsgeschwindigkeit proportional zu u ist, wenn das Trägheitsmoment der Räder um ihre Rotationsaxe vernachlässigt würde). Durch das letzte, von den Kreiselwirkungen herrührende Glied, das den Faktor u^3 enthält, wird der Koeffizient bei genügend grofser Geschwindigkeit positiv. (Welches die Gröfsenordnung der hier als klein und genügend grofs unterschiedenen Geschwindigkeitsintervalle ist, können wir aus den oben angegebenen Whipple'schen Zahlen ersehen. Die Grenze zwischen beiden bildet der Wert $u_1 = 12$ km/h.)

Die von Whipple gefundene Stabilität des Fahrrads für die Geschwindigkeiten von 16—20 km/h ist daher nur durch die Kreiselwirkungen der rotierenden Räder ermöglicht.

Die folgenden Bemerkungen sollen noch erklären, wie die Kreiselwirkungen in Thätigkeit treten. Der Faktor N in dem letzten Glied

$$(14) \qquad \frac{c_1 + c_2}{l} \cos\sigma N(2Nu + Mhu^2)$$

rührt von der Kreiselwirkung $-N\frac{d\vartheta}{dt}$ um die Vertikalaxen her. Diese Wirkung, die auf eine seitliche Neigung des Rades hin das Vorderrad nach der betreffenden Seite dreht und daher das Rad zwingt, nach dieser Seite auszubiegen, ist also zur Stabilierung erforderlich. Dagegen tritt in dem Glied

$$2Nu + Mhu^2$$

die Gröſse $2Nu$, die von der aufrichtenden Kreiselwirkung $N\frac{d\varphi}{dt}$ herrührt, nur zu dem viel gröſseren gleichgerichteten Moment der Centrifugalkraft des ganzen Systems, Mhu^2, hinzu und ist daher unwesentlich.

Die stabilierende Wirkung der Rotation beruht also darauf, daſs das Rad, wenn es sich seitlich geneigt hat, durch die Kreiselwirkung wesentlich des Vorderrades gezwungen wird, auszubiegen, und dadurch die Centrifugalkraft in Thätigkeit tritt, die das Rad wieder aufrichtet. Die eigentlich stabilierende Kraft, die die Schwerkraft überwindet, ist die Centrifugalkraft, der Kreiselwirkung fällt die Rolle der Auslösung zu. Die Stabilierungsfähigkeit nimmt übrigens wegen des Faktors $\cos\sigma$ in (14) ab mit zunehmender Schrägstellung der Lenkstange gegen die Vertikale.

Allerdings wirkt auch die am Vorderrad angreifende Schwere, zusammen mit der vom Hinterrad auf das Vorderrad übertragenen Reaktion Z dahin, daſs das Vorderrad beim seitlichen Überneigen des Systems nach dieser Seite hin ausbiegt und ruft daher eine Centrifugalkraft wach. Trotzdem ist diese Wirkung nach dem Vorhergehenden nicht im Stande, das System vollständig zu stabilieren. Es ist eben die Kreiselwirkung die einzige mit $\frac{d\vartheta}{dt}$ proportionale Kraft, während die Schwerkraft mit ϑ selbst proportional ist und daher das durch die erstere veranlaſste Ausbiegen rascher der seitlichen Neigung folgt als die Schwerewirkung. Die erste Wirkung ist in der That nur um eine Viertelschwingungsdauer gegen die Senkung verschoben, die andere aber um eine halbe Schwingung.

Um auch die Gründe für das schlieſsliche Labilwerden zu verstehen, betrachten wir endlich noch das von λ freie Glied $\varepsilon_1 + \varepsilon_2 u^2$ in der Gleichung $\Delta(\lambda) = 0$. Dieses Glied enthält, wie aus der Determinante Δ leicht ersichtlich, Terme mit dem Faktor g^2, die u nicht enthalten. Die Summe dieser Terme wird positiv, nämlich:

$$(15) \qquad g^2 M_1 M_2 h_1 \sin\sigma(\operatorname{tg}\sigma h_2 l - c_1 r) + g^2 M_2^2 c_1 r \left(h_2 \sin\sigma - \frac{c_1 r}{l}\right),$$

Hier sind die beiden negativen Glieder wegen der Faktoren $c_1 r$, bezw. $c_1^2 r^2$, wesentlich kleiner als die positiven. Außerdem treten noch Terme mit dem Faktor u^2 auf:

$$- g M h \left(\frac{c_2 + c_1}{l} N u \sin \sigma + (c_2 M_1 s_1 + c_1 M_2 s_2) \frac{u^2}{l} \right)$$

$$+ g (c_2 M_1 s_1 + c_1 M_2 s_2) \left[N \frac{2u}{l} + M h \frac{u^2}{l} \right]$$

oder

(16) $$g N u \left[(M_1 h_1 - M_2 h_2) \sin \sigma + \frac{2 c_1}{l} M_2 r \cos \sigma \right].$$

Hier überwiegt das negative, das Gewicht des Fahrers enthaltende Glied $- g N u M_2 h_2 \sin \sigma$, während das letzte Glied wegen der kleinen Faktoren c_1 und r unbedeutend ist. Überdies überwiegen die Terme (16) bei großem u über die Terme (15); daher wird der ganze Koeffizient für große Geschwindigkeiten negativ, die Bewegung also labil.

Gehen wir nun dem eigentlichen Ursprung der Terme (16) nach; sie entsprechen den Gliedern mit dem Faktor $u^2 \psi$ in der Differentialgleichung II und waren durch die Einführung der kinematischen Gleichungen

(2) $$\psi = \varphi_1 - \varphi_2,$$

(3) $$c_2 \varphi_2' = c_1 \varphi_1' + u \psi$$

in (10) entstanden.

Diese drücken aber die anschauliche Thatsache aus, daß im Fall einer relativen Verdrehung der beiden Radebenen gegeneinander, abgesehen von äußeren Kräften, die Hinterradebene der Vorderradebene während der Fahrt sich beständig nähert, da sie immer durch eine in dieser festgelegte Axe hindurchgeht. Denkt man sich das Vorderrad geführt, so strebt die Spurlinie des Hinterrades asymptotisch in die des Vorderrades (man kann sie also als Traktrix bezeichnen). Bei großer Geschwindigkeit erfolgt diese Annäherung sehr rasch, so daß für $u = \infty$ aus der kinematischen Gleichung (3) im Allgemeinen zu folgern ist, falls nicht auch beide Schwingungen des Vorderrades sehr rasch erfolgen:

$$\psi = \varphi_1 - \varphi_2 = 0.$$

Dann verhält das Rad sich aber so, als ob beide Teile starr verbunden wären.

Die Stabilierung durch die Kreiselwirkungen beruhte aber eben auf der relativen Beweglichkeit der beiden Räder. Sobald diese starr verbunden sind, können wir das ganze System mit einem einfachen Kreisel vergleichen, der aber nicht mehr drei, sondern wegen der doppelten Berührung mit dem Erdboden nur noch zwei Freiheitsgrade hat, und können auf diesen Kreisel das allgemeine in § 1 ausgesprochene Prinzip anwenden, nach dem bei Unterbindung eines der Freiheitsgrade jede Möglichkeit der Stabilierung durch Kreiselwirkungen aufhört. Daraus erklärt sich die anfangs paradox aussehende Erscheinung, dafs gerade bei grofsen Geschwindigkeiten die Stabilierungsfähigkeit der Rotation beim Fahrrad versagt, während beim freien Kreisel grofse Rotationsgeschwindigkeiten der Stabilierung günstig sind. Dieser labilen Bewegung werden sich bei grofser Geschwindigkeit noch stabile Schwingungen überlagern, die man mit den Nutationen beim freien Kreisel vergleichen kann. Wegen ihrer kurzen Periode läfst sich unsere vorhergehende Schlufsweise auf sie nicht anwenden.

Übrigens ist noch zu erwähnen, dafs bei nahezu vertikal stehender Lenkstange auch bei beliebig grofser Geschwindigkeit die Bewegung stabil bliebe, da für sehr kleine Werte von σ auch der letzte Koeffizient der Gleichung $\Delta(\lambda) = 0$ positiv bleibt. In dem Falle sind beide Eigenschwingungen rasch genug, um trotz der scheinbar starren Koppelung zwischen Vorder- und Hinterrad die Stabilität zu erhalten. Je mehr aber die Lenkstange geneigt wird, desto mehr nimmt die Stabilierungsfähigkeit der Kreiselwirkungen ab, entsprechend dem allgemeinen Verhalten, wenn die beiden nicht cyklischen Freiheitsgrade, hier Drehung um die Spurlinie und um die Lenkstange, sich einander nähern.

Wir wollen die erhaltenen Resultate noch kurz mit der Erfahrung vergleichen. Da ist zunächst noch einmal zu betonen, dafs die Annahme des mit dem Rad starr verbundenen Fahrers, die der ganzen Diskussion zu Grunde lag, praktisch nicht zu realisieren ist, da der Fahrer immer durch unwillkürliche, fast unmerklich kleine Bewegungen die Stabilität des Rades beinflussen kann. Die Hülfen, die er hier geben kann, sind zweierlei Art. Erstens kann er das Vorderrad im geeigneten Zeitpunkt ein wenig um die Lenkstange drehen und dadurch centrifugal beeinflussen. Die erforderlichen Ausdrehungen sind, wie die durch die Kreiselwirkungen selbstthätig bewirkten, sehr gering. Ferner kann der Fahrer durch seitliches Neigen des Körpers ein entgegengesetztes Schweremoment erzeugen, das das fallende Rad wieder aufrichtet. Bei freihändigem Fahren verzichtet der Radler auf die erste Wirkung und hat nur noch die Schwere zur Verfügung.

Durch die Erfahrung ist das Bestehen einer unteren Geschwindigkeitsgrenze bestätigt, unter der das freihändige Fahren unmöglich wird, offenbar deshalb, weil bei dem annähernden Wegfall der Eigenstabilierung des Fahrrades die Hülfen, die das seitliche Neigen des Körpers leisten kann, nicht ausreichen. Dagegen ist eine obere Grenze praktisch nicht merkbar. Es liegt dies wohl daran, dafs, entsprechend näherer Zahlenrechnung von Whipple, die Labilität des Fahrrads bei nicht zu großen Geschwindigkeiten, solchen, die thatsächlich überhaupt möglich sind, noch sehr gering ist, so daß schon unmerkbar schwache Neigungen des Körpers ausreichen, um die Stabilität zu erhalten.

Wenn nach dem Vorhergehenden auch die Eigenstabilierung des Fahrrades, eben wegen der leichten Hülfen, die der geschulte Fahrer geben kann, nicht gerade als erforderlich nachgewiesen ist, und deshalb auch bei der technischen Konstruktion die Frage nach der möglichsten Energieersparnis vor der nach der Stabilität steht, so ist es doch kaum von der Hand zu weisen, daß die Kreiselwirkungen zur Aufrechterhaltung des Gleichgewichts bei der Fahrt beitragen, wir möchten sagen, in besonders intelligenter Weise beitragen; sind sie es doch, die vermöge der Phase ihrer Wirkung zuerst ein Überfallen des Rades spüren und die dann die viel stärkeren, aber etwas langsamen Centrifugalwirkungen in den Dienst der Stabilität spannen.

§ 9. Über vermeintliche und wirkliche Kreiselwirkungen bei der Laval-Turbine.

Die geniale Konstruktion des schwedischen Ingenieurs de Laval hat die Technik mit Dampfturbinen von außergewöhnlicher Geschwindigkeit und besonders gutem Wirkungsgrade versehen. Der Schwerpunkt der Konstruktion liegt natürlich auf thermodynamischem und hydrodynamischem Gebiet, in der direkten Verwendung des rapide ausströmenden Wasserdampfes zum Antrieb und in der sinnreichen Formgebung der Laval'schen Düsen. Diese in den Turbinenbau eingeführten neuen Gedanken sind nicht nur für die technische Praxis, sondern auch für die technische Wissenschaft folgenreich gewesen, so daß die Erforschung der Strömungs- und Druckverhältnisse in einer Lavaldüse jetzt ein wichtiges Spezialgebiet der technischen Thermodynamik*) ausmacht.

Was uns hier interessiert, ist indessen ein rein dynamisches Problem, welches de Laval zugleich gelöst hat. Den hohen Umdrehungszahlen der Lavalturbine (20000 bis 30000 Touren in der Minute bei kleineren Ausführungen) würde kein Lager und keine Welle gewachsen sein; jede Excentrizität des Lagers und jede Verbiegung der Welle würde vermöge der ungeheuren Centrifugalkräfte zu einer Zerstörung der ganzen Konstruktion führen. Das Mittel, das Laval hiergegen gefunden hat, ist sehr merkwürdig: er machte die Welle biegsam

*) Vgl. den Bericht von K. Prandtl in der Encyklopädie der mathem. Wiss., Bd. V, Art. 4.

(etwa fingerdick) und erreichte dadurch eine Art Selbstcentrierung der Welle, die seitdem vielfach bei besonders hohen Umlaufsgeschwindigkeiten verwandt wird. Auch bei dem Kreiselkompaſs mit seinen 20000 Touren (vgl. pag. 862) wirkt die einige Millimeter dicke Welle als nachgiebig; beim Anlassen des Kreisels kann man, während derselbe durch die Geschwindigkeit von etwa 10000 Touren hindurchgeht, eine Andeutung des kritischen Schleuderns (s. unten) mit dem Ohr vernehmen. Denselben Erfolg wie durch die Nachgiebigkeit der Welle kann man durch eine Federung des Lagers erreichen. Auch dieses Konstruktionsmittel ist seit Laval vielfach in der Technik benutzt worden.

Als die Laval'sche Welle bekannt wurde, glaubte man, ihr überraschendes Verhalten auf eine Kreiselwirkung zurückführen zu sollen. So wie sich der Kreisel angeblich in eine gleichmäſsige Rotation um eine stabile Drehaxe einstelle, so solle auch das Laval'sche Turbinenrad eine stabile Rotationsform aufsuchen. Der Vergleich ist nach beiden Seiten hin irrig. Der Kreisel wechselt im Allgemeinen seine Drehaxe, indem er eine Präcession beschreibt; wenn das Turbinenrad bei zunehmender Geschwindigkeit einer gleichmäſsigen Umdrehung zustrebt, so beruht dies auf anderen und im Grunde viel einfacheren dynamischen Prinzipien*), wie auf denen der Kreiselbewegung.

Das Verhalten der biegsamen Wellen bei schneller Umdrehung wird also hier nicht eigentlich als Anwendung, sondern als Beispiel einer falschen Anwendung der Kreiseltheorie**) zu besprechen sein. Es wird am einfachsten verständlich, wenn man die Frage in die auch für technische Zwecke so wichtige Theorie der Resonanz einordnet (Nr. 1). Daſs diese Theorie ausreicht, um die wirklich beobachteten Erscheinungen des anfänglichen Schleuderns und der nachträglichen Beruhigung der Welle zu erklären, kann an einem Modell zahlenmäſsig nachgewiesen werden (Nr. 2). Die Kreiselwirkung kommt nur sekundär zur Geltung, wenn man, die einfachste Anordnung verlassend, das Turbinenrad nicht in der Mitte der Welle, sondern z. B. an deren freiem Ende, oder wenn man mehrere Turbinenräder auf derselben Axe anbringt (Nr. 3). Insofern schlieſst der jetzige Paragraph an die vorangehende Behandlung des Fahrrades an, bei dem ja die Kreiselwirkung auch mehr sekundärer Art war.

---

*) Vgl. A. Föppl, Civil-Ing. pag. 333, 1895.

**) In dem klassischen Lehrbuch von A. Stodola, Die Dampfturbine, Berlin 1905, 3. Aufl., ist natürlich auch das Verhältnis zur Kreiseltheorie vollständig korrekt dargestellt. Wegen der Theorie der kritischen Geschwindigkeit vgl. Nr. 62—70 seines Buches. Weitere Litteraturangaben in Encyklopädie der mathem. Wiss. IV 27, Art. Kármán, Nr. 13 b.

1. Die Selbsteinstellung dünner Wellen.

Wir betrachten das folgende idealisierte Modell der Laval'schen Anordnung (vgl. Fig. 138 a und b).

Die dünne Welle (Länge $2l$) sei mit ihren Endpunkten P, Q fest gelagert; in ihrer Mitte trage sie das Rad R (Masse M); der Schwerpunkt desselben, der hier genau auf der Mittellinie der Welle angenommen wird (resp. von dem angenommen wird, daſs er sehr viel weniger von der Mittellinie der Welle absteht als diese von der Lagermittellinie PQ), sei S; O sei die Mitte der geometrischen Verbindung

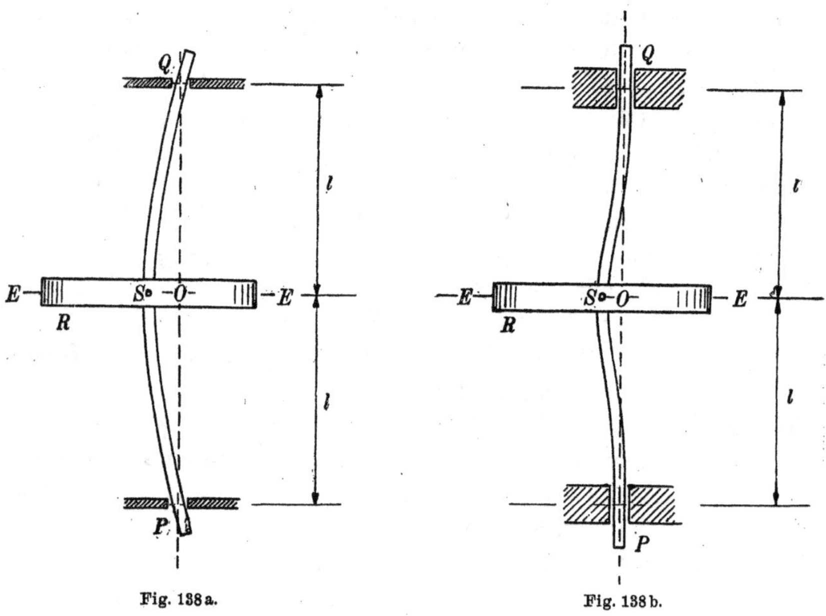

Fig. 138a. Fig. 138b.

der Lagerungspunkte P und Q. Da die Welle schon in der Ruhe nie genau gerade sein wird, haben wir mit einem gewissen ursprünglichen Abstande e der Punkte O und S zu rechnen. Bei der Bewegung gehe derselbe in den Abstand r über. Um die für unsere Frage unwesentliche Wirkung der Schwere auszuschalten, stellen wir die Gerade PQ am bequemsten in das Lot. Von der Masse der Welle können wir im Verhältnis zu der Masse M des Rades absehen; die Masse M denken wir in den Punkt S konzentriert. Auch können wir, wie es in der Theorie der Balkenbiegung üblich ist, den Unterschied zwischen der eigentlichen Länge der gebogenen Welle und derjenigen der Verbindungslinie ihrer Endpunkte, $2l$, vernachlässigen.

Wir haben also das folgende äufserst einfache Bild, bei dem wir nur mehr von der Mittelebene EE zwischen den Punkten P und Q zu sprechen brauchen:

Der Punkt S von der Masse M ist durch Symmetrie in der Ebene der Fig. 139 festgehalten und wird in dieser mit der gegebenen Winkelgeschwindigkeit ω um den festen Punkt O umgedreht. Er steht unter dem Einflufs einer elastischen Kraft F, welche nach O hin wirkt und ihn in den Abstand e von O zu bringen sucht. Gesucht wird der thatsächliche Abstand r des Punktes S von O bei jeder gegebenen Umdrehungsgeschwindigkeit ω.

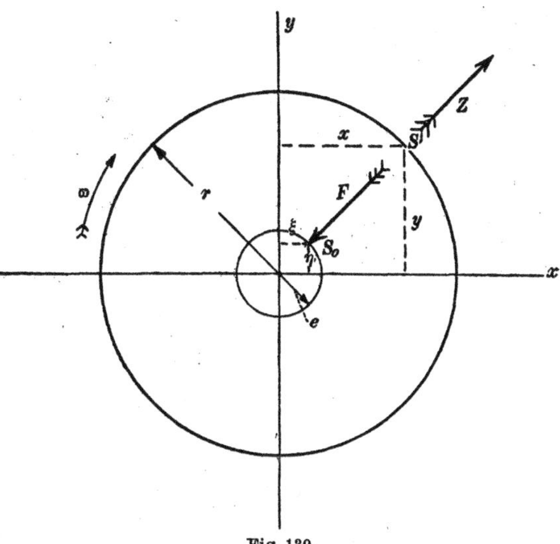

Fig. 139.

Die Kraft F hat ihren Ursprung in der Elastizität der Welle; man kann sie, bei Beschränkung auf kleine Ausbiegungen $r-e$, diesen proportional setzen, also:

(1) $F = f(r-e)$

annehmen.

Der Koeffizient f hängt von der besonderen Lagerung der Welle ab. Die beiden äufsersten Möglichkeiten, die in Fig. 138a und b dargestellt sind, wären: a) Die Lager lassen freie Beweglichkeit um die fest gedachten Endpunkte P, Q zu, *freie Auflagerung;* b) die Lager halten nicht nur die Endpunkte P, Q, sondern auch die Richtungen der Welle in ihnen fest, *Einspannung.* Diesen beiden Grenzfällen entsprechen die Werte von f

$$\text{a)}\quad f = \frac{6EJ}{l^3}, \qquad \text{b)}\quad f = \frac{24EJ}{l^3},$$

wo E und J Elastizitätsmodul und Trägheitsmoment des (z. B. als kreisförmig zu denkenden) Wellenquerschnitts um einen seiner Durchmesser bedeuten. In Wirklichkeit wird die Beweglichkeit um die Enden nicht unbehindert frei, aber auch die Einspannung wegen einer kleinen Nachgiebigkeit des Lagers nicht vollkommen sein. Es wird sich also ein mittlerer Zustand ausbilden, mit einem Werte von f zwischen den Grenzen

$$(2)\qquad 6 < \frac{l^3 f}{EJ} < 24.$$

Die elastische Kraft F wird im Zustande der gleichförmigen Umdrehung ω durch die Centrifugalkraft

$$Z = M r \omega^2$$

ins Gleichgewicht gesetzt. Daher die Gleichung:

$$f(r - e) = M r \omega^2$$

oder

$$r = \frac{e}{1 - \frac{\omega^2}{\omega_k^2}}, \tag{3}$$

mit der Abkürzung

$$\omega_k^2 = \frac{f}{M}. \tag{4}$$

ω_k heifst die kritische Umdrehungsgeschwindigkeit.

Verfolgen wir in Fig. 140 den Verlauf von r mit wachsendem ω, so sehen wir: bei kleinem ω ist $r = e$ sehr klein; r wächst rapide, wenn sich ω dem kritischen Wert ω_k nähert; r schlägt ins Negative um, wenn ω_k überschritten wird, und nähert sich bei weiter wachsendem ω dem Werte 0. Als geeigneten Wert der Umdrehungszahl des Dauerbetriebes wählt Laval $\omega = 7\omega_k$. Nach Gl. (3) entspricht diesem eine Abweichung r von der genauen Centrierung, die nur noch den 48. Teil der anfänglichen, an sich schon kleinen Excentrizität ausmacht. In der Figur ist als Ordinate $|r|$ aufgetragen, d. h. vom Vorzeichen abgesehen worden; das negative Vorzeichen von r bei $\omega > \omega_k$ bedeutet offenbar, dafs die Welle nach der entgegengesetzten Seite durchgebogen ist wie ursprünglich für $\omega < \omega_k$. Die Figur ist völlig identisch mit der in § 5 betrachteten „Grundkurve", Gl. (18), Fig. 125, die auch schon dort als einfachster Typus einer Resonanzkurve bezeichnet wurde; nur wurde dort das Quadrat der jetzigen Ordinate aufgetragen. Die völlige Centrierung oder Selbsteinstellung des Turbinenrades wird also wirklich asymptotisch angestrebt. In dieser Endlage werden keine Schleuderwirkungen mehr auf das Lager übertragen; die Gleichmäfsigkeit des Umlaufs ist ideal. In der Nähe der kritischen Umlaufszahl dagegen ist das Lager sowie die Welle ernstlich gefährdet. Bei den wirklichen Ausführungen sind Arretierungen der Welle vorgesehen, welche gefährliche Ausschläge

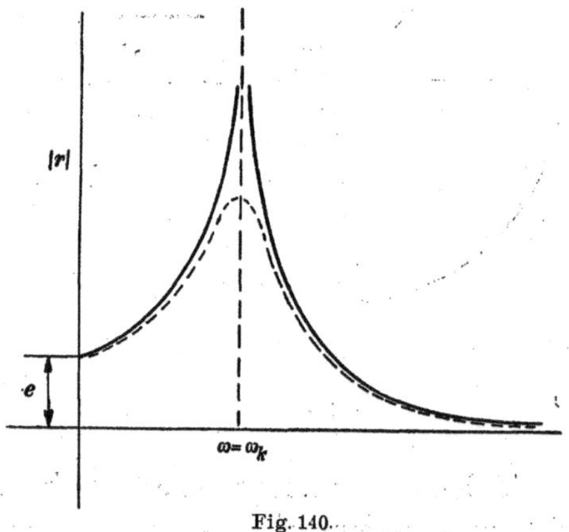

Fig. 140.

verhindern. Bei einem kleinen Modell (vgl. unten) genügt es, die Welle zwischen zwei Fingern zu halten, um sie den kritischen Zustand gefahrlos überwinden zu lassen.

Es versteht sich von selbst, dafs die vorstehende Betrachtung nur den zu jedem ω gehörigen Endzustand wiedergiebt. In Wirklichkeit wird der Übergang von einem zu einem anderen ω von Schwingungen um den Endzustand begleitet sein, die sich aber zeitlich abdämpfen. Wir kommen auf diese Schwingungen sogleich zurück. Wichtig sind sie nur für den Nachweis der Stabilität*) der gleichförmigen Umdrehung.

Um den Zusammenhang mit dem Resonanzprinzip hervortreten zu lassen, empfiehlt sich eine zweite Behandlung desselben Problems in Koordinaten. Die rechtwinkligen Koordinaten von S in Bezug auf ein durch O gelegtes festes Axenkreuz (Fig. 139) seien x, y; ξ, η seien die ebenso gemessenen Koordinaten eines Hülfspunktes S_0, nämlich desjenigen Punktes, dem S vermöge der Elastizität der Welle zustrebt, so dafs S_0 den Abstand e von O hat und auf gleichem Radiusvektor wie S liegt. Die elastische Kraft F zerlegen wir in die rechtwinkligen Komponenten F_x, F_y. Nach dem Ansatz (1) und mit Rücksicht auf den Vorzeichensinn dieser Kraft wird

$$(5) \qquad F_x = -f(x-\xi), \qquad F_y = -f(y-\eta).$$

Von der Centrifugalkraft Z haben wir jetzt abzusehen, da wir die Beschleunigungen in unseren Gleichungen direkt zum Ausdruck bringen wollen. Diese lauten jetzt:

$$M\frac{d^2x}{dt^2} = -F_x, \qquad M\frac{d^2y}{dt^2} = -F_y,$$

oder mit Rücksicht auf die Gleichungen (4) und (5):

$$(6) \qquad \frac{d^2x}{dt^2} + \omega_k^2 x = \omega_k^2 \xi, \qquad \frac{d^2y}{dt^2} + \omega_k^2 y = \omega_k^2 \eta.$$

Diese Bewegungsgleichungen für x und y lassen sich leicht integrieren, wenn die rechten Seiten, d. h. die Koordinaten $\xi\eta$ unseres Hülfspunktes S_0, bekannt sind. Dies ist allerdings streng genommen nicht der Fall. Wir bemerken aber, dafs sie sehr kleine Gröfsen, von der Ordnung der ursprünglichen Excentrizität e sind, indem ja $\xi^2 + \eta^2 = e^2$ war. Deshalb ist es erlaubt, sie näherungsweise zu berechnen, indem man annimmt, dafs S_0 gleichförmig umläuft. Wir schreiben also, indem wir die Umlaufsgeschwindigkeit ω nennen:

$$(7) \qquad \xi = e\cos\omega t, \qquad \eta = e\sin\omega t.$$

*) Vgl. Stodola l. c. Nr. 103.

Die Gleichungen (6) nehmen dann die Form einfachster Schwingungsgleichungen an; beide Freiheitsgrade x und y sind voneinander unabhängig; beide haben dieselbe Eigenfrequenz ω_k, wie die linken Seiten der Gl. (6) zeigen. Die Terme der rechten Seiten lassen sich deuten und wirken als äufsere Kräfte von der Richtung x und y, der Periode ω und der sehr kleinen Amplitude $\omega_k^2 e$. Solche Kräfte erzeugen eine erzwungene Schwingung der x- und y-Koordinate von derselben Periode ω und im Allgemeinen sehr kleiner Amplitude, es sei denn, dafs ihre Periode mit der Eigenperiode des schwingenden Systems nahe übereinstimmt. In letzterem Falle genügen bereits kleine Kräfte, um erhebliche Ausschläge hervorzubringen: wir haben die wohlbekannte Erscheinung der Resonanz.

Aus (6) und (7) ergiebt sich, wenn man den Ansatz $x = r \cos \omega t$, $y = r \sin \omega t$ macht,

$$r = \frac{e \omega_k^2}{\omega_k^2 - \omega^2},$$

also als Ausdruck der erzwungenen Schwingung:

$$\left.\begin{matrix} x \\ y \end{matrix}\right\} = \frac{e}{1 - \frac{\omega^2}{\omega_k^2}} \begin{matrix} \cos \\ \sin \end{matrix} \omega t, \tag{8}$$

in Übereinstimmung mit (3). Derselbe Vorgang, der in (3) als „zirkulare“ Schwingung dargestellt ist, erscheint in (8) in zwei „linear polarisierte“ zerlegt.

Dies ist aber nur eine partikuläre Bewegungsform. Das allgemeine Integral von (6) erhalten wir, wenn wir die freien Schwingungen hinzufügen. Sie ergeben sich durch Nullsetzen der linken Seite von (6) zu

$$\left.\begin{matrix} x \\ y \end{matrix}\right\} = A \cos \omega_k t + B \sin \omega_k t. \tag{8'}$$

In Wirklichkeit setzen sich den periodischen Verbiegungen der Welle erhebliche Materialwiderstände entgegen, die wir in Gl. (6) nicht berücksichtigt haben. Diese bewirken bei den freien Schwingungen ein schnelles Abklingen in der Zeit, bei den erzwungenen eine starke Reduktion der wirklichen Amplitude gegenüber der in (8) errechneten.

Wir bestätigen also das in Gl. (3) und Fig. 140 enthaltene Resultat, indem wir dasselbe folgendermafsen ergänzen: Der gleichförmige Umlauf von der Periode ω (erzwungene Schwingung) ist im Allgemeinen von Schwankungen der Periode ω_k (freien Schwingungen der biegsamen Welle) überlagert, welche bei jeder Geschwindigkeitsänderung neu angeregt werden, aber alsbald wegen innerer Widerstände abklingen. Das Amplitudenbild Fig. 140 ist mit Rücksicht auf eben diese Widerstände im Sinne der punktierten Kurve abzuändern. *Die kritische Umdrehungszahl erweist sich als Eigenfrequenz der Welle* (und zwar als deren „Grundfrequenz"; die Oberschwingungen kommen wegen ihrer Kürze nicht in Betracht) *und der ganze Vorgang als typisches Resonanzphänomen.* Der oben erwähnte Vorzeichenwechsel in Gl. (3) beim Überschreiten der Resonanz, welcher eine zur ursprünglichen entgegengesetzte Ausbiegung bedeutete, entspricht dem wohlbekannten *Phasensprung* der Schwingung an der Resonanzstelle, vermöge dessen sie oberhalb der Resonanz hinter der Phase der anregenden Kraft um 180° zurückbleibt. Die Selbstcentrierung der Welle erklärt sich aus der allgemeinen *Trägheitseigenschaft elastischer Systeme,* die sie verhindert, in merklichem Grade Kräften nachzugehen, deren Wechselzahl wesentlich über ihrer Eigenfrequenz liegt. Im Gegensatz zu Späterem sei noch hervorgehoben, daſs diese Eigenfrequenz unabhängig davon ist, ob das Turbinenrad rotiert oder nicht. Wegen der Anordnung des Rades in der Mitte der Welle wird nämlich sein Rotationsimpuls durch die elastische Schwingung der Welle nur parallel mit sich verlagert, übt daher keine Kreiselwirkung aus und beeinfluſst den Charakter der elastischen Schwingung überhaupt nicht. In Folge dessen läſst sich die Eigenfrequenz ω_k von vornherein an der nicht rotierenden Welle experimentell ermitteln.

2. Zahlenbeispiel.

Eine quantitative Prüfung der hier entwickelten Theorie wird wesentlich darauf zu zielen haben, die Übereinstimmung der kritischen Geschwindigkeit mit der Periode der Eigenschwingung der elastischen Welle nachzuweisen. Dies gelingt an einem einfachen Versuchsmodell*), dessen Abmessungen folgende sind:

Welle (aus Silberstahl):

Dicke derselben $d = 3$ mm,

Länge $2l = 40$ cm;

Scheibe (aus Rotguſs), in der Mitte der Welle aufgekeilt:

Masse derselben $M = 1$ kg.

Antrieb der Welle von Hand mit verstellbarer Übersetzung (2, 3 oder 4). Die Masse der Welle ist gegen die der Scheibe zu vernachlässigen.

Als kritische Umdrehungszahl, d. h. als Anzahl der Umdrehungen pro Minute im Zustande maximalen Schleuderns, wurde an einem Metronom beobachtet

$$n_k = 290.$$

*) Dasselbe gehört der Sammlung für technische Mechanik der Aachener Hochschule und wurde auf Kosten des Aachener Bezirksvereins deutscher Ingenieure hergestellt.

Der theoretische Wert derselben ist nach Gl. (4):

$$(9) \qquad n_k = \frac{30}{\pi}\omega_k = \frac{30}{\pi}\sqrt{\frac{f}{M}}.$$

Die Gröfse von f, das Mafs für die elastische Federung der Welle, kann, wie es Föppl getan hat, durch direkte Ausbiegungsversuche an der Welle bestimmt werden. Wir begnügen uns mit der theoretischen Ermittelung von f und benutzen dazu zunächst die obige Formel a). In dieser kommen die Gröfsen E und J vor.

Der Elastizitätsmodul E von Stahl ist etwa

$$E = 2 \cdot 10^6 \frac{\text{kg Gewicht}}{\text{cm}^2} = 2 \cdot 10^6 \cdot 981 \frac{\text{kg Masse}}{\text{cm sec}^2}.$$

Das Trägheitsmoment J des kreisförmigen Querschnitts vom Durchmesser d und dem Flächeninhalt F berechnet sich bekanntlich zu

$$J = \frac{F}{4}\left(\frac{d}{2}\right)^2 = \pi\frac{d^4}{64} = 4 \text{ mm}^4 = 4 \cdot 10^{-4} \text{ cm}^4.$$

Daraus ergiebt sich nach a) mit $l = 20$ cm:

$$f = 590 \frac{\text{kg Masse}}{\text{sec}^2}$$

und daher nach (9)

$$n_k = \frac{30}{\pi}\sqrt{590} = 230.$$

Dieser Wert stimmt der Gröfsenordnung nach mit dem beobachteten von 290 minutlichen Umläufen überein und weicht von ihm in demjenigen Sinne ab, den wir nach allgemeinen Überlegungen zu erwarten haben. In der That giebt die Formel a) nur eine untere Grenze für f und n, da die Richtungsänderung an den Enden der Welle nicht völlig frei, sondern durch die Führung im Lager etwas behindert ist. Würden beide Lager wie eine vollkommene Einspannung wirken, was nach ihrer leichten Konstruktion gewifs nicht der Fall ist, so würde nach Formel b) der Wert von f sich vervierfachen, der von n sich verdoppeln und damit erheblich über den beobachteten Wert hinausgehen.

Bemerkenswert war bei dem Modell die bedeutende Arbeit, die an der Handkurbel zu leisten war, wenn die Welle mit einer der kritischen benachbarten Tourenzahl in Umdrehung gehalten wurde. Da die Lagerreibung (Kugellager) sehr gering ist und Trägheitswiderstände im Dauerbetrieb überhaupt nicht zu überwinden sind, wird diese Arbeit lediglich zur Überwindung der inneren Reibung verbraucht, die den wechselnden Verbiegungen der Welle im Zustande des Schleuderns entgegenwirkt. Nach Gl. (3) oder (8) ist das Schleudern bei gleicher Umdrehungsgeschwindigkeit um so gröfser, je gröfser e, d. h. die ursprüngliche Abweichung der Welle von der Geradheit ist. Bei einigermafsen merklicher Krümmung kann es vorkommen, dafs es überhaupt nicht gelingt, die Welle über die kritische Geschwindigkeit hinauszubringen, trotzdem nach Mafsgabe der gewählten Übersetzung die Umdrehung über der kritischen liegen müfste. Der Übertragungsriemen von der Handkurbel nach der Welle gleitet dann auf der Riemenscheibe, indem seine Adhäsion nicht ausreicht, die bedeutenden Bewegungswiderstände des Schleuderns zu überwinden, und die Welle fährt fort, mit einer etwas unterhalb der kritischen gelegenen Geschwindigkeit zu schleudern. Besonders auffällig wurde dies, als der Handantrieb durch einen Motor von einigen P. S. ersetzt wurde; auch dieser konnte die kritische Geschwindigkeit nicht überwinden, indem der Riemen versagte. Die Beruhigung der Welle läfst sich aber sofort erreichen, wenn man in der Nähe des kritischen Zustandes die Ausbiegungen und damit den Grund für die Arbeitsverluste und Bewegungswiderstände beschränkt, wie bereits pag. 888 angegeben.

3. Das Hinzutreten von Kreiselwirkungen.

Bei alledem war von Kreiselwirkungen nicht die Rede. Diese treten erst hinzu, wenn das Turbinenrad durch das Schleudern der Welle nicht nur verschoben, sondern auch verdreht wird, oder, dynamischer ausgedrückt, wenn der Drehimpuls des Turbinenrades durch das Schleudern eine Richtungsänderung erfährt. Die Bedingungen hierfür sind besonders günstig bei der Anordnung der Fig. 141: Turbinenrad am Ende einer frei schwebenden Welle.

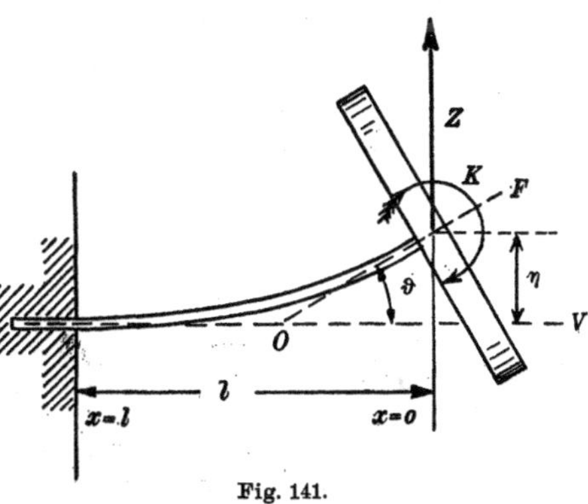

Fig. 141.

Nehmen wir auch hier einen gleichförmigen Umlauf der Welle als Endzustand an (nach Abklingen der in wechselnden Zuständen angeregten freien Schwingungen), so besteht dieser, kreiseltheoretisch gesprochen, in einer gleichmäfsigen Präcession des Turbinenrades, bei der seine Normale, die Figurenaxe OF, unter einem gewissen Winkel ϑ gegen die hier horizontal gestellte Axe OV geneigt ist. Die Kreiselwirkung K dieser Präcession steht auf OV und OF senkrecht, wirkt also um die Normale zur Zeichenebene, wenn sich OF gerade in der Zeichenebene befindet, und zwar nach der Regel vom gleichsinnigen Parallelismus in solchem Sinne, dafs sie die

Welle nach ihrer ursprünglichen Lage zurückzulenken strebt, ebenso wie die elastischen Widerstände und umgekehrt wie die Centrifugalkraft Z.

Wir fragen jetzt nach der Gleichgewichtsfigur unserer Welle, wenn sie durch die an ihrem Ende ($x = 0$) wirkende Einzelkraft Z, sowie durch das Kräftepaar K belastet ist. Diese Frage gehört in die Theorie der Balkenbiegung. Die Grundgleichung dieser Theorie lautet bekanntlich

$$EJ\frac{d^2y}{dx^2} = -\mathfrak{M}, \tag{10}$$

wo $\mathfrak{M}$ das sog. Biegungsmoment für den Querschnitt x, hier

$$\mathfrak{M} = K - Zx, \tag{11}$$

und y die von der ursprünglichen Lage (der x-Axe OV) aus gerechnete Ausbiegung bedeutet. Aus (10) und (11) ergiebt sich durch Integration:

$$\left\{\begin{aligned} EJ\frac{dy}{dx} &= -Kx + Z\frac{x^2}{2} + A, \\ EJy &= -K\frac{x^2}{2} + Z\frac{x^3}{6} + Ax + B. \end{aligned}\right. \tag{12}$$

Die Integrationskonstanten A, B sind durch die Grenzbedingungen an der Einspannungsstelle (für $x = l$) zu berechnen, nämlich:

$$\frac{dy}{dx} = 0 \quad \text{und} \quad y = 0 \quad \text{für} \quad x = l.$$

Dieselben liefern:

$$A = +Kl - Z\frac{l^2}{2},$$

$$B = +K\frac{l^2}{2} - Z\frac{l^3}{6} - Kl^2 + Z\frac{l^3}{2}$$

$$= -K\frac{l^2}{2} + Z\frac{l^3}{3}.$$

Diese Konstanten bedeuten nach (12) zugleich die Gröfse von

$$EJ\frac{dy}{dx} \text{ und } EJy \text{ für } x = 0.$$

Schreiben wir nach Fig. 141 $-\vartheta$ für dy/dx und η für y am Ende der Welle, so haben wir:

$$\left\{\begin{aligned} EJ\vartheta &= -Kl + Z\frac{l^2}{2}, \\ EJ\eta &= -K\frac{l^2}{2} + Z\frac{l^3}{3}. \end{aligned}\right. \tag{13}$$

Durch η und ϑ sowie die Umlaufsgeschwindigkeit ω drückt sich Z und K aus. Einerseits ist

$$Z = M\eta\omega^2,$$

andererseits nach Gl. (III)*) in § 1, wenn wir $\sin\vartheta$ durch ϑ, $\cos\vartheta$ durch 1 ersetzen, die Ablenkungsgeschwindigkeit $d\psi/dt$ des Eigenimpulses N in unserem Falle mit der Umlaufsgeschwindigkeit ω identifizieren und den Eigenimpuls zu $N = C\omega\cos\vartheta = C\omega$ berechnen:

$$K = (C-A)\vartheta\omega^2.$$

Die Gleichungen (13) ergeben daher folgende Bestimmungsgleichungen für ϑ und η:

$$(14)\qquad \begin{cases} \left(1+\frac{(C-A)\,\omega^2 l}{EJ}\right)\vartheta - \frac{M\omega^2 l^2}{2EJ}\eta = 0, \\ +\frac{(C-A)\,\omega^2 l^2}{2EJ}\vartheta + \left(1-\frac{M\omega^2 l^3}{3EJ}\right)\eta = 0. \end{cases}$$

Diese Gleichungen liefern im Allgemeinen als einzig mögliche Gleichgewichtsform der Welle: $\vartheta = \eta = 0$, d. h. keine Ausbiegung. Das mufsten wir erwarten. Denn wir haben hier die Welle stillschweigend in ihrer ursprünglichen Form als vollkommen gerade vorausgesetzt — anders wie in Nr. 1, wo wir von Anfang an mit einer gewissen Excentrizität e rechneten. Daher verschwindet zu Anfang die Centrifugalkraft sowohl wie die Kreiselwirkung und der gerade Zustand bleibt theoretisch erhalten.

Trotzdem liefert Gl. (14) bereits eine Andeutung für die möglichen Ausbiegungen der Welle bei der kritischen Geschwindigkeit. Diese Gleichungen sind nämlich für beliebige Werte η, ϑ miteinander verträglich in dem besonderen Falle, wo ihre Determinante verschwindet. Dies liefert die folgende Bedingungsgleichung für ω^2:

$$(15)\qquad \left(1+\frac{(C-A)\,\omega^2 l}{EJ}\right)\left(1-\frac{M\omega^2 l^3}{3EJ}\right) + \frac{M\omega^2 l^3}{2EJ}\,\frac{(C-A)\,\omega^2 l}{2EJ} = 0,$$

oder, wenn wir die gleichbenannten Koeffizienten ($\sec^2$)

$$(16)\qquad c = \frac{(C-A)l}{EJ},\quad m = \frac{Ml^3}{EJ}$$

einführen:

$$cm\omega^4 - 12\left(c - \frac{1}{3}m\right)\omega^2 = 12.$$

Die positive Wurzel dieser Gleichung heifse ω_k^2. Sie berechnet sich zu:

$$(17)\qquad \omega_k^2 = \frac{1}{cm}\left(6c - 2m + \sqrt{12cm + (6c-2m)^2}\right).$$

Bei dieser Umdrehungsgeschwindigkeit sind, wie wir sagten, die Abweichungen η, ϑ beliebig und es kann ein unbegrenzt starkes Schleudern

*) Wir müssen hier die genaue Formel (III) statt der Näherung (II) benutzen, weil die Drehaxe nicht mit der Figurenaxe des Turbinenrades, sondern mit der „Vertikalen“ OV der Fig. 141 zusammenfällt. Die Rotation um die Figurenaxe ergibt sich daher zunächst gleich $\omega\cos\vartheta$, kann aber, wie im Text geschehen, durch ω ersetzt werden.

der Welle eintreten; vorher und nachher dagegen ist die Welle wie zu Anfang genau centriert. Wir erhalten also für η, ϑ die graphische Darstellung der Fig. 142: Im Punkte $\omega = \omega_k$ der Abscissenaxe eine unbestimmte Ordinate, überall sonst die Ordinate Null. Man kennt die Bedeutung dieses etwas paradox klingenden Resultates von anderen Problemen der Mechanik her (Knickungsvorgang, kleine Pendelschwingungen). Es besagt nichts anderes, als daſs beim Überschreiten von $\omega = \omega_k$ eine plötzlich zu- und dann wieder abnehmende Ausbiegung stattfindet, die in Wirklichkeit natürlich völlig bestimmt ist und von der ursprünglichen Krümmung der Welle abhängt, bei unserem Ansatz aber unbestimmt bleiben muſste, weil wir die ursprüngliche Krümmung vernachlässigt haben. Das wirkliche Ausbiegungsdiagramm wird also die in der Figur punktierte Gestalt haben; es schmiegt sich bei abnehmender ursprünglicher Krümmung immer mehr in die von uns berechnete rechtwinklige Ecke hinein. Das wirkliche Ausbiegungsdiagramm hat also durchaus die Gestalt der früheren Fig. 140.

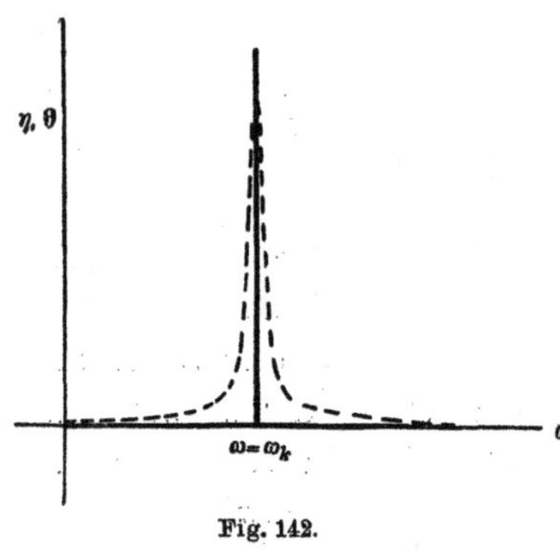

Fig. 142.

Wir können dies leicht im Einzelnen nachweisen, wenn wir die jetzige Rechnung durch Einführung der ursprünglichen Krümmung ergänzen und sie dadurch derjenigen unter Nr. 1 anpassen.

Die ursprüngliche Krümmung denken wir uns hier etwa durch den Einfluſs der Schwere auf das überhängende Turbinenrad hervorgerufen, also durch eine Kraft Q, die im Punkte $x = 0$ angreift. Bei der Bestimmung ihres Momentes wollen wir uns aber die Ungenauigkeit gestatten, daſs wir dieses für die ganze Umdrehung konstant gleich Qx setzen.

Wir sehen also weiterhin von der speziellen Vorstellung der Schwere ab und ersetzen sie durch eine für unsere Zwecke besonders bequeme schematisierte Kraft, die sich mitdreht und die im Prinzip dasselbe bewirkt, wie die Schwere, nämlich durch eine von Anfang an vorhandene Krümmung die horizontale Gleichgewichtslage unmöglich zu machen.

Diese vereinfachende Annahme bringt es mit sich, daſs wir die vorigen Gleichungen (10) bis (13) direkt übernehmen können, wobei wir nur $Z + Q$ statt Z einzutragen haben. Die Gleichungen (13) lauten daher jetzt:

$$EJ\vartheta = -Kl + (Z+Q)\frac{l^2}{2}, \qquad EJ\eta = -K\frac{l^2}{2} + (Z+Q)\frac{l^3}{3},$$

und statt der Gleichungen (14) erhält man:

$$\left(1+\frac{(C-A)\,\omega^2 l}{EJ}\right)\vartheta-\frac{M\omega^2 l^2}{2EJ}\eta=\frac{Ql^2}{2EJ},$$

$$+\frac{(C-A)\,\omega^2 l^2}{2EJ}\vartheta+\left(1-\frac{M\omega^2 l^3}{3EJ}\right)\eta=\frac{Ql^3}{3EJ}.$$

Hieraus ergeben sich für jeden Wert von ω ganz bestimmte, im Allgemeinen endliche Werte von ϑ und η. Unendlich werden dieselben nur dann, wenn die Determinante der linken Seite verschwindet. Dies führt aber wieder genau auf die Bedingung (15) und auf die kritische Umlaufzahl $\omega=\omega_k$. Bei abnehmendem Q, d. h. zunehmender Geradheit der ursprünglischen Wellenform, gehen die eben genannten endlichen Ausbiegungen in Null über, während die unendliche Ausbiegung für $\omega=\omega_k$ den unbestimmten Wert $0\cdot\infty$ annimmt, ganz im Sinne unserer Fig. 142.

Von Interesse ist es für uns, die relative Wichtigkeit der Kreiselwirkung („zusammengesetzte Centrifugalkraft" im Sinne Coriolis) zu derjenigen der gewöhnlichen Trägheitswirkung (einfache Centrifugalkraft) beim Schleudern der Laval-Welle festzustellen. Dies geschieht am einfachsten, wenn wir zusehen, in welchem Maſse die kritische Umdrehungszahl infolge der Kreiselwirkung in die Höhe gesetzt wird. (Eine Erhöhung, nicht eine Erniedrigung der kritischen Umdrehungszahl wird die Kreiselwirkung bedingen, da sie ja nach der Regel des gleichsinnigen Parallelismus der Ausbiegung entgegenarbeitet, also scheinbar die Steifigkeit vermehrt.)

Sehen wir zunächst von der Kreiselwirkung ab, indem wir $C=0$ und $A=0$ setzen, also den Radius des Turbinenrades sehr klein nehmen. Der entstehende Wert der kritischen Geschwindigkeit heiſse ω_{k0}. Dieser entsteht aus (17), wenn wir $c=0$ setzen. Da aber dann (17) in der Form 0/0 erscheint, müssen wir eine Entwicklung vornehmen. Es ist bei kleinem c mit Rücksicht auf das positive Vorzeichen der Wurzel in (17)

$$\sqrt{12cm+(6c-2m)^2}=|6c-2m|\left(1+\frac{6cm}{(6c-2m)^2}+\ldots\right)$$
$$=2m-6c+\frac{6cm}{2m-6c}+\ldots,$$

also nach (17) und (16) für $c=0$:

$$\omega_{k0}^2=\frac{3}{m}=\frac{3EJ}{Ml^3}.$$

Derselbe Wert wäre auch direkt aus der zweiten ursprünglichen Gl. (14) zu entnehmen gewesen, die für $C=0$ mutatio mutandis mit Gl. (4) übereinstimmt.

In Wirklichkeit sind A und C nicht gleich Null, sondern für eine dünne Scheibe vom Radius r ist:

$$A = \frac{M}{4} r^2, \qquad C = \frac{M}{2} r^2,$$

also nach (16)

$$c = \frac{m}{4} \left(\frac{r}{l}\right)^2.$$

Nehmen wir beispielsweise den Durchmesser der Scheibe gleich der Länge unserer Welle l, so ergiebt sich:

$$c = \frac{m}{16}, \qquad 2m - 6c = \frac{13}{8} m$$

und nach (17)

$$\omega_k^2 = \frac{2}{m}(-13 + \sqrt{217}) = \frac{3{,}4}{m}.$$

Wir haben also

$$\omega_k^2 : \omega_{k0}^2 = 4 : 3{,}4; \quad \omega_k : \omega_{k0} = 1{,}09 : 1,$$

d. h. die kritische Umdrehungszahl wird durch die Kreiselwirkung um 9% heraufgesetzt. Der Einfluſs ist also mehr sekundärer Art.

Kreiselwirkungen werden nicht nur bei der frei schwebenden Lavalwelle auftreten, sondern immer dann, wenn das Schleudern der Lavalwelle mit einer Richtungsänderung des rotierenden Turbinenrades verbunden ist. So z. B. auch bei einer beiderseits gelagerten Welle, wenn sich das Rad nicht gerade in der Mitte der Welle befindet oder wenn mehrere Räder auf derselben Welle angeordnet sind. Die Berechnung der kritischen Geschwindigkeit führt dann auf kompliziertere Gleichungssysteme, über die man alles Wissenswerte in dem Stodola'schen Werke nachlesen kann. Neue dynamische Gesichtspunkte treten dabei nicht auf; immer handelt es sich um das Gleichgewicht von Centrifugalkräften und Kreiselmomenten an der elastischen Welle. Die numerische Bedeutung der Kreiselwirkung wird dabei in dem Maſse zurücktreten, als die durch das Schleudern bedingten Richtungsänderungen des Turbinenrades je nach seiner Anordnung in der Nähe der Wellenmitte geringer werden. Der Fall der freischwebenden Welle stellte bereits ein Maximum für den Einfluſs der Kreiselwirkung dar.

Zum Schluſs möge erwähnt werden, daſs das Schleudern auch bei diesen allgemeineren Anordnungen zwar als Resonanzphänomen gedeutet werden kann, daſs aber diese Auffassung insofern ihre praktische Bedeutung verliert, als jetzt die Eigenschwingungsdauer der Welle durch die Rotation beeinfluſst wird und daher die kritische Umlaufszahl nicht von vornherein durch Versuche am nicht rotierenden System bestimmt werden kann, ähnlich wie die Schwingungszahl eines Kreisels von seiner Umlaufszahl abhängt. Denn sobald das Turbinenrad rotiert, ist die ursprüngliche Biegungsschwingung des Systems keine mögliche freie Bewegung mehr, da die Kreiselwirkungen wie äufsere Momente wirken, die die Schwingungsdauer verändern. Zu jeder Umlaufsgeschwindigkeit wird sich jetzt eine eigene freie Schwingungsdauer ergeben; da diese aber im Allgemeinen nicht mit der Umlaufsdauer übereinstimmt, so mufs die Welle wechselnde Verbiegungen durchmachen. Eine solche freie Schwingung ist auch der durch die Gl. (14) und (15) dargestellte Bewegungszustand, sie ist vor den anderen nur dadurch ausgezeichnet, dafs bei ihr Umlaufsdauer und Schwingungsdauer zusammenfallen, so dafs die Welle als Ganzes rotieren kann. Das Kennzeichen der kritischen Umlaufsgeschwindigkeit ist also auch hier die Resonanz zwischen Umlaufszahl und freier Schwingungszahl.

§ 10. **Vermischte Anwendungen.**

Ohne irgendwie Vollständigkeit anzustreben, wollen wir in diesem Schlufsparagraphen solche Anwendungen der Kreiseltheorie zusammenstellen, welche wir nicht ausführlich besprechen können, teils weil uns der Gegenstand nicht hinreichend geklärt erscheint, teils weil er uns zu weit in technische Einzelheiten führen würde. Wir beginnen wie in § 2 mit den Kreiselwirkungen bei Fahrzeugen (Einschienenbahn), berichten über einige nautische Kreiselprobleme und schliefsen mit dem Problem der Ballistik, das unter allen technischen Anwendungen der Kreiseltheorie am frühesten in Angriff genommen ist und bis zum heutigen Tage wohl am wenigsten befriedigend gefördert werden konnte. Eine Übersicht des Inhalts giebt die folgende Tabelle:

A. Einschienenbahnen.
   1. Schwebebahn.
   2. Monorailsystem.
   3. System Brennan und Scherl.

B. Nautische Anwendungen.
   4. Raddampfer.
   5. Turbinendampfer.
   6. Der gyroskopische Horizont.
   7. Bemerkungen zur Aeronautik.

C. Ballistik.
   8. Das dynamisch-hydrodynamische Problem.
   9. Die allgemeinen Erfahrungsthatsachen der Ballistik und die Rolle der Kreiselwirkungen.

A. Einschienenbahnen.

Die Überlegungen des § 2 zeigen deutlich, dafs die technischen Schwierigkeiten bei Schnellbahnen — von den ihrer Einführung entgegenstehenden und sehr mafsgeblichen wirtschaftlichen Schwierigkeiten braucht hier nicht die Rede zu sein — hauptsächlich mit der zweischienigen Anlage unserer Bahnen zusammenhängen. Die beiden Schienenstränge stellen zwei kinematische Führungsbedingungen dar, die wegen des notwendigen Spielraums der Räder im Allgemeinen nicht in gleichem Mafse wirken, und das Fahrzeug hat zwischen beiden sozusagen einen dynamischen Kompromifs zu schliefsen. Daher das abwechselnde Anlaufen der Räder gegen die eine oder andere Schiene und das Schlingern der Wagen, die Entlastung der einen oder anderen Schiene durch Centrifugal- und Kreiselwirkungen und die fortgesetzte Verschlechterung des Geleises, namentlich auch die lästige Notwendigkeit der Überhöhung der äufseren Schiene in einer Kurve, die nur für eine mittlere Geschwindigkeit berechnet und nie vollständig durchgeführt werden kann. Alle diese Übelstände fallen bei einer *Einschienenbahn* von selbst fort. Man kann drei Typen derselben unterscheiden:

1. Stabile Anordnung, Schiene oberhalb des Wagenschwerpunktes, *Schwebebahn*, Patent Lange.

2. Wenig stabile Anordnung, Schiene in der Nähe des Wagenschwerpunktes, *Monorailsystem*, Patent Behr.

3. Instabile Anordnung, Schiene unter dem Wagenschwerpunkt, Patent Brennan und Scherl.

1. Schwebebahn.

Der erste Typus ist in Elberfeld-Barmen ausgeführt; er wird von vielen Sachverständigen als Ideal einer technisch-vollkommenen Bahn angesehen: die Centrifugalwirkungen können sich in dem seitlichen Ausschwingen des Fahrzeugs ohne Schaden für das Material ausgleichen, ebenso die Kreiselwirkungen der Antriebs- und Führungsräder, die hier wegen des kleinen Radradius übrigens ziemlich klein sein werden. Man kann bemerken, dafs beide Wirkungen sich hier nicht addieren wie bei der gewöhnlichen Zweischienenbahn, sondern subtrahieren, was man als eine erwünschte Nebenerscheinung dieser Anordnung ansehen kann. In der That: das Moment der Centrifugalwirkung um die Schiene wirkt, wenn der Schwerpunkt *unter* der Schiene liegt, im entgegengesetzten Sinn wie bei der gewöhnlichen Anordnung, das Moment der Kreiselwirkung aber im gleichen Sinn wie bei jener, also (vgl. § 2) im umgekehrten Sinne wie das Moment der Centrifugalkraft.

Wir bestimmen etwa die Ausschwingung α des Wagens (Abweichung seiner Mittelebene von der Vertikalen) beim Durchfahren einer Kurve vom Krümmungsradius R. Dabei mufs das Moment der Schwere $\mathfrak{M}$ durch das Moment der Centrifugalwirkung H und durch die Kreiselwirkung K ins Gleichgewicht gesetzt werden:

$$\mathfrak{M} = H + K. \tag{1}$$

Nun ist, wenn M die Masse des Fahrzeugs und h die Höhe des Schwerpunktes unter der Schiene bedeutet:

$$\mathfrak{M} = Mgh \sin \alpha.$$

Ferner wird, wenn v die Geschwindigkeit in der Kurve ist,

$$H = M\frac{v^2}{R} h \cos \alpha.$$

Für die Kreiselwirkung K haben wir Gl. (II) des § 1 zu benutzen, da die Figurenaxe der umlaufenden Räder, die die Kreiselwirkung hervorbringen, um den Winkel $\vartheta = \frac{\pi}{2} - \alpha$ gegen die Vertikale, d. i. die Axe der hinzukommenden Drehung (Drehungsgeschwindigkeit v/R), geneigt ist. Wir haben also:

$$K = -N\frac{v}{R} \cos \alpha;$$

das negative Vorzeichen entspricht der vorangehenden Bemerkung über den umgekehrten Sinn der Kreiselwirkung und der Centrifugalwirkung. Es ist aber, wie in § 2 Gl. (2),

$$N = mvr,$$

wenn m die auf den Umfang reduzierte Masse aller Räder, r ihren gemeinsamen Radius bedeutet, also:

$$K = -m\frac{v^2}{R} r \cos \alpha.$$

Unsere Gleichgewichtsbedingung (1) liefert daher

$$\operatorname{tg} \alpha = \frac{v^2}{gR}\left(1 - \frac{m}{M}\frac{r}{R}\right). \tag{2}$$

Bei den Probefahrten in Barmen-Elberfeld wurde die Geschwindigkeit in Kurven so weit gesteigert, dafs Ausschwingungen bis zu 25^0 vorkamen; wie die vorstehende Formel zeigt, würde der Ausschwingungswinkel ohne Kreiselwirkung noch ein klein wenig gröfser ausfallen müssen.

2. Monorailsystem.*)

Dasselbe war für die Strecke Manchester-Liverpool als Schnellbahn mit 150 km pro Stunde projektiert; doch ist in den letzten Jahren über das Zustandekommen dieses Projektes nichts bekannt geworden. Eine Versuchsstrecke war bei Gelegenheit der Brüsseler Ausstellung 1897 mit 135 km pro Stunde in Betrieb und lieferte befriedigende Resultate.

Das Monorailsystem verdient den Namen „Einschienenbahn“ nicht in dem Maſse wie die Schwebebahn, weil seitlich unter der Tragschiene noch beiderseits je zwei Führungsschienen angeordnet sind. Der Wagen bildet eine Art Sattel um die Tragschiene, um die er mit schwer gehaltenen Fortsetzungen heruntergreift, und stützt sich auf die Tragschiene von oben her mit einem Rad von senkrechter Ebene. In Kurven oder wenn das Gleichgewicht sonst nach der einen oder anderen Seite hin gestört ist, legt er sich gegen die Führungsschienen dieser Seite mit zwei Rädern von horizontaler Ebene. Eine solche Störung des Gleichgewichts ist deshalb zu gewärtigen, weil der Schwerpunkt des ganzen Wagens nur wenig von der Laufschiene absteht, der Wagen sich also statisch nahezu im indifferenten Gleichgewicht befindet.

Bleibt diese geringe Stabilität nun auch bei voller Fahrt bestehen oder findet hier eine ausgiebigere Stabilierung des Gleichgewichtes statt, eine Stabilierung, die offenbar nur durch eine Kreiselwirkung der umlaufenden Räder hervorgebracht werden könnte? Nach den Angaben des Konstrukteurs, nach denen die seitlichen Führungsschienen nur ausnahmsweise in Kurven beansprucht würden, und nach den Ergebnissen der Versuchsfahrten, deren Ruhe gerühmt wurde, müſste man dieses voraussetzen. An sich ist es ja nicht undenkbar, daſs die umlaufenden Massen von Rad und Motor gegen ein Umkippen des Wagens nach der Seite zunächst mit einer kleinen Drehung um die Vertikale und durch Vermittelung dieser mit einem Kreiselmoment um die Schiene reagieren, welches den Wagen wieder aufrichtet, wie dies durch die Formeln (IV) des § 1 schematisch beschrieben wird. Da die Kreiselwirkung mit dem Quadrat der Fahrgeschwindigkeit wächst, wäre Erhöhung der Stabilität bei Erhöhung der Geschwindigkeit zu erwarten (auſser gegenüber den Centrifugalwirkungen, die ebenfalls mit dem Quadrat der Geschwindigkeit wachsen). Indessen ist hierbei wieder die ganz wesentliche Bedingung der erforderlichen drei Freiheitsgrade (vgl. pag. 767) zu beachten. Wenn durch mangelnden Spielraum die Ausdrehung der Räder um die Vertikale gehindert bezw. durch Reibung sehr erschwert wird, so wird auch die

*) Vgl. z. B. Centralblatt der Bauverwaltung 1899, pag. 550.

stabilierende Wirkung unmöglich bezw. stark herabgesetzt. Ob unter diesen Umständen eine merkliche Stabilierung überhaupt noch zu Stande kommt, kann bezweifelt werden. Sicher ist nur, daſs das nach Gl. (IVe) in § 1 berechnete stabilisierende Moment des Idealfalles viel zu groſs ausfallen würde. Ziemlich wahrscheinlich scheint es, daſs bei groſser Geschwindigkeit die Stabilierung leichter zu Stande kommen kann, wie bei kleiner, da hier für die seitlichen Ausdrehungen der Räder weniger Spielraum beansprucht wird und die Reibung gegen solche Ausdrehungen nicht in demselben Maſse mit der Geschwindigkeit wachsen dürfte wie die Kreiselwirkung selbst.

Wir hätten diese in ihrer Unbestimmtheit wenig befriedigenden und wegen der geringen praktischen Bedeutung des Monorailsystems wenig wichtigen Betrachtungen hier kaum gebracht, wenn sie nicht eine passende Überleitung zu dem Stabilierungssystem beim instabilen Typus der Einschienenbahn bildeten. Was im bisherigen Falle nur beiläufig und unter ungünstigen Umständen durch die umlaufenden Räder bewirkt (oder gegebenenfalls auch nicht bewirkt) wird, leistet im folgenden Falle eine ausdrückliche Kreiselvorrichtung in ausgedehntem Maſse und unter wohlerwogenen Bedingungen.

3. System Brennan und Scherl.

Die Frage nach der praktischen Ausführbarkeit der Stabilierung eines völlig labilen Einschienenwagens durch eingebaute Kreisel ist schon mehrfach erörtert worden. Aber erst in der allerjüngsten Zeit sind Versuche in der Öffentlichkeit vorgeführt worden, und zwar gleichzeitig im November 1909 von L. Brennan in England und A. Scherl in Berlin. Nach den Berichten haben sie zu günstigem Ergebnis geführt, über die nähere Anordnung der Kreiselkonstruktion ist aber noch nichts bekannt geworden, abgesehen von früheren kurzgehaltenen Patentschriften*), die aber die jetzige Form nur noch in Umrissen treffen werden. Wir beschränken uns daher auch hier auf einige allgemein gehaltene theoretische Überlegungen.**)

Daſs thatsächliche Stabilierung eines an sich labilen Zustandes durch Kreiselwirkungen möglich ist, haben wir mehrfach besprochen, z. B. bei der Diskussion der aufrechten Kreiselbewegung. Im Prinzip wird es sich auch bei der Stabilierung des Einschienenwagens um nichts anderes als diese aufrechte Kreiselbewegung handeln, die hier natürlich in modifizierter Form erscheint. Denken wir uns z. B. ähn-

---

*) Patent Brennan, D. R. P. 174402.

**) Dieselben schlieſsen sich teilweise an einen Aufsatz von A. Föppl an: „Zur Theorie des Kreiselwagens der Einschienenbahn“, Elektrotechn. Ztschr. 1910, 4.

lich wie im Falle des Schlick'schen Schiffskreisels im Einschienenwagen einen Kreisel in einem Rahmen angeordnet, der um eine Queraxe des Wagens drehbar ist, so dafs wie beim Schiffskreisel die Figurenaxe in der Mittelebene des Wagens schwingen kann und in der Mittellage vertikal steht.*) Der Kreisel hat dann offenbar die nämlichen Freiheitsgrade wie ein einfacher Kreisel im kardanischen Gehänge: Den inneren Ring vertritt der Kreiselrahmen, der um die Queraxe drehbar ist, den äufseren der Wagen, um die Schiene drehbar. Nur sind die Trägheitsmomente und Schweremomente der beiden nichtcyklischen Freiheitsgrade hier voneinander unterschieden.

Die erste Forderung zur Kreiselstabilierung, dafs zwei nichtcyklische Freiheitsgrade vorhanden sein müssen, ist hier, im Gegensatz zum Monorailsystem, ausgiebig erfüllt. Aber der allgemeine Thomsonsche Satz, den wir pag. 771 anführten, fordert noch mehr: Es genügt nicht eine gerade Anzahl von Freiheitsgraden zur cyklischen Stabilierung eines labilen Zustandes, es ist vielmehr eine gerade Anzahl labiler Freiheitsgrade erforderlich.**) Daraus können wir sofort entnehmen: Soll der Kreisel in der beschriebenen Anordnung den Wagen wirklich stabilieren können, so mufs er sich selbst, abgesehen von den Kreiselwirkungen, im labilen Zustande befinden, sein Schwerpunkt mufs also oberhalb der Aufhängeaxe des Rahmens liegen. Beim Schiffskreisel lag im Gegensatz dazu der Schwerpunkt unterhalb der Aufhängeaxe ($h > 0$), da das Schiff von Anfang an stabil ist ($H > 0$). Auf den allgemeinen Beweis des Thomson'schen Satzes brauchen wir nicht näher einzugehen, da er ganz analog verläuft, wie der folgende Beweis im speziellen Falle des Einschienenwagens.

Um an die früher verwendeten Bezeichnungen beim Schiffskreisel anzuknüpfen, sei Q das Gewicht des Wagens, J sein Trägheitsmoment, um die Schienenkante gemessen, H die Höhe seines Schwerpunkts. Ferner sei q das Gewicht des Kreisels und Rahmens, j sein Trägheitsmoment um die Aufhängeaxe, h die Höhe seines Schwerpunkts über der Aufhängeachse, die wir jetzt als positiv voraussetzen, endlich sei N der Impuls des Kreisels. Die seitlichen Aus-

---

*) Dies ist nur eine von verschiedenen möglichen Anordnungen. Bei der ursprünglichen Ausführung von Brennan (vgl. unten) fällt die Mittellage des Kreisels mit der Queraxe des Wagens zusammen. Föppl unterscheidet (vgl. die vorige Anm.) drei Hauptlagen, empfiehlt aber die im Text besprochene Anordnung als die einfachste.

**) Ob Stabilierung möglich ist, wenn einer der Freiheitsgrade indifferent ist, hängt von spezielleren Voraussetzungen ab. Wir werden hierauf noch zurückkommen.

schläge des Wagens sollen durch den Winkel ψ, die Ausschläge des Kreiselrahmens durch ϑ gemessen werden, und wir setzen in der üblichen Weise voraus, dafs zur Entscheidung der Stabilität die Untersuchung kleiner Ausschläge ψ und ϑ ausreichend ist. Von Reibungseinflüssen sehen wir vorläufig ab.

Durch seitliche Neigungen des Wagens wird nun der Kreisel in Schwingungen versetzt. Auf die beiden Freiheitsgrade wirken hierbei, wie im Falle des Schiffskreisels, aufser den Schweremomenten noch die „Kreiselwirkungen“

$$K = N\frac{d\vartheta}{dt}$$

auf den Wagen,

$$k = -N\frac{d\psi}{dt}$$

auf den Kreiselrahmen. Überhaupt können wir ohne Weiteres die Bewegungsgleichungen (5) von § 4 mit den entsprechenden Änderungen wegen der ursprünglichen Labilität der Freiheitsgrade ψ und ϑ übernehmen:

$$(3)\qquad \begin{aligned} J\frac{d^2\psi}{dt^2} - QH\psi - N\frac{d\vartheta}{dt} &= 0,\\ j\frac{d^2\vartheta}{dt^2} - qh\vartheta + N\frac{d\psi}{dt} &= 0. \end{aligned}$$

Man braucht nur diese Gleichungen mit den Gleichungen (5) pag. 367 zu vergleichen, um die Analogie zur aufrechten Kreiselbewegung zu erkennen.

Als Lösung haben wir einzusetzen:

$$\psi = A \cdot e^{xt};\quad \vartheta = a \cdot e^{xt},$$

erhalten also:

$$(3\text{a})\qquad \begin{aligned} A(Jx^2 - QH) - aNx &= 0,\\ a(jx^2 - qh) + ANx &= 0 \end{aligned}$$

und daraus für x die Gleichung:

$$(4)\qquad (Jx^2 - QH)(jx^2 - qh) + N^2x^2 = 0.$$

In dieser sind nun alle Koeffizienten positiv, kann also die Wurzel x^2 zwei negative, somit x vier rein imaginäre Werte annehmen, wenn

$$N^2 - QHj - qhJ > 0.$$

Diese Forderung wird ergänzt durch die eigentliche Stabilitätsbedingung, die durch die Diskriminantengleichung gegeben ist:

$$(N^2 - QHj - qhJ)^2 > 4\,QHqhJj.$$

Im Falle des aufrechten Kreisels, für den wir $QH = qh = P$, $J = j = A$ setzen können, geht letztere über in das oft benutzte Kriterium für den starken Kreisel:

$$N^2 > 4AP.$$

Das von x^2 freie Glied in (4), $(-QH)(-qh)$, ist positiv, als Produkt zweier negativer Glieder, es würde aber negativ werden, wenn einer der beiden Freiheitsgrade an sich stabil wäre, also entweder H oder h einen negativen Wert hätte. *Also nur wenn beide Freiheitsgrade stabil oder beide Freiheitsgrade labil sind, kann die Bewegung des Systems vollständig stabil sein.* Ebenso wird im allgemeinen Fall von mehr als zwei nichtcyklischen Freiheitsgraden das letzte Glied der entsprechenden Gleichung das Produkt der zu den einzelnen Freiheitsgraden gehörigen generalisierten Kräfte, es wird nur dann positiv, wenn eine gerade Anzahl von labilen Freiheitsgraden vorhanden ist. Hierin liegt der Beweis des allgemeinen Thomson'schen Satzes.*)

Von besonderem Interesse ist noch der Grenzfall, in dem einer der beiden Freiheitsgrade, bei uns etwa die Bewegung des Kreiselrahmens, an sich indifferent wäre ($h = 0$). Sicher ist für den Fall des Einschienenwagens eine solche Anordnung ebenfalls auszuschliefsen. Denn die charakteristische Gleichung (4) hätte in dem Fall immer zwei oder bei Berücksichtigung der Dämpfung (s. unten Gl. (6)) eine verschwindende Wurzel. Das zugehörige Integral $\vartheta = a + bt$, wo a und b Konstanten sind, würde aussagen, dafs der Kreiselrahmen sich beständig gleichsinnig weiter drehen und sich daher von der Vertikalen beliebig entfernen könnte. Bei Berücksichtigung der Dämpfung lautet das entsprechende Integral $\vartheta = a$ und besagt, dafs hier der Kreiselrahmen, nachdem ein ursprünglicher Schwingungszustand durch Reibung aufgezehrt ist, in einer beliebigen Stellung stehen bleiben würde, z. B. auch in der wagrechten, in der die Kreiselaxe parallel zur Schienenkante liegt. Offenbar verliert dann aber der Kreisel jede Stabilierungs-

*) In dieser allgemeinen Form gilt der Satz übrigens nur für holonome Systeme. Denn der oben für den Fall von zwei Freiheitsgraden durchgeführte Beweis setzt voraus, dafs man alle Lagen des Systems durch voneinander unabhängige Koordinaten ausgedrückt hat und dafs die Schwingungsgleichungen für diese Lagenkoordinaten in der Lagrange'schen Form wirklich angesetzt sind, eine Bedingung, die im nichtholonomen Fall bekanntlich nicht erfüllbar ist. Das Fahrrad z. B. könnte auch stabiliert werden, wenn der Schwerpunkt des Vorderrades unterhalb der Lenkstange läge und also nur ein labiler Freiheitsgrad, nämlich die Neigung des Rahmens um die Spurlinie, vorhanden wäre. Doch bleibt natürlich auch im nicht holonomen Fall 2 die Mindestzahl der nichtcyklischen Freiheitsgrade, die Stabilierung zulassen.

fähigkeit. Die gleiche Bemerkung machten wir übrigens auch schon bei der Stabilierungsuntersuchung in § 1, IV. Dort nahmen wir ein auf die Koordinate ψ wirkendes Moment Ψ an, das der Schwere des Wagens bei der Einschienenbahn entspricht, dagegen war das Gleichgewicht in Bezug auf die Koordinate ϑ völlig indifferent. Wir fanden, daſs der Kreisel zwar das System stabilieren kann (in dem behandelten Beispiel den äuſseren Ring des kardanischen Gehänges), daſs seine Stabilierungsfähigkeit aber mit der Zeit abnimmt und schlieſslich ganz verschwindet.

Anders liegen die Verhältnisse bei einem Gyrostaten (vgl. pag. 771) oder noch einfacher bei einer aufrecht rollenden Scheibe, bei der ebenfalls der eine Freiheitsgrad, nämlich die Drehung um die Vertikale, indifferent ist. Daſs auch dort die charakteristische Gleichung bei hinreichend kleiner Reibung zwei verschwindende Wurzeln hat, besagt, daſs die Scheibe unter konstanter Neigung eine Präcession beschreiben kann, bei der z. B. der Schwerpunkt einen Kreis durchläuft. Da dort die Axe des wirkenden Schweremoments aber nicht raumfest ist, sondern beständig auf der Figurenaxe senkrecht steht, so kann die Figurenaxe nie mit der Axe dieses Moments zusammenfallen, vielmehr behält die Rotation, die nahezu um die Figurenaxe erfolgt, ihre Stabilierungsfähigkeit dauernd ungeschwächt bei. Dasselbe gilt von der Anordnung des Thomson'schen Gyrostaten. *Der Grenzfall der indifferenten Anordnung wird daher in diesen Fällen als stabil zu bezeichnen sein.*

In dem Beispiel des § 1 ist das äuſsere Moment raumfest, die Figurenaxe strebt nach der Regel des gleichsinnigen Parallelismus, sich der Axe des äuſseren Moments zu nähern. Die Stabilität nimmt daher, wie erwähnt, dauernd ab und ist nur für eine gemessene Zeit praktisch gesichert. Für die Zwecke des Torpedos z. B. ergab sich diese zeitlich begrenzte Stabilität als ausreichend; für die Zwecke und unter den Verhältnissen der Einschienenbahn dagegen wäre sie völlig unzureichend. *Der Grenzfall der indifferenten Anordnung des Kreiselrahmens ist daher bei der Einschienenbahn als labil sicher auszuschlieſsen.*

Bisher haben wir von Reibungseinflüssen abgesehen; in diesem Falle war bei hinreichendem N nach Analogie mit dem aufrechten Kreisel die Stabilität des Einschienenwagens vorauszusehen. Wesentliche Schwierigkeiten aber wird bei der wirklichen Ausführung naturgemäſs die Reibung machen. Berücksichtigen wir sie durch die üblichen Zusatzglieder in den Gleichungen (3), ohne damit mehr sagen zu wollen, als daſs es sich um Momente handelt, die immer mit der Schwingungsrichtung gleichzeitig ihr Vorzeichen umkehren. Die Gleichungen (3) werden dann etwa:

$$(5)\qquad \begin{aligned} J\frac{d^2\psi}{dt^2} + W\frac{d\psi}{dt} - QH\psi - N\frac{d\vartheta}{dt} &= 0, \\ j\frac{d^2\vartheta}{dt^2} + w\frac{d\vartheta}{dt} - qh\vartheta + N\frac{d\psi}{dt} &= 0 \end{aligned}$$

und an Stelle der Gl. (4) tritt jetzt die folgende:

$$(6)\qquad \begin{aligned} &(Jx^2 + Wx - QH)(jx^2 + wx - qh) + N^2x^2 \\ &= Jjx^4 + (Jw + jW)x^3 + (N^2 - QHj - qhJ + Ww)x^2 \\ &\quad - (QHw + qhW)x + QHqh = 0. \end{aligned}$$

Damit Stabilität möglich ist, müssen wieder alle Koeffizienten dieser Gleichung positiv sein. Man sieht aus dem Koeffizienten von x: Wenn beide Freiheitsgrade gedämpft sind, ist keine stabile aufrechte Bewegung möglich. *Es ist erforderlich, dafs die Schwingung des einen Freiheitsgrades nicht gedämpft, sondern beschleunigt wird.* Welcher der beiden Freiheitsgrade hierzu ausgewählt wird, ist prinzipiell unwesentlich. Für die Praxis dürfte aber nur die eine Anordnung in Frage kommen, bei der die Bewegung des Kreiselrahmens beschleunigt wird. Vom technischen Standpunkte aus ist wohl die Idee, den Wagen bei einem seitlichen Kippen dadurch stabilieren zu wollen, dafs man ihn weiter im Sinne des Kippens antreibt, doch zu gewagt.

Eine Vorrichtung, die die Kreiselrahmenschwingung beständig beschleunigt, ist in dem Brennan'schen Patent in der That vorgesehen. Dort ist also die Gröfse w als negativ zu denken. Dann kann der Koeffizient von x in Gl. (6) in der That positiv werden, aber andrerseits würde dadurch, falls nicht zugleich W genügend grofs und positiv ist, der Koeffizient von x^3 negativ ausfallen. *Es reicht also nicht aus, den einen Freiheitsgrad zu beschleunigen, der andere mufs gleichzeitig in entsprechendem Mafse gedämpft sein.* Setzen wir $w = -w_1$, so sind nämlich die Bedingungen zu erfüllen:

$$(7)\qquad \begin{aligned} qhW - QHw_1 &\leqq 0, \\ jW - Jw_1 &\geqq 0. \end{aligned}$$

Beide können nebeneinander bestehen, wenn

$$\frac{qh}{j} \leqq \frac{QH}{J} \text{*)}$$

gewählt ist. Und zwar wird nach der zweiten Ungleichung (7), wegen des überwiegenden Schwere- und Trägheitsmoments des Wagens über das des Kreisels, W einen viel gröfseren Wert haben müssen als w_1. Nach der ersten Ungleichung (7) aber reicht eine verhältnismäfsig geringe

*) D. h. bei umgekehrt gedachter Schwererichtung, wo die Wagen- und Kreiselschwingung beide stabil wären, mufs die Frequenz der Kreiselrahmenschwingung kleiner sein als die des Wagens.

Beschleunigung der Kreiselrahmenschwingung aus; was die Dämpfung der Wagenschwingung betrifft, so wird diese schon von selbst immer verhältnismäfsig grofs sein oder kann noch künstlich vermehrt werden. Dafs durch solche Anordnungen in der That Stabilität erreicht werden kann, sieht man am besten, wenn in (7) die Gleichheitszeichen erfüllt sind: Die Gl. (6) hat dann die Form der Gl. (4), die bei genügend grofsem Impuls stabile, wenn auch ungedämpfte Schwingungen bedeutet. Man versteht nun leicht, dafs im Falle der Ungleichheitszeichen in (7) die Stabilität nicht nur bestehen bleibt, sondern, wie es zu fordern ist, auch in höherem Grade gesichert ist, da einmal eingeleitete Schwingungen abgedämpft werden.

Aus den Ungleichungen (7) ist nun auch der Grund zu entnehmen, warum man nicht daran denken wird, an Stelle des Kreiselrahmens den Wagen selbst zu beschleunigen und den Rahmen zu dämpfen. Wäre nämlich W negativ und w positiv, also w_1 negativ, so wären unter der Voraussetzung $qh/j \gtreqless QH/J$ die Bedingungen (7) ebenfalls zu erfüllen, aber es müfste nach der ersten Ungleichung wegen des über das Schweremoment des Kreisels qh weit überwiegenden Schweremoments des Wagens QH nun der absolute Wert von W weit über w überwiegen, es müfste also entweder der Wagen sehr stark beschleunigt, oder aber der Kreiselrahmen nur sehr wenig gedämpft sein, zwei Möglichkeiten, die ersichtlich zu Schwierigkeiten führen werden.

Wir haben hier die Forderung, dafs einer der Freiheitsgrade beschleunigt werden müsse, um Stabilierung zu ermöglichen, analytisch aus den Gleichungen abgeleitet. Ein anderer Gesichtspunkt macht diese in gewissem Grade überraschende Folgerung verständlicher, dafs nämlich durch die Beschleunigung des Kreiselrahmens die vom Kreisel auf den Wagen übertragenen Momente verstärkt werden, die im Stande sind, den Wagen aufzurichten. Das auf den Wagen wirkende aufrichtende Moment ist ja nur durch das Glied $Nd\vartheta/dt$ in den Gleichungen (5) gegeben. Wir fanden, dafs durch alleinige Vergröfserung des Eigenimpulses auf keinen Fall eine Abdämpfung einmal eingeleiteter Schwingungen möglich ist, und mit Rücksicht auf die immer vorhandene, wenn auch geringe Reibung überhaupt keine Stabilierung erzielt werden kann. Es ist naheliegend, deshalb den anderen Faktor $d\vartheta/dt$ des Kreiselmomentes, sozusagen den Hebelarm der Kreiselwirkung, zu vergröfsern, d. h. den Freiheitsgrad ϑ zu beschleunigen.

Die dem System hierbei zugeführte Energie findet eine doppelte Verwendung: Einmal ist zur Hebung des Schwerpunktes in die aufrechte Lage, nach einer anfänglichen seitlichen Neigung des Wagens,

Energie erforderlich. Sodann wird bei jeder Schwingung potentielle Energie des Wagens in kinetische verwandelt und als solche durch Reibung teilweise zerstört; sie muſs ersetzt werden, damit der Wagen wieder in die aufrechte Lage zurückkehren kann. Andererseits ist aber wirkliche Dämpfung eines der beiden Freiheitsgrade erforderlich, um die durch einen Anstoſs dem Wagen erteilte kinetische Energie zu vernichten. Daher die Notwendigkeit, den Freiheitsgrad ψ zu dämpfen.

Die Bewegung des Kreiselwagens läſst sich durch Vergleich mit der Schwingung des aufrechten Kreisels, d. h. der pseudo-regulären Präcession von kleinem Präcessionskreis (vgl. pag. 342), anschaulich beschreiben.*) In beiden Freiheitsgraden ist die Gesamtbewegung eine Überlagerung zweier Schwingungen, wobei die Schwingung des Kreiselrahmens etwa je um eine halbe Schwingungsdauer gegen die des Wagens verschoben ist, wie aus den Gleichungen (5) bei kleiner Dämpfung folgt. Wie beim aufrechten Kreisel werden wir die langsamere als Präcession, die kürzere als Nutation bezeichnen; beide Schwingungskurven sind, wenn wir von der Dämpfung absehen, in unserem Falle Ellipsen, deren Mittelpunkt auf der Vertikalen liegt, unter den besonderen Verhältnissen des aufrechten Kreisels Kreise. Bei genügend groſsem Impuls berechnen wir die kleine Frequenz der ersten aus (6), indem wir die Potenzen x^4 und x^3 fortlassen, die groſse Frequenz der zweiten, indem wir die Potenz x und das absolute Glied nicht berücksichtigen. Für die Dämpfung der ersten ist nach der Vorzeichenfestsetzung von w und W und nach den Ungleichungen (7) das positive Glied $-QHw = +QHw_1$, für die der zweiten das positive Glied jW maſsgebend, während bei Fortfall von W das Glied $Jw = -Jw_1$ übrig bleiben und den Dämpfungsfaktor dieser raschen Schwingungen negativ machen würde.

Wir sehen also: Die Maſsnahme, den einen der beiden Freiheitsgrade zu beschleunigen, reicht nur aus, um die Präcessionsschwingung abzudämpfen, aber die Nutationsschwingung würde dadurch zeitlich beständig anwachsen und das System labil machen, wenn sie nicht künstlich gedämpft oder durch die Schienenreibung von selbst genügend reduziert wird.

In dem Patent von Brennan sind mehrere Vorrichtungen zur Beschleunigung der Präcession vorgesehen, die wir schematisch durch das Glied $-w_1 \frac{d\vartheta}{dt}$ in den Geichungen (5) berücksichtigten. Die Er-

*) Dieser Vergleich wird allerdings dadurch erschwert, daſs unsere jetzigen Koordinaten ψ, ϑ eine ganz andere Bedeutung wie die früheren ψ, ϑ haben. ψ wird jetzt wie pag. 905 definiert, um die horizontale, raumfeste Schiene, ϑ um die im Wagen feste annähernd horizontale Queraxe gemessen, dagegen wurde ψ früher um die raumfeste Vertikale, ϑ um die bewegliche, genau horizontale Knotenlinie gemessen.

scheinung, die diesen Anordnungen zu Grunde liegt, ist aus den einfachsten Kreiselversuchen bekannt, nämlich daſs ein auf die Spitze gestellter Kreisel, der also eine langsame Präcession beschreibt, rasch zu rollen beginnt, wenn sein Schwungring die Unterlage berührt. Ähnlich wird der Kreisel der Einschienenbahn an seitlichen Backen, die sich gegen seinen Schwungring anlegen, abrollen können. Die Vorrichtung ist nun so getroffen, daſs mit der Richtung, nach der der Wagen seitlich geneigt ist, auch die Seite wechselt, auf der sich die erwähnten Backen anlegen, d. h. daſs sich mit dem Vorzeichen von ψ auch die Richtung des Abrollens umkehrt. Nun ist aber nach den Gleichungen (3) (bei denen noch von der nicht beträchtlichen Dämpfung abgesehen ist) die Neigung ψ gleichphasig mit der Schwingungsrichtung $d\vartheta/dt$. Daher wird das Abrollen bei geeigneter Vorzeichenbestimmung immer den Sinn der Kreiselrahmenschwingung annehmen, also diese beschleunigen können. Die Beschleunigungsenergie wird hier direkt dem Schwungrad, indirekt dem Antriebsmotor entnommen. In der Praxis ist es natürlich vorteilhafter, wie es auch bei Brennan vorgesehen ist, nicht das Schwungrad selbst, sondern eine damit geeignet verbundene Rolle zu verwenden. Man dürfte auch leicht andere Vorrichtungen zur Beschleunigung der Rahmenschwingung konstruieren können, z. B. eine der Anschütz'schen Dämpfungsvorrichtung (vgl. pag. 861) ähnliche Anordnung.

Die hier besprochene aufrechte Kreiselanordnung ist nicht die in dem ursprünglichen Patent von Brennan gewählte; die Figurenaxe soll dort nicht in der Vertikalebene, sondern in der Horizontalebene schwingen, wobei sie in der Mittellage quer zum Wagen liegen muſs. Ihre Gleichgewichtslage ist alsdann eine indifferente, sie müſste nach den allgemeinen Prinzipien erst künstlich, etwa durch Feder- oder Gewichtsbelastung, labil gemacht werden. Ferner wird in diesem Fall an einer Wendung offenbar eine Verlagerung des Impulses erforderlich, es werden daher Momente auf den Wagen übertragen, die starke Schwingungen veranlassen können, während bei vertikaler Stellung eine Kurve den Kreisel nicht direkt beeinfluſst. Bei der horizontalen Anordnung werden daher zwei Kreisel mit entgegengesetztem Umlaufssinn vorgesehen, deren Rahmen zwangläufig gekoppelt sind, so daſs sich die schädlichen Kreiselwirkungen aufheben, ähnlich wie es Herr Skutsch beim Schiffskreisel vorgeschlagen hat. Sonst sind prinzipiell die beiden Anordnungen nicht voneinander verschieden.

Die bisherigen Überlegungen übertragen sich in sinngemäſser Weise auf den Fall, daſs der Wagen an einer Kurve nicht nur von der Schwerkraft, sondern auch von der Centrifugalkraft beeinfluſst ist.

Seine Gleichgewichtslage ist dann natürlich wie beim Zweischienenwagen durch die Bedingung des Gleichgewichts zwischen Schweremoment und Moment der Centrifugalkraft bestimmt.

Diese Gleichgewichtslage ist nach innen geneigt, der Kreiselwagen stellt sich in dem Maſse, als ein stationärer Zustand bei einer längeren Kurve angenähert wird, in die richtige Neigung ein, gerade so, wie es bei der Zweischienenbahn durch die Überhöhung der äuſseren Schiene künstlich bewirkt wird. Daſs überhaupt ein stationärer Zustand erreicht wird, rührt natürlich von der Kreiselstabilierung her, durch die die jetzige geneigte Gleichgewichtslage genau so gesichert wird, wie die aufrechte auf gerader Strecke. Die theoretische Behandlung der Einstellung würde überhaupt von der bisherigen nur durch die Beziehung der Gleichungen auf die neue Gleichgewichtslage statt auf die Mittellage $\psi = 0$ abweichen. Allerdings wird diese Einstellung zunächst mit einem Überneigen nach dem Äuſseren der Kurve beginnen, welches aus der primären Einwirkung der Zentrifugalkraft entspringt. Dieses wird aber sofort durch die Kreiselwirkung rückgängig gemacht und, mittels gedämpfter Oscillationen, in ein schlieſsliches Überneigen nach der inneren Seite verwandelt. Wenn die Übergangsbogen der Schienen bis zum Erreichen der stärksten Krümmung genügend lang sind, so wird der Zustand des Wagens beständig als ein langsam veränderlicher Gleichgewichtszustand aufzufassen sein.

Von Augenzeugen der Berliner Probefahrten wird uns in der That diese Erscheinung der unmittelbaren Selbsteinstellung bestätigt; ebenso auch, daſs im Falle einer einseitigen Belastung, die ja ähnlich wie die Centrifugalkraft wirkt, der Wagen sich für das Auge sofort auf die entgegengesetzte Seite neigte und ins Gleichgewicht setzte, also in die Lage, in der der nunmehr verlagerte Schwerpunkt des ganzen Systems genau oberhalb der Schiene liegt. Auch hier ist natürlich die primäre Wirkung der Belastung ein unmerklich kleines Nachgeben, dem aber sofort die aufrichtenden Kreiselwirkungen folgen, die die neue Gleichgewichtslage stabilieren.

Schädlicher für die Betriebssicherheit dürften kurz andauernde, starke Störungen, Impulse, sein, die bei der Fahrt auf den Wagen übertragen werden. Sei etwa L die Gröſse eines solchen Impulsmomentes um die Schiene, die im Mittel dem Konstrukteur bekannt sein wird. Der Ausschlag, mit dem der Wagen auf eine solche Störung reagieren wird, ist aus einer einfachen Überlegung zu entnehmen. Sieht man von der Vorwärtsbewegung ab, so hat (bei der ersten Anordnung) der Eigenimpuls des Kreiselwagens die vertikal aufgerichtete Gröſse N. Addieren wir vektoriell den störenden Zusatzimpuls L hinzu, so wird die resultierende Impulsaxe in der Mittelebene im Sinne des Winkels ϑ geneigt um den Betrag:

$$\operatorname{tg} \vartheta_L = \frac{L}{N}. \tag{8}$$

Die nun resultierende Bewegung könnten wir ausführlich so behandeln, wie wir ganz ähnlich beim Schiffskreisel die Rechnung für die durch einen Anstofs erregte Schiffsbewegung durchführten (pag. 802). Wir können das Resultat aber auch einfach geometrisch übersehen. Die Bewegung des Kreisels bezeichneten wir nämlich schon oben (pag. 910) als Überlagerung einer Präcession und einer Nutation. Nach den früheren ausführlichen Diskussionen der pseudoregulären Präcession ergibt sich jetzt die halbe Öffnung des Nutationskegels, d. h. der Nutationsausschlag, direkt als der Winkel zwischen der anfänglichen Lage der Figurenaxe, die vertikal stand, und der Impulsaxe, also als der Winkel ϑ_L. Allerdings bezeichnet dieser Winkel, da der Nutationskegel ein elliptischer ist, zunächst nur dessen grofse Axe, die in der Koordinate ϑ gemessen wird. Die Mittelaxe des Nutationskegels, nämlich die Impulsaxe, giebt dabei gleichzeitig den Präcessionsausschlag, der also, in der ϑ-Koordinate gemessen, ebenfalls ϑ_L beträgt. Die volle Abweichung des Kreiselrahmens von der Vertikalen, die sich im Maximum aus dem Präcessionsausschlag und dem Nutationsausschlag addiert, wird also für den Rahmen höchstens $2\vartheta_L$ betragen. Wie beim Schiffskreisel wird nun der gesamte Ausschlag des Kreiselrahmens wieder begrenzt sein müssen, etwa 45^0, also $\operatorname{tg} 2\vartheta_L$ den Wert 1 nicht übersteigen dürfen. Um Sicherheit zu haben, mufs man daher verlangen, dafs

$$N > 2L$$

sei, wobei wir noch in (8) ϑ_L statt $\operatorname{tg}\vartheta_L$ gesetzt haben.

Um nun auch den resultierenden Ausschlag des Wagens abzuschätzen, beschränken wir uns auf den Fall gleicher „Frequenz" der beiden Freiheitsgrade, also die Annahme:

$$\frac{QH}{J} = \frac{qh}{j}.$$

Dann folgt aber aus den Gleichungen (3a) unmittelbar durch Division für das Verhältnis von Kreisel- und Wagenausschlag:

$$\left(\frac{A}{a}\right)^2 = -\frac{j}{J},$$

also wird die Amplitude der Wagenschwingung nach (8), unter Berücksichtigung, dafs sie klein sein soll:

$$\psi_L = \frac{L}{N}\sqrt{\frac{j}{J}},$$

für die Präcession und im Ganzen höchstens $2\psi_L$.

Die Überlegung möge als eine überschlägliche Abschätzung der erforderlichen Konstruktionsgröſsen betrachtet werden, wenn die gröſsten in Betracht kommenden störenden Impulse L und die gröſsten zulässigen Ausschläge $2\psi_L$ bekannt sind.

Auch diese Betrachtung ist übrigens unabhängig davon, ob es sich um die erste oder zweite der erwähnten Anordnungen handelt. Welche Formen und Dimensionen sich im Speziellen als günstig erweisen werden, wird erst die Zukunft der Einschienenbahn lehren.

B. Nautische Anwendungen.

Im Folgenden stellen wir einige Fragen der Schiffahrt zusammen, die mit der Kreiseltheorie in Zusammenhang stehen. Die unter 4. besprochenen Wirkungen lehren kaum etwas Neues; es handelt sich nur darum, einige uns schon von den Eisenbahnen her bekannte Verhältnisse auf den Raddampfer zu übertragen. Gröſseres Interesse dürfte die unter 5. behandelte Beanspruchung der Lager bei einem Turbinenschiff haben. Der gyroskopische Horizont, Nr. 6, ist eine Vorrichtung, welche ähnliche Zwecke verfolgt wie der Kreiselkompaſs in § 8, aber mit wesentlich bescheideneren Mitteln und entsprechend geringerem Erfolge.

4. Raddampfer.

Wenn das Steuer ausgelegt wird, z. B. nach Steuerbord, d. h. zur Rechten der Fahrtrichtung, so beschreibt das Schiff eine Kurve, deren Krümmungsmittelpunkt rechts liegt. Die Längsrichtung des Schiffes fällt dabei nicht genau mit der Richtung der Schwerpunktsbahn zusammen, ist vielmehr um den sog. Derivationswinkel nach der Seite des Krümmungsmittelpunktes hin verdreht. Die Gröſse dieses Winkels beträgt im Mittel für verschiedene Schiffstypen und Geschwindigkeiten $\delta = 10^0$.

Die Kräfte, die auf das Schiff wirken, sind folgende:

1. der Wasserwiderstand, welcher bei gerader Fahrt längsschiffs wirkt, aber beim Steuern gegen die Längsaxe geneigt ist;

2. der Ruderdruck, senkrecht gegen die Fläche des Steuerruders wirkend;

3. der Räderdruck, herrührend von der Triebkraft der Maschinen, längsschiffs wirkend;

4. die Kreiselwirkung der Räder. Die Axe dieses Momentes steht auf der Radaxe und der Vertikalen senkrecht, fällt also in die Längsaxe des Schiffes; und zwar wirkt es, in der Fahrtrichtung gesehen, dem Uhrzeigersinne entgegen. Die Gröſse der Kreiselwirkung beträgt in den mehrfach benutzten Bezeichnungen $N d\psi/dt = mv^2 r/R$, wobei R

den Krümmungsradius der Schwerpunktsbahn und m die reduzierte Masse der beiden Räder und der mit ihnen umlaufenden Maschinenteile bedeutet, und zwar reduziert auf denjenigen Abstand r von der Drehaxe, in dem die Umdrehungsgeschwindigkeit des Radsatzes gerade gleich der Fahrtgeschwindigkeit v wird.

Der Vorgang beim Steuern ist der, daſs zunächst das Moment des Steuerdruckes das Schiff um die Vertikale zu drehen beginnt im Sinne des Derivationswinkels δ. Da jetzt die Fahrtrichtung nicht mehr mit der Längsrichtung des Schiffes zusammenfällt, bekommt auch der Wasserwiderstand ein Moment um die Vertikale. Der definitive Wert des Winkels δ ist dann erreicht, wenn das Moment des Wasserwiderstandes, das das Schiff wegen seiner stabilen Bauart in die Fahrtrichtung zurückzulenken sucht, dem Momente des Steuerdruckes entgegengesetzt gleich ist. Zugleich heben sich jetzt der Wasserwiderstand und der Räderdruck nicht mehr vollständig auf, sondern es bleibt eine senkrecht zur Fahrt gerichtete Komponente übrig, die eben die seitliche Beschleunigung zur Folge hat. Deren Gröſse muſs der Centrifugalkraft entgegengesetzt gleich sein, die der Krümmung der Fahrtlinie entspricht, sie ist also

$$W = \frac{Mv^2}{R},$$

wenn M die Gesamtmasse des Schiffes bezeichnet. Ihr Angriffspunkt liegt etwa in der Mitte des Tiefgangs und angenähert auch in der Mitte der Schiffslänge. In geringerem Grade trägt zu ihr übrigens auch der Steuerdruck bei, den wir uns, nach Abspalten seines Drehmomentes um die Vertikale, etwa im nämlichen Punkt angreifend denken können, der aber vom Krümmungsmittelpunkt fortgerichtet ist. Die senkrecht zur Fahrt gerichtete Komponente des Steuerdruckes denken wir uns in W mit eingerechnet. Bekanntlich legt sich beim Steuern das Schiff etwas nach der Seite über, es *krängt*, wie der technische Ausdruck lautet, und zwar bei der weitaus gröſsten Anzahl von Schiffstypen vom Krümmungsmittelpunkte nach auſsen hin. Für das Krängen des Schiffes kommt die Querschiffskomponente unserer Kraft W, $W \cos \delta$, in Betracht.

Der Schwerpunkt des Schiffes liegt im Allgemeinen höher als der Angriffspunkt der genannten Kraft. Wenn der Höhenunterschied l beträgt, hat letztere daher ein Moment $lW \cos \delta$ um den Schwerpunkt, das das Schiff nach auſsen neigt. Der bei stationärem Zustand resultierende Krängungswinkel α bestimmt sich nun daraus, daſs dieses Moment, verstärkt noch durch das Moment der Kreiselwirkung, dem aufrichtenden Schweremoment $Mgh\alpha$ das Gleichgewicht hält, wo h die metacentrische Höhe bedeutet. Diese Gleichung lautet ausführlicher geschrieben:

$$Mv^2 \frac{l}{R} \cos\delta + mv^2 \frac{r}{R} = Mgh\alpha.$$

Hieraus bestimmt sich der Krängungswinkel α zu

$$\alpha = \frac{v^2}{gh} \frac{l}{R} \left(\cos\delta + \frac{m}{M} \frac{r}{l}\right). \tag{9}$$

Die Formel ist analog gebaut zu der Gl. (2) dieses Paragraphen. Das entgegengesetzte Vorzeichen des zweiten Terms der Klammer, welcher den verhältnismäfsigen Einflufs der Kreiselwirkung darstellt, rührt daher, dafs wegen der annähernd aufrechten Lage des Schiffes die Kreiselwirkung denselben Sinn hat, wie das Moment der Centrifugalkraft, während bei dem herabhängenden Wagen der Schwebebahn die entsprechenden Momente von entgegengesetztem Sinn waren. Hier wie dort zeigt sich, dafs der Einflufs der Kreiselwirkung gering ist, nach Gl. (9) namentlich deshalb, weil die reduzierte Masse m der Räder sehr klein ist gegen die Gesamtmasse M des Schiffes.

Andererseits hat man oft eine günstige Einwirkung der Kreiselwirkung auf die Stabilität der Raddampfer gegen Rollbewegungen vermutet, eine Einwirkung, die ganz analog sein würde zu der ebenfalls hypothetischen, unter Nr. 2 betrachteten vermehrten Stabilität des Behrschen Einschienenwagens, und deren theoretische Begründung derselben Schwierigkeit begegnen würde wie dort, nämlich der starken Behinderung der Ausdrehung von Schiff bezw. Wagen um die Vertikale durch den Wasserwiderstand bezw. die Schienenreibung. Immerhin kann diese mutmafsliche selbsttätige Stabilierung des Raddampfers insofern ein gewisses historisches Interesse beanspruchen, als sie auch von Schlick angeführt*) wird und für ihn geradezu der Ausgang für seine Konstruktion des Schiffskreisels gewesen zu sein scheint.

5. Turbinendampfer.

Der neueste Typus des Ozeanfahrers, der Turbinendampfer, bringt Kreiselwirkungen von viel stärkerem Grade mit sich wie der Raddampfer. Namentlich sind es die grofsen Umlaufsgeschwindigkeiten der Dampfturbine, gegenüber den mäfsigen des Radsatzes, welche die Kreiselwirkung verstärken. Da die Turbinenwelle längsschiffs gestellt ist, um direkt mit der Schiffsschraube gekoppelt werden zu können, so ist überdies die Axe der Kreiselwirkung um 90° gegen ihre Lage beim Raddampfer gedreht. Eine Rollbewegung des Schiffes (Drehung um

*) Vgl. seinen pag. 808 zitierten Vortrag in der Schiffbautechnischen Gesellschaft, pag. 121f.

die Längsaxe) ruft keine Kreiselwirkung hervor. Eine Stampfbewegung (Drehung um die Queraxe) bewirkt ein Kreiselmoment um die Vertikale. Beim Manöverieren des Schiffes (Drehung um die Vertikale) tritt eine Kreiselwirkung um die Querschiffsaxe auf.

Man hat vielfach in den Anfängen des Turbinenschiffbaues die Befürchtung gehabt, dafs ein Turbinenschiff schwerer zu steuern sein möchte, wie ein Schraubendampfer. Die Entwicklung der Dinge hat dieser Befürchtung nicht recht gegeben. Wir wollen sie theoretisch prüfen. Die unmittelbare Folge des Steuerns (Drehwinkel ψ), welches durch ein Drehmoment Ψ um die Vertikale eingeleitet sein möge, ist eine Kreiselwirkung $K = N\frac{d\psi}{dt}$ um die Querschiffsaxe, wo jetzt N den Impuls der Turbinen (Winkelgeschwindigkeit mal Trägheitsmoment des ganzen umlaufenden Massensystems) bedeutet. Dieses wirkt auf ein Stampfen des Schiffes (Drehwinkel ϑ) hin. Letzteres ruft eine Kreiselwirkung K' um die Vertikale wach von der Gröfse $N\frac{d\vartheta}{dt}$, welches dem Moment Ψ des Steuerdrucks entgegenwirkt. Die Drehgeschwindigkeit des Stampfens $d\vartheta/dt$ ist aber aus zwei Gründen klein, einmal wegen des gewaltigen Trägheitsmomentes des Schiffes, das hier mit seinem maximalen Wert eintritt, sodann wegen der Wasserwiderstände, welche das Stampfen einschränken. Nur in dem Mafse, wie das Schiff um die Queraxe frei beweglich ist, kann die Gegenwirkung gegen das Steuern (auch eine Art Stabilierung gegen äufsere Kräfte) auftreten. Bei Behinderung des Stampfens dagegen haben wir wieder einen Kreisel von nur zwei Freiheitsgraden ohne eigentliche Widerstandsfähigkeit. Übrigens kommt diese ganze Frage nur in Betracht, wenn es sich um eine unsymmetrische Anordnung mit nur einer Turbinenwelle handelt.

Ernstlich erwogen wird heutzutage wohl nur die von den Kreiselwirkungen herrührende Beanspruchung der Lager*); diese ist uns von sachverständiger Seite als mögliche Ursache für thatsächlich vorgekommene Unfälle von Turbinen-Torpedobooten genannt. Wir setzen dabei voraus eine merklich feste Welle des Turbinenkörpers (entsprechend der für den Schiffbau hauptsächlich in Betracht kommenden Parsons- oder Curtis-Turbine), nicht eine schwanke Welle (vgl. den vorhergehenden Paragraphen über die Laval-Turbine), bei der statt der völligen Ablenkung des Drehimpulses im Wesentlichen eine Verbiegung der Welle auftreten wird, die im Allgemeinen mit geringerer Lagerbeanspruchung verbunden ist. Übrigens mag auch bei einer merklich festen Welle ein geringer Teil der Kreiselwirkung durch elastische Ver-

*) A. Stodola, Die Dampfturbinen, Nr. 104.

biegung derselben vermieden werden, so dafs nicht die ganze hier zu berechnende Beanspruchung auf das Lager kommt.

Die ganze Kreiselwirkung ist ein Kräftepaar $N\frac{d\psi}{dt}$, dessen beide Einzelkräfte auf die beiden Endlager der Turbinenwelle in entgegengesetzten Richtungen wirken, und zwar in vertikaler oder horizontaler Richtung, je nachdem es sich um den Vorgang des Steuerns oder Stampfens handelt.

Wir nehmen sogleich ein Zahlenbeispiel*): Die Turbine mache 250 Umläufe pro Minute, entsprechend der Winkelgeschwindigkeit $\omega = 2\pi \cdot 250/60$. Der mittlere Durchmesser der Laufräder sei 2,86 m. Das auf diesen Durchmesser reduzierte Gewicht der rotierenden Teile beträgt etwa 18000 kg, die Entfernung der Lager 5,55 m.

Als Trägheitsmoment erhält man:

$$J = 18000 \cdot 1{,}43^2 \text{ kg (Masse) m}^2$$

$$= 1800 \cdot 1{,}43^2 \text{ kg (Gewicht) m sec}^2$$

$$= 3600 \text{ kg (Gewicht) m sec}^2$$

und als Eigenimpuls:

$$N = J\omega = 2\pi \cdot \frac{250}{60} \cdot 3600$$

$$= 2\pi \cdot 15000 \text{ kg (Gewicht) m sec.}$$

Bei einer Geschwindigkeit der Steuer- oder Stampfbewegnng von 10^0 pro sec $= \frac{\pi}{18}\,\text{sec}^{-1}$ wird also die Kreiselwirkung

$$K = N\frac{\pi}{18} = \frac{50000}{3} \text{ kg m.}$$

Dieses Moment verteilt sich mit dem Hebelarm 5,55 m auf die beiden Lager. Auf jedes Lager kommt also die Belastung

$$P = \frac{50000}{3 \cdot 5{,}55} = 3000 \text{ kg.}$$

Von der Dauerbelastung durch das Gewicht der Turbine (gröfser als die Hälfte von 18000 kg) ist dies nur ein kleiner Bruchteil. Unsere Berechnung läfst also die Gefahr einer solchen zusätzlichen Lagerbeanspruchung durch Kreiselwirkungen nicht gerade als erheblich erscheinen.

*) Dasselbe entpricht einer gröfseren Schiffsturbine, System Curtis von 4000 PS des Dampfers „Creole“, vgl. Engineering, 1906, pag. 696.

6. Der gyroskopische Horizont.

Die Aufgabe der geographischen Ortsbestimmung, nämlich die Messung des Höhenwinkels eines Sterns, setzt die Festlegung der Horizontalebene voraus. Während diese zu Lande durch Wasserwage oder Quecksilberniveau bestimmt werden kann, bleibt auf dem schwankenden Schiff zunächst nur die Beobachtung des natürlichen Horizontes übrig. Diese aber wird bei Nebel oder stürmischer See unmöglich. Es ergiebt sich also das Problem*), statt des natürlichen einen stets beobachtbaren künstlichen Horizont herzustellen.

Kapitän Fleuriais**) benutzt zu diesem Zweck einen Kreisel folgender Bauart: kupferner Ring (175 gr schwer) mit glockenartiger Fortsetzung nach unten; die kurze Figurenaxe in einen Zapfen endigend, der auf einer Pfanne ruht; Schwerpunkt ca. 1 mm unter dem Stützpunkt; Antrieb pneumatisch (der elektrische Antrieb war damals noch nicht ausgebildet); Umdrehungszahl pro Sekunde etwa 80 zu Anfang, 50 zu Ende einer Beobachtung; der Antrieb wirkt nicht kontinuierlich, sondern nur vor Beginn der Beobachtung, die Verminderung der Umdrehungszahl kommt wesentlich auf den Luftwiderstand, so dafs man auch versucht hat, den Apparat im luftverdünnten Raum laufen zu lassen. Auf der oberen ebenen Fläche des Kupferringes sind an den beiden Enden eines Durchmessers zwei plankonvexe Linsen L, L' so angebracht, dafs die eine die plane Fläche der anderen im Beobachtungsfernrohr abbildet. Jede Linse trägt auf ihrer planen Fläche einen Strich, welcher senkrecht gegen die Figurenaxe des Schwungringes, also bei aufrechter Lage derselben horizontal, verläuft. Ist der Kreisel in Rotation, so empfängt der Beobachter am Fernrohr während jeder Umdrehung zwei Eindrücke, abwechselnd von dem Strich der Linse L und L' und entworfen von der Linse L' und L, die bei grofser Umdrehungszahl zu einem Bilde verschmelzen. Dieses Bild ist ein horizontaler Strich, wenn die Figurenaxe vertikal steht, und stellt direkt die Spur der Horizontalebene dar. In Wirklichkeit steht die Figurenaxe auf dem schwankenden Schiff nicht vertikal, sondern beschreibt langsam unter dem Einflufs der Schwere einen Präcessionskegel von vertikaler Axe, bei den Dimensionen des Apparats etwa in $1\frac{1}{2}$ Minuten. Die kurzen Nutationen, die sich

*) Dahin zielende Versuche sind schon vor anderthalb Jahrhunderten gemacht, vgl. Serson, Philosoph. Transactions, London 1752, und The Gentleman's Magazine 1754.

**) Fleuriais, Bulletin astron. 3, 1886, pag. 579; De Jonquières Comptes Rendus, t. 104, Paris 1887; Baule, Revue maritime 1890.

der regelmäfsigen Präcession überlagern, kommen für die Beobachtung im Fernrohr nicht in Betracht; auch die Beschleunigungsdrucke wegen der Schiffsschwankungen, die von viel kleinerer Periode sind wie die Präcessionsdauer des Kreisels, werden sich zum gröfsten Teil von selbst herausmitteln. Der Beobachter bekommt also wesentlich denselben Eindruck wie bei einer genauen Präcession, d. h. es erscheint ein horizontaler Strich im Gesichtsfelde, wenn sich die Figurenaxe gerade in der durch die Fernrohraxe gelegten Vertikalebene befindet, und zwar abwechselnd ein horizontaler Strich in der oberen oder unteren Hälfte des Gesichtsfeldes bei den aufeinanderfolgenden beiden Durchgängen der Figurenaxe durch diese Vertikalebene. Aber auch bei allen Zwischenlagen der Figurenaxe entsteht ein Bild des Striches (bezw. bei jeder Umdrehung zwei miteinander verschmelzende Bilder); dieses Bild ist jedoch jetzt entsprechend der jeweiligen Stellung der Figurenaxe gegen die Horizontale geneigt. Der Übergang von der oberen zur unteren horizontalen Lage des Strichs wird also durch successive veränderliche und geneigte Lagen des Strichs bewerkstelligt. Der Beobachter hat nun wesentlich auf die beiden horizontalen Lagen zu achten; indem er ihre Mittellinie konstruiert, findet er die Spur der durch den Augenpunkt gehenden Horizontalebene. Diese Halbierungslinie ist der gesuchte *gyroskopische Horizont.*

Bei der wirklichen Beobachtung mittelt man besser nicht zwischen zwei, sondern zwischen drei aufeinanderfolgenden horizontalen Lagen des Strichs, weil sich die Figurenaxe wegen der Reibung in der Pfanne und wegen des Luftwiderstandes langsam aufrichtet. Zur Bestimmung des Höhenwinkels ist mit dem Fernrohr ein Sextant verbunden. Dessen Spiegel sind so einzustellen, dafs sich das Bild des Sterns im Fernrohr genau mit der festgestellten Lage des gyroskopischen Horizontes deckt; der Höhenwinkel kann dann als doppelter Drehwinkel des einen Spiegels direkt abgelesen werden.

Was man gegen diese sinnreiche Konstruktion einwenden kann, scheint allein ihre schwierige Handhabung zu sein. Ein geübter Beobachter erzielt Genauigkeiten von wenigen Minuten; doch gehört monatelange Übung dazu. Wir hatten selbst Gelegenheit, auf der Kieler Sternwarte eine Messung mit dem gyroskopischen Horizont zu machen, und können die Schwierigkeit seiner Handhabung für den Ungeübten bestätigen. In der französischen Marine wird der Apparat in vielen Exemplaren gebraucht; auch soll die russische Flotte beim russisch-japanischen Krieg damit ausgerüstet gewesen sein.

7. Bemerkungen zur Aeronautik.

Naturgemäfs ist auch die Rolle der Kreiselwirkungen bei Luftfahrzeugen in letzter Zeit viel diskutiert worden.*) Wir denken zunächst an die direkten Wirkungen der Luftschraube bei einem Motorflugapparat. Es handelt sich dabei um die nämlichen Einflüsse wie bei dem Turbinendampfer und, abgesehen von der Richtung, auch bei dem Raddampfer oder den Eisenbahnen; nur sind die Wirkungen bei den verhältnismäfsig leichtgebauten Aeroplanen viel beträchtlicher, weil die umlaufenden Massen einen viel gröfseren Bruchteil der Gesamtmasse des Systems ausmachen wie dort. Ein seitliches Steuern des Flugapparats wird danach von einem Aufkippen begleitet sein und ein Aufrichten oder Senken der Längsaxe von seitlichen Ablenkungen. Diese Erscheinung wird, wie wir hören und wie nicht anders zu erwarten ist, thatsächlich beobachtet.

Solche Wirkungen werden einerseits als unerwünscht angesehen werden, da sie die leichte Steuerfähigkeit des Luftschiffes beeinträchtigen (und zwar hier in ganz anderer Gröfsenordnung wie beim Turbinendampfer, vgl. Nr. 5); andererseits werden sie als ein sehr erwünschter Beitrag zur Stabilität des Flugapparates angesprochen werden können. Geht man nämlich der Verkettung dieser auf senkrechte und seitliche Ablenkungen wirkenden Momente wie im § 1 IV nach, so überzeugt man sich leicht, dafs auch hier die Richtung der Propelleraxe gegen jede Art ausdrehender Momente von dazu senkrechter Drehaxe bei hinreichend schneller Rotation beliebig stark stabiliert wird. Ob hiernach die günstigen oder ungünstigen Kreiselwirkungen der Schraube überwiegen, wird je nach der Bauart des Apparates von Fall zu Fall zu entscheiden sein. Die Gebrüder Wright scheinen die ungünstigen Wirkungen als vorherrschend zu befürchten, indem sie ein Paar von entgegengesetzt arbeitenden Schrauben verwenden.

Andererseits ist auch die Möglichkeit einer besonderen Kreiselstabilierung von Luftfahrzeugen bereits in Angriff genommen. Da die Aviatik ganz wesentlich mit Stabilitätsschwierigkeiten zu kämpfen hat, so wird man solchen Kreiselkonstruktionen eine wirkliche Bedeutung nicht absprechen können. Man wird auch hier, ähnlich wie beim Torpedo, ein Prinzip der direkten und der indirekten Stabilierung unterscheiden können. Wir verweisen namentlich auf eine Note von

*) Vgl. z. B. die Aufsätze von L. Prandtl: „Einige für die Flugtechnik wichtige Beziehungen aus der Mechanik" in der Ztschr. f. Flugtechnik u. Motorluftschiffahrt, Jahrg. I, Heft 1—7, 1910.

Carpentier*), die ein von Regnard erbautes Modell erläutert. Hier kommt das indirekte Prinzip in Betracht (vgl. Whitehead-Torpedo, § 3): Der Kreisel bethätigt, indem er die Schwankungen des Fliegers nicht mitmacht, einen elektrischen Kontakt, der zur Auslegung von Gegensteuern Anlaſs giebt. Ob das direkte Prinzip des fest oder, wie bei Schlick, schwingend eingebauten Kreisels schon versuchsweise Verwendung gefunden hat, ist uns nicht bekannt.

C. Ballistik.

Unter allen Fragen der irdischen Mechanik ist das Problem der Ballistik vielleicht am frühesten**) den Methoden der dynamischen Behandlung unterzogen worden. Schon d'Alembert und Euler haben sich an der ballistischen Kurve versucht. Das ballistische Rotationsproblem wurde z. B. von Poisson theoretisch und von Magnus experimentell angegriffen. Auch heutzutage denken wir bei dem „frei beweglichen starren Körper der Dynamik" unwillkürlich in erster Linie an das in der Luft schwebende Geschoſs, in dessen Massenmittelpunkte die Schwere angreift. Wie weit wir uns dabei von der Wirklichkeit entfernen, wenn wir nicht zugleich den Luftwiderstand berücksichtigen, wurde gelegentlich pag. 533 veranschaulicht. Die Frage nun, wie diese für die äuſsere Ballistik maſsgebende Gröſse theoretisch zu fassen wäre, liegt nicht eigentlich im Gebiete der Dynamik des starren Körpers, sondern in demjenigen der Hydrodynamik der kompressiblen Flüssigkeit, oder richtiger in einer eigenartigen Verkoppelung beider Gebiete. Dies wollen wir zunächst in Nr. 8 ausführen. Da indessen wohl noch für lange Zeit an eine eigentliche Lösung dieses idealen ballistischen Problems wegen seiner auſserordentlichen mathematischen Schwierigkeiten kaum gedacht werden kann, ist man auf eine schätzungsweise und empirische Betrachtung der verschiedenen Einflüsse des umgebenden Luftmittels angewiesen. Wie sie mit der Dynamik des starren Körpers zu kombinieren sind, wird in Nr. 9 angedeutet unter besonderer Hervorhebung der mutmaſslichen Rolle der Kreiselwirkungen.

Nach dem Gesagten ist klar, daſs die Schwierigkeit des ballistischen Problems nicht auf Seiten der Dynamik, sondern der Hydrodynamik liegt. Man darf vielleicht hoffen, daſs die Luftschiffahrt, die im Begriffe ist, die hydrodynamischen Fragen neu zu beleben, auch der Ballistik zu gute kommen wird.

*) Comptes Rendus, t. 150, pag. 829, März 1910.

**) Reichliche Litteraturnachweise bei C. Cranz, Encykl. d. math. Wiss. Bd. IV, Art. 18, oder Lehrbuch der Ballistik, Leipzig 1910, Teil 1, äuſsere Ballistik.

8. Das dynamisch-hydrodynamische Problem.

Es ist selbstverständlich, dafs der Körper in Flüssigkeit strenge genommen nicht sechs, sondern unendlich viele Freiheitsgrade hat. Die exakte Bestimmung seiner Bewegung (seiner sechs Koordinaten) ist nur im Zusammenhange mit derjenigen der Flüssigkeitsteilchen (ihrer unendlich vielen Lagenparameter) möglich. Auch die beiden Teile der Bewegung, Translation des Schwerpunktes und Rotation um den Schwerpunkt, die bei Abwesenheit des äufseren Mittels (d. h. bei Vernachlässigung seiner Trägheit etc.) voneinander unabhängig behandelt werden können, sind durch die gleichzeitige Bewegung der umgebenden Flüssigkeit untrennbar miteinander verbunden.

Die genaueren formelmäfsigen Zusammenhänge zwischen Flüssigkeits- und Körperbewegung sind dem Mathematiker wohlbekannt für den Fall, dafs die umgebende Flüssigkeit als inkompressibel und reibungslos und ihre Bewegung als wirbellos gedacht wird. Das inkompressible Mittel ist sozusagen zwangläufig mit dem bewegten Körper verbunden; da dasselbe alle Störungen mit unendlich grofser Fortpflanzungsgeschwindigkeit weitergiebt, macht sich der augenblickliche Bewegungszustand des Körpers momentan in der ganzen unendlichen Flüssigkeit geltend, ihre Bewegung hängt nur von den Augenblickswerten der Körpergeschwindigkeit ab und zeigt keine Rückerinnerung an die früheren Zustände. In diesem Falle kann also insbesondere die lebendige Kraft des ganzen Systems Körper und Flüssigkeit als Funktion der augenblicklichen Werte der sechs Geschwindigkeitskoordinaten des Körpers dargestellt werden, sodafs nach den Lagrange'schen Methoden die Bewegungsgleichungen des Systems in Form von sechs gewöhnlichen Differentialgleichungen zweiter Ordnung gewonnen werden können. Die Hydrodynamik spielt hier nur in die Bestimmung der lebendigen Kraft des Systems hinein, die sich jetzt z. B. nicht mehr aus der blofsen Superposition eines Translations- und eines Rotationsbestandteils zusammensetzen läfst; Aufstellung und Charakter der Differentialgleichungen dagegen entsprechen der gewöhnlichen Dynamik.

In Wirklichkeit hat natürlich auch Wasser, der Typus der inkompressibeln Flüssigkeit, seine endliche Schallgeschwindigkeit, ist also kompressibel. Man kann aber auch jede gasförmige Flüssigkeit als inkompressibel behandeln, solange die gröfsten vorkommenden Geschwindigkeiten klein gegen ihre Schallgeschwindigkeit sind. Dann wird ja der Einflufs früherer Bewegungszustände viel schneller fortgepflanzt und ins Unendliche dissipiert, als neue Störungen aus dem

Wechsel des Bewegungszustandes entstehen. Also hängt alles merklich von dem augenblicklichen Bewegungszustande ab, wie bei idealinkompressiblem Verhalten.

Leider ist nun dieses Kriterium eines quasi-inkompressibeln Verhaltens bei der Ballistik gar nicht erfüllt — während sich die Luftschiffahrtstheorie durchweg die vereinfachende Annahme der Inkompressibilität gestatten darf. Die Anfangsgeschwindigkeit beträgt bei den Artillerie- und Infanteriegeschossen 465 bezw. 885 m/sec, ist also „Überschallgeschwindigkeit“; bei den Weitschüssen der Artillerie geht sie im Verlaufe des Schusses durch den kritischen Wert hindurch und endigt z. B. bei der Schufsweite von 4000 m mit 257 m/sec als „Unterschallgeschwindigkeit“; auch die Geschwindigkeit des Infanteriegeschosses sinkt bei 2000 m Schufsweite auf 166 m/sec herab. Dafs aber das Strömungsfeld bei Über- und Unterschallgeschwindigkeit grundsätzlich verschieden ist, ist bekannt: Bei Überschallgeschwindigkeit läfst das Geschofs die an seinen früheren Lagen erzeugten Wirkungen (Kompressions- und Dilatationswellen) hinter sich zurück, bei Unterschallgeschwindigkeit wird es von ihnen allseitig wie von einer Atmosphäre umgeben. Wer jemals die schönen Photographien dieser Verhältnisse bei E. und L. Mach gesehen hat, wird an der Möglichkeit zweifeln, die Mannigfaltigkeit des Strömungsfeldes durch ein einheitliches Luftwiderstandsgesetz oder auch nur in den verschiedenen Geschwindigkeitsbereichen durch eine Reihe verschiedener Gesetze darzustellen, die nur von der augenblicklichen Schwerpunktsgeschwindigkeit und der augenblicklichen Lage des Geschosses gegen diese abhingen. Die einzig adäquate Behandlung des Problems wird vielmehr in der gleichzeitigen Untersuchung der Luft- und Körperbewegung mittels der hydrodynamischen partiellen und der dynamischen totalen Differentialgleichungen bestehen, einer Behandlung, die neben dem Bewegungsverlauf auch die exakten Luftwiderstandsgesetze liefern würde.

Natürlich ist das Problem in dieser Allgemeinheit völlig unlösbar. Man wird es unterteilen müssen. Ein rein hydrodynamisches Problem erhält man, wenn man sich die Bewegung des Geschosses vorgegeben denkt, z. B. als gleichförmig geradlinig in Richtung der Geschofsaxe, und nach dem zugehörigen Strömungsfelde der Luft fragt. Man könnte dann die Energieverluste in diesem Strömungsfelde finden oder, etwas vollständiger, die Drucke, die das Strömungsfeld auf den Mantel des Geschosses überträgt. Bei der freien Bewegung des Geschosses würden diese Drucke zusammen mit der Schwere die vorausgesetzte Gleichförmigkeit und Geradlinigkeit der Geschofsbahn successive abändern. Auch hierin liegt schon eine Näherung insofern, als ja umgekehrt auch die veränderliche Geschwindigkeit und Stellung des Geschosses das Strömungsfeld und seine Druckwirkung beeinflussen.

Bleiben wir aber bei dem genannten einfachsten hydrodynamischen Problem. Die Energieverluste in der mitbewegten Luft lassen sich schematisch in zwei Teile sondern, in einen Teil, welcher in der Energiezerstreuung durch Wellen, und einen zweiten Teil, welcher in der Energieverwandlung durch Reibung oder in Wirbeln auf der Rückseite des Geschosses seinen Ursprung hat. Um den Charakter des ersten Teils zu finden, wird man von den Differentialgleichungen der reibungsfreien aber kompressibeln Flüssigkeit ausgehen; um den zweiten Teil zu bestimmen, wird es ausreichen, die Differentialgleichungen der reibenden oder wirbelnden aber inkompressibeln Flüssigkeit zu Grunde zu legen. Der erste Teil giebt den *„Wellenwiderstand“* der Luft; sein Vorhandensein wird durch die Mach'schen Photographien veranschaulicht. Der zweite Teil heiſse kurz der *„Reibungswiderstand“* der Luft. Nach dem eben Gesagten wäre er in zwei Bestandteile weiter zu unterscheiden, den eigentlichen Reibungswiderstand (Oberflächenwiderstand oder Hautreibung) und den Wirbelwiderstand (Formwiderstand in der Bezeichnung von L. Prandtl).*) Auch bei dem analogen Problem des Schiffswiderstandes werden diese Teile unterschieden.

Bezüglich des *Reibungswiderstandes* nimmt man seit Newton an, daſs er dem Quadrat der Geschwindigkeit proportional sei, ohne daſs es bisher gelungen wäre, den Beweis hierfür auf hydrodynamischer Grundlage zu führen. Die Schwierigkeit liegt in dem quadratischen Charakter der hydrodynamischen Differentialgleichungen, in der dadurch bedingten Instabilität der einfachsten Bewegungsformen und ihrem Umschlagen in kompliziertere „turbulente“ Bewegungen. Auch dieses Problem sieht im Falle der Geschoſsbewegung ziemlich hoffnungslos aus, solange es nicht in dem viel einfacheren Falle der Strömung in Röhren etc. gelungen ist, zum hydrodynamischen Verständnis der Turbulenz vorzudringen.

Einfacher dürfte das Problem des *Wellenwiderstandes* liegen. Um zu seiner Inangriffnahme zu ermutigen, führen wir einiges über einen ähnlichen elektrischen Fall an. Wenn man eine elektrische Ladung mit konstanter Überlichtgeschwindigkeit bewegt, so läſst sich das entstehende elektromagnetische Feld (wenigstens nach der älteren Theorie des sog. ruhenden Äthers) bestimmen und zeigt dieselben Erscheinungen wie diejenigen des „Mach'schen Phänomens“ der Hydrodynamik. Die elektrische Ladung, kürzer gesagt, das „Elektron“, läſst seine Wirkungen

*) Zeitschr. für Flugtechnik und Motorluftschiffahrt, Jahrg. 1, pag. 63.

hinter sich in einem Kegel, dessen Öffnung mit dem Geschwindigkeitsverhältnis v/c (c = Lichtgeschwindigkeit, $v > c$ Geschwindigkeit des Elektrons) abnimmt. Indem sich diese Wirkungen solchergestalt ins Unendliche zerstreuen, findet ein fortgesetzter Energieverlust durch Strahlung statt; es wirkt also auf das Elektron ein Widerstand entgegen der Richtung seiner Bewegung. Nimmt man das Elektron als kugelförmig an, so wird der Widerstand *)

$$A\left(1-\frac{c^2}{v^2}\right);$$

der Proportionalitätsfaktor A hängt dabei von der Ladung des Elektrons und der Gröſse der Kugel in einfacher Weise ab. Der Widerstand wird also Null für $v = c$ und nähert sich für $v = \infty$ einer festen Grenze. Auch für Unterlichtgeschwindigkeit läſst sich das Feld bestimmen und liefert hier bekanntermaſsen für jeden beliebigen Wert $v < c$ den Widerstand Null.

Wir haben Grund zu der Annahme, daſs ein ähnlich einfaches Gesetz für den Wellenwiderstand auch bei dem entsprechenden hydrodynamischen Problem der Ballistik gelten wird, trotzdem die Verhältnisse hier viel komplizierter liegen wie in der Elektrodynamik. Einmal kommt hier die komplizierte, nicht kugelförmige Gestalt des Geschosses in Betracht; sodann ist die an der Oberfläche des Geschosses geltende Bedingung des Nichteindringens der Luft, wonach die Strömungslinien an der Oberfläche parallel mit dieser verlaufen müssen, viel schwieriger, wie die entsprechende Bedingung in der Elektrodynamik, in der die Divergenz der elektrischen Kraftlinien direkt durch die Gröſse der Ladungsdichte bestimmt wird (das hydrodynamische Problem ist eine „Randwertaufgabe", das elektrodynamische nur eine „Summationsaufgabe"). Der Hauptunterschied aber liegt in dem viel komplizierteren, nicht linearen Charakter der hydrodynamischen Differentialgleichungen gegenüber dem rein linearen Charakter der elektrischen Feldgleichungen; dieser Unterschied bringt es z. B. mit sich, daſs sich die elektrischen Wirkungen stets und genau mit der Lichtgeschwindigkeit c fortpflanzen, während in der Hydrodynamik die Schallgeschwindigkeit, die wir ebenfalls mit c bezeichnen wollen, nur eine untere Grenze der Fortpflanzung für unendlich kleine Störungen darstellt, während die wirkliche Fortpflanzungsgeschwindigkeit mit der Amplitude der Störungen wächst. Hiermit hängt es auch zusammen, daſs im elektrodynamischen Falle

---

*) A. Sommerfeld, Göttinger Nachr. 1904, pag. 401, und Amsterdamer Akademie, Proceedings, 1904, pag. 366. Vgl. auch M. Abraham, Theorie der Elektrizität II, § 27.

die Front des Elektrons völlig feldfrei ist, während sich im hydrodynamischen Falle eine Verdichtungswelle vor den Kopf des Geschosses lagert und von hier aus nach hinten umbiegend den Mantel des Machschen Kegels bildet. Dieses Luftpolster wird also mit gröfserer Geschwindigkeit als c vorwärts getragen; die Schallgeschwindigkeit c ist also für seine Fortpflanzung ersichtlich nicht mehr mafsgebend.

Unsere Annahme, dafs trotzdem das elektrodynamische Gesetz des Wellenwiderstandes im Grofsen und Ganzen auch für den hydrodynamischen Fall gelten möge, wird gestützt einmal durch die Erwägung, dafs der geometrische Charakter des Feldes beidemal durch das Machsche Phänomen wesentlich in der gleichen Weise bestimmt wird, sodann durch den experimentellen Befund der Schiefsversuche. Derselbe wird durch eine Kurve dargestellt, die wir dem zitierten Encyklopädie-Artikel von Cranz entnehmen.

Nach der Abscisse der Fig. 143 wird das Geschwindigkeitsverhältnis $x = v/c$ aufgetragen, nach der Ordinate das Verhältnis des Gesamtwiderstandes, wie er aus den Schufstafeln entnommen wird, zu dem Reibungswiderstande der Luft, $y = (W + R)/R$, wobei wir den Gesamtwiderstand in Wellenwiderstand W und Reibungswiderstand R zerlegt haben; letzterer werde in der üblichen Form des Newton'schen Reibungsgesetzes $R = av^2$ proportional mit v^2 angesetzt. Die ausgezogene Kurve stellt eine empirische Interpolationsformel von Siacci dar, welche sich dem zahlreichen Beobachtungmaterial sehr gut anschliefst. Die Kurve läfst folgendes erkennen: Für kleine v ist y konstant gleich 1, in der Nähe von $v = c$ findet ein ziemlich plötzlicher Anstieg statt, darauf folgt ein Maximum und weiterhin ein allmählicher Abstieg. Wir würden dies Verhalten folgendermafsen theoretisch deuten: Für $v < c$ ist der Wellenwiderstand W zunächst Null und daher $y = 1$; in der Nähe von $v = c$ (und schon etwas vorher) setzt der Wellenwiderstand in zunehmendem Mafse ein; derselbe wächst aber mit v in geringerem Mafse wie der Reibungswiderstand R; das Verhältnis W/R nimmt daher ebenso wie y mit wachsendem v wieder ab.

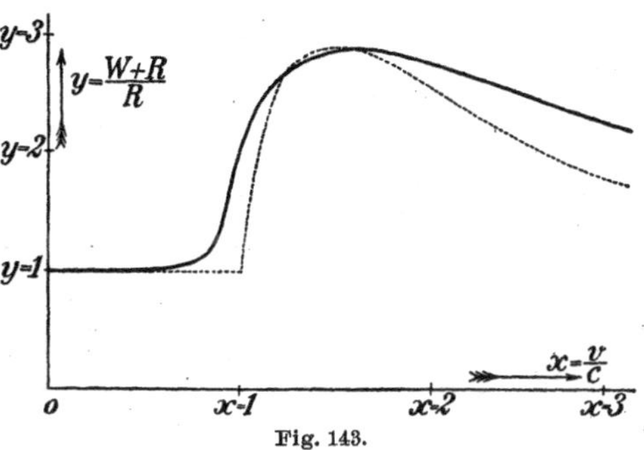

Fig. 143.

In der punktierten Kurve haben wir denjenigen Wert von y aufgetragen, der sich durch direkte Übertragung des obigen elektrodynamischen Gesetzes für den Wellenwiderstand ergeben würde. Der hierbei natürlich unbestimmt bleibende Proportionalitätsfaktor A der obigen Formel ist so gewählt, dafs das Maximum unseres elektrodynamischen Gesetzes gleiche Höhe mit dem Maximum des empirischen Gesetzes hat. Wir zeichnen also:

$$\text{für } v < c: \quad W = 0, \; y = \frac{R}{R} = 1,$$

$$\text{für } v > c: \quad W = A\left(1 - \frac{c^2}{v^2}\right), \; R = av^2, \; y = 1 + C\frac{c^2}{v^2}\left(1 - \frac{c^2}{v^2}\right),$$

wobei $C = A/ac^2$ in der genannten Weise aus den Beobachtungen entnommen wurde. Es ist kaum zu verkennen, dafs wir durch diese sehr einfachen Gesichtspunkte einen allgemeinen Anschlufs an den Charakter der empirischen Kurve erreichen, der schwerlich zufälliger Natur sein kann.*)

Für praktische Zwecke ist natürlich mit unserer idealisierten Form der Luftwiderstandskurve nichts gewonnen; ihre Mitteilung sollte lediglich bezwecken, zu einer genaueren Untersuchung des Wellenwiderstandes im obigen Sinne zu ermutigen und unsere These von der wesentlich hydrodynamischen Natur des ballistischen Problems in etwas zu belegen.

9. Die allgemeinen Erfahrungsthatsachen der Ballistik und die Rolle der Kreiselwirkungen.

Wir stellen zunächst einige wenige Thatsachen der Ballistik zusammen, die als gesichert gelten können, und betrachten sie teils vom Standpunkte unserer hydrodynamischen Auffassung, teils von demjenigen der Kreiseltheorie. Solche Thatsachen sind: das Auftreten eines Luftwiderstandsmomentes, der Sinn desselben, welcher einer Lage des Angriffspunktes vor dem Geschofs-Schwerpunkt entspricht, die Stabilität des rotierenden Langgeschosses, die Rechtsabweichung bei Rechtsdrall.

Der Luftwiderstand und das Luftwiderstandsmoment. Dafs ein bewegter Körper von dem umgebenden Mittel einen Wider-

---

*) Nach einer freundlichen Mitteilung von Herrn Prandtl kann man für sehr grofse Geschwindigkeiten das Newton'sche Reibungsgesetz strenge begründen. Der theoretische Wert des Proportionalitätsfaktors a ergiebt sich dabei gröfser als der empirische Wert a_0 für kleine Geschwindigkeiten. Trägt man also in der Figur als Ordinate auf: Gesamtwiderstand geteilt durch Reibungswiderstand für kleine Geschwindigkeiten, d. h. $y = (W + R)/a_0 v^2$ unter Beibehaltung unseres elektrodynamischen Wertes für W, so wäre für grofse Geschwindigkeiten wegen $R = av^2 > a_0 v^2$ das rechte Ende unserer punktierten Kurve um den Betrag $(a - a_0)/a_0$ höher zu legen. Der Anschlufs an die ausgezogene Kurve der Figur würde dadurch noch verbessert werden.

stand erfährt, ist uns geläufig. Dafs unter Umständen (in der Nähe der Schallgeschwindigkeit) neben dem Reibungswiderstand der Wellenwiderstand einen überwiegenden Teil des Gesamtwiderstandes ausmacht, ist weniger bekannt, aber durch das Vorangehende deutlich. Wenn der Körper symmetrisch gegen die Bewegungsrichtung geformt ist, ist der Gesamtwiderstand natürlich der Bewegung genau entgegengerichtet: das Moment des Luftwiderstandes um den Schwerpunkt verschwindet. Wegen des Hinzutretens der Schwere wird aber dieser Zustand vollkommener Symmetrie, der im Momente des Abfeuerns nahezu besteht, in jedem Augenblicke abgeändert, da die Bahntangente nach unten gedreht wird. Ein Moment des Luftwiderstandes würde jetzt nur dann nicht auftreten, wenn der Luftwiderstand einer Einzelkraft gleichgesetzt werden könnte, die im Schwerpunkte angriffe. Nach unserer hydrodynamischen Auffassung ist dies natürlich höchst unwahrscheinlich; die Kompliziertheit des Strömungsbildes in der Nähe des schnell bewegten Geschosses bringt eine höchst verwickelte Verteilung der auf seinen Mantel wirkenden Drucke mit sich. Z. B. hat Mach bei Versuchen gefunden, dafs in der Nähe der Geschofsspitze auf eine Strecke von 13 mm ein Druckgefälle von über einer Atmosphäre kam. Die Gesamtheit solcher Druckwirkungen bestimmt aber erst physikalisch diejenige Gröfse, die wir mit dem schematischen Begriffe des Luftwiderstandes widerzugeben wünschen. Dafs sie einer Einzelkraft von spezieller Lage (durch den Schwerpunkt) äquivalent wäre, können wir nicht erwarten. Schon in dem viel einfacheren Falle des Körpers in der idealen inkompressibeln und reibungslosen Flüssigkeit, der sich allein vollständig hydrodynamisch behandeln läfst, treten im Allgemeinen Momente auf. Wenn wir nämlich oben sagten, dafs in diesem Falle der Translations- und Rotationsteil der Bewegung miteinander verkoppelt sind, so meint dies nichts anderes, als dafs die in Bewegung versetzte umgebende Flüssigkeit die Rotation des Körpers durch Druckmomente beeinflufst, sowie umgekehrt durch die Rotation Drucke hervorgerufen werden, die die fortschreitende Bewegung wie eine Einzelkraft beeinflussen. Im Falle der Ballistik ist die Koppelung beider Bestandteile natürlich nicht minder innig. Die Fiktion eines empirisch bekannten Luftwiderstandes soll dazu dienen, beide Bestandteile für sich betrachten zu können. Jedenfalls aber müssen wir dann ihrer Koppelung dadurch Rechnung tragen, dafs wir dem Luftwiderstande ein Moment um den Schwerpunkt geben.

Der Sinn des Luftwiderstandsmomentes. Angriffspunkt der Luftwiderstandsresultanten vor dem Schwerpunkt. Der Sinn des Luftwiderstandsmomentes bestimmt sich unmittelbar durch die bekannte Erfahrung, dafs ohne das Mittel der künstlichen Stabilierung durch den Drall das Geschofs sich überschlagen und sich senkrecht gegen die Bahn stellen würde, derart, dafs die Geschofsspitze sich aufrichtet, wenn sie oberhalb der Flugtangente liegt und sich nach unten neigen würde, wenn sie sich unter der Bahntangente befindet. Die fiktive Einzelkraft, die den Luftwiderstand ersetzen soll und die der Bewegungsrichtung annähernd entgegengerichtet ist, hat also ihren Angriffspunkt am vorderen Teil des Geschosses (vom Schützen aus gesehen hinter dem Schwerpunkt).

Durch allgemeine Erfahrungen bei langsam bewegten Flächen, die schief gegen ihre Bewegungsrichtung gestellt sind, ist uns diese Thatsache wohlbekannt. Sie bildet übrigens die Grundlage für die Theorie der Aviatik. Bei langsamen Bewegungen (klein gegen c), für die man die Luft als inkompressibel voraussetzen darf, kann man sich auch theoretisch davon Rechenschaft geben. Die auf Grund der idealen Hydrodynamik berechneten Strömungslinien um eine schief bewegte Platte verlaufen so, dafs sie für die Vorderseite der Platte einen Druckpunkt auf der nach vorn geneigten Plattenhälfte ergeben, der um so excentrischer liegt, je gröfser der Winkel zwischen Bewegungsrichtung und Plattennormale ist. Aus der vorangestellten ballistischen Thatsache dürfen wir schliefsen, dafs dasselbe Gesetz auch für grofse Geschwindigkeiten bestehen bleibt, trotz der alsdann zweifellos wesentlich abgeänderten Verteilung von Strömung und Druck.

Auch von einem ganz anderen Standpunkte aus hat man die in Rede stehende Thatsache zu verstehen gesucht. Sieht man von dem Wellenwiderstande ganz ab und denkt sich den Reibungswiderstand durch die Newton'sche Formel av^2 bestimmt, wobei für jedes Oberflächenelement als wirksame Geschwindigkeit die Normalkomponente der Translationsgeschwindigkeit in Rechnung gesetzt werden möge, so hat man über die Oberfläche verteilt ein System von Einzelkräften. Setzt man diese nach den Regeln der Statik zusammen, so ergiebt sich eine Resultierende, deren Angriffspunkt vor dem Schwerpunkt liegt. Dabei berücksichtigt man allerdings nur die Drucke auf der Vorderseite des Geschosses, d. h. auf den vom Luftstrom getroffenen Oberflächenteilen, und vernachlässigt, was eine gewisse Willkür ist, die auf der Rückseite gleichzeitig vorhandenen Saugwirkungen, deren Moment im entgegengesetzten Sinne wirken würde. Wir brauchen nach allem, was vorhergeht, kaum zu sagen, dafs wir diese Betrachtung ebenso wie die auf die Annahme der inkompressiblen Flüssigkeit basierte als einen vollgültigen Beweis der fraglichen ballistischen Thatsache nicht ansehen können.

Die Stabilierung des Geschosses durch Rotation. Eine der bekanntesten Thatsachen der Ballistik ist die, daſs das Langgeschoſs gegen Überschlagen durch eine rasche Rotation um seine Figurenaxe stabiliert werden kann. Die im gezogenen Lauf erzeugte Drehgeschwindigkeit ist der Abgangsgeschwindigkeit des Geschosses proportional und beträgt bei den Artilleriegeschossen über 100 Umdrehungen in der Sekunde, bei den Infanteriegeschossen sogar über 3000. Das dergestalt in einen *Kreisel* verwandelte Langgeschoſs (wir denken weiterhin an dasjenige der Artillerie) folgt natürlich nicht mehr dem Momente des Luftwiderstandes, sondern weicht senkrecht dagegen aus. Während bei dem nicht rotierenden Geschoſs das äuſsere Moment eine Drehung um die Querachse durch den Schwerpunkt hervorbringen würde, bewirkt es bei dem schnell rotierenden Geschoſs lediglich eine kleine Verlagerung des Drehimpulses.

Die deutschen Geschütze haben Rechtsdrall, d. h. jeder Punkt bewegt sich in einer Rechtsschraube. Von vorn gesehen findet also die Drehung entgegen dem Uhrzeigersinne statt. Wollen wir den Drehimpuls in der Figurenaxe nach vorn auftragen, was sich der Anschaulichkeit wegen empfiehlt, so müssen wir von unserer allgemeinen Regel über den positiven Rotationssinn abgehen und als positive Drehung diejenige entgegen dem Uhrzeigersinne ansehen.

Nehmen wir zunächst etwa an, daſs sich die Flugbahntangente momentan gegen die Geschoſsaxe gesenkt habe. Dann wirkt das Moment des Luftwiderstandes als aufrichtendes Moment, also von der rechten Seite des Geschosses gesehen, im positiven Sinne; sein (mit dem betrachteten unendlich kleinen Zeitintervall multiplizierter) Momentenpfeil ist also an den Eigenimpuls des Geschosses (es handelt sich natürlich nur um den Rotationsbestandteil des Impulses, das „Impulsmoment“) nach rechts hin anzutragen, so daſs letzterer nach rechts hin abgelenkt wird. Liegt dagegen momentan etwa die Geschoſsaxe unter der Flugbahntangente, so wird entsprechend der Eigenimpuls nach links verlagert. Allgemein, können wir sagen, wandert der Impulsendpunkt wegen der Wirkung des Luftwiderstandsmomentes um die Flugbahntangente in demselben Sinne, wie die Eigendrehung des Geschosses erfolgt.

Weiterhin übertragen wir die Hauptresultate unserer Theorie der pseudoregulären Präcession auf den jetzigen Fall. Wir wissen, daſs bei rascher Rotation die Figurenaxe immer in der Nähe der veränderlichen Impulsaxe bleibt und daſs die Impulsaxe bei Vernachlässigung der unmerklichen Nutationen sich durchschnittlich auf einem Kegel um die Vertikale mit konstanter mittlerer Präcessionsgeschwindigkeit P/N

(vgl. pag. 303, Gl. (11)) bewegt. Der Kegel bleibt dauernd sehr eng, wenn zu Anfang die Figurenaxe in der Nähe der Vertikalen lag. Der Vertikalen, d. h. der Schwererichtung, entspricht hier die Richtung der fingierten Luftwiderstandsresultierenden, auf der die Axe des Luftwiderstandsmomentes senkrecht steht. Also wird auch im Falle der Ballistik die Figurenaxe des Geschosses die Luftwiderstandsresultierende, die ihrerseits immer nahezu in die Flugbahntangente fällt, umkreisen, und zwar in dem Sinne, in dem das Luftwiderstandsmoment den Impuls verlagert, d. h. im Sinne der Geschofsrotation, und es werden sich die soeben besprochenen Momentanbewegungen der Impulsaxe zu einer Präcession oder, wie man in der Ballistik sagt, zu einer konischen Pendelung zusammensetzen. Der Öffnungswinkel der konischen Pendelung bleibt dauernd sehr klein, da im Momente des Abschiefsens die Figurenaxe mit der Flugbahntangente (bis auf einen kleinen „Abgangsfehlerwinkel") zusammenfiel.

Natürlich ist unsere Übertragung der einfachen Kreiselresultate auf die komplizierten Verhältnisse der Ballistik nicht ohne Bedenken. Das Moment der Schwerewirkung war $P \sin \vartheta$, wo ϑ den Winkel zwischen Figurenaxe und Vertikaler bedeutete. Bezeichnen wir jetzt mit ϑ entsprechend den Winkel zwischen Geschofsaxe und Luftwiderstand, so wird man den Ansatz für das Luftwiderstandsmoment etwa in der Form $P \sin \vartheta \cos \vartheta$ schreiben können. Letzteres verschwindet nämlich nicht nur für $\vartheta = 0$ aus Symmetriegründen, sondern auch für $\vartheta = \pi/2$, weil die Lage des Geschosses senkrecht gegen die Flugbahn die ohne Rotation stabile Gleichgewichtslage wäre, in der der Luftwiderstand ein verschwindendes Moment giebt. Der Faktor P hängt dabei in unbekannter Weise von der Geschwindigkeit der Translation und wohl auch von derjenigen der Rotation ab. Der analytische Ausdruck des Luftwiderstandsmomentes ist also ein anderer wie der des Schweremomentes in der gewöhnlichen Kreiseltheorie, so dafs auch die dynamischen Wirkungen in beiden Fällen nicht genau die gleichen sind, wobei man bemerken kann, dafs bei dauernd kleinem ϑ der hinzutretende Faktor $\cos \vartheta$ von keiner wesentlichen Bedeutung sein wird. Wichtiger aber ist, dafs die Flugbahntangente, die ja annähernd die Richtung der Luftwiderstandsresultanten angiebt, nicht wie die Vertikale raumfest ist, sondern durch die Schwere nach unten gedreht wird. Bei der vorstehenden Übertragung nahmen wir aber an, dafs die Figurenaxe des Geschosses gerade so um die veränderliche Luftwiderstandsrichtung mit kleiner Kegelöffnung herumkreist, wie die Figurenaxe des Kreisels um die feste Vertikale bei ursprünglich vorhandener annähernder Koincidenz. Dabei ist die Veränderlichkeit der

Flugbahntangente keineswegs gering; sie kann bei einem Steilschufs 90° und mehr betragen. Die theoretische Rechtfertigung unserer Übertragung müfste nachweisen, dafs die Flugbahntangente als langsam veränderlich verglichen mit den Geschofspendelungen anzusehen ist, so dafs die Figurenaxe in wiederholten Umkreisungen Zeit findet, sich der successive veränderten Lage der Bahntangente anzupassen. Indessen wollen wir hier auf jede theoretische Begründung verzichten und uns einfach auf die zweifellose, von Fachkreisen bestätigte Erfahrungsthatsache berufen, dafs das Geschofs im Allgemeinen (d. h. bei nicht zu steilem Abgangswinkel und bei normal konstruiertem Geschütz- und Geschofssystem) mit seiner Spitze aufschlägt (andernfalls würde ja die Zündung versagen!), dafs sich also die Geschofsaxe thatsächlich dauernd in der Nähe der Flugbahntangente oder der Luftwiderstandsresultanten hält. Diese Thatsache wird offenbar nur durch die konische Pendelung, d. h. durch das *Auftreten von energischen Kreiselwirkungen* ermöglicht.

Die Rechtsabweichung der Geschosse. Hierüber liegen folgende Erfahrungsthatsachen vor. Während bei den Infanteriegeschossen die Seitenabweichung klein ist, zeigt sich bei den Artilleriegeschossen mit Rechtsdrall eine beträchtliche und mit zunehmender Schufsweite zunehmende Rechtsabweichung, nämlich

bei einer Schufsweite von	500,	1000,	2000,	3000 m
eine Rechtsabweichung von	0,25,	1,1,	4,4,	11,5 m.

Übrigens wird bei den modernen Geschützen die Rechtsabweichung durch die Visierstellung von selbst mitkorrigiert.

Dafs wir in diesem Phänomen eine Folge der konischen Pendelung, also mittelbar eine Folge der Kreiselwirkungen zu sehen haben, ist sehr wahrscheinlich. Auch ist es bekannt, dafs bei Linksdrall die Rechtsabweichung in eine Linksabweichung übergeht (die italienische Artillerie hat Linksdrall). Eine genaue quantitative Theorie der Rechtsabweichung scheitert an unserer Unkenntnis des Luftwiderstandsgesetzes und wäre nur auf hydrodynamischer Grundlage zu erbringen. Auch bei Annahme eines empirischen und sicher unvollständigen Luftwiderstandsgesetzes (Einzelkraft von geeignet gewähltem Angriffspunkt) wird die Berechnung sehr umständlich und nur durch schrittweise Näherung möglich, wegen der Verkettung des Translations- und Rotationsbestandteils. Wir begnügen uns daher mit einem qualitativen Überschlag. Dabei gehen wir von der vorher begründeten Vorstellung aus, dafs die Geschofsaxe dauernd um die augenblickliche Lage der Luftwiderstandsresultanten mit durchschnittlich konstanter Winkelgeschwindigkeit im

Sinne der Eigenrotation herumkreist. Von der Flugbahntangente und der ihr annähernd folgenden Luftwiderstandsresultanten nehmen wir an, daſs sie sich mit gleichförmiger Geschwindigkeit senkt, was für ein nicht zu langes Zeitintervall und unter vorläufiger Vernachlässigung der Seitenabweichung zulässig sein wird. Denken wir uns nun eine Zeichenebene senkrecht gegen die Luftwiderstandsresultante in irgend einem Augenblicke gestellt, so beschreibt der Durchstoſsungspunkt O des Luftwiderstandes mit dieser Ebene eine nach unten gerichtete gerade Linie L mit gleichförmiger Geschwindigkeit. Der Durchstoſsungspunkt der Geschoſsaxe mit derselben Ebene sei Q. Q bewegt sich beständig senkrecht zur Verbindungslinie OQ mit durchschnittlich konstanter Winkelgeschwindigkeit im Sinne des Uhrzeigers, wenn wir unsere Zeichenebene vom Geschütz aus betrachten. Wir haben somit ein einfachstes geometrisches Bild vor uns, aus dem sich die Bahn von Q sofort ergiebt. Diese wird ersichtlich eine *cykloidische Kurve*, wie sie beim Abrollen eines Rades auf einer Geraden entsteht. Dem Punkte O entspricht dabei der jeweilige Berührungspunkt des Rades, Q ist ein Punkt des Rades, als Rollbahn ist unsere Gerade L zu denken. Das abrollende Rad liegt, vom Geschütz aus gesehen, *rechterhand* von L, da sich das Rad ebenso wie der an ihm feste Punkt Q im Sinne des Uhrzeigers drehen und der Berührungspunkt O auf L nach unten fortschreiten soll. Je nachdem Q auf dem Umfange des Rades oder im Innern desselben oder im Äuſsern liegt, entsteht eine gemeine Cykloide mit Spitzen oder eine gewellte Cykloide oder eine verschlungene, mit Schleifen verlaufende. In der That sind bei jeder cykloidischen Kurve die oben genannten Kriterien erfüllt, daſs sich Q um das momentane Drehzentrum des Rades O mit konstanter Geschwindigkeit dreht. Man vergleiche übrigens hierzu die ganz ähnliche Betrachtung von pag. 295 gelegentlich der Behandlung der pseudoregulären Präcession, bei der ebenfalls cykloidische Kurven auftraten, und die dortige Fig. 48, die wir uns jetzt im Uhrzeigersinn um 90° gedreht zu denken haben, mit dem Unterschiede, daſs das momentane Drehcentrum dort durch die jeweilige Lage der Impulsaxe gegeben war, hier durch diejenige der Luftwiderstandsrichtung.

Ob eine gemeine oder eine verschlungene Cykloide etc. entsteht, hängt von der Anfangslage des Punktes Q gegen O und der Präcessionsgeschwindigkeit von Q um O, sowie von der Senkungsgeschwindigkeit des Punktes O ab und bleibt bei unserer Betrachtung unbestimmt.*)

---

*) Herr Cranz findet in dem oben zitierten Lehrbuch der Ballistik, Teil 1, Nr. 52 bis 57, durch Näherungslösung als Bahnkurve eine gemeine Cykloide, deren

Wesentlich ist für uns nur ein allen drei Typen gemeinsamer Charakter: *die Bahnkurve von Q verläuft, vom Geschütz aus gesehen, durchschnittlich rechts von der Geraden O,* und zwar tritt sie bei der gemeinen und gewellten Cykloide überhaupt nicht auf die linke Seite von *O* herüber, während bei der verschlungenen Cykloide die nach links herübergreifenden Schleifen kürzer sind wie die nach rechts ansetzenden Bögen. Hiermit ist aber eine anschauliche Erklärung der Rechtsabweichung gegeben: *Indem sich die Geschofsspitze durchschnittlich rechts von der Vertikalebene durch die Flugbahntangente befindet, wird das Geschofs von dem Luftwiderstande nach rechts hinübergedrängt.* Es wird nämlich der Druck auf die linke Seite des Geschosses überwiegen, sodafs der Luftwiderstand mit einer kleinen Komponente seines Gesamtbetrages direkt auf die seitliche Schwerpunktsbewegung einwirkt und die Flugbahn nach rechts ablenkt.

Als qualitative Erklärung der Rechtsabweichung wird diese sehr oberflächliche Betrachtung genügen können. Dafs eine quantitative Behandlung derselben Thatsache unmöglich ist und dafs sich überhaupt, wie kaum zu leugnen ist, das ballistische Problem noch in einem sehr unbefriedigenden Zustande befindet*), liegt nicht, wie wir nochmals hervorheben möchten, an der Kreiseltheorie, die alle an sie zu stellenden Fragen in bestimmter und anschaulicher Weise beantwortet, sondern an der Hydrodynamik mit ihren weitaus komplizierteren Verhältnissen und ihren unendlich vermehrten Bewegungsmöglichkeiten.

Bis über die Mitte des 19. Jahrhunderts hinaus hatte die altehrwürdige Mechanik die unbestrittene Führung sowohl in der theore-

---

Bögen sich allmählich erweitern; diese Erweiterung konnte aber bei unserer Darstellung nicht in Erscheinung treten, da wir näherungsweise die Geschwindigkeit, mit der sich die Flugbahntangente senkt (d. h. die des Punktes *O*), als gleichförmig annahmen. Andere Autoren (vgl. die Litteratur bei Cranz l. c.) wurden bei etwas abweichender Berechnung auch auf verschlungene oder gewellte Cykloidenbahnen geführt. Auch Cranz weist (Nr. 57, l. c.) auf die Unsicherheit der theoretischen Berechnung und auf die Notwendigkeit von systematischen Experimenten hin.

*) Ein Erfolg versprechendes Hilfsmittel der experimentellen Ballistik scheint die photographische Aufnahme der Geschofsbewegung zu sein. F. Neesen hat einerseits versucht, die konische Pendelung auf Platten im Innern des Geschosses aufzuzeichnen und die erhaltenen Kurven im Sinne der Theorie als Cykloiden von allerdings sehr unregelmäfsigem Charakter gedeutet, andererseits auch eine Methode angegeben, um die Stellung des Geschosses direkt von aufsen aufzunehmen, doch sind abschliefsende Resultate wegen ungünstiger Versuchsbedingungen in beiden Richtungen noch nicht erzielt worden. Vgl. Archiv f. Artillerie- und Ingenieuroffiziere, 53. Jg. 1889 und Kriegstechnische Zeitschrift 1903.

tischen Auffassung der Natur, wie in der praktischen Verwertung ihrer Kräfte. Im letzten Viertel des 19. Jahrhunderts aber mußte sie mehr und mehr ihrer jüngeren Rivalin, der Elektricität, weichen. Die theoretische Elektrodynamik führte tiefer in die Erkenntnis der Natur, wie die rein-mechanische Betrachtung, und die Elektrotechnik eröffnete mannigfachere und kühnere Möglichkeiten der Energieverwertung und -übertragung, wie die alten mechanischen Konstruktionen. Es hat den Anschein, als ob im 20. Jahrhundert die mechanische Technik, unter anderem durch die Verwertung des Kreiselprinzips, neue Aufgaben mit verjüngten Kräften angreifen wolle, wobei allerdings nicht zu vergessen ist, dafs sie ein wichtiges Hülfsmittel, den Kreiselantrieb, in den meisten Fällen gerade von ihrer Rivalin, der Elektrotechnik, erborgen mufs. Offenbar stehen wir erst im Anfange dieser Entwicklung; die hier sich bietenden Möglichkeiten sind mit den im Vorstehenden dargestellten Konstruktionen wohl noch lange nicht erschöpft.

Zusätze und Ergänzungen.

Zum Vorwort.

Der am Schlufs zitierte Ausspruch Sir John Herschel's findet sich in den Outlines of Astronomy, London 1850, Chapter V, Nr. 317.

Auch in England ist neuerdings eine Monographie über den Kreisel erschienen: H. Crabtree, An elementary treatment of the theory of spinning tops and gyroscopic motion, Longmans, Green, Co., London 1909. Hier wird der auch in unserem Vorwort empfohlene Weg zur Erklärung der Kreiselerscheinungen eingeschlagen, der den Ausgang von den Impulssätzen nimmt. Systematischer und ausführlicher in der Begründung als der bekannte Vortrag von Perry (vgl. Anm. auf pag. 134) gelangt das Buch zur Berechnung der allgemeinen Kreiselbewegung und zur Beschreibung einiger technischer Anwendungen, wie des Schiffskreisels und der Einschienenbahn. Es ist besonders reichhaltig an Beispielen aus dem täglichen Leben, deren wesentliche dynamische Züge treffend hervorgehoben werden, macht aber natürlich bei dem weit beschränkteren Raum sowie dem durchweg elementaren Charakter keinen Anspruch auf die Vollständigkeit, die wir mit weitergehenden analytischen Hilfsmitteln erstrebten.

Zur Einleitung.

Zu den in der Einleitung genannten Lehrbüchern für Mechanik tritt nun noch das besonders empfehlenswerte, reichhaltige Buch von A. G. Webster: The dynamics of particles and of rigid, elastic and fluid bodies, Leipzig 1904, in dem auch die Kreiseltheorie und einige ihrer Anwendungen reichlichen Raum gefunden haben. Eine deutsche Bearbeitung des Buches von C. H. Müller unter dem Titel: „Lehrbuch der Mechanik als Einführung in die theoretische Physik", in zwei Teilen, ist in Vorbereitung und erscheint demnächst im gleichen Verlage.

In sachgemäfsester Weise behandeln die technischen Fragen der Mechanik natürlich die „Vorlesungen über technische Mechanik" von A. Föppl, deren sechster Band (Leipzig 1910) auch die Kreiseltheorie, insbesondere als typisches Beispiel die vom Verfasser aufgestellte Theorie des Schiffskreisels ausführlich erörtert.

Einen kurz zusammenfassenden, aber inhaltsreichen Bericht über die Kreiseltheorie liefert A. G. Greenhill: Gyroscop and Gyrostat, Encyclopaedia Britannica, Suppl. 29, 1902. Bezüglich der historischen Entwicklung der Kreiseltheorie verweisen wir auch auf dessen Vortrag: The mathematical theory of the top, considered historically, Verhandlungen des 3. internationalen Mathematikerkongresses, Heidelberg 1904. Man vergl. auch die reichhaltigen historischen Nachweise in P. Stäckel's Encyklopädie-Artikel Bd. IV, 6; der Freundlichkeit von Herrn Stäckel verdanken wir eine Reihe der folgenden Berichtigungen.

Zu Kap. I.

Zu pag. 14. Die Euler'schen Winkel treten wohl zuerst 1748 auf in Euler's Introductio in analysin infinitorum, vgl. P. Stäckel, Elementare Dynamik, Encykl. d. Math. Wiss. IV 6, Nr. 28 a.

Zu pag. 22, Gl. (10) und pag. 57, Gl. (2). Die Transformationsformeln (2) hat kürzlich in elementarer Weise A. Schoenfliefs abgeleitet auf Grund der Thatsache, dafs sich jede Drehung im R_3 aus zwei Wendungen (Drehungen um 180°) oder auch aus zwei Spiegelungen zusammensetzen läfst. (Rend. del Circolo matematico di Palermo, t. 29, 1910.)

Zu pag. 61. Das vektorielle Produkt, wie es in der Vektoranalysis üblich ist, ist nicht identisch mit dem „äufseren Produkt" Grafsmann's (die Ausdrucksweise des Textes, Zeile 9 von unten, ist in dieser Hinsicht ungenau), sondern mit der Grafsmann'schen „Ergänzung des äufseren Produktes". Das vektorielle Produkt ist ein (axialer) Vektor, das äufsere Produkt dagegen ein „Bivektor" (d. h. hier ein Flächenstück), erst seine Ergänzung (die auf dem Flächenstück errichtete mit Umlaufssinn versehene Normale) ein axialer Vektor. Die Grafsmann'sche Theorie geht bei der Aufzählung der Raumgröfsen systematisch, die physikalische Vektorrechnung opportunistisch vor. Letztere sieht auch vielfach von dem prinzipiellen Unterschied zwischen polaren Vektoren (Vektoren erster Art) und axialen Vektoren (Vektoren zweiter Art) ab, was nur so lange zulässig ist, als nur Drehungen des Koordinatensystems, keine Spiegelungen oder Inversionen benutzt werden. Man vgl. hierzu Encyklopädie der math. Wiss. IV, 14 (Art. Abraham), Nr. 2, 3; R. Mehmke: Jahresbericht d. d. Math.ver. 13, 1904, pag. 217; L. Prandtl: ibid. pag. 436. In der von Minkowski verwendeten vierdimensionalen Vektoranalysis der Relativitätstheorie (vgl. unten) tritt der Unterschied zwischen den Vektoren erster und zweiter Art schärfer hervor, indem die ersteren vierkomponentig, die letzteren aber sechskomponentig werden.

Zu pag. 64, Gl. (13). Mittels der Gl. (13) hat kurze Zeit vor der auf pag. 64 zitierten Arbeit von Cayley schon Hamilton die Drehungen um einen Punkt im R_3 auf Quaternionenmultiplikation zurückgeführt. Proc. Irish. Academy 11. Nov. 1844.

Diese Gleichung, durch die wir eine beliebige Drehstreckung des x, y, z Raumes um den Anfangspunkt $x = y = z = 0$ in kompendiösester Form darstellten, ist ein Sonderfall einer allgemeineren Darstellung, die die Drehungen eines vierdimensionalen Raumes um einen festen Punkt, oder auch, bei Benutzung homogener Koordinaten, unter anderem die ∞^6 Drehungen und Verschiebungen des gewöhnlichen dreidimensionalen Raumes umfafst. Für diese Transformationsgruppen liefert die in Rede stehende Verallgemeinerung von Gl. (13) zugleich eine sehr einfache rationale Darstellung durch 6 Parameter (bzw. 7, wenn auch Drehstreckungen des R_4 mit einbegriffen werden). Die allgemeinere Formel hat überdies den Vorteil gröfserer Symmetrie und Übersichtlichkeit.

Ihre einfache Grundlage ist der mehrfach benutzte Satz, dafs der Tensor eines Quaternionenproduktes gleich ist dem Produkt aus den Tensoren seiner Bestandteile, unter dem Tensor einer Quaternion

$$Q = Ai + Bj + Ck + D$$

die früher auch als Streckung bezeichnete Gröfse

$$T = \sqrt{A^2 + B^2 + C^2 + D^2}$$

verstanden. (Diese von Hamilton eingeführte Bezeichnung (vgl. pag. 58) hat natürlich nichts mit dem in der mathematischen Physik heute üblichen Tensorbegriff zu tun.)

Sei nun eine Quaternion gegeben:

$$v = xi + yj + zk + u,$$

und eine zweite durch das Quaternionenprodukt definiert:

$$(1) \qquad V = Xi + Yk + Zj + U = Q_1 v Q_2$$
$$= (A_1 i + B_1 j + C_1 k + D_1)(xi + yj + zk + u)(A_2 i + B_2 j + C_2 k + D_2).$$

Hiernach sind offenbar die Gröfsen X, Y, Z, U als homogene lineare Funktionen der Gröfsen x, y, z, u bestimmt, und es besteht die Beziehung

$$X^2 + Y^2 + Z^2 + U^2 = T_V^2$$
$$= (A_1^2 + B_1^2 + C_1^2 + D_1^2)(x^2 + y^2 + z^2 + u^2)(A_2^2 + B_2^2 + C_2^2 + D_2^2)$$
$$= T_1^2 T_v^2 T_2^2.$$

Wir brauchen hier nur zu fordern, dafs

$$(2) \qquad T_1^2 T_2^2 = 1$$

sein soll, so stellen die linearen Transformationsformeln zwischen X und x eine orthogonale Transformation des x, y, z, u Raumes dar, die ja bekanntlich durch die Bedingung

$$(3) \qquad X^2 + Y^2 + Z^2 + U^2 = x^2 + y^2 + z^2 + u^2$$

definiert ist. Sie ist eine Drehung, denn ihre Determinante ist $+1$, wie man durch Einzelmultiplikation mit Q_2 und Q_1 leicht nachrechnet. Die Transformationsformeln enthalten zunächst die acht Koeffizienten der Quaternionen Q_1 und Q_2 als Parameter, zwischen denen aber die Bedingung (2) besteht. Da ferner in der Gl. (1) nur das Produkt der Quaternionen Q_1 und Q_2 vorkommt, so bleibt sie unverändert, wenn man Q_1 mit einem skalaren Faktor λ multipliziert und Q_2 mit dem nämlichen Faktor dividiert, man kann diesen Faktor z. B. so wählen, dafs

$$\lambda^2 T_1^2 = \frac{1}{\lambda^2} T_2^2 = 1$$

wird, und hat dann die Drehung des R_4 durch die sechs Parameter der zwei Einheitsquaternionen λQ_1, Q_2/λ in einfachster Weise definiert. Wesentlich ist, daß sich diese Darstellung unmittelbar in rationaler Form geben läßt, wie wir unten noch zeigen werden.

Läfst man dagegen die Koeffizienten von Q_1 und Q_2 beliebig, so enthält das Quaternionenprodukt (1) sieben Parameter; in diesem Falle führt Gl. (1) auf die „Drehstreckungen des R_4“. Die Formel (13) ergibt sich hieraus offenbar für die spezielle Bestimmung

$$Q_2 = T_1 Q_1^{-1}$$

und liefert aufser den Transformationsgleichungen (2) von pag. 57 dann noch die Beziehung $U = u$.

Wenn wir alle Koeffizienten der Quaternionen Q_1, Q_2, v und V und also auch λ als reelle Gröfsen betrachten, so sind durch Gl. (1) und (2) die reellen Drehungen im R_4 dargestellt; wir wollen sie im Anschlufs an eine übliche Ausdrucksweise der projektiven Maßgeometrie als die „elliptischen“ Drehungen bezeichnen. Neben diese stellen wir eine andere Gruppe von Kollineationen des R_4, die „hyperbolischen“ Drehungen, indem wir $u = \omega s$ setzen und s als reell annehmen, wo $\omega = \sqrt{-1}$ (oder allgemeiner die Quadratwurzel aus einer negativen Gröfse) sein soll. Dann ist die Bedingung erfüllt:

$$(3') \qquad X^2 + Y^2 + Z^2 + \omega^2 S^2 = x^2 + y^2 + z^2 + \omega^2 s^2,$$

die ausdrückt, daß ein reeller Kegel bei der Transformation unverändert bleibt, was eben die hyperbolischen Drehungen charakterisieren mag.

Um in diesem Fall reelle Transformationsformeln zu erhalten, mufs man, wie sich durch nähere Berechnung leicht ergibt, die beiden Quaternionen Q_1 und Q_2 als „konjugierte“ wählen, die so zu definieren sind:

$$(4)\quad \begin{cases} Q_1 = (+Ai + Bj + Ck + D) + \omega(A'i + B'j + C'k + D'), \\ Q_2 = (-Ai - Bj - Ck + D) + \omega(A'i + B'j + C'k - D'). \end{cases}$$

Die Transformationsformeln würden allgemeiner auch dann reell ausfallen, wenn Q_2 um einen reellen Faktor von dem in (4) angegebenen Ausdruck verschieden wäre; alle möglichen Transformationen zerfallen hiernach in zwei Arten, je nachdem ob dieser Faktor positiv oder negativ ist. Die der ersten Art bilden für sich eine Gruppe, bei den letzteren ist charakteristisch, daß $\partial S/\partial s$ immer negativ ist; es ist daher nicht möglich, daß diese zweite Art die identische Substitution oder unendlich kleine Drehungen enthält. Deshalb wird es zweckmäßig sein, in der Definition der hyperbolischen Drehungen sich auf die erstere Gruppe zu beschränken und also bei geeigneter Normierung nur die Formeln (4) ins Auge zu fassen. Für die unten zu besprechenden Lorentztransformationen bedeutet dies die naturgemäße Beschränkung, daß die Zeitskala in allen betrachteten Koordinatensystemen gleichgerichtet sein soll.

Ohne Einschränkung der Allgemeinheit kann auch in (4) ein Faktor λ bzw. $1/\lambda$ so gewählt werden, dafs $T_1^2 = T_2^2$ wird. Damit auch λQ_1 und Q_2/λ konjugiert sind, mufs jetzt λ eine komplexe Gröfse $a + \omega b$ vom absoluten Betrag $\sqrt{a^2 - \omega^2 b^2} = 1$ sein. Denken wir uns der Einfachheit halber die Quaternionen Q_1 und Q_2 schon so normiert, so besteht also die Bedingung

$$(4')\qquad AA' + BB' + CC' + DD' = 0.$$

Jetzt ist es leicht zu sehen, dafs wir mittels der Quaternionenparameter zu einer rationalen Darstellung der Drehungen gelangen. Um nämlich die Bedingung (2) identisch zu erfüllen, setzen wir statt (1) die Transformationsgleichung an:

$$(1')\qquad (Xi + Yj + Zk + \omega S) = \frac{Q_1 (xi + yj + zk + \omega s) Q_2}{T_1 T_2},$$

wo aber nun wegen (4')

$$T_1 T_2 = T_1^2 = T_2^2 = A^2 + B^2 + C^2 + D^2 + \omega^2 (A'^2 + B'^2 + C'^2 + D'^2),$$

also rational in den Parametern $A, A' \ldots$ wird.

Nach (4') ist nun ferner etwa D' ein rationaler, homogener Ausdruck ersten Grades in den sieben übrigen Parametern, führt man ihn in die rechte Seite von (1') ein, so wird diese, da sie in den acht Parametern von Q_1 und Q_2 homogen vom Grade Null ist, eine Funktion bloſs der sechs Verhältnisse von A, A', B, B', C, C', D, und (1') führt also in der That zu einer rationalen Darstellung der hyperbolischen Drehungen durch sechs Parameter.

Diese hyperbolischen Drehungen stehen nun in naher Beziehung zu Fragen der modernen Physik, zu denen die Entwicklung der Elektrodynamik geführt hat; dies war für uns der Anlaſs, sie hier zu besprechen. Wir gewinnen für die Wahl $\omega^2 = -c^2$, wo c die Lichtgeschwindigkeit bezeichnet, eine rationale Darstellung für den wesentlichen Bestandteil in der Gruppe der von Poincaré sogenannten „Lorentztransformationen", die nur noch durch Hinzunahme einer willkürlichen Verschiebung des Anfangspunktes zu vervollständigen ist. Sie spielt für die Elektrodynamik und die an diese sich anschlieſsenden Fragen die gleiche Rolle, wie für die klassische Mechanik die Gruppe, die sich aus den einmaligen Drehungen und Verschiebungen des Koordinatensystems und den gleichförmigen Translationen desselben zusammensetzt, indem sich die elektrodynamischen Grundgleichungen invariant verhalten, wenn die Lorentztransformationen auf die Raumkoordinaten x, y, z und die Zeitkoordinate s angewendet werden. Diese Invarianz ermöglicht eine systematische Entwicklung der Elektrodynamik bewegter Medien, wie sie durch das „Relativitätsprinzip" gefordert wird. Ihre physikalische Bedeutung wurde erkannt durch die Arbeiten von H. A. Lorentz, Versuch einer Theorie der elektrischen und magnetischen Erscheinungen in bewegten Körpern, Leiden 1895 (2. Auflage Leipzig 1906); A. Einstein, Annalen der Physik 17, 1905, pag. 891. Die Gruppeneigenschaft der Lorentztransformationen betont zuerst H. Poincaré, Rend. del circolo mat. di Palermo, 21, 1906, pag. 129; vom Standpunkt der vierdimensionalen Vektorauffassung endlich, zu der die obige Darstellung einen Beitrag liefern soll, gehen die Entwicklungen von H. Minkowski aus: Göttinger Nachrichten 1908, pag. 53 und dessen Vortrag: Raum und Zeit, Jahresbericht der deutschen Mathematikervereinigung 18, 1908.

Geht man in den Gleichungen (4) zu dem Grenzfall $\omega^2 = 0$ über und läſst zugleich s und S von der Ordnung $1/\omega^2$ unendlich werden, so erhält man eine Gruppe von Transformationen, bei denen $\omega^2 s = \omega^2 S$ und die als „parabolische" Drehungen des R_4 bezeichnet werden können. Deutet man nämlich die Transformationsformeln im R_3, als dessen Koordinaten man die Quotienten $x/\omega^2 s$, $y/\omega^2 s$, $z/\omega^2 s$ ansieht, so stellen sie die Gruppe der ∞^6 linearen Orthogonaltransformationen unserer gewöhnlichen (der parabolischen) Geometrie, der Drehungen und Verschiebungen, dar. Bei der gleichen Abbildung würden die vorher behandelten elliptischen und hyperbolischen Fälle auf die linearen Orthogonaltransformationen des R_3 führen, die zu elliptischer, bzw.

hyperbolischer Maſsbestimmung gehören; bekanntlich versteht man ja darunter die Kollineationen, bei denen eine imaginäre (Gl. 3) bzw. reelle (Gl. 3') Fläche zweiter Ordnung unverändert bleibt.

Zu den „parabolischen" Drehungen des R_4 führt endlich auch der Grenzfall, in dem ω^2 unendlich wird und zugleich A', B', C', D' von der Ordnung $1/\omega^2$ verschwinden, während jetzt x, y, z, s endlich bleiben, und zwar $s = S$ wird. Man erhält noch eine weitere Deutung dieser Gruppe, wenn man $s (= S)$ als Zeitkoordinate, dagegen x, y, z bzw. X, Y, Z als Raumkoordinaten auffaſst. Fügt man nämlich noch eine willkürliche Verschiebung des Koordinatenanfangspunktes der Raum- und Zeitmessung zu, so resultiert die schon oben erwähnte ∞^{10} fache Gruppe, zu der sich die Newton'sche Mechanik invariant verhält, sie bildet in der That den Grenzfall der Lorentzgruppe bei unendlich groſser Lichtgeschwindigkeit c. Als Untergruppe ist hierin natürlich wieder die Gruppe der Drehungen im R_3 enthalten, für die A', B', C', D' identisch verschwinden, wobei unsere allgemeineren Gleichungen (1) und (4) in die frühere (13) ausarten.

Die Gleichungen (4), (4'), (1') umfassen auch die vorher behandelten „elliptischen" Drehungen, nämlich für positive Werte von ω^2, also reelle Werte von ω, für die die konjugierten Quaternionen Q_1, Q_2 zu zwei beliebigen reellen Quaternionen werden. Ohne Beeinträchtigung der Allgemeinheit kann man also sagen, daſs die charakteristischen Unterfälle:

$$\omega^2 = 1, \qquad \omega^2 = -1, \qquad \omega^2 = 0 \text{ oder } \infty$$

gerade die elliptischen, hyperbolischen, parabolischen Drehungen des R_4, bzw. die allgemeinen linearen Orthogonaltransformationen des R_3 bei entsprechender Maſsbestimmung repräsentieren.

Die Verwendung der Quaternionen zur Darstellung der Drehungen im R_4 hat zuerst Cayley bemerkt, unter Beschränkung auf den elliptischen Fall (1). (On the homographic transformation of a surface of the second order into itself, Philos. magazine VII, 1854, papers, t. II p. 135, und Recherches ultérieures sur les déterminants gauches, Journal f. Math. t. 50, 1855, papers t. II p. 202.) Die geometrische Deutung hat Klein hinzugefügt (Zur nicht-euklidischen Geometrie, Math. Annalen 37, 1890). Der allgemeine Ansatz rührt von Clifford her (Preliminary sketch of biquaternions, Proceedings of the London Math. Society, Vol. IV, 1873, papers London 1882, p. 181) und ist durch Study systematisch entwickelt worden (Von den Bewegungen und Umlegungen, II, Math. Annalen 39, 1891). Wegen der ferneren Litteratur vergleiche man die Zitate bei Study, Encykl. d. math. Wiss. I, A, 4, insbesondere Nr. 35 der französischen Ausgabe des Artikels (dort I, 5).

Zu pag. 68. Die Schlufsbemerkung über „invariantes Denken und invariantes Rechnen" möchten wir heutzutage nach der Bedeutung, die die Vektorrechnung inzwischen gewonnen hat (vgl. auch den Zusatz zu pag. 142), jedenfalls nicht in dem Sinne aufgefafst wissen, dafs das invariante vektorielle Rechnen als etwas Nebensächliches erscheint.

Zu Kap. III.

Zu pag. 138. Es scheint uns, dafs die Ableitung der Euler'schen Gleichungen auf S. 138 f. noch nicht mit der wünschenswerten Übersichtlichkeit erkennen läfst, dafs sie in der That nichts anderes als ein analytischer Ausdruck für die Impulsgesetze sind. Deshalb möge die Ableitung hier in knapperer Form nochmals folgen, wobei wir die Schreibweise der Vektorrechnung benutzen.

Wegen der Rotation R hat ein beliebiger im Kreisel fester Punkt, dessen Koordinaten x, y, z wir in üblicher Weise durch den vom Anfangspunkt aus gezogenen Vektor $\mathfrak{r}$ bezeichnen, nach dem Schema (3) auf pag. 41 die Geschwindigkeit $U = V(R\mathfrak{r})$ im Raume, unter dem Symbol V wie auf pag. 138 den auf pag. 61 erklärten Begriff des vektoriellen Produktes verstanden.*) Andererseits bewegt sich ein beliebiger im Raume fester Punkt $\mathfrak{r}'$ mit der Geschwindigkeit

$$U' = -V(R\mathfrak{r}') = V(\mathfrak{r}'R)$$

gegen den Körper. Ein solcher Punkt ist der Impulsendpunkt J im kräftefreien Fall. Deshalb folgt für dessen Geschwindigkeit relativ zum Körper:

$$U' = \frac{dJ}{dt} = V(JR),$$

also die Gl. (2) von pag. 140. Ist andererseits der betrachtete Punkt im Raume nicht fest, sondern hat die Geschwindigkeit W, so hat er im Körper die Geschwindigkeit $U' + W$. Für den Impulsendpunkt ist diese Geschwindigkeit W auf Grund des zweiten Impulsgesetzes gleich dem Moment der Kräfte, Δ, es folgt daher die Gl. (3), pag. 141:

$$\frac{dJ}{dt} = V(JR) + \Delta,$$

die nach (3′) und (3″) eben das System der Euler'schen Gleichungen in vektorieller Fassung bedeutet.

Die Euler'schen Gleichungen sind hiernach ein prägnantes Beispiel für ein Gleichungssystem, dessen eigentliches Wesen in seinem Vektorcharakter liegt. Überhaupt ist die Vektorentheorie gerade derjenigen Form der Fragestellung angepafst, die wir an die Spitze der Behand-

---

*) Statt $V(R\mathfrak{r})$ ist jetzt die Schreibweise $[R\mathfrak{r}]$ üblicher.

lung des starren Körpers stellten: der Frage nach den Verlagerungen des Impulsvektors. Daſs wir von der Benutzung dieser Rechnungsart absahen, liegt wesentlich daran, daſs sie sich erst im Laufe der letzten zehn Jahre mehr und mehr eingebürgert hat, insbesondere seit sie sich in der theoretischen Elektrodynamik als unentbehrliches Hilfsmittel erwiesen hat. Man darf allerdings bei ihrer Einschätzung nicht übersehen, daſs für die wirkliche Behandlung der Gleichungen, besonders ihre Integration, der Übergang zu den Koordinatengleichungen doch meist erforderlich wird. In konsequenter Weise wird die Vektorrechnung für die Kreiseltheorie in einigen neueren Arbeiten benutzt, wir nennen: Föppl, Lösung des Kreiselproblems mit Hilfe der Vektorenrechnung, Ztschr. f. Math. u. Phys., 48, 1903; Stübler, Der Impuls bei der Bewegung eines starren Körpers, ibid. 54, 1907.

Zu pag. 142. Die einfache Auffassung der Euler'schen Gleichungen als Ausdruck für die Impulssätze findet sich kurz vor Hayward (1856) schon bei Saint-Guilhem, Journ. de math. (1), 16, p. 347 (1851), und ibid. (1), 19, p. 346 (1854). Für die Geschichte der Euler'schen Gleichungen vgl. Encykl. d. math. Wiss. IV, 6 (Art. Stäckel), Nr. 30.

Zu Kap. V.

Zu pag. 315. Das Moment $Cr\vartheta'$, das wir in Kap. III, § 5 als Deviationswiderstand, bei den späteren Anwendungen als Kreiselwirkung bezeichnen, nennt Herr Koppe „induzierte Kraft" in der auf pag. 315 in der Fuſsnote ††) zitierten Arbeit, wo auf die Wichtigkeit dieses Moments zum elementaren Verständnis der Kreiselerscheinungen hingewiesen ist. Koppes Hinweis steht in vollem Einklang mit unserer eigenen Auffassung (vgl. die Überschrift von § 1, Kap. IX, wo die fragliche Formel kurzweg als die wichtigste der Kreiseltheorie bezeichnet wird, sowie alle folgenden technischen Anwendungen, bei denen durchgehends diese Formel, bzw. ihre Verallgemeinerung, benutzt wird). In einer Besprechung der ersten beiden Hefte unseres Buches (Ztschr. f. d. phys. u. chem. Unterricht, Nov. 1898) und in den Berichten der Berliner mathematischen Gesellschaft, 1, 1902 hat Herr Koppe eine nochmalige vereinfachte Ableitung dieses Moments gegeben, die mit der unsrigen wesentlich übereinstimmt und mit der wir also durchaus einverstanden sind.

Zu pag. 337. Von der asymptotischen Bewegung des „aufrechten" Kreisels, die für unser nachfolgendes Stabilitätskriterium wesentlich wird, ist angegeben, daſs sie bisher eigentümlicher Weise nicht bemerkt zu sein scheint. Demgegenüber ist auf A. G. Greenhill, Applications of elliptic functions, London 1892, pag. 243, § 226 E, hinzuweisen;

hier wird die Möglichkeit der elementaren Berechnung der betreffenden Bahnkurve dargethan, dem Umstande entsprechend, dafs ein sogenannter pseudo-elliptischer Fall vorliegt; der gestaltliche, asymptotische Charakter der Bewegung wird dort aber nicht näher diskutiert.

Zu pag. 341. Die durch die Formeln (20) dargestellten Bewegungskurven können, wie Herr Koppe in der zitierten Besprechung bemerkt, und wie auch aus den nach der Methode der kleinen Schwingungen abgeleiteten Gleichungen (10), pag. 368, folgt, in den stabilen Fällen $N^2 - 4AP > 0$ ebenfalls als Epi- oder Hypocykloiden (nämlich als Überlagerung zweier ungedämpfter Zirkularschwingungen) aufgefafst werden. Allerdings nehmen sie nur dann diese einfache Form an, wenn man Glieder von der Ordnung ε, die zugleich die von $1-u$ ist, neben den Gliedern der Ordnung $\sqrt{\varepsilon}$, bzw. $\sqrt{1-u}$ vernachlässigt. Mit dieser Einschränkung können wir also auch hier der Bemerkung von Herrn Koppe beistimmen. Die Geschwindigkeiten der Präcession und Nutation sind von den bei beliebiger Neigung der Figurenaxe eintretenden verschieden.

(Man erkennt die Überlagerung, wenn man die in (20) dargestellte Kurve durch senkrechte Projektion (die in dem vorliegenden Falle, wo die Kurve ganz in der Nähe des Nordpols verläuft, mit der stereographischen vom Südpol aus zusammenfällt) auf die Horizontalebene abbildet. In der Abbildung wird

$$r^2 = \sin^2\vartheta = 1 - u^2 = (1+u)(1-u),$$

also, da u nahezu gleich 1 ist, bei Vernachlässigung von Gliedern höherer Ordnung:

$$r^2 = 2(1-u) = 2\left(1 - u_0 - \varepsilon \sin\frac{\pi t}{\omega}\right).$$

Hieraus ist zunächst ersichtlich, dafs $1-u_0$ und ε als kleine Gröfsen zweiter Ordnung in den linearen Dimensionen aufzufassen sind. Wir schreiben daher die zweite Gleichung von (20) mit Unterdrückung aller Glieder, die als von zweiter Ordnung erkenntlich sind:

$$2\psi = \frac{n+N}{2A}t + \operatorname{arctg}\frac{w_1}{w_2}$$

mit den Abkürzungen

$$w_1 = \varepsilon - (1-u_0)\sin\frac{\pi t}{\omega},$$

$$w_2 = \sqrt{(1-u_0)^2 - \varepsilon^2}\cos\frac{\pi t}{\omega}.$$

Nun bilden wir:

$$(x+iy)^2 = r^2 e^{2i\psi},$$

wo x und y die Koordinaten der Kreiselspitze in der Horizontalprojektion bedeuten, mittels der Identität:

$$e^{i\operatorname{arctg}\frac{w_1}{w_2}} = \frac{w_2 + iw_1}{\sqrt{w_1^2 + w_2^2}}.$$

Hier ist

$$\sqrt{w_1^2+w_2^2}=\sqrt{\varepsilon^2-2\varepsilon(1-u_0)\sin\frac{\pi t}{\omega}+(1-u_0)^2\sin^2\frac{\pi t}{\omega}+((1-u_0)^2-\varepsilon^2)\cos^2\frac{\pi t}{\omega}}$$

$$=\sqrt{\varepsilon^2\sin^2\frac{\pi t}{\omega}-2\varepsilon(1-u_0)\sin\frac{\pi t}{\omega}+(1-u_0)^2}.$$

$$=1-u_0-\varepsilon\sin\frac{\pi t}{\omega}=\frac{r^2}{2}$$

Also wird

$$r^2e^{2i\psi}=2e^{i\frac{n+N}{2A}t}\left[\sqrt{(1-u_0)^2-\varepsilon^2}\cos\frac{\pi t}{\omega}+i\left(\varepsilon-(1-u_0)\sin\frac{\pi t}{\omega}\right)\right].$$

Durch Einführung zunächst des Arguments $\pi/2-\pi t/\omega$ und Übergang zur Hälfte dieses Arguments lautet die [—] in dieser Gleichung

$$2\sqrt{(1-u_0)^2-\varepsilon^2}\sin\frac{\pi(\omega-2t)}{4\omega}\cos\frac{\pi(\omega-2t)}{4\omega}$$

$$+i\left[\varepsilon-(1-u_0)\left(\cos^2\frac{\pi(\omega-2t)}{4\omega}-\sin^2\frac{\pi(\omega-2t)}{4\omega}\right)\right]$$

$$=i\left(\sqrt{1-u_0+\varepsilon}\sin\pi\frac{\omega-2t}{4\omega}-i\sqrt{1-u_0-\varepsilon}\cos\pi\frac{\omega-2t}{4\omega}\right)^2.$$

Endlich

$$re^{i\psi}=2\sqrt{i}\,e^{i\frac{n+N}{4A}t}\left(\sqrt{1-u_0+\varepsilon}\sin\pi\frac{2t-\omega}{4\omega}+i\sqrt{1-u_0-\varepsilon}\cos\pi\frac{2t-\omega}{4\omega}\right).$$

Statt dessen kann noch geschrieben werden:

$$x+iy=(\sqrt{1-u_0+\varepsilon}+\sqrt{1-u_0-\varepsilon})\,e^{i\left(\frac{n+N}{4A}+\frac{\pi}{2\omega}\right)t}$$

$$+(\sqrt{1-u_0+\varepsilon}-\sqrt{1-u_0-\varepsilon})\,e^{i\left(\frac{n+N}{4A}-\frac{\pi}{2\omega}\right)t}.$$

In den stabilen Fällen $N^2-4AP>0$ ist nun ω nach (17) pag. 339 reell und daher durch die obigen Gleichungen die Bahn der Kreiselspitze in der That als Superposition zweier reinperiodischer Zirkularschwingungen, d. h. als Epi- oder Hypocykloide, dargestellt.)

Zu § 6. Den Begriff der Stabilität behandelt eine wichtige Arbeit von D. J. Korteweg: Über Stabilität periodisch ebener Bahnen, Sitzungsber. d. Wiener Akad., Mai 1886, die die Verfasser seinerzeit leider übersehen hatten.

Die Korteweg'sche Definition der Stabilität deckt sich mit der Routh'schen. Gegen die Definition von Thomson und Tait macht Korteweg denselben Einwand, der hier pag. 348 Anm. erhoben ist. Die Notwendigkeit der Berücksichtigung höherer Glieder wird ebenfalls bei Korteweg stark betont und, was wichtiger ist, diese Glieder werden wirklich berücksichtigt und die Entscheidung über Stabilität oder Nichtstabilität nicht allein auf Grund der Glieder erster Ordnung gefällt. Auch der Begriff der praktischen Labilität (bei theoretischer Stabilität) ist bei Korteweg angedeutet, vgl. § 24 der Arbeit.

Zu pag. 350. Wir möchten nicht den Anschein erwecken, als ob die Entscheidung, ob stabil oder labil, stets eindeutig und naturgemäfs ausfiele, wenn man unsere Definition akzeptiert. Herr Korteweg hat uns auf ein Beispiel aufmerksam gemacht, bei dem man nach dem geometrischen Anblick der gestörten Bahnkurven von Instabilität oder mindestens Indifferenz sprechen würde, wo aber die analytische Prüfung mittels unserer Definition Stabilität ergibt. Es handelt sich um den Fall der Centralbewegung eines einzelnen Massenpunktes (s. pag. 347) für $n = -3$. Die Anziehungskraft sei dementsprechend $-f/r^3$. Die Bewegung des Massenpunktes wird durch die folgenden beiden Gleichungen bestimmt, in denen r und φ Polarkoordinaten mit dem Pole im Anziehungscentrum sind:

$$(1) \qquad r^2\varphi' = c,$$

$$(2) \qquad r^2\varphi'^2 + r'^2 - \frac{f}{r^2} = 2h;$$

c ist die Konstante des Flächensatzes, h die der lebendigen Kraft, während die Masse des Punktes gleich 1 genommen ist. Aus (1) und (2) ergibt sich

$$(3) \qquad r'^2 = 2h + \frac{c^2 - f}{r^2}.$$

Als spezieller Fall kommt die Kreisbewegung ($r' = 0$) vor. Sei a der Radius des Kreises, so ist die Centrifugalkraft $a\varphi'^2 = c^2/a^3$. Diese mufs durch die Anziehungskraft $-f/a^3$ aufgehoben werden. Es mufs also $f = c^2$ und folglich nach (3) $h = 0$ sein. Wir betrachten nun z. B. eine gestörte Bewegung, für welche h ebenfalls Null (konservative Störung), aber $f \neq c^2$, also etwa $f - c^2 = \varepsilon^2$ ist. Gl. (3) ergibt dann

$$(4) \qquad rr' = \varepsilon.$$

Durch Vergleichung mit (1) schliefst man

$$(5) \qquad \frac{1}{r}\frac{dr}{d\varphi} = \frac{\varepsilon}{c} \quad \text{oder} \quad r = Ce^{\frac{\varepsilon}{c}\varphi},$$

wo die Integrationskonstante C gleich a genommen werden kann. Die Bahnen sind also logarithmische Spiralen, welche vom 0 Punkt ausgehend den ursprünglichen Kreis a schneiden und sich ins Unendliche verlieren. Der Kreis $r = a$ ist bei diesen Bahnen durchaus nicht ausgezeichnet. Dies gilt für jeden noch so kleinen Wert von ε, nur dafs bei abnehmendem ε die Windungen der Spiralen immer enger werden.

Für $\varepsilon = 0$ aber folgt $r = C$, also eine Kreisbahn, und zwar die ursprüngliche, da wir natürlich auch die Störung der Lage des Punktes zu Null abnehmen lassen.

Der Limes der gestörten Bahn ergibt sich so auf analytischem Wege als identisch mit der ursprünglichen (das Gleiche würde auch für einen beliebigen nicht-konservativen Anstoſs gelten). Geometrisch wird man allerdings kaum den einzelnen Kreis als Limes der sich successive verengernden logarithmischen Spiralen gelten lassen; nur da diese in der Grenze im Ganzen nicht mehr eine einzelne analytische Kurve darstellen, wird man bei dem analytischen Grenzprozeſs auf den Kreis geführt. Trotzdem müſsten wir, wenn wir den Wortlaut unserer Definition analytisch auffassen, die Kreisbahn $r = a$ als stabil bezeichnen.

Anders liegt die Sache im Falle $n < -3$; hier treten asymptotische Bahnen auf (Spiralen, deren Windungen vom Nullpunkt und vom Unendlichen ausgehend am Kreis $r = a$ sich unbegrenzt von beiden Seiten her häufen; im Fall $n = 3$ waren die entsprechenden Spiralbahnen nicht als asymptotische zu bezeichnen, da sie in der Grenze nicht mehr analytische Kurven waren und nicht einen festen Kreis als Limes hatten). Der Grenzübergang kann für $n < -3$ so eingerichtet werden, daſs der Limes der gestörten Bahn auch in analytischer Fassung nicht die ursprüngliche Bahn, sondern eine solche asymptotische Bahn wird.

Im Gebiet der Gleichgewichtsaufgaben ist der Begriff des „indifferenten Gleichgewichts" allgemein geläufig, während er im Gebiet der Bewegungsaufgaben bisher nicht üblich ist. Man wird den obigen Fall der Centralbewegung für $n = -3$ und ähnliche in durchaus entsprechender Weise auch als „indifferente Bewegungszustände" bezeichnen können. In der That stimmt er in mehrfacher Hinsicht mit dem Fall des kräftefreien ruhenden Punktes überein, wenn man die Bewegung auf ein mit gleichförmiger Geschwindigkeit φ' rotierendes Koordinatensystem bezieht.

Wenn wir unsere Ausführungen in den §§ 6 bis 8 zusammen mit dem obigen Beispiel überblicken, so kommen wir zu dem Ergebnis, daſs die Mannigfaltigkeit der möglichen Bahnen und Bewegungszustände viel zu groſs ist, um in bestimmte Kategorien, wie stabil, labil oder auch indifferent, ohne Zwang eingeordnet werden zu können. Jede solche Definition wird in gewissen Fällen der natürlichen Auffassung widersprechen. Davon wollen wir auch unser Stabilitätskriterium in § 6 nicht ausnehmen.

Zu pag. 353. Der Ausdruck „praktisch instabil" ist zuerst von W. Gibbs, 1876, gebraucht. Vgl. die deutsche Ausgabe einiger im Original gesondert erschienener Abhandlungen: Thermodynamische Studien, Leipzig 1892, pag. 94.

Zu pag. 376. Bei der Besprechung der besonderen Fälle der Bewegung des schweren unsymmetrischen Kreisels, die der vollständigen analytischen Behandlung zugänglich sind, ist in unserer Darstellung der Fall der Frau Kowalevski etwas zu kurz gekommen (wie Herr F. Kötter in seiner Schrift hervorhebt: Bemerkungen zu F. Klein's und A. Sommerfeld's Buch über die Theorie des Kreisels, Berlin 1899, Mayer & Müller). Dies lag nicht nur daran, daſs wir zu diesem Falle keine eigenen Entwicklungen zu geben hatten, sondern auch daran, daſs sich hier, wie es scheint, nicht durch einfache geometrische Betrachtungen, wie in den anderen behandelten Fällen, die Durchführbarkeit der Integration auf Grund der Impulssätze einsehen läſst. Die vollständige Behandlung des Falles aber würde zu lange analytische Ausführungen erfordert haben.

Von der in der Anmerkung zitierten Arbeit von F. Kötter sei noch insbesondere hervorgehoben, daſs der Verfasser, nach Richtigstellung der Kowalevski'schen Formeln, die Zusammensetzung der Bewegung des Kreisels im Kowalevski'schen Fall aus zwei einfachen Drehungen erkannt hat: Drehung eines neuen Axensystems mit konstanter Vertikalkomponente der Drehgeschwindigkeit und Drehung um eine Axe des eingeführten Systems.

Zu pag. 377 f. Auch in neuerer Zeit sind eine groſse Reihe von Arbeiten über das Integrationsproblem des schweren unsymmetrischen Kreisels, wie auch über die Bewegung des unsymmetrischen Kreisels bei verallgemeinertem Kraftgesetz publiziert worden, in denen integrable Sonderfälle behandelt werden. Bezüglich aller dieser Arbeiten verweisen wir auf den erst später erscheinenden zusammenfassenden Bericht von Stäckel: Rotation starrer Körper und Verwandtes, Encyklopädie der math. Wiss. IV, 13.

Mehr an die Art der Fragestellung, die im § 9 des Kap. V voranstand, schien eine Untersuchung von Schiff (Moskau, math. Sammlung, Bd. 24, 1903) anzuschlieſsen, die nach allen den Bewegungen fragt, bei denen der Impulsvektor konstante Länge behält. Indessen hat sich dessen Meinung, daſs solche Bewegungen von groſser Allgemeinheit existieren, als irrig erwiesen; wie Stäckel gezeigt hat (Die reduzierten Differentialgleichungen der Bewegung des schweren unsymmetrischen Kreisels, Math. Annalen 67, pag. 399, 1909), führt die genannte Fragestellung nur zu den Staude'schen permanenten Drehungen, bei denen nicht nur die Länge des Impulsvektors, sondern auch seine Lage relativ zum Körper erhalten bleibt. Es bleiben also diese permanenten Drehungen die einzigen bekannten Bewegungen des allgemeinen schweren, unsymmetrischen Kreisels.

Andererseits ist aber die Frage nach den Fällen von spezieller Massenverteilung, die ein drittes algebraisches Integral zulassen, neben den beiden, die die Konstanz der Energie und die Konstanz der Impulskomponente für die Vertikale ausdrücken, weiter gefördert worden. Während die Untersuchungen von R. Liouville (vgl. pag. 377) noch nicht vollständig waren, hat E. Husson (Annales de Toulouse 2e série, VIII, 1906: Recherches des intégrales algébriques ... und Acta math. XXXI, 1908: Sur un théorem de M. Poincaré ...) bewiesen, dafs aufser den bereits bekannten Fällen kein weiterer mehr existiert, in dem ein drittes Integral möglich ist. Es bleiben also in der That der Euler'sche Fall (Schwerpunkt im Aufhängepunkt), der Lagrange'sche Fall (symmetrischer Kreisel) und der von Frau Kowalevski die einzigen, die der vollständigen Behandlung bisher zugänglich sind. Während der Beweis von Husson transcendente Methoden benutzt, ähnlich denen, die von Poincaré zur Himmelsmechanik entwickelt sind, hat neuerdings P. Burgatti einen elementaren Beweis des Theorems gegeben, unter blofser Verwendung algebraischer Mittel (Dimostrazione della non esistenza d'integrali algebrici ..., Rend. del circolo matem. di Palermo, t. XXIX, 1910). Die beiden Beweise übrigens stützen sich auf einen schon von Poincaré aufgestellten Satz (Les nouvelles méthodes de la mécanique céleste, t. I), dafs, ausgenommen im Fall des kräftefreien Kreisels, die Gleichheit zweier Hauptträgheitsmomente Vorbedingung für die Existenz des dritten algebraischen Integrals ist.

Da also keine Aussicht ist, durch die Integration weiterer Sonderfälle tiefer in das unbekannte Gebiet der Bewegungen des schweren unsymmetrischen Kreisels vorzudringen, wird um so mehr der Versuch qualitativer Diskussionen am Platze sein, der pag. 391 empfohlen war. Die in dieser Richtung bisher vorliegenden Ansätze beschränken sich auf die Behandlung kleiner Schwingungen, die sich, durch Störungen erregt, bekannten Bewegungen überlagern. Die kleinen Schwingungen eines unsymmetrischen Körpers um seine Gleichgewichtslage (bei vertikal nach unten gerichteter Schwerpunktsaxe), die sich bei Beschränkung auf die Glieder erster Ordnung natürlich ohne sonderliche Schwierigkeit behandeln lassen, untersucht M. Lecornu (Sur les petits mouvements d'un corps pesant, Bull. de la Soc. math. de France, 30, 1902). Wir erwähnen die Untersuchung, da der Verfasser (unabhängig von der Staude'schen Arbeit) ebenfalls zur Aufstellung der Bedingung für die permanenten aufrechten Drehungen gelangt, und zwar in folgender abweichenden Fassung: Permanente Rotationsaxen können die durch den Stützpunkt gezogenen Axen sein, die die Eigenschaft haben, für irgend einen ihrer Punkte Hauptaxe zu sein. Die

Identität dieser Bedingung mit der Staude'schen läfst sich leicht nachweisen.

Bewegungen eines nahezu symmetrischen Kreisels behandelt M. Winkelmann (Zur Theorie des Maxwell'schen Kreisels, Diss. Göttingen 1904) durch Aufstellung der „Störungen erster Ordnung" (in der Ausdrucksweise der Astronomie), wobei die Bewegung des symmetrischen Kreisels als ungestörte zu Grunde gelegt wird, allerdings ohne bis zur Fehlerabschätzung oder Untersuchung der Gültigkeitsdauer der aufgestellten Gleichungen vorzudringen. Wir wollen endlich noch auf die in Richtung der numerischen Durchführung weitergehende Behandlung der Kreiselprobleme in der astronomischen Litteratur hinweisen, in der sich auch einzelne Ansätze zur näherungsweisen Behandlung des schweren unsymmetrischen Kreisels finden (z. B. Charlier, Eine neue Methode zur Behandlung des Rotationsproblems, Arkiv för Matematik, Kopenhagen, IV, 1908).

Zu pag. 379. In der Fragestellung, die wir beim Hefs'schen Fall voranstellten, nämlich unter welchen Bedingungen es möglich ist, dafs der Impulsvektor dauernd senkrecht zum Schwerpunktsvektor steht, sind, wie Herr Stäckel bemerkt (Math. Annalen 67, pag. 423), die einfachen Pendelungen von Körpern mit passend gewählter Massenverteilung enthalten, die Mlodzjejewskij (vgl. Fufsnote pag. 378) erwähnt hat. Unter Pendelung ist hier der Fall zu verstehen, in dem der Körper gerade wie ein physikalisches Pendel um eine horizontale Axe schwingt, während aber nur ein Punkt dieser Axe unterstützt ist. Aus Symmetriegründen ist ersichtlich, dafs diese Bewegung immer dann eintritt, wenn der Schwerpunkt in einer Hauptebene des Körpers liegt und dem Körper zu Anfang eine Drehung nur um die dazu senkrechte, horizontal zu legende Hauptaxe erteilt wird. Die Bewegung fordert also eine Bedingung für die Massenverteilung (Schwerpunkt in einer Hauptebene), drei für die Konstanten der Bewegung. Der Impulsvektor fällt hier dauernd in die auf dem Schwerpunktsvektor senkrechte Hauptaxe, hat aber veränderliche Länge, während er bei den Staude'schen permanenten Drehungen auch in eine feste Axe des Körpers fällt und konstante Länge behält. Bei der Ableitung der Hefs'schen Bedingungen war dieser Fall ausgeschlossen, da dort angenommen wurde, dafs der Impulsvektor während der Bewegung einen beliebigen Strahl der (im Körper festen) Normalebene zum Schwerpunktsvektor wirklich bestreicht, während er hier in einer ausgezeichneten Geraden dieser Ebene dauernd verharrt.

Zu Kap. VI.

Zu pag. 429. Die mathematische Seite der Theorie des symmetrischen Kreisels, vom Standpunkt der Theorie der elliptischen Funktionen aus, hat Greenhill weiter verfolgt, durch Untersuchung insbesondere solcher Fälle, in denen die durch ϑ-Quotienten dargestellten Kreiselkurven (Bahnkurven der Kreiselspitze, bzw. Herpolhodie oder Impulskurven) algebraische Kurven werden (z. B. Annals of mathematics, 5, 1904).

Zu pag. 472. Herr F. Kötter bemerkt in der pag. 950 zitierten Schrift, daſs die Formeln (40), die die neun Richtungskosinus bei der Bewegung des kräftefreien unsymmetrischen Kreisels durch ϑ-Quotienten darstellen, Versehen enthalten. Es muſs in der zweiten Gleichung des Systems vor den Bruch der Faktor $-i$ statt i treten, auſserdem sind die für c und c' angegebenen Formeln zu vertauschen, also zu setzen:

$$c = i\frac{\vartheta(\omega + is)\,\vartheta(t)}{\vartheta(is - i\omega' + \omega)\,\vartheta(t + i\omega')}e^{-\frac{i\pi}{2\omega}(t + i\omega' - is)},$$

$$c' = \frac{\vartheta(is)\,\vartheta(t - \omega)}{\vartheta(is - i\omega' + \omega)\,\vartheta(t + i\omega')}e^{-\frac{i\pi}{2\omega}(t + i\omega' - is)}.$$

Um das so korrigierte System gegen die Jacobi'schen Formeln (vgl. Anm. auf pag. 473) zu orientieren, stellen wir folgende Tabelle zusammen:

Bezeichnung von Jacobi:	Unsere Bezeichnung:
$\mathsf{H}(t)$	$\vartheta(t)$
$K,\ K'$	$\omega,\ \omega'$
a	$\omega' - s$
$\alpha + i\alpha'$	$(a' + ib')e^{-i\left(2l + \frac{\pi}{2\omega}\right)t}$
$\beta + i\beta'$	$(a + ib)e^{-i\left(2l + \frac{\pi}{2\omega}\right)t}$
$\gamma + i\gamma'$	$(a'' + ib'')e^{-i\left(2l + \frac{\pi}{2\omega}\right)t}$
$\alpha'',\ \beta'',\ \gamma''$	$c',\ c,\ c''.$

Eine formal einfachere Gestalt haben die Jacobi'schen Formeln noch durch die Benutzung der Funktionszeichen Θ, H_1 und Θ_1, die mit H in den bekannten Beziehungen stehen:

$$\Theta(t) = -ie^{\frac{i\pi}{4\omega}(2t + i\omega')}\mathsf{H}(t + i\omega'),$$

$$\mathsf{H}_1(t) = \mathsf{H}(t + \omega), \qquad \Theta_1(t) = \Theta(t + \omega).$$

Zu pag. 486. Der hier beginnende zweite Beweis des Jacobi'schen Theorems ist schon früher von F. Caspary gegeben worden. Vgl. Darboux Bulletin (2) 13, 1889: Sur les expressions des angles d'Euler, de leurs fonctions trigonométriques et des neuf coefficients d'une substitution orthogonale au moyen des fonctions thêta. (Siehe auch unten zu pag. 511.)

Zu pag. 490. Zu der hier vertretenen Ansicht von dem kinematischen Charakter des Jacobi'schen Theorems vgl. die gegensätzliche Auffassung von Herrn F. Kötter in der mehrfach zitierten Schrift.

Zu pag. 505. Es ist zu beachten, dafs c_1 hier in anderer Bedeutung gebraucht ist als auf pag. 503 und 506 unten und den folgenden Seiten.

Zu pag. 511. Da die Weierstrafs'schen Vorlesungen (1879) nicht veröffentlicht wurden, tritt in der Litteratur die Anwendung der Parameter α, β, γ, δ auf die analytische Behandlung des Kreiselproblems wohl zuerst bei F. Caspary auf, sowohl für den Fall des kräftefreien, wie für den des schweren Kugelkreisels. Caspary wird auf analytischem Wege dazu geführt, gewisse Theta-Quotienten zu betrachten, die unseren α, β, γ, δ entsprechen und sie bilinear so zusammensetzen, dafs die entstehenden Ausdrücke die Euler'schen Gleichungen für die Richtungskosinus und Rotationskomponenten und die Orthogonalitätsbedingungen der ersteren identisch befriedigen. Aufser der zu pag. 486 zitierten Arbeit sind noch zu nennen: Comptes Rendus, 107 (1888), pag. 859, 901, 937; 112 (1891), pag. 1120; vgl. auch E. Jahnke, ibid. 126 (1898), pag. 1126. Wegen der Beziehung der Parameter α, β, γ, δ zu der auf der Kugelfläche ausgebreiteten komplexen Variabeln, die bereits Gaufs bekannt war (vgl. pag. 512), von Riemann neu gefunden wurde (vgl. pag. 30), von Schwarz 1872 in der Theorie der hypergeometrischen Funktionen (Crelles Journal 75) und von Klein von 1872 an zuerst bei den Ikosaëder-Substitutionen verwendet wurde (vgl. pag. 30), sind die erforderlichen Nachweise an den angegebenen Stellen im Texte selbst nachzulesen. Von hier aus gelangte Klein dazu, die Parameter auch auf die Kreiseltheorie anzuwenden (vgl. Göttinger Nachrichten 1896, pag. 3 und die auf pag. 518 zitierten Princeton Lectures, wo sie auch für die Theorie des auf der Horizontalebene spielenden Kreisels Anwendung finden und unter Heranziehung der Theorie der automorphen Funktionen, worauf wir in unserer Darstellung nicht eingehen konnten, zu einfachen Resultaten führen).

Zu Kap. VII.

Zu pag. 537. Wegen der Geschichte der Reibungsgesetze vgl. weitere Angaben, insbesondere über die ältere Litteratur bei P. Stäckel, Encykl. d. math. Wiss. IV, 6, Nr. 6.

Zu Kap. VIII.

Zu § 9. Die Foucault'sche Idee des Nachweises und der Messung der Erdrotation durch Kreiselversuche, die in dem Anschütz'schen Kreiselkompaſs ihre vollendetste Ausführung gefunden hat, hat auch schon Föppl bis zur quantitativen Messung verfolgt (Sitzungsber. d. Akad. d. Wiss. München, Bd. XXXIV, 1904, pag. 5 u. Phys. Ztschr. 5, 1904), während die ursprünglichen Foucault'schen Versuche und die späteren von Gilbert von diesem Ziel noch weit entfernt blieben und die ersteren wohl noch nicht einmal qualitativ gesicherte Resultate ergaben. Die Anordnung des Föppl'schen Versuches war der Anschütz'schen nahe verwandt, nur wurde hier durch Aufhängung an drei Drähten die horizontale Gleichgewichtslage des rotationslosen Kreisels erreicht, die bei Anschütz durch ein Übergewicht erzielt wird. Der Kreisel wird wie der Kompaſskreisel eine Richtkraft nach Norden $N\omega \cos\varphi \sin\psi$ (vgl. pag. 857) erfahren, die ihn von seiner ursprünglichen Gleichgewichtslage abdrängt, während er durch das trifilare Moment und die Torsionselastizität der Aufhängedrähte in diese zurückstrebt. Am günstigsten wird hier die ursprüngliche Ost-Westlage der Kreiselaxe sein ($\psi = 90^0$), er stellt sich dann in eine von $\psi = 90^0$ meſsbar verschiedene Lage ein, in der gerade die Richtkraft dem von der Hängung herrührenden Moment um die Vertikale das Gleichgewicht hält, so daſs bei bekanntem Impuls und ermitteltem Moment die Rotationsgeschwindigkeit ω der Erde bestimmt werden kann. Wie beim Anschütz'schen Kreisel ist es wesentlich, daſs drei Freiheitsgrade, hier wegen der Nachgiebigkeit der Aufhängedrähte, vorhanden sind, und daſs auch hier die dadurch bedingte „effektive Trägheit" (vgl. pag. 857) die Schwingungsdauer verlängert; andererseits ist natürlich auch der elektromagnetische Antrieb von größter Bedeutung, der erst die genügend lange Beobachtungszeit ermöglicht. Die Versuche wurden so angeordnet, daſs sich Ausschläge von etwa 5^0 bis 8^0 ergaben, bei einer Schwingungsdauer von 6 Min. bis 8 Min.

Berichtigungen.

pag. 13, Anm.: Statt „*t.* 18“ lies „*t.* 16“.

pag. 14, Anm.: Statt „1855“ lies „1857“.

pag. 18: Fig. 3 ist leider perspektivisch mifsraten.

pag. 50, Anm. **): Die hier citierte Arbeit Poinsot's ist auch erschienen in Liouvilles Journal ser. 1, t. 18 (1853), p. 41.

pag. 101, Z. 1 v. u.: Statt „die Länge“ lies „das Quadrat der Länge“.

pag. 113, Anm. **): Statt „1854“ lies „1856, erschienen 1858“.

pag. 139, Z. 7 v. u.: Statt „gegen das feste und gegen das bewegliche“ lies „gegen das bewegliche und gegen das feste“.

pag. 142, Z. 16 v. u.: Statt „1854“ lies „1856“.

pag. 359, Z. 11 v. u.: Nach „sämtlichen“ schalte ein „nicht eliminierten“.

pag. 378, Mitte: Im Staude'schen Fall ist der Grad der Partikularisation um 1 höher als in den anderen hier behandelten Fällen; es sind nämlich die 4 Forderungen zu stellen, daß zu Beginn der Bewegung eine Erzeugende des Staude'schen Kegels vertikal stehen soll, und daß der Rotationsvektor in die Vertikale fällt und eine festbestimmte Länge hat.

pag. 418, Z. 14 v. u.: Statt „$\mathsf{H}\left(\frac{t\pi}{2\omega}\right)$“ lies „$\mathsf{H}(t)$“.

pag. 429, Anm. *): Vor Jacobi hat schon Rueb in der pag. 473 citierten Arbeit den schweren symmetrischen Kreisel mit elliptischen Funktionen behandelt.

pag. 445, Z. 11 v. u.: Statt „$|t| < \frac{2\omega}{100}$“ lies „$|t| \geqq \frac{2\omega}{100}$“.

pag. 483, Z. 8 v. o.: Statt „des Impulses“ lies „der Rotation“.

pag. 489, Anm. *): Der Jacobi'sche Satz wurde schon von Jacobi selbst ohne Beweis in den Monatsberichten der Berliner Akademie, 1850, veröffentlicht.

pag. 517, Anm. *): Statt „434“ lies „418, erste Ausgabe“.

pag. 615, Z. 9 v. o.: Statt „$\frac{a \sin}{b \cos}\left\{\frac{N}{A}t\right\}$“ lies „$\frac{a \sin}{b \cos}\left\{\frac{N}{A}t\right\}$“.

pag. 629, Z. 12 v. u.: Statt „$v < V$“ lies „$v > V$“.

pag. 728, Z. 17 v. u.: Statt „$(C - A)\omega q$“ lies „$(C - A)\omega p$“.

NAMENREGISTER.

(Die Ziffern bezeichnen die Seitenzahlen. Heft I: 1—196, II: 197—512, III: 513—759, IV: 760—955.)

SACHREGISTER.

(Die Ziffern bezeichnen die Seitenzahlen.)

Klein, Geheimer Regierungsrat Dr. **F.,** Professor an der Universität Göttingen, autographierte Vorlesungshefte. 4. Geh.

Höhere Geometrie. Ausgearbeitet von Fr. Schilling. Unveränderter Abdruck 1907.
Heft 1 [VI u. 566 S.] (W.-S. 1892/93)
Heft 2 [IV u. 388 S.] (S.-S 1893) } zusammen n. ℳ 15.—

Nichteuklidische Geometrie.
Heft 1 [364 S.] (W.-S. 1889/90)
— 2 [238 S.] (S.-S. 1890) } zusammen n. ℳ 14.—

Anwendung der Differential- und Integralrechnung auf Geometrie, eine Revision der Prinzipien. Ausgearbeitet von Conrad Müller. (S.-S. 1901.) Neuer Abdruck 1907. [VIII u. 484 S.] n. ℳ 10.—

——— u. **E. Riecke,** über angewandte Mathematik und Physik in ihrer Bedeutung für den Unterricht an den höheren Schulen. Nebst Erläuterung der bezüglichen Göttinger Universitätseinrichtungen. Vorträge, gehalten in Göttingen Ostern 1900 bei Gelegenheit des Ferienkurses für Oberlehrer der Mathematik und Physik. Gesammelt von F. Klein und E. Riecke. Mit einem Wiederabdruck verschiedener einschlägiger Aufsätze von F. Klein. Mit 84 Figuren im Text. [VI u. 252 S.] gr. 8. 1900. In Leinwand geb. n. ℳ 6.—

Kohlrausch, weil. Dr. **F.,** in Marburg, vorm. Präsident der physikalisch-technischen Reichsanstalt zu Charlottenburg, Lehrbuch der praktischen Physik. 11., stark verm. Aufl. Mit 400 Figuren. [XXXII u. 736 S.] gr. 8. 1910. In Leinwand geb. n. ℳ 11.—

——— Kleiner Leitfaden der praktischen Physik. 2., verm. Aufl. (6.—10. Tausend.) Mit zahlreichen Figuren. [XVIII u. 268 S.] gr. 8. 1907. Geb. n. ℳ 4.—

Koenigsberger, Geheimer Rat Dr. **Leo,** Professor an der Universität Heidelberg, Hermann von Helmholtz' Untersuchungen über die Grundlagen der Mathematik und Mechanik. Mit einem Bildnis H. v. Helmholtz' nach einer Ölskizze von F. v. Lenbach. [V u. 58 S.] gr. 8. 1896. Geh. n. ℳ 2.40.

——— die Prinzipien der Mechanik. Mathematische Untersuchungen. [XII u. 228 S.] gr. 8. 1901. Geb. n. ℳ 9.—

Lamb, H., F. R. S., Professor an der Viktoria-Universität Manchester, Lehrbuch der Hydrodynamik. Deutsche autorisierte Ausgabe, nach der 3. englischen Auflage besorgt von Joh. Friedel. Mit 79 Figuren. [XIV u. 788 S.] gr. 8. 1907. Geb. n. ℳ 20.—

Lanchester, F. W., in Birmingham, Aërodynamik. Ein Gesamtwerk über das Fliegen. Deutsch von C. und A. Runge in Göttingen. In 2 Bänden. gr. 8.

I. Band: Mit Anhängen über die Geschwindigkeit und den Impuls von Schallwellen, über die Theorie des Segelfluges usw. Mit 162 Figuren und 1 Tafel. [XIV u. 360 S.] 1909. n. ℳ 12.—

II. — Spezielle Probleme der Flugtechnik. (In Vorbereitung.)

Lorenz, Dr. **H.,** Professor an der Technischen Hochschule zu Danzig, Dynamik der Kurbelgetriebe mit besonderer Berücksichtigung der Schiffsmaschinen. Mit 66 Figuren. [V u. 156 S.] gr. 8. 1901. Geh. n. ℳ 5.—

Love, A. E. H., M. A. D. Sc. F. R. S., Professor an der Universität Oxford, Lehrbuch der Elastizität. Autorisierte deutsche Ausgabe unter Mitwirkung des Verfassers besorgt von A. Timpe, Privatdozent an der Technischen Hochschule zu Aachen. Mit 75 Abbildungen. [XVI u. 664 S.] gr. 8. 1907. Geb. n. ℳ 16.—

Marcolongo, Dr. **R.,** Professor an der Universität Neapel, rationelle Mechanik. Deutsch von Dr. K. Boehm, Professor an der Universität Heidelberg. 2 Bände. gr. 8. Geb. [Unter der Presse.]

Klein-Sommerfeld, Kreiselbewegung.

Pringsheim, Dr. **E.**, Professor an der Universität Breslau, Vorlesungen über die Physik der Sonne. Mit 235 Abbildungen und 7 Tafeln. [VIII u. 435 S.] gr. 8. 1910. Geh. n. ℳ 16.—. In Leinwand geb. n. ℳ 18.—

Routh, Edward John, Sc. D., LL. D., F. R. S., usw., weiland Professor an der Universität Cambridge, die Dynamik der Systeme starrer Körper. In 2 Bänden mit zahlreichen Beispielen. Autorisierte deutsche Ausgabe von Adolf Schepp, weiland Oberleutnant a. D. in Wiesbaden. Mit einem Vorwort von F. Klein, gr. 8. 1898. In Leinwand geb. n. ℳ 24.—

I. Band: Die Elemente. Mit 57 Figuren. [XII u. 472 S.] n. ℳ 10.—
II. — Die höhere Dynamik. Mit 38 Figuren. [XII u. 544 S.] n. ℳ 14.—

Schell, Dr. **W.**, weiland Professor am Polytechnikum zu Karlsruhe, Theorie der Bewegung und der Kräfte. Ein Lehrbuch der theoretischen Mechanik mit besonderer Rücksicht auf das Bedürfnis technischer Hochschulen. Mit vielen Holzschnitten. 2., umgearbeitete Auflage. 2 Bände. gr. 8. Geh. n. ℳ 20.—, in Halbfranz geb. n. ℳ 24.—

Einzeln:

I. Band: 1. Geometrie der Streckensysteme und Geometrie der Massen. 2. Geometrie der Bewegung und Theorie der Bewegungszustände (Kinematik). [XVI u. 580 S.] 1879. Geh. n. ℳ 10.—, in Halbfranz geb. n. ℳ 12.—
II. — 3. Theorie der Kräfte und ihrer Äquivalenz (Dynamik im weiteren Sinne, einschließlich Statik). 4. Theorie der durch Kräfte erzeugten Bewegung (Kinetik oder Dynamik im engeren Sinne). [XII u. 618 S.] 1880. Geh. n. ℳ 10.—, in Halbfranz geb. n. ℳ 12.—

Schlink, Dr. **W.**, Dipl.-Ing., Professor an der Technischen Hochschule zu Braunschweig, Statik der Raumfachwerke. Mit 214 Abbildungen und 2 Tafeln. [XIV u. 390 S.] gr. 8. 1907. In Leinwand geb. n. ℳ 9.—

Schoenflies, Dr. **A.**, Professor an der Universität Königsberg i. Pr., Geometrie der Bewegung in synthetischer Darstellung. Mit Figuren. [VI u. 951 S.] gr. 8. 1886. Geh. n. ℳ 4.—

Schwering, Prof. Dr. **K.**, Direktor des Gymnasiums an der Apostelkirche zu Cöln a. Rh., Handbuch der Elementarmathematik für Lehrer. Mit 139 Figuren. [VIII u. 408 S.] gr. 8. 1907. In Leinwand geb. n. ℳ 8.—

Stephan, Regierungsbaumeister **P.**, Oberlehrer an der Kgl. Maschinenbauschule zu Dortmund, die technische Mechanik. Elementares Lehrbuch für mittlere maschinentechnische Fachschulen und Hilfsbuch für Studierende höherer technischer Lehranstalten. 2 Teile. gr. 8.

I. Teil. Mechanik starrer Körper. Mit 255 Figuren. [VIII u. 344 S.] 1904. In Leinw. geb. n. ℳ 7.—
II. — Festigkeitslehre und Mechanik der flüssigen und gasförmigen Körper. Mit 200 Figuren. [VIII u. 332 S.] 1906. In Leinwand geb. n. ℳ 7.—

Study, **E.**, Professor an der Universität Bonn, Geometrie der Dynamen. Die Zusammensetzung von Kräften und verwandte Gegenstände der Geometrie. Mit 46 Figuren und 1 Tafel. [XIII u. 603 S.] gr. 8. 1903. Geh. n. ℳ 21.—, in Halbfranz geb. n. ℳ 23.—

Taschenbuch für Mathematiker und Physiker. I. Jahrgang 1909/10. Unter Mitwirkung von Fr. Auerbach, O. Knopf, H. Liebmann, E. Wölffing u. a. herausg. von Felix Auerbach. Mit 1 Bildnis Lord Kelvins. [XLIV u. 450 S.] 8. 1909. In Leinwand geb. n. ℳ 6.—

——— II. Jahrgang. 1911. Unter Mitwirkung von D. Hilbert, H. Greinacher, G. Hessenberg, O. Knopf, H. Liebmann, W. Lietzmann, H. Reissner, K. Simons, O. Töplitz, W. Wien und R. Ziegel herausg. von F. Auerbach und R. Rothe. Mit einem Bildnis H. Minkowskis. [ca. 500 S.] 8. In Leinwand geb. ca. n. ℳ 6.—. [Erscheint im Dezember 1910.]

Tannery, J., Professor an der Universität Paris, Subdirektor der École normale supérieure zu Paris, Elemente der Mathematik. Mit einem geschichtlichen Anhang von P. Tannery. Autorisierte deutsche Ausgabe von Dr. P. Klaeß, Gymnasiallehrer in Echternach (Luxemburg). Mit einem Einführungswort von F. Klein und 184 Figuren. [XII u. 364 S.] gr. 8. 1909. Geh. n. *M.* 7.—, in Leinwand geb. n. *M.* 8.—

Tesar, L., Professor an der k. k. Staatsrealschule im XX. Bezirk zu Wien, die Mechanik. Eine Einführung mit einem metaphysischen Nachwort. Mit 111 Figuren. [XIV u. 220 S.] gr. 8. 1909. Geh. n. *M.* 3.20, in Leinwand geb. n. *M.* 4.—

Timerding, Dr. H. E., Professor an der Technischen Hochschule in Braunschweig, Geometrie der Kräfte. Mit 27 Figuren. [XII u. 381 S.] gr. 8. 1908. In Leinwand geb. n. *M.* 16.—

Trabert, Dr. W., Professor an der Universität Wien, Lehrbuch der kosmischen Physik. gr. 8. Geb. [Erscheint Ende 1910.]

Voigt, Geheimer Regierungsrat Dr. **W.,** Professor an der Universität Göttingen, Magneto- und Elektrooptik. Mit 75 Figuren. [XIV u. 396 S.] gr. 8. 1908. In Leinwand geb. n. *M.* 14.—

——— Kristall-Physik. (Mit Ausnahme der Kristall-Optik.) gr. 8. 1910. In Leinwand geb. [Unter der Presse.]

Volkmann Dr. P., Professor an der Universität Königsberg i. Pr., Einführung in das Studium der theoretischen Physik, insbesondere in das der analytischen Mechanik. Mit einer Einleitung in die Theorie der physikalischen Erkenntnis. [XVI u. 370 S.] gr. 8. 1900. Geh. n. *M.* 9.—, in Leinwand geb. n. *M.* 10.20.

Webster, A. G., Ph. D., Professor of Physics, Clark University, Worcester, the Dynamics of Particles, and of rigid, elastic, and fluid Bodies, being Lectures on mathematical Physics. Mit zahlreichen Figuren. [XII u. 588 S.] gr. 8 1904. Geb. n. *M.* 14.—

——— Lehrbuch der Dynamik, als Einführung in die theoretische Physik. In 2 Teilen. Deutsche Ausgabe von C. H. Müller. Mit zahlreichen Figuren. gr. 8.

I. Teil: Dynamik des Punktes und des starren Körpers. [Erscheint Ostern 1911.]

II. „ Potentialtheorie und Dynamik der deformierbaren Körper. [Erscheint im Herbst 1911.]

Wüllner, Geh. Regierungsrat Dr. **A.,** weil. Professor an der Kgl. Technischen Hochschule zu Aachen, Lehrbuch der Experimentalphysik. In 4 Bänden. Mit 1104 Abbildungen und Figuren und 4 lithographierten Tafeln. gr. 8. 1895—1907.

Bei gleichzeitigem Bezuge aller 4 Bände ermäßigt sich der Gesamtpreis des Werkes geh. auf n. M. 32.—, in Halbfranz geb. auf n. M. 40.—

Einzeln:

I. Band. Allgemeine Physik und Akustik. 6. Auflage bearbeitet von A. Wüllner und A. Hagenbach. Mit 333 Abbildungen und Figuren. [XIV u. 1058 S.] 1907. Geh. n. *M.* 16.—, in Halbfranzbd. n. *M.* 18.—

II. — Die Lehre von der Wärme. 5. Auflage. Mit 131 Abbildungen und Figuren. [XI u. 936 S.] 1896. Geh. n. *M.* 12.—, in Halbfranzband n. *M.* 14.—

III. — Die Lehre vom Magnetismus und von der Elektrizität mit einer Einleitung: Grundzüge der Lehre vom Potential. 5. Auflage. Mit 341 Abbildungen und Figuren. [XV u. 1415 S.] 1897. Geh. n. *M.* 18.—, in Halbfranzband n. *M.* 20.—

IV. — Die Lehre von der Strahlung. 5. Auflage. Mit 299 Abbildungen und Figuren und 4 lithographischen Tafeln. [XII u. 1042 S.] 1899. Geh n. *M.* 14.—, in Halbfranzband n. *M.* 16.—

www.ingramcontent.com/pod-product-compliance
Lightning Source LLC
LaVergne TN
LVHW020551110826
845149LV00002B/230